『十二五』國家重點圖書出版規劃項目

二〇一一—二〇二〇年國家古籍整理出版規劃項目

國家古籍整理出版專項經費資助項目

# 中國古農書集粹

王思明——主編

鳳凰出版社

圖書在版編目（ＣＩＰ）數據

呂氏春秋（上農、任地、辯土、審時）、氾勝之書、四民月令、齊民要術、四時纂要、陳旉農書、農書 / (戰國) 呂不韋等撰. -- 南京 : 鳳凰出版社, 2024.5
（中國古農書集粹 / 王思明主編）
ISBN 978-7-5506-4057-3

Ⅰ. ①呂… Ⅱ. ①呂… Ⅲ. ①農學－中國－古代
Ⅳ. ①S-092.2

中國國家版本館CIP數據核字(2024)第042534號

| | |
|---|---|
| 書　　名 | 呂氏春秋(上農、任地、辯土、審時) 等 |
| 著　　者 | (戰國)呂不韋 等 |
| 主　　編 | 王思明 |
| 責任編輯 | 孫　州 |
| 裝幀設計 | 姜　嵩 |
| 責任監製 | 程明嬌 |
| 出版發行 | 鳳凰出版社(原江蘇古籍出版社)<br>發行部電話025-83223462 |
| 出版社地址 | 江蘇省南京市中央路165號,郵編:210009 |
| 印　　刷 | 常州市金壇古籍印刷廠有限公司<br>江蘇省金壇市晨風路186號,郵編:213200 |
| 開　　本 | 889毫米×1194毫米　1/16 |
| 印　　張 | 36.5 |
| 版　　次 | 2024年5月第1版 |
| 印　　次 | 2024年5月第1次印刷 |
| 標準書號 | ISBN 978-7-5506-4057-3 |
| 定　　價 | 360.00圓 |

(本書凡印裝錯誤可向承印廠調換,電話:0519-82338389)

# 《中國古農書集粹》編委會

# 序

中國是世界農業的重要起源地之一，農耕文化有着上萬年的歷史，在農業方面的發明創造舉世矚目。中國幾千年的傳統文明本質上就是農業文明。農業是國民經濟中不可替代的重要的物質生産部門，在傳統社會中一直是支柱産業。農業的自然再生産與經濟再生産曾奠定了中華文明的物質基礎。在漫長的歷史進程中，中華農業文明孕育出南方水田農業文化與北方旱作農業文化、漢民族與其他少數民族農業文化等不同的發展模式。無論是哪種模式，都是人與環境協調發展的路徑選擇。中國之所以能够在十九世紀以前的一兩千年中，長期保持着世界領先的地位，就在於中國農民能够根據不斷變化的人口狀況以及自然、經濟環境作出正確的判斷和明智的選擇。

中國農業文化遺産十分豐富，包括思想、技術、生産方式以及農業遺存等。在傳統農業生産過程中，形成了以尊重自然、順應自然，天、地、人『三才』協調發展的農學指導思想；形成了以種植業爲主，種植業和養殖業相互依存、相互促進的多樣化經營格局；凸顯了『寧可少好，不可多惡』的農業經營策略和精耕細作的技術特點；蘊含了『地可使肥，又可使棘』『地力常新壯』的辯證土壤耕作理論；總結了輪作復種、間作套種和多熟種植的技術經驗；形成了北方旱地保墒栽培與南方合理管水用水相結合的農業生産模式。與世界其他國家或民族的傳統農業以及現代農學相比，中國傳統農業自身的特色明顯，既有成熟的農學理論，又有獨特的技術體系。

世代相傳的農業生産智慧與技術精華，經過一代又一代農學家的總結提高，涌現了數量龐大、種類繁多的農書。《中國農業古籍目録》收録存目農書十七大類，二千零八十四種。閔宗殿等學者在此基礎上又根據江蘇、浙江、安徽、江西、福建、四川、臺灣、上海等省市的地方志，整理出明清時期二百三十六種『新書目』。[一]隨着時間的推移和學者的進一步深入研究，還將會有不少沉睡在古籍中的農書被不斷地揭示出來。作爲中華農業文明的重要載體，這些古農書總結了不同歷史時期中國農業經營理念和傳統農業科技的精華，是人類寶貴的文化財富。

中國古代農書豐富多彩、源遠流長，反映了中國農業科學技術的起源、發展、演變與轉型的歷史進程與發展規律，折射出中華農業文明發展的曲折而漫長的發展歷程。這些農書中包含了豐富的農業實用技術、農業經濟智慧、農村社會發展思想等，覆蓋了農、林、牧、漁、副等諸多方面，廣泛涉及傳統社會中農業生産、農村社會、農民生活等主要領域，還記述了許許多多關於生物學、土壤學、氣候學、地理學、水利工程等自然科學原理。存世豐富的中國古農書，不僅指導了我國古代農業生産與農村社會的發展，也包含了許多當今經濟社會發展中所迫切需要解決的問題——生態保護、可持續發展、農村建設、鄉村振興等思想和理念。

作爲中國傳統農業智慧的結晶，中國古農書通過各種途徑傳播到世界各地，對世界農業文明産生了深遠影響，例如《齊民要術》在唐代已傳入日本。被譽爲『宋本中之冠』的北宋天聖年間崇文院本《齊民要術》被日本視爲『國寶』，珍藏在京都博物館。而以《齊民要術》爲对象的研究被稱爲日本『賈學』。江户時代的宫崎安貞曾依照《農政全書》的體系、格局，撰寫了適合日本國情的《農業全書》十

[一] 閔宗殿《明清農書待訪録》，《中國科技史料》二〇〇三年第四期。

卷，成爲日本近世時期最有代表性、最系統、水準最高的農書，被稱爲『人世間一日不可或缺之書』。據不完全統計，受《農政全書》或《農業全書》影響的日本農書達四十六部之多。〔一〕中國古農書直接或間接地推動了當時整個日本農業技術的發展，提升了農業生產力。

朝鮮在新羅時期就可能已經引進了《齊民要術》。〔二〕高麗宣宗八年（一〇九一）李資義出使中國，宋哲宗（一〇八六—一一〇〇）要求他在高麗覆刊的書籍目録裏有《氾勝之書》。高麗後期的一三四九年與一三七二年，曾兩次刊印《元朝正本農桑輯要》。朝鮮太宗年間（一三六七—一四二二），學者從《農桑輯要》中抄録養蠶部分，譯成《養蠶經驗撮要》，摘取《農桑輯要》中穀和麻的部分譯成吏讀，並以此爲底本刊印了《農書輯要》。朝鮮的《閒情録》以《陶朱公致富奇書》爲基礎出版，《農政會要》則主要引自《授時通考》。《農家集成》《農事直説》以及姜希孟的《四時纂要》主要根據王禎《農書》等多部中國古農書編成。據不完全統計，目前韓國各文教單位收藏中國農業古籍四十種，〔三〕包括《齊民要術》《農政全書》《授時通考》《御製耕織圖》《江南催耕課稻編》《廣群芳譜》《農桑輯要》等。

中國古農書還通過絲綢之路傳播至歐洲各國。《農政全書》至遲在十八世紀傳入歐洲，一七三五年法國杜赫德（Jean-Baptiste Du Halde）主編的《中華帝國及華屬韃靼全志》卷二摘譯了《農政全書》卷三十一至卷三十九的《蠶桑》部分。至遲在十九世紀末，《齊民要術》已傳到歐洲。達爾文的《物種起源》和《動物和植物在家養下的變異》援引《中國紀要》中的有關事例佐證其進化論，達爾文在談到人

〔一〕韓興勇《〈農政全書〉在近世日本的影響和傳播——中日農書的比較研究》，《農業考古》二〇〇三年第一期。

〔二〕[韓]崔德卿《韓國的農書與農業技術——以朝鮮時代的農書和農法爲中心》，《中國農史》二〇〇一年第四期。

〔三〕王華夫《韓國收藏中國農業古籍概況》，《農業考古》二〇一〇年第一期。

工選擇時説：『如果以爲這種原理是近代的發現，就未免與事實相差太遠。……在一部古代的中國百科全書中，已有關於選擇原理的明確記述。』[一]而《中國紀要》中有關家畜人工選擇的內容主要來自《齊民要術》。[二]中國古農書間接地爲生物進化論提供了科學依據。英國著名學者李約瑟（Joseph Needham）編著的《中國科學技術史》第六卷『生物學與農學』分册以《齊民要術》爲重要材料，説它『即使在世界範圍内也是卓越的、傑出的、系統完整的農業科學理論與實踐的巨著』。[三]

世界上許多國家都收藏有中國古農書，如大英博物館、巴黎國家圖書館、柏林圖書館、聖彼得堡（列寧格勒）圖書館、美國國會圖書館、哈佛大學燕京圖書館、日本内閣文庫、東洋文庫等，大多珍藏有《齊民要術》《茶經》《農桑輯要》《農書》《農政全書》《授時通考》《花鏡》《植物名實圖考》等早期刻本。不少中國著名古農書還被翻譯成外文出版，如《齊民要術》有日文譯本（缺第十章），《天工開物》與《茶經》有英、日譯本，《農政全書》《授時通考》《群芳譜》的個别章節已被譯成英、法、俄等文字，《元亨療馬集》有德、法文節譯本。法蘭西學院的斯坦尼斯拉斯·儒蓮（一七九九—一八七三）翻譯的法文版《蠶桑輯要》廣爲流行，並被譯成英、德、意、俄等多種文字。顯然，中國古農書已經是全世界人民的共同財富，也是世界了解中國的重要媒介之一。

近代以來，有不少學者在古農書的搜求與整理出版方面做了大量工作。晚清務農會於光緒二十三年（一八九七）鉛印《農學叢刻》，但是收書的規模不大，僅刊古農書二十三種。一九二〇年，金陵大學在

〔一〕［英］達爾文《物種起源》，謝蘊貞譯。科學出版社，一九七二年，第二十四—二十五頁。

〔二〕《中國紀要》即十八世紀在歐洲廣爲流行的全面介紹中國的法文著作《北京耶穌會士關於中國人歷史、科學、技術、風俗、習慣等紀要》。一七八〇年出版的第五卷介紹了《齊民要術》，一七八六年出版的第十一卷介紹了《齊民要術》中的養羊技術。

〔三〕轉引自繆啓愉《試論傳統農業與農業現代化》，《傳統文化與現代化》一九九三年第一期。

全國率先建立了農業歷史文獻的專門研究機構，在萬國鼎先生的引領下，開始了系統收集和整理中國古代農業歷史文獻的研究工作，着手編纂《先農集成》，從浩如煙海的農業古籍文獻資料中，搜集整理了三千七百多萬字的農史資料，後被分類輯成《中國農史資料》四百五十六册，是巨大的開創性工作。

民國期間，影印興起之初，《齊民要術》、王禎《農書》、《農政全書》等代表性古農學著作均有石印本或影印本。一九四九年以後，爲了保存農書珍籍，曾影印了一批國内孤本或海外回流的古農書珍本，如中華書局上海編輯所分别在《中國古代科技圖録叢編》和《中國古代版畫叢刊》的總名下，影印了《天工開物》（崇禎十年本）、《便民圖纂》（萬曆本）、《救荒本草》（嘉靖四年本）、《授衣廣訓》（嘉慶原刻本）等。上海圖書館影印了元刻大字本《農桑輯要》（孤本）。一九八二年至一九八三年，農業出版社以《中國農學珍本叢書》之名，先後影印了《全芳備祖》（日藏宋刻本），《金薯傳習録、種薯譜合刊》（前者刊本僅存福建圖書館，後者朝鮮徐有榘以漢文編寫，内存徐光啓《甘薯蔬》全文），以及《新刻注釋馬牛駝經大全集》（孤本）等。

古農書的輯佚、校勘、注釋等整理成果顯著。萬國鼎、石聲漢先生都曾對《四民月令》《氾勝之書》等進行了輯佚、整理與深入研究。到二十世紀末，具有代表性的古農書基本得到了整理，如夏緯瑛的《管子地員篇校釋》和《呂氏春秋上農等四篇校釋》，石聲漢的《齊民要術今釋》《農桑輯要校注》《農政全書校注》等，繆啓愉的《齊民要術校釋》和《四時纂要》，王毓瑚的《農桑衣食撮要》，馬宗申的《授時通考校注》等。特别是農業出版社自二十世紀五十年代一直持續到八十年代末的《中國農書叢刊》，先後出版古農書整理著作五十餘部，涉及範圍廣泛，既包括綜合性農書，也收録不少畜牧、蠶桑、水利等專業性農書。此外，中華書局、上海古籍出版社等也有相應的古農書整理著作出版。

一些有識之士還致力於古農書的編目工作。一九二四年，金陵大學毛邕、萬國鼎編著了最早的農書簡目《中國農書目錄彙編》，存佚兼收，薈萃七十餘種古農書。但因受時代和技術手段的限制，規模較小。一九四九年以後，古農書的編目、典藏等得以系統進行。一九五七年，王毓瑚的《中國農學書錄》出版（一九六四年增訂），含英咀華，精心考辨，共收農書五百多種。一九五九年，北京圖書館據全國二十五個圖書館的古農書書目彙編成《中國古農書聯合目錄》，收錄古農書及相關整理研究著作六百餘種。一九九〇年，中國農業歷史學會和中國農業博物館據各農史單位和各大圖書館所藏農書彙編成《農業古籍聯合目錄》，收書較此前更加豐富。二〇〇三年，張芳、王思明的《中國農業古籍目錄》收錄了古農書存目二千零八十四種。經過幾代人的艱辛努力，中國古農書的規模已基本摸清。上述基礎性工作爲古農書的搜求、彙集、出版奠定了堅實的基礎。

目前，以各種形式出版的中國古農書的數量和種類已經不少，具有代表性的重要農書還被反復出版。但是，仍有不少農書尚存於各館藏單位，一些孤本、珍本急待搶救出版。部分大型叢書已經注意到古農書的彙集與影印，《續修四庫全書》『子部農家類』收錄農書六十七部，《中國科學技術典籍通匯》『農學卷』影印農書四十三種。相對於存量巨大的古代農書而言，上述影印規模還十分有限。可喜的是，在鳳凰出版社和中華農業文明研究院的共同努力下，《中國古農書集粹》被列入《二〇一一—二〇二〇年國家古籍整理出版規劃》。本《集粹》是一個涉及目錄、版本、館藏、出版的系統工程，工作於二〇一二年啓動，經過近八年的醞釀與準備，影印出版在即。《集粹》原計劃收錄農書一百七十七部，後根據時代的變化以及各農書的自身價值情況，幾易其稿，最終決定收錄代表性農書一百五十二部。

《中國古農書集粹》填補了目前中國農業文獻集成方面的空白。本《集粹》所收錄的農書，歷史跨度時間長，從先秦早期的《夏小正》一直至清代末期的《撫郡農産考略》，既展現了中國古農書的萌芽、形成、發展、成熟、定型與轉型的完整過程，也反映了中華農業文明的發展進程。明清時期是中國傳統農業發展的巔峰，它繼承了中國傳統農業中許多好的東西並將其發展到極致，而這一階段的農書恰是本《集粹》收録的重點。本《集粹》還具有專業性强的特點。古農書屬大宗科技文獻，而非傳統意義的歷史文獻，本《集粹》更側重於與古代農業密切相關的技術史料的收録。本《集粹》所收農書覆蓋面廣，涵蓋了綜合性農書、時令占候、農田水利、農具、土壤耕作、大田作物、園藝作物、竹木茶、植物保護、畜牧獸醫、蠶桑、水産、食品加工、物産、農政農經、救荒賑災等諸多領域。收書規模也爲目前中國農業古籍集成之最。

《中國古農書集粹》彙集了中國古代農業科技精華，是研究中國古代農業科技的重要資料。同時，中國古農書也廣泛記載了豐富的鄉村社會狀況、多彩的民間習俗、真實的物質與文化生活，反映了中國古代農民的宗教信仰與道德觀念，體現了科技語境下的鄉村景觀。不僅是科學技術史研究不可或缺的第一手資料，還是研究傳統鄉村社會的重要依據，對歷史學、社會學、人類學、哲學、經濟學、政治學及其他社會科學都具有重要參考價值。古農書是傳統文化的重要載體，是繼承和發揚優秀農業文化遺産的主要文獻依憑，對我們認識和理解中國農業、農村、農民的發展歷程，乃至整個社會經濟與文化的歷史脉絡都具有十分重要的意義。本《集粹》不僅可以加深我們對中國農業文化、本質和規律的認識，還可以鑒古知今，把握國情，爲今天的經濟與社會發展政策的制定提供歷史智慧。

本《集粹》的出版，可以加强對中國古農書的利用與研究，加深對農業與農村現代化歷史進程的必然性和艱巨性的認識。祖先們千百年耕種這片土地所積累起來的知識和經驗，對於如今人們利用這片土地仍具有指導和借鑒作用，對今天我國農業與農村存在問題的解決也不無裨益。現代農學雖然提供了一些『普適』的原理，但這些原理要發揮作用，仍要與這個地區特殊的自然環境相適應。而且現代農學原理並不否定傳統知識和經驗的作用，也不能完全代替它們。中國這片土地孕育了有中國特色的傳統農業，積累了有自己特色的知識和經驗，有利於建立有中國特色的現代農業科技體系。人類文明是世界各個民族共同創造的，人類文明未來的發展當然要繼承各個民族已經創造的成果。中國傳統的農業知識必將對人類未來農業乃至社會的發展作出貢獻。

王思明

二〇一九年二月

# 目錄

# 呂氏春秋（上農、任地、辯土、審時）

（戰國）呂不韋　撰

《呂氏春秋(上農、任地、辯土、審時)》，(戰國)呂不韦撰。戰國末期秦國丞相呂不韋組織門客集體編撰。《呂氏春秋》全書二十六卷，分十二紀、八覽、六論，其《士容論》中有『上農』『任地』『辯土』『審時』四篇，是惟一保存至今的先秦農業文獻。

『上農』論述重農思想和農業政策，『任地』主要介紹土地利用原則，『辯土』主要講述耕作栽培的要求和方法，『審時』重點論述掌握農時的重要性。書中提出農業生産的基本指導原則：『夫稼，生之者地也，養之者天也，爲之者人也。』揭示出天時、地利、人力的關係，強調把遵循自然規律與發揮人的主觀能動性結合起來。總結土壤耕作經驗，提出土壤耕作的五大原則，要求在耕作的過程中，根據土質的不同，採取合理的耕作措施，以改善土壤結構與性狀，爲作物生長創造良好條件。總結了壟作經驗，提出『上田棄畝，下田棄甽』的土地利用方式，即高田種溝不種壟，以利抗旱保墒；低田種壟不種溝，以利防澇排水。作物栽培技術上要求疏密適當，縱橫成行，以利通風透光。還提出防止『地竊、苗竊、草竊』的栽培措施。強調農時的重要性，指出『凡耕之道，厚(候)之爲寶』，即把握好時令是耕作栽培的法寶。認爲農時得失對於植株高低、穗型大小、籽粒多寡、品質優劣、抗逆性強弱，甚至對人體健康，都有一定影響。『上農』等四篇雖不是獨立的農書，但其内容已聯結爲一個整體，爲中國傳統農業精耕細作技術體系的形成、發展奠定了基礎。

《呂氏春秋》流傳的版本不少，今據南京圖書館藏民國二十四年清華大學綫裝印本(許維遹集釋)影印。《呂氏春秋》『上農』等四篇校釋本，以夏緯瑛《呂氏春秋上農等四篇校釋》(一九五六年中華書局出版)爲佳。

(惠富平)

道於世而不成。既足以成顯榮矣。夫大義之不成。既有成已。故務事大。〇維遹案・論大篇作故務在事・事在大・注・事・爲也・

## 務大

三曰。古先聖王之所以導其民者。先務於農。農民非徒爲地利也。貴其志也。民農則樸。樸則易用。易用則邊境安。主位尊。尊・重也・〇畢沅曰・次易用舊本脫用字・據御覽七十七補・亢倉子農道篇作易用則邊境安・安則主位尊・又多安則二字・民農則重。重則少私義。〇畢沅曰・重亢倉子作童・亦如大戴之王言篇與家語童重互異也〇維遹案・御覽引義作議・下同・少私義則公法立。力專一。民農則其產復。〇畢沅曰・御覽復作厚・亢倉子作複・下並同・〇俞樾曰・兩復字並當作後·字之誤也·後與厚古通用·釋名釋言語曰·厚·後也·莊子·列禦寇篇·注曰·靜而怯乃厚其身耳·釋文曰·元嘉·本厚作後·是其證也·民農則其產後·言民農則其產厚也·其產厚·故重徙矣·御覽兩後字並作厚·正得其義·但字仍當作後·以仍古書段借之舊·辯土篇曰·必厚其勒·又曰·其勒而後之·亦厚後通用之證·〇維遹案·復字亦通·季冬紀·水澤復·月令復作腹·鄭注·腹·厚也·茆泮林云·復腹義同·是其例·其產復則重徙。重徙則死處。處·居·而無二慮。舍本而事末則不令。令·善·〇孫詒讓曰·不令謂不受令也·此三言民舍本事末之害·與上文三言民農之善文反正相對·上云·民農則樸·樸則易用·易用則邊境安·主位尊·彼農則易用·故此舍本事末則不受令·猶言不可用耳·不當訓令爲善也·亢倉子農道篇用此文作捨本而事末則不一令·雖與呂子文意小異·而亦不釋令爲善·蓋唐人已知高說之未安而不從之矣·不令則不可以守。不可以戰。戰·攻·民舍本而事末則其產約。其產約則輕遷徙。輕遷徙則國家有患。皆有遠志。

無有居心。居，安也。民舍本而事末則好智，好智則多詐，多詐則巧法令，巧，讀如巧智之巧。○畢沅曰：亢倉子有巧法令則四字，在下句首。以是爲非，以非爲是。后稷曰：○梁玉繩曰：後任地亦引后稷之言。蓋上世農書也。古重農事，故以上農四篇終焉。○陳昌齊曰：曰字衍。所以務耕織者，以爲本教也。是故天子親率諸侯耕帝籍田，大夫士皆有功業。傳曰：王耕一發，班三之，庶人終于千畝。故曰皆有功業也。○畢沅曰：皆有功業，亢倉子作第有功級。注一發，周語作一墢。此作發，訛。韋昭注：一墢，一耜之發也。玩注意，似亢倉子本是。是故當時之務，農不見于國，當啓蟄耕農之務。農民不見于國都也。孟春紀曰：王布農事，命田舍東郊，故農民不得見于國也。以教民尊地產也。地產，嘉穀也。后妃率九嬪蠶於郊，桑於公田。是以春秋冬夏皆有麻枲絲繭之功，以力婦教也。力，任其力，效其功也。

〇畢沅曰：亢倉子作勸人力婦教也。是故丈夫不織而衣，婦人不耕而食。男女貿功以長生。貿，易也。〇畢沅曰：以長生，亢倉子作資相爲業。此聖人之制也。制，法也。故敬時愛日，非老不休。休，止也。〇維遹案：亢倉子敬愛時日下有將實課功四字。非疾不息，非死不舍。舍，置也。上田夫食九人，下田夫食五人，可以益，不可以損。損，滅也。一人治之，十人食之，六畜皆在其中矣。此大任地之道也。故當時之務，不興土功，不作師徒。庶人不冠弁，弁，鹿皮冠。詩云：冠弁如星。〇畢沅曰：冠弁不見詩攷，恐是字誤。〇汪中曰：詩淇奧：會弁如星。按文，高氏爲長。冠、會語之轉。〇吳先生曰：庶人不冠弁，蓋與玉藻國家未遂則不充其服同意，又與周禮閭師凡庶民不蠶者不帛、不績者不衰亦略相近。所云冠弁，散文通言之，非正指皮弁服。以庶人本不得服皮弁也。高云：弁，鹿皮冠，蓋失之矣。注又引詩冠弁如星，冠當爲會，會弁乃能如星。冠弁如星，則文義皆不可說。畢疑文出逸詩，亦非。娶妻嫁女享祀。不酒醴聚衆。禮，取婦之家，三日不舉樂；嫁女之家，三日不絕燭。故不以酒醴聚衆也。○陶鴻慶曰，據高注，正文不下當有以字。然此文之旨，言農人嫁娶享祀，但取成事，不以飲謙其農功耳。高注附會禮文，實非本旨。○維遹案，注非。此謂庶人非冠弁娶妻嫁女享祀，不以酒醴聚衆，與下文句法正同。農不上聞。不敢私籍於庸。○孫詒讓曰，上聞，謂賜爵也。前下賢篇說魏文侯東勝齊於長城，虜齊侯，獻諸天子，天子賞文侯以上聞。（今本譌作卿，畢依史記樊噲傳如淳注引校正。）史記樊噲傳，賜上間爵，集解如淳云，間或作聞，索隱本作聞，引張晏云，得竟上聞，晉灼云，名通於天子也。然則此農得上聞者，亦謂名上通於官也。（商子來民篇云，民上無通名，下無田宅，無通名，即不上聞也。）不敢私籍於庸，謂不得私養庸以代耕。○維遹案，孫說是。養庸代耕之說亦見韓非外儲說左上。爲害於時也。然後制野禁。苟非同姓。苟，誠也。農不出御。御，妻也。○松皋圓曰，農字誤，當作男。注御下欠迎字。女不外嫁。以安農也。

異姓之女。不出閭邑而嫁也。野禁有五。地未辟易。不操麻。不出糞。出猶捐也。齒年未長。不敢爲園囿。量力不足。不敢渠地而耕。渠。溝也。農不敢行。守其疆畝也。賈不敢爲異事。異猶他也。○孫鏘鳴曰。賈屬上讀。行字離句。似非。○俞樾曰。此當以農不行賈爲句。言農恆爲農。不敢爲商也。行賈者商也。僖三十二年左傳。鄭商人弦高。杜注曰。商。行賈也。高氏以農不敢行爲句。而釋之曰。守其疆畝。失之矣。不敢爲異事。亦以農言。若如高注以賈言。則非所謂野禁也。爲害於時也。然後制四時之禁。山不敢伐材下木。伐。斫也。澤人不敢灰僇。燒灰不以時多僇。○王念孫曰。管子輕重己篇。毋戮大衍。戮僇古通。繯網罝罦不敢出於門。罛罟不敢入於淵。罝。獸罟也。詩云。肅肅兔罝。罛。魚罟也。詩云。施罛濊濊。鱣鮪發發。○維遹案。注魚上罛字原作罟。涉上文而誤。爾雅釋器。魚罟謂之罛。詩衞風碩人篇。施罛濊濊。毛傳云。罛。魚罟。此皆高注所本。張本正作罛。今據改正。澤非舟虞不敢緣名爲害其時也。舟虞，主舟官。○李寶銓曰：澤中非舟虞有事不敢藉以爲名。若民不力田，墨乃家畜，國家難治，三疑乃極。○畢沅曰：義未詳。○維遹案：疑讀爲擬，謂相比擬也，僭也（說見愼勢篇下注）。三官，農工賈也。此云三疑，或指三官相僭而言。下文農攻粟，工攻器，賈攻貨，是謂三官不相疑也。否則三疑乃極，於是民舍本而事末，國家有患，皆有違志（見上文），故下文結之曰：是謂背本反則，失毁其國。是謂背本反則。則，法也。失毁其國。凡民自七尺以上屬諸三官。三官，農工賈也。農攻粟，工攻器，賈攻貨。攻，治也。時事不共，是謂大凶。奪之以土功，是謂稽。不絕憂唯，必喪其粃。奪之以水事，是謂籥。喪以繼樂。繼，續也。四鄰來虛。○梁玉繩曰：籥、喪二字未詳。○俞樾曰：籥字義不可通，疑當作淪。莊子知北遊篇釋文：瀹，潰也。瀹即淪之異文。奪之以水事，正與潰義相應。蓋淪變作瀹，又省作蘥，又誤作籥耳。四鄰來虛，當作四鄭來虐。亦字之誤。虐與淪樂爲韵。若作虛。則失其韵矣。奪之以兵事。是謂厲。禍厲。摩也。因胥歲不舉銍艾。字○陶鴻慶曰。高注殊誤。此當於下厲字絕句。讀爲凶厲之厲。禍字屬下讀。以四字爲句。與上文一律。上文稽唯粃爲韻。篇樂虐爲韻。（虐字從俞校改。）此文厲歲艾爲韻也。劉師培說同。數奪民時。大饑乃來。野有寑耒。或談或歌。旦則有昏。喪粟甚多。皆知其末。莫知其本眞。不敏也。○畢沅曰。三字疑亦正文。○劉先生曰。漢儒朴質。於所不知。皆直言不敏。淮南子天文篇注。鍾律上下相生。誘不敏也。與此注正同。畢以爲正文。失之。

## 上農

四曰。后稷曰。子能以窒爲突乎。窒容汙下也。突理出豐高也。○陳昌齊曰。注容當作谷。理當作垤。○俞樾曰。下文土處爲韵。溼風爲韵。堅均爲韵。穮彊爲韵。獨此二句無韵。疑突乃窔字之誤。

窔與陰正爲韵。高注云云。是以窐爲突。猶以下爲高。然下文諸句。竝不從相反取義。不必定如高氏之說。且諸句之意。皆不甚可解。而韵則墙有可憑。突字之誤。殆無疑也。○孫詒讓曰。陳云。容當作谷。非也。容當爲容。形近而譌。一切經音義十云。凹蒼頡篇作容。鳥交反。墊下也。窐卽墊下之義。子能藏其惡而揖之以陰乎。陰猶潤澤也。子能使吾士靖而甽浴士乎。士當作土。○畢沅曰。古士土亦通用。子能使保溼安地而處乎。子能使雚夷毋淫乎。淫延生也。子能使子之野盡爲泠風乎。泠風和風。所以成穀也。子能使藁數節而莖堅乎。子能使穗大而堅均乎。詩云。實發實秀。實堅實好。此之謂也。子能使粟圜而薄糠乎。子能使米多沃而食之彊乎。無之若何。凡耕之大方。力者欲柔。柔者欲力。息者欲勞。勞者欲息。棘者欲肥。肥者欲棘。棘。羸瘠也。詩云。棘人之欒欒。言羸瘠也土亦有瘠土急者欲緩。緩者欲急。急者謂彊壚剛土也故欲緩者謂沙墺弱土也故欲急和二者之中乃能殖穀溼者欲燥。燥者欲溼。溼謂下溼近汙泉故欲燥燥謂高明暵乾故欲溼不燥不溼取其中適乃成黍稷也上田棄畝。下田棄甽。五耕五耨。必審以盡。其深殖之度。陰土必得。大草不生。草薉也又無螟蜮。蜮或作螣食心曰螟食葉曰蜮兗州謂蜮爲螣音相近也○畢沅曰惠氏棟云蜮當爲蟘今茲美禾。來茲美麥。茲年也是以六尺之耜。所以成畝也。其博八寸。所以成甽也。耜六尺其刃廣八寸古者以耜耕廣六尺爲畝三尺爲甽遼西之人謂之廣堵也○畢沅曰周禮廣尺深尺曰甽此云三尺黄東發謂於正文不合其言曰耜者今之犂廣六尺旋轉以耕土其塊彼此相向亦廣六尺而成一疄此之謂畝而百步爲畝總畝畝之四圍總名其博八寸所以成甽者犂頭之刃逐塊隨刃而起其長竟畝其起而空之處與刃同其闊此之謂甽案此所云則與周禮相近堵字書無攷

○梁玉繩曰注三尺一本作五尺並非玉海百七十六作二尺是也錢竹汀云一夫百畝廣衺皆百步一尺爲畮則爲百畝二尺爲畮則爲五十畝一尺四寸有奇爲畮則爲七十畝皆以一畮爲一晦也疑孟子所言三代田制如此○王念孫曰注當云古者以耜耕六尺爲步步百爲畝廣尺爲畮耨柄尺此其度也。度制也其耨六寸所以間稼也。耨所以耘苗也刃廣六寸所以入苗間也地可使肥又可使棘人肥必以澤。地耕熟則肥肥即得穀多不則瘠瘠則得穀少故曰可使也人肥則顏色潤澤○王念孫曰人肥之肥疑當作耕○俞樾曰高注人肥則顏色潤澤此大誤也通篇皆言耕種事不當此句獨言人之顏色且此句與下文人耨必以旱正相對然則澤者雨澤也非謂顏色潤澤也肥疑耜字之誤上文曰是以六尺之耜所以成畝也其博八寸所以成畮也耨柄尺此其度也其耨六寸所以間稼也以耜耨並言則此文人耜必以澤人耨必以旱亦承上而以耜耨並言可知矣耜謂耕也耨謂芸也言耕宜雨耘宜旱也耜字從㠯肥字從卪篆文相似又涉上文地可使肥而誤耳○劉先生曰人肥必以澤。使苗堅而地隙。與下文人耨必以旱。使地肥而土緩。相對爲文。苗堅而地隙。亦相類。肥謂糞田。非言人身之肥瘠也。高注望文生義。其失也迂矣。使苗堅而地隙。人耨必以旱。使地肥而土緩。緩。柔也。草諯大月。大月。孟冬月也。○梁玉繩曰。孟冬稱大月者。六陰俱升。大陰之月也。或謂秦以十月爲歲首。故云大月。殊非。此四篇疑是古農書。未必呂氏所撰。○蔡雲曰。陽大陰小。詳易泰卦。孟冬稱大。猶爾雅十月爲陽。純陰用事。嫌於無陽而名之。冬至後五旬七日菖始生。菖。菖蒲。水草也。冬至後五十七日而挺生。菖者百草之先生者也。於是始耕。傳曰。土發而耕。此之謂也。孟夏之昔。殺三葉而穫大麥。昔。終也。三葉。薺亭歷菥蓂也。是月之季。枯死。大麥熟而可穫。大麥。旋麥也。○畢沅曰。初學記二十七引呂氏孟夏之山百穀三葉而穫大麥。○王念孫曰。昔猶夕也。尚書大傳云。月之朝。月之中。月之夕。鄭注。上旬爲朝。中旬爲中。下旬爲夕。莊七年穀梁傳云。日入至於星出。謂之昔。楚辭大招注引詩樂酒今昔。是昔與夕通。又曰。初學記山百二字。即昔之訛。穀即殺之訛·日至苦菜死而資生。菜名也·○畢沅曰·資疑即薋·蒺藜也·○孫詒讓曰·日至亦謂冬日至也·資與薺字通（詩大雅楚茨·禮記玉藻鄭注·茨作薺·楚辭離騷王注又作薋·此資與薋字同）·即爾雅釋草蒫·薺實之薺·詩邶風谷風篇·誰謂荼苦·其甘如薺·亦即此也·故高云菜名·畢以資爲薋得之·而謂即蒺藜則非·淮南子墬形訓云·薺冬生·中夏死·春秋繁露循天之道篇云·薺以冬美·而荼以夏成（依凌曙本）·荼即苦菜·夏生而冬死·薺爲甘菜·夏死而冬生·二者正相反·故呂兼舉之·而樹麻與菽。樹·種也·菽·豆也·○程瑤田曰·伏生尚書大傳·淮南子·劉向說苑·皆云大火中種黍菽·而呂氏春秋則云日至樹麻與菽·麻生於二三月·夏至後則刈牡麻矣·今云日至樹麻·其爲樹麋之譌無疑·禾屬而黏者黍·禾屬而不黏者麋·對文異·散文則通·

此告民地寶盡死。凡草生藏日中出。豨首生而麥無葉。凡草·庶草也·日中·春分也·衆草生而出也·豨首·草名也·至其生時·麥無葉·皆成熟也·○維遹案·爾雅釋草·茢薽豕首·郭注·江東呼豨首·然則豨首即豨首·今藥中之天名精也·而從事於蓄藏。藏之於倉也·

此告民究也。究，畢也。刈麥畢也。五時見生而樹生，見死而穫死。五時，五行生殺之時也。見生，謂春夏種稼而生也。見死，謂秋冬穫刈收死者也。○李寶詮曰：五時即春夏秋冬及中央土也。天下時，地生財，不與民謀。天降四時，地出稼穡，自然之道也，故曰不與民謀。○維遹案：下字當作有，涉下文而誤。荀子天論篇：天有其時，地有其財，人有其治。其比正同。高釋下爲降，知其所見本已誤。有年瘞土，無年瘞土。祭土曰瘞。年，穀也。有穀祭土，報其功也。無穀祭土，禳其神也。○畢沅曰：禳舊作讓，訛，趙改正。無失民時，無使之治。○劉師培曰：治爲怠字之譌。下知貧富利器，皆時至而作，渴時而止。利用之器，有其時而爲之，無其時而止之。○王念孫曰：渴，盡也。是以老弱之力可盡起。○畢沅曰：亢倉子作可使盡起。其用日半，其功可使倍。○維遹案：姜本、李本日作曰，誤。一辟曰倍。○畢沅曰：注一辟疑是一倍。不知事者，時未至而逆之，時既往而慕之。慕思也。當時而薄之。薄，輕也。言不重時也。薄或作怠。○吳先生曰：逆、慕、薄、郄爲韻。注云「薄或作怠」，作怠則非韻矣。疑此是後人校語，誤入注文耳。使其民而郄之。郄，逆之也。○李寶詮曰：郄與隙同。史記張釋之傳：雖錮南山猶有郄。此當作曠闕之意解，謂不可盡民之力。民既郄，乃以良時慕，此從事之下也。操事則苦，不知高下，民乃逾處。○孫詒讓曰：逾當讀爲偷。禮記表記云：君子莊敬日強，安肆日偷。（墨子脩身篇云：故君子力事日彊，願欲日逾。與表記文正相類，亦借逾爲偷，與此文可相證。）鄭注云：偷，苟且也。言民怠惰，苟且安處，不肎力作也。種稑禾不爲稑，種重禾不爲重。晚種早熟爲稑，早種晚熟爲重。詩云：黍稷重稑，稙稺菽麥。此之謂也。是以粟少而失功。不當其時，故粟少也。食之少氣力，故曰少而失功也。

## 任地

五曰。凡耕之道。必始於壚。（壚，埴壚地也。）為其寡澤而後枯。（言土燥溼也。○畢沅曰：注燥溼下疑當有一均字。）必厚其靹。（厚，深也。○畢沅曰：靹音義缺。）為其唯厚而及。鎗者（鎗或作選。）䔧之。堅者耕之。澤（○畢沅曰：梁仲子云：鎗疑即餝字。集韻：飽或從缶。䔧音義並缺。）其靹而後之。（○孫詒讓曰：此文多譌體，不能盡通。以意求之，厚並當為後。高釋為深，非也。靹當為靹，廣雅釋詁云：靹，弱也。玉篇韋部云：靹，靹耎也。唯當讀為雖，及當讀為急，澤其靹而後之之澤，當讀為釋。唯雖、及急、澤釋，並聲類同，古通用。蓋壚為剛土，（說文土部云：壚，黑剛土也。）靹為耎土。必後其靹，與必始於壚文正相對。謂先耕剛土，後耕耎土，故承之云：釋其靹而後之，即謂捨其耎土而後耕之也。（畢讀澤屬耕之為句，誤。）堅與靹文亦正相對。鎗當從集韻為飽之異文，為其唯厚而及鎗，言因靹土禾易長成，耕雖稍後於壚土，而禾成實甚急，可與壚土同時獲也。䔧字未詳。）上田則被其處。下田則盡其汙。無與三盜任地。（○李寶詮曰：下文地竊、苗竊、草竊，是謂三盜。）夫四序參發。大甽小畝。爲青魚胠。苗若直獵。地竊之也。既種而無行。耕而不長。則苗相竊也。弗除則蕪。[蕪，穢也。]除之則虛。[虛，動稼根。]則草竊之也。故去此三盜者。而後粟可多也。所謂今之耕也。營而無獲者。[獲或作種。]其蚤者先時。晚者不及時。寒暑不節。稼乃多菑實。其爲晦也。高而危則澤奪。陂則埒。見風則㒞。[㒞，仆也。]高培則拔。[培，田側也。]寒則雕。[雕，不實也。]熱則脩。[脩，長也。○○陳昌齊曰：脩當讀如詩暵其脩矣之脩。注訓長，誤。○俞樾曰：詩中谷有蓷篇暵其脩矣，毛傳曰：脩且乾也。釋名釋飲食曰：脩，縮也。乾燥而縮也。熱則脩者，言熱則乾縮也。正與寒則雕同義。]一時而五六死。故不能爲來。[來，丕成也。○吳先生曰：注丕當爲不。謂不成爲來耳。]不俱生而俱死。虛稼先死。[虛，根不實。]衆盜乃竊。望之似有餘。就之則虛。虛。不穎不粟。詩云。實穎實粟。有部家室也。○維遹案。今本詩生民篇。粟下有卽字。李賡芸云。南宋小字本說文部下引詩亦無卽字。與此注所引正同。農夫知其田之易也。易。治也。易讀如易綱之易也。○畢沅曰。注易綱。梁仲子疑是易疇。不知其稼之疏而不適也。疏。希也。不中適也。知其田之際也。不知其稼居地之虛也。虛。亦希也。○陳昌齊曰。際字据文義及韻。並當作除。○王念孫曰。際字於義無取。蓋除字之誤。上言田之易。此言田之除。易與除皆治也。曲禮。馳道不除。鄭注曰。除。治也。且易適爲韻。除虛爲韻。若作際則失其韻矣。不除則蕪。除之則虛。此事之傷也。傷。敗也。故晦欲廣以平。欲小以深。○畢沅曰。孫云。李善注文選王元長策秀才文。清畎洽風。引此深作清。今案深字是。亢倉子作畎欲深以端。○梁玉繩曰。文選王元長策秀才文注引此前後七句。亦以爲后稷語。○王念孫曰。平清生爲韻。則作清者是也。清讀如下崝嶸而無地之崝。崝。深也。作清者古字假借耳。注內當有清深也三字。今本正文脫去清字。而注內深字又誤入正文。亢倉子作端。乃埒字之譌。下得陰。陰，陘也。上得陽。陽，日也。然後咸生。咸，皆也。稼欲生於塵而殖於堅者。殖，長也。○維遹案：亢倉子塵下有土字。土與者屬語韻。慎其種。勿使數。亦無使疏。於其施土。無使不足。土，壤也。亦無使有餘。餘，猶多也。熟有耰也。耰，覆種也。必務其培。其耰也植。植者其生也必先。先，猶速也。其施土也均。均者其生也必堅。堅，好也。是以晦廣以平。則不喪本。本，根也。莖生於地者五分之以地。分，別也。莖生有行。故遬長。弱不相害。故遬大。遬，疾也。○孫詒讓曰：亢倉子作立苗有行，故速長，強弱不相害，故速大。此弱上疑亦捝強字。衡行必得。縱行必術。○俞樾曰：術讀爲遂。春秋文十二年秦伯使術來聘，左穀並同，公羊作遂。禮記學記篇：術有序。鄭注曰：術當爲遂。是術與遂古通用。衡行必得，縱行必遂，言衡縱皆必順其性也。正其行。

通其風。行，行列也。夬心中央帥爲泠風。夬，決也。心，於苗中央，帥，率也。嘯泠風以搖長之也。夬或作使。〇畢沅曰：選注引作夬必中央，師爲泠風，又引注云：必於苗中央，師師然肅泠風以搖長也。苗其弱也欲孤。弱，小也。苗始生小時欲得其孤特疏數適中，則茂好也。其長也欲相與居。言相依植，不偃仆。〇畢沅曰：舊本無其字，又注作相依助，不僵仆。皆訛脱。今據齊民要術所引補正。亢倉子亦有其字，要術居作俱。今案亢倉作居，與此同。其熟也欲相扶。扶，相扶持，不可傷折也。〇畢沅曰：齊民要術作相扶持，不傷折。此亦衍二字。是故三以爲族，乃多粟。族，聚也。〇畢沅曰：亢倉子作稼乃多穀。凡禾之患，不俱生而俱死。是以先生者美米。〇孫先生曰：御覽八百二十三引美作爲。後生者爲秕。秕，不成粟也。是故其耨也，長其兄而去其弟。養大殺小。樹肥無使扶疏，樹墝不欲專生而族居。專，獨也。〇俞樾曰：高注於誼未得。專讀爲摶。史記秦始皇紀：摶心壹志。索隱曰·摶古專字·周易繫辭傳·其靜也專·釋文曰·專陸作摶·昭二十一年左傳·若琴瑟之專一·釋文曰·專本作摶·是專與摶古同字而通用·管子霸言篇·不摶不聽·見本篇·夫摶國不在敦古·尹注並曰·摶聚也·又內業篇·摶氣如神·注曰·摶謂結聚也·然則不欲專生者·不欲聚生也·與族居同義·若訓專爲獨·則與族居義反矣·下文曰·墝而專居則多死·蓋以專生族居義同·故省文言專居·專居者聚居也·猶族居也·如高注則不可通矣·肥而扶疏則多粃。根扇迫也·○孫詒讓曰·扇者侵削之意·齊民要術云·揄性扇地·其陰下五穀不植·陶弘景周氏冥通記云·年內多勞扇削鬼神·蓋漢晉六朝人常語·墝而專居則多死。專獨·不能自蔭潤其根也·故多枯死也·不知稼者·其耨也·去其兄而養其弟。殺其大者·養其小者也·○維遹案·亢倉子稼作耨·疑耨字是·不收其粟而收其粃。上下不安則禾多死。○畢沅曰·舊本粃作粗·下不字脫·並依亢倉子補正·厚土則孽不通。壤深不能自達·故多孽死也·○吳先生曰·孽即甹栓之栓·注多孽死當作孽多死·○維遹案·王念孫校本改通爲達，與所著周秦諸子韻譜改同。案：達與下文發屬祭韻。薄土則蕃轓而不發。○劉師培曰：轓即蕃字訛衍，而亦不之訛衍。壚埴冥色。剛土柔種。免耕殺匿。使農事得。○王念孫曰：免讀爲勉，匿讀爲慝。○孫詒讓曰：當讀爲勉耕殺慝。免勉、匿慝，聲類並同。說文無慝字，古書多以匿爲之。管子明法篇云：比周以相爲匿。明法解：匿作慝。是其證。禮記樂記鄭注云：慝，穢也。

辯土○維遹案：張本辯作辨。

六曰。凡農之道。厚之爲寶。斬木不時。不折折猶堅也。必穗。稼就而不穫。穫，得也。必遇天菑。菑，害也。夫稼爲之者人也。爲，治也。生之者地也。養之者天也。是以人稼之容足。耨之容耨。據之容手。謂根苗疏數之間也。○畢沅曰：亢倉子作耨之容耰，耘之容手。此之謂耕道。

是以得時之禾。長秱長穗。大本而莖殺。殺或作小。本根也。莖稍小。鼠尾桑條穀也。疏穖而穗大。穖。禾穗果蠃也。○程瑤田曰。禾采成實。離離若聚珠相聯貫者謂之穖。與珠璣之璣同意。高注是也。○王筠曰。穖吾鄉謂之馬。其疏密各有種族。秫分稀馬密馬是也。其粟圓而薄糠。圓。豐滿也。薄糠。言米大也。○維遹案。說文繫傳引作圓粒而薄糠秳。校勘記云。今呂覽作粟圓而薄穅。穅蓋秳之譌。非。其米多沃而食之彊。彊。有勢力也。如此者不風。風。落也。○維遹案。詩北山鄭箋。風。放也。風放雙聲。放落義近。此展轉相訓。釋名。風。放也。氣放散也。先時者莖葉帶芒。以短衡。穗鉅而芳奪。秳米而不香。奪或作奮。○洪頤煊曰。字書無秳字。當是秳字之譌。說文。秳。舂粟不潰也。○俞樾曰。高注非也。此當以作奪者爲是。奪者。脫之本字。說文奞部。奪。手持隹失之也。故引申之爲脫失字。後人借作敓。而本義晦矣。後漢書李膺傳。豈可以漏奪名籍。苟安而已。漏奪即今言漏脫也。此文芳字當讀爲房。房者柎也。山海經西山經。員葉而白柎。郭注曰。今江東呼草木子房爲柎。是也。穗鉅而房奪。言穗雖大而其房必脫落也。因借芳爲房。而後人又昧於奪之本義。遂不得其解。而誤以爲芳。薌奮發。致有作奮之本。不可從也。**後時者。莖葉帶芒而末衡。**○畢沅曰。舊校云。末一作小。案亢倉子作小莖。**穗閱而青零。**青零。未熟而先落。○畢沅曰。閱亢倉子作銳。○孫詒讓曰。注蓋釋青零爲色。尚青而先零落。亢倉子作穗銳多粃而青蘦。（銳閱聲同字通）亦同高義。然高說實非也。後文說麥云。後時者。弱苗而穗蒼狼。畢校云。蒼狼。青色也。在竹曰蒼筤。在天曰倉浪。在水曰滄浪。字異而義皆同。畢說甚塙。此青零即蒼狼。蓋禾麥後時。其穗皆青而不黃。爲病同也。青零倉狼一聲之轉。**多粃而不滿。**滿。成也。○維遹案。江有誥先秦韻讀改滿爲盈。是也。盈與零屬耕韻。殆避漢諱改耳。**得時之黍。芒莖而徼下。穗芒以長。**○畢沅曰。亢倉子穗下有不字。**搏米而薄糠。**○俞樾曰。搏之言圜也。考工記梓人。搏身而鴻。盧人。刺兵搏。弓人。紾而搏廉。鄭注竝曰。搏。圜也。楚辭橘頌篇。圓果搏兮。王注曰。搏。圜也。楚人名圜爲搏。然則搏米而薄糠。與上文其粟圓而薄糠文義正同。下文曰。大菽則圓。小菽則摶。亦以圓摶竝言。春之易而食之不噯而香。香美也。噯讀如餲厭之餲。

如此者不飴。○畢沅曰：御覽八百四十二作餲。竊疑上注讀如餲厭之餲，當在此句下。據御覽噯上音北縣切，決不當讀餲也。○維遹案：畢謂上注當在此句下，非。上注本作噯讀如餇厭之餇，餇餲形近致譌。孜噯即餇之借字。說文：餇，厭也。廣韻：噯，甘而厭也。集韻鐸韻引伊尹曰：甘而不餇。本味篇作甘而不噯。（原在噯，誤。依玉篇引改正。）是噯餇字同，俱有厭訓，故注云然。先時者。大本而華。莖殺而不遂。遂，長。葉藁短穗。○畢沅曰：藁，御覽作高。維遹案：亢倉子藁作膏。○後時者。小莖而麻長短穗。而厚糠。小米鉗而不香。小米故厚糠也。○畢沅曰：米鉗，御覽作米令。注云：令，新也。得時之稻。大本而莖葆。長稠疏機。穗如馬尾。大粒無芒。摶米而薄糠。春之易而食之香。如此者不益。益，息也。○畢沅曰：舊校云：益一作蒜。案御覽八百三十九作蒜。注益，息也，義亦難曉。○陳昌齊曰：益當作嗌。籀文益作菻·舊校作蒜·御覽作蕛·皆形訛·王石臞亦云然·○俞樾曰·益疑當作嗌·方言曰·嗌·噎也·秦晉或曰嗌·又曰噎·然則不嗌者·言食之不噎也·呂氏秦人·故言秦耳·舊校云·益一作蒜·蒜者菻之誤也·說文口部曰·菻·籀文嗌字·然則呂氏原文之作嗌·固無疑矣·○李慈銘曰·益即嗌字·嗌·噎聲近相通·蒜·蕛皆菻之譌·菻·嗌之籀文也·說文·嗌·咽也·籀文作菻·上象口·下象頸·脈理也·噎·飯窒也·嗌·咽也·咽·可訓嗌·即可通噎·詩王風·中心如噎·毛傳·噎憂不能息也·噎憂二字連讀·噎憂同歠嚘·噎憂不能息者·謂歠嚘而气息不調也·此言食之不益者·謂食之气息通利·不致哽噎及歠嚘也·注云·息也者·即包得噎歠兩義·此高氏訓說之簡古處·漢書百官公卿表·菻作朕虞·應劭曰·菻·伯益也·師古曰·菻·益之古字·彼假嗌之籀文菻爲益·此則假益爲嗌·而舊校云·一作菻者·乃正字也·先時者。本大而莖葉格對。對·等也·短稠短穗。多粃厚糠。薄米多芒。後時者。纖莖而不滋。厚糠多粃。庢辟米。不得恃。辟·小也·恃·或作待·○畢沅曰·御覽無庢字·字書無庢·下作辟米不大·注止辟小二字·正文得恃及注恃或作待皆無。○孫志祖曰：庤疑卽下句定字之譌衍。○陳昌齊曰：恃當作待。王石臞以不得待定熟爲句。○王念孫曰：不得恃，舊本御覽引作不得待，今一本作不大者，妄人改之也。竊謂不得待定熟五字當作一句讀，言後時之稻不得待成熟之時，卽卬天而死也。之定熟。卬天而死。得時之麻。必芒以長。疏節而色陽。○維遹案：御覽八百四十一引必芒以長作必莖長，色陽作危陽。小本而莖堅。厚枲以均。後熟多榮。日夜分復生。如此者不蝗。蝗蟲不食麻節也。○梁玉繩曰：麻不說先時後時，疑有缺脫。得時之菽。長莖而短足。其莢二七以爲族。多枝數節。競葉蕃實。二七，十四實也。○畢沅曰：莢舊譌作芙，今從初學記、御覽改。下譌作英，亦併改。大菽則圓。小菽則摶以芳。稱之重。食之息以香。如此者不蟲。蟲不蠹其莢芒也。先時者。必長以蔓。浮葉疏節。小莢不實。後時者。短莖疏節。本虛不實。得時之麥。稠長而頸黑。二七以爲行。而服薄䅽而赤色。王〇筠曰。禹貢。納秸服。傳曰。服藁役。謂服藁之役也。呂覽曰。得時之麥。服薄䅽而赤色。知服者䅽之別名。今呼禾葉之下半包其藁者爲蘆服。即此義也。稱之重。食之致香。以息。使人肌或肌作肥。澤且有力。作〇維遹案。御覽八百三十八引肌作肥。亢倉子同。惟御覽無澤字。如此者不蚼蛆。先時者。暑雨未至。至或作上。〇維遹案。至字是。至與下文疾節屬。至韻。胕動蚼蛆而多疾。胕動。病心。胕讀如疛。〇畢沅曰。洪氏亮吉漢魏音引此注云。胕讀如疛。案胕如疛。音同。知胕肘本一字也。今本疛作痛。誤。從舊本改正。亢倉胕動作胕腫。〇梁玉繩曰。當是痡字。傳譌作痛。胕與胕不全。音未必是一字。〇王念孫曰。蚼蛆二字疑因上文而衍。胕當作肘。注病心當乙轉。其次羊以節。後時者。弱苗而穗蒼狼。〇畢沅曰。蒼狼。青色也。在竹曰蒼筤。在天曰倉浪。在水曰滄浪。字異而義皆同。薄色而美芒。是故得時之稼興。興。昌也。失時之稼約。約，青病也。○梁玉繩曰：今俗所云青腰。○張雲璈曰：今米有青胥白臍之名，米之病也。高注約，青病也，當即俗所云青胥。而青病字甚雅，約字亦奇。莖相若稱之得時者重粟之多。○陶鴻慶曰：高注以得時之稼興、失時之稼約相對爲文，而釋之曰：興，昌也；約，青（青疑眚字之誤）病也。然上文於得時失時之異，論之甚詳，此不煩更說。興當爲與字之誤，約字屬下讀。之粟之多三字，乃高爲重字作注而屛入正文者。元文當云：是故得時之稼與失時之稼約莖相若，稱之，得時者重。約也，說文：秉，禾束也。正此約字之義。謂束其莖而稱之，多寡均而輕重異也。與下文量粟相若而舂之，得時者多米；量米相若而食之，得時者忍饑，文同一例。量粟相若而舂之，得時者多米。量米相若而食之。○舊校云：一作以爲食。得時者忍饑。忍，猶能也。能，耐也。是故得時之稼。其臭香。其味甘。其氣章。氣，力也。章，盛也。百日食之。百日食之者，食之百日也。耳目聰明。心意叡智。叡，明也。四衞變彊。四衞，四枝也。⿰歹凶氣不入。身無苛殃。苛，病；殃，咎。黄帝曰。四時之不正也。正五穀而已矣。五穀正時，食之無病，故曰正五穀而已。

審時

# 氾勝之書

（漢）氾勝之 撰

《氾勝之書》，（漢）氾勝之撰。據《漢書·藝文志》班固注，氾勝之在漢成帝（前三二—前七）時作過議郎。唐代顔師古《漢書》注引劉向《别錄》：『使教田三輔，有好田者師之，徙爲御史。』又據《晉書·食貨志》：『昔漢遣輕車使者氾勝之督三輔種麥，而關中遂穰。』可見作者曾在陝西關中地區指導農業生産，傳授耕作技術，對當地農業有突出貢獻。

原書十八篇。本書首先概括出農業生産的技術原則：『凡耕之本，在於趣時、和土，務糞澤，早鋤早獲。』然後以二千年前黄河流域關中地區的旱作農業爲對象，總結了耕田、收種、『溲種法』、『區田法』以及禾（粟）、黍、稻、稗、大豆、小豆、宿麥（冬小麥）、旋麥（春小麥）、苴、枲、甜瓜、瓠、芋、桑、荏、胡麻（芝麻）等十多種農作物的栽培技術。書中所記述的因時因地耕作法、種麥法、種瓜法、穗選留種法、保澤法、桑苗截幹法、稻田水温調節法、靠接培育大葫蘆法、『區田法』、『溲種法』等都很有特色。該書雖爲關中地區耕作栽培技術的總結，但對於整個北方旱地農業均有指導意義，其内容經常被後世農書所引用。

此書大概失傳於北宋初或北宋、南宋之交，所幸的是北宋以前的一些古籍如《齊民要術》《藝文類聚》《太平御覽》等多有引用，使該書的不少内容得以流傳，清代以來還出現多種輯佚本。如清人洪頤煊所輯《氾勝之書》兩卷，清人宋葆淳輯《氾勝之遺書》不分卷，馬國翰輯《氾勝之書》二卷。今人注釋本有石聲漢《氾勝之書今釋》（一九五六年科學出版社出版）、萬國鼎《氾勝之書輯釋》（一九五七年中華書局出版，一九八〇年農業出版社重印）。今據南京圖書館藏洪頤煊所輯《氾勝之書》兩卷本影印。

（惠富平）

經典集林卷二十三

臨海　洪頤煊　撰集

承德　孫彤　校訂

## 氾勝之書卷上

神農之教，雖有石城湯池帶甲百萬而無粟者弗能守也夫穀帛實天下之命衛尉前上蠶法今上農事人所忽略衛尉勤之可謂忠國憂民之至（藝文類聚八十五文選後漢書光武紀贊注太平御覽八百二十二路史後紀一）

農事惰與其相十倍（太平御覽八百二十二）

凡耕之本在於趣時和土務糞澤早鋤穫春凍解地氣始通土一和解夏至天氣始暑陰氣始盛土復解夏至後九十日晝夜分天地氣和以此時耕田一而當五名曰膏澤皆得時功春地氣通可耕堅硬強地黑壚土輒平摩其塊以生草草生復耕之天有小雨復耕和之勿令有塊以待時所謂強土而弱之也（齊民

要術一　案周禮草人鄭注云土化之灋化之使美若氾勝之術也

春候地氣始通椓橛木長尺二寸埋尺見其二寸立春後土塊散上沒橛陳根可拔此時二十日以後和氣去即土剛以此時耕一而當四和氣去耕四不當一杏始華榮輒耕輕土弱土望杏花落復耕耕輒藺之案太平御覽兩輒字作趣事類賦注藺之下有此謂一耕而五也一句草生有雨澤耕重藺之土甚輕者以牛羊踐之如此則土強此謂弱土而強之也齊民要術一文選永明九年策秀才文注太平御覽九百六十八事類賦注二十六　案禮記月令注引農書曰土長冒橛陳根可拔耕者急發正義云鄭所引農書先師以爲氾勝之書也韋昭國語周語注引同

杏花如何可耕曰沙太平御覽九百六十八事類賦注二十六

春氣未通則土歷適不保澤終歲不宜稼非糞不解慎無旱耕須草生至可種時有雨即種土相親苗獨生草穢爛皆成良田此一耕而當五也案文選永明九年策秀才文注引此句作一耕而五穫不如此而旱耕

塊硬苗穢同孔出不可鋤治反爲敗田秋無雨而耕絕土氣土堅垎名曰脂田及盛冬耕泄陰氣土枯燥名曰脯田脯田與脂田皆傷田二歲不起穢則一歲休之（齊民要術一）

凡愛田常以五月耕六月再耕七月勿耕謹摩平以待種時五月耕一當三六月耕一再當再七月耕五不當一冬雨雪止輒以蔺之掩地雪勿使從風飛去後雪復蔺之則立春保澤凍蟲死來年宜稼得時之和適地之宜田雖薄惡收可畝十石（齊民要術）

牽馬令就穀堆食數口以馬踐過爲種無虸籌蚄蟲也（齊民要術一）

種傷濕鬱熱則生蟲也取麥種候熟可穫擇穗太強者秄束立場中之高燥處曝使極燥無令有白魚有輒揚治之取乾艾雜藏之（案太平御覽作乾草）麥一石艾一把藏以瓦器竹器順時種之則收

常倍取禾種擇高大者斬一節下把懸高燥處苗則不敗欲知歲所宜以布囊盛粟等諸物種平量之埋陰地冬至後五十日發取量之息最多者歲所宜也齊民要術一太平御覽八百二十二又八百四十又八百四十一

種小豆忌卯稻麻忌辰禾忌丙黍忌丑秫忌寅未小麥忌戌大麥忌子大豆忌申凡九穀有忌日種之不避其忌則多傷敗諸事忌禁日此非空言也其道自然若燒黍穰則害瓠也齊民要術一太平御覽八百二十三又八百三十七

種禾無期因地爲時三月榆莢雨時高地彊土可種禾案事類賦注作可種秫　薄田不能糞者以原蠶矢雜禾種之則禾不蟲又取馬骨剉一石以水三石煑之三沸漉去滓以汁漬附子五枚三四日去附子以汁和蠶矢羊矢各等分撓令洞洞如稠粥先種二十

日時以溲種如麥飯狀常天旱燥時溲之立乾薄布數撓令易乾明日復溲天陰雨則勿溲六七溲而止輒曝謹藏勿令復濕至可種時以餘汁溲而種之則禾稼不蝗蟲無馬骨亦可用雪汁雪者五穀之精也使稼耐旱常以冬藏雪汁器盛埋於地中治種如此則收常倍齊民要術一初學記三藝文類聚八十八太平御覽二十又八百二十三又八百三十九事類賦注四

取雪汁漬原蠶屎五六日待釋手接之如飯狀和穀種之能御旱故謂雪爲五穀精也北堂書鈔一百五十二初學記二藝文類聚一太平御覽十二事類賦注三

昔湯有旱災伊尹作爲區田教民糞種負水澆稼區田以糞氣爲美非必須良田也諸山陵近邑高危傾阪及丘城上皆可爲區田區田不耕旁地庶盡地力齊民要術一北堂書鈔三十九太平御覽八百二十一宋北堂書鈔引虎稼下又云收至畝百石勝之試爲之收至畝四十石

凡區種不先治地便荒地爲之以畝爲率令一畝之地長十八丈廣四丈八尺當橫分十八丈作十五町町間分爲十四道以通人行道廣一尺五寸町皆廣一尺五寸長四丈八尺尺直橫鑿町作溝溝一尺深亦一尺積穰於溝間相去亦一尺嘗悉以一尺地積穰不相受令弘作二尺地以積穰種禾黍於溝間夾溝爲兩行去溝兩邊各二寸半中央相去五寸旁行相去亦五寸一溝容四十四株一畝合萬五千七百五十株種禾黍令上有一寸土不可令過一寸亦不可令減一寸凡區種麥令相去二寸一行一溝容五十二株一畝凡四萬五千五百五十株麥上土令厚二寸凡區種大豆令相去一尺二寸一溝容九株一畝凡六千四百八十株區種荏令相去三尺胡麻相去一尺區種天旱常溉之一畝常收百斛齊民要術一

上農夫區方深各六寸間相去九寸案後漢書注九寸作七寸一畝三千七百區一日作千區區種粟二十粒美糞一升合土和之畝用種二升秋收區三升粟畝收百斛丁男長女治十畝案後漢書注文選注丁男女治十畝句在秋收區三升句上十畝收千石歲食三十六石支二十六年中農夫區方九寸深六寸相去二尺一畝千二十七區用種一升案後漢書注此下有丁男女種十畝句秋收粟五十一石一日作三百區下農夫區方九寸深六寸相去三尺一畝五百六十七區用種六升秋收二十八石一日作二百區區中草生茇之區間草以剗剗之若以鋤鋤苗長不耘之者以劒鎌比地刈其草矣後漢書劉般傳注文選嵇叔夜養生論注齊民要術一

驗美田至十九石中田十三石薄田一十石齊民要術一

植禾夏至後八十九十日常夜半候之天有霜若白露下以平

明時令兩人持長索相對各持一端以概禾中去霜露日出乃止如此禾稼五穀不傷矣齊民要術一

稗既堪水旱種無不熟之時又特滋茂盛易生蕪穢良田畝得二三十斛宜種之備凶年又稗中有米熟時可擣取米炊食之不減粱米又可釀作酒酒甚美釀尤踰黍秫武帝時令典農種之一頃收二千斛斛得米三四斗大儉可磨食之若值豐年可以飲牛馬猪羊案酒甚美以下齊民要術作注文武帝譌作魏武今改正

蟲食桃者粟貴爾雅翼八齊民要術一太平御覽八百二十三

黍者暑也種必待暑先夏至二十日此時有雨強土可種黍畝三升黍心未生時雨灌其心心傷無實初種時天霧令兩人對持長索戞去其露日出乃止種黍復出鋤治皆如禾欲稀於禾初學記二十七太平御覽八百二十三又八百四十二案爾雅釋文云氾勝之種植書無稷

秔稻秫稻三月種秔稻四月種秫稻爾雅翼一證類本草二十六

經典集林卷二十三

# 氾勝之書卷下

經典集林卷二十四

臨海　洪頤煊　撰集

承德　孫　彤　校訂

大豆保歲易爲宜古之所以備凶年也謹計家口數種大豆率人五畝此田之本也三月榆莢時有雨高田可種大豆土和無塊畝五升土不和則益之種大豆夏至後二十日尚可種戴甲而生不用深耕大豆須均而稀豆花憎見日見日則黃爛而根焦也穫豆之法莢黑而莖蒼輒收無疑其實將落反失之故曰豆熟於場於場穫豆即青莢黑莢在下（齊民要術二太平御覽八百三十二又八百四十一兩引）

種土不可厚厚則項折不能長達屈於土中而死（太平御覽八百三十二）

區種大豆法坎方深各六寸相去二尺一畝得千六百八十坎

其坎成取美糞一升合坎中土攪和以內坎中臨種沃之坎三升水坎內豆三粒覆土土勿厚以掌抑之令種與土相親一畝用種一升用糞十六石八斗豆生五六葉鋤之旱者溉之坎三升水丁夫一人可治五畝至秋收一畝中十六石種之上土纔令蔽豆耳齊民要術二

小豆不保歲難得宜椹黑時注雨種畝一升豆生布葉鋤之生五六葉又鋤之大豆小豆不可盡治也古所以不盡治者豆生布葉豆有膏盡治之則傷膏傷則不成而民盡治故其收耗折也故曰豆不可盡治養美田畝可十石以薄田尚可畝收五石齊民要術二太平御覽八百四十一

一斗大豆有千萬粒太平御覽八百四十一

種菓春凍解耕治其土春草生布糞田復耕平摩之太平御覽八百二十

二

種枲太早則剛堅厚皮多節晚則不堅寧失於早不失於晚穫麻之法穗勃勃如灰拔之夏至後二十日漚枲枲和如絲齊民要術二

種麻預調和田二月下旬三月上旬傍雨種之麻生布葉鋤之率九尺一樹樹高一尺以蠶矢糞之樹三升無蠶矢以溷中熟糞糞之亦善樹一升天旱以流水澆之樹五升無流水曝井水殺其寒氣以澆之雨澤適時勿澆澆不欲數養麻如此美田則畝五十石及百石薄石尚三十石穫麻之法霜下實成速斫之其樹大者以鋸鋸之齊民要術二

凡田有六道麥為首種種麥得時無不善夏至後七十日可種宿麥早種則蟲而有節晚種則穗小而少實當種麥若天旱無

雨澤則薄漬麥種以酢漿并蠶矢夜半漬向晨速投之令與白露俱不酢漿令麥耐旱蠶矢令麥忍寒麥生黃色傷於太稠稠者鋤而稀之秋鋤以棘柴曳之以壅麥根故諺曰子欲富黃金覆黃金覆者謂秋鋤麥曳柴壅麥根也至春凍解棘柴曳之突絕其乾葉須麥生復鋤之到榆莢時注雨止候土白背復鋤如此則收必倍冬雨雪止以物輒藺麥上掩其雪勿令從風飛去後雪復如此則麥耐旱多實春凍解耕如土種旋麥麥生根茂盛莽鋤如宿麥齊民要術二太平御覽八百二十三又八百三十八

區麥種區大小如中農夫區禾收區種凡種一畝用子二升覆土厚二寸以足踐之令種土相親麥生根成鋤區間秋草緣以棘柴律土壅麥根秋旱則以桑落曉澆之秋雨澤適勿澆之麥凍解棘柴律之突絕去其枯葉區間草生鋤之大男大女治十

畝至五月收區一畝得百石以上十畝得千石以上小麥忌戌大麥忌子除日不中種齊民要術三

種稻春凍解耕反其土種稻區不欲大大則水深淺不適冬至後一百一十日可種稻稻地美者用種畝四升始種稻欲濕濕者缺其塍令水道相直夏至後大熱令水道錯齊民要術二太平御覽八百二十三又八百三十九

區種瓜一畝爲二十四科區方圓三尺深五寸一科用一石糞糞與土合和令相半以三斗瓦甕埋著科中央令甕口上與地平盛水甕中令滿種瓜甕四面各一子以瓦蓋甕口水或減輒增常令水滿種常以冬至後九十日百日得戊辰日種之又種薤十根令週迴甕居瓜子外至五月瓜熟薤可拔賣之與瓜相避又可種小豆於瓜中畝四五升其藿可賣此法宜平地瓜收

畝萬錢齊民要術二

種瓠法以三月耕良田十畝作區方深一尺以杵築之令可居澤相去一步區種四實蠶矢一斗與土糞合澆之水二升所乾處復澆之著三實以馬箠聲其心勿令蔓延多實實細以藁薦其下無令親土多瘡瘢可作瓢以手摩其實從蔕至底去其毛不復長且厚八月微霜下收取掘地深一丈薦以藁四邊各厚一尺以實置孔中令底下向瓠一行覆上土厚二尺二十日出黃色好破以爲瓢其中白膚以養豬致肥其瓣以作燭致明一本三實一區十二實一畝得二千八百八十實十畝凡得五萬七千六百瓢瓢直十錢并直五十七萬六千文用蠶矢二百石牛耕功力直二萬六千文餘有五十五萬肥豬明燭利在其外齊民要術二

區種瓠法收種子須大者若先受一斗者得收一石受一石者得收十石先掘地作坑方圓深各三尺用蠶沙與土相和令中半若無蠶沙生牛糞亦得著坑中足躡令堅以水沃之候水盡卽下瓠子十顆復以前糞覆之既生長二尺餘便總聚十莖一處以布纏之五寸許復用泥泥之不過數日纏處便合爲一莖留强者餘悉掐去引蔓結子子外之條亦掐去之勿令蔓延留子法初生二三子不佳去之取第四五六區留三子卽足旱時須澆之坑畔周匝小渠子深四五寸以水停之令其遙潤不得坑中下水齊民要術二

種芋區方深皆三尺取豆萁內區中足踐之厚尺五寸取區上濕土與糞和之內區中萁上令厚尺二寸以水澆之足踐令保澤取五芋子置四角及中央足踐之旱數澆之萁爛芋生子皆

長三尺一區收三石齊民要術三

種芋法宜擇肥緩土近水處柔糞之二月注雨可種芋率二尺下一本芋生根欲深劚其旁以緩其土旱則澆之有草鋤之不厭數多治芋如此其收常倍齊民要術二

種桑法五月取椹著水中卽以手潰之以水灌洗取子陰乾治肥田十畝荒田久不耕者尤善好耕治之每畝以黍椹子各三升合種之黍桑當俱生鋤之桑令稀疏調適黍熟穫之桑生正與黍高平因以利鎌摩地刈之曝令燥後有風調放火燒之常逆風起火桑至春生一畝食三箔蠶齊民要術三 藝文類聚八十八 事類賦注二十五

經典集林卷二十四

# 四民月令

（漢）崔寔撰

《四民月令》，（漢）崔寔撰。崔寔，字子真，又名台，字元始。涿郡安平（今河北安平）人，其傳記附於《後漢書·崔駰傳》。他出身名門望族，曾任議郎、太守等職，有自己獨特的政治見解，著有《政論》一書。在五原郡太守任期内，重視農業生産，教導當地民衆種麻和紡織。崔氏曾在洛陽經營莊田，以農業爲主，蠶桑、釀造等爲輔，還進行農産品貿易，集士農工商於一身。爲把自己的農業經驗傳予世人，崔氏仿效《禮記·月令》的體裁，逐月記述各種農事活動，撰成此書。

全書基本上以士民（中小地主）的家庭爲背景，按月叙述以農業經營爲主的治生事項和經驗，涉及耕作、栽種、管理（中耕、除草、施肥、剪枝、防蟲、掃葉等）、收穫（包括伐木和採集野生藥用植物）、養蠶、紡織，以至農産品貯藏加工、買賣等各個方面。書中關於確定作物播種量的經驗、水稻移栽以及農村生活的記載都很有價值。本書内容細緻合理，不僅是農家月令書的開創者，還稱得上是一部代表作。

原書已佚，自清代乾隆後期陸續出現了各種輯佚本，其中嚴可均輯本比較著名。一九六五年中華書局出版石聲漢《四民月令校注》、一九八一年農業出版社出版繆啓愉《四民月令輯釋》。今據南京圖書館藏唐鴻學輯《怡蘭堂叢書》本影印。

（惠富平）

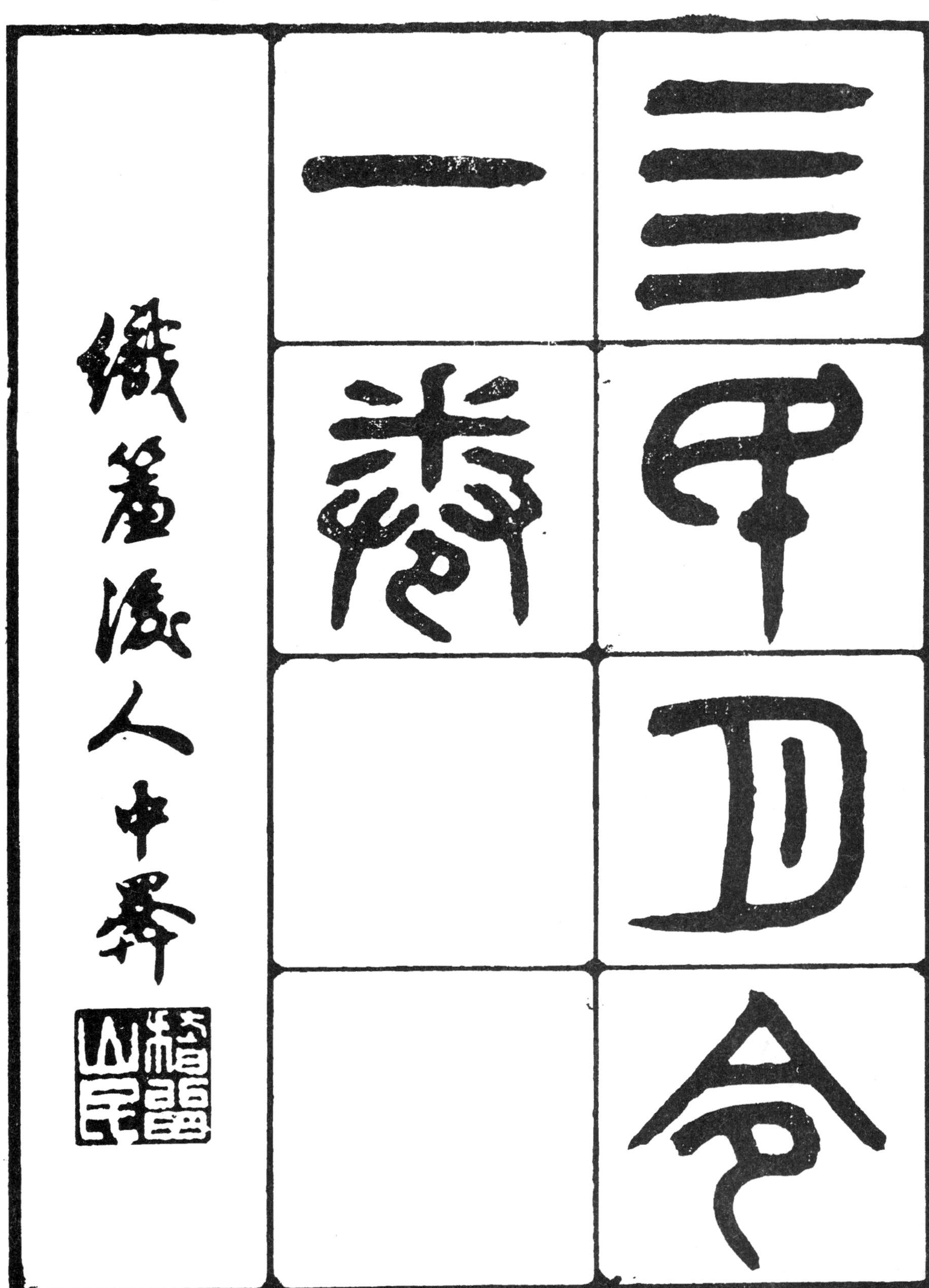

大關唐鴻學

輯刻于成都

坿錄

隋志農家四人月令一卷後漢大尙書崔寔譔舊唐志同新唐志作崔湜誤宋不著錄近人任兆麟王謨皆有輯本編次不倫且多罣漏王本又誤以齊人月令謂卽四民月令而所采齊民要術有今本所無者六事其文不類未知何據余旣輯崔寔政論二卷因兼及此書蒐錄遺佚得二百許事省并複重逐月分章爲十二章定著一卷有注疑卽崔寔譔徵用者都以注爲正文今加注字閒隔之而王本所采齊民要術六事坿後俟攷又齊人月令一卷唐孫思邈譔宋志在時令類本今亡竝坿于後免與崔寔書混夫農爲邦本食爲民天洪範八政一曰食孔子論政先足食自古及今未有不知稼穡之艱難而能有國有家者也惜古書流傳日少漢志

農九家見于隋志者僅氾勝之一家見于新唐志者僅尹都尉氾勝之二家而多出漢志范子計然一家至宋時著錄乃起齊民要術前此數家絕無傳本顧乃增收晚出空疏不適用之書濫及茶蟹花石不急之務殊非農家本意同硯生洪頤煊始輯范子計然一卷氾勝之書二卷及余所輯此書雖皆殘缺然而網羅散失舊聞竊有力焉數十年後未知能廣爲傳布否也嘉慶乙亥歲秋九月烏程嚴可均謹敘

崔寔四民月令任氏兆麟王氏謨嚴氏可均皆有輯本三家之中嚴氏較善然其中有誤注爲正文誤正文爲注者又有誤引佗書入文入注者余輯是篇一皆釐正而以玉燭寶典爲主若齊民要術校宋本北堂書鈔舊鈔本南海孔氏刻本藝文類聚校宋本初學記舊校本太平御覽明補宋刻本所引但刺取丹注而已蓋各書多系摘割或牽連枝蔓故考索辭氣時有齟齬卽嚴氏所謂其文不類也是知按采古籍固當精心孰審玩其本文期於辭達義舉正未可專事攟摭矣

辛酉三月大關唐鴻學斠訖並記

# 四民月令

後漢大尚書崔寔譔　　大關唐鴻學校輯

正月之旦，是謂正日。躬率妻孥

孥，子也。

絜祀祖禰。

祖，祖父；禰，父也。

前期三日，家長及執事皆致齊焉。

禮，將祀，心齊七日，致齊三日。家人苦多務，故俱致齊也。

及祀日，進酒降神。畢，乃家室尊卑，無小無大，以次列坐于（此字舊脫，據初學記四、太平御覽二十九補）先祖之前。子婦孫曾，

子，直謂子；婦，子之妻。

各上椒酒于其家長稱觴舉壽欣欣如也

元旦進椒酒柏酒椒是玉衡星精服之令人身輕能音耐耐老柏亦是仙藥進酒次弟當從小起以年少者爲先初學記四白孔六帖四御覽二十九

謁賀君師故將宗人父兄父友友親鄉黨耆老是月也擇元日可以冠子

元善也禮年十九見正而冠也

百卉萌動蟄蟲啟戶乃以上丁舊作下今改祀祖于門

祖道神黃帝之子曰累祖好遠遊死道路故祀以爲道神正月草木可遊蟄蟲將出因以祭之以求道路之福也

及祖禰三字舊在祠先禰下今迻正道陽出滯祈福祥焉

祖舊作且今改之日竝復祀先祖也祈求也舊在祈豐年下今迻正

又以上亥祠先穡

先穡謂先農之徒始造稼穡者也

以祈豐年上除若十五日合諸膏小草續命丸注藥及馬舌下散

農事未起命成童以上

謂年十五以上至二十舊作三十據齊民要術三改

入大學學五經師法求備勿讀書傳研凍釋命幼童

謂九歲以上十四以下也舊作十歲以上至十四據要術三補改

入小學學書篇章

謂六甲九九急就三蒼之屬二字舊脱據要術三補

命女紅趣織布自朔暨晦

暨及

可移諸樹竹漆桐梓松柏雜木唯有果實者及望而止（舊作上據要術四改）

望謂十五日也過十五日果少實也

雨水中地氣上騰土長冒橛

橛弋也農書曰椓（舊作椽今改）二尺橛于地令地出二寸正月冰解

土墳起沒橛之也

陳根可拔

此周雒京師之法其冀州遠郡各以其寒暑早晏不拘于此也

急菑彊土黑壚之田可種春麥䗐（舊作蜫今改）豆盡二月止（舊作上據要術二改）

可種瓜

種瓜宜用戊辰日（要術二事類瓜賦注）

瓠芥葵䪥大小葱

夏葱曰小冬，葱曰大

蓼蘇牧宿子及雜蒜

亦可種此二物皆不如秋要術三

可菹二字舊脫據要術二補芋可别鬒芥糞田疇

疇𤷬田也

上辛掃除韭畦中枯葉是月盡二月可拔剳樹木命典饋釀春酒

必躬親絜敬以供夏至至舊作主主今改初伏之祀可作諸醬上旬𤎩豆

中旬煑之以碎豆作末都

末都者醬屬也

至六七此字舊脫據要術八補月之交分以藏瓜可以作魚醬完醬清醬自

是月自月二字舊脫據要術五補以終季夏不可以伐竹木必生蠹蟲

或曰其月無壬子日以上旬伐之雖春夏不蠹猶有剖析開解之害又犯時令非急無伐要術五

收白犬可及肝血

可以合注藥五字舊作正文據十二月章正　玉燭寶典一

二月祠太社之日薦韭卵于祖禰前期齊饌掃滌如正祀焉其夕又案家薄饌祠具厥明于家上薦之其非（舊有家字今刪）良日若有君命他急筮擇冢（舊作釋家今改）祀日是月也擇（舊作掃今改）元日可結婚順陽習射以備不虞

虞度也度猶意以備寇賊不意之變

陰凍畢澤可菑美田緩土及河渚小處

勸農使者氾勝之法

可種稙（舊作植今改）禾

美田欲稠薄田欲稀（要術一）

大豆苴麻

麻之有實者爲苴也（要術二與此同）

苴麻麻之有藴者莩麻是也一名黂苴麻子黑又實而重擣治作燭不作麻要術二又云今並列之

胡麻春分中雷且發聲先後各五日寢别外内

月令曰雷且發聲有不戒其容止者生子不備

蠶事未起命縫人浣冬衣徹複爲袷其有贏帛遂爲秋製

凡浣故帛用灰汁則色黄而且脆擣小豆爲末下絹簁投湯中以洗之潔白而柔肕勝皂莢矣要術三

是月也榆莢成及青收乾以爲旨蓄

旨美蓄積也司部收青莢小蒸曝之至冬至以釀䕩滑香宜養老詩云我有旨蓄亦以御冬也詩云下十一字舊脱據要術五補

色變白將落可收爲䇺

音牟

醬䤃

音須

醬

皆榆醬者

隨節早晏勿失其適自舊作曰據正月章改是月盡三舊作二據要術四御覽九百九十八改

月可掩樹樹枝

埋樹根枝土埋舊作理土作公據要術四改中令生二歲以上可移種之

可種地黄及采桃花茜

茜染絳草也音倩

及括樓土瓜根其濱山可采烏頭天雄天門冬、朮此字舊脫據藝文類聚八十一

補　可糶粟黍大小豆麻子收薪炭

炭聚之下碎末令棄之擣簁以淅米泔溲之更擣令熟丸如雞子以供竈鑪御寒之用輒得通宵達曙堅實耐久踰炭十倍要術

三

玄鳥巢刻塗牆寶典二

三月三日可種瓜是日以及上除可采艾烏韭瞿麥柳絮

柳絮止（舊作上今改）創穴也

清明節命蠶妾治蠶室塗隙穴具槌持薄籠節後十日封生薑至立夏後芽出可種之穀雨中蠶畢生乃同婦子以懃其事無或務他以亂本業有不順命罰之無疑是月也杏華盛可菑沙白輕土之田

氾勝之曰杏華如何可耕白沙也（舊作杏華如河沙也據類聚八十七御覽九百六十八引）

（氾勝之書補改）

時雨降可種秔稻（舊倒據要術二御覽八百三十九乙）及稙（舊作植今改）禾苴麻胡豆胡麻別小蔥昏參夕桑椹赤可種大豆（舊有也字今刪）謂之上時榆莢落可種藍是月也冬穀或盡椹麥未熟乃順陽布德振贍（舊作⿰足詹今改）匱乏

務先九族自親者始家無或蘊財

蘊積

忍人之窮無或利名罄家繼富

罄竭也

度入爲出處厥中焉農事尙閑可利溝瀆葺治牆屋以待雨繕修

門戶警設守備以（舊倒據要術三乙）禦春飢草竊之寇自是月盡夏至煖

氣將盛日烈暵

暵燥也

利以洙油作諸日煎藥可糶黍買布寶典三

四月立夏節後蠶大（舊作火今改）食可種生薑取鮦子作醬蠶入簇時雨降可種黍禾

穈黍之秫熟者一名穄也（要術二此注嚴輯在三月並依注加正文可種黍穄四字非案王氏廣雅疏證云夏小正尙書大傳淮南子說苑皆云大火中種黍菽而呂氏春秋則云日至樹麻與菽麻生于二三月夏至後則刈麻矣今云日至樹麻其爲樹穈之譌無疑夏小正諸書並云黍菽呂氏言穈菽是穈黍互通之碻據也今據王說列此）

謂之上時及大小豆

美田欲稀薄田欲稠（要術二）

胡麻是月四日可作醯醬藾既入簇（藾簇二字舊脫據要術三補）趣繰剖綿（要術三作線疑當是綵）具機杼敬經絡收蕪菁及芥亭歴冬葵莨菪子布穀鳴收小蒜草始茂可燒灰是月也可作棗糒以御賓客可糴䵃

大麥之無皮毛者曰䵃也

及大麥弊絮別小葱寶典四

五月芒種節後陽氣始虧陰慝將萌舊作前據要術三改慝惡也陰主殺舊作穀今改故謂之慝夏至姤舊作始今改卦用事陰起于初溼氣升而靈蟲生矣

煖氣始盛蟲蠹並興乃施角弓弩解其徽紘張竹木弓弩施其弩下其二字舊脫據要術三補弦以灰藏旃裘毛毳之物及箭羽以竿挂以字舊脫竿挂作芋柱據要術三補改油衣勿襞藏爲得暑溼舊作煮溫據要術三改相黏舊倒今乙著也

是月五日可作酢舊作醯與後文複據要術八改合止利黃連丸霍亂丸采葸耳

取蟾諸

蟾諸京師謂之蝦蟇北州謂之去甫或謂苦蠪去甫舊作去角苦蠪作苦蘢案本草蝦蟇別錄一名去甫一名苦蠪此皆以形近而譌今據改可以合惡疽創舊作直刺據要術三類聚四御

覽九百四十九改藥也

以合創藥及東行螻蛄

螻蛄有刺（二字舊脫據要術三補）去刺治產婦難兒衣不出

夏至之日薦麥魚于祖禰厥明祠冢（此字舊脫據二月八月章補）前期一日饌

具齊埽滌如薦韭卵時雨降可種胡麻先後日至（此字舊脫今補）各五日

可種禾及牡麻

牡麻青白有華無實好肥理兩頭銳而輕浮一名為枲也（舊作牡麻）

（有卜氣無氣實據要術二補改）

先後各二日可種黍

蟲食李者黍貴也（要術一）

是月也可別稻及藍盡至後二十日止（盡止二字舊脫據要術二補）可菑麥田

刈芻茭（舊作英芻，據七月章改）。麥既入，多作精，以供出入之糧。淋雨將降，儲米穀薪炭，以備道路陷淖不通。是月也，陰陽爭，血氣散。先後日至各五日，寢別外內。陰氣入藏，腹中塞，不能化膩。先後日至各十日，薄滋味，毋多食肥醲。距立秋，毋食煮餅及水溲餅。夏日飲水時，此二餅得水即堅強難消（舊作強剛不消，堅字杜氏避隋諱，據要術三乙改），不幸便爲宿食作傷寒矣。試以此二（此字舊脫，據要術三補）餅置水中，即見驗。唯酒溲餅入水即爛（即字舊脫，此有之字，據要術三刪補）也。

是月也，可作醬醬及醢醬。糶大小豆、胡麻，糴䵃麥、大小麥。收敝絮及布帛（此字舊脫，據要術三補）。日至後，可糴䴸䴛。

䴸音敷，䴛音操。

暴乾，置罌（舊作兒，據要術三改）中，密封塗之，則不生蟲。至冬，可以養馬（寶典五）。

六月初伏薦麥瓜于祖禰齊饌掃滌如薦麥魚是月也趣耘耡舊作私耡今改毋失時命女紅織縑縛

詩八月載績績織也云周八月今六月也縛音篆舊作升據集韻改絹

及舊作夏據要術三改紗穀之屬也

是月六日可種葵中伏後可種冬葵可種蕪菁

至十月可收也要術三

冬藍

冬藍木藍也八月用染也要術五

小蒜別大葱可燒灰染青紺

古暗反

諸雜色大暑中伏此字舊脫據要術三補後可畜瓠藏瓜收芥子盡七月止

此字舊脱據正月章補是月二十日可搗擇小麥磑之至二十八日溲寢臥之下此字舊脱據注補至七月七日當以作麴

起六反凡臥寢之下十日不能十日六日七日亦可

必躬親絜敬必舊作名敬作靜據正月章改以供禋祀

禋絜

一歲之用隨家豐約多少無常可糶大豆糴穬疑脱大字小麥收縑縳

寶典六

七月四日命治麴室具薄持槌取淨艾六日饌治五槃磨具七日遂作麴及磨是日也可合藍丸及蜀漆丸曝經書及衣裳

習俗然也御覽三十一

作乾糗采葸耳舊有也字據要術三刪

葸耳胡葸子可作燭

是月也可種蕪菁及芥牧宿大小葱子小蒜胡葱別䪥藏韭菁

菁韭葩也要術三

刈芻茭蔔舊作蕢今改麥田收柏實處暑中向秋節浣故製新作袷薄以備始涼可糶大小舊倒據要術三乙豆糴麥收縑練疑當是縛寶典七

八月筮擇月節後良日祠歲時常所奉尊神前期七日舉家毋到喪家及產乳家少（疑當是家）長及執事者悉齊案祠薄掃滌務加謹絜是月也以祠泰社之（舊作祠據二月章改）日薦黍豚于祖禰厥明祀冢如薦麥魚暑小退命幼童入小學如正月焉涼風戒寒趣練縑帛染采色

柘染色黃赤人君所貴黃者中尊赤者南方人君之所向也（御覽九百五十八）

擘綿治絮制新浣故及韋履賤好豫買以備隆冬栗烈之寒是月八日可采車前實烏頭天雄及王不留行是月也可納婦

詩云將子无怒秋以爲期

可斷瓠作蓄

瓠中有白膚實以養豬致肥其瓣以作此字及上白膚二字舊脫據要術三補燭致明者也

乾地黃作末都刈萑葦舊作列萑莘據要術三改及芻茭收韭菁作擣虀可乾葵收豆藿種大小蒜芥牧宿二字舊脫據要術三補凡種大小舊倒據要術二乙麥得白露節可種薄田

麥者陰稼也忌以日中種之其道自然若燒黍穰則害穰舊作稷害作容據要術一引氾勝之書改瓠者也

秋分種中田後十日種美田唯穬早晚無常得涼燥可上角弓弩繕治檠正縛徽絃遂以習射施竹木弓及弧

木弓謂之弧音孤也

糶種麥及黍要術三作糴黍疑糶字是　寶典八

九月治場圃塗囷倉修竇窖繕五兵習戰射以備寒凍窮厄之寇存問九族孤寡老病不能自存者分厚徹重以救其寒要術三

藏茈薑

生薑謂之茈薑要術三

蘘荷要術三寶典十一作葵菹乾葵

其歲若溫皆待十月要術三又九

九月可采菊華類聚八十一御覽九百九十六收枳實御覽九百九十二案寶典原缺九月一卷諸書所引文不相屬今分載之

十月培築垣牆塞向墐戶

北出牖謂之向也

趣納禾稼毋或在野可收蕪菁藏瓜上辛命典饋漬麴麴澤（澤與釋通）釀冬酒必躬親絜（舊倒據正月章乙）敬以供冬至臘正祖薦韭卵（舊作仰今改）之祠是月也作脯腊以供臘祀農事畢命成童以上入太學如正月焉五穀既登家儲蓄積乃順時令勑喪紀同宗有貧窶久喪不堪（此字舊脫上久作父據要術三補改）葬者則糾合宗人共興舉（與舊作與與與舉古通文複今據要術三改）之以親疎貧富爲差正心平斂毋或踰越務先自竭以率不隨是月也可別大葱先冰凍作涼餳煮暴飴可析麻趣績布縷作白履不借

草履之賤者曰不借

賣縑帛舊作綿據要術三改弊絮糴粟大小豆麻子收括樓

以治蟲䖟毒也十寶典

十一月冬至之日薦黍羔先薦玄冥于井以及祖禰齊饌掃滌如薦黍豚其進酒尊長及脩謁刺賀君師耆老如正月是月也陰陽爭血氣散先後日至各五日寢別外內研水凍命幼童讀孝經論語篇章入（此字舊脫據要術三補）小學乃以漸饌黍稷稻粱諸供臘祀之具可釀醢伐竹木買白犬養之以供（舊倒今乙）祖禰糴秔稻粟米小豆麻子（寶典十一）

十二月（此有脫字）日薦稻雁前期五日殺豬三日殺羊前除二日（此字舊脫今補）齊饌掃滌遂臘先祖五祀其明日是謂小新歲進酒降神其進酒尊長及脩謁（此字舊脫據正月十一月章補）刺賀君師耆老如正日

進椒酒從小起（御覽二十九）

其明日又祀是謂蒸祭後三日祀家（舊作家今改）事畢乃請召宗族婚姻賓旅

旅客

講好和禮以篤恩紀休農息役惠必下浹是月也羣神頻行

頻行並行

大蜡禮興（舊作與今改）乃家祠（疑有脫誤）君師九族友朋以崇慎行終不背之義遂合耦田器養耕牛選任田者以俟農事之起去豬盍車骨

舊作膏今據要術三改

後三歲可合創膏藥此字舊脫據要術三補

及臘時祠祀炙逢舊作遒御覽三十三作逢案孫氏札迻云逢蓬䴸字並通周禮籩人鄭司農注云熬麥曰䴸鄭康成云今河間以北煮穜麥賣之名曰逢今據孫說改

燒飲治刺入完中及樹瓜田中四角去蠱蟲瓜中蟲謂之蠱音胡監反

東門磔白雞頭

可以合注藥

求牛膽合少小藥寶典十二

四民月令畢

# 齊民要術

（北魏）賈思勰 撰

《齊民要術》，（北魏）賈思勰撰。賈思勰的生卒年月及生平事迹缺乏記載，難以詳考。僅從《齊民要術》的署名和序文，得知他大概是齊郡益都（今山東壽光一帶）附近人，出生於北魏孝文帝時（五世紀末），擔任過北魏青州高陽太守（今山東臨淄西北），離任後曾從事農業經營，種地養羊，並注意總結農業生產經驗。

『齊民』即平民，『要術』指平民大衆生產和生活必備的技術知識，書名概括了全書宗旨和内容。作者的寫作方式是『采捃經傳，爰及歌謡，詢之老成，驗以行事』，即摘編有關的文獻資料，搜集民間流傳的生產經驗，向有知識和經驗的人請教，並以自己的農業實踐檢驗前人的結論。全書徵引前人著作共一百五十餘種，記載農諺三十多條，是在總結當時及其以前農業生產經驗的基礎上，結合作者本人的農業知識而寫成的。

全書有十卷九十二篇。書中所記生產技術以種植業爲主，兼及蠶桑、林木、畜牧、養魚、農副產品貯藏加工等各個方面，内容範圍很廣，的確是『起自耕作，終於醯醢，資生之業，靡不畢書』，規模大大超過了先秦兩漢農書。全書内容由序、雜説和正文三部分組成，其中『雜説』篇多數人認爲是後人加入的，加入時間應在北宋以前。正文部分，前六卷内容爲農林牧漁，每篇大都由解題、本文和引文組成。解題部分在每篇之首，常以小字注形式出現，多是先徵引前人文獻，再加作者按語，論及作物名稱的辨誤正名、歷史記載、品種及地方名産，兼及形態性狀等。本文是作者調查和實踐所得第一手資料的總結，價值最高。緊接本文之後是引文，徵引前人著述中的有關資料，進一步充實該篇内容。

該書在土壤耕作方面總結出以抗旱保墒爲中心的『耕—耙—耱』整套耕作技術體系，並指出不同季節、不同土質、不同地勢、不同墒情，應當採用不同的耕作措施。在種植制度上，總結出二十多種輪作方式，如穀類和豆類輪作、緑肥與糧食輪作等，肯定了緑肥和豆科作物的肥田作用，包含了用地與養地相結合的豐富經驗。在品種選育上，記載粟品種九十七個，黍十二個，穄六個，梁四個，秫六個，小麥八個，水稻三十六個；除列述各品種名稱外，往往還按成熟期、産量、性狀以及對乾旱、蟲害、風害的抵抗力等進行歸類描述，並指出選種的原則、標準、方法和保純措施。在蔬菜、果樹栽培上，總結了一些民間流行的特有技術。例如，在果樹栽培上，首次介紹了梨的嫁接技術，指出『木還向木，皮還近皮』的技術要領和梨的遠緣嫁接經驗，介紹了旨在提高座果率的『嫁棗』技術和『振落狂花』的疏花技術，還總結了民間用熏煙方法防霜的經驗。畜牧方面，十分注重飼養管理、良種選育、外形鑒定和閹割技術，後世農書中的有關內容多由此摘引而來。書中記載的果蔬貯藏加工和釀酒、製醬、造醋、作豉等食品加工技術，品類繁多，内容豐富。

《齊民要術》承先啓後，系統記載北魏及以前的農業生產經驗，並從理論上加以總結和提高，對中國傳統農業的發展起到了重要指導作用。後世出現的各種農書，很多都仿照該書的體例，選用該書的材料，在傳統農學史上，《齊民要術》也是一個重要的里程碑。

該書現存最早刊本是北宋天聖年間（一〇二三—一〇三一）的崇文院本，僅殘存第五和第八兩卷，藏於日本京都博物館。日本名古屋市蓬左文庫藏有據北宋本過錄的金澤文庫本（缺第三卷），一九四八年日本農業綜合研究所影印出版；一九一九年上海涵芬樓影印南宋紹興十四年（一一四四）張轔刻本的明抄本，收入《四部叢刊》，此乃宋本系統中唯一完整無缺的版本。明清刻本衆多，計有湖湘本、《秘册匯函》本、《學津討原》本、《漸西村舍》本等二十多種。現在流傳和使用較多的整理本是石聲漢《齊民要術今釋》以及繆啓愉《齊民要術校釋》。今據南京圖書館藏涵芬樓影印鄧氏群碧樓明抄本（有眉批）影印。

（惠富平）

四部叢刊初編子部

# 齊民要術

十卷

上海涵芬樓借江寧鄧氏羣碧樓藏明鈔本景印原書葉心高營造尺六寸五分寬五寸

## 齊民要術序

史記曰齊人無蓋藏如淳注[illegible]貴賤故謂之齊人者古今言[illegible]

後魏高陽太守賈思勰撰

蓋神農爲耒耜以利天下堯命四子敬授民時舜命后稷食爲政首禹制土田萬國作乂殷周之盛詩書所述要在安民富而教之管子曰一農不耕民有飢者一女不織民有寒者倉廩實知禮節衣食足知榮辱丈人曰四體不勤五穀不分孰爲夫子傳曰人生在勤勤則不匱語曰力能勝貧謹能勝禍蓋言勤力可以不貧謹身可以避禍故李悝爲魏文侯作盡地力之教國以富強秦孝公用商君急耕戰之賞傾奪鄰國而雄諸侯淮南子曰聖人不耻身之賤也愧道之不行也不憂命之長短而憂百姓之窮是故禹爲治水以身解於陽盱之河湯由苦旱以身禱於桑林之祭神農憔悴堯瘦臞舜黎黑禹胼胝由此觀之則聖人之憂勞百姓亦甚矣故自天子以下至于庶人四肢不勤思慮不用而事治求贍者未之聞也故田者不強囷倉不盈將相不強功烈不成仲長子曰天爲之時而我不農

穀亦不可得而取之青春至焉時雨降焉始之耕田終之簠簋惰者釜之勤者鍾之矧天不爲而尚乎食也哉譙子曰朝發而夕異宿勤則菜盈傾筐且苟有羽毛不織不衣不能茹草飲水不耕不食安可以不自力哉晁錯曰聖王在上而民不凍不飢者非能耕而食之織而衣之爲開其資財之道也夫寒之於衣不待輕煖飢之於食不待甘旨飢寒至身不顧廉恥一日不再食則飢終歲不製衣則寒夫腹飢不得食體寒不得衣慈母不能保



其子君亦安能以有民夫珠玉金銀飢不可食寒不可衣粟米布帛一日不得而飢寒至是故明君貴五穀而賤金玉劉陶曰民可百年無貨不可一朝有飢故食爲至急陳思王曰寒者不貪尺玉而思短褐飢者不願千金而美一食千金尺玉至貴而不若一食短褐之惡者物時有所急也誠哉言乎神農倉頡聖人者也其於事也有所不能矣故趙過始爲牛耕實勝耒耜之利蔡倫立意造紙豈方縑牘之煩且耿壽昌之常平倉桑弘羊之均

輸法益國利民不朽之術也諺曰智如禹湯不如嘗更是以樊遲請學稼孔子答曰吾不如老農然則聖賢之智猶有所未達而況於凡庸者乎猗頓魯窮士聞陶朱公富問術焉告之曰欲速富畜五牸乃畜牛羊子息萬計九真廬江不知牛耕每致困乏任延王景乃令鑄作田器教之墾闢歲歲開廣百姓充給燉煌不曉作耬犁及種人牛功力既費而收穀更少皇甫隆乃教作耬犁所省庸力過半得穀加五又燉煌俗婦女作裙攣縮如羊腸



用布一匹隆又禁改之所省復不貲茨充爲桂陽令俗不種桑無蠶織絲麻之利類皆以麻枲頭貯衣民惰窳（羊主切）少麤履足多剖裂血出盛冬皆然火燎炙充教民益種桑柘養蠶織履復令種紵麻數年之間大賴其利衣履温煖今江南知桑蠶織履皆充之教也五原土宜麻枲而俗不知織績民冬月無衣積細草臥其中見吏則衣草而出崔寔爲作紡績織絍之具以教民得以免寒苦安在不教乎黄霸爲潁川使郵亭鄉官皆畜雞豚以贍

鰥寡貧窮者及務耕桑節用殖財種樹鰥寡
孤獨有死無以葬者鄉部書言霸具爲區處
某所大木可以爲棺某亭豚子可以祭吏往
皆如言龔遂爲渤海勸民務農桑令口種一
株榆百本䪥五十本葱一畦韭家二母彘五
母雞民有帶持刀劍者使賣劍買牛賣刀買犢
曰何爲帶牛佩犢春夏不得不趣田畝秋冬
課收斂益蓄果實菱芡吏民皆富實召信臣
爲南陽好爲民興利務在富之躬勸耕農出
入阡陌止舍離鄉亭稀有安居時行視郡中



水泉開通溝瀆起水門提閼凡數十處以廣
溉灌民得其利蓄積有餘禁止嫁娶送終奢
靡務出於儉約郡中莫不耕稼力田吏民親
愛信臣號曰召父僮种爲不其令率民養一
豬雌雞四頭以供祭祀死買棺木顏斐爲京
兆乃令整阡陌樹桑果又課以閑月取材使
得轉相教匠作車又課民無牛者令畜豬投
貴時賣以買牛始者民以爲煩一二年間家
有丁車大牛整頓豐足王丹家累千金好施
與周人之急每歲時農收後察其强力收多

者輒歷載酒肴從而勞之便於田頭樹下飲
食勸勉之因留其餘肴而去其惰嬾者獨不
見勞各自恥不能致丹其後無不力田者聚
落以至殷富杜畿爲河東課民畜牸牛草馬
下逮雞豚皆有章程家家豐實此等豈好爲
煩擾而輕費損哉蓋以庸人之性率之則自
力縱之則惰窳耳故仲長子曰叢林之下爲
倉庾之坻魚鼈之堀爲耕稼之場者此君長
所用心也是以太公封而斥鹵播嘉穀鄭白
成而關中無飢年蓋食魚鱉而藪澤之形可



見觀草木而肥墝之勢可知又曰稼穡不修
桑果不茂畜產不肥鞭之可也杝落不完垣
墻不牢掃除不淨笞之可也此督課之方也
且天子親耕皇后親蠶況夫田父而懷窳惰
乎李衡於武陵龍陽汎洲上作宅種甘橘千
樹臨死敕兒曰吾州里有千頭木奴不責汝
衣食歲上一匹絹亦可足用矣吳末甘橘成
歲得絹數千匹恒稱太史公所謂江陵千樹
橘與千戶侯等者也樊重欲作器物先種梓
漆時人嗤之然積以歲月皆得其用向之笑

者咸求假焉此種植之不可已已也諺曰一年之計莫如樹穀十年之計莫如樹木此之謂也書曰稼穡之艱難孝經曰用天之道因地之利謹身節用以養父母論語曰百姓不足君孰與足漢文帝曰朕爲天下守財矣安敢妄用哉孔子曰居家理治可移於官然則家猶國國猶家是以家貧則思良妻國亂則思良相其義一也夫財貨之生既艱難矣用之又無節凡人之性好懶惰矣率之又不篤加以政令失所水旱爲災一穀不登胔腐相



繼古今同患所不能止也嗟乎且飢者有過甚之願渴者有兼量之情既飽而後輕食既暖而後輕衣或由年穀豐穰而忽於蓄積或由布帛優贍而輕於施與窮窘之來所由有漸故管子曰桀有天下而用不足湯有七十二里而用有餘天非獨爲湯雨菽粟也蓋言用之以節仲長子曰鮑魚之肆不自以氣爲臭四夷之人不自以食爲異生習使之然也居積習之中見生然之事夫孰自知非者也斯何異蓼中之蟲而不知藍之甘乎今採捃

經傳爰及歌謠詢之老成驗之行事起自耕農終於醯醢資生之業靡不畢書號曰齊民要術凡九十二篇分爲十卷卷首皆有目錄於文雖煩尋覽差易其有五穀果蓏非中國所殖者存其名目而已種蒔之法蓋無聞焉捨本逐末賢哲所非日富歲貧飢寒之漸故商賈之事闕而不錄花草之流可以悅目徒有春花而無秋實匹諸浮僞蓋不足存鄙意曉示家童未敢聞之有識故丁寧周至言提其耳每事指斥不尚浮辭覽者無或嗤焉

雜說

夫治生之道不仕則農若昧於田疇則多匱乏只如稼穡之力雖未逮於老農規畫之間竊自同於后稷所爲之術條列後行

凡人家營田須量己力寧可少好不可多惡假如一具牛總營得小畒三頃據齊地大畒一頃三十五畒也每年二易必莫頻種其雜田地即是來年穀資欲善其事先利其器悅以使人人忘其勞且須調習器械務令快利秣飼牛畜事須肥健撫恤其人常遣歡悅觀



其地勢乾濕得所禾秋收了先耕蕎麥地次耕餘地務遣深細不得趂多看乾濕隨時蓋磨著切見世人耕了仰著土塊並待孟春蓋若冬乏水雪連夏亢陽徒道秋耕不堪下種無問耕得多少皆須旋蓋磨如法如一具牛兩箇月秋耕計得小畒三頃經冬加料餵至十二月內即須排比農具使足一入正月初未開陽氣上即更蓋所耕得地一徧凡田地中有良有薄者即須加糞糞之其踏糞法凡人家秋收治田後場上所有穰穀穢等並須

收貯一處每日布牛腳下三寸厚每平旦收聚堆積之還依前布之經宿即堆聚計經冬一具牛踏成三十車糞至十二月正月之間即載糞糞地計小畒畒別用五車計糞得六畒匀攤耕蓋著未須轉起自地亢後但所耕地隨餉蓋之待一段總轉了即橫蓋一徧計正月二月兩箇月又轉一徧然後看地宜納粟先種黑地微帶下地即種糙種然後種高壤白地其白地候寒食後榆莢盛時納種以次種大豆油麻等田然後轉所糞得地耕五



六徧每耕一徧蓋兩徧最後蓋三徧還縱橫蓋之候昏房心中下黍種無問穀小畒一升下子則稀概得所候黍粟苗未與壠齊即鋤一徧黍經五日更報鋤第二徧候未蠶老畢報鋤第三徧如無力即止如有餘力秀後更鋤第四徧油麻大豆並鋤兩徧止亦不厭早鋤穀第一徧便科定每科只留兩莖要不得留多每科相去一赤兩壟頭空務欲深細第一徧鋤未可全深第二徧唯深是求第三徧較淺於第二徧第四徧較淺

凡蕎麥五月耕經三十五日草爛得轉并種耕三徧立秋前後皆十日内種之假如耕地三徧即三重著子下兩重子黑上頭一重子白皆是白汁滿似如濃即須收刈之但對梢相答鋪之其白者日漸盡變爲黑如此乃爲得所若待上頭總黑半已下黑子盡總落矣其所糞種黍地亦刈黍子即耕兩徧熟蓋下糠麥至春鋤三徧止

凡種小麥地以五月内耕一徧看乾濕轉之耕三徧爲度亦秋社後即種至春能鋤得兩徧最好



凡種麻地須耕五六徧倍蓋之以夏至前十日下子亦鋤兩徧仍須用心細意抽拔全稠閙細弱不堪留者即去卻一切但依此法除蟲災外小小旱不至全損何者緣蓋磨數多故也又鋤耨以時諺曰鋤頭三寸澤此之謂也堯湯旱澇之年則不敢保雖然此乃常式古人云耕鋤不以水旱息功必獲豐年之收如去城郭近務須多種瓜菜茄子等且得供家有餘出賣只如十畝之地灼然良沃者選得五畝二畝半種葱二畝半種諸雜菜似鄭平者種瓜蘿蔔其菜每至春二月内選良沃地二畝熟種葵萵苣作畦栽蔓菁收子至五月六月拔諸菜先熟並須盛裛亦收子訖應空閑地種蔓菁萵苣蘿蔔等看稀稠鋤其科至七月六日十四日如有車牛盡割賣之如自無車牛輸與人即取地種秋菜葱四月種蘿蔔及葵六月種蔓菁七月種芥八月種瓜二月種如擬種瓜四畝留四月種並鋤十徧蔓菁芥子並鋤兩徧葵蘿蔔鋤三徧葱但倍鋤四徧白豆小豆一時種齊熟且免摘角但能依此方法即萬不失一

# 齊民要術卷第一

耕田第一

收種第二

種穀第三

## 耕田第一

（周書曰：神農之時，天雨粟，神農遂耕而種之。作陶冶斤斧，為耒耜鉏耨，以墾草莽，然後五穀興助，百果藏實。世本曰：倕作耒耜。倕，神農之臣也。呂氏春秋曰：耜博六寸。爾雅曰：斪斸謂之定。犍為舍人曰：斪斸，鋤也，名定。纂文曰：養苗之道，鋤不如耨，耨不如鏟。鏟柄長二尺，刃廣二寸，以剗地除草。許慎說文曰：耒，手耕曲木也。耜，耒端木也。斸，斫也，齊謂之鎡基。一曰斤柄性自曲者也。田，陳也。樹穀曰田，象四口，十，阡陌之制也。耕，犁也，從耒井聲。一曰古者井田。劉熙釋名曰：田，塡也，五穀塡滿其中。犁，利也，利則發土絕草根。耨，似鋤，媷耨禾也。斸，誅也，主以誅鋤物根株也。）

凡開荒山澤田，皆七月芟艾之，草乾即放火，至春而開墾。（根朽省功。）其林木大者劚（烏更反）殺之，葉死不扇，便任耕種。三歲後，根枯莖朽，以火燒之。（入地盡也。）耕荒畢，以鐵齒鎑楱（祖候切）再徧杷之，漫擲黍穄，勞（郎到反）亦再徧。明年，乃中為穀田。

凡耕高下田，不問春秋，必須燥濕得所為佳。若水旱不調，寧燥不濕。（燥耕雖塊，一經得雨，地則粉解。濕耕堅垎（胡洛反），數年不佳。諺曰：濕耕澤鋤，不如歸去。言無益而有損。濕耕者，白背速鎑楱之，亦無傷；否則大惡也。）春耕尋手勞，（古曰耰，今曰勞。說文曰：耰，摩田器。今人亦名勞曰摩。鄙語曰：耕田摩勞也。）秋耕待白背勞。（春既多風，若不尋勞，地必虛燥。秋田㙲（長劫反）實，濕勞令地硬。諺曰：耕而不勞，不如作暴。蓋言澤難遇，喜天時故也。桓寬鹽鐵論曰：茂木之下無豐草，大塊之間無美苗。）




凡秋耕欲深，春夏欲淺。犁欲廉，勞欲再。（犁廉耕細，牛復不疲；再勞地熟，旱亦保澤也。）秋耕㩉（一感反）青者為上。（比至冬月，青草復生者，其美與小豆同也。）初耕欲深，轉地欲淺。（耕不深，地不熟；轉不淺，動生土也。）菅茅之地，宜縱牛羊踐之，（踐則根浮。）七月耕之則死。（非七月，復生矣。）

凡美田之法，綠豆為上，小豆、胡麻次之。悉皆五六月中穊（美懿反，漫掩也）種，七月八月犁掩殺之，為春穀田，則畝收十石，其美與蠶矢熟糞同。

凡秋收之後，牛力弱，未及即秋耕者，穀、黍、穄、粱、秫茇（古末反）之下，即移贏速鋒之。地恒潤澤而不堅硬。乃至冬初，常得耕勞，不患枯旱。若牛力少者，但九月、十月一勞之，至春穡（湯歷反）種亦得。

禮記月令曰：孟春之月，天子乃以元日祈穀於上帝，（鄭玄注曰：謂上辛日郊祭天。春秋傳曰：春郊祀后稷，以祈農事，是故啓蟄而郊，郊而后耕。上帝，太微之帝。）乃擇元辰，天子親載耒耜，帥三公、九卿、諸侯、大夫躬耕帝籍。（元辰，蓋郊後吉辰也。帝籍，為天神借民力所治之田也。）是月也，天氣下降，地氣上騰，天地同和，草木萌動。（此陽氣蒸達，可耕之候也。農書曰：土長冒橛，陳根可拔，耕者急發也。）命田司（司謂田畯，主農之官。）善相丘陵、阪險、原隰土地所宜，五穀所殖，以教導民。田事既飭，先定準直，農乃不惑。仲春之月，耕者少舍，乃脩闔扇。（舍猶止也。蟄蟲啓戶。）

耕事少閑而治門戶用木曰闔用竹葦曰扇無作大事以妨農事孟夏之月勞農勸民無或失時重力勞來之命農勉作無休於都急趣農也王居明堂禮曰無宿於國也季秋之月蟄蟲咸俯在內皆墐其戶墐謂塗閉之此避殺氣也孟冬之月天氣上騰地氣下降天地不通閉藏而成冬勞農以休息之黨正屬民飲酒正齒位是也仲冬之月土事無作慎無發蓋無發屋室地氣且泄是謂發天地之房諸蟄則死民必疾疫大陰用事尤重閉藏按今世有十月十一月耕者匪直逆天道害蟄蟲地亦無膏潤收必薄少也季冬之月命田官告人出五種命田官告民出種大寒過農事將起也命農計耦耕事脩耒耜具田器耜者耒之金耜廣五寸田器鎡錤之屬是月也日窮于次月窮于紀星迴于天數將幾終言日月星辰運行至此月皆帀於故基次舍也紀猶會也歲且更始專而農民毋有所使而猶汝也言專一汝農民之心令人預有思於耕稼之事不可傜役則志散失其業也孟子曰士之仕也猶農夫之耕也趙岐注曰言仕之為急若農夫不耕不可魏文侯曰民春以力耕夏以強耘秋以收斂雜陰陽書曰亥為天倉耕之始呂氏春秋曰冬至後五旬七日菖生菖者百草之先生也於是始耕高誘注曰菖菖蒲水草也淮南子曰耕之為事也勞織之為事也擾擾勞之事而民不舍者知其可以衣食也人之情不能無衣食衣食



之道必始於耕織物之若耕織始初甚勞終必利也衆又曰不能耕而欲黍粱不能織而喜縫裳無其事而求其功難矣氾勝之書曰凡耕之本在於趣時和土務糞澤早鋤早穫春凍解地氣始通土一和解夏至天氣始暑陰氣始盛土復解夏至後九十日晝夜分天地氣和以此時耕田一而當五名曰膏澤皆得時功春地氣通可耕堅硬強地黑爐土輒平摩其塊以生草草生復耕之天有小雨復耕和之勿令有塊以待時所謂強土而弱之也春候地氣始通椓橛木長尺二寸埋尺見其二寸立春後土塊散上沒橛陳根可拔此時二十日以後和氣去即土剛以時耕一而當四和氣去耕四不當一杏始華榮輒耕輕土弱土望杏花落復耕耕輒藺之草生有雨澤耕重藺之土甚輕者以牛羊踐之如此則土強此謂弱土而強之也春氣未通則土歷適不保澤終歲不宜稼非糞不解慎無旱耕須草生至可種時有雨即種土相親苗獨生草穢爛皆成良田此一耕而當五也不如此而旱

耕塊硬苗穢同孔出不可鋤治反爲敗田秋無雨而耕絶土氣土堅垎名曰腊田及盛冬耕泄陰氣土枯燥名曰脯田脯田與腊田皆傷田二歲不起稼則一歲休之凡麥田常以五月耕六月再耕七月勿耕謹摩平以待種時五月耕一當三六月耕一當再若七月耕五不當一冬雨雪止輒以蔺之掩地雪勿使從風飛去後雪復蔺之則立春保澤凍蟲死來年宜稼得時之和適地之宜田雖薄惡收可畝十石崔寔四民月令曰正月地氣上騰



土長冒橛陳根可拔急菑強土黑壚之田二月陰凍畢澤可菑美田緩土及河渚小處三月杏華盛可菑沙白輕土之田五月六月可菑麥田崔寔政論曰武帝以趙過爲搜粟都尉教民耕殖其法三犂共一牛一人將之下種挽耬皆取備焉日種一頃至今三輔猶頼其利今遼東耕犂轅長四尺迴轉相妨旣用兩牛兩人牽之一人將耕一人下種二人挽耬凡用兩牛六人一日纔種二十五畝其懸絶如此案三犂共一牛若今三脚耬矣未知耕法如何今自濟州已西猶用長轅犂兩脚耬長轅耕平地尚可於山澗之間則不任用且迴轉至難費力未若齊人蔚犂之柔便也兩脚耬種壠穊亦不如一脚耬之得中也

## 收種第二

楊泉物理論曰粱者黍稷之總名稻者溉種之總名菽者衆豆之總名三穀各二十種爲六十蔬果之實助穀各二十凡爲百種故詩曰播厥百穀也

凡五穀種子浥鬱則不生生者亦尋死種雜者禾則早晚不均舂復減而難熟糶賣以雜糅見疵炊爨失生熟之節所以特宜存意不可徒然粟黍穄粱秫常歲歲別收選好穗純色者劁才彫反刈高懸之至春治取別種以擬明年種子耬耩掩種一斗可種一畝量家田所須種子多少而種之其別種種子常須加鋤鋤多則無秕也先治而別埋先治場淨不雜窖埋又勝器盛



還以所治蘘草蔽窖不爾必有爲雜之患將種前二十許日開出水洮深秕去則無莠即曬令燥種之依周官相地所宜而糞種之氾勝之術曰牽馬令就穀堆食數口以馬踐過爲種無虸蚄蟲也周官曰草人掌土化之法以物地相其宜而爲之種鄭玄注云土化之法化之使美若氾勝之術也以物地占其形色爲之種黃白宜以種禾之屬凡糞種騂剛用牛赤緹用羊墳壤用麋渴澤用鹿鹹潟用貆勃壤用狐埴壚用豕彊㯺用蕡輕爂用犬此草人職鄭玄注曰凡所以糞種者皆謂煮取汁也赤緹縓色也渴澤故水處也潟鹵也貆貒也勃壤粉解者埴壚黏疏者彊㯺強堅者輕爂輕脆者故書騂爲挈墳作盆杜子春挈讀爲騂謂地色赤而土剛強也鄭司農云用牛以

牛骨汁漬其種也謂之糞種墳壤多蚡鼠也壤白色黃麻也玄謂墳壤潤解淮南術曰從冬至日數至來年正月朔日五十日者民食足不滿五十日者日減一斗有餘日日益一斗氾勝之書曰種傷濕鬱熱則生蟲也取麥種候熟可獲擇穗大彊者斬束立場中之高燥處曝使極燥無令有白魚有輒揚治之取乾艾雜藏之麥一石艾一把藏以瓦器竹器順時種之則收常倍取禾種擇高大者斬一節下把懸高燥處苗則不敗欲知歲所宜以布囊盛粟等諸物種平量之埋陰地冬至後五十日發取量之息最多者歲所宜也崔寔曰平量五穀各一升小罌盛埋垣北牆陰下餘法同上師曠占術曰杏多實不蟲者來年秋禾善五木者五穀之先欲知五穀但視五木擇其木盛者來年多種之萬不失一也



## 種穀第三 稗附出稗為粟類故

種穀 穀稷也名粟穀者五穀之揔名非止謂粟也然今人專以稷為穀望俗名之耳爾雅曰粢稷也說文曰粟嘉穀實也郭義恭廣志曰有赤粟白莖有黑格雀粟有張公班有含黃倉有青稷有雪白粟亦名白莖又有白藍下竹頭莖青白逯麥擢石精盧狗蹯之名種云郭璞注爾雅曰今江東呼稷為粢孫炎曰稷粟也按今世粟名多以人姓字為名目亦有觀形立名亦有會義為稱聊復載之云耳朱穀高居黃劉豬獬道愍黃聒谷雀懊黃續命黃百日粮有起婦黃辱稻糧奴子黃音加支穀焦金黃鷂鳥含履倉一名麥爭場此十四種早熟耐旱免蟲聒谷黃辱稻糧二種味美今墮車下馬看百群羊懸蛇赤尾罷虎黃雀民泰馬洩糧劉猪赤李浴黃阿摩糧東海黃石駁良及歲蘇臥青莖青黑好黃附南木根隄黃宋冀麻捎張黃兔腳青惠日黃寫風赤一眼奴見黃山䴻五及左頭穫黃此二十四種穗皆有毛耐風免雀暴一睍黃一種易舂寶珠黃俗得白張鄰黃白䴻穀鉤干黃張蛾白耽虎黃都奴赤茄蘆黃薰猪赤䅴奧黃白莖青竹根黃調母梁磊碨黃劉沙白僧延黃赤梁穀靈忽黃獺尾青續得黃稈容青孫延黃豬矢青糧黑黃樂稈青平壽黃鹿撇白䴻折管黃繂䅶阿居黃赤巴梁鹿歸黃餓狗倉可憐黃米穀鹿橛青阿邏邏此三十八種中租火穀白䴻穀調母粱二種味美揮容青阿居黃猪矢青有三種味惡黃擇搖樂稈青二種易舂竹葉青石抑閭丑劫反悸竹葉青一名胡穀水黃穀黑穀忽泥青衝天棒雉子青鴟腳穀鴈頭青攬堆黃青子規此十種晚熟耐水有蟲災則盡矣

凡穀成熟有早晚苗稈有高下收實有多少質性有強弱米味有美惡粒實有息耗早熟者苗短而收多晚熟者苗長而收少強苗者短黃穀之屬是也弱苗者長青白黑是也收少者美而耗收多者惡而息也地勢有良薄良田宜種晚薄田宜種早良地非獨宜晚早亦無害薄地宜早晚必不成實也山澤有異宜山田種強苗以避風霜澤田種弱苗以求華實也順天時量地利則用力少而成功多任情返道勞而無獲入泉伐木登山求魚手必虛迎風散水逆坂走圜其勢難凡穀田綠豆小豆底為上麻黍胡麻次之蕪菁大豆為下常見瓜底不減綠豆本既不論聊復記之良地一畝用子五升薄地三升此為稙穀晚田加種也穀田必須歲易䅵子則莠多而收薄矣䅵尹絹反二月三月種者為稙禾四月五月種者為穉禾二月上旬及麻菩音倍音勃楊生種者為上時三月上旬及清明節桃始花為中時四月上旬及棗葉生桑花落為下

時歲道宜晚者五月六月初亦得凡春種欲深宜曳重撻夏種欲淺直置自生（春氣冷生遲不曳撻則根虛雖生輒死夏氣熱而生速曳撻遇雨必堅垎其春澤多者或亦不須撻必欲撻者宜須待白背濕撻令地堅硬故也）凡種穀雨後爲佳遇小雨宜接濕種遇大雨待薉生（小雨不接濕無以生禾苗大雨不待白背濕輾則令苗瘦薉若盛者先鋤一遍然後納種乃佳也）春若遇旱秋耕之地得仰壟待雨（春耕者不中也）夏若仰壟匪直盪汰不生兼與草薉俱出凡田欲早晚相雜（防歲道有所宜）有閑之歲節氣近後宜晚田然大率欲早早田倍多於晚（早田淨而易治晚者蕪穢難治其收任多少從歲所宜非關早晚然早穀皮薄米實而多晚穀皮厚米少而虛也）苗生如馬耳則鏃鋤（諺曰欲得穀馬耳鏃　初角切）稀豁之處鋤而補之（用功蓋不足言利益動能百倍）凡五穀唯小鋤爲良（小鋤者非直省功穀亦倍勝大鋤者草根繁茂用功多而收益少）良田率一尺留一科（劉章耕田歌曰深耕穊種立苗欲疏非其類者鋤而去之諺云迴車倒馬擲衣不下皆十石而收言大稀大概之收皆均平也）薄地尋壟躡之（不耕故）苗出壟則深鋤鋤不厭數周而復始勿以無草而暫停（鋤者非止除草乃地熟而實多糠薄米息鋤得十遍便得八米也）春鋤起地夏爲除草故春鋤不用觸濕六月已後雖濕亦無嫌（春苗既淺陰未覆地濕鋤則地堅夏苗陰厚地不見日故雖濕亦無害矣管子曰爲國者使農寒耕而熱芸芸除草也）苗既出壟每一經雨白背時輒以鐵齒編楱縱橫杷而勞之（杷法令人坐上數以手斷去草草塞齒則傷苗如此令地熟軟易鋤省力中鋒止）苗高一



尺鋒之（三遍者皆佳）耩（故項反）者非不壅本苗深殺草益實然令地堅硬之澤難耕鋤得五遍已上不煩耩（必欲耩者刈穀之後即鋒茇下令突起則潤澤易耕）凡種欲牛遲緩行種人令促步以足躡壠底（牛遲則子勻足躡則苗茂足跡相接者亦不可煩撻也）熟速刈乾速積（刈早則鎌傷刈晚則穗折遇風則收減濕積則藁爛積晚則損耗連雨則生耳）

凡五穀大判上旬種者全收中旬中收下旬下收雜陰陽書曰禾生於棗或楊九十日秀秀後六十日成禾生於寅壯於丁午長於丙老於戊死於申惡於壬癸忌於乙丑

凡種五穀以生長壯日種者多實老惡死日種者收薄以忌日種者敗傷又用成收滿平定日爲佳氾勝之書曰小豆忌卯稻麻忌辰禾忌丙黍忌丑秫忌寅未小麥忌戌大麥忌子大豆忌申卯凡九穀有忌日種之不避其忌則多傷敗此非虛語也其自然者燒黍穰則害瓠（史記曰陰陽之家拘而多忌止可知其梗槩不可委曲從之諺曰以時及澤爲上策也）

禮記月令曰孟秋之月修宮室坏垣墻仲秋之月可以築城郭穿竇窖修囷倉（鄭玄曰爲民當入物當藏也隋曰竇方曰窖按諺曰家貧無所有秋墻三五堵蓋言秋墻堅實土功之時一勞永逸亦貧家之寶也）乃命有司趣民收斂務畜菜多積聚（始爲御冬之備）季秋之月農事備收（備猶盡也）

孟冬之月謹蓋藏循行積聚無有不斂謂芻禾薪蒸之屬也仲冬之月農有不收藏積聚者取之不詰此收斂尤急之時有人取者不罪所以警其主也尚書考靈曜曰春鳥星昏中以種稷鳥朱鳥鶉火也秋虛星昏中以收斂虛玄枵也莊子長梧封人曰昔予為禾耕而鹵莽之忙補反則其實亦鹵莽而報予芸而滅裂之其實亦滅裂而報予郭象曰鹵莽滅裂輕脫末略不盡其分予來年變齊在細反深其耕而熟耰之其禾繁以滋予終年厭飧孟子曰不違農時穀不可勝食趙岐注曰使民得務農不違奪其農時則五穀饒穰不可勝食也諺曰雖有智惠不如乘勢雖有鎡錤上鎡下其




不如待時趙岐曰乘勢居富貴之勢鎡錤田器耒耜之屬待時謂農之三時又曰五穀種之美者也苟為不熟不如稊稗夫仁亦在熟而已矣趙岐曰熟成也五穀雖美種之不成不如稊稗之草其實可食為仁不成亦猶是淮南子曰夫地勢水東流人必事焉然後水潦得谷行水勢雖東流人必事而通之使得循谷而行也禾稼春生人必加功焉故五穀遂長高誘曰加功謂是藨蓘耘耕之也遂成也是聽其自流待其自生大禹之功不立而后稷之智不用禹決江疏河以為天下興利不能使水西流后稷闢土墾草以為百姓力農然而不能使禾冬生豈其人事不至哉其勢不可也春生夏長秋收冬藏四時不可易也食者民之本民者國之本國者君之本是以故人君上因天時下盡地利中用人力是以群生遂長五穀蕃殖教民養育六畜以時種樹務修田疇滋殖桑麻肥磽高下各因其宜丘陵阪險不生五穀者樹以竹木春伐枯槁夏取果蓏秋畜蔬食菜食曰蔬穀食曰食冬伐薪蒸大曰薪小曰蒸以為民資是故生無乏用死無轉屍轉棄也故先王之制四海雲至而修封疆四海雲至二月也蝦蟇鳴燕降而通路除道矣燕降三月陰降百泉則修橋梁陰降百泉十月昏張中則務樹穀三月昏張星中於南方朱鳥之宿大火中即




種黍菽大火昏中六月虛中即種宿麥虛昏中九月昴星中則收斂蓄積伐薪木昴星西方白虎之宿季秋之月收斂蓄積所以應時修備富國利民霜降而樹穀冰泮而求穫欲得食則難矣又曰為治之本務在安民安民之本在於足用足用之本在於勿奪時言不奪民之農要時勿奪時之本在於省事省事之本在於節欲節止欲貪節欲之本在於反性反其所受於天之正性也未有能搖其本而靖其末濁其源而清其流者也夫日迴而月周時不與人遊故聖人不貴尺璧而重寸陰時難得而易失也故禹之趨時也履遺

而不納冠挂而不顧非爭其先也而爭其得
時也呂氏春秋曰苗其弱也欲孤弱小也苗始生小時欲得孤特其長也欲相與俱言相依植不偃仆其熟也欲
疏數適則茂好也相扶相扶持不傷折是故三以為族乃多粟族聚也吾苗有
行故速長弱不相害故速大橫行必得從行
必術正其行通其風行行列也鹽鐵論曰惜草茅者
耗禾稼惠盜賊者傷良人氾勝之書曰種無期
因地為時三月榆莢時雨高地強可種禾薄
田不能糞者以原蠶矢雜禾種種之則禾不
蟲又取馬骨剉一石以水三石煮之三沸漉
去滓以汁漬附子五枚三四日去附子以汁
和蠶矢羊矢各等分撓呼毛反撓攪也令洞洞如稠粥
先種二十日時以溲種如麥飯狀常天旱燥
時溲之立乾薄布數撓令則乾明日復溲天
陰雨則勿溲六七溲而止輒曝謹藏勿令復
濕至可種時以餘汁溲而種之則禾稼不蝗
蟲無馬骨亦可用雪汁雪汁者五穀之精也
使稼耐旱常以冬藏雪汁器盛埋於地中治
種如此則收常倍
氾勝之書區種法曰湯有旱災伊尹作為區



田教民糞種負水澆稼區田以糞氣為美非
必須良田也諸山陵近邑高危傾阪及丘城
上皆可為區田區田不耕旁地庶盡地力凡
區種不先治地便荒地為之以畝為率令一
畝之地長十八丈廣四丈八尺當橫分十八
丈作十五町町間分為十四道以通人行道
廣一尺五寸町皆廣一尺五寸長四丈八尺
尺直橫鑿町作溝溝一尺深亦一尺積穰於
溝間相去亦一尺嘗悉以一尺地積穰不相
受令弘作二尺地以積穰種禾黍於溝間夾
溝為兩行去溝兩邊各二寸半中央相去五
寸旁行相去亦五寸一溝容四十四株一畝
合萬五千七百五十株種禾黍令上有一寸
土不可令過一寸亦不可令減一寸
凡區種麥令相去二寸一行一溝容五十二
株一畝凡四萬五千五百五十株麥上土令
厚二寸
凡區種大豆令相去一尺二寸一溝容九株
一畝凡六千四百八十株禾一斗有五萬一千餘粒黍亦少此少許大豆一斗一萬五千餘粒

區種荏令相去三赤

胡麻相去一赤

區種天旱常溉之一畝常收百斛

上農夫區方深各六寸間相去九寸一畝三千七百區一日作千區

區種粟二十粒美糞一升合土和之畝用種二升秋收區别三升粟畝收百斛丁男長女治十畝十畝收千石歲食三十六石支二十六年

中農夫區方九寸深六寸相去二赤一畝千二十七區用種一升收粟五十一石一日作三百區

下農夫區方九寸深六寸相去二赤一畝五百六十七區用種六升收二十八石一日作二百區諺曰頃不比畝善謂多惡不如少善也西兖州刺史劉仁之老成懿德謂余言曰昔在洛陽於宅田以七十步之地試爲區田收粟三十六石然則一畝之收有過百石矣少地之家所宜遵用之

區中草生茇之區間草以剗剗之若以鋤鋤苗長不能耘之者以劬鐮比地刈其草矣氾勝之曰驗美田至十九石中田十三石薄田一十石尹擇取減法神農後加之骨汁糞汁



種種剉馬骨牛羊猪麋鹿骨一斗以雪汁三斗煑之三沸取汁以漬附子率汁一斗附子五枚漬之五日去附子擣麋鹿羊矢分等置汁中熟撓和之候晏温又溲曝狀如后稷法皆溲汁乾乃止若無骨煑繅蛹汁和溲如此則以區種之大旱澆之其收至畝百石以上十倍於后稷此言馬蠶皆蟲之先也及附子令稼不蝗蟲骨汁及繅蛹汁皆肥使稼耐旱終歲不失於穫穫不可不速常以急疾爲務芸張葉黄捷穫之無疑

穫禾之法熟過半斷之孝經援神契曰黄白土宜禾説文曰禾嘉穀也以二月始生八月而熟得之中和故謂之禾禾木也木王而生金王而死崔寔曰二月三月可種植禾美田欲稠薄田欲稀氾勝之書曰稙禾夏至後八十九十日常夜半候之天有霜若白露下以平明時令兩人持長索相對各持一端以槩禾中去霜露日出乃止如此禾稼五穀不傷矣氾勝之書曰稗既堪水旱種無不熟之時又特滋茂盛易生蕪穢良田畝得二三十斛

宜種之備凶年稗中有米熟時擣取米炊食之不減粱米又可釀作酒酒勢美釅尤踰黍秫魏武使典農種之頃收二千斛斛得米三四斗大儉可磨食也若值豐年可以飯牛馬猪羊蟲食桃者粟貴楊泉物理論曰種作曰稼稼猶種也收斂曰穡穡猶收也古今之言云爾稼穡農之本穡農之末本輕而末重前緩而後急稼欲熟收欲速此良農之務也漢書食貨志曰種穀必雜五種以備災害師古曰歲田有宜及水旱之利也種即五穀謂黍稷麻麥豆也田中不得有樹用妨五穀五穀之田不宜樹果諺曰桃李不言下自成蹊直妨耕種損禾苗抑亦墮夫之所休息豎子之所嬉遊故管子曰桓公問於飢寒室屋漏而不治垣墻壞而不築爲之奈何管子對曰沐塗樹之枝公令謂左右伯沐涂樹之枝朞年



民被布帛治屋葺垣墻公問此何故管子對曰齊夷萊之國也一樹而百乘息其下以其不稍也衆鳥居其上丁壯者挾丸操彈居其下終日不歸父老謝杖而論終日不去今吾沐涂樹之枝日方中無尺陰行者疾走父老歸而治產丁壯歸而有業力耕數耘收穫如寇盜之至師古曰力謂勤作之也如寇盜之至謂促遽之甚恐爲風雨所損還廬樹桑師古曰還繞也菜茹有畦爾雅曰菜謂之蔌不熟曰饉蔬菜總名也凡草菜可食通名曰蔬案生曰菜熟曰茹猶生曰草死曰蘆瓜瓠果蓏郎果反應劭曰木實曰果草實曰蓏張晏曰有核曰果無核曰蓏臣瓚案木上曰果地上曰蓏說文曰在木曰果在草曰蓏許慎注淮南子曰在樹曰果在地曰蓏鄭玄注周官曰果桃李屬蓏瓠屬郭璞注爾雅曰果木子也高誘注呂氏春秋曰有實曰果無實曰蓏宋沈約注春秋元命苞曰木實曰果蓏瓜瓠之屬王廣注易傳曰果蓏者物之實殖於疆易張晏曰至此易主故曰易師古曰詩小雅信南山云中田有廬疆埸有瓜即謂此也雞豚狗彘毋失其時女脩蠶織則五十可以衣帛七十可以食肉入者必持薪樵

輕重相分班白不提挈師古曰班白者謂髮雜色也不提挈者所以優老人也冬民既入婦人同巷相從夜績女工一月得四十五日服虔曰一月之中又得夜半爲十五日凡四十五日也必相從者所以省費燎火同巧拙而合習俗師古曰省費燎火之費也燎所以爲明火所以爲溫也燎音力召反董仲舒曰春秋他穀不書至於麥禾不成則書之以此見聖人於五穀最重麥禾也

趙過爲搜粟都尉過能爲代田一畮二甽師古曰甽壟也音工犬反字或作畎歲代處故曰代田師古曰代易也古法也后稷始甽田以二耜爲耦師古曰併兩耜而耕廣尺深尺曰



甽長終畮一畮三甽一夫三百甽而播種於甽中師古曰播布也種謂穀子也苗生葉以上稍耨隴草師古曰耨鉏也因隤其土以附苗根師古曰隤謂下之也音頹故其詩曰或芸或芓黍稷儗儗師古曰小雅甫田之詩儗儗盛貌芸音云芓音子儗音擬芸除草也耔附根也言苗稍壯每耨輒附根比盛暑隴盡而根深師古曰比音必寐反能風與旱師古曰能讀曰耐也故儗儗而盛也其耕耘下種田器皆有便巧率十二夫爲田一井一屋故畮五頃鄧展曰九夫爲井三夫爲屋夫百畮於古爲十二頃故百步爲畮漢時二百四十步爲畮古千二百畮則得今五頃用耦犂二牛三人一歲之收常過縵田畮一斛以上師古曰縵田謂不爲甽者也縵音莫幹反

善者倍之（師古曰善爲甽者以過縵田二斛已上也）過使教田太常三輔（蘇林曰太常主諸陵有民故亦課田種）大農置功巧奴與從事爲作田器二千石遣令長三老力田及里父老善田者受田器學耕種養苗狀（蘇林曰爲法意狀也）民或苦少牛亡以趨澤（師古曰趨讀曰趣趣及也澤雨之潤澤也）故平都令光教過以人輓犂（師古曰輓引也音晚）過奏光以爲丞教民相與庸輓犂（師古曰庸功也言換功共作也義亦與庸賃同）率多人者田日三十晦少者十三晦以故田多墾闢過試以離宮卒田其宮壖地（師古曰離宮別處之宮非天子所常居也壖餘也宮壖地謂外垣之內內垣之外也諸緣河壖地廟垣壖地其義皆同守離宮卒閑而無事因令於壖地爲田也壖音而緣反）課得穀皆多其旁田晦一斛以上令命家田三輔公田（李奇曰令使也命者教也令離宮卒教其家田公田也韋昭曰命謂爵命者命家謂受爵命一爵爲公士以上令得田公田優之也師古曰令音力成反）又教邊郡及居延城（韋昭曰居延張掖縣也時有田卒也）是後邊城河東弘農三輔太常民皆便代田用力少而得穀多

齊民要術卷第一



# 齊民要術卷第二

後魏高陽太守賈思勰撰



## 黍穄第四

（爾雅曰秬黑黍秠一稃二米郭璞注云秠亦黑黍但中米異耳孔子曰黍可以爲酒廣志云有牛黍有稻尾黍秀成赤黍有馬草大黑黍有秬黍有溫屯黃黍有白黍有堰芒鷰鴒之名穄有赤白黑青黃鷰鴒凡五種案今俗有鴛鴦黍白蠻黍半夏黍有驢皮穄崔寔曰糜黍之秫熟者一名穄也）凡黍穄田新開荒爲上大豆底爲次穀底爲下地必欲熟（再轉乃佳若春夏耕者下種後再勞爲良）一畝用子四升三

月上旬種者為上時，四月上旬為中時，五月上旬為下時。夏種黍穄，與植穀同時；非夏者，大率以椹赤為候。諺曰椹釐釐種黍時燥濕候黃墒始章切種訖不曳撻。常記十月、十一月、十二月凍樹日種之，萬不失一。凍樹者凝霜封著木條也假令月三日凍樹還以月三日種黍也他皆倣此十月凍樹宜早黍十一月凍樹宜中黍十二月凍樹宜晚黍若從十月至正月皆凍樹者早晚黍悉宜也苗生隴平，即宜杷勞。鋤三徧乃止，鋒而不耩。苗晚耩即多折也刈穄欲早，刈黍欲晚。穄晚多零落黍早米不成諺曰穄青喉黍折頭皆即濕踐。久積則浥鬱燥踐多兜牟穄踐訖，即蒸而裛於劫切之。不蒸者難舂米碎至春土臭蒸則易舂米堅香氣經夏不歇也黍宜曬之令燥。濕聚則鬱凡黍黏者收薄，穄味美者亦收薄，難舂。



雜陰陽書曰：黍生於榆。六十日秀，秀後四十日成。黍生於巳，壯於酉，長於戌，老於亥，死於丑，惡於丙午，忌於丑寅卯。穄忌於未寅。

孝經援神契云：黑墳宜黍麥。

尚書考靈曜云：夏，火星昏中，可以種黍菽。大火東方蒼龍之宿四月昏中在南方菽大豆也

氾勝之曰：黍者，暑也，種者必待暑。先夏至二十日，此時有雨，彊土可種黍。諺曰前十鴟張後十羌襄欲得黍近我傍我傍謂近夏至也蓋可以種晚黍也一畝三升。黍心未生，雨灌其心，心傷無實。黍心初生，畏天露。令兩人對持長索，搜去其露，日出乃止。凡種黍，覆土鋤

治，皆如禾法，欲疎於禾。疎黍雖科而米黃又多減及空今穊雖不科而米白且均熟不減更勝疎者氾氏云欲疎於禾其義未聞

崔氏曰：四月蠶入簇時，雨降，可種黍禾，謂之上時。夏至先後各二日，可種黍。蟲食李者，黍貴也。

## 粱秫第五

爾雅曰虋赤苗也芑白苗也郭璞注曰虋今之赤粱粟芑今之白粱粟皆好穀也犍為舍人曰是伯夷叔齊所食首陽草也廣志曰有具粱解粱有遼東赤粱魏武帝嘗以作粥爾雅曰衆秫也孫炎曰秫黏粟也廣志曰秫黏粟有赤有白者有胡秫早熟及麥說文曰秫稷之黏者案今世有黃粱穀秫桑根秫槵天棓秫也

粱秫並欲薄地而稀，一畝用子三升半。地良多雉尾苗穊穗不成種與植穀同時。晚者全不收也燥濕之宜，杷勞之法，一同穀苗。收刈欲晚。性不零落早刈損實



## 大豆第六

爾雅曰戎叔謂之荏菽孫炎注曰戎叔大菽也張揖廣雅曰大豆菽也小豆荅也豍方迷切豆豌豆留豆也胡豆䗫江䗐音雙也廣志曰重小豆一歲三熟椝甘白豆麤大可食刺豆亦可食秬豆苗似小豆紫花可為麵生朱提建寧大豆有黃落豆有御豆其豆角長有楊豆葉可食胡豆有青有黃者本草經云張騫使外國得胡豆今世大豆有白黑二種及長梢牛踐之名小豆有菉豆赤白三種黃高麗豆黑高麗豆鷰豆豍豆大豆類也豌豆江豆營豆小豆類也

春大豆，次稙穀之後。二月中旬為上時，一畝用子八升三月上旬為中時，用子一斗四月上旬為下時。用子一斗二升歲宜晚者，五六月亦得；然稍晚稍加種子。地不求熟。秋鋒之地即稿種地過熟者苗茂而實少收刈欲晚。此不零落刈早損實必須耬下。種欲深故豆性強苗深則及澤鋒、耩各一。鋤不過再。葉落盡，然後刈。葉不盡則難治刈訖則速耕

大豆性雨秋不耕則無澤也種茭者用麥底一畝用子三升先漫散訖犁細淺畔良輟反而勞之旱則其堅葉落稀則苗莖不高深則土厚不生若澤多者先深耕訖逆垡擲豆然後勞之澤少則否爲其浥鬱不生九月中候近地葉有黃落者速刈之葉少不黃必浥鬱刈不速逢風則葉落盡遇雨則爛不成

雜陰陽書曰大豆生於槐九十日秀秀後七十日熟豆生於申壯於子長於壬老於丑死於寅惡於甲乙忌於卯午丙丁

孝經援神契曰赤土宜菽也

氾勝之書曰大豆保歲易爲宜古之所以備凶年也謹計家口數種大豆率人五畝此田之本也三月榆莢時有雨高田可種大豆土和無塊畝五升土不和則益之種大豆夏至後二十日尚可種戴甲而生不用深耕大豆須均而稀豆花憎見日見日則黃爛而根焦也穫豆之法莢黑而莖蒼輒收無疑其實將落反失之故曰豆熟於場於場穫豆即青莢在上黑莢在下氾勝之區種大豆法坎方深各六寸相去二赤一畝得千六百八十坎其坎成取美糞一升合坎中土攪和以內坎中臨種沃之坎三升水坎內豆三粒覆上土勿厚以掌抑之令種與土相親一畝用種二升用糞十六石八斗豆生五六葉鋤之旱者溉之坎三升水丁夫一人可治五畝至秋收一畝中十六石種之上土纔令蔽豆耳

崔寔曰正月可種豍豆二月可種大豆又曰三月昏參夕杏花盛桑椹赤可種大豆謂之上時四月時雨降可種大小豆美田欲稀薄田欲稠

## 小豆第七

小豆大率用麥底然恐小晚有地者常須熟留去歲穀下以擬之夏至後十日種者爲上時一畝用子八升初伏斷手爲中時一畝用子一斗中伏斷手爲下時一畝用子一斗二升中伏以後則晚矣諺曰立秋葉如荷錢猶得豆者指謂宜晚之歲耳不可爲常矣熟耕耬下以爲良澤多者耬耩漫擲而勞之如種麻法未生白背勞之極佳漫擲犁畤次之稿上歷反種爲下鋒而不耩鋤不過再葉落盡則刈之葉未盡者難治而易濕也豆角三青兩黃拔而倒豎籠叢之生者均熟不畏嚴霜從本至末全無秕減乃勝刈者牛力若少得待春耕亦得稿種凡大小

豆生既布葉皆得用鐵齒鍋榛俎遘切縱横杷而勞之

雜陰陽書曰小豆生於李六十日秀秀後六十日成成後忌與大豆同

氾勝之書曰小豆不保歲難得椹黑時注雨種畝五升豆生布葉鋤之生五六葉又鋤之大豆小豆不可盡治也古所以不盡治者豆生布葉豆有膏盡治之則傷膏傷則不成而民盡治故其收耗折也故曰豆不可盡治養美田畝可十石以薄田尚可畝取五石諺曰與他作豆田斯言良美可惜也



龍魚河圖曰歲暮夕四更中取二七豆子二七麻子家人頭髮少許合麻豆著井中呪勑井使其家竟年不遭傷寒辟五方疫鬼

雜五行書曰常以正月旦亦用月半以麻子二七顆赤小豆七枚置井中辟疫病甚神驗

又曰正月七日七月七日男吞赤小豆七顆女吞十四枚竟年無病令疫病不相染

## 種麻第八

爾雅曰黂枲實枲麻別二名莩麻母孫炎注曰黂麻子莩苴麻盛子者崔寔曰牡麻無實好肥理一名爲枲也

凡種麻用白麻子白麻子爲雄麻顏色雖白齧破枯燥無膏潤者秕子也亦不中種市糴者口含少時顏色如舊者佳如變黑者裛崔寔曰牡麻青白無實兩頭銳而輕浮麻欲得良田不用故墟故墟亦良有點丁破反葉夭折之患不任作布也地薄者糞之糞宜熟無熟糞者用小豆底亦得崔寔曰正月糞疇疇麻田也耕不厭熟縱横七徧以上則麻無葉也田欲歲易抛子種則節高良田一畝用子三升薄田二升穊則細而不長稀則麤而皮惡夏至前十日爲上時至日爲中時至後十日爲下時麥黃種麻麻黃種麥亦良候也諺曰夏至後不沒狗或答曰但雨多沒橐駝又諺曰五月及澤父子不相借言及澤急說非辭也夏至後者匪唯淺短皮亦輕薄此亦趨時不可失也父子之間尚不相假借而況他人者也澤多者先漬麻子令牙生取雨水浸之生牙疾用井水則生遲浸法著水中如炊兩百步頃漉出著席上布令厚三四寸數攪之令均得地氣一宿則牙出水若滂沛十日亦不生待地白背耬耩漫擲子空曳勞截雨腳即種者地濕麻生瘦待白背者麻生肥澤少者暫浸即出不得待牙生耬頭中下之不勞曳撻麻生數日中常驅雀葉青乃止布葉而鋤頻煩再遍止高而鋤者便傷麻勃如灰便收刈拔各隨鄉法未勃者收皮不成放勃不收而即驪葉欲小禣欲薄爲其易乾一宿輒翻之得霜露則皮黃也穫欲淨有葉者憙爛漚欲清水生熟合宜濁水則麻黑水少則麻脆生則難剝大爛則不任暖泉不冰凍冬日漚者最爲柔明也



衛詩曰蓺麻如之何衡從其畝毛詩注曰蓺樹也衡獵之從獵之種之然後得麻

氾勝之書曰種枲太早則剛堅厚皮多節晚則皮不堅寧失於早不失於晚穫麻之法穗勃勃如灰拔之夏至後二十日漚枲枲和如絲

崔寔曰夏至先後各五日可種牡麻（牡麻有花無實）

種麻子第九（崔寔曰苴麻麻之有蕰者苧麻是也一名蕡）

止取實者種斑黑麻子（斑黑者饒實崔寔曰苴麻子黑又實而重擣治作燭不作麻）耕須再遍一畝用子二升種法與麻同三月種者為上時四月為中時五月初為下時大率二尺留一根（穊則不耕）鋤常令淨（荒則少實）既放勃拔去雄（若未放勃去雄者則不成子實）

凡五穀地畔近道者多為六畜所犯宜種胡麻麻子以遮之（胡麻六畜不食麻子齧頭則科大收此二實足供美燭之費也）慎勿於大豆地中雜種麻子（扇地兩損而收並薄）六月中可於麻



子地間散蕪菁子而鋤之擬收其根

雜陰陽書曰麻生於楊或荆七十日花後六十日熟種忌四季辰未戌丑戊己

氾勝之書曰種麻豫調和田二月下旬三月上旬傍雨種之麻生布葉鋤之率九尺一樹樹高一尺以蠶矢糞之樹三升無蠶矢以溷中熟糞糞之亦善樹一升天旱以流水澆之樹五升無流水曝井水殺其寒氣以澆之雨澤時適勿澆澆不欲數養麻如此美田則畝五十石及百石薄田尚三十石獲麻之法霜下實成速斫之其樹大者以鋸鋸之

崔寔曰二三月可種苴麻（麻之有實者為苴）

大小麥第十（瞿麥附）

（爾雅曰大麥麰也小麥麳也廣志曰虜水麥其實大麥形有縫䅟麥似大麥出涼州旋麥三月種八月熟出西方赤小麥赤而肥出鄭縣語曰湖豬肉鄭稀熟山提小麥至黏弱以貢御有半夏小麥有秃芒大麥有黑穬麥陶隱居本草云大麥為五穀長即今倮麥也一名麰麥似穬麥唯無皮耳穬麥此是今馬食者然則大穬二麥種別名異而世人以為一物謬矣按世有落麥者秃芒是也又有春種穬麥也）

大小麥皆須五月六月暵地（不暵地而種者其收倍薄崔寔曰五月一日菑麥田也）種大小麥先畤逐犁𥰭種者佳（再倍省種）其山田及剛強之地則耬下之（其種子宜加五省於下田）凡耬種者匪直土淺易生然於鋒鋤



亦便穬麥非良地則不須種（薄地徒勞種而必不收凡種穬麥高下田皆得用但必須良熟耳高田借擬禾豆自可專用下田也）八月中戊社前種者為上時（擲者畝用子二升半）下戊前為中時（用子三升）八月末九月初為下時（用子三升半或四升）小麥宜下田（歌曰高田種小麥穊𥝩不成穗男兒在他鄉那得不憔悴）八月上戊社前為上時（擲者用子一升半也）中戊前為中時（用子二升）下戊前為下時（用子二升半）正月三月勞而鋤之三月四月鋒而更鋤（鋤麥倍收皮薄麵多而鋒勞鋤各得再遍為良也）令立秋前治訖（立秋後則蟲生）蒿艾簞盛之良（以蒿艾蔽窖埋之亦佳窖麥法必須日曝令乾及熱埋之）多種久居供食者宜作劁（才彫切）麥倒刈薄布順風放火火既著即以掃帚撲滅仍打之（如此者無夏蟲不生然唯中作麥飯及麵用耳）

禮記月令曰仲秋之月乃勸人種麥無或失時其有失時行罪無疑鄭玄注曰麥者接絶續乏之穀尤宜重之

孟子曰今夫麰麥播種而耰之其地同樹之時又同浡然而生至於日至之時皆熟矣雖有不同則地有肥磽雨露之所養人事之不齊

雜陰陽書曰大麥生於杏二百日秀秀後五十日成麥生於亥壯於卯長於辰老於巳死於午惡於戌忌於子丑小麥生於桃二百一十日秀秀後六十日成忌與大麥同蟲食杏者麥貴

種瞿麥法以伏爲時一名地麵良地一畝用子五升薄田三四升畝收十石渾蒸曝乾舂去皮米全不碎炊作飧甚滑細磨下絹簁作餅亦滑美然爲性多穢一種此物數年不絶耘鋤之功更益劬勞

尚書大傳曰秋昏虛星中可以種麥虛北方玄武之宿八月昏中見於南方

說文曰麥芒穀秋種厚埋故謂之麥麥金王而生火王而死

氾勝之書曰凡田有六道麥爲首種種麥得時無不善夏至後七十日可種宿麥早種則蟲而有節晚種則穗小而少實當種麥若天旱無雨澤則薄漬麥種以酢且故反漿并蠶矢夜半漬向晨速投之令與白露俱下酢漿令麥耐旱蠶矢令麥忍寒麥生黃色傷於太稠稠者鋤而稀之秋鋤以棘柴耬之以壅麥根故諺曰子欲富黃金覆黃金覆者謂秋鋤麥曳柴壅麥根也至春凍解棘柴曳之突絶其乾葉須麥生復鋤之到榆莢時注雨止候土白背復鋤如此則收必倍冬雨雪止以物輒藺麥上掩其雪勿令從風飛去後雪復如此則麥耐旱多實春凍解耕和土種旋麥麥生根茂盛莽鋤如宿麥



氾勝之區種麥區大小如中農夫區禾收區種凡種一畝用子二升覆土厚二寸以足踐之令種土相親麥生根成鋤區間秋草緣以棘柴律土壅麥根秋旱則以桑落時澆之秋雨澤適勿澆之麥凍解棘柴律之突絶去其枯葉區間草生鋤之大男大女治十畝至五月收區一畝得百石以上十畝得千石以上

小麥忌戌大麥忌子除日不中種

崔寔曰凡種大小麥得白露節可種薄田秋分種中田後十日種美田唯穬早晚無常正

月可種春麥䴬豆盡二月止
青稞麥特打時稍難唯伏日用碌碡碾右每十畝用種八斗與
大麥同時熟好收四十石八九斗麵堪作飯
及餅飥甚美磨總盡無麩鋤一徧佳不鋤亦得

水稻第十一

爾雅曰稌稻也郭璞注曰沛國今呼稻爲稌廣志云有虎掌稻紫芒稻赤芒稻白米南方有蟬鳴稻七月熟有盖下白稻正月種五月穫穫訖其莖根復生九月熟青芋稻六月熟累子稻白漢稻七月熟此三稻大而且長米半寸出益州稉有烏稉黑穬青函白夏之名說文曰穬稻紫莖不黏者稉稻屬風土記曰稻之紫莖穬稻之青穗米皆青白也字林曰秜音尼稻今年死來年自生曰秜今世有黃瓮稻黃陸稻青稗稻豫章青稻尾紫稻青杖稻飛蜻稻赤甲稻烏陵稻大香稻小香稻白地稻孤灰稻一年再熟有秫稻秫稻米一名糯米奴亂反俗云亂米非也有九稜秫雉目秫大黃秫棠秫馬牙秫長江秫惠成秫黃般秫方滿秫虎皮秫薈柰秫皆米也



稻無所緣唯歲易爲良選地欲近上流地無良薄水清則稻美也三月種者爲上時四月上旬爲中時中旬爲下時先放水十日後曳陸軸十遍遍數唯多爲良地既熟淨淘種子浮者去之秋則生稗漬經五宿漉出內草篅市規反中裛之復經三宿芽生長二分一畝三升擲三日之中令人驅鳥稻苗長七八寸陳草復起以鎌侵水芟之草悉膿死稻苗漸長復須薅拔草曰薅虎高切薅訖決去水曝根令堅量時水旱而溉之將熟又去水霜降穫之早刈米青而不堅晚刈零落而損收北土高原本無陂澤隨逐隈曲而田者二月冰解地乾燒而耕之仍即下水十日塊既散液持木斫平之納種如前法既生七八寸拔而栽之既非歲易草稗俱生芟亦不死故須栽而薅之溉灌收刈一如前法畦畤大小無定須量地宜取水均而已藏稻必須用箪此既水穀窖埋得地氣則爛敗也若欲久居者亦如劁麥法春稻必須冬時積日燥曝一夜置霜露中即舂若冬舂不乾即米青赤脉起不經霜不燥曝則米碎矣秫稻法一切同

雜陰陽書曰稻生於柳或楊八十日秀秀後七十日成戊己四季日爲良忌寅卯辰惡甲



乙

周官曰稻人掌稼下地以水澤之地種穀也謂之稼者有似嫁女相生以豬畜水以防止水以溝蕩水以遂均水以列舍水以澮寫水以涉揚其芟作田鄭司農說豬防以春秋傳曰町原防規偃豬以列舍水列者非一道以去水也以涉揚其芟以其水寫故得行其田中舉其芟鉤也杜子春讀蕩爲和蕩謂以溝行水也玄謂偃豬者畜流水之陂也防豬旁隄也遂田首受水小溝也列田之畦畤也澮田尾去水大溝作猶治也開遂舍水於列中田涉之揚去前年所芟之草而治田種稻凡稼澤夏以水殄草而芟荑之殄病也絕也鄭司農說芟荑以春秋傳曰芟荑蘊崇之今時謂禾下麥爲荑下麥言芟刈其禾於下種麥也玄謂將以澤地爲稼者必於夏六月之時大雨時行以水病絕草之後生者至秋水涸芟之明年乃稼澤草所生種之芒種鄭司農云澤草之所生其地可種芒種芒種稻麥也

禮記月令云季夏大雨時行乃燒薙行水利以殺草如以熱湯（鄭玄注曰薙謂迫地殺草此謂欲稼萊地先薙其草草乾燒之至此月大雨流潦畜於其中則草不復生地美可稼也薙氏掌殺草春草生而萌之夏日至而夷之秋繩而芟之冬日至而耜之若欲其化也則以水火變之）可以糞田疇可以美土疆（注曰土潤溽暑膏澤易行也糞美互文土疆彊槩之地）

孝經援神契曰汙泉宜稻

淮南子曰蘺先稻熟而農夫薅之者不以小利害大穫（高誘曰蘺水稗）

氾勝之書曰種稻春凍解耕及其土種稻區不欲大大則水深淺不適冬至後一百一十



日可種稻稻地美用種畝四升始種稻欲溫溫者缺其塍令水道相直夏至後大熱令水道錯

崔寔曰三月可種秔稻稻美田欲稀薄田欲稠五月可別種及藍盡夏至後二十日止

旱稻第十二

旱稻用下田白土勝黑上（非言下田勝高原但夏停水者不得禾豆麥稻田種雖濟亦收所謂彼此俱獲不失地利故也下田種者用功多高原種者與禾同等也）凡下田停水處燥則堅垎濕則汙泥難治而易荒墝埆而殺種其春耕者殺種尤甚故宜五六月暵之以

擬麰麥時水澇不得納種者九月中復一轉至春種稻萬不失一（春耕者十不收五蓋誤人耳）

凡種下田不問秋夏候水盡地白背時速耕杷勞頻煩令熟（過燥則堅過雨則泥所以宜速耕也）二月半種稻爲上時三月爲中時四月初及半爲下時漬種如法裛令開口耬耩掩種之（掩種者省種而生科又勝擲者）即再遍勞（若歲寒早種慮時晚即不漬種恐芽焦也）其土黑堅彊之地種未生前遇旱者欲得令牛羊及人履踐之濕則不用一迹入地稻既生猶欲令人踐壠背（踐者茂而多實也）苗長三寸杷勞而鋤之鋤唯欲速（稻苗性弱不能扇草故宜



數鋤之）每經一雨輒欲杷勞苗高尺許則鋒天雨無所作宜昌雨薅之科大如概者五六月中霖雨時拔而栽之（栽法欲淺令其根鬚四散則滋茂深而直下者聚而不科其苗長者亦可拔去葉端數寸勿傷其心也）入七月不復任栽（七月百草成時晚故也）其高田種者不求極良唯須廢地（過良則苗折廢地則無草）亦秋耕杷勞令熟至春黃塲納種（不宜濕下）餘法悉與下田同

胡麻第十三

（漢書張騫外國得胡麻今俗人呼爲烏麻者非也廣雅曰狗虱勝茄胡麻也本草經曰胡麻一名巨勝一名鴻藏案今世有白胡麻八稜胡麻白者油多人可以爲飯柱治脫之煩也）

胡麻宜白地種二三月爲

上時四月上旬為中時五月上旬為下時（月半前種者實多而成月半後種者少子而多秕也）種欲截兩腳（若不綠濕融而不生）一畝用子二升漫種者先以耬耩然後散子空曳勞（勞上加人則土厚不生）耬耩者炒沙令燥中和半之（不和沙下不均壠種若荒得用鋒耩）鋤不過三遍刈束欲小（束大則難燥打手復不勝）以五六束為一叢斜倚之（不爾則風吹倒損收也）候口開乘車詣田斗藪（倒豎以小杖微打之）還叢之三日一打四五遍乃盡耳（若乘濕橫積蒸熱速乾雖曰鬱裛無風吹虧損之慮裛者不中為種子然於油無損也）崔寔曰二月三月四月五月時雨降可種之

## 種瓜第十四

廣雅曰土芝瓜也其子謂之瓞（力點反）瓜有龍肝虎掌羊骹兔頭瓟瓝（大兵反）狸頭白䫂秋無餘縑瓜瓜屬也張孟陽瓜賦曰羊骹累錯䫂子廬江廣志曰瓜之所出以遼東廬江燉煌之種為美有烏瓜縑瓜狸頭瓜蜜筩瓜女臂瓜羊髓瓜瓜州大瓜大如斛出涼州猒須舊陽城御瓜有青登瓜大如三升魁有桂枝瓜長二赤餘蜀地溫良瓜至冬熟有春白瓜細小小瓣宜藏正月種三月成有秋泉瓜秋種十月熟形如羊角色黃黑史記曰邵平者故秦東陵侯秦破為布衣家貧種瓜於長安城東瓜美故世謂之東陵瓜從邵平始漢書地理志曰敦煌古瓜州地有美瓜王逸瓜賦曰落疏之文永嘉記曰永嘉美瓜八月熟至十一月肉青瓤赤香甜清快眾瓜之勝廣州記曰瓜冬熟號為金釵瓜說文曰瓞小瓜也陸機瓜賦曰括樓定桃黃䫂白摶金釵蜜筩小青大班玄骭素腕狸首虎蹯東陵出於秦谷桂髓起於巫山也

收瓜子法常歲歲先取本母子瓜截去兩頭止取中央子（本母子者瓜生數葉便結子子復早熟用中輩瓜子者蔓長二三赤然後結子用後輩子者蔓長足然後結子子亦晚熟種早子熟速而瓜小種晚子熟遲而瓜大去兩頭者近蔕子瓜曲而細近頭子瓜短而喎凡瓜落疏青黑



者為美黃白及斑雖大而惡若種苦瓜子雖爛熟氣香其味猶苦也）又收瓜子法（食瓜時美者收取即以細糠拌之日曝向燥挼而簸之淨而且速也）良田小豆底佳黍底次之刈訖即耕頻煩轉之二月上旬種者為上時三月上旬為中時四月上旬為下時五月六月上旬可種藏瓜

凡種法先以水淨淘瓜子以鹽和之（鹽和則不籠死）先卧鋤耬却燥土（不耬者坑雖深大常雜燥土故瓜不生）然後培坑大如斗口納瓜子四枚大豆三箇於堆旁向陽中（諺曰種瓜黃臺頭）瓜生數葉掐去豆（瓜性弱苗不能獨生故須大豆為之起土瓜生不去豆則豆反扇瓜不得滋茂但豆斷汁出更成良潤勿拔之拔之則土虛燥也）多鋤則饒子不鋤則無實（五穀蔬菜果蓏之屬皆如此也）五六月種晚瓜

治瓜籠法（旦起露未解以杖舉瓜蔓散灰於根下後一兩日復以土培其根則迴無蟲矣）

又種瓜法（依法種之十畝勝一頃）於良美地中先種晚禾（晚禾令地膩）熟劁刈取穩欲令茇（方末反）長秋耕之耕法弭縛犁耳起規逆耕耳弭則禾茇頭出而不没矣至春起復順耕亦弭縛犁耳翻之還令草頭出耕訖勞之令甚平種植穀時種之種法使行陣整直兩行微相近兩行外相遠中間通步道道外還兩行相近如是作次第經四小道通一車道凡一頃地中須開十字大

巷通兩乘車來去運輦其瓜都聚在十字巷中瓜生比至初花必須三四遍熟鋤勿令有草生草生脅瓜無子鋤法皆起禾茇令直豎其瓜蔓本底皆令土下四廂高微雨時得停水瓜引蔓皆沿茇上茇多則瓜多茇少則瓜少茇多則蔓廣蔓廣則歧多歧多則饒子其瓜會是歧頭而生無歧而花者皆是浪花終無瓜矣故令蔓生在茇上瓜懸在下

摘瓜法在步道上引手而取勿聽浪人踏瓜



蔓及翻覆之踏則莖破翻則成細皆令瓜不茂而蔓早死若無茇而種瓜者地雖美好正得長苗直引無多盤歧故瓜少子若無茇處豎乾柴亦得凡乾柴草不妨滋茂凡瓜所以早爛者皆由腳躡及摘時不慎翻動其蔓故也若以理慎護及至霜下葉乾子乃盡矣但依此法則不必別種早晚及中三輩之瓜

區種瓜法六月雨後種菉豆八月中犁稀殺之十月又一轉即十月中種瓜率兩步為一區坑大如盆口深五寸以土壅其畔如菜畦形坑底必令平正以足踏之令其保澤以瓜子大豆各十枚遍布坑中瓜子大豆兩物為雙藉其起土故也以糞五升覆之亦令均平又以土一斗薄散糞上復以足微躡之冬月大雪時速併力推雪於坑上為大堆至春草生瓜亦生莖葉肥茂異於常者且常有潤澤旱亦無害五月瓜便熟其掐豆鋤瓜之法與常同若瓜子盡生則太概宜掐去之一區四根即足矣

又法冬天以瓜子數枚內熱牛糞中凍則拾聚置之陰地量地多少以足為限正月地釋即耕逐暘布之率方一步下一斗糞耕土覆之肥茂早熟雖不及區種亦勝凡瓜遠矣凡生糞糞地無勢多於熟糞令地小荒矣



有蟻者以牛羊骨帶髓者置瓜科左右待蟻附將棄之棄一三則無蟻矣

汜勝之區種瓜一畝為二十四科區方圓三赤深五寸一科用一石糞糞與土合和令相半以三斗瓦甕埋著科中央令甕口上與地平盛水甕中令滿種瓜甕四面各一子以瓦蓋甕口水或減輒增常令水滿種常以冬至後九十日百日得戊辰日種之又種薤十根令周迴甕居瓜子外至五月瓜熟薤可拔賣之與瓜相避又可種小豆於瓜中畝四五升

其蘯可賣此法宜平地瓜收畝萬錢

崔寔曰種瓜宜用戊辰日三月三日可種瓜十二月臘時祀炙萐樹瓜田四角去蚶（胡濫反瓜蟲謂之蚶）

龍魚河圖曰瓜有兩鼻者殺人

種越瓜胡瓜法四月中種之（胡瓜宜竪柴木令引蔓緣之）收越瓜欲飽霜（霜不飽則爛）收胡瓜候色黃則摘（若待色赤則皮存而肉消也）並如凡瓜於香醬中藏之亦佳

種冬瓜法（廣志曰冬瓜蔬垣神仙本草謂之地芝也）傍牆陰地作區圓二赤深五寸以熟糞及土相和正月晦日種（二月三月亦得）既生以柴木倚牆令其緣上旱則澆之



八月斷其梢減其實一本但留五六枚（多留則不成也）十月霜足收之（早收則爛）削去皮子於芥子醬中或美豆醬中藏之佳

冬瓜越瓜瓠子十月區種如區種瓜法冬則推雪著區上為堆潤澤肥好乃勝春種

種茄子法茄子九月熟時摘取擘破水淘子取沉者速曝乾裹置至二月畦種（治畦下水一如葵法性宜水常須潤澤）著四五葉雨時合泥移栽之（若旱無雨澆水令徹澤夜栽之向日以蓆蓋勿令見日）十月種者如區種瓜法推雪著區中則不須栽其春種不作畦直如種凡瓜法者亦得唯須曉夜數澆耳大小如彈圓中生食味似小豆角

## 種瓠第十五

衛詩曰匏有苦葉毛云匏謂之瓠詩義疏云匏葉少時可以為羹又可淹煑極美故云瓠葉幡幡采之亨之河東及揚州常食之八月中堅強不可食故云苦葉廣志曰有都瓠子如牛角長四赤有約腰瓠其大數斗其腹窈挈緣帶為口出雍縣移種於他則否朱崖有苦葉瓠其大者受斛餘郭子曰東吳有長柄壺樓釋名曰瓠畜皮瓠以為脯蓄積以待冬月用也淮南萬畢術曰燒穰殺瓠物自然也

氾勝之書種瓠法以三月耕良田十畝作區方深一赤以杵築之令可居澤相去一步區種四實蠶矢一斗與土糞合澆之水二升所



乾處復澆之著三實以馬箠㲉其心勿令蔓延多實實細以藁薦其下無令親土多瘡瘢度可作瓢以手摩其實從蔕至底去其毛不復長且厚八月微霜下收取掘地深一丈薦以藁四邊各厚一赤以實置孔中令底下向瓠一行覆上土厚三赤二十日出黃色好破以為瓢其中白膚以養豬致肥其瓣以作燭致明一本三實一區十二實一畝得二千八百八十實十畝凡得五萬七千六百瓢瓢直十錢并直五十七萬六千文用蠶矢二百石

牛耕功力直二萬六千文餘有五十五萬肥豬明燭利在其外

氾勝之書區種瓠法收種子須大者若先受一斗者得收一石受一石者得收十石先掘地作坑方圓深各三赤用蠶沙與土相和令中半若無蠶沙生牛糞亦得著坑中足躡令堅以水沃之候水盡即下瓠子十顆復以前糞覆之既生長二赤餘便總聚十莖一處以布纏之五寸許復用泥泥之不過數日纏處便合爲一莖留强者餘悉掐去引蔓結子子外之條亦掐



去之勿令蔓延留子法初生二三子不佳去之取第四五六區留三子即足旱時須澆之坑畔周匝小渠子深四五寸以水停之令其遙潤不得坑中下水

崔寔曰正月可種瓠六月可畜瓠八月可斷瓠作蓄瓠瓠中白膚實以養豬致肥其瓣則作燭致明

家政法曰二月可種瓜瓠

## 種芋第十六

說文曰芋大葉實根駭人者故謂之芋齊人呼芋爲莒廣雅曰渠芋其葉謂之蔌以者反藉姑水芋也亦曰烏芋廣志曰蜀漢既繁芋民

以爲資凡十四等有君子芋大如斗魁如杵簇有車轂芋有鋸子芋有旁巨芋有青邊芋此四芋多子有談善芋魁大如瓶少子葉如散蓋紺色紫莖長丈餘易熟長味芋之最善者也莖可作羹臛肥澁得飲乃下有蔓芋緣枝生大者次二三升有雞子芋色黃有百果芋魁大子繁多畝收百斛種以百畝以養彘有旱芋七月熟有九面芋大而不美有象空芋大而弱使人易飢有青芋有素芋子皆不可食莖可爲菹凡此諸芋皆可乾腊又可藏至夏食之又百子芋出葉俞縣有魁芋無旁子生永昌縣有大芋二升出范陽新鄭風土記曰博士芋蔓生根如鵝鴨卵

氾勝之書曰種芋區方深皆三赤取豆萁內區中足踐之厚赤五寸取區上濕土與糞和之內區中萁上令厚赤二寸以水澆之足踐令保澤取五芋子置四角及中央足踐之旱數澆之萁爛芋生子皆長三赤一區收三石



又種芋法宜擇肥緩土近水處和柔糞之二月注雨可種芋率二赤下一本芋生根欲深斸其旁以緩其土旱則澆之有草鋤之不厭數多治芋如此其收常倍

列仙傳曰酒客爲梁使烝民益種芋三年當大饑卒如其言梁民不死按芋可以救饑饉度凶年今中國多不以此爲意後生有耳目所不聞見者及水旱風蟲霜雹之災便能餓死滿道白骨交橫知而不種坐致泯滅悲夫人君者安可不督課之哉

崔寔曰正月可菹芋

家政法曰二月可種芋也

齊民要術卷第二

# 齊民要術卷第三

後魏高陽太守賈思勰撰





## 種葵第十七

廣雅曰蘬丘葵也廣志曰胡葵其花紫赤博物志曰人食落葵為狗所齧作瘡則不差或至死按今世葵有紫莖白莖二種種別復有大小之殊又有鴨脚葵也

臨種時必燥曝葵子葵子雖經歲不浥然濕種者疥而不肥也地不厭良故墟彌善薄即糞之不宜妄種



春必畦種水澆春多風旱非畦不得且畦者省地而菜多一畦供一口畦長兩步廣一步大則水難均又不用人足入深掘以熟糞對半和土覆其上令厚一寸鐵齒杷耬之令熟足蹋使堅平下水令徹澤水盡下葵子又以熟糞和土覆其上令厚一寸餘葵生三葉然後澆之澆用晨夕日中便止每一掐輒杷耬地令起下水加糞三掐更種一歲之中凡得三輩凡畦種之物治畦皆如種葵法不復條列煩文早種者必秋耕十月末地將凍散子勞之一畝三升正月末散子亦得人足踐踏之乃佳踐者菜肥地釋即生鋤不厭數五月初更種之春者既老秋葉未生故種此相接六月一日種白莖秋葵白莖者宜乾紫莖者乾即黑而澀秋葵堪食仍留五月種者取子春葵子熟不均故須留中輩於此時附地翦卻春葵令根上枿生者柔輭至好仍供常食美於秋菜留之亦中為榜簇掐秋菜必留五六葉不掐則莖孤留葉多則科大凡掐必待露解諺曰觸露不掐葵日中不翦韭八月半翦去留其歧歧多者則去地一二寸獨莖者亦可去地四五寸枿生肥嫩比至收時高與人膝等莖葉皆美科雖不高菜實倍多其不翦早生者雖高數尺柯葉堅硬全不中食所可用者唯有菜心附葉黃澀至惡煑亦不美看雖似多其實倍少收待霜降傷早黃爛傷晚黑澀榜簇皆須陰中見日亦澀其碎者割訖即地中尋手糺之待萎而糺者必爛

又冬種葵法：近州郡都邑有市之處，負郭良田三十畝，九月收菜後即耕，至十月半，令得三遍。每耕即勞，以鐵齒杷耬去陳根，使地極熟，令如麻地。於中逐長穿井十口。井必相當，斜角則妨地。地形狹長者，井必作一行；地形正方者，作兩三行亦不嫌也。井別作桔槔、轆轤。井深用轆轤，井淺用桔槔。柳鑵，令受一石。鑵小，用則功費。十月末，地將凍，漫散子，唯概為佳。畝用子六升。散訖，即再勞。有雪，勿令從風飛去；勞雪令地保澤，葉又不蟲。每雪，輒一勞之。若竟冬無雪，臘月中汲井水普澆，悉令徹澤。有雪則不荒。正月地釋，驅羊踏破地皮。不踏即枯涸，皮破即膏潤。春暖草生，葵亦



俱生。三月初，葉大如錢，逐概處拔大者賣之。十手拔，乃禁取。兒、女子七歲已上，皆得充事也。一升葵，還得一升米。日日常拔，看稀稠得所乃止。有草拔却，不得用鋤。一畝得葵三載，合收米九十車。車准二十斛，為米一千八百石。自四月八日以後，日日剪賣。其剪處，尋以手拌斫斸地令起，水澆糞覆之。四月亢旱，不澆則不長；有雨即不須。四月已前，雖旱亦不須澆，地實保澤，雪勢未盡故也。比及剪遍，初者還復，周而復始，日日無窮。至八月社日止，留作秋菜。九月，指地賣，兩畝得絹一疋。收訖，即急耕，依去年法，勝作十頃穀田。止須一乘

車牛專供此園。耕、勞、輦糞、賣菜，終歲不閑。若糞不可得者，五六月中概種菉豆，至七月、八月犂掩殺之。如以糞糞田，則良美與糞不殊，又省功力。其井間之田，犂不及者，可作畦，以種諸菜。

崔寔曰：正月可種瓜、瓠、葵、芥、薤、大小蔥、蘇。苜蓿及雜蒜亦可種。此二物皆不如秋。六月六日可種葵。中伏後可種冬葵。九月作葵菹，乾

葵。

家政法曰：正月種葵。

## 蔓菁第十八



爾雅曰：須，葑蓯。江東呼為蕪菁，或為菘。菘、須音相近，須則蕪菁。字林曰：蕪，蕪菁苗也。乃齊魯云。廣志云：蕪菁有紫花者、白花者。

種不求多，唯須良地，故墟新糞壞牆垣乃佳。若無故墟糞者，以灰為糞，令厚一寸；灰多則燥不生也。耕地欲熟。七月初種之。一畝用子三升。從處暑至八月白露節皆得。早者作菹，晚者作乾。漫散而勞。種不用濕，濕則地堅葉焦。既生不鋤。九月末收葉，晚收則黃落。仍留根取子。十月中犂麤畤，拾取耕出者。若不耕畤，則留者英不茂，實不繁也。其葉作菹者，料理如常法。擬作乾菜及釀菹者，人丈反。釀菹者，後年正月始作耳，須留第一好菜擬之。其菹法列後條。割訖，則尋手擇治而辮之，勿待萎。萎而後辮則爛。挂著屋下陰中風涼處，勿令烟熏。烟熏則苦。燥則上在廚，積置以苦

之（積時宜候天陰潤不爾多碎折久不積苦則澀也）春夏畦種供食者與畦葵法同剪訖更種從春至秋得三輩常供好菹取根者用大小麥底六月中種十月將凍耕出之（一畝得數車早出者根細）

又多種蕪菁法近市良田一頃七月初種之（六月種者根雖粗大葉復蟲食七月末種者葉雖膏潤根復細小七月初種根葉俱得）擬賣者純種九英（九英葉根粗大雖堪舉賣氣味不美欲自食者須種細根）一頃取葉三十載正月二月賣作蘸菹三載得一奴收根依晦法一頃收二百載二十載得一婢（細剉和莖飼牛羊全擲乞猪並得充肥亞於大豆耳）一頃收子二百石輸與壓



油家三量成米此為收粟米六百石亦勝穀田十頃是故漢桓帝詔曰橫水為災五穀不登令所傷郡國皆種蕪菁以助民食然此可以度凶年救饑饉乾而蒸食既甜且美自可藉口何必饑饉（若值凶年一頃乃活百人耳）

蒸乾蕪菁根法（作湯淨洗蕪菁根漉著一斛甕子中以葦荻塞甕裏以蔽口合著釜上繫甑帶以乾牛糞然火竟夜蒸之粗細均熟謹謹著牙具類鹿尾蒸而賣者則收米十石也）

種菘蘆菔（蒲北反）法與蕪菁同（菘菜似蕪菁無毛而大方言曰蕪菁紫花者謂之蘆菔案蘆菔根實粗大其角及根葉並可生食非蕪菁也諺曰生噉蕪菁無人情取子者以草覆之不覆則凍死）秋中賣銀十畝得錢一萬

廣志曰蘆菔一名雹突

崔寔曰四月收蕪菁及芥葶藶冬葵子六月中伏後七月可種蕪菁至十月可收也

## 種蒜第十九（澤蒜附出）

說文曰蒜葷菜也廣志曰蒜有胡蒜小蒜黃蒜長苗無科出哀牢王逸曰張騫周流絕域始得大蒜葡萄苜蓿博物志曰張騫使西域得大蒜胡荽延篤曰張騫大宛之蒜潘尼曰西域之蒜朝歌大蒜甚辛一名葫南人尚有齊葫之言又有胡蒜澤蒜也

宜良軟地（白軟地蒜甜美而科大黑軟次之剛強之地辛辣而瘦小也）三遍熟耕九月初種種法黃場時以耬耩逐壠手下之五寸一株（諺曰左右通鋤一萬餘株）空曳勞二月半鋤之令滿三遍（勿以無草則不鋤不鋤則科小）條拳而軋之（不軋則獨科）葉黃鋒出



則辮於屋下風涼之處桁之（早出者皮赤科堅可以遠行晚則皮皴而喜碎）冬寒取穀稈（奴勒反）布地一行蒜一行得（不爾則凍死）收條中子種者一年為獨辦種二年者則成大蒜科皆如拳又逾於凡蒜矣（瓦子瓏底置獨辦蒜於瓦上以土覆之蒜科橫闊而大形容殊別亦足以為異今并州無大蒜朝歌取種一歲之後還成百子蒜矣其辦粗細正與條中子同蕪菁根其大如椀口雖種他州子一年亦變大蒜瓣變小蕪菁根變大二事相反其理難推又八月中方得熟九月中始刈得花子至於五穀蔬果與餘州早晚不殊亦一異也并州豌豆度井陘已東山東穀子入壺關上黨苗而無實皆余目所親見非信傳疑蓋土地之異者也）

種澤蒜法預耕地熟時採取子漫散勞之澤蒜可以香食吳人調鼎率多用此根葉解菹更勝葱韭此物繁息一種永生蔓延滋漫年

年稍廣閒區斸取隨手還合但種數畝用之無窮種者地熟美於野生

崔寔曰布穀鳴收小蒜六月七月可種小蒜八月可種大蒜

種䪥第二十

爾雅曰䪥鴻薈注曰䪥菜也

䪥宜白輭良地三轉乃佳二月三月種八月九月種亦得秋種者春末生率七八支爲一本諺曰葱三䪥四移葱者三支爲一本種䪥者四支爲一科然支多者科圓大故以七八爲率䪥子三月葉青便出之未青而出者肉爛未滿令䪥瘦燥曝挼去莩餘切却強根留強根而㬥者即瘦細不得肥也先重耬耩地壟燥掊而種之壟燥則䪥肥耬重則白長率一尺一本葉生即鋤鋤不厭數䪥性多穢荒則羸惡五月鋤八月初耩不耩則白短葉不用翦翦則損白供常食者別種九月十月出賣經久不任也擬種子至春地釋出即曝之



崔寔曰正月可種䪥韭芥七月別種䪥矣

種葱第二十一

爾雅曰茖山葱注曰茖葱細莖大葉廣雅曰藿蘜䔶葱也其蓊謂之薹廣志曰葱有冬春二種有胡葱木葱山葱晉令曰有紫葱

收葱子必薄布陰乾勿令浥鬱此葱性熱多喜浥鬱浥鬱則不生其擬種之地必須春種綠豆五月掩殺之比至七月耕數遍一畝用子四五升良田五升薄地四升炒穀拌和之葱子性澀不以穀和下不均調不炒穀則草穢生兩耬重耩竅瓠下之以批蒲結反契蘇結反繼腰曳之七月納種至四月始鋤鋤遍乃翦翦與地平高留則無葉深翦則傷根翦欲旦起避熱時良地三翦薄地再翦八月止不翦則不茂翦過則根跳若八月不止則葱無袍而損白十二月盡掃去枯葉枯袍不去枯葉春葉則不茂二月三月出之良地二月出薄地三月出收子者別留之葱中亦種胡荽尋手供食乃至孟冬爲葅亦不妨

崔寔曰三月別小葱六月別大葱七月可種大小葱夏葱曰小冬葱曰大



種韭第二十二

廣志曰白弱韭長一尺出蜀漢王彪之關中賦曰蒲韭冬藏也

收韭子如葱子法若市上買韭子宜試之以銅鐺盛水於火上微煮韭子須臾牙生者好牙不生者是裛鬱矣治畦下水糞覆悉與葵同然畦欲極深韭一翦一加糞又根性上跳故須深也二月七月種種法以升盞合地爲處布子於圍內韭性內生不向外長圍種令科成薅令常淨韭性多穢數拔爲良高數寸翦之初種歲止一翦至正月掃去畦中陳葉凍解以鐵杷耬起下水加熟糞韭高三寸便翦之翦如葱法一歲之中不過五翦每翦杷耬下水加糞悉如初收子者一翦即留之若旱種者但無畦與水耳杷糞悉同一

種永生（諺曰：韭者懶人菜。以其不須歲種也。聲類曰：韭者，久長也。一種永生。）

崔寔曰：正月上辛日，掃除韭畦中枯葉。七月藏韭菁。（菁，韭花也。）

## 種蜀芥芸薹芥子第二十三

蜀芥、芸薹取葉者，皆七月半（吳氏本草云：芥葅一名水蘇，一名勞祖。）種地欲糞熟。蜀芥一畝，用子一升；芸薹一畝，用子四升。種法與蕪菁同。既生亦不鋤之。十月收蕪菁訖時，收蜀芥。（中為鹹淡二菹，亦任為乾菜。）芸薹足霜乃收。（不足霜即澀。）

種芥子及蜀芥、芸薹取子者，皆二三月好雨澤時種。（三物性不耐寒，經冬則死，故須春種。）旱則畦種水澆。五月熟而收子。（芸薹冬天草覆，亦得取子，又得生茹供食。）

崔寔曰：六月大暑中伏後，可收芥子。七月、八月，可種芥。



## 種胡荽第二十四

胡荽宜黑軟青沙良地，三遍熟耕。（樹陰下，得；禾豆處，亦得。）春種者用秋耕地。開春凍解地起有潤澤時，急接澤種之。種法：近市負郭田，一畝用子二升，故概種，漸鋤取，賣供生菜也。外舍無市之處，一畝用子一升，踈密正好。六七月種，一畝用子一升。先燥曬。欲種時，布子於堅地，一升子與一掬濕土和之，以腳蹉令破作兩段。（多種者，以甎瓦蹉之亦得，以木礱礱之亦得。子有兩人，人各著，故不破兩段，則踈密水裛而不生。著土者，令土入殼中，則生疾而長速。種時欲燥，此菜非雨不生，所以不求濕下也。）於旦暮潤時，以耬耩作壟，以手散子，即勞令平。（春雨難期，必須藉澤，蹉跎失機，則不得矣。地正月中凍解者，時節既早，雖浸芽不生，但燥種之，不須浸子。地若二月始解者，歲月稍晚，恐澤少，不時生，失歲計矣；便於暖處籠盛胡荽子，一日三度以水沃之，二三日則芽生，於旦暮時接潤漫擲之，數日悉出矣。大體與種麻法相似。假令十日、二十日未出者，亦勿怪之，尋自當出。有草，乃令拔之。）菜生三二寸，鋤去概者，供食及賣。十月足霜，乃收之。取子者，仍留根，間（古莧反）拔令稀。（概即不生。）以草覆上。（覆者，得供生食，又不凍死。）又五月子熟，拔取曝乾，（勿使令濕，濕則裛鬱。）格柯打出，作蒿篅盛之。冬日亦得入窖，夏還出之。但不濕，亦得五六年停。一畝收十石，都邑糶賣，石堪一匹絹。若地柔良，不須重加耕墾者，於子熟時，好子稍有零落者，然後拔取，直深細鋤地一遍，勞令平，六月連雨時，穭（音呂）生者亦尋滿地，省耕種之勞。秋種者，五月子熟，拔去，急耕，十餘日又一轉，入六月又一轉，令好調熟，調熟如麻地。即於六月中旱時，耬耩作壟，蹉子令破，手散，還勞令平，一同春法。但既是旱種，不須耬潤。此菜旱種，非連雨不生，所以不同春月要求濕下。種後未遇連雨雖一月不生，亦勿怪。麥底地亦得種，止須急耕調熟。雖名秋種，會在六月。六月中無不霖望，連雨生，則根强科大；七月種者，雨多亦得，雨少則生不盡，但根細科小，不同六月種者，便十倍失矣。大都不用觸地濕入中。生高數寸，鋤去穊者，供食及賣。作菹者，十月足霜乃收之。一畝兩載，載直絹三疋。若留冬中食者，以草覆之，尚得竟冬中食。其春種小小供食者，自可畦種。畦種者，一如葵法。若種者，挼生子，令中破，籠盛，一日再度以水沃之，令生牙，



然後種之，再宿即生矣。（晝用箔蓋，夜則去之。晝不蓋，熱不生；夜不去，虫棲之。）凡種菜子難生者，皆水沃令牙生，無不即生矣。

作胡荽菹法：湯中渫出之，著大瓮中，以暖鹽水經宿浸之。明日，汲水淨洗，出別器中，以鹽、酢浸之，香美不苦。亦可洗訖，作粥津麥䴷味，如蘘荷菹法。亦有一種味作裛菹者，亦須渫去苦汁，然後乃用之矣。

種蘭香第二十五

（蘭香者，羅勒也。中國為石勒諱，故改。今人因以名焉。且蘭香之目，美於羅勒之名，故即而用之。韋弘賦敘曰：羅勒者，生崐崘之丘，出西域。俗云：今世大葉而肥者，名朝蘭香也。）

三月中，候棗葉始生，乃種蘭香。（早種者，徒費子耳。天寒不生。）治畦下水，一同葵法。及水散子訖，水盡，簁熟糞，僅得蓋子便止。（厚則不生，弱苗故也。）晝日箔蓋，夜即去之。（晝日不用見日，夜須受露氣。）生即去箔。常令足水。六月連雨，拔栽之。（掐心著泥中，亦活。）作菹及乾者，九月收。（晚即乾惡。）作乾者，大晴時，薄地刈取，布地曝之。乾乃挼取末，瓮中盛。須則取用。（拔根懸者，裛爛，又有雀糞、塵土之患也。）取子者，十月收。（自餘雜香菜不列者，種法悉與此同。）博物志曰：燒馬蹄羊角成灰，春散著濕地，羅勒乃生。



荏蓼第二十六

（紫蘇、薑芥、薰葇，與荏同時，宜畦種。爾雅曰：蔷，虞蓼。注云：虞蓼，澤蓼也。蘇，桂荏。蘇，荏類，故名桂荏也。本草曰：芥，葅，一名水蘇。吳氏曰：假蘇，一名鼠蓂，一名薑芥。方言曰：蘇之小者謂之穰葇。注曰：薰葇也。）

三月可種荏、蓼。（荏子白者良，黃者不美。）荏性甚易生。蓼尤宜水畦種也。荏則隨宜園畔漫擲，便歲歲自生矣。荏子秋末成，可收蓬於醬中藏之。（蓬，荏角也，實成則惡。）其多種者，如種穀法。（雀甚嗜之，必須近人家種矣。）收子壓取油，可以煑餅。（荏油色綠可愛，其氣香美，煑餅亞胡麻油，而勝麻子脂膏。麻子脂膏，並有腥氣。然荏油不可為澤，焦人髮。研為羹臛，美於麻子遠矣。又可以為燭。良地十石，多種博穀則倍取，與諸田不同。）為帛煎油彌佳。（荏油性淳，塗帛勝麻油。）蓼作菹者，長二寸則剪，絹袋盛，沉於醬瓮中。又長更

翦常得嫩者（若待秋子成而落莖既堅硬葉又枯燥也）取子者候實成速收之（性易凋零晚則落盡）五月六月中蓼可為齏以食莧

崔寔曰正月可種蓼

家政法曰三月可種蓼

種薑第二十七

（字林曰薑御濕之菜茈音紫生薑也潘尼曰南夷之薑）薑宜白沙地少與糞和熟耕如麻地不厭熟縱橫七遍尤善三月種之先重樓耩尋壟下薑一赤一科令上土厚三寸數鋤之六月作葦屋覆之（不耐寒熱故也）九月掘出



置屋中（中國多寒宜作窖以穀稈合埋之）中國土不宜薑僅可存活勢不滋息種者聊擬藥物小小耳

崔寔曰三月清明節後十日封生薑至四月立夏後蠶大食牙生可種之九月藏茈薑蘘荷其歲若溫皆待十月（生薑謂之茈薑）

博物志曰妊娠不可食薑令子盈指

蘘荷芹藘第二十八

（說文曰蘘荷一名葍蒩搜神記曰蘘荷或謂嘉草爾雅曰芹楚葵也本草曰水斳一名水英藘菜似薊詩義疏曰藘苦菜青州謂之芑）

蘘荷宜在樹陰下二月種之一種永生亦不須鋤微須加糞以土覆其上八月初踏其苗令死（不踏則根不滋潤）九月中取旁生根為菹亦可醬中藏之十月中以穀麥種覆之（不覆則凍死）二月掃去之

食經藏蘘荷法（蘘荷一石洗漬以苦酒六斗盛銅盆中著火上使小沸以蘘荷稍稍投之小萎便出著席上令冷下苦酒三斗以三升鹽著中乾梅三升使蘘荷一行以鹽酢澆上綿覆罌口二十日便可食矣）

葛洪方曰人得蠱欲知姓名者取蘘荷葉著病人臥席下立呼蠱主名也

芹藘並收根畦種之常令足水尤忌潘泔及鹹水（澆之即死）性並易繁茂而甜脆勝野生者

白藘尤宜糞歲常可收



馬芹子可以調蒜齏

堇及胡葸子熟時收子收又冬初畦種之開春早得美於野生惟穊為良尤宜熟糞

種苜蓿第二十九

（漢書西域傳曰罽賓有苜蓿大宛馬武帝時得其馬漢使採苜蓿種歸天子益種離宮別館旁陸機與弟書曰張騫使外國十八年得苜蓿歸西京雜記曰樂遊苑自生玫瑰樹下多苜蓿苜蓿一名懷風時人或謂光風光風在其間常蕭然自照其花有光彩故名苜蓿懷風茂陵人謂之連枝草）地宜良熟七月種之畦種水澆一如韭法（亦一剪一上糞鐵杷耬土令起然後下水）旱種者重耬耩地使壟深闊竅瓠下子批契曳之每至正月燒去枯葉地液輒耕壟以鐵齒鎘楱鎘楱之更以

魯斫斷其科土則滋茂矣（不爾瘦矣）一年三刈留子者一刈則止春初既中生噉為羹甚香長宜飼馬馬尤嗜此物長生種者一勞永逸都邑負郭所宜種之

崔寔曰七月八月可種苜蓿

## 雜說第三十

崔寔四民月令曰正旦各上椒酒於其家長稱觴舉壽欣欣如也上除若十五日合諸膏小草續命丸散法藥農事未起命成童以上入太學學五經（謂十五以上至二十也）硯冰釋命幼童入小學學篇章（謂九歲以上十四以下篇章謂六甲九九急就三倉之屬）命女工趣織布典饋釀春酒



染潢及治書法（凡打紙欲生生則堅厚特宜入潢凡潢紙滅白便是不宜太深深則年久色闇也人浸蘗熟即棄滓直用純汁費而無益蘗熟後漉滓搗而煮之布囊壓訖復搗煮之凡三搗三煮添和純汁者其省四倍又彌明淨寫書經夏然後入潢縫不綻解其新寫者須以熨斗縫縫熨而潢之不爾入則零落矣豆黃特不宜裛裛則全不入黃矣凡開卷讀書卷頭首紙不宜急卷急則破折折則裂以書帶上下絡首紙者無不裂壞卷一兩張後乃以書帶上下絡之者穩而不壞卷書勿用鬲帶而引之匪直帶濕損卷又損首紙令穴當衔竹引之書帶勿太急急則令書腰折騎驀書上過者亦令書背折書有毀裂鄜方紙而補者率皆攣拳瘢瘡硬厚瘢痕於書有損裂薄紙如薤葉以補織微相入殆無際會自非向明舉而看之略不覺補裂若屈曲者還須於正紙上逐屈曲形勢裂取而補之若不先正元理隨宜裂斜紙者則令書拳縮凡點書記事多用緋縫繒體硬彊費人齒力俞污染書又多零落若用紅紙者匪直明淨無染又紙性相親久而不落）

雌黃治書法（先於青硬石上水磨雌黃令熟曝乾更於甆梡中研令極熟曝乾又於甆梡中研令極熟乃融好膠清和於鐵杵臼中熟擣丸如墨丸陰乾以水研而治書永不剝落若於梡中和用之者膠清雖多久亦剝落凡雌黃治書待潢訖治者佳先治入潢則動書廚中欲得安麝香木瓜令蠹蟲不生五月濕熱蠹蟲將生書經夏不舒展者必生蟲也五月十五日以後七月二十日以前必須三度舒而卷之須要晴時於大屋下風涼處不見日處日曝書令書色暍熱卷生蟲彌速陰雨潤氣尤須避之慎書如此則數百年矣）

二月順陽習射以備不虞春分中雷且發聲先後各五日寢別內外（有不戒者生子不備）蠶事未起命縫人浣冬衣徹複為袷其有嬴帛遂供秋服（凡浣故帛用灰汁則色黃而且脆擣小豆為末下絹簁投湯中以洗之潔白而柔勝皂莢矣）可糶粟黍大小豆麻麥子等收薪炭（炭聚之下碎末勿令棄之擣簁煑淅米泔溲之更擣令熟丸如



雞子曝乾以供籠爐炷火之用輒得通宵達曙堅實耐久踰炭十倍）

漱（素鈞反）生衣絹法（以水浸絹令沒一日數度迴轉之六七日水微臭然後拍出柔韌潔白大勝用灰）

上犢車蓬軬及糊屏風書褰令不生蟲法（水浸石灰經一宿挹取汁以和豆黏及作麪糊則無蟲若黏紙寫書入潢則黑矣）

作假蠟燭法（蒲熟時多收蒲臺削肥松大如指以為心爛布纏之融羊牛脂灌於蒲臺中宛轉於板上挼令圓平更灌更展麤細足便止融臘灌之足得供事其省功十倍也）

三月三日及上除採艾及柳絮（絮止瘡痛）是月也冬穀或盡椹麥未熟乃順陽布德振贍窮乏務施九族自親者始無或蘊財忍人之窮無或利名罄家繼富度入為出處厥中焉蠶農尚

閟可利溝瀆葺治牆屋修門戶警設守備以禦春饑草竊之寇是月盡夏至煖氣將盛日烈暵燥利用漆油作諸日煎藥可糴黍買布

四月蠶既入簇趨繰剖綿具機杼敬經絡草茂可燒灰是月也可作棗糒以禦賓客可糴麵及大麥弊絮

五月芒種節後陽氣始虧陰慝將萌煖氣始盛蠱蠹並興乃弛角弓弩解其徽絃張竹木弓弩弛其絃以灰藏旃裘毛毳之物及箭羽以竿挂油衣勿辟藏（暑濕相著也）是月五日合止痢黃連圓霍亂圓採葸耳取蟾蜍（以合血疽瘡藥）及東行螻蛄（螻蛄有刺治去刺療產婦難生衣不出）霖雨將降儲米穀薪炭以備道路陷滯不通是月也陰陽爭血氣散夏至先後各十五日薄滋味勿多食肥醲距立秋無食煮餅及水引餅（夏月食水時此二餅得水即堅強難消不幸便為宿食傷寒病矣試以此二餅置水中即見驗唯酒引餅入水即爛矣）可糴大小豆胡麻糴穬大小麥收弊絮及布帛至後糴䴬麴曝乾置甕中密封（使不蟲生）至冬可養馬

六月命女工織縑練（絹及紗縠之屬）可燒灰染青紺雜色

七月四日命治麴室具箔槌取淨艾六日饌治五穀磨具七日遂作麴及曝經書與衣裘作乾糗採葸耳處暑中向秋節浣故製新作袷薄以備始涼糴大小豆麥收縑練

八月暑退命幼童入小學如正月焉涼風戒寒趣練縑帛染綵色（河東染御黃法碓擣地黃根令熟灰汁和之攪令勻搦取汁別器盛更擣滓使極熟又以灰汁和之如薄粥瀉入不渝釜中煮生絹數迴轉使勻舉看有盛水袋子便是絹熟抒出著盆中尋繹舒張少時捩出淨振去滓曬極乾以別絹濾白淳汁和熱抒出更就盆染之急舒展令均汁冷捩出曝乾則成矣治釜不渝法在醴酪條中大率三升地黃染得一匹御黃地黃多則好柞柴桑薪蒿灰等物皆得用之）擘纑治絮製新浣故及韋履賤好預買以備冬寒刈雚葦芻茭涼燥可上角弓弩繕理檠鋤正縛鎧絃遂以習射弛竹木弓弧糴種麥糴黍

九月治場圃塗囷倉脩簞窖繕五兵習戰射以備寒凍窮厄之寇存問九族孤寡老病不能自存者分厚徹重以救其寒

十月培築垣牆塞向墐戶（北出牖謂之向）上辛命典饋漬麴釀冬酒作脯腊農事畢命成童入太學如正月焉五穀既登家儲蓄積乃順時令勅喪紀同宗有貧窶久喪不堪葬者則糾合宗人共興舉之以親疎貧富為差正心平斂無相踰越先自竭以率不隨先衆作涼錫賁

綦飴可析麻緝績布縷作白履不借（草履之賤者曰不借）賣縑帛弊絮糴粟豆麻子

十一月陰陽爭血氣散冬至日先後各五日寢別內外硯氷凍命幼童讀孝經論語篇章入小學可釀醢糴秔稻粟豆麻子

十二月請召宗族婚姻賓旅講好和禮以篤恩紀休農息役惠必下浹遂合耦田器養耕牛選任田者以俟農事之起去猪盍車骨（後三歲可合瘡膏藥）及臘日祀炙萐（萐一作箑燒飲治刺入肉中及樹瓜田中四角去瓜蠱）東門磔白雞頭（可以合法藥）



范子計然曰五穀者萬民之命國之重寶故無道之君及無道之民不能積其盛有餘之時以待其衰不足也

孟子曰狗彘食人之食而不知檢塗有餓殍而不知發（言豐年人君養犬豕使食人食不知法度檢斂凶歲道路之旁人有餓死者不知發倉廩以賑之原孟子之意蓋常平倉之濫觴也）人死則曰非我也歲也是何異於剌人而殺之曰非我也兵也（人死謂餓役死者王政使然而曰非我殺之歲不熟殺人何異於用兵殺人而曰非我殺也兵自殺之）

凡糴五穀菜子皆須初熟日糴將種時糴收利必倍凡冬糴豆穀至夏秋初雨潦之時糴之價亦倍矣蓋自然之數

魯秋胡曰力田不如逢年豐者尤宜多糴

史記貨殖傳曰宣曲任氏為督道倉吏秦之敗豪桀皆爭取金玉任氏獨窖倉粟楚漢相拒滎陽民不得耕米石至數萬而豪桀金玉盡歸任氏任氏以此起富其效也且風蟲水旱饑饉薦臻十年之內儉居四五安可不預備凶災也

師曠占五穀貴賤法常以十月朔日占春糴貴賤風從東來春賤逆此者貴以四月朔占



秋糴風從南來西來者秋皆賤逆此者貴以正月朔占夏糴風從南來東來者皆賤逆此者貴

師曠占五穀曰正月甲戌日大風東來折樹者稻熟甲寅日大風西北來者貴庚寅日風從西北來者皆貴二月甲戌日風從南來者稻熟乙卯日稻上場不雨晴明不熟四月四日雨稻熟日月珥天下喜十五日十六日雨晚稻善日月蝕

師曠占五穀早晚曰粟米常以九月為本若

貴賤不時以最賤所之月為本粟以秋得本貴在來夏以冬得本貴在來秋此收穀遠近之期也早晚以其時差之粟米春夏貴去年秋冬什七到夏復貴秋冬什九者是陽道之極也急糴之勿留留則太賤也

黃帝問師曠曰欲知牛馬貴賤秋葵下有小葵生牛貴大葵不蟲牛馬賤

越絕書曰越王問范子曰今寡人欲保穀為之奈何范子曰欲保穀必觀於野視諸侯所多少為備越王曰所少可得為困其貴賤亦有應乎范子曰夫知穀貴賤之法必察天之三表即決矣越王曰請問三表范子曰水之勢勝金陰氣畜積大盛水據金而死故金中有水如此者歲大敗八穀皆貴金之勢勝木陽氣蓄積大盛金據木而死故木中有火如此者歲大美八穀皆賤金木水火更相勝此天之三表也不可不察能知三表可以為邦寶越王又問曰寡人已聞陰陽之事穀之貴賤可得聞乎荅曰陽主貴陰主賤故當寒不寒穀暴貴當溫不溫穀暴賤王曰善書帛致於枕中以為國寶

范子曰堯舜禹湯皆有預見之明雖有凶年而民不窮王曰善以丹書帛致之枕中以為國寶

鹽鐵論曰桃李實多者來年為之穰

物理論曰正月望夜占陰陽陽長即旱陰長即水立表以測其長短審其水旱表長丈二赤月影長二赤者以下大旱二赤五寸至三赤小旱三赤五寸至四赤調適高下皆熟四赤五寸至五赤小水五赤五寸至六赤大水月影所極則正面也立表中正乃得其定又曰正月朔旦四面有黃氣其歲大豐此黃帝用事土氣黃均四方並熟有青氣雜黃有螟蟲赤氣大旱黑氣大水正朝占歲星上有青氣宜桑赤氣宜豆黃氣宜稻

史記天官書曰正月旦決八風風從南方來大旱西南小旱西方有兵西北戎菽為（戎菽胡豆也為成也）趣兵北方為中歲東北為上歲東方大水東南民有疾疫歲惡正月上甲風從東方來宜蠶從西方若旦黃雲惡

師曠占曰黃帝問曰吾欲苦樂善一心可知
不對曰歲欲甘甘草先生薺歲欲苦苦草先
生葶藶歲欲雨雨草先生藕歲欲旱旱草先
生蒺藜歲欲流流草先生蓬歲欲病病草先
生艾

齊民要術卷第三



# 齊民要術卷第四

後魏高陽太守賈思勰撰





## 園籬第三十一

凡作園籬法於牆基之所方整深耕凡耕作
三壟中間相去各二尺秋上酸棗熟時收於
壟中概種之至明年秋生高三尺許間劚去

惡者相去一赤留一根必須稀穊均調行伍條直相當至明年春剶（勅傳反）去橫枝剶必留距（若不留距侵皮痕大逢寒即死）剶訖即編為巴籬隨宜夾縛務使舒緩（急則不復得長故也）又至明年春更剶其末又復編之高七赤便足（欲高作者亦任人意）匪直姦人慙笑而返狐狼亦自息望而迴行人見者莫不嗟嘆不覺白日西移遂忘前途尚遠盤桓瞻矚久而不能去枳棘之籬折柳樊圃斯其義也其種柳作之者一赤一樹初即斜插插時即編其種榆莢者一同酸棗如其栽榆與柳斜直高共人等然後編之數年成長共相蹙迫交柯錯葉特似房籠既圖龍蛇之形復寫鳥獸之狀緣勢嶔崎其貌非一若值巧人隨便採用則無事不成尤宜作机其盤紆茀鬱奇文互起縈布錦繡萬變不窮



## 栽樹第三十二

凡栽一切樹木欲記其陰陽不令轉易（陰陽易位則難生小小栽者不煩記也）大樹髡之（不髡風搖則死）小則不髡先為深坑內樹訖以水沃之著土令如薄泥東西南北搖之良久（搖則泥入根間無不活者不搖根虛多死其小樹則不煩爾）然後下土堅築（近上三寸不築取其柔潤也）時時溉灌常令潤澤（每澆水盡即以燥土覆之覆則保澤不然則乾涸）埋之欲深勿令撓動凡栽樹訖皆不用手捉及六畜觝突（戰國策曰夫柳縱橫顛倒樹之皆生使千人樹之一人拔之則無生柳矣）凡栽樹正月為上時（諺曰正月可栽大樹言得時則易生也）二月為中時三月為下時然棗雞口槐兔目桑蝦蟇眼榆負瘤散自餘雜木鼠耳虻翅各其時（此等名目皆是葉生形容之所象似以此時栽種者葉皆即生早栽者葉晚出雖然大率寧早為佳不可晚也）樹大率種數既多不可一一備舉凡不見者栽蒔之法皆求之此條

淮南子曰夫移樹者失其陰陽之性則莫不枯槁（高誘曰失猶易）



文子曰冬冰可折夏木可結時難得而易失木方盛終日採之而復生秋風下霜一夕而零（非時者功難立）

崔寔曰正月自朔暨晦可移諸樹竹漆桐梓松柏雜木唯有果實者及望而止（望謂十五日）過十五日則果少實

食經曰種名果法三月上旬斫取好直枝如大母指長五赤內菁芋魁中種之無芋大蕪菁根亦可用勝種核核三四年乃如此大耳

可得行種

凡五果花盛時遭霜則無子常預於園中往往貯惡草生糞天雨新晴北風寒切是夜必霜此時放火作熅少得煙氣則免於霜矣

崔寔曰正月盡二月可剶樹枝二月盡三月可掩樹枝埋樹枝土中令生二歲已上可移種矣

種棗第三十三

爾雅曰壺棗邊要棗櫅白棗樲酸棗楊徹齊棗遵羊棗洗大棗煮填棗蹶泄苦棗皙無實棗還味棯棗郭璞注曰今江東呼棗大而銳上者為壺壺猶瓠也要細腰今謂之鹿盧棗櫅即今棗子





白熟樲樹小實酢孟子曰養其樲棗遵實小而負紫黑色俗呼羊矢棗孟子曰曾子嗜羊棗洗今河東猗氏縣出大棗子如雞卵蹶泄子味苦皙不著子者還味短味也楊徹煑填未詳廣志曰河東安邑棗東郡穀城紫棗長二寸西王母棗大如李核三月熟河內汲郡棗一名墟棗東海蒸棗洛陽夏白棗安平信都大棗梁國夫人棗大白棗名曰蹙咨小核多肥三星棗駢白棗灌棗又有狗才雞心牛頭羊矢獼猴細腰之名又有氐棗木棗崎廉棗桂棗夕棗也鄴中記石虎苑中有西王母棗冬夏有葉九月生花十二月乃熟三子一赤又有羊角棗亦三子一赤抱朴子曰堯山有歷棗其氏本草曰大棗者名良棗西京雜記曰弱枝棗玉門棗西王母棗棠棗青花棗赤心棗潘岳閑居賦有周文弱枝之棗丹棗案青州有樂氏棗豐肌細核多膏肥美為天下第一父老相傳云樂毅破齊時從燕齎來所種也齊郡西安廣饒二縣所有名棗即是也今世有陵棗幪弄棗也常選好味者留栽之候棗葉始生而移之棗性硬故生晚栽早者堅垎生遲也三步一樹行欲相當地不欲耕也欲令牛馬履踐令淨棗性堅強不宜苗稼是以耕荒穢則蟲生所以須淨地堅饒實故宜踐也正月一日日出時反斧

班駮椎之名曰嫁棗不斧則花而無實斫則子萎而落也候大蠶入蔟以杖擊其枝間振去狂花不打花繁不實不成全赤即收收法日日撼胡感切而落之為上半赤而收者肉未充滿乾則色黃而皮皺將赤味亦不佳美赤久不收則皮破復有烏鳥之患

曬棗法先治地令淨有草萊令棗臭布椽於箔下置棗於箔上以朳聚而復散之一日中二十度乃佳夜仍不聚得霜露氣乾速成陰雨之時乃聚而苦蓋之五六日後別擇取紅軟者上高廚而暴之廚上者已乾雖厚一尺亦不壞擇去胮爛者胮者永不乾留之徒令污棗其未乾者曬曝如法其阜勞之地不任耕稼者歷落種棗則任矣棗性炒故





凡五果及桑正月一日雞鳴時把火遍照其下則無蟲災

食經曰作乾棗法新收將露於庭以棗著上厚二寸復以新蔣覆之凡三日三夜撤覆露之畢日曝取乾內屋中率一石以酒一升漱著器中密泥之經數年不敗也

棗油法鄭玄曰棗油擣棗實和以塗繒上燥而形似油也乃成之

棗脯法切棗曝之乾如脯也

雜五行書曰舍南種棗九株辟縣官宜蠶桑

服棗核中人二七枚辟疾病能常服棗核中人及其刺百邪不復干矣

種梬棗法 陰地種之陽中則少實足霜色殷然後乃收之早收者澀不任食之也說文云梬棗也似柿而小

作酸棗麨法 多收紅軟者箔上日曝令乾大釜中煮之水僅自淹一沸即漉出盆研之生布絞取濃汁塗盤上或盆中盛暑日曝使乾漸以手摩挲取爲末以方寸匕投一椀水中酸甜味足即成好漿遠行用和米麨飢渴俱當也

## 種桃柰第三十四

爾雅曰旄冬桃榹桃山桃 郭璞注曰旄桃子冬熟山桃實如桃而不解核廣志曰桃有冬桃夏白桃秋白桃襄桃其桃美也有秋赤桃廣雅曰抵子者桃也本草經曰桃梟在樹不落殺百鬼鄴中記曰石虎苑中有句鼻桃重二斤西京雜記曰核桃櫻桃緗核桃霜桃言霜下可食金城桃胡桃出西域甘美可食綺蒂桃含桃紫文桃



桃柰桃欲種法熟時合肉全埋糞地中 直置凡地則不生生亦不茂桃性早實三歲便結子故不求栽也至春既生移栽實地 若仍處糞中則實小而味苦者栽法以鍬合土掘移之 桃性易種難栽若離本土率多死矣故須然矣又法 桃熟時於牆南陽中暖處深寬爲坑選取好桃數十枚擘取核即內牛糞中頭向上取好爛糞和土厚覆之令厚尺餘至春桃始動時徐徐撥去糞土皆應生芽合取核種之萬不失一其餘以熟糞糞之則益桃味桃性皮急四年以上宜以刀豎劚其皮 不劚者皮急則死七八年便老 老則子細十年則死 是以宜歲歲常種之又法 候其子細使附土研去枿上生者復爲少桃如此亦無窮也

桃酢法桃爛自零者收取內之於甕中以物蓋口七日之後既爛漉去皮核密封閉之三七日酢成香美可食

術曰東方種桃九根宜子孫除凶禍明桃柰桃種亦同

櫻桃 爾雅曰楔荊桃郭璞注曰今櫻桃廣雅曰櫻桃大者如彈丸子有長八分者有白色者凡三種禮記曰仲夏之月天子羞以含桃鄭玄注曰今謂之櫻桃博物志曰櫻桃者或如彈丸或如手指春秋冬夏花實竟歲吳氏本草所說云櫻桃一名牛桃一名英桃二月初山中取栽陽中者還種陽地陰中者還種陰地 若陰陽易地則難生生亦不實此果性生陰地既入園囿便是陽中故多難得生宜堅實之地不可用虛糞也

蒲萄 漢武帝使張騫至大宛取蒲萄實於離宮別館旁盡種之西域有蒲萄蔓延實並似蘡廣志曰蒲萄有黃白黑三種者也蔓延性緣不能自舉作架以承之葉密陰



厚可以避熱 十月中去根一步許掘作坑收卷蒲萄悉埋之近枝莖薄安黍穰彌佳無穰直安土亦得不宜溫溫則冰凍二月中還出舒而上架性不耐寒不埋即死其歲久根莖麤大者宜遠根作坑勿令莖折其坑外處亦掘土并穰培覆之

摘蒲萄法 逐熟者一一零疊一作摘取從本至末悉皆無遺世人全房折殺者十不收一

作乾蒲萄法 極熟者一一零疊摘取刀子切去蔕勿令汁出蜜兩分脂一分和內蒲萄中煮四五沸漉出陰乾便成矣非直滋味倍勝又得夏暑不敗壞也

藏蒲萄法 極熟時全房折取於屋下作蔭坑坑內近地鑿壁爲孔插枝於孔中還築孔使堅屋子置土覆之經冬不異也

## 種李第三十五

爾雅曰休無實李痤椄慮李駁赤李 廣志曰赤李麥李細小有溝道有黃建李青皮李馬肝李赤陵李有𦀚李肥黏似𦀚有柰李離核李似柰有劈李熟必劈裂有經李一名老李其樹數年

即枯有杏李味小醡似杏有黃扁李有夏李冬李十一月熟有春李李冬花春熟荊州土地記曰房陵南郡有名李風土記曰南郡細李四月先熟西晉傅玄賦曰河沂黃建房陵縹青西京雜記曰有朱李黃李紫李綠李青李綺李青房李車下李顏回李出魯合枝李羌李燕李今世有木李實絕大而美又有中植李在麥後穀前而熟者李欲栽李性堅實晚五歲始子是以藉栽栽者三歲便結子也

李性耐久樹得三十年老雖枝枯子亦不田細

嫁李法正月一日或十五日以塼石著李樹岐中令實繁又法臘月中以杖微打歧間正月晦日復打之亦足子也又法以煮寒食醴酪火㯳著樹枝間亦良樹多者故多束枝以取火焉

李樹桃樹下並欲鋤去草穢而不用耕墾耕則肥而無實樹下犁撥亦死之

桃李大率方兩步一根大概連陰則子細而味亦不佳管子曰三沃之土其木宜梅李韓詩外傳云簡主曰春樹桃李夏得陰其下秋得食其實春種蒺藜夏不得採其實秋得刺焉

作白李法用夏李色黃便摘取於鹽中挼之鹽入汁出然後合鹽曬令萎手捻之令褊復曬更捻極褊乃止曬使乾飲酒時以湯洗之漉著蜜中可下酒矣

## 種梅杏第三十六

爾雅曰梅柟也時英梅也郭璞注曰梅似杏實醋英梅未聞廣志曰蜀名梅為藤大如鴈子梅杏皆可以為油脯黃梅以熟藤作之詩義疏云梅杏類也樹及葉皆如杏而黑耳實赤於杏而醋亦可生噉也煮而曝乾為蘇置羹臛韲中又可含以香口亦蜜藏而食西京雜記曰侯梅朱梅同心梅紫蔕梅燕脂梅麗枝梅按梅花早而白杏花晚而紅梅實小而酸核有細文杏實大而甜核無文采白梅任調食及韲杏則不任此用世人或不能辨言梅杏為一物失之遠矣廣志曰滎陽有白杏鄴中有赤杏有黃杏有柰杏西京雜記曰文杏材有文彩蓬萊杏東海都尉于台獻一株花雜五色云是仙人所食杏也

栽種與桃李同



作白梅法梅子酸核初成時摘取夜以鹽汁漬之晝則日曝凡作十宿十浸十曝便成調鼎和韲所在多入也

作烏梅法亦以梅子核初成時摘取籠盛於突上熏之令乾即成矣烏梅入藥不任調食也

食經曰蜀中藏梅法取梅極大者剝皮陰乾勿令得風經二宿去鹽汁內蜜中月許更易蜜經年如新也

作杏李麨法杏李熟時多收爛者盆中研之生布絞取濃汁塗盤中日曝乾以手磨刮取之可和水爲漿及和米麨所在入意也

作烏梅欲令不蠹法濃燒穰以湯沃之取汁以梅投之使澤乃出蒸之

釋名曰杏可爲油

神仙傳曰董奉居廬山不交人為人治病不取錢重病得愈者使種杏五株輕病愈爲栽一株數年之中杏有十數萬株鬱鬱然成林其杏子熟於林中所在作倉宣語買杏者不須來報但自取之具一器穀便得一器杏有人少穀往而取杏多即有五虎逐之此人怖遽檐傾覆所餘在器中如向所持穀多少虎乃還去自是以後買杏者皆於林中自平量恐有多出者患以前所得穀賑救貧乏尋陽記曰杏在北嶺上數百株今猶稱董先生杏嵩高山記曰東北有牛山其山多杏至五月爛然黃茂自中國喪亂百姓飢餓皆資此爲命人人充飽史遊急就篇曰園菜果蓏助米糧案杏一種尚可賑貧窮救飢饉而況五果蓏菜之饒豈直助糧而已矣注曰木奴千無凶年蓋言果實可以市易五穀也

杏子人可以為粥多收賣者可以供紙墨之直也

## 插梨第三十七

廣志曰洛陽北邙張公夏梨海內唯有一樹常山真定山陽鉅野梁國睢陽齊國臨淄鉅鹿並出梨上黨楟梨小而加甘廣都梨又云鉅鹿豪梨重六斤數人分食之新豐箭谷梨弘農京兆右扶風郡界諸谷中梨多供御陽城秋梨夏梨三秦記曰漢武果園一名御宿有大梨如五斗落地即破取者以布囊盛之名曰含消梨荊州土地記曰江陵有名梨永嘉記曰青田村民家有一梨樹名曰官梨子大一圍五寸常以供獻名曰御梨實落地即融釋西京雜記曰紫梨芳梨實小青梨實大大谷梨細葉梨紫條梨瀚海梨出瀚

海地耐寒不枯東王梨出海中別有朐山梨張公大谷梨或作糜隹梨也

種者，梨熟時，全埋之。經年至春地釋，分栽之；多著熟糞及水。至冬葉落，附地刈殺之，以炭火燒頭。二年即結子。（若穭生及種而不栽者，則著子遲。每梨有十許子，唯二子生梨，餘皆生杜。）

插者彌疾。插法：用棠、杜。（棠，梨大而細理；杜次之；桑，梨大惡；棗、石榴上插得者，為上梨，雖治十，收得一二也。）杜如臂已上，皆任插。（當先種杜，經年後插之。主客俱下亦得；然俱下者，杜死則不生也。）杜樹大者，插五枝；小者或三或二。梨葉微動為上時，將欲開莩為下時。先作麻紉，（汝珍反。）纏十許匝；以鋸截杜，令去地五六寸。（不纏，恐插時皮披。留杜高者，梨枝葉茂，遇大風則披。其高留杜者，梨樹早成，然宜高作蒿箪盛杜，以土築之令沒，風時以籠盛梨，則免披耳。）斜攕竹為籤，



刺皮木之際，令深一寸許。折取其美梨枝陽中者，（陰中枝則實少。）長五六寸，亦斜攕之，令過心，大小長短與籤等。以刀微劙梨枝斜攕之際，剝去黑皮。（勿令傷青皮，青皮傷即死。）拔去竹籤，即插梨，令至劙處，木邊向木，皮還近皮。插訖，以緜莫杜頭，封熟泥於上，以土培覆，令梨枝僅得出頭，以土壅四畔。當梨上沃水，水盡以土覆之，勿令堅涸。百不失一。（梨枝甚脆，培土時宜慎之，勿使掌撥；掌撥則折。）其十字破杜者，十不收一。（所以然者，木裂皮開，虛燥故也。）梨既生，杜旁有葉出，輒去之。（不去勢分，梨長必遲。）

凡插梨，園中者用旁枝，庭前者中心。（旁枝樹下易收，中心上聳不妨。）用根蒂小枝，樹形可喜，五年方結子；鳩腳老枝，三年即結子而樹醜。（吳氏本草曰：金創、乳婦不可食梨。梨多食則損人，非補益之物。產婦蓐中及疾病未愈，食梨多者無不致病。欬逆氣上者，尤宜慎之。）

凡遠道取梨枝者，下根即燒三四寸，亦可行數百里猶生。

藏梨法：初霜後即收。（霜多即不得經夏也。）於屋下掘作深廕坑，底無令潤濕。收梨置中，不須覆蓋，便得經夏。（摘時必令好接，勿令損傷。）

凡醋梨，易水熟煮，則甜美而不損人也。



## 種栗第三十八

（廣志曰：栗，關中大栗，如雞子大。蔡伯喈曰：有胡栗。魏志云：有東夷韓國出大栗，狀如梨。三秦記曰：漢武帝果園有大栗，十五顆一升。王逸曰：朔濱之栗。西京雜記曰：榛栗、瑰栗、嶧陽栗。嶧陽都尉曹龍所獻，其大如拳。）

栗，種而不栽。（栽者雖生，尋死矣。）栗初熟出殼，即於屋裏埋著濕土中。（埋必須深，勿令凍徹。若路遠者，以韋囊盛之。停二日以上，及見風日者，則不復生矣。）至春二月，悉芽生。出而種之。既生，數年不用掌近。（凡新栽之樹，皆不用掌近，栗性尤甚也。）三年內，每到十月，常須草裹，至二月乃解。（不裹則凍死。大戴禮夏小正曰：八月栗零而後取之，故不言剝之。）

食經藏乾栗法：取穰灰，淋取汁漬栗。出，日中曝，令栗肉焦燥，可不畏蟲，得至後年春夏。

藏生栗法：著器中，曝細沙可燥，以盆覆之，至後年二月，皆生芽而不蟲者也。

榛周官曰榛似栗而小說文曰榛似梓實如小栗衛詩曰山有蓁詩義疏云蓁栗屬或從木有兩種其一種大小枝葉皆如栗其子形似杼子味亦如栗所謂樹之榛栗者其一種枝莖如木蓼葉如牛李色生高丈餘其核中悉如李生作胡桃味膏燭又美亦可食噉漁陽遼代上黨皆饒其枝莖生樵爇燭明而無煙 栽種與栗同

## 柰林檎第三十九

廣志曰橎掩蘆柰也又曰柰有白青赤三種張掖有白柰酒泉有赤柰西方例多柰家以為脯數十百斛以為蓄積如收藏棗栗魏明帝時諸王朝夜賜東城柰一奩陳思王謝曰柰以夏熟今則冬生物以非時為珍恩以絕口為厚詔曰此柰從涼州來晉宮閣簿曰秋有白柰西京雜記曰紫柰綠柰別有素柰朱柰廣志曰理琴以赤柰

柰林檎不種但栽之種之雖生而味不佳取栽如壓桑法此果根不浮薉栽故難求是以須壓也又法於樹旁數亦許掘坑洩其根須則生栽矣凡樹栽者皆然矣栽如桃李法林檎樹以正月二月中翻斧班駮椎之則饒子



作柰麨法拾爛柰內甕中盆合口勿令蠅入六七日許當大爛以酒淹痛拌之令如粥狀下水更拌以羅漉去皮子良久清澄瀉去汁更下水復拌如初臭看無氣乃止瀉去汁置布於上以灰飲汁如作米粉法汁盡刀劃大如梳掌於日中曝乾研作末便成甜酸得所芳香非常也

作林檎麨法林檎赤熟時擘破去子心蔕日曬令乾或磨或擣下細絹篩麤者更磨擣以細盡為限以方寸匕投於椀中即成美漿不去蔕則大苦合子則不度夏留心則大酸若乾噉者以林檎麨一升和米麨二升味正調適

作柰脯法柰熟時中破曝乾即成矣

## 種柿第四十

說文曰柿赤實果也廣志曰小者如小杏又曰椑棗味如柿晉陽梜肥細而厚以供御王逸曰苑中牛柿李尤曰鴻柿苦瓜張衡曰山柿左思曰胡畔之柿潘岳曰梁侯烏椑之柿

柿有小者栽之無者取枝於梜棗根上插之如插梨法柿有樹乾者亦東令乾者

食經藏柿法柿熟時取之以灰汁澡再三度乾令汁絕著器中經十日可食

## 安石榴第四十一

陸機曰張騫為漢使外國十八年得塗林塗林安石榴也廣志曰安石榴有甜酸二等鄴中記云石虎苑中有安石榴子大如盂梲其味不酸抱朴子曰積石山有苦榴周景式廬山記曰香爐峯頭有大磐石可坐數百人垂生山石榴二月中作花色如石榴而小淡紅敷紫萼煒煒可愛京口記曰龍剛縣有石榴西京雜記曰有甘石榴也

栽石榴法三月初取枝大如手大指者斬令長一赤半八九枝共為一窠燒下頭二寸不燒則漏汁矣掘圓坑深一赤七寸口徑赤豎枝於坑畔圓布枝令勻調也置枯骨礓石於枝間骨石此是樹性所宜下土築之一重土一重骨石平坎止其土令沒枝頭一寸許也水澆常令潤澤既生又



以骨石布其根下則科圓滋茂可愛若孤根獨立者雖生亦不佳焉十月中以蒲藁裹而纏之不裹則凍死也二月初乃解放若不能得多枝者取一長條燒頭圓屈如牛拘而橫埋之亦得然不及上法根強早成其拘中亦安骨石其斷根栽者亦圓布之安骨石於其中也

## 木瓜第四十二

爾雅曰楙木瓜郭璞注曰實如小瓜酢可食廣志曰木瓜子可藏枝可為數號一尺百二十節衛詩曰投我以木瓜毛公曰楙也詩義疏曰楙葉似柰葉實如小瓜上黃似著粉香欲啖者截著熱灰中令萎蔫淨洗以苦酒豉汁蜜度之可案酒食蜜封藏百日乃食之甚益人

木瓜種子及栽皆得壓枝亦生栽種與

李同

食經藏木瓜法先切去皮煑令熟著水中車輪切百瓜用三升鹽蜜一斗漬之晝曝夜內汁中取令乾以餘汁密藏之亦用濃杬汁也

## 種椒第四十三

爾雅曰檓大椒廣志曰胡椒出西域范子計然曰蜀椒出武都秦椒出天水案今青州有蜀椒種本商人居椒為業見椒中黑實乃遂生意種之此種數千枚止有一根生數歲之後更結子實芬芳香形色與蜀椒不殊氣勢微弱耳遂分布栽移略遍州境也

熟時收取黑子俗名椒目不用人手數近捉之則不生也四月初畦種之治畦下水如種葵法方三寸一子篩土覆之令厚寸許復篩熟糞以蓋土上旱輒澆之常令潤澤生高數寸夏連雨時可移之移法先作小坑圓深三寸



以刀子圓劚椒栽合土移之於坑中萬不失一若拔而移者率多死若移大栽者二月三月中移之先作熟糞泥掘出即封根合泥埋之行百餘里猶得生之此物性不耐寒陽中之樹冬須草裹不裹即死其生小陰中者少稟寒氣則不用裹所謂習以性成一木之性寒暑異容若朱藍之染能不易質故觀鄰識士見友知人也候實口開便速收之天晴時摘下薄布曝之令一日即乾色赤椒好若陰時收者色黑失味其葉及青摘取可以為菹乾而末之亦足充事

養生要論曰臘夜令持椒臥房牀傍無與人言內

井中除溫病

## 種茱萸第四十四

食茱萸也山茱萸則不任食

二月三月栽之宜故城隄冢高燥之處凡於城上種蒔者先宜隨長短掘壍停之經年然後於壍中種蒔保澤沃壤與平地無差不爾者土堅澤流長物至遲歷年倍多樹木尚少候實開便收之挂著屋裏壁上令廕乾勿使煙熏煙熏則苦而不香也用時去中黑子肉醬魚鮓偏宜所用

術曰井上宜種茱萸茱萸葉落井中飲此水者無溫病

雜五行書曰舍東種白楊茱萸三根增年益壽除患害也又術曰懸茱萸子於屋內鬼畏不入也



齊民要術卷第四

# 齊民要術卷第五

後魏高陽太守賈思勰　撰





## 種桑柘第四十五

（爾雅曰：桑辨有葚，梔。注云：辨，半也。女桑，桋桑。注曰：今俗呼桑樹小而條長者爲女桑樹也。檿桑，山桑。注云：似桑，材中爲弓及車轅。搜神記曰：太古時，有人遠征，家有一女，并馬一匹。女思父，乃戲馬云：能爲我迎父，吾將嫁於汝。馬絕韁而去，至父所。父疑家中有故，乘之而還。馬後見女，輒怒而奮擊。父怪之，密問女，女具以告父。父射殺馬，曬皮於庭。女至皮所，以足蹵之曰：爾馬，而欲人爲婦，自取屠剝，如何？言未竟，皮蹷然起，卷女而行。後於大樹之間，得女及皮，盡化爲蠶，績於樹上。世謂蠶爲女兒，古之遺言也。因名其樹爲桑，桑言喪也。今世有荊桑、地桑之名。）

桑椹熟時，收黑魯椹，（黃魯桑不耐久。諺曰：魯桑百，豐錦帛。言其桑好，功省用多。）即日以水淘取子，曬燥，仍畦種。（治畦下水，一如葵法。）常薅令淨。明年正月，移而栽之。（仲春季春亦得。）率五尺一根。（未用耕故。凡栽桑不得者，無他故，正爲犁撥耳。是以須穊，不用稀；稀通耕犁者，必難慎，率多死矣；且穊則長疾。大都種椹長遲，不如枝之速。無栽者，乃種椹也。）其下常斸掘，種菉豆、小豆。（二豆良美，潤澤益桑。）栽後二年，慎勿採沐。（小採者，長倍遲。）大如臂許，正月中移之，（亦不須髡。）率十步一樹。（陰相接者，則妨禾豆。）行欲小掎角，不用正相當。（相當者則妨犁。）須取栽者，正月二月中，以鉤弋壓下枝，令著地；條葉生高數寸，仍以燥土壅之。（土濕則爛。）明年正月中，截取而種之。（住宅上及園畔者，固宜即定；其田中種者，亦如種椹法，先穊種二三年，然後更移之。）

凡耕桑田，不用近樹。（傷桑破犁，所謂兩失。）其犁不著處，斸斷令起，斫去浮根，以蠶矢糞之。（去浮根，不妨樓犁，令樹肥茂也。）又法：（歲常繞樹一步散蕪菁子，收獲之後，放豬啖之，其地柔軟，有勝耕者。）種禾豆，欲得逼樹。（不失地利，田又調熟。遶樹散蕪菁者，不勞逼也。）

剝桑，十二月爲上時，正月次之，二月爲下。（白汁出則損葉。）大率桑多者宜苦斫，桑少者宜省剝。秋斫欲苦，而避日中；（觸熱樹燋枯，苦斫春條茂。）冬春省剝，竟日得。

作春採者，必須長梯高机，數人一樹，還條復枝，務令淨盡；要欲旦暮，而避熱時。（梯不長，高枝折；人不多，上下勞；條不還，枝仍曲；採不淨，鳩脚多；旦暮採，令潤澤；不避熱，條葉乾。）秋採欲省，裁去妨者。（秋多採則損條。）

椹熟時，多收，曝乾之，凶年粟少，可以當食。

魏略曰楊沛為新鄭長興平末人多飢窮沛使民益蓄熟椹收䕎豆閱其有餘以補不足積椹得千餘斛會太祖西征天子所將千人皆無糧沛謁見乃進乾椹太祖甚喜及太祖輔政超為鄴令賜其生口十人絹百匹既欲厲之且以報乾椹也今自河以北大家收百石少者尚數十斛故杜葛亂後饑饉荐臻唯仰以全軀命數州之內民死而生者乾椹之力也

種柘法耕地令熟耬耩作壟柘子熟時多收以水淘汰令淨曝乾散訖勞之草生拔却勿令荒沒三年閒斸去堪為渾心扶老杖一根三文十年中四破為杖一根直二十文任為馬鞭胡牀馬鞭一枚直十文胡牀一具直百文十五年任為弓材一張三百亦堪作履一兩六十裁截碎木中作錐刀靶音霸一箇直三文二十年好作犢車材一乘直萬錢欲作鞍橋者生枝長三赤許以繩繫旁枝木橛釘著地中令曲如橋十年之後便是渾成柘橋一具直絹一匹欲作快弓材者宜於山石之閒北陰中種之其高原山田土厚水深之處多掘深坑於坑中種桑柘者隨坑深淺或一丈丈五直上出坑乃扶疎四散此樹條直異於常材十年之後無所不任一樹直絹十匹柘葉飼蠶絲好作琴瑟等絃清鳴響徹勝於凡絲遠矣

禮記月令曰季春無伐桑柘鄭玄注曰愛養蠶食也具曲植筥筐注曰皆養蠶之器曲箔也植槌也后妃齋戒親帥躬桑以勸蠶事無為散惰



周禮曰馬質禁原蠶者注曰質平也主買馬平其大小之價直者原再也天文辰為馬蠶書蠶為龍精月直大火則浴其蠶種是蠶與馬同氣物莫能兩大故禁再蠶者為傷馬與

孟子曰五畝之宅樹之以桑五十者可以衣帛矣

尚書大傳曰天子諸侯必有公桑蠶室就川而為之大昕之朝夫人浴種于川

春秋考異郵曰蠶陽物大惡水故蠶食而不飲陽立於三春故蠶三變而後消死於七三七二十一故二十一日而繭

淮南子曰原蠶一歲再登非不利也然王者法禁之為其殘桑也

氾勝之書曰種桑法五月取椹著水中即以手潰之以水灌洗取子陰乾治肥田十畝荒田久不耕者尤善好耕治之每畝以黍椹子各三升合種之黍桑當俱生鋤之桑令稀疏調適黍熟穫之桑生正與黍高平因以利鐮摩地刈之曝令燥後有風調放火燒之常逆風起火桑至春生一畝食三箔蠶

俞益期牋曰日南蠶八熟繭軟而薄椹採少多

永嘉記曰永嘉有八輩蠶蚖珎蠶三月績柘蠶四月初績蚖蠶四月初績愛珎五月績愛蠶六月末績寒珎七月末績四出蠶九月初績寒蠶十月績凡蠶再熟者前輩皆謂之珎養珎者少養之愛蠶者故蚖蠶種也蚖珎三月既績出蛾取卵七八日便剖卵蠶生多養之是為蚖蠶欲作愛者取蚖珎之卵藏內甖中隨器大小亦可十紙蓋覆器口安硎苦耕反泉冷水中使冷氣折其出勢得三七日然後剖生養之謂



為愛珍亦呼愛子績成繭出蛾生卵卵七日又剖成蠶多養之此則愛蠶也藏卵時勿令見人應用二七赤豆安器底臘月桑柴二七枚以麻卵紙當令水高下與重卵相齊若外水高則卵死不復出若外水下卵則冷氣少不能折其出勢不能折其出勢則不得三七日不得三七日雖出不成也不成者謂徒績成繭出蛾生卵七日不復剖生至明年方生耳欲得陰樹下亦有泥器口三七日亦有成者

雜五行書曰二月上壬取土泥屋四角宜蠶吉按今世有三臥一生蠶四臥再生蠶白頸蠶頡石蠶楚蠶黑蠶兒蠶有一生再生之異灰兒蠶秋母蠶秋中蠶老秋兒蠶秋末老獬兒蠶綿兒蠶同繭蠶或二蠶三蠶共為一繭凡三臥四臥皆有絲綿之別凡蠶從小與魯桑者乃至大入簇得飼荊魯二桑小食則桑中與魯桑則有裂腹之患也

揚泉物理論曰使人主之養民如蠶母之養蠶其用豈徒絲繭而已哉

五行書曰欲知蠶善惡常以三月三日天陰如無日不見雨蠶大善又法埋馬牙齒於槌下令宜蠶

龍魚河圖曰埋蠶沙於宅亥地大富得蠶絲吉利以一斛二斗甲子日鎮宅大吉致財千



萬

養蠶法收取種繭必取居簇中者近上則絲薄近下則子不生也泥屋用福德利上土屋欲四面開窻紙糊厚為籬屋內四角著火火若在一處則冷熱不均初生以毛掃用荻掃則傷蠶調火令冷熱得所熱則焦燥冷則長遲比至再眠常須三箔中箔上安蠶上下空置下箔障土氣上箔防塵埃小時採福德上桑著懷中令暖然後切之蠶小不用見露氣得人體則眾惡除每飼蠶卷牕幃飼訖還下蠶見明則食食多則生長老時值雨者則壞繭宜於屋裏簇之薄布薪於箔上散蠶訖又薄以薪覆之一槌得安十箔

又法（以大科蓬蒿為薪散蠶令遍懸之於棟梁椽柱或垂繩鉤弋鶚爪龍牙上下數重所在皆得懸訖薪下微生炭以煖之得煖則作速傷寒則作遲數入候看熱則去火蓬蒿疎涼無鬱浥之憂死蠶旋墜無污繭之患沙縈不住無瘢痕之疵鬱浥則難繰繭污則絲散瘢痕則緒無雨蓬蒿簇亦良其在外簇者脫遇天寒則全不作繭用易繰而絲肕日曝死者雖白而曹脆繰練衣著幾將倍矣甚者虛失歲功堅脆懸絕資生要理安可不知之哉）

崔寔曰三月清明節令蠶妾治蠶室塗隙穴具槌持箔籠

龍魚河圖曰冬以臘月鼠斷尾正月旦日未出時家長斬鼠著屋中祝云付敕屋吏制斷鼠蟲三時言功鼠不敢行

雜五行書曰取亭部地中土塗竈水火盜賊



不經塗屋四角鼠不食蠶塗倉簞鼠不食稻以塞坎百日鼠種絕

淮南萬畢術曰狐目狸腦鼠去其穴（注曰取狐兩目狸腦大如狐目三枚擣之三千杵塗鼠穴則鼠去矣）

種榆白楊第四十六

（爾雅曰榆白枌注曰枌榆先生葉卻著莢皮色白廣志曰有姑榆有朗榆案今世有刺榆木甚牢肕可以為犢車材枌榆可以為車轂及器物山榆人可以為蕪荑凡種榆者宜種刺梜兩種利益為多其餘軟弱例非佳木也）榆性扇地其陰下五穀不植（隨其高下廣狹東西北三方所扇各與樹等）種者宜於園地北畔秋耕令熟至春榆莢落時收取漫散犁細畤勞之明年正月初附地芟殺以草覆上放火燒之（一根上必十數條俱生止留一根強者餘悉掐去之）一歲之中長八九赤矣（不燒則長遲也）後年正月二月移栽之（初生即移者喜曲故須叢林長之三年乃移種）初生三年不用採葉尤忌捋之（將心則科茹太長更須依法燒之則依前茂矣）不用剶沐（剶者長而細又多瘢痕不剶雖短麤而無病諺曰不剶不沐十年成穀言易麤也必欲剶者宜留二寸）於塹坑中種者以陳屋草布塹中散榆莢於草上以土覆之燒亦如法（陳草速根肥良勝糞無陳草者用糞糞之亦佳不糞雖生而瘦既栽移者燒亦如法也）

又種榆法其於地畔種者致雀損穀既非叢林率多曲戾不如割地一方種之其白土薄地不宜五穀者唯宜榆及白榆地須近市（賣柴莢葉）



（省功也）梜榆刺榆凡榆三種色別種之勿令和雜（梜榆莢葉味苦凡榆莢味甘甘者春時將賣是以須別也）耕地收莢一如前法先耕地作壟然後散榆莢（壟者看好料理又易五寸一莢稀概得中）散訖勞之榆生共草俱長未須料理明年正月附地芟殺放火燒之亦任生長勿使掌（土兩反）近又至明年正月斸去惡者其一株上有七八根生者悉皆斫去唯留一根麤直好者三年春可將莢葉賣之五年之後便堪作椽不梜者即可斫賣（一根十文）梜者鏇作獨樂及盞（一箇三文）十年之後魁椀瓶榼器皿無所不任（一椀七文一魁二十瓶榼各直一百文也）十

五年後中爲車轂及蒲桃瓷（瓷一口直三百車轂一具直絹三匹）其歲歲科簡剶治之功指柴雇人十束雇一人無業之人爭來就作賣柴之利已自無貲（歲出萬束一束三文則三十貫莢葉在外也）況諸器物其利十倍（於柴十倍歲收三十萬）斫後復生不勞更種所謂一勞永逸能種一頃歲收千匹唯須一人守護指揮處分既無牛犂種子人功之費不慮水旱風蟲之災比之穀田勞逸萬倍男女初生各與小樹二十株比至嫁娶悉任車轂一樹三具一具直絹三匹成絹一百八十匹娉財資遣粗得充

事

術曰北方種榆九根宜蠶桑田穀好

崔寔曰二月榆莢成及青收乾以爲旨蓄（旨美也蓄積也司部收青莢小蒸曝之至冬以釀酒滑香宜養老詩云我有旨蓄亦以御冬也）色變白將落可作䤖䤳隨節早晏勿失其適（䤖音牟䤳音頭榆醬）

白楊一名高飛一名獨搖性甚勁直堪爲屋材折則折矣終不曲撓（奴孝切榆性軟久無不曲比之白楊不如遠矣且天性多曲條直者少長又遲緩積年方得凡屋材松柏爲上白楊次之榆爲下也）

種白楊法秋耕令熟至正月二月中以犂作壟一壟之中以犂逆順各一到𤱶中寬狹正



似作葱壟作訖又以鍬掘底一坑作小塹斫取白楊枝大如指長三赤者屈著壟中以土壓上令兩頭出土向上直豎二赤一株明年正月中剶去惡枝一畝三壟一壟七百二十株一株兩根一畝四千三百二十株三年中爲蠶樀（都格反）五年任爲屋椽十年堪爲棟梁以蠶樀爲率一根五錢一畝歲收二萬一千六百文（柴及棟梁椽柱在外）歲種三十畝三年九十畝一年賣三十畝得錢六十四萬八千文周而復始永世無窮比之農夫勞逸萬倍去山遠者實宜多種千根以上所求必備

種棠第四十七

（爾雅曰杜甘棠也郭璞注曰今之杜梨詩曰蔽芾甘棠毛云甘棠杜也詩義疏云今棠梨一名杜梨如梨而小甜酢可食也唐詩曰有杕之杜毛云杜赤棠也與白棠同但有赤白美惡子白色者爲白棠甘棠也酢滑而美赤棠子澁而酢無味俗語云澁如杜赤棠木理赤可作弓幹案今棠葉有中染絳者有惟中染土紫者杜則全不用其實三種則異爾雅毛郭以爲同未詳也）

棠熟時收種之否則春月移栽八月初天晴時摘葉薄布曬令乾可以染絳（必候天晴時少摘葉乾之復更摘慎勿頓收若遇陰雨則浥浥不堪染絳也）成樹之後歲收絹一匹（亦可多種利乃勝桑也）

種穀楮第四十八

（說文曰穀者楮也案今世人乃有名之曰角楮非也蓋角穀聲相近因訛耳其皮可以爲紙者也）楮宜澗谷

閒種之地欲極良秋上楮子熟時多收淨淘曝令燥耕地令熟二月耧耩之和麻子漫散之即勞秋冬仍留麻勿刈為楮作暖若不和麻子種率多凍死明年正月初附地芟殺放火燒之一歲即沒人不燒者瘦而長亦遲三年便中斫未滿三年者皮薄不任用斫法十二月為上四月次之非此兩月而斫者楮多枯死也每歲正月常放火燒之自有乾葉在地足得火燃不燒則不滋茂也二月中間斫去惡根斸者地熟楮科亦以留潤澤也移栽者二月蒔之亦三年一斫三年不斫者徒失錢無益也指地賣者省功而利少煑剝賣皮者雖勞而利大其柴足以供燃自能造紙其利又多種三十畝者歲斫十畝三年一徧歲收絹百匹

漆第四十九

凡漆器不問真偽過客之後皆須以水淨洗置牀箔上於日中半日許曝之使乾下晡乃收則堅牢耐久若不即洗者鹽醋浸潤氣徹則皺器便壞矣其朱裹者仰而曝之朱本和油性潤耐日故盛夏連雨土氣蒸熱什器之屬雖不經夏用六七月中各須一曝使乾世人見漆器暫在日中恐其炙壞合著陰潤之



地雖欲愛慎朽敗更速矣

凡木畫服翫箱枕之屬入五月盡七月九月中每經雨以布纏指揩令熱徹膠不動作光淨耐久若不揩拭者地氣蒸熱徧上生衣厚潤徹膠便皺動處起發颯然破矣

槐柳楸梓梧柞第五十

爾雅曰守宮槐葉晝聶宵炕注曰槐葉晝日聶合而夜炕布者名守宮孫炎曰炕張也

槐子熟時多收擘取數曝勿令蟲生五月夏至前十餘日以水浸之如浸麻子法也六七日當芽生好雨種麻時和麻子撒之當年之中即與麻齊麻熟刈去獨留槐槐既細長不能自立根別豎木以繩欄之冬天多風雨繩欄宜以茅裹不則傷皮成痕瘢也明年斸地令熟還於槐下種麻脅槐令長三年正月移而植之亭亭條直千百若一所謂蓬生麻中不扶自直若隨宜取栽匪直長遲樹亦曲惡宜於園中劚地種之若園好未移之間妨廢耕墾也

種柳正月二月中取弱柳枝大如臂長一尺半燒下頭二三寸埋之令沒常足水以澆之必數條俱生留一根茂者餘悉掐去別豎一柱以為依主每一尺以長繩柱欄之若不欄必為風所摧不能自立一年中即高一丈餘其旁生枝葉即掐去令直聳上高下任人取足便掐去正心即四散下垂婀娜可愛若不掐心則枝不四散或斜或曲生亦不佳也六七月中取春

生少枝種則長倍疾（少枝葉青而壯故長疾也）

楊柳下田停水之處不得五穀者可以種柳八九月中水盡燥濕得所時急耕則鍋榛之至明年四月又耕熟勿令有塊即作𡐨壟一畝三壟一壟之中逆順各一到𡐨中寬狹正似葱壟從五月初盡七月末每天雨時即觸雨折取春生少枝長一尺已上者插著壟中二尺一根數日即生少枝長疾三歲成椽比如餘木雖微脆亦足堪事一畝二千一百六十根三十畝六萬四千八百根根直八錢合



收錢五十一萬八千四百文百樹得柴一載合柴六百四十八載載直錢一百文柴合收錢六萬四千八百文都合收錢五十八萬三千二百文歲種三十畝三年種九十畝歲賣三十畝終歲無窮

憑柳可以為楯車輞雜材及枕

術曰正月旦取楊柳枝著戶上百鬼不入家

種箕柳法山澗河旁及下田不得五穀之處水盡乾時熟耕數遍至春凍釋於山陂河坎之旁刈取箕柳三寸截之漫散即勞勞訖引水停之至秋任為簸箕五條一錢一畝歲收萬錢（山柳赤而脆河柳白而肕）

陶朱公術曰種柳千樹則足柴十年以後髡一樹得一載歲髡二百樹五年一周



楸梓（詩義疏曰梓楸之疎理色白而生子者為梓說文曰檟楸也然則楸梓二木相類者也白色有角者名為梓以楸有角者名為角楸或名子楸黃色無子者為柳楸世人見其木黃呼為荊黃楸也）亦宜割地一方種之梓楸各別無令和雜

種梓法秋耕地令熟秋末冬初梓角熟時摘取曝乾打取子耕地作壟漫散即再勞之明年春生有草拔令去勿使荒沒後年正月間斸移之方兩步一樹（此樹須大不得概栽）

楸既無子可於大樹四面掘坑取栽移之亦方兩步一根兩畝一行一行百二十株五行合六百樹十年後一樹千錢柴在外車板盤合樂器所在任用以為棺材（勝於松柏）

術曰西方種楸九根延年百病除

雜五行書曰舍西種梓楸各五根（令子孫孝順口舌消滅也）

梧桐（爾雅曰榮桐木注云即梧桐也又曰櫬梧注云今梧桐是知榮桐櫬梧皆梧桐也桐葉花而不實者曰白桐實而皮青者曰梧桐案今人以其皮青號曰青桐也）青桐九月收子二三月中作一步圓畦種之（方大則難裹所以須圓小）治畦下水一如葵法

五寸下一子少與熟糞和土覆之生後數澆令潤澤此木宜濕故也當歲即高一丈至冬豎草於樹間令滿外復以草圍之以葛十道束置不然則凍死也明年三月中移植於廳齋之前華淨妍雅極為可愛後年冬不復須裹成樹之後樹別下子一石子於葉上生多者五六少者二三也炒食甚美味似菱芡多啖亦無妨也白桐無子冬結似子者乃是明年之花房亦遠大樹掘坑取栽移之成樹之後任為樂器青桐則不中用於山石之間生者樂器則鳴青白二材並堪車板盤合木屧等用

柞爾雅曰栩杼也注云柞樹案俗人呼杼為橡子以橡殼為杼斗以剜剜似斗故也橡子儉歲可食以為飯豐年放豬食之可以致肥也宜於山阜之曲三徧熟耕漫散橡子即再勞之生則薅治常令淨潔一定不移十年中椽可雜用一根直十文二十歲中屋槫一根直百錢柴在外斫去尋生料理還復凡為家具者前件木皆所宜種十歲之後無求不給



種竹第五十一

中國所生不過淡苦二種其名目奇異者列之於後條也宜高平之地近山阜尤是所宜下田得水則死黃白軟土為良正月二月中斸取西南引根并莖芟去葉於園內東北角種之令坑深二尺許覆土厚五寸竹性愛向西南引故於園東北角種之數歲之後自當滿園諺云東家種竹西家治地為滋蔓而來生也其居東北角者老竹種不生生亦不能滋茂故須取其西南引少根也稻麥糠糞之二糠各自堪糞不令和雜不用水澆澆則淹死勿令六畜入園

二月食淡竹筍四月五月食苦竹筍蒸煮炰酢任人所好其欲作器者經年乃堪殺未經年者軟未成也

筍爾雅曰筍竹萌也說文曰筍竹胎也孫炎曰初生竹謂之筍詩義疏云筍皆四月生唯巴竹筍八月生盡九月成都有之篃冬夏生始數寸可煮以苦酒浸之可就酒及食又可米藏及乾以待冬月也

永嘉記曰含隋竹筍六月生迄九月味與箭竹筍相似凡諸竹筍十一月掘土取皆得長八九寸長澤民家盡養黃苦竹永寧南漢更年上筍大者一圍五六寸明年應上今年十一月筍土中已生但未出須掘土取可至明年正月出土訖五月方過六月便有含隋筍含隋筍迄七月八月九月已有箭竹筍迄後年四月竟年常有筍不絕也

竹譜曰棘竹筍味淡落人鬚髮篁節二筍無味雞頭竹筍肥美篇竹筍冬生者也

食經曰淡竹筍法取筍肉五六升者按鹽中一宿出拭鹽令盡煑糜一斗分五升與一升鹽相和糜熟須令冷內竹筍鹹糜中一日拭之內淡糜中五日可食也



種紅藍花梔子第五十二

花地欲得良熟二月末三月初種也種法欲雨後速下或漫散種或耧下一如種麻法亦有鋤掊而掩種者子科

大而易料理花出欲日日乘涼摘取（不摘則乾）摘必須盡（留餘即合）五月子熟拔曝令乾打取之（子亦不用鬱浥）五月種晚花（春初即留子入五月便種若待新花熟後取子則太晚也）七月中摘深色鮮明耐久不黦勝春種者負郭良田種一頃者歲收絹三百匹一頃收子二百斛與麻子同價既任車脂亦堪為燭即是直頭成米（二百石米已當穀田三百匹絹超然在外）一頃花日須百人摘以一家手力十不充一但駕車地頭每旦當有小兒僮女十百餘群自來分摘正須平量中半分取是以單夫隻婦亦得多種

殺花法（摘取即碓擣使熟以水淘布袋絞去黃汁更擣以粟飯漿清而醋者淘之又以布袋絞去汁即收取染紅勿棄也絞訖著瓮器中以布蓋上雞鳴更擣令均於席上攤而曝乾勝作餅作餅者不得乾令花浥鬱也）

作臙脂法預燒落藜藜藋及蒿作灰（無者即草灰亦得）以湯淋取清汁（初汁純厚太釅即殺花不中用唯可洗衣取第三度淋者以用揉花和使好色也）揉花（十許遍勢盡乃止）布袋絞取淳汁著瓷椀中取醋石榴兩三箇擘取子擣破少著粟飯漿水極酸者和之布絞取瀋以和花汁（若無石榴者以好醋和飯漿亦得可若復無醋者清飯漿極酸者亦得空用之）下白米粉大如酸棗（粉多則白）以淨竹箸不膩者良久痛攪蓋冒至夜瀉去上清汁至淳處止傾著白練角袋子中懸之明



日乾浥浥時捻作小瓣如半麻子陰乾之則成矣

合香澤法好清酒以浸香（夏用冷酒春秋溫酒令煖冬則小熱）雞舌香（俗人以其似丁子故為丁子香也）藿香苜蓿澤蘭香凡四種以新綿裹而浸之（夏一宿春秋再宿冬三宿）用胡麻油兩分豬脂一分內銅鐺中即以浸香酒和之煎數沸後便緩火微煎然後下所浸香煎緩火至暮水盡沸定乃熟（以火頭內澤中作聲者水未盡有烟出無聲者水盡也）澤欲熟時下少許青蒿以發色以綿冪鐺觜瓶口瀉著瓶中

合面脂法用牛髓（牛髓少者用牛脂和之若無髓空用脂亦得也）溫酒浸丁香藿香二種（浸法如煎澤方）煎法一同合澤亦著青蒿以發色綿濾著瓷漆盞中令凝若作脣脂者以熟朱和之青油裹之其冒霜雪遠行者常齧蒜令破以揩脣既不劈裂又令辟惡（小兒面患皴者夜燒梨令熟以糠湯洗面訖以煖梨汁塗之令不皴赤蓮染布嚼以塗面亦不皴也）

合手藥法取豬脏一具（摘去其脂）合蒿葉於好酒中痛挼使汁甚滑白桃人二七枚（去黃皮研碎酒解取其汁）以綿裹丁香藿香甘松香橘核十顆（打碎）著脏汁中仍浸置勿出瓷貯之夜煑細糠湯淨洗面

拭乾以藥塗之令手軟滑冬不皴

作紫粉法用白米英粉三分胡粉一分不著胡粉不著人面和合均調取落葵子熟蒸生布絞汁和粉日曝令乾若色淺者更蒸取汁重染如前法

作米粉法粱米第一粟米第二必用一色純米勿使有雜[illegible]使甚細簡去碎者各自純作莫雜餘種其雜米糯米小麥黍米穄米作者不得好也於木槽中下水脚蹋十徧淨淘水清乃止大瓮中多著冷水以浸米春秋則一月夏則二十日冬則六十日唯多日佳不須易水臭爛乃佳日若淺者粉不滑美日滿更汲新水就瓮中沃之以手把攪淘去醋氣多與徧數氣盡乃止稍稍出著一砂盆中熟研以水沃攪之接取白汁絹袋濾著別瓮中麤沉者更研水沃接取如初研盡以杷子就瓮中良久痛抨然後澄之接去清水貯出淳汁著大盆中以杖一向攪勿左右迴轉三百餘匝停置蓋瓮勿令塵污良久清澄以杓徐徐接去清以三重布帖粉上以粟糠著布上糠上安灰灰濕更以乾者易之灰不復濕乃止然後削去四畔麤白無光潤者別收之以供麤用麤粉米皮所成故無光潤其中心圓如鉢形酷似鴨子白光



潤者名曰粉英英粉米心所成是以光潤也無風塵好日時舒布於牀上刀削粉英如梳曝之乃至粉乾足將仕反手痛挼勿住痛挼則滑美不挼則澁惡擬人客作餅及作香粉以供妝摩身體

作香粉法唯多著丁香於粉合中自然芬馥亦有擣香末絹篩和粉者亦有水沒香以香汁溲粉者皆損色又費香不如全著合中也

## 種藍第五十三

爾雅曰葴馬藍注曰今大葉冬藍也廣志曰有木藍今世有茇赭藍也

藍地欲得良三徧細耕三月中浸子令芽生乃畦種之治畦下水一同葵法藍三葉澆之晨夜再澆之薅治令淨五月中新雨後即接濕耬耩拔栽之夏小正曰五月浴灌藍蓼三莖作一科相去八寸栽時宜併工急手無令地燥也白背即急鋤栽時既濕白背不急鋤則堅确也五徧為良七月中作坑令受百許束作麥稈泥泥之令深五寸以苫蔽四壁刈藍倒豎於坑中下水以木石鎮壓令沒熱時一宿冷時再宿漉去荄內汁於瓮中率十石瓮著石灰一斗五升急手抨普彭反之一食頃止澄清瀉去水別作小坑貯藍澱著坑中候如強粥還出瓮中盛之藍澱成矣種藍十畝敵穀田一頃能自染青者其利又倍

矣

崔寔曰榆莢落時可種藍五月可刈藍六月可種冬藍(冬藍木藍也八月用葉也)

## 種紫草第五十四

(爾雅曰藐茈草也一名紫莀草廣志曰隴西紫草染紫之上者本草經曰一名紫丹博物志曰平氏山之陽紫草特好也)

宜黃白軟良之地青沙地亦善開荒黍穄下大佳性不耐水必須高田秋耕地至春又轉耕之三月種之耬耩地逐壟手下子(良田一畝用子二升薄田用子三升)下訖勞之鋤如穀法唯淨唯佳其壟底草則拔之(壟底用鋤則傷紫草)九月中子熟刈之候稃(芳蒲反)燥載聚打取子(濕載子則鬱浥)即深細耕(不細不深則失草矣)尋壟以耙耬取整理(收草宜併手力遽竟為良遭雨則損草也)一扼隨以茅結之(擘葛彌善)四扼為一頭當日則斬齊顛倒十重許為長行置堅平之地以板石鎮之令扁(濕鎮直而長燥鎮則碎折不鎮賣難售也)兩三宿豎頭著日中曝之令浥浥然(不曝則鬱黑太燥則碎折)五十頭作一洪(洪十字大頭向外以葛纏絡)著敞屋下陰涼處棚棧上其棚下勿使驢馬糞及人溺又忌煙皆令草失色其利勝藍若欲久停者入五月內著屋中閉戶塞向密泥勿使風入漏氣過立秋然後開出草色不異若經夏在棚棧上草便變黑不復任用



## 伐木第五十五(種地黃法附出)

凡伐木四月七月則不蟲而堅肕榆莢下桑椹落亦其時也然則凡木有子實者候其子實將熟皆其時也(非時者蟲而且脆也)凡非時之木水漚一月或火煏取乾蟲皆不生(水浸之木更益柔肕)周官曰仲冬斬陽木仲夏斬陰木(鄭司農云陽木春夏生者陰木秋冬生者松柏之屬鄭玄曰陽木生山南者陰木生山北者冬則斬陽夏則斬陰調堅輭也按柏之性不生蟲蠹四時皆得無所選焉山中雜木自非七月四月兩時殺者率多生蟲無山南山北之異鄭君之說又無取則周官伐木蓋以順天道調陰陽未必為堅肕之與蟲蠹也)禮記月令孟春之月禁止伐木(鄭玄注云為盛德所在也)孟夏之月無伐大樹(逆時氣也)季夏之月樹木方盛乃命虞人入山行木無為斬伐(為其未堅肕也)季秋之月草木黃落乃伐薪為炭仲冬之月日短至則伐木取竹箭(此其堅成之極時也)孟子曰斧斤以時入山林材木不可勝用(趙岐注曰時謂草木零落之時使材木得茂暢故有餘)淮南子曰草木未落斤斧不入山林(高誘曰九月草木解也)崔寔曰自正月以終季夏不可伐木必生蠹蟲或曰其月無壬子日以上旬伐之雖春夏不蠹猶有剖析間解之害又犯時令非急無

伐十一月伐竹木

種地黄法須黑良田五徧細耕三月上旬爲上時中旬爲中時下旬爲下時一畝下種五石其種還用三月中掘取者逐犂後如禾麥法下之至四月末五月初生苗訖至八月盡九月初根成中染若須留爲種者即在地中勿掘之待來年三月取之爲種計一畝可收根三十石有草鋤不限徧數鋤時別作小刃鋤勿使細土覆心今秋取訖至來年更不須種自旅生也唯須鋤之如此得四年不要種之皆餘根自出矣



齊民要術卷第五

# 齊民要術卷第六

後魏高陽太守賈思勰撰



## 養牛馬驢騾第五十六

服牛乘馬量其力能寒温飲飼適其天性如不肥充繁息者未之有也金日磾降虜之煨爐卜式編戶齊民以羊馬之肥位登宰相公孫弘梁伯鸞牧豕者或位極人臣身名俱泰或聲高天下萬載不窮寧戚以飯牛見知馬援以牧養發迹莫不自近及遠從微至著嗚呼小子何可已乎故小童曰羊去亂羣馬去害者卜式曰非獨羊也治民亦如是以時起居惡者輒去無令敗羣也



諺曰羸牛劣馬寒食下言其乏食瘦瘠春中必死務在充飽調適而已

陶朱公曰子欲速富當畜五牸牛馬猪羊驢五畜之牸然畜牸則速富之術也

禮記月令曰季春之月合累牛騰馬遊牝于牧累騰皆乘匹之名是月所以合牛馬仲夏之月遊牝别羣則縶騰駒孕任欲止爲其牝氣有餘恐相蹄齧也仲冬之月牛馬畜獸有放

逸者耿之不詰（王居明堂禮曰孟冬命農畢積聚繼放牛馬）

凡驢馬駒初生忌灰氣遇新出爐者輒死（經雨者則不忌）

馬頭為王欲得方目為丞相欲得光脊為將軍欲得強腹脅為城郭欲得張四下為令欲得長

凡相馬之法先除三羸五駑乃相其餘大頭小頸一羸弱脊大腹二羸小脛大蹄三羸大頭緩耳一駑長頸不折二駑短上長下三駑大髂（枯價切）短脅四駑淺髖薄髀五駑



騮馬驪肩鹿毛 馬驔駱馬皆善馬也

馬生墮地無毛行千里溺舉一脚行五百里

相馬五藏法肝欲得小耳小則肝小肝小則識人意肺欲得大鼻大則肺大肺大則能奔心欲得大目大則心大心大則猛利不驚目四滿則朝暮健腎欲得小腸欲得厚且長腸厚則腹下廣方而平脾欲得小賺腹小則脾小脾小則易養望之大就之小筋馬也望之小就之大肉馬也皆可乘致致瘦欲得見其肉（謂前肩守肉）致肥欲得見其骨（骨謂頭顱）馬龍顱突目

平脊大腹脞重有肉此三事備者亦千里馬也水火欲得分（水火在鼻兩孔間也）上脣欲急而方口中欲得紅而有光此馬千里馬上齒欲鉤鉤則壽下齒欲鋸鋸則怒頷下欲深下脣欲緩牙欲去齒一寸則四百里牙劍鋒則千里嗣骨欲廉如織杼而闊又欲長（頰下側小骨是）自欲滿而澤眶欲小上欲弓曲下欲直素中欲廉而張（素鼻孔上）陰中欲得平（股下）主人欲小（股裏上近前也）陽裏欲高則怒（股中上近主人）頷欲方而平八肉欲大而明（耳下）玄中欲深（耳下近牙）耳欲小而銳如削筩相去欲促鬐欲



戴中骨高三寸（鬐中骨也）易骨欲直（眼下直下骨也）頰欲開赤長膺下欲廣一赤以上名曰挾（一作扶）赤能久走鞅欲方（頰前）喉欲曲而深胸欲直而出（髀間前向）髀間欲開望視之如雙鳧頸骨欲大肉次之鬐欲桂而厚且折季毛欲長多覆肝肺無病（髮後毛是也）背欲短而方脊欲大而抗膢筋欲大（夾脊筋也）飛鳧見者怒（脊後筋也）三府欲齊（兩髂及中骨也）尻欲頹而方尾欲減本欲大脅肋欲大而窪名曰上渠能久走龍翅欲廣而長升肉欲大而明（髀外肉也）輔肉欲大而明（前腳下肉）腹欲充腔欲小（腔膁）季肋欲張（短肋）懸薄

欲厚而緩脚脛虎口欲開股内腹下欲平滿善走
名曰下渠日三百里陽肉欲上而高起髀外近前髀
欲廣厚汗溝欲深明直肉欲方能久走髀後肉也輸
一作輸鼠欲方直肉下也肭肉欲急髀裏也間筋欲急短而減
善細走輸鼠下筋機骨欲舉上曲如懸匡馬頭欲高
距骨欲出前間骨欲出前後曰外凫臨蹄骨也附蟬欲
大前後目夜眼股欲薄而博善能走後髀前骨臂欲長
而膝本欲起有力前脚膝上向前肘腋欲開能走膝欲
方而庳髀骨欲短兩肩骨欲深名曰前渠怒
蹄欲厚三寸硬如石下欲深而明其後開如




鷂翼能久走
相馬從頭始頭欲得高峻如削成頭欲重宜
少肉如剝兔頭壽骨欲得大如絫絮苞圭石
壽骨者髮所生處也白從額上入口名俞膺一名的顱奴
乘客死主乘弃市大兇馬也
馬眼欲得高眶欲得端正骨欲得成三角睛
欲得如懸鈴紫豔光目不四滿下脣急不愛
人又淺不健食目中縷貫瞳子者五百里下
上徹者千里睫亂者傷人目小而多白畏驚
瞳子前後肉不滿皆凶惡若旋毛眼眶上壽

四十年值眶骨中三十年值中眶下十八年
在目下者不借睛却轉後白不見者喜旋而
不前目睛欲得黄目欲大而光目皮欲得厚
目上白中有横筋五百里上下徹者千里目
中白縷者老馬子目赤睫亂齧人反睫者善
奔傷人目下有横毛不利人目中有火字者
壽四十年目偏長一寸三百里目欲長大旋
毛在目下名曰承泣不利人目中五采盡具
五百里壽九十年良多赤血氣也駑多青肝氣
也走多黄腸氣也材知多白骨氣也材　多




黑腎氣也駑用策乃使也白馬黑目不利人
目多白却視有態畏物喜驚
馬耳欲得相近而前竪小而厚一寸三百里
三寸千里耳欲得小而前竦耳欲得短殺者
良植者駑小而長者亦駑耳欲得小而促狀
如斬竹筩耳方者千里如斬筩七百里如雞
距者五百里
鼻孔欲得大鼻頭文如王火字欲得明鼻上
文如王公五十歲如火四十歲如天三十歲如
小一十歲如今十八歲如四八歲如宅七歲

阜如水文二十歲阜欲得廣而方脣不覆齒少食上脣欲得急下脣欲得緩上脣欲得方下脣欲得厚而多理故曰脣如板鞮御者啼黄馬白喙不利人口中色欲得紅白如火光爲善材多氣良且壽即黑不鮮明上盤不通明爲惡材少氣不壽一曰相馬氣發口中欲見紅白色如穴中看大此皆老壽一曰口欲正赤上理文欲使通直勿令斷錯口中青者三十歲如虹腹下皆不盡壽駒齒死矣口吻欲得長口中色欲



得鮮好旋毛在吻後爲銜禍不利人剌芻欲竟骨端剌芻者齒間肉齒左右蹉不相當難御齒不周密不久疾不滿不厚不能久走一歲上下生乳齒各二二歲上下生齒各四三歲上下生齒各六四歲上下生成齒二成齒皆背三入四方生也五歲上下著成齒四六歲上下著成齒六兩廂黄生區受麻子也七歲上下齒兩邊黄各缺區平受米八歲上下盡區如一受麥九歲下中央兩齒臼受米十歲下中央四齒臼十一歲下六齒盡臼十二歲下中

央兩齒平十三歲下中央四齒平十四歲下中央六齒平十五歲上中央兩齒臼十六歲上中央四齒臼若看上齒依下齒次第看十七歲上中央六齒皆臼十八歲上中央兩齒平十九歲上中央四齒平二十歲上下中央六齒平二十一歲下中央兩齒黄二十二歲下中央四齒黄二十三歲上中央六齒盡黄二十四歲上中央二齒黄二十五歲上中央四齒黄二十六歲上中齒盡黄二十七歲下中二齒白二十八歲下中四齒白二十九歲下中盡白三十歲



上中央二齒白三十一歲上中央四齒白三十二歲上中盡白

頸欲得䐊而長頸欲得重頷欲折胸欲出臆欲廣頸項欲厚而強廻毛在頸不利人

白馬黑髦不利人肩肉欲寧寧者却也雙鳧欲大而上雙鳧胸兩邊肉如鳧

脊背欲得平而廣能負重背欲得平而方鞍下有廻毛名負尸不利人

從後數其脇肋得十者良凡馬十一者二百里十二者千里過十三者天馬萬乃有一耳

一云十三肋五百里十五肋千里也

腋下有迴毛名曰挾尸不利人

左脇有白毛直下名曰帶刀不利人

腹下欲平有八字腹下毛欲前向腹欲大而垂結脈欲多大道筋欲大而直大道筋從腹下抵股者是腹下陰前兩邊生逆毛入腹帶者行千里一赤者五百里

三封欲得齊如一三封者即尻上三骨也

尾骨欲高而垂尾本欲大欲高尾下欲無毛

汗溝欲得深



尻欲多肉莖欲得麁大

蹄欲得厚而大

踠欲得細而促

髂骨欲得大而長

尾本欲大而強

膝骨欲圓而長大如杯盂

溝上通尾本者蹹殺人

馬有雙腳脛亭行六百里迴毛起踠膝是也

脛欲得圓而厚裏肉生馬

後腳欲曲而立

臂欲大而短

骸欲小而長

踠欲促而大其間纔容靽

烏頭欲高烏頭後足外節

後足輔骨欲大輔足骨者後足骸之後骨

後左右足白不利人

白馬四足黑不利人

黃馬白喙不利人

後左右足白殺婦

相馬視其四蹄後兩足白老馬子前兩足白



駒馬子白毛者老馬也

四蹄欲厚且大四蹄顛倒若豎履奴乘客死主乘弃市不可畜

久步即生筋勞筋勞則發蹄痛凌氣一曰生骨則發癰腫一曰發蹄生癰也久立則發骨勞骨勞即發癰腫

久汗不乾則生皮勞皮勞者騷而不振

汗未善燥而飼飲之則生氣勞氣勞者即騷而不起

驅馳無節則生血勞血勞則發強行

何以察五勞終日驅馳舍而視之不騷者筋

勞也驟而不時起者骨勞也起而不振者皮勞也振而不噴氣勞也噴而不溺者血勞也筋勞者兩絆却行三十步而已一曰筋勞者驟起而絆之徐行三十里而已骨勞者令人牽之起從後笞之起而已皮勞者俠脊摩之熱而已氣勞者緩繫之櫪上遠餧草噴而已血勞者高繫無飲食之大溺而已飲食之節食有三芻飲有三時何謂也一曰惡芻二曰中芻三曰下芻善謂飢時與惡芻飽時與善芻引之令食食常飽則無不肥剉草麤雖足豆穀亦不肥充細剉無節簁去而食之者令馬肥不啌苦江反自然好矣何謂三時一曰朝飲少之二曰晝飲則胷饜水三曰暮極飲之一曰夏汗冬寒皆當節飲諺曰旦起騎穀日中騎水斯言旦飲須節水也每飲食令行驟則消水小驟數百步亦佳十日一放令其陸梁舒展令馬硬實也夏即不汗冬即不寒汗而極乾

飼父馬令不鬬法多有父馬者別作一坊多置槽廄剉芻及穀豆各自別安唯著轆頭浪放不繫非直飲食遂性舒適自在至於糞溺自然一處不須掃除乾地眠臥不濕不汙百匹群行亦不鬬也

飼征馬令硬實法細剉芻枚擲揚去葉專取取和穀豆秣之置槽於迥地雖復雪寒勿令安廄下一日一走令其肉熟馬則硬實而耐寒苦也

驘驢覆馬生驘則准常以馬覆驢所生騾者形容壯大彌復勝馬然必選七八歲草驢骨目正大者母長則受駒父大則子壯草騾不產產無不死養草騾常須防勿令雜群也

驢大都類馬不復別起條端



凡以豬槽飼馬以石灰泥馬槽馬汗繫著門此三事皆令馬落駒術曰常繫獼猴於馬坊令馬不畏辟惡消百病也

治牛馬病疫氣方取獺屎煮以灌之獺肉及肝猶良不能得肉肝只用屎耳

治馬患喉痹欲死方纏刀子露鋒刃一寸刺咽喉令潰破即愈不治必死也

治馬黑汗方取燥馬屎置瓦上以人頭亂髮覆之火燒馬屎及髮令煙出著馬鼻下熏之使煙入馬鼻中須臾即差也

又方取豬脊引脂雄黃亂髮凡三物著馬鼻下燒之使煙入馬鼻中須臾即差

馬中熱方煮大豆及熱飯噉馬三度愈也

治馬汗凌方取美豉一升好酒一升夏著日中冬則溫熱浸豉使液以手搦之絞去滓以汁灌口汗出則愈矣

治馬疥方用雄黃頭髮二物以臘月豬脂煎之令髮消以塼揩疥令赤及熱塗之即愈也

又方湯洗疥拭令乾煮麵糊熱塗之即愈也

又方燒柏脂塗之良

又方研芥子塗之差六畜疥悉愈然柏瀝芥子並是躁藥其偏體患疥者宜歷落斑駮以漸塗之待差更塗餘處一日之中頓塗徧體則無不死

治馬中水方取鹽著兩鼻中各如雞子黃許大捉鼻令馬眼中淚出乃止良也

治馬中穀方手捉甲上長鬃向上提之令皮離肉如此數過以鈹刀子刺空中皮令突過以手當刺孔則有如風吹人手則是穀氣耳令人溺上又以鹽塗使人立乘數十步即愈耳

又方取餳如雞子大打碎和草飼馬甚佳也

又方取麥蘖末三升和穀飼馬亦良

治馬腳生附骨不治者入膝節令馬長跛方

取芥子熟擣如雞子黃許取巴豆三枚去皮留臍三枚亦擣熟以水和令相著和時用刀子不爾破人手當附骨上拔去毛骨外融蜜蠟周匝擁之不爾恐藥躁瘡大著蠟罷以藥傅骨上取生布割兩頭作三道急裹之骨小者一宿便盡大者不過再宿然要須數看恐骨盡便傷好處看附骨盡取冷水淨洗瘡上刮取車軸頭脂作餅子著瘡上還以淨布急裹之三四日解去即生毛而無瘢此法甚良大勝炙者然瘡未差不得輒乘若瘡中出血便成大病也

治馬被刺腳方用穬麥和小兒哺塗即愈

馬炙瘡未差不用令汗瘡白癡時慎風得差後從意騎耳

治馬瘙蹄方以刀刺馬踠叢毛中使血出愈

又方融羊脂塗瘡上以布裹之

又方取鹹土兩石許以水淋取一石五斗釜中煎取三二斗剪去毛以泔清淨洗乾以鹹汁洗之三度即愈

又方以湯淨洗燥拭之嚼麻子塗之以布帛裹三度愈若不斷用穀塗五六度即愈

又方剪去毛以鹽湯淨洗去痂燥拭於破瓦中煮人尿令沸熱塗之即愈

又方以鋸子割所患蹄頭前正當中斜割之令上狹下闊如鋸齒形去之如剪箭括向深一寸許刀子摘令血出色必黑出五升許解放即差

又方先以酸泔清洗淨然後爛煮豬蹄取汁及熱洗之差

又方取炊底釜湯淨洗以布拭水令盡取黍米一升作稠粥以故布廣三四寸長七八寸以粥糊布上厚裹蹄上瘡處以散麻纏之三日去之即當差也

又方耕地中拾取禾茇東倒西倒者若東西橫地取南倒北倒者一壟取七科三壟凡取二十一科淨洗釜中煮取汁色黑乃止剪卻毛泔淨洗去痂以禾茇汁熱塗之一上即愈

又方尿清羊糞令液取屋四角草就上燒令灰入鉢中研令熟用泔洗蹄以糞塗之再三愈

又方煮酸棗根取汁淨洗訖水和酒糟毛袋盛漬蹄沒瘡處數度即差也



又方淨洗了擣杏人和豬脂塗四五上即當愈

治馬大小便不通眠起欲死須急治之不治一日即死以脂塗人手探穀道中去結屎以鹽內溺道中須臾得溺便當差也

治馬卒腹脹眠臥欲死方用冷水五升鹽二斤研鹽令消以灌口中必愈

治驢漏蹄方鑿厚磚石令容驢蹄深二寸許熱燒磚令熱赤削驢蹄令出漏孔以蹄頓著磚孔中傾鹽酒醋令沸浸之牢捉勿令腳動待磚冷然後放之即愈入水遠行悉不發

牛歧胡有壽歧胡牽兩腋亦分為三也眼去角近行駃眼欲得大眼中有白脈貫瞳子最快二軓齊者快二軓從鼻至髀為前軓從甲至髂為後軓頸骨長且大快壁堂欲得闊壁堂腳股間也倚欲得如絆馬聚而正也莖欲得小膺庭欲得廣膺庭胸也天關欲得成天關脊接骨也儁骨欲得垂儁骨脊骨中央欲得下也洞胡無壽洞胡從頸至臆也旋毛在珠淵無壽珠淵當眼下也上池有亂毛起妨主上池兩角中一曰戴麻也倚腳不正有勞病角冷有病毛拳有病毛欲得短密若長踈不耐寒氣耳多長毛不耐寒熱單膂無力有生癖即決者有大勞病尿射前腳者快直下者不快亂睫者觝人後腳曲及直並是好相直尤勝進不甚直退不甚曲為下行欲得似羊行頭不用多肉臀欲方尾不用至地至地劣力尾上毛少骨多者有力膝

上縛肉欲得硬角欲得細橫豎無在大身欲得促形欲得如卷卷者其形側也插頸欲得高一曰體欲得緊大膁疎肋難飼龍突目好跳又云不能行也卑如鏡鼻難牽口方易飼蘭株欲得大蘭株尾株豪筋欲得成就豪筋腳後橫筋豐岳欲得大豐岳膝株骨也蹄欲得豎豎如羊腳垂星欲得有努肉垂星蹄上有肉覆蹄謂之努肉力柱欲得大而成力柱當車肋欲得密肋骨欲得大而張張而廣也髀骨欲得出儁骨上出背脊骨上也易牽則易使難牽則難使泉根不用多肉及多毛泉根莖所出也懸蹄欲得橫如八字也陰虹屬頸行千里陰虹者有雙筋白毛骨屬頸寗公所飲也陽鹽欲得廣陽鹽者夾尾株前兩膁也當陽鹽中間脊骨欲得窜窜則雙膂不窜則為單膂常有似鳴者有黃

治牛疫氣方取人參一兩細切水煑取汁五六升灌口中驗

又方臘月兔頭燒作灰和水五六升灌之亦良

又方朱砂三指撮油脂二合清酒六合煖灌即差

治牛腹脹欲死方取婦人陰毛草裹與食之即愈此治氣脹也

又方研麻子取汁溫令微熱擘口灌之五六升許愈此治生豆腹脹欲垂死者大良

治牛疥方煑烏豆汁熱洗五度即差耳

治牛肚反及嗽方取榆白皮水煑極熱令甚滑以二升灌之即差也

治牛中熱方取兔腸肚勿去屎以裹草吞之不過再三即愈



治牛蝨方以胡麻油塗之即愈豬脂亦得凡六畜蝨脂塗悉愈

治牛病用牛膽一箇灌牛口中差

家政法曰四月伐牛茭四月毒草與茭豆不殊齊俗不收所失大也

術曰埋牛蹄著宅四角令人大富

## 養羊第五十七

常留臘月正月生羔為種者上十一月二月生者次之非此月數生者毛必焦卷骨髓細小所以然者是逢寒遇熱故也其八九十月生者雖值秋肥然比至冬暮母乳已竭春草未生是故不佳其三四月生者雖茂美而羔小未食常飲熱乳所以亦惡五六七月生者兩熱相仍惡中之甚其十一月及二月生者母既含重膚軀充滿草雖枯亦不羸瘦母乳適盡即得春草是以極佳也大率十口二羝羝少則不孕羝多則亂羣不孕者必瘦瘦則匪唯不蕃息經冬或死羝無角者更佳有角者喜相觝觸傷胎所由也擬供廚者宜剩之剩法生十餘日布囊盛脉碎之牧羊必須大老子心性宛順者起居以時調其宜適卜式云牧民何異於是者若使急性人及小兒者攔約不得必有打傷之災或勞戲不看則有狼犬之害懶不驅行無肥充之理將息失所有羔死之患也唯遠水為良二日一飲頻飲則傷水而鼻膿緩驅行勿停息息則不食而羊瘦急行則坌塵而蚛顙也春夏早放秋冬晚出春夏氣軟所以宜早秋冬霜露所以宜晚養生經云春夏早起與雞俱興秋冬晏起必待日光此其義也夏日盛暑須得陰涼若日中不避熱則塵汗相漸秋冬之間必致癬疥七月已後霜露氣降必須日出霜露晞解然後放之不爾則逢毒氣令羊口瘡腹脹也圈不厭近必須與人居相連開窗向圈所以然者羊性怯弱不能禦物狼一入圈或能絕羣架北牆為廠為屋即傷熱熱則生疥癬且屋處慣煖冬月入田尤不耐寒圈中作臺開

實無令停水二日一除勿使糞穢穢則污毛停水則挾蹄眠濕則腹脹也圈內須並牆豎柴柵令周匝羊不揩土毛常自淨不豎柴者羊揩牆壁土鹹相得毛皆成氈又豎柵頭出牆者虎狼不敢踰也羊一千口者三四月中種大豆一頃雜穀并草留之不須鋤治八九月中刈作青茭若不種豆穀者初草實成時收刈雜草薄鋪使乾勿令鬱浥豐豆胡豆蓬藜荊棘為上大小豆萁次之高麗豆萁尤是所便蘆薍二種則不中凡秋刈草非直為羊然大凡悉皆倍勝崔寔曰十月七日刈芻茭既至冬寒多饒風霜或春初雨落青草未生時則須飼不宜出放

積茭之法於高燥之處豎桑棘木作兩圓柵各五六步許積茭著柵中高一丈亦無嫌任羊遶柵抽食竟日通夜口常不住終冬過春無不肥充若不作柵假有千車茭擲與十口羊亦不得飽羣羊踐蹋而已不得一莖入口不收茭者初冬乘秋似如有膚羊羔乳食其母比至正月母皆瘦死羔小未能獨食水草尋亦俱死非直不滋息或能滅群斷種矣余昔有羊二百口茭豆既少無以飼一歲之中餓死過半假有在者疥瘦羸弊與死不殊毛復淺短全無潤澤余初謂家自不宜又疑歲道疫病乃饑餓所致無他故也人家八月收穫之始多無庸暇宜賣羊雇人所賣既少所存者大傳曰三折臂知為良醫又曰亡羊治牢未為晚也世事略皆如此安可不存意哉寒月生者須燃火於其邊夜不燃火必致凍死

凡初產者宜煮穀豆飼之白羊留母二三日即母子俱放白羊性佷不得獨留并母久住則令乳之羖羊但留母一日寒月者內羔子坑中日夕母還乃出之坑中暖不



若風寒地熱使眠如常飽者也十五日後方與草乃放之白羊三月得草力毛牀動則鉸之鉸訖於河水之中淨洗羊則生白淨毛也五月毛牀將落又鉸取之鉸訖更洗如前八月初胡菜子未成時又鉸之鉸了亦洗如初其八月半後鉸者勿洗白露已降寒氣侵人洗即不益胡菜子成然後鉸者匪直著毛難治又歲稍晚比至寒時毛長不足令羊瘦損漠北塞之羊則八月不鉸鉸則不耐寒中國必須鉸不鉸則毛長相著作氈難成也

作氈法春毛秋毛中半和用秋毛緊強春毛軟弱獨用太偏是以須雜三月桃花水時氈第一凡作氈不須厚大唯緊薄均調乃佳耳二年敷臥小覺垢黑以九月十月賣作鞾氈明年四五月出氈時更買新者此為長存不穿敗若不數換者非直垢汙穿穴之後便無所直虛成糜費此不朽之功豈可同年而語也

令氈不生蟲法夏月敷席下臥上則不生蟲若氈多無人臥上者預收柞柴桑薪灰入五月中羅灰徧著氈上厚五寸許卷束於風涼之處閣置蟲亦不生如其不爾無不生蟲

羖羊四月末五月初鉸之性不耐寒早鉸寒則凍死雙生者多易為繁息性既豐乳有酥酪之饒毛堪酒袋兼繩索之利其潤益又過白羊

作酪法牛羊乳皆得別作和作隨人意牛產日即粉穀如糕屑多著水煮則作薄粥待冷飲牛牛若不飲者莫與水明日渴自飲牛產三日以繩絞牛項脛令偏身脈脹倒地即縛以手痛挼乳核令破以腳二七遍蹴乳房然後解放羊產三日直以手挼核令破不以腳蹴若不如此破核者乳脈細微攝身則閉核破脈開捋乳易得曾經破核後產者不須復治牛產五日外羊十日外羔犢得乳力強健能噉水草然後取乳捋乳之時須人斟酌三分之中當留一分以與羔犢若取乳太早及不留一分乳者羔犢瘦死三月末四月初牛羊飽草便可作酪以收其利至八月末止從九月一日後止可小小供食不得多作天寒草枯牛羊漸瘦故也大作酪時日暮牛羊還即間羔犢別著一處凌旦早放母子別羣至日東南角噉露草飽驅歸捋之訖還放之聽羔犢隨母日暮還別如此得乳多牛羊不瘦若不早放先捋者比竟日高則露解常食燥草無復膏潤非直漸瘦得乳亦少捋訖於鐺釜中緩

大煎之大急則著底焦常以正月二月預收乾牛羊矢煎乳第一好草既灰汁染又喜焦乾糞火軟無此二患常以杓揚乳勿令溢出時復徹底縱橫直勾慎勿圓攪圓攪喜斷亦勿口吹吹則解四五沸便止瀉著盆中勿便揚之待小冷掠取乳皮著別器中以為酥屈木為棬以張生絹袋子濾熟乳著瓦瓶子中臥之新瓶即直用之不燒若舊瓶已曾臥酪者每臥酪時輒須灰火中燒瓶令津出迴轉燒之皆使周匝熱徹好乾待冷乃用不燒者有潤氣則酪斷不成若日日燒瓶酪猶有斷者作酪屋中有蛇蝦蟆故也宜燒人髮羊牛角以辟之聞臭氣則去矣其臥酪待冷煖之節溫溫小煖於人體為合宜適熱臥則酪醋傷冷則難成濾乳訖以先成甜酪為酵大率熟乳一升用酪半匙著杓中以匙痛攪令散瀉著熟乳中仍以杓攪使均調以氈絮之屬茹甕以防寒以單布蓋之明旦酪成若去城中遠無熟酪作酵者急揄醋飧研熟以為酵大率一斗乳下一匙飧攪令均調亦得成其酢酪為酵者酪亦醋甜酵傷多酪醋其六七月中作者臥時令如人體直置冷地不須溫茹冬天作者臥時少令熱於人體降於餘月茹令極熱

**作乾酪法** 七月八月中作之日中炙酪酪上皮成掠取更炙之又掠肥盡無皮乃止得一斗許於鐺中炒少許時即出於槃上日曝浥浥時作團大如梨許又曝使乾得經數年不壞以供遠行作粥作漿時細削著水中煮沸便有酪味亦有全



擲一團著湯中嘗有酪味還漉取曝乾一團則得五遍煮不破看勢兩漸薄乃削研用倍省矣

**作漉酪法** 八月中作取好淳酪生布袋盛懸之當有水出滴滴然下水盡著鐺中暫炒即出於盤上日曝浥浥時作團大如梨許亦數年不壞削作粥漿味勝前者炒雖味短不及生酪然不炒生蟲不得過夏乾漉二酪久停皆暍氣不如年別新作歲管用盡

**作馬酪酵法** 用驢乳汁二三升和馬乳不限多少澄酪成取下澱團曝乾後歲作酪用此為酵也

**抨酥法** 以夾榆木椀為把子作把子法割却椀半上剜四廂各作一圓孔大小徑寸許正底施長柄如酒把形抨酥酥酪甜醋皆得所數日陳酪極大醋者亦無嫌酪多用大甕酪少用小甕置甕於日中旦起瀉酪著甕中炙直至日西南角起手抨之令把子常至甕底一食頃作熱湯水解令得下手瀉著甕中湯多少令常半酪乃抨之良久酥出下冷水多少亦與湯等更急抨之於此時把子不須後達甕底酥已浮出故也酥既遍覆酪上更下冷水多少如前酥凝抨止水盆盛冷水著甕邊以手接酥沈手盆水中酥自浮出更掠如初酥盡乃止抨酥酪漿中和飧粥盆中浮酥得冷悉凝以手接取搦去水作團著銅器中或不津瓦器亦得

十日許得多少併內鐺中然牛羊矢緩火煎如香澤法當日內乳涌出如雨打水聲水乳既盡聲止沸定酥便成矣冬即內著羊肚中夏盛不津器初煎乳時上有皮膜以手隨即掠取著別器中寫熟乳著盆中未濾之前乳皮凝厚亦悉掠取明日酪成若有黃皮亦悉掠取併著甕中以物痛熟研良久下湯又研亦下冷水純是好酪接取作團與大段同煎矣

羊有疥者間別之不別相染污或能合羣致死羊疥先著口者難治多死

**治羊疥方** 取藜蘆根㕮咀令破以泔浸之以瓶盛塞口於竈邊常令煖數日醋香便中用以塼瓦刮疥令赤若強硬痂厚者亦可以湯洗之去痂拭燥以藥汁塗之再上愈若多者日別漸漸塗之勿頓塗令遍羊瘦不堪藥勢便死矣

**又方** 去痂如前法燒葵根為灰煑醋澱熱塗之以灰厚傳再上愈寒時勿剪毛去即凍死矣

**又方** 臘月豬脂加薰黃塗之即愈

羊膿鼻眼不淨者皆以中水治方 以湯和鹽用杓研之極鹹塗之



為佳更待冷接取清以小角受一雞子者灌兩鼻各一角非直水差永自去蟲五日後必飲以眼鼻淨為候不差更灌一如前法

羊膿鼻口頰生瘡如乾癬者名曰可妬渾迭相染易著者多死或能絕羣治之方 豎長竿於圈中竿頭施橫板令獼猴上居數日自然差此獸辟惡常安於圈中亦好

**治羊挾蹄方** 取羝羊脂和鹽煎使熱燒熱令微赤著脂烙之著乾勿令水泥入七日自然差耳

凡羊經疥得差者至後夏初肥時宜賣易之不爾後年春疥發必死矣

**凡驢馬牛羊收犢子駒羔法** 常於市上伺候見含重垂欲生者輒買取駒犢一百五十日羊羔六十日皆能自活不復藉乳乳母好堪為種產者因留之以為種惡者還賣不失本價坐嬴駒犢還更買懷孕者一歲之中牛馬驢得兩番羊得四倍羊羔臘月正月生者留以作種餘月生者剩而賣之用二萬錢為羊本必歲收千口所留之種

乘皆精好與世間絕殊不可同日而語之何必羊犢之饒又羸酪之利也羊有死者皮好作裘褥肉好作乾腊及作肉醬味又甚美

家政法曰養羊法當以瓦器盛一升鹽懸羊欄中羊喜鹽自數還啖之不勞人收

羊有病輒相汙欲令別病法當欄前作瀆深二赤廣四赤往還皆跳過者無病不能過者入瀆中行過便別之

術曰懸羊蹄著戶上辟盜賊澤中放六畜不用令他人無事橫截羣中過道上行即不諱

龍魚河圖曰羊有一角食之殺人



## 養猪第五十八

爾雅曰豶豶幺幼奏者豱四豴皆白曰豥絕有十豝爾雅云彘豬也其子曰豚一歲曰豵廣志曰豨狚彘也豕也豰也豰又豵也

母豬取短喙無柔毛者良喙長則牙多一廂三牙以上則不煩畜為難肥故有柔毛者爓治難淨也

牝者子母不同圈子母一圈喜相聚不則不壯者同圈則無嫌牡性遊蕩若非家主則喜浪失圈不厭小圈小則肥疾處不厭穢泥穢得避暑亦須小廠以避雨雪春夏中生隨時放牧糟糠之屬當日別與糟糠夏輒敗不停故八九十月放而不飼所有糟糠則蓄待窮冬春初猪性甚便水生之草杷樓水藻等令近岸猪則食之皆肥

初產者宜煮穀飼之其子三日便掐尾六十日後犍三日掐尾則不畏風凡犍猪死者皆尾風所致耳犍不截尾則前大後小犍者骨細肉多不犍者骨麤肉少如犍牛法者無風死之患十二月子生者豚一宿蒸之蒸法索籠盛豚著甑中微火蒸之汗出便罷不蒸則腦凍不合出旬便死所以然者豚性腦少寒盛則不能自煖故須煖氣助之

供食豚乳下者佳簡取別飼之愁其不肥共母同圈粟豆難足宜埋車輪為食場散粟豆於內小豚足食出入自由則肥速

雜五行書曰懸腊月猪羊耳著堂梁上大富

淮南萬畢術曰麻鹽肥豚豕取麻子三升擣千餘杵煮為羹以鹽一升著中和以糠三斛飼豕則肥也



## 養雞第五十九

爾雅曰雞大者蜀蜀子雞未成雞健絕有力奮雞三赤曰鶤郭璞注曰陽溝巨鶤古之鶤名廣志曰雞有胡髯五指金骹反翅之種大者蜀小者荊白雞金骹者鳴美吳中送長鳴雞雞鳴長倍於常雞異物志曰九真長鳴雞最長聲甚好清朗鳴未必在曙時潮水夜至因之並鳴或名曰伺潮雞風俗通云俗說朱氏公化而為雞故呼雞者皆言朱朱玄中記云東南有桃都山上有大桃樹名曰桃都枝相去三千里上有一天雞日初出光照此木天雞則鳴群雞皆隨而鳴也

雞種取桑落時生者良形小淺毛脚細短者是也守窠少聲善育鶵子春夏生者則不佳形大毛羽悅澤脚麤長者是遊蕩饒聲產乳易厭既不守窠則無緣蕃息也

雞春夏鶵二十日內無令出窠飼以燥飯出窠早不免烏鴟與濕飯則令臍膿也

雞棲宜據地為籠籠內著棧雖鳴聲不朗而安穩易肥又免狐狸之患若任之樹林一遇風寒大者損瘦小者或死燃柳柴殺雞雛小者死大者盲此亦燒穰殺瓠之流其理難悉

養雞令速肥不杷屋不暴園不畏鳥鴟狐狸法別築牆匡開小門作小廠令雞避雨日雌雄皆斬去六翮無令得飛出常多收秕稗胡豆之類以養之亦作小槽以貯水荊藩為樓去地一赤數掃去屎鑿牆為窠亦去地一赤唯冬天著草不茹則子凍春夏秋三時則不須直置土上任其產伏留草則蠅蟲生雛出則著外許以罩籠之如鵪鶉大還內牆匡中其供食者又別作牆匡蒸小麥飼之三七日便肥大矣

取穀產雞子供常食法別取雌雞勿令與雄相雜其牆匡斬翅荊棲土窠一如前法唯多與穀令竟冬肥盛自然穀產矣一雞生百餘卵不雛並食之無咎餅炙所須皆宜用此

瀹音掄雞子法打破寫沸湯中浮出即掠取生熟正得即加鹽醋也

炒雞子法打破著銅鐺中攪令黃白相雜細擘葱白下鹽米渾豉麻油炒之甚香美

孟子曰雞豚狗彘之畜無失其時七十者可以食肉矣



家政法曰養雞法二月先耕一畝作田秫粥灑之刈生茅覆上自生白蟲便買黃雌雞十隻雄一隻於地上作屋方廣丈五於屋下懸簀令雞宿上并作雞籠懸中夏月盛晝雞當還屋下息并於園中築作小屋覆雞得養子烏不得就

龍魚河圖曰玄雞白頭食之病人雞有六指者亦殺人雞有五色者亦殺人

養生論曰雞肉不可食小兒食令生蚘蟲又令體消瘦鼠肉味甘無毒令小兒消穀除寒熟炙食之良也

## 養鵝鴨第六十

爾雅曰舒鴈鵝廣雅曰駕鵝野鵝也說文曰鴚鵝野鵝也晉沈充鵝賦序曰于時綠眼黃喙家家有焉太康中得大倉鵝從喙至足四赤有九寸體色豐麗鳴聲驚人爾雅曰舒鳧鶩說文鶩舒鳧廣雅曰鶩鴨也廣雅曰野鴨雄者赤頭有距鶩生百卵或一日再生有露鶩以秋冬生頓並世蜀口

鶩鴨並一歲再伏者為種一伏者得卵少三伏者冬寒雛亦多死也大率鶩三雌一雄鴨五雌一雄鶩初輩生子十餘鴨生數十後輩皆漸少矣常足五穀飼之生子多不足者生子少欲於廠屋之下作窠以防猪犬狐狸驚恐之害多著細草於窠中令煖先刻白木為卵形窠別著一枚以誑之不爾不肯入窠喜東西浪生若獨著一窠後有爭窠之患生時尋即收取別著一煖處以柔細草覆藉之停置窠中凍即雛死伏時大鵝一十子大鴨二十子小者減之多則不周數起者不任為種數起則凍冷也其貪伏不起者須五六日一與食起之令洗浴久不起者飢羸身冷雛伏無熱鶩鴨皆一月鶵出量鶵欲出之時四五日內不用聞打鼓紡車大叫猪犬及舂聲又不用器淋灰不用見新產婦觸忌者鶵多㱿殺不能自出假令出亦尋死也鶵既出別作籠籠之先以粳米為粥糜一頓飽食之名曰填嗉不爾喜軒虛羌嘯量而死然後以粟飯切苦菜蕪菁英為食以清水與之濁則易不易泥塞鼻則死入水中不

用停久尋宜驅出（此既水禽不得水則死臍未合久在水中冷徹亦死）於籠中高處敷細草令寢處其上（鶵小臍未合不欲冷也）十五日後乃出籠（早放者匪直乏力致困又有寒冷兼烏鴟災也）鶩唯食五穀稗子及草菜不食生蟲（葛洪方曰居射工之地常養鶩鶩見此物能食之故鶩辟此物也）鴨靡不食矣水稗實成時尤是所便噉此足得肥充供厨者子鶩百日以外子鴨六七十日佳過此肉硬大率鶩鴨六年以上老不復生伏矣宜去之少者初生伏又未能工唯數年之中佳耳

風土記曰鴨春季鶵到夏五月則任啖故俗五六月則烹食之

作杬子法

純取雌鴨無令雜雄足其粟豆常令肥飽一鴨便生百卵（俗所謂穀生者此卵既非陰陽合生雖伏亦不成鶵宜以供膳幸無卵之咎也）取杬木皮（爾雅曰杬魚毒郭璞注曰杬大木子似栗生南方皮厚汁赤中藏卵果無杬皮者虎杖根牛李根並作用爾雅云溱虎杖郭璞注云似紅草而麤大有細刺可以染赤）淨洗細茎剉煑取汁率二斗及熱下鹽一升和之汁極冷內甕中（汁熱卵則致敗不堪久停）浸鴨子一月任食煑而食之酒食俱用鹹徹則卵浮（吳中多作者至十數斛久停彌善亦得經夏也）




## 養魚第六十一（種蓴藕蓮芡芰附）

陶朱公養魚經曰威王聘朱公問之曰聞公在湖爲漁父在齊爲鴟夷子皮在西戎爲赤精子在越爲范蠡有之乎曰有之曰公任足千萬家累億金何術乎朱公曰夫治生之法有五水畜第一水畜所謂魚池也以六畝地爲池池中有九洲求懷子鯉魚長三赤者二十頭牡鯉魚長三赤者四頭以二月上庚日內池中令水無聲魚必生至四月內一神守六月內二神守八月內三神守神守者鼈也所以內鼈者魚滿三百六十則蛟龍爲之長而將魚飛去內鼈則魚不復去在池中周遶九洲無窮自謂江湖也至來年二月得鯉魚長一赤者一萬五千枚三赤者四萬五千枚二赤者萬枚枚直五十得錢一百二十五萬至明年得長一赤者十萬枚長二赤者五萬枚長三赤者五萬枚長四赤者四萬枚留長二赤者二千枚作種所餘皆得錢五百一十五萬錢候至明年不可勝計也王乃於後苑治池一年得錢三十餘萬池中九洲八谷谷上立水二赤又谷中立水六赤所以養鯉者

鯉不相食，易長又貴也。（如朱公收利，未可頓求，然依法為池養魚，必大豐足，終天靡窮，斯亦無貲之利也。）

又作魚池法：（三尺大鯉，非近江湖，倉卒難求；若養小魚，積年不大。欲令生大魚法：要須載取藪澤陂湖饒大魚之處、近水際土十數載，以布池底，二年之內，即生大魚。蓋由土中先有大魚子，得水即生也。）

蓴（南越志云：石蓴似紫菜，色青。詩云：思樂泮水，言采其茆。毛云：茆，鳧葵也。詩義疏云：茆與葵相似，葉大如手，亦圓，有肥，斷著手中，滑不得停也。莖大如箸，皆可生食，又可汋，滑美。江南人謂之蓴菜，或謂之水葵。本草云：治消渴熱痺。又云：冷，補下氣，雜鱧魚作羹，亦逐水而性滑，謂之淳菜，或謂之水芹。服食之家，不可多噉。）

種蓴法：（近陂湖者，可於湖中種之；近流水者，可決水為池種之。以深淺為候，水深則莖肥而葉少，水淺則葉多而莖瘦。蓴性易生，一種永得。宜潔淨，不耐污，糞穢入池即死矣。種一斗餘許，足以供用。）

種藕法：（春初掘藕根節頭，著魚池泥中種之，當年即有蓮花。）

齊民要術卷六　廿六

種蓮子法：（八月九月收蓮子堅黑者，於瓦上磨蓮子頭，令皮薄。取墐土作熟泥，封之，如三指大，長二寸，使蒂頭平重，磨處尖銳。泥乾時，擲於池中，重頭沉下，自然周正。皮薄易生，少時即出。其不磨者，皮既堅厚，倉卒不能生也。）

種芡法：（一名雞頭，一名鴈喙，即今芡子是也。由子形上花似雞冠，故名曰雞頭。八月中收取，擘破取子，散著池中，自生也。）

種芰法：（一名蔆。秋上子黑熟時，收取散著池中，自生矣。本草云：蓮、芡中米，上品藥。食之，安中補藏，養神強志，除百病，益精氣，耳目聰明，輕身耐老。多蒸曝，蜜和餌之，長生神仙。多種，儉歲資此，足度荒年。）

齊民要術卷第六

# 齊民要術卷第七

後魏高陽太守賈思勰　撰



## 貨殖第六十二

范蠡曰：計然云：旱則資車，水則資舟，物之理

齊民要術卷七　一

也。白圭曰：趨時若猛獸鷙鳥之發。故曰：吾治生猶伊尹、呂尚之謀，孫、吳用兵，商鞅行法是也。漢書曰：秦漢之制，列侯封君食租，歲率戶二百。千戶之君則二十萬，朝覲聘享出其中。庶民農工商賈，率亦歲萬息二千，百萬之家則二十萬，而更徭租賦出其中。故曰：陸地牧馬二百蹏（孟康曰：五十匹也。蹏，古蹄字。），牛蹏角千（孟康曰：一百六十七頭。牛馬貴賤，以此為率。），千足羊（師古曰：凡言千足者，二百五十頭也。），澤中千足彘，水居千石魚陂（師古曰：言有大陂養魚，一歲收千石魚，以斤兩為計。），山居千章之楸（楸任方章者千枚也。師古曰：大材曰章，解在百官公卿表。），安邑千樹棗，燕、秦千樹栗，蜀、漢

江陵千樹橘淮北滎南濟河之間千樹楸陳夏千畝漆齊魯千畝桑麻渭川千畝竹及名國萬家之城帶郭千畝畝鍾之田孟康曰一鍾受六斛四斗師古曰一畝收鍾者凡千畝若千畝梔茜孟康曰茜草梔子可用染也千畦薑韭此其人皆與千戶侯等諺曰以貧求富農不如工工不如商刺繡文不如倚市門此言末業貧者之資也師古曰言其易以得利也通邑大都酤一歲千釀師古曰千甕以釀酒醯醬千瓨胡雙反師古曰瓨長頸甖也受十升漿千儋孟康曰儋甖也師古曰儋人儋之也一儋兩甖儋音丁濫反屠牛羊彘千皮穀糴千鍾師古曰謂常糴取而居之薪藁千車船長千丈木千章洪同古藁草材也舊將作大匠掌材者曰章曹掾竹竿萬箇軺車百乘師古曰軺車輕小車也牛車千兩木器漆者千枚銅器千鈞鈞三十斤也素木鐵器若梔茜千石孟康曰百二十斤為石素木素器也馬蹏躈千師古曰躈口也蹏與口共千則為馬二百也躈音江釣反牛千足羊彘千雙僮手指千孟康曰僮奴婢也古者無空手游口皆有作務作務須手指故曰手指以別馬牛蹄角也師古曰手指謂有巧伎者指千則人百筋角丹砂千斤其帛絮細布千鈞文采千匹師古曰文文繒也帛之有色者曰采荅布皮革千石孟康曰荅布白疊也師古曰麤厚之布也其價賤故與皮革同其量耳非白疊也荅者重厚貌漆千大斗師古曰大斗者異於量米粟之斗也今俗猶有大量蘖麴鹽豉千合師古曰麴蘖以斤石稱之輕重齊則為合鹽豉則斗斛量之多少等亦為合合者相配耦之言耳今西楚荊沔之俗賣鹽豉者鹽豉各一斗則各為裹而相隨焉此則合也說者不曉迺讀為升合之合又改作台競為解說失之



遠矣鮐鮆千斤師古曰鮐海魚也鮆刀魚也飲而不食者鮐音胎又音落鮆音薺又音才爾反而說者妄讀鮐為夷非惟失於訓物亦不知音矣鮿鮑千鈞師古曰鮿膊魚也即今不著鹽而乾者也鮑今之鮑魚也鮿音輒膊音普各反鮑音於業反而說者乃讀鮑為鮠魚之鮠音王回反失義遠矣鄭康成以為鮑於煏室乾之亦非也煏室乾之即耳蓋今巴荊人所呼鰎魚者是也音居偃反秦始皇載鮑亂臭則是鮑魚耳而煏室乾者本不臭也煏音蒲北反棗栗千石者三之師古曰三千石狐貂裘千皮羔羊裘千石師古曰狐貂貴故計其數羔羊賤故稱其量也旃席千具它果采千種師古曰果采謂於山野采取果實也貸金錢千貫節駔儈孟康曰節節物貴賤也謂除估儈其餘利比於千乘之家也師古曰儈者合會二家交易者也駔者其首率也駔音子朗反儈音工外反貪賈三之廉賈五之孟康曰貪賈未當賣而賣未當買而買故得利少而十得其三廉賈貴乃賣賤乃買故十得五也亦比千乘之家此其大率也卓氏曰吾聞岷山之下沃壄下有踆鴟至死不飢孟康曰踆音蹲水鄉多鴟其山下有沃野灌溉師古曰孟說非也踆鴟謂芋也其根可食以充糧故無飢年華陽國志曰汶山郡都安縣有大芋如蹲鴟也諺曰富何卒耕水窟貧何卒亦耕水窟言下田能貧丙氏家自父兄子弟約俛有拾仰有取

淮南子曰貴多端則貧工多伎則窮心不一也高誘曰貴多端非一術工多伎非一能故心不一也

## 塗甕第六十三

凡甕七月坯為上八月為次餘月為下凡甕無問大小皆須塗治甕津則造百物皆惡悉不成所以特宜留意新出窯及熱脂塗者大

良若市買者先宜塗治勿便盛水未塗遇雨亦恐塗法掘地爲小圓坑傍開兩道以引風火生炭火於坑中合甕口於坑上而熏之火盛喜破微則難熱務令調適乃佳數數以手摸之熱灼人手便下寫熱脂於甕中迴轉濁流極令周匝脂不復滲所蔭切乃止牛羊脂爲第一好猪脂亦得俗人用麻子脂者誤人耳若脂不濁流直一徧拭之亦不免津俗人釜上蒸甕者水氣亦不佳以熱湯數斗著甕中滌盪疏洗之寫却滿盛冷水數日便中用用時更洗淨日曝令乾

造神麴并酒等第六十四女麴在藏瓜卷中九

作三斛麥麴法



蒸炒生各一斛炒麥黃莫令焦生麥擇治甚令精好種各別磨磨欲細磨訖合和之七月取甲寅日使童子著青衣日未出時面向殺地汲水二十斛勿令人潑水水長亦可寫却莫令人用其和麴之時面向殺地和之令使絕強團麴之人皆是童子小兒亦面向殺地有汙穢者不使不得令人室近團麴當日使訖不得隔宿屋用草屋勿使瓦屋地須淨掃不得穢惡勿令濕畫地爲阡陌周成四巷作麴人各置巷中假置麴王王者五人麴餅隨阡陌比肩相布訖使主人家一人爲主莫令奴客爲主與王酒脯之法濕麴王手中爲椀椀中盛酒脯湯餅主人三徧讀文各再拜其房欲得板戶密泥塗之勿令風入至七日開當處翻之還令泥戶至二七日聚麴還令塗戶莫使風入至三七日出之盛著甕中塗頭至四七日穿孔繩貫日中曝欲得使乾然後內之其麴餅手團二寸半厚九分

祝麴文

東方青帝土公青帝威神南方赤帝土公赤



帝威神西方白帝土公白帝威神北方黑帝土公黑帝威神中央黃帝土公黃帝威神某年月某日辰朔日敬啓五方五土之神主人某甲謹以七月上辰造作麥麴數千百餅阡陌縱橫以辨疆界須建立五王各布封境酒脯之薦以相祈請願垂神力勤鑒所願使蟲類絕蹤穴蟲潛影衣色錦布或蔚或炳殺熱火熯以烈以猛芳越椒薰味超和鼎飲利君子既醉既逞惠彼小人亦恭亦靜敬告再三格言斯整神之聽之福應自冥人願無違希

從畢永急急如律令祝三徧各再拜
造酒法全餅麴曬經五日許日三過以炊箒
刷治之絶令使淨若遇好日可三日曬然後
細剉布帊盛高屋厨上曬經一日莫使風土
穢汙乃平量麴一斗臼中擣令碎若浸麴一
斗與五升水浸麴三日如魚眼湯沸酘米其
米絶令精細淘米可二十徧酒飯人狗不令
噉淘米及炊釜中水為酒之具有所洗浣者
悉用河水佳也
若作秫黍米酒一斗麴殺米二石一斗第一



酘米三斗停一宿酘米五斗又停再宿酘米
一石又停三宿酘米三斗其酒飯欲得弱炊
炊如食飯法舒使極冷然後納之
若作糯米酒一斗麴殺米一石八斗唯三過
酘米畢其炊飯法直下饙不須報蒸其下饙
法出饙甕中取釜下沸湯澆之僅没飯便止
此元僕射家法
又造神麴法其麥蒸炒生三種齊等與前同
但無復阡陌酒脯湯餅祭麴王及童子手團
之事矣預前事麥三種合和細磨之七月上

寅日作麴溲欲剛擣欲粉細作熟餅用圓鐵
範令徑五寸厚一寸五分於平板上令壯士
熟踏之以杙刺作孔淨掃東向開户屋布麴
餅於地閉塞窓户密泥縫隙勿令通風滿七
日翻之二七日聚之皆還密泥三七日出外
日中曝令燥麴成矣任意舉閣亦不用甕盛
甕盛者則麴烏腸烏腸者遶孔黑爛若欲多
作者任人耳但須三麥齊等不以三石為限
此麴一斗殺米三石笨麴一斗殺米六斗省
費懸絶如此用七月七日焦麥麴及春酒麴



皆笨麴法
造神麴黍米酒方細剉麴燥曝之麴一斗水
九斗米三石須多作者率以此加之其甕大
小任人耳桑欲落時作可得周年停初下用
米一石次酘五斗又四斗又三斗以漸待米
消即酘無令勢不相及味足沸定為熟氣味
雖正沸未息者麴勢未盡宜更酘之不酘則
酒味苦薄矣得所者酒味輕香實勝凡麴初
釀此酒者率多傷薄何者猶以凡麴之意忖
度之蓋用米既少麴勢未盡故也所以傷薄

耳不得令雞狗見所以專取桑落時作者黍必令極冷也

又神麴法以七月上寅日造不得令雞狗見及食看麥多少分爲三分蒸炒二分正等其生者一分一石上加一斗半各細磨和之溲時微令剛足手熟揉爲佳使童男小兒餅之廣三寸厚二寸須西廂東向開戶屋中淨掃地地上布麴十字立巷令通人行四角各造麴奴一枚訖泥戶勿令泄氣七日開戶翻麴還塞戶二七日聚又塞之三七日出之作酒



時治麴如常法細剉爲佳

造酒法用黍米一斛神麴二斗水八斗初下米五斗米必令五六十遍淘之第二酘七斗米三酘八斗米滿二石米已外任意斟裁然要須米微多米少酒則不佳冷煖之法悉如常釀要在精細也

神麴粳米醪法春月釀之燥麴一斗用水七斗粳米兩石四斗浸麴發如魚眼湯淨淘米八斗炊作飰舒令極冷以毛袋漉去麴滓又以絹濾麴汁於甕中即酘飯候米消又酘八

斗消盡又酘八斗凡三酘畢若猶苦者更以二斗酘之此合醅飲之可也

又作神麴方以七月中旬已前作麴爲上時亦不必要須寅日二十日已後作者麴漸弱凡屋皆得作亦不必要須東向開戶草屋也大率小麥生炒蒸三種等分曝蒸者令乾三種合和碓𥗿淨簸擇細磨羅取麩更重磨唯細爲良麤則不好剉胡葉煑三沸湯待冷接取清者溲麴以相着爲限大都欲小剛勿令太澤擣令可團便止亦不必滿千杵以手團



之大小厚薄如蒸餅劑令下微浥浥刺作孔丈夫婦人皆團之不必須童男其屋預前數日着猫塞鼠窟泥壁令淨掃地布麴餅於地上作行伍勿令相逼當中十字通阡陌使容人行作麴王五人置之於四方及中央中央者面南四方者面皆向內酒脯祭與不祭亦相似今從省布麴訖閉戶密泥之勿使漏氣一七日開戶翻麴還着本處泥閉如初二七日聚之若止三石麥麴者但作一聚多則分爲兩聚泥閉如初三七日以麻繩穿之五十

餅爲一貫懸着戶內開戶勿令見日五日後出着外許懸之晝日曬夜受露霜不須覆蓋久停亦尓但不用被雨此麴得三年停陳者彌好

神麴酒方淨掃刷麴令淨有土處刀削去必使極淨反斧背椎破令大小如棗栗斧刃則殺小用故紙糊席曝之夜乃勿收令受霜露風陰則收之恐土汚反雨潤故也若急須者麴乾則得從容者經二十日許受霜露彌令酒香麴必須乾潤濕則酒惡春秋二時釀者



皆得過夏然桑落時作者乃勝於春桑落時稍冷初浸麴與春同及下釀則茹甕上取微暖勿太厚太厚則傷熱春則不須置甕於壚上秋以九月九日或十九日收水春以正月十五日或以晦日及二月二日收水當日即浸麴此四日爲上時餘日非不得作恐不耐久收水法河水第一好遠河者取極甘井水小鹹則不佳

清麴法春十日或十五日秋十五或二十日所以尓者寒暖有早晚故也但候麴香沫起

便下釀過久麴生衣則爲失候失候則酒重鈍不復輕香米必細師淨淘三十許遍若淘米不淨則酒色重濁大率麴一斗春用水八斗秋用水七斗秋殺米三石春殺米四石初下釀用黍米四斗再餾弱炊必令均熟勿使堅剛生　也於席上攤黍飯令極冷貯出麴汁於盆中調和以手搦破之無塊然後內甕中春以兩重布覆秋於布上加氈若值天寒亦可加草一宿再宿候米消更酘六斗第三酘用米或七八斗第四第五第六酘用米多



少皆候麴勢強弱加減之亦無定法或再宿一酘三宿一酘無定准惟須消化乃酘之每酘皆挹取甕中汁調和之僅得和黍破塊而已不盡貯出每酘即以酒杷遍攪令均調然後蓋甕雖言春秋二時殺米三石四石然要須善候麴勢麴勢未窮米猶消化者便加米唯多爲良世人云米過酒甜此乃不解法候酒冷沸止米有不消者便是麴勢盡酒若熟矣押出清澄竟夏直以單布覆甕口斬席蓋布上慎勿甕泥甕泥封交即酢壞冬亦得釀

但不及春秋耳冬釀者必須厚茹甕覆蓋初下釀則黍小煖下之一發之後重酘時還攤黍使冷酒發極煖重釀煖黍亦酢矣其大甕多釀者依法倍加之其糠瀋雜用一切無忌河東神麴方七月初治麥七日作麴七日未得作者七月二十日前亦得麥一石者六斗炒三斗蒸一斗生細磨之桑葉五分蒼耳一分艾一分茱萸一分若無茱萸野蓼亦得用合煮取汁令如酒色漉去滓待冷以和麴勿令太澤擣千杵餅如凡麴方範作之



臥麴法先以麥䴷布地然後著麴訖又以麥䴷覆之多作者可用箔槌如養蠶法覆訖閉戶七日翻麴還以麥䴷覆之二七日聚麴亦還覆之三七日甕盛後經七日然後出曝之

造酒法用黍米麴一斗殺米一石秫米令酒薄不任事治麴必使表裏四畔孔內悉皆淨削然後細剉令如棗栗曝使極乾一斗麴用水一斗五升十月桑落初凍則收水釀者為上時春酒正月晦日收水為中時春酒河南地煖二月作河北地寒三月作大率用清明節前後耳初凍後盡年暮水脉既定收取則用其春酒及餘月皆須煮水為五沸湯待冷浸麴不然則動十月初凍尚煖未須茹甕十一月十二月須黍穰茹之浸麴冬十日春七日候麴發氣香沫起便釀隆冬寒厲雖日茹甕麴汁猶凍臨下釀時宜漉出凍凌於釜中融之取液而已不得令熱凌液盡還瀉著甕中然後下黍不爾則傷冷假令甕受五石米者初下釀止用米一石淘米須極淨水清乃止炊為饋下著空甕中以釜中炊湯及熱沃之令饋上水深一寸餘便止以盆合頭良久水盡饋極熟軟便於席上攤之使冷貯汁於盆中搦黍令破瀉著甕中復以酒杷攪之每酘皆然唯十一月十二月天寒水凍黍須人體煖下之桑落春酒悉皆冷下初冷下者酘亦冷初煖下者酘亦煖不得迴易冷熱相雜次酘八斗次酘七斗皆須候麴蘗強弱增減耳亦無定數大率中分米半前作沃饋半後作再餾黍純作沃饋酒便鈍再餾黍酒便輕香是以須中半耳冬釀六七酘春作八九酘

冬欲温煖，春欲清凉。醱米太多則傷熱，不能久。春以單布覆甕，冬用薦蓋之。冬初下釀時，以炭火擲著甕中，拔刀横於甕上。酒熟乃去之。冬釀十五日熟，春釀十日熟。至五月中，甕別桅盛，於日中炙之，好者不動，惡者色變。色變者宜先飲，好者留過夏。但合醅停須臾便押出，還得與桑落時相接。地窖著酒，令酒土氣，唯連簷草屋中居之為佳。瓦屋亦熱。作麴、浸麴、炊、釀，一切悉用河水；無手力之家，乃用甘井水耳。

淮南萬畢術曰：酒薄復厚，漬以莞蒲。斷蒲漬酒中，有頃出之，酒則厚矣。凡冬月釀酒，中冷不發者，以瓦瓶盛熱湯，堅塞口，又於釜湯中煑瓶，令極熱，引出，著酒甕中，須臾即發。

白醪麴第六十五 皇甫吏部家法

作白醪麴法：取小麥三石：一石熬之，一石蒸之，一石生。三等合和，細磨作屑。煑胡葉湯，經宿使冷，和麥屑，擣令熟。踏作餅：圓鐵作範，徑五寸，厚一寸餘。牀上置箔，箔上安蘧蒢，蘧蒢上置桑薪灰，厚二寸。作胡葉湯令沸，籠子中盛麴五六餅許，著湯中，少時出，臥置灰中。用生胡葉覆上以經宿，勿令露濕。特覆麴薄徧而已。七日翻，二七日聚，三七日收，曝令乾。作麴屋，密泥戶，勿令風入。若以牀小，不得多著麴者，可四角頭豎槌，重置椽箔，如養蠶法。七月作之。

釀白醪法：取糯米一石，冷水淨淘，漉出著甕中，作魚眼沸湯浸之。經一宿，米欲絕酢，炊作一餾飯，攤令絕冷。取魚眼湯沃浸米泔二斗，煎取六升，著甕中，以竹掃衝之，如茗渤。復取水六斗，細羅麴末一斗，合飯一時内甕中，和攪令飯散。以氊物裹甕，并口覆之。經宿米消，取生疏布漉出糟。別炊好糯米一斗作飯，熱著酒中為汛，以單布覆甕。經一宿，汛米消散，酒味備矣。若天冷，停三五日彌善。一釀：一斛米，一斗麴末，六斗水，六升浸米漿。若欲多釀，依法別甕中作，不得併在一甕中。四月、五月、六月、七月皆得作之。其麴預三日以水洗令净，曝乾用之。

笨符本切麴并酒第六十六

作秦州春酒麴法七月作之節氣早者望前
作節氣晚者望後作用小麥不蟲者於大鑊
釜中炒之炒法釘大橛以繩緩縛長柄匕匙
著橛上緩火微炒其匕匙如挽棹法連疾攪
之不得暫停停則生熟不均候麥香黃便出
不用過焦然後簸擇治令淨磨不求細細者
酒不斷麤剛強難押預前數日刈艾擇去雜
草曝之令萎勿使有水露氣漉麴欲剛灑水
欲均初漉時手搦不相著者佳漉訖聚置經
宿來晨熟擣作木範之令餅方一尺厚二寸



使壯士熟踏之餅成刺作孔豎槌布艾椽上
卧麴餅艾上以艾覆之大率下艾欲厚上艾
稍薄密閉窗戶三七日麴成打破看餅內乾
燥五色衣成便出曝之如餅中未燥五色衣
未成更停三五日然後出反覆日曬令極乾
然後高廚上積之此麴一斗殺米七斗

作春酒法治麴欲淨剉麴欲細曝麴欲乾以
正月晦日多收河水井水若鹹不堪淘米下
饋亦不得大率一斗麴殺米七斗用水四斗
率以此加減之十七石甕惟得釀十石米多

則溢出作甕隨大小依法加減浸麴七八日
始發便下釀假令甕受十石米者初下以炊
米兩石為再餾黍黍熟以淨席薄攤令冷塊
大者擘破然後下之沒水而已勿更撓勞待
至明旦以酒杷攪之自然解散也初下即搦
者酒喜厚濁下黍訖以席蓋之已後間一日
輒更酘皆如初下法第二酘用米一石七斗
第三酘用米一石四斗第四酘用米一石一
斗第五酘用米一石第六酘第七酘各用米九
斗計滿九石作三五日停嘗看之氣味足者



乃罷若猶少米者更酘三四斗數日復嘗仍
未足者更酘三二斗數日復嘗麴勢壯酒仍
苦者亦可過十石米但取味足而已不必要
止十石然必須看候勿使米過過則酒甜其
七酘以前每欲酘時酒薄霍霍者是麴勢盛
也酘時宜加米與次前酘等雖勢極盛亦不
得過次前一酘斛斗也勢弱酒厚者須減米
三斗勢盛不加便為失候勢弱不減剛強不
消加減之間必須存意若多作五甕已上者
每炊熟即須均分熟黍令諸甕徧得若偏酘

一甕令足則餘甕比候黍熟已失醱矣醱常
令寒食前得再醱乃佳過此便稍晚若邂逅
不得早釀者春水雖臭仍自中用淘米必須
極淨常洗手剔甲勿令手有鹹氣則令酒動
不得過夏

作頤麴法斷理麥艾布置法悉與春酒麴同
然以九月中作之大凡作麴七月最良然七
月多忙無暇及此且頤麴然此麴九月作亦
自無嫌若不營春酒麴者自可七月中作之
俗人多以七月七日作之



崔寔亦曰六月六日七月七日可作麴其殺
米多少與春酒麴同但不中爲春酒喜動以
春酒麴作頤酒彌佳也

作頤酒法八月九月中作者水定難調適宜
煎湯三四沸待冷然後浸麴酒無不佳大率
用水多少殺米之節略準春酒而須以意消
息之十月桑落時者酒氣味頗類春酒

河東頤白酒法六月七月作用笨麴陳者彌
佳剗治細剉麴一斗熟水三斗黍米七斗麴
殺多少各隨門法常於甕中釀無好甕者用

先釀酒大甕淨洗曝乾側甕著地作之旦起
煑甘水至日午令湯色白乃止量取三斗著
盆中日西淘米四斗使淨即浸夜半炊作再
餾飯令四更中熟下黍飯席上薄攤令極冷
於黍飯初熟時浸麴向曉昧旦日未出時下
釀以手搦破塊仰置勿蓋日西更淘三斗米
浸炊還令四更中稍熟攤極冷日未出前醱
之亦搦塊破明日便熟押出之酒氣香美乃
勝桑落時作者六月中唯得作一石米酒停
得三五日七月半後稍稍多作於北向户大



屋中作之第一如無北向户屋於清涼處亦
得然要須日未出前清涼時下黍日出已後
熱即不成一石米者前炊五斗半後炊四斗
半

笨麴桑落酒法預前淨剗麴細剉曝乾作釀
池以藁茹甕不茹甕則酒甜用穰則太熱黍
米淘須極淨以九月九日日未出前收水九斗
浸麴九斗當日即炊米九斗爲饙下饙著空
甕中以釜内炊湯及熱沃之令饙上游水深
一寸餘便止以盆合頭良久水盡饙熟極軟

寫著蓆上攤之令冷挹取麴汁於甕中搦黍
令破寫甕中復以酒杷攪之每酘皆然兩重
布蓋甕口七日一酘每酘皆用米九斗隨甕
大小以滿爲限假令六酘半前三酘皆用沃
饋半後三酘作再餾黍其七酘者四炊沃饋
三炊黍飯甕滿好熟然後押出香美勢力倍
勝常酒
笨麴白醪酒法淨削治麴曝令燥漬麴必須
累餅置水中以水没餅爲候七日許搦令破
漉去滓炊糯米爲黍攤令極冷以意酘之且



飲且酘乃至盡秔米亦得作作時必須寒食
前令得一酘之也
蜀人作酴酒法酴音塗十二月朝取流水五斗
漬小麥麴二斤密泥封至正月二月凍釋發
漉去滓但取汁三斗殺米三斗炊作飯調強
軟合和復密封數十日便熟合滓餐之甘辛
滑如甜酒味不能醉人多啖溫溫小煖而面
熱也
梁米酒法凡梁米皆得用赤梁白梁者佳春
秋冬夏四時皆得作淨治麴如上法笨麴一

斗殺米六斗神麴彌勝用神麴量殺多少以
意消息春秋桑葉落時麴皆細剉冬則擣末
下絹簁大率一石米用水三斗春秋桑落三
時冷水浸麴麴發漉去滓冬即蒸甕使熱穰
茹之以所量水煑少許梁米薄粥攤待溫溫
以浸麴一宿麴發便炊下釀不去滓看釀多
少皆平分米作三分一分一炊淨淘弱炊爲
再餾攤令溫溫煖於人體便下以杷攪之盆
合泥封夏一宿春秋再宿冬三宿看米好消
更炊酘之還封泥第三酘亦如之三酘畢後



十日便好熟押出酒色漂漂與銀光一體薑
辛桂辣蜜甜膽苦悉在其中芬芳酷烈輕雋
遒爽超然獨異非黍秫之儔也
穄米酎法酎音宙淨治麴如上法笨麴一斗殺
米六斗神麴彌勝用神麴者隨麴殺多少以
意消息麴擣作末下絹簁計六斗米用水一
斗從釀多少率以此加之米必須師淨淘米
清乃止即經宿浸置明旦碓擣作粉稍稍箕
簸取細者如餻粉法粉訖以所量水煑少許
穄粉作薄粥自餘粉悉於甑中乾蒸令氣好

餾下之攤令冷以麴末和之極令調均粥溫溫如人體時於甕中和粉痛抨使均柔令相著亦可椎打如椎麴法擘破塊內著甕中盆合泥封裂則更泥勿令漏氣正月作至五月大雨後夜暫開看有清中飲還泥封至七月好熟接飲不押三年停之亦不動一石米不過一斗糟悉著甕底酒盡出時冰硬糟脃欲似石灰酒色似麻油甚釅先能飲好酒一斗者唯禁得升半飲三升大醉三升不澆必死凡人大醉酩酊無知身體壯熱如火者作熱



湯以冷水解名曰生熟湯湯令均小熱得通人手以澆醉人湯淋處即冷不過數斛湯迴轉翻覆通頭面痛淋須臾起坐與人此酒先問飲多少裁量與之若不語其法口美不能自節無不死矣一斗酒醉二十人得者無不傳餉親知以為樂

黍米酎法亦以正月作七月熟淨治麴擣末絹簁如上法笨麴一斗殺米六斗用神麴彌佳亦隨麴殺多少以意消息米細師淨淘弱炊再餾黍攤冷以麴末於甕中和之挼令調均擘破塊著甕中盆合泥封五月暫開悉同醉酎法芬香美釅皆亦相似釀此二醞常宜謹慎多喜殺人以飲少不言醉死正疑藥殺尤須節量勿輕飲之

粟米酒法唯正月得作餘月悉不成用笨麴不用神麴粟米皆得作酒然青穀米最佳治麴淘米必須細淨以正月一日日未出前取水日出即曬麴至正月十五日擣麴作末即浸之大率麴末一斗堆量之水八斗殺米一石米平量之隨甕大小率以此加以向滿為



度隨米多少皆平分為四分從初至熟四炊而已預前經宿浸米令液以正月晦日向暮炊釀正作饙耳不為再餾飯欲熟時預前作泥置甕邊饙熟即舉甑就甕下之速以酒杷就甕中攪作三兩遍即以盆合甕口泥密封勿令漏氣看有裂處更泥封七日一酘皆如初法四酘畢四七二十八日酒熟此酒要須用夜不得白日四度酘者及初押酒時皆迴身映火勿使燭明及甕酒熟便堪飲未急待且封置至四五月押之彌佳押訖還泥封須

便擇取蔭屋貯置亦得度夏氣味香美不減黍米酒貧薄之家所宜用之黍米貴而難得故也

又造粟米酒法預前細剉麴曝令乾末之正月晦日日未出時收水浸麴一斗麴用水七斗麴發便下釀不限日數米足便休爲異耳自餘法用一與前同

作粟米爐酒法五月六月七月中作之倍美受兩石已下甕子以石子二三升蔽甕底夜炊粟米飯即攤之令冷夜得露氣雞鳴乃和



之大率米一石殺麴末一斗春酒糟末一斗粟米飯五斗麴殺若少計須減飯和法痛挼令相雜塡滿甕爲限以紙蓋口塼押上勿泥之泥則傷熱五六日後以手内甕中看冷無熱氣便熟矣酒停亦得二十許日以冷水澆筒飲之酳出者歇而不美

魏武帝上九醖法奏曰臣縣故令九醖春酒法用麴三十斤流水五石臘月二日清麴正月凍解用好稻米漉去麴滓便釀法引曰譬諸蟲雖久多完三日一釀滿九石米止臣得法釀之常善其上清滓亦可飲若以九醖苦難飲增爲十釀易飲不病九醖用米九斛十醖用米十斛俱用麴三十斤但米有多少耳治麴淘米一如春酒法

浸藥酒法以此酒浸五茄木皮及一切藥皆有益神效用春酒麴及笨麴不用神麴糠瀋埋藏之勿使六畜食治麴法須斫去四緣四角上下兩面皆三分去一孔中亦剜去然後細剉燥曝末之大率麴末一斗用水一斗半多作依此加之釀用黍必須細眒淘欲極淨



水清乃止用米亦無定方準量麴勢強弱然其米要須均分爲七分一日一酘莫令空闕闕即折麴勢力七酘畢便止熟即押出之春秋冬夏皆得作茹甕厚薄之宜一與春酒同但黍飯攤使極冷冬即須物覆甕其斫去之麴猶有力不廢餘用耳

博物志胡椒酒法以好春酒五升乾薑一兩胡椒七十枚皆擣末好美安石榴五枚押取汁皆以薑椒末及安石榴汁悉内着酒中火煖取溫亦可冷飲亦可熱飲之溫中下氣若

病酒苦覺體中不調飲之能者四五升不能
者可二三升從意若欲增薑椒亦可若嫌多
欲減亦可欲多作者當以此爲率若飲不盡
可停數日此胡人所謂華撥酒也
食經作白醪酒法生秫米一石方麴二斤細
剉以泉水漬麴密蓋再宿麴浮起炊米三斗
酘之使和調蓋滿五日乃好酒甘如乳九月
半後不作也
作白醪酒法用方麴五斤細剉以流水三斗
五升漬之再宿炊米四斗冷酘之令得七斗



汁凡三酘濟令清又炊一斗米酘酒中攪令
和解封四五日黍浮縹色上便可飲矣
冬米明酒法九月漬精稻米一斗擣令碎末
沸湯一石澆之麴一斤末攪和三日極酢合
三斗釀米炊之氣刺人鼻便爲大發攪成用
方麴十五斤酘之米三斗水四斗合和釀之
也
夏米明酒法秫米一石麴三斤水三斗漬之
炊三斗米酘之凡三濟出炊一斗酘酒中再
宿黍浮便可飲之

朗陵何公夏封清酒法細剉麴如雀頭先布
甕底以黍一斗次第間水五升澆之泥着日
中七日熟
愈瘧酒法四月八日作用水一石麴一斤擣
作末俱酘水中酒酢煎一石取七斗以麴四
斤須漿冷酘麴一宿上生白沫起炊秫一石
冷酘中三日酒成
作酃丁盧酒法以九月中取秫米一石六斗炊
作飯以水一石宿漬麴七斤炊飯令冷酘麴
汁中覆甕多用荷箬令酒香燥復易之



作和酒法酒一斗胡椒六十枚乾薑一分雞
舌香一分華撥六枚下簁絹囊盛内酒中一
宿蜜一升和之
作夏雞鳴酒法秫米二斗煑作糜麴二斤擣
合米和令調以水五斗漬之封頭令日作明
旦雞鳴便熟
作檣酒法四月取檣葉合花采之還即急抑
著甕中六七日悉使烏熟曝之煑三四沸去
滓内甕中下麴炊五斗米日中可燥手一兩
抑之一宿復炊五斗米酘之便熟

柯柂（良知反）酒法二月二日取水三月三日煎之先攪麴中水一宿乃炊秫米飯日中曝之酒成也

法酒第六十七

釀法酒皆用春酒麴其米糠瀋汁饋飯皆不用人及狗鼠食之

黍米法酒預剉麴曝之令極燥三月三日秤麴三斤三兩取水三斗三升浸麴經七日麴發細泡起然後取黍米三斗三升淨淘凡酒米皆欲極淨水清乃止法酒尤宜存意淘米不得淨則酒黑炊作再餾飯攤使冷著麴汁



中擿黍令散兩重布蓋甕口候米消盡更炊四斗半米酘之每酘皆擿令散第三酘炊米六斗自此以後每酘以漸加米甕無大小以滿為限酒味醇美宜合醅飲之飲半更炊米重酘如初不着水麴唯以漸加米還得滿甕竟夏飲之不能窮盡所謂神異矣

作當梁法酒當梁下置甕故曰當梁以三月三日日未出時取水三斗三升乾麴末三斗三升炊黍米三斗三升為再餾黍攤使極冷水麴黍俱時下之三月六日炊米六斗酘之三月九日炊米九斗酘之自此已後米之多少無復斗數任意酘之滿甕便止若欲取者但言偷酒勿云取酒假令出一石還炊一石米酘之甕還復滿亦為神異其糠瀋悉寫坑中勿令狗鼠食之

秔米法酒糯米大佳三月三日取井花水三斗三升絹篩麴末三斗三升秔米三斗三升稻米佳無者旱稻米亦得充事再餾弱炊攤令小冷先下水麴然後酘飯七日更酘用米六斗六升二七日更酘用米一石三斗二升



三七日更酘用米二石六斗四升乃止量酒備足便止合醅飲者不復封泥令清者以盆蓋密泥封之經七日便極清澄接取清者然後押之

食經七月七日作法酒方一石麴作燠餅編竹甕下羅餅竹上密泥甕頭二七日出餅曝令燥還內甕中一石米合得三石酒也

又法酒方焦麥麴末一石曝令乾煎湯一石黍一石合糅令甚熟以二月二日收水即預煎湯停之令冷初酘之時十日一酘不得使

狗鼠近之於後無若或八日六日一酘會以偶日酘之不得隻日二月中即酘令足常預煎湯停之酘畢以五升洗手蕩甕其米多少依麴殺之

三九酒法以三月三日收水九斗米九斗焦麴末九斗先曝乾之一時和之揉和令極熟九日一酘後五日一酘後三日一酘勿令狗鼠近之會以隻日酘不得以偶日也使三月中即令酘足常預作湯甕中停之酘畢輒取五升洗手蕩甕傾於酒甕中也



治酒酢法若十石米酒炒三升小麥令甚黑以絳帛再重為袋用盛之周築令硬如石安在甕底經二七日後飲之即迴

大州白墮麴方餅法穀三石蒸兩石生一石別磑之令細然後合和之也桑葉胡葈葉艾各二尺圍長二尺許合煑之使爛去滓取汁以冷水和之如酒色和麴燥濕以意酌量日中擣三千六百杵訖餅之安置暖屋牀上先布麥䅌厚二寸然後置麴上亦與䅌二寸覆之閉戶勿使露見風日一七日冷水濕手拭之令遍即翻之至二七日一例側之三七日籠之四七日出置日中曝令乾作酒之法淨削刮去垢打碎末令乾燥十斤麴殺米一石五斗

作桑落酒法麴末一斗熟米二斗其米令精細淨淘水清為度用熟水一斗限三酘便止漬麴候麴向發便酘不得失時勿令小兒人狗食黍作春酒以冷水漬麴餘各同冬酒

齊民要術卷第七

# 齊民要術卷第八

後魏高陽太守賈　思勰　撰





## 黃衣黃蒸及糵第六十八

黃衣一名麥䴷

作黃衣法六月中取小麥淨淘訖於瓮中以水浸之令醋漉出熟蒸之槌箔上敷席置麥於上攤令厚二寸許預前一日刈薍葉薄覆無薍葉者刈胡枲擇去雜草無令有水露氣候麥冷以胡枲覆之七日看黃衣色足便出曝之令乾去胡枲而已慎勿颺簸齊人喜當風颺去黃衣此大謬凡有所造作用麥䴷者皆仰其衣為勢今反颺去之作物必不善矣

作黃蒸法六七月中𣂎生小麥細磨之以水溲而蒸之氣餾好熟便下之攤令冷布置覆蓋成就一如麥䴷法亦勿颺之慮其所損

作糵法八月中作盆中浸小麥即傾去水日曝之一日一度著水即去之腳生布麥於席上厚二寸許一日一度以水澆之牙生便止即散收令乾勿使餅餅成則不復任用此煑白餳若煑黑餳即待牙生青成餅然後以刀劙取乾之欲令餳如琥珀色者以大麥為其糵

孟子曰雖有天下易生之物一日曝之十日寒之未有能生者也

## 常滿鹽花鹽第六十九

造常滿鹽法以不津甕受十石者一口置庭中石上以白鹽滿之以甘水沃之令上恒有游水須用時挹取煎即成鹽還以甘水添之取一升添一升日曝之熱盛還即成鹽永不窮盡風塵陰雨則蓋天晴淨還仰若用黃鹽鹹水者鹽汁則苦是以必須白鹽甘水

造花鹽印鹽法五六月中旱時取水二斗以鹽一斗投水中令消盡又以鹽投之水鹹極則鹽不復消融易器淘治沙汰之澄去垢土瀉清汁於淨器中鹽滓甚白不廢常用又一石還得八斗汁亦無多損好日無風塵時日中曝令成鹽浮即接取便是花鹽厚薄光澤似鍾乳久不接取即成印鹽大如豆正四方千百相似成印輒沉漉取之花印一鹽白如珂雪其味又美



## 作醬法第七十

十二月正月為上時二月為中時三月為下時用不津甕甕津則壞醬常為菹酢者亦不中用之置日中高處石上夏雨無令水浸甕底以一鉎鏉一本作生縮鐵釘子背歲殺釘著甕底石下後雖有妊娠婦人食之醬亦不壞爛也用春種烏豆春豆粒小而均晚豆粒大而雜於大甑中燥蒸之氣餾半日許復貯出更裝之迴在上居下不爾則生熟不多調均也氣餾周徧以灰覆之經宿無令火絕取乾牛屎圓累令中央空然之不烟勢類好炭若能多收常用作食既無灰塵又不失火勝於草遠矣齧看豆黃色黑極

熟乃下日曝取乾(夜則聚覆無令潤濕)臨欲舂去皮更裝入甑中蒸令氣餾則下一日曝之明旦起淨簸擇滿臼舂之而不碎(若不重餾碎而難淨)簸揀去碎者作熱湯於大盆中浸豆黄良久淘汰挼去黑皮(湯少則添慎勿易湯易湯則走失豆味令醬不美也)漉而蒸之(淘豆湯汁即煑碎豆作醬以供旋食大醬則不用汁)一炊頃下置淨席上攤令極冷預前日曝白鹽黄蒸草𧀼(居郎反)麥麴令極乾燥(鹽色黄者發醬苦鹽若潤濕令醬壞黄蒸令醬赤美草𧀼令醬芬芳𧀼挼簸去草土麴及黄蒸各别擣末細簁馬尾羅彌好)大率豆黄三斗麴末一斗黄蒸末一斗白鹽五升𧀼子三指一撮(鹽少令醬酢後雖加鹽無復美味其用神麴者一升當笨麴四升殺多故也)豆黄堆



量不槩鹽麴輕量平槩三種量訖於盆中面向太歲和之(向太歲則無蛆蟲也)攪令均調以手痛挼皆令潤徹亦面向太歲内著甕中手挼令堅以滿爲限半則難熟盆蓋密泥無令漏氣熟便開之(臘月五七日正月二月四七日三月三七日)當縱横裂周迴離甕徹底生衣悉貯出搦破塊兩甕分爲三甕日未出前汲井花水於盆中以燥鹽和之率一石水用鹽三斗澄取清汁又取黄蒸於小盆内減鹽汁浸之挼取黄瀋漉去滓合鹽汁瀉著甕中(率十石醬用黄蒸三斗鹽水多少亦無定方醬如薄粥便止豆乾飲水故也)仰甕口曝

之(諺曰萎蕤葵日乾醬言其美矣)十日内每日數度以杷徹底攪之十日後每日輒一攪三十日止雨即蓋甕無令水入(水入則生蟲)每經雨後輒須一攪解後二十日堪食然要百日始熟耳術曰若爲妊娠婦人懷醬者取白葉棘子著甕中則還好(俗人用孝杖攪醬及炙甕醬雖回而胎損)乞人醬時以新汲水一盞和而與之令醬不壞

肉醬法牛羊麞鹿兔肉皆得作取良殺新肉去脂細剉(陳肉乾者不任用合時令醬膩)曬麴令燥熟擣絹簁大率肉一斗麴末五升白鹽二升半黄蒸一升



(曝乾熟擣絹簁)盤上和令均調内甕子中(有骨者和訖先擣然後盛之骨多髓既肥膩醬亦然也)泥封日曝寒月作之宜埋之於黍穰積中二七日開看醬出無麴氣便熟矣買新殺雉煑之令極爛肉銷盡去骨取汁待冷解醬(雞汁亦得勿用陳肉令醬苦膩無雞雉好酒解之還著日中)

作卒成肉醬法牛羊麞鹿兔肉生魚皆得作細剉肉一斗好酒一斗麴末五升黄蒸末一升白鹽一升(麴及黄蒸並曝乾絹簁唯一月三十日停是以不須鹹鹹則不美)盤上調和令均擣使熟還擘碎如棗大作浪中坑火燒令赤去灰水澆以草厚蔽之令坩中纔容醬瓶

大釜中湯煑空甁令極熱出乾拭甁内甁中令去甁口三寸許（滿則近口者燋）椀蓋甁口熟泥密封内草中下土厚七八寸（土薄大熾則令醬燋熟遲氣味好燋是以寧冷不燋食雖便不後中食也）於上燃乾牛糞火通夜勿絶明日周時醬出便熟（若醬未熟者還覆置更燃如初）臨食細切葱白著麻油炒葱令熟以和肉醬甜美異常也

作魚醬法（鯉魚鯖魚第一好鱧魚亦中鱭魚鮎魚即全作不用切）去鱗淨洗拭令乾如膾法披破縷切之去骨大率成魚一斗用黃衣三升（一升全用二升作末）白鹽二升（黃鹽則苦）乾薑一升（末之）橘皮一合（縷切之）和令調均内甕子中泥密封日曝（勿令漏氣）熟以好酒解之凡作魚醬肉醬皆以十二月作之則經夏無蟲（餘月亦得作但喜生蟲不得度夏耳）

乾鱭魚醬法（一名刀魚六月七月取乾鱭魚盆中水浸置屋裏一日三度易水三日好淨漉洗去鱗全作勿切率魚一斗麴末四升黃蒸末一升無蒸用麥蘖末亦得白鹽二升半於盤中和令均調布置甕子泥封勿令漏氣二七日便熟味香美與生者無殊異）

食經作麥醬法（小麥一石漬一宿炊卧之令生黃衣以水一石六斗鹽三升煑作鹵澄取八斗著甕中炊小麥投之攪令調均覆著日中十日可食）

作榆子醬法（治榆子人一升擣末篩之清酒一升醬五升合和一月可食之）

又魚醬法（成膾魚一斗以麴五升酒二升鹽三升橘皮二葉合和於瓶内封一日可食甚美）

作蝦醬法（蝦一斗飯三升爲糝鹽一升水五升和調日中曝之經春夏不敗）



作燥脡（丑延反）法（羊肉二斤豬肉一斤合煑令熟細切之生薑五合橘皮兩葉雞子十五枚生羊肉一斤豆醬清五合先取熟肉著甑上蒸令熟和生肉醬清薑橘皮和之）

生脡法（羊肉一斤豬肉白四兩豆醬清漬之縷切生薑雞子春秋用蘇蓼著之）

崔寔曰正月可作諸醬肉醬清醬四月立夏後鮦魚醬五月可為醬上旬鸙（楚狡切）豆中庚煑之以碎豆作末都至六七月之交分以藏瓜可作魚醬

作鱁鮧法（昔漢武帝逐夷至於海濱聞有香氣而不見物令人推求乃是漁父造魚腸於坑中以至土覆之法香氣上達取而食之以爲滋味逐夷得此物因名之蓋魚腸醬也）取石首魚魦魚鯔魚三種腸肚胞齊淨洗空著白鹽令小倚鹹内器中密封置日中夏二十日春秋五十日冬百日乃好熟時下薑酢等

藏蟹法九月内取母蟹（母蟹臍大圓竟腹下公蟹狹而長）得則水中勿令傷損及死者一宿腹中淨（久則吐黃吐黃則不好）先煑薄糖（糖薄餳）著活蟹於冷糖甕中一宿著蓼湯和白鹽特須極鹹待冷甕盛半汁取糖中蟹内著鹽蓼汁中便死（蓼宜少著蓼多則爛）泥封二十日出之舉蟹齊著薑末還復齊如初内著坩甕中百箇各一器以前鹽蓼汁澆之令没密封勿令漏氣便成矣特忌風裏風則壞而不美也

又法

直煑鹽蓼湯瓮盛詣河所得鹽則內鹽汁裹滿便泥封雖不及前味亦好慎風如前法食時下薑末調黃蓋盛薑酢

## 作酢法第七十一 酢今醋也

凡醋甕下皆須安磚石以離濕潤為姙娠婦人所懷者車轍中乾土末一掬著甕中即還好

### 作大酢法

七月七日取水作之大率麥䴷一斗勿揚簸水三斗粟米熟飯三斗攤令冷任甕大小依法加之以滿為限先下麥䴷次下水次下飯直置勿攪之以綿幕甕口拔刀橫甕上一七日旦著井花水一椀三七日旦又著一椀便熟常置一瓠瓢於甕以挹酢若用濕器鹹器內甕中則壞酢味也

### 秫米神酢法

七月七日作置甕於屋下大率麥䴷一斗水一石秫米三斗無秫者黏黍米亦中用隨甕大小以向滿為限先量水浸麥䴷訖然後淨淘米炊為再餾攤令冷細擘麴破勿令有塊子一頓下釀更不重投又以水就甕裹撊破小塊痛攪令和如粥乃止以綿幕口一七日一攪二七日一攪三七日亦一攪一月日極熟十石甕不過五斗澱得數年停久為驗其淘米泔即瀉去勿令狗鼠得食饙黍亦不得人噉之

### 又法

亦以七月七日取水大率麥䴷一斗水三斗粟米熟飯二斗隨甕大小以向滿為度水及黃衣當日頓下之其飯分為三分七日初作時下一分當夜即沸又三七日更炊一分投之又三日復投一分但綿幕甕口無橫刀益水之事溢即加甑

### 又法

亦七月七日作大率麥䴷一升水九升粟飯九升一時頓下亦向滿為限綿幕甕口三七日熟前件二種酢例清少澱多至十月中如壓酒法毛袋壓出則貯之其糟別甕水澄壓取先食也

### 粟米麴作酢法

七月二月向末為上時八月四月亦得作大率苯麴末一斗井花水一石粟米飯一石明旦作酢今夜炊飯薄攤使冷日未出前汲井花水斗量著甕中量飯著盆中或栲栳中然後瀉飯著甕中瀉時直傾之勿以手撥飯尖量麴末瀉著飯上慎勿撓攪亦勿移動綿幕甕口三七日熟美釅少澱久停彌好凡酢未熟已熟而移甕者率多壞矣熟則無忌接取清別甕著之

### 秫米醋法

五月五日作七月七日熟入五月則多收粟米飯醋漿以擬和釀不用水也漿以極醋為佳末乾麴下絹篩經用稉秫米為第一黍米亦佳米一石用麴末一斗麴多則醋不美米唯再餾淘不用多遍初淘瀋汁瀉卻其第二淘泔即餾以浸饙令飲泔汁盡重裝作再餾飯下撣去熱氣令如人體於盆中和之擘破飯塊以麴拌之必令均調下醋漿更攪破令如薄粥粥稠則酢尅稀則味薄內著甕中隨甕大小以滿為限七日間一日一度攪之七日以外十日一攪三十日止初置甕於北蔭中風涼之處勿令見日時時汲冷水遍澆甕外引去熱氣但勿令生水入甕中取十石甕不過五六斗糟耳接取清別甕貯之得停數年也

### 大麥酢法

七月七日作若七日不得作者必須收藏取七日水十五日作除此兩日則不成於屋裏近戶裏邊置甕大率小麥䴷一石水三石大麥細造一石不用作米則科麓是以用造簸訖淨淘炊作再餾飯撣令小暖如人體下釀以杷攪之綿幕甕口三日便發發時數攪不攪則生白醭生白醭則不好以棘子徹底攪之恐有人髮落中則壞醋凡醋悉爾亦去髮則還好六七日淨淘粟米五升米亦不用過細炊作再餾飯亦撣如人體投之杷攪綿幕三四日看水清攪而嘗之味甜美則罷若苦者更炊二三升粟米投之以意斟量二七日可食三七日好熟香美淳嚴一盞醋和水一椀乃可食之八月中接取清別甕貯之盆合泥頭得停數年未熟時二日三日須以冷水澆甕外引去熱氣勿令生水入甕中若用黍秫米攪彌佳白倉粟米亦得

### 燒餅作酢法

亦七月七日作大率麥䴷一斗水三斗亦隨甕大小任人增加水䴷亦當日頓下初作日軟溲數升麵作燒餅待冷下之經宿看餅漸消盡更作燒餅投凡四五度投當味美沸定便止有薄餅緣諸麵餅但是燒煿者皆得投之

### 迴酒酢法

凡釀酒失所味醋者或初好後動未壓者皆宜迴作醋大率五石米酒醅更著麴末一斗麥䴷一斗井花水一石粟米飯兩石攤令冷如人體投之杷攪綿幕甕口每杷再度攪之春夏七日熟秋冬稍遲皆美香清澄後一月接取別器貯之

### 動酒酢法

春酒壓訖而動不中飲者皆可作醋大率酒一斗用水三斗合甕盛置日中曝之雨則盆蓋之勿令水入晴還去盆七日後當臭衣生勿得怪也但停置勿移動撓攪之數十日醋成衣沈反更香美日久彌佳

### 又方

大率酒兩石麥䴷一斗粟米飯六斗小暖投之杷攪綿幕甕口二七日熟美釅殊常矣

### 神酢法

要用七月七日合和甕須好蒸乾黃蒸一斛熟蒸麩三斛凡二物溫溫暖便和之水多少要使相淹漬水

多則酢薄不好瓮中用經再宿三日便壓之如壓酒法壓訖澄清内大瓮中經二三日瓮熱必須以冷水澆之不尔酢壞其上有白醭浮接去之滿一月酢成可食初熟忌浇熱食犯之必壞酢若無黄蒸及麩者用麥䴹一石粟米飯三斛合和之方與黄蒸同盛置如前法瓮常以綿幕之不得蓋

作糟糠酢法 置瓮於屋内春秋冬夏皆以穰茹瓮下不茹則臭大率酒糟粟糠中半䴸糠不任用細則泥唯中間收者佳和糟糠必令均調勿令有塊先内荊竹篗於瓮中然後下糠糟於篗外均平以手按之去瓮口一尺許便止汲冷水遶篗外均澆之候篗中水深淺半糟便止以蓋覆瓮口每日四五度以椀挹取篗中汁澆四畔糠糟上三日後糟熟發香氣夏七日冬二七日嘗酢極甜美無糟糠氣便熟矣猶小苦者是未熟更澆如初候好熟乃挹取篗中淳濃者別器盛更汲冷水澆淋味薄乃止淋法令當日即了糟任飼猪其初挹淳濃者夏得二十日冬得六十日後淋澆者止得三五月供食也

酒糟酢法 春酒糟則釅頤酒糟亦中用然欲作酢者糟常濕下壓糟極燥者酢味薄作法用石磑子辣郎葛切穀令破以水拌而蒸之熟便下擇去熱氣與糟相半必令其均調大率糟常居多和訖臥於酳瓮中以向滿為限以綿幕瓮口七日後酢香熟便下水令相淹漬經宿酳孔子下之夏日作者宜冷水淋之春秋作者宜温臥以穰茹瓮湯淋之以意消息之

作糟酢法 用春糟以水和撋破塊使厚薄如未壓酒經三日壓取清汁兩石許著熟粟米飯四斗投之盆覆密泥二七日酢熟美釅得經夏停之瓮置屋下陰地之處

食經作大豆千歲苦酒法 用大豆一斗熟汏之漬令澤炊曝極燥以酒醅灌之任性多少以此為率

作小豆千歲苦酒法 用生小豆五斗水汏著瓮中黍米作饙覆豆上酒三石灌之綿幕瓮口二十日苦酢成

作小麥苦酒法 小麥三斗炊令熟著㭘中以布密封其口七日開之以二石薄酒沃之可久長不敗也

水苦酒法 女麴麤米各二斗清水一石漬之一宿泲取汁炊米麴飯令熟極熱投瓮中以漬米汁隨瓮邊稍稍沃之勿使麴發飯起土泥邊開中央板蓋其上下居十三日便醋

卒成苦酒法 取黍米一斗水五斗煮作粥麴一斤燒令黄搥破著瓮底以熟好泥二日便醋已嘗經試直醋亦不美以粟米飯壹斗投之二七日後清澄美釅與大醋不殊也

烏梅苦酒法 烏梅去核一升許肉以五升苦酒漬數日曝乾擣作屑欲食輒投水中即成醋尔

蜜苦酒法 水一石蜜一斗攪使調和蜜蓋瓮口著日中二十日可熟也

外國苦酒法 蜜一斤水三合封著器中與少胡荾子著中以辟得不生蟲正月旦作九月九日熟以一銅匕水添之可三十人食

崔寔曰四月四日可作酢五月五日亦可作酢

## 作豉第七十二

作豉法 先作煖蔭屋坎地深三二赤屋必以草蓋瓦則不佳密泥塞屋牖無令風及蟲鼠入也開小戶僅得容人出入厚作藁籬以閉戶四月五月為上時七月二十日後八月為中時餘月亦皆得作然冬夏大寒大熱極難調適大都每四時交會之際節氣未定亦難得所常以四孟月十日後作者易成而好大率常欲令温如人腋下為佳若等不調寧傷冷不傷熱冷則穰覆還煖熱則臭敗矣三間屋得作百石豆二十石為一聚常作者番次相續恒有熱氣春秋冬夏皆不須穰覆作少者唯至冬月乃穰覆豆耳極少者猶須十石為一聚若三五石不自煖難得所故須以十石為率用陳豆彌好新豆尚濕生熟難均故也淨揚簸大釜煮之申舒如飼生豆掐軟便止傷熟則豉爛漉著淨地撣之冬宜小煖夏須極冷乃内蔭屋中聚置一日再入以手刺豆堆中候看如人腋下煖便翻之翻法以杷枕略取堆裹冷豆為心堆之心以次更略乃至於盡冷者自然在内煖者自然居外還作尖堆勿令婆陀一日再候中煖更翻還如前法作尖堆若熱湯人手者即為失節傷熱矣凡四五度翻内外均煖微著白衣於新翻訖時便小撥峯顛令平團團如車輪豆輪厚二赤許乃止後以手候煖則還翻翻訖以杷平豆令漸薄厚一赤五寸許第三翻一赤第四翻厚六寸豆便内外均煖悉著白衣豉為初定從此以後乃生黃衣復擇且令厚三寸便閉戶三日自此以前一日再入三日開戶復以杴東西作壠耩豆如穀壠形令稀穊均調枚刺法必令至地豆若著地即便爛矣耩遍以杷耩豆常令厚三寸間日耩之後豆著黃衣色均是出豆於屋外淨揚簸去衣布豆赤寸之數蓋是大率中平之言矣冷即須微厚熱則須微薄尤須以意斟量之揚簸訖以大

笼盛半笼水内豆著笼中以把急抨之使淨若初煑豆傷熟者急手抨淨則濃出若初煑豆微生則抨淨宜小停之使豆小軟則難熟太軟則豉爛水多則難淨是以正須半笼尔濾出著筐中令半筐許一人捉筐一人更汲水於笼上就筐中淋之急抖擻筐令極淨水清乃止淘不淨令豉苦濾水盡委著席上先多收穀藏於窖時內穀藏於蔭屋窖中掊穀藏作窖底厚二三尺許以蘧蒢蔽窖內豆於窖中使一人在窖中以脚蹋豆令堅實內豆盡掩席覆之以穀藏埋席上厚二三尺許復蹋令堅實夏停十日春秋十二三日冬十五日便熟過此以往則傷苦日數少者豉白而用費唯食此自然香美矣若自食欲久留不能數作者豉熟取出曝之令乾亦得周年豉法難好易壞必須細意人常一日再看之失節傷熱臭爛如泥豬狗亦不食其傷冷者雖還復煖豉味亦惡是以又須留意冷煖宜適難於調酒如冬月初作者須先以穀藏燒地令煖勿燒乃淨掃內豆於蔭屋中則用湯澆黍穄穰令煖潤以覆豆堆每須覺還以初用黍穰周匝覆蓋若冬作豉少屋冷穰覆亦不得煖者乃須於蔭屋之中內微燃煙火令早煖不爾則傷寒矣春秋量其寒煖冷亦宜覆之每人出皆還謹蓋閉戶勿令泄其煖熱之氣也

**食經作豉法** 常夏五月至八月是時月也率一石豆熟澡之漬一宿明日出蒸之手捻其皮破則可便敷於地也惡者亦可席上敷之令厚二寸許豆須通冷以青茅覆之亦厚二寸許三日視之要須通得黃爲可出茅又薄擇之以手指畫之作耕壟一日再三如此凡三日作此可止更煑豆取濃汁并秫米女麴五升鹽五升合此豉中以豆汁灑溲之令調以手搏令汁出指閒以此爲度畢內瓶中若不滿瓶以矯桑葉滿之勿抑乃密泥之中庭二十七日出排曝令燥更蒸之時煑矯桑葉汁灑溲之乃蒸如炊熟久可復排之此三蒸曝則成

**作家理食豉法** 隨作多少精擇豆浸一宿旦炊之與炊米同若作一石豉炊一石豆熟取生茅臥之如作女麴形二七日豆生黃衣簸去之更曝令燥後以水浸令濕手挼之使汁出從指歧間出爲佳以著甕器中掘地作埳令足容甕器燒埳中令熱內甕著埳中以桑葉蓋豉上厚三寸許以物蓋甕頭令密塗之十許日成出曝之令浥浥然又蒸熟又曝如此三徧成

**作麥豉法** 七月八月中作之餘月則不佳㕮治小麥細磨爲麵以水拌而蒸之氣餾好熟乃下攤之令冷手挼令碎布置覆蓋一如麥䴷黃蒸法七日衣足亦勿簸揚以鹽湯周徧灑潤之更蒸氣餾極熟乃下攤去熱氣及暖內甕中盆蓋於蘘中燠之二七日色黑氣香味便熟摶作小餅如神麴形繩穿爲貫屋裏懸之紙袋盛籠以防青蠅塵垢之汙用時全餅著湯中煑之色足漉出削去皮粕還舉一斤可得數遍煑用熱香美乃勝豆豉打破湯浸研用亦得然汁濁不如全煑汁清也



## 八和齏和稽反第七十三

蒜一薑二橘三白梅四熟栗黃五粳米飯六鹽七酢八齏臼欲重不則傾動起塵蒜復跳出也底欲平寬而圓底尖擣不著則蒜有麤成以檀木爲齏杵臼檀木硬而不染汙杵頭大小與臼底相安可杵頭著處廣者省手力而齏易熟蒜復不跳也杵長四赤入臼七八寸圓之已上八棱作平立急舂之舂緩則葷臭久則易人舂齏宜久熟不可倉卒久坐疲倦動則塵起又辛氣葷灼揮汗或能灑污是以須立舂之蒜淨剝經渡水者蒜味甜美剝即用稻去莖根不去則苦嘗未嘗渡水者宜以魚眼湯插銀洽半許半生用朝歌大蒜辛辣異常宜分破去心全心用之不然辣則失其食味也生薑削去皮細切以冷水和之生布絞去苦汁可以香魚羹無生薑用乾薑五升齏用生薑一兩乾薑則減半兩耳橘皮新者直用陳者以湯洗去陳垢無橘皮可用草橘子馬芹子亦得用五升齏用一兩草橘馬芹准此爲度薑橘取其香氣不須多多則味苦白梅作白梅法在梅杏篇用時合核用五升齏用八枚足矣熟栗黃諺曰金齏玉膾橘皮多則不美故加栗黃取其金色又益味甜五升齏用十枚栗用黃軟者硬黑者即不中使用也杭米飯膾齏必須濃故諺曰倍著齏蒜多則辣故加飯取其甜美耳五升齏用飯如雞子許大先擣白梅薑橘皮爲末貯出之次擣栗飯使熟以漸下生蒜蒜頡難熟故宜以漸生蒜難擣故須先下舂令熟次下插蒜齏熟下鹽復舂令沫之起然後下白梅薑橘末復舂令相得下醋解之白梅薑橘不先擣則不熟不貯出則爲蒜所殺無復香氣是以臨熟乃下之醋必須好惡則齏苦大醋經年釅者先以水調和令得所然後下之慎勿著生水於中令齏辣而苦純著大醋不與水調醋復不得美也右件

法止爲膾䱹耳餘即薄作不求濃膾魚肉裹長一赤者第一好大則皮厚肉硬不任食止可作鮓魚耳切膾人雖訖亦不得洗手洗手則膾濕要待食罷然後洗也洗手則膾濕物有自然相猒蓋亦燒穰殺瓠之流其理難彰矣

食經曰冬日橘蒜䪠夏日白梅蒜䪠肉膾不用梅

作芥子醬法先曝芥子令乾濕則用不密也淨淘沙研令極熟多作者可碓擣下絹簁然後冰和更研之也令悉著盆合著掃帚上少時殺其苦氣多停則冷無復辛味矣不停則太辛苦摶作圓子大如李或餅子任在人意也復乾曝然後盛以絹囊沉之於美醬中須則取食其爲䪠者初殺訖即下美酢解之



食經作芥醬法熟擣芥子細篩取屑著甌裏蟹眼湯洗之澄去上清後洗之如此三過而去其苦微火上攪之少熇覆甌瓦上以灰圍甌邊一宿則成以薄酢解厚薄任意

崔寔曰八月收韭菁作擣䪠

## 作魚鮓第七十四

凡作鮓春秋爲時冬夏不佳寒時難熟熱則非鹹不成鹹復無味兼生蛆宜作裹鮓也取新鯉魚魚唯大爲佳瘦魚彌勝肥者雖美而不耐久肉長尺半已上皮骨堅硬不任爲膾者皆堪爲鮓也去鱗訖則臠臠形長二寸廣一寸厚五分皆使臠別有皮臠大則外以過熟傷醋不成任食中始可噉近骨上生腥不堪食常三分收一耳臠小則肉熟寸數者大率言耳亦不可要然脊骨宜方斬其肉厚處薄收皮肉薄處小復厚取皮臠別斬過皆使有皮不宜令有無皮臠也手擲著盆水中浸洗去血臠訖漉出更於清水中淨洗漉著盤中以白鹽散之盛著籠中平板石上迮去水世名逐水鹽水不盡令鮓臠爛經宿迮者亦無嫌也水盡炙一半嘗鹹淡淡則更以鹽和糝鹹則空下糝下復以鹽按之炊秔米飯爲糝飯欲剛不宜弱弱則爛鮓并茱萸橘皮好酒於盆中合和之攪令糝著魚乃佳茱萸全用橘皮細切並取香氣不求多也無橘皮草橘子亦得用酒辟諸邪惡令鮓美而速熟率一斗鮓用酒半斤惡酒不用

布魚於甕子中一行魚一行糝以滿爲限腹腴居上肥則不能久熟須先食故也魚上多與糝以竹蒻交橫帖上八重乃止無蒻菰蘆葉並可用春冬無葉時可破葦代之削竹插甕子口內交橫絡之無竹者用荊也著屋中著日中火邊者患臭而不美寒月穰厚茹勿令凍也赤漿出傾卻白漿出味酸便熟食時手擘刀



切則腥

作裹鮓法臠魚洗訖則鹽和糝一臠爲裹以荷葉裹之唯厚爲佳穿破則蟲入不復須水浸鎮迮之事三日便熟名曰暴鮓荷葉別有一種香奇相發起香氣又勝凡鮓有茱萸橘皮則用無亦無嫌也

食經作蒲鮓法取鯉魚二赤以上削淨治之用米三合鹽二合醃一宿厚與糝

作魚鮓法剉魚畢便鹽醃一食頃漉汁令盡更淨洗魚與飯裹不用鹽也

作長沙蒲鮓法治大魚洗令淨厚鹽令魚不見四五宿洗去鹽炊白飯漬清水中鹽飯釀多飯無苦

作夏月魚鮓法臠一斗鹽一升八合精米三升炊作飯酒二合橘皮薑半合茱萸二十顆抑著甕中多少以此爲率

作乾魚鮓法尤宜春夏取好乾魚若爛者不中截卻頭尾煖湯淨疎洗去鱗訖復以冷水

浸一宿一易水數日肉起漉出方四寸斬炊
粳米飯為糝嘗鹹淡得所取生茱萸葉布甕
子底少取生茱萸子和飯取香而已不必多
多則苦一重魚一重飯飯倍多早熟手按令堅實荷
葉閉口無荷葉取蘆葉無蘆葉乾蒿葉亦得泥封勿令漏氣置日中
春秋一月夏二十日便熟久而彌好酒食俱
入酥塗火炙特精䏂之尤美也
作豬肉鮓法用豬肥豵肉淨爛治訖剔去骨
作條廣五寸三分易水煮之令熟為佳勿令太
爛熟出待乾切如鮓臠片之皆令帶皮炊粳



米飯為糝以茱萸子白鹽調和布置一如魚
鮓法糝欲倍多令早熟泥封置日中一月熟蒜虀薑酢
任意所便䏂之尤美炙之珍好

## 脯腊第七十五

作五味脯法正月二月九月十月為佳用牛
羊麞鹿野豬家豬肉或作條或作片罷凡破肉皆須順理不用斜斷各自別搥牛羊骨令碎熟煮取汁掠去
浮沫停之使清取香美豉別以冷水淘去塵穢用骨汁煮
豉色足味調漉去滓待下鹽適口而已勿使過鹹細切蔥
白擣令熟椒薑橘皮皆末之量多少以浸脯手

揉令徹片脯三宿則出條脯須嘗看味徹乃
出皆細繩穿於屋北簷下陰乾條脯浥浥時
數以手搦令堅實脯成置虛靜庫中著煙氣則味苦紙
袋籠而懸之置於甕則鬱浥若不籠則青蠅塵汙臘月中作條者名
曰瘃脯堪度夏每取時先取其肥者肥者膩不耐久
作度夏白脯法臘月作最佳正月二月三月亦得作之用牛羊麞鹿
肉之精者雜膩則不耐久破作片罷冷水浸搦去血水
清乃止以冷水淘白鹽停取清下椒末浸再
宿出陰乾浥浥時以木棒輕打令堅實僅使堅實而已
慎勿令碎肉出瘦死牛羊及羔犢彌精小羔子全浸之



先用暖湯淨洗無復腥氣乃浸之
作甜脃脯法臘月取麞鹿肉片厚薄如手掌直陰乾不著鹽脃如凌雪也
作鱧魚脯法一名鮦魚也十一月初至十二月末作
之不鱗不破直以杖刺口令到尾杖尖頭作樗蒲之形作
鹹湯令極鹹多下薑椒末灌魚口以滿為度
竹杖穿眼十箇一貫口向上於屋北簷下懸
之經冬令瘃至二月三月魚成生刳取五臟
酸醋浸食之雋美乃勝逐夷其魚草裹泥封
煻灰中爊之爊烏刀切去泥草以皮布裹而槌之白
如珂雪味又絕倫過飯下酒極是珍美也

五味脯法（臘月初作）用鵝鴈雞鴨鶬鳵鳧雉兔鴿鶉生魚皆得作乃淨治去腥竅及翠上脂瓶（留脂瓶則臊也）全浸勿四破別煮牛羊骨肉取汁（牛羊科得一種不須並用）浸豉調和一同五味脯法浸四五日嘗味徹便出置箔上陰乾火炙熟搥亦名瘃腊亦名瘃魚亦名魚腊（雞雉鶉三物直去腥藏勿開臆）

作脆脯法（臘月初作任為三味脯者皆中作唯魚不中耳）白湯熟煮掠去浮沫欲出釜時尤須急急火急則易燥置箔上陰乾之甜脆殊常

作浥魚法（四時皆得作之）凡生魚悉中用唯除鮎鱯（上奴嫌反下胡化反）耳去直鰓破腹作鮍淨疎洗不須鱗夏月特須多著鹽春秋及冬調適而已亦須倚鹹兩兩相合冬直積置以席覆之夏須䈂盛泥封勿令蠅蛆（䈂須鑽底數孔拔引去腥汁汁盡還塞）肉紅赤色便熟食時洗却鹽煮蒸炮任意美於常魚（作鮓醬爊煎悉得）

羹臛法第七十六

食經作芋子酸臛法豬羊肉各一斤水一斗煮令熟成治芋子一升別蒸之葱白一升著肉中合煮使熟粳米三合鹽一合豉汁一升苦酒五合口調其味生薑十兩得臛一斗



作鴨臛法用小鴨六頭羊肉二斤大鴨五頭葱三升芋二十株橘皮三葉木蘭五寸生薑十兩豉汁五合米一升口調其味得臛一斗先以八升酒煮鴨也

作鼈臛法鼈且完全煮去甲藏羊肉一斤葱三升豉五合粳米半合薑五兩木蘭一寸酒二升煮鼈鹽苦酒口調其味也

作豬蹄酸羹一斛法豬蹄三具煮令爛擘去大骨乃下葱豉汁苦酒鹽口調其味舊法用餳六斤今除也

作羊蹄臛法羊蹄七具羊肉十五斤葱三升豉汁五升米一升口調其味生薑十兩橘皮三葉也

作兔臛法兔一頭斷大如棗水三升酒一升木蘭五分葱三升米一合鹽豉苦酒口調其味也

作酸羹法用羊腸二具餳六斤瓠葉六斤葱頭二升小蒜三升麪三升豉汁生薑橘皮口調之

作胡羹法用羊脅六斤又肉四斤水四升煮

出胳切之蔥頭一斤胡荽一兩安石榴汁數合口調其味

作胡麻羹法用胡麻一斗擣煑令熟研取汁三升蔥頭二升米二合煑火上蔥頭米熟得二升半在

作瓠葉羹法用瓠葉五斤羊肉三斤蔥二升鹽蟻五合口調其味

作雞羹法雞一頭解骨肉相離切肉琢骨煑使熟漉去骨以蔥頭二升棗三十枚合煑羹一斗五升



作筍篘鴨羹法肥鴨一隻淨治如糝羹法臠亦如此篘四升洗令極淨鹽盡別水煑數沸出之更洗小蒜白及蔥白豉汁等下之令沸便熟也

肺䐑（蘇本反）法羊肺一具煑令熟細切別作羊肉臛以粳米二合生薑煑之

作羊盤腸雌解法取羊血五升去中脉麻跡裂之細切羊胳肪二升切生薑一斤橘皮三葉椒末一合豆醬清一升豉汁五合麪一升五合和米一升作糝都合和更以水三升澆之解大腸淘汰復以白酒一過洗腸中屈申以和灌腸屈長五寸煑之視血不出便熟寸切以苦酒醬食之也

羊節解法羊肶一枚以水雜生米三升蔥一虎口煑之令羊熟取肥鴨肉一斤羊肉一斤豬肉半斤合剉作臛下蜜令甜以向熟羊肶投臛裏更煑得兩沸便熟治羊合皮如豬豘法善矣

羌煑法好鹿頭純煑令熟著水中洗治作臠如兩指大豬肉琢作臛下蔥白長二寸一虎



口細琢薑及橘皮各半合椒少許下苦酒鹽豉適口一鹿頭用二斤豬肉作臛

食膾魚蓴羹芼羹之菜蓴為第一四月蓴生莖而未葉名作雉尾蓴第一肥美葉舒長足名曰絲蓴五月六月用絲蓴入七月盡九月十月內不中食蓴有蝸蟲著故也蟲甚微細與蓴一體不可識別食之損人十月水凍蟲死蓴還可食從十月盡至三月皆食環蓴環蓴者根上頭絲蓴下茇絲蓴既死上有根茇形似珊瑚一寸許肥滑處任用深取即苦澀

凡絲蓴陂池種者色黄肥好直淨洗則用野取色青須別鐺中熱湯暫煠之然後用不煠則苦澀絲蓴環蓴悉長用不切魚蓴等並冷水下若無蓴者春中可用蕪菁英秋夏可畦種芮菘蕪菁葉冬用薺菜以芼之蕪菁等宜待沸接去上沫然後下之皆少着不用多多則失羮味乾蕪菁無味不中用豉汁於別鐺中湯煮一沸漉出滓澄而用之勿以杓抳抳則羮濁過不清煮豉但作新琥珀色而已勿令過黑黑則鹼苦唯蓴芼而不得着葱薤及米糝葅醋等蓴尤不宜鹹羮熟即下清冷水大率羮一斗用水一升多則加之益羮清雋甜羮下菜豉鹽悉不得攪攪則魚蓴碎令羮濁而不能好

食經曰蓴羮魚長二寸唯蓴不切鱧魚冷水入蓴白魚冷水入蓴沸入魚與鹹豉又云魚長三寸廣二寸半又云蓴細擇以湯沙之中破鱧魚邪截令薄准廣二寸横盡也魚半體煮三沸渾下蓴與豉汁漬鹽



醋葅鵝鴨羮方寸准熬之與豉汁米汁細切醋葅與之下鹽半奠不醋與葅汁

菰菌魚羮魚方寸准菌湯沙中出擘先煮菌令沸下魚又云先下與魚菌茱糝葱豉又云洗不沙肥肉亦可用半奠之

筍（思尹反）篕（古可反）魚羮筍湯漬令釋細擘先煮筍令煮沸下魚鹽豉半奠之

鱧魚臛用極大者一赤已下不合用湯鱗治邪截臛葉方寸半准豉汁與魚俱下水中與研米汁煮熟與鹽薑橘皮椒末酒鱧澀故須米汁也



鯉魚臛用大者鱗治方寸厚五分煮和如鱧臛與全米糝奠時去米粒半奠若過米奠不合法也

膾䑋（上力減反下初減反）用豬腸經湯出三寸斷之決破切細熬與水沸下豉清破米汁葱薑椒胡芹小蒜芥並細切鍛下鹽醋蒜子細切將血奠與之早與血則變大可增米奠

鱧魚湯𤊹用大鱧一赤已上不合用淨鱗治及霍葉斜截爲方寸半厚三寸豉汁與魚俱下水中水與白米糝糝煮熟與鹽薑椒橘皮

眉米半奠時勿令有糝
鮎臛湯燖(徐廉反)去腹中淨洗中鮮五寸斷之煮
沸令變色出方寸分准熱之與豉清研汁煮
令極熟葱薑橘皮胡芹小蒜並細切鍜與之
下鹽醋半奠
䉛(七豔反)淡用肥鵝鴨肉渾煮研爲候長二寸廣
一寸厚四分許去大骨白湯別煮䉛經半日
久漉出淅其中杓迮去令盡羊肉下汁中煮
與鹽豉將熟細切鍜胡芹小蒜與之生熟如
爛不與醋若無䉛用菰菌用地菌黑裏不中



䉛大者中破小者渾用䉛者樹根下生木耳
要復接地生不黑者乃中用米奠也
損腎用牛羊百葉淨治令白䪥葉切長四寸
下鹽豉中不令大沸大熟則肕但令小卷止
與二寸蘇薑末和肉漉取汁盤滿奠又用腎
切長二寸廣寸厚五分作如上奠亦用八薑
䪥別奠隨之也
爛熟爛熟肉諧令勝刀切長三寸廣半寸厚
三寸半將用肉汁中葱薑椒橘皮胡芹小蒜
並細切鍜并鹽醋與之別作臛臨用寫臛中

和奠有沈將用乃下肉候汁中小久則變大
可增之
治羹臛傷鹹法取車轍中乾土末綿篩以兩
重帛作袋子盛之繩繫令堅堅沈著鐺中須
臾則淡便引出

蒸缹(甫九反)法第七十七

食經曰蒸熊法取三升肉熊一頭淨治煮令
不能半熟以豉清漬之一宿生秫米二升勿
近水淨拭以豉汁濃者二升漬米令色黃赤
炊作飯以葱白長三寸一升細切薑橘皮各



二升鹽三合合和之著甑中蒸之取熟蒸羊
肫鵝鴨悉如此一本用猪膏三升豉汁一升
合灑之用橘皮一升
蒸肫法好肥肫一頭淨洗垢煮令半熟以豉
汁漬之生秫米一升勿令近水濃豉汁漬米
令黃色炊作饙復以豉汁灑之細切薑橘皮
各一升葱白三寸四升橘葉一升合著甑中
密覆蒸兩三炊久復以猪膏三升合豉汁一
升灑便熟也蒸熊羊如肫法鵝亦如此
蒸雞法肥雞一頭淨治猪肉一斤香豉一升

鹽五合葱白半虎口蘇葉一寸圍豉汁三升
著鹽安甑中蒸令極熟
𤎅豬肉法淨燖豬訖更以熱湯遍洗之毛孔
中即有垢出以草痛揩如此三遍梳洗令淨
四破於大釜煑之以杓接取浮脂別著甕中
稍稍添水數數接脂脂盡漉出破為四方寸
臠易水更煑下酒二升以殺腥臊青白皆得
若無酒以酢漿代之添水接脂一如上法脂
盡無復腥氣漉出板切於銅鐺中𤎅之一行
肉一行擘葱渾豉白鹽薑椒如是次第布訖
下水𤎅之肉作琥珀色乃止恣意飽食亦不
餶（烏縣切）乃勝燠肉欲得着冬瓜甘瓠者於銅器
中布肉時下之其盆中脂練白如珂雪可以
供餘用者焉
𤎅豚法肥豚一頭十五斤水三斗甘酒三升
合煑令熟漉出擘之用稻米四升炊一裝薑
一升橘皮二葉葱白三升豉汁涑饙作糝令
用醬清調味蒸之炊一石米頃下之也
𤎅鵝法肥鵝治解臠切之長二寸率十五斤
肉秫米四升為糝先裝如𤎅肫法訖和以治



汁橘皮葱白醬清生薑蒸之如炊一石米頃
下之
胡炮（普教切）肉法肥白羊肉生始周年者殺則生
縷切如細葉脂亦切著渾豉鹽擘葱白薑椒
蓽撥胡椒令調適淨洗羊肚翻之以切肉脂
內於肚中以向滿為限縫合作浪中坑火燒
使赤却灰火內肚著坑中還以灰火覆之於
上更燃火炊一石米頃便熟香美異常非煑
炙之例
蒸羊法縷切羊肉一斤豉汁和之葱白一升
著上合蒸熟出可食之
蒸豬頭法取生豬頭去其骨煑一沸刀細切
水中治之以清酒鹽肉蒸皆口調和熟以乾
薑椒著上食之
作懸熟法豬肉十斤去皮切臠葱白一升生
薑五合橘皮二葉秫三升豉汁五合調味蒸
若七斗米頃下
食次曰熊蒸大剝大爛小者去頭腳開腹渾
覆蒸熟擘之片大如手又云方二寸許豉汁
煑秫米薤白寸斷橘皮胡芹小蒜並細切鹽

和糝更蒸肉一重間米盡令爛熟方六寸厚一寸奠合糝又云秫米鹽豉葱薤薑切鍜爲屑内熊腹中蒸熟擘奠糝在下肉在上又云四破蒸令小熟糝用饙葱鹽豉和之宜肉下更蒸蒸熟擘糝在下乾薑椒橘皮糝在上豚蒸如蒸熊

鵝蒸去頭如豚

裹蒸生魚方七寸准又云五寸准豉汁煑秫米如蒸熊生薑橘皮胡芹小蒜鹽細切熬糝膏油塗箬十字裹之糝在上復以糝屈牖篸(祖咸反)



之又云鹽和糝上下與細切生薑橘皮葱白胡芹小蒜置上篸箬蒸之既奠開箬褚邊奠上毛蒸魚菜白魚鯿(音賓)魚最上淨治不去鱗一赤已還渾鹽豉胡芹小蒜細切着魚中與菜並蒸又魚方寸准亦云五六寸下鹽豉汁中即出菜上蒸之奠亦菜上蒸又云竹籃盛魚菜上又云竹蒸並奠

蒸藕法水和稻穰糟揩令淨斫去節與蜜灌孔裏使滿溲蘇麵封下頭蒸熟除麵寫去蜜削去皮以刀截奠之又云夏生冬熟雙奠亦得

## 脏腤煎消法第七十八

脏魚鮓法先下水鹽渾豉擘葱次下豬羊牛三種肉腤兩沸下鮓打破雞子四枚寫中如瀹雞子法雞子浮便熟食之

食經脏鮓法破生雞子豉汁鮓俱煑沸即奠又云渾用豉奠訖以雞子豉怗云鮓沸湯中與豉汁渾葱白破雞子寫中奠二升用雞子衆物是停也

五侯脏法用食板零揉雜鮓肉合水煑如作羹法



純脏魚法一名焦魚用鯿魚治腹裏去腮不去鱗以鹹豉葱白薑橘皮酢細切合煑沸乃渾下魚葱白渾用又云下魚中煑沸與豉汁渾葱白將熟下酢又云切生薑令長奠時葱在上大奠一小奠若大魚成治准此

腤雞一名焦雞一名雞臛以渾鹽豉葱白中截乾蘇微火炙生蘇不炙與成治渾雞俱下水中熟煑出雞及葱漉出汁中蘇豉澄令清擘肉廣寸餘奠之以暖汁沃之肉若冷將奠蒸令煖滿奠又云葱蘇鹽豉汁與雞俱煑既

熟擘奠與汁蔥蘇在上莫按下可增蔥白令細也

腤白肉一名白焦肉鹽豉煑令向熟薄切長二寸半廣一寸准甚薄下新水中與渾蔥白小蒜鹽豉清又䪥葉切長二寸與蔥薑不與小蒜䪥亦可

腤豬法一名魚豬肉一名豬肉鹽豉一如魚白肉之法

腤魚法用鯽魚渾用軟體魚不用鱗治刀細切蔥與豉蔥俱下蔥長四寸將熟細切薑胡芹小蒜與之汁色欲黑無酢者不用椒若大



魚方寸准得用軟體之魚大魚不好也

蜜純煎魚法用鯽魚治腹中不鱗苦酒蜜中半和鹽漬魚一炊久漉出膏油熬之令赤渾奠焉

勒鴨消細研熬如餅臛熬之令小熟薑橘椒胡芹小蒜並細切熬黍米糝鹽豉汁下肉中復熬令似熟色黑平滿奠兔雉肉次好凡肉赤鯉皆可用勒鴨之小者大如鳩鴿色白也

鴨煎法用新成子鴨極肥者其大如雉去頭爛治却腥翠五藏又淨洗細剉如籠肉細切

蔥白下鹽豉汁炒令極熟下椒薑末食之

菹綠第七十九

食經曰白菹鵝鴨雞白煑者鹿骨斫為准長三寸廣一寸下杯中以成清紫菜三四片加上鹽醋和肉汁沃之又云亦細切須加上又云准訖肉汁中更煑亦啖少與米糝凡不醋不紫菜滿奠焉

菹肖法用豬肉羊鹿肥者䪥葉細切熬之與鹽豉汁細切菜菹葉細如小蟲絲長至五寸下肉裏多與菹汁令酢



蟬脯菹法搥之火炙令熟細擘下酢又云蒸之細切香菜置上又云下沸湯中即出擘如上香菜蓼法

綠肉法用豬雞鴨肉方寸准熬之與鹽豉汁煑之蔥薑橘胡芹小蒜細切與之下醋切肉名曰綠肉豬雞名曰酸

白瀹瀹煑也音藥肫法用乳下肥肫作魚眼湯下冷水和之攣肫令淨罷若有麤毛鑷子拔却柔毛則剔之茅蒿葉揩洗刀刮削令極淨淨揩釜勿令渝釜渝則肫黑絹袋盛肫酢漿水煑

之繫小石勿使浮出上有浮沫數接去兩沸急出之及熱以冷水沃肫又以茅蒿葉揩令極白淨以少許麵和水為麵漿復絹袋盛肫繫石於麵漿中煑之接去浮沫一如上法好熟出著盆中以冷水和煑肫麵漿使暖暖於盆中浸之然後擘食皮如玉色滑而且美

酸肫法用乳下肫燖治訖并骨斬臠之令片別帶皮細切葱白豉汁炒之香微下水爛煑為佳下粳米為糝細擘葱白并豉汁下之熟下椒醋大美



齊民要術卷第八

# 齊民要術卷第九

後魏高陽太守賈　思勰　撰





## 炙法第八十

### 炙豚法

用乳下豚極肥者豶牸俱得擘治一如煮法揩洗刮削令極淨小開腹去五藏又淨洗以茅茹腹令滿柞木穿緩火遙炙急轉勿住（轉常使周帀不帀則偏燋也）清酒數塗以發色（色足便止）取新豬膏極白

淨者塗拭勿住著無新豬膏淨麻油亦得色同琥珀又類真金入口則消狀若凌雪含漿膏潤特異凡常也

捧（或作棒）炙

大牛用脊小犢用脚肉亦得逼火偏炙一面色白便割割又炙一面含漿滑美若四面俱熟然後割則澀惡不中食也

腩（奴感切）炙

羊牛麞鹿肉皆得方寸臠切葱白研令碎和鹽豉汁僅令相淹少時便炙若汁多久漬則



肕撥火開痛逼火迴轉急炙色白熟食含漿滑美若舉而復下下而復上膏盡肉乾不復中食

肝炙

牛羊豬肝皆得臠長寸半廣五分亦以葱鹽豉汁腩之以羊絡肚𦞶（素千反）脂裹橫穿炙之

牛胘炙

老牛胘厚而脆剗穿痛蹙令聚逼火急炙令上劈裂然後割之則脆而甚美若挽令舒申微火遂炙則薄而且肕

灌腸法

取羊盤腸淨洗治細剉羊肉令如籠肉細切葱白鹽豉汁薑椒末調和令鹹淡適口以灌腸兩條夾而炙之割食甚香美

食經曰作跳丸炙法

羊肉十斤豬肉十斤縷切之生薑三升橘皮五葉藏瓜二升葱白五升合擣令如彈丸別以五斤羊肉作臛乃下丸炙煑之作丸也

膊炙㹠法

小形㹠一頭膊開去骨去厚處安就薄處令



調取肥㹠肉三斤肥鴨二斤合細琢魚漿汁三合琢葱白二升薑一合橘皮半合和二種肉著㹠上令調平以竹弗弗之相去二寸下弗以竹箬著上以板覆上重物迮之得一宿明旦微火炙以蜜一升合和時時刷之黃赤色便熟先以雞子黃塗之今世不復用也

擣炙法

取肥子鵝肉二斤剉之不須細剉好醋三合瓜菹一合葱白一合薑橘皮各半合椒二十枚作屑合和之更剉令調聚著充竹弗上破

雞子十枚別取白先摩之令調復以雞子黃塗之唯急火急炙之使焦汁出便熟作一挺用物如上若多作倍之若無鵝用肥㹠亦得也

銜炙法

取極肥子鵝一隻淨治煮令半熟去骨剉之和大豆酢五合瓜菹三合薑橘皮各半合切小蒜一合魚醬汁二合椒數十粒作屑合和更剉令調取好白魚肉細琢裹作弗炙之

作餅炙法

取好白魚淨治除骨取肉琢得三升熟豬肉肥者一升細琢酢五合葱瓜菹各二合薑橘皮各半合魚醬汁三合看鹹淡多少鹽之適口取足作餅如升盞大厚五分熟油微火煎之色赤便熟可食一本用椒十枚作屑和之

釀炙白魚法

白魚長二赤淨治勿破腹洗之竟破背以鹽之取肥子鴨一頭洗治去骨細剉酢一升瓜菹五合魚醬汁三合薑橘各一合葱二合豉汁一合和炙之令熟合取從背入著腹中弗之如常炙魚法微火炙半熟復以少苦酒雜魚醬豉汁更刷魚上便成

腩炙法

肥鴨淨治洗去骨作臠酒五合魚醬汁五合薑葱橘皮半合豉汁五合合和漬一炊久便中炙子鵝作亦然

豬肉鮓法

好肥豬肉作臠鹽令鹹淡適口以飯作糝如作鮓法看有酸氣便可食

食經曰啖炙

用鵝鴨羊犢麞鹿豬肉肥者赤白半細研熬之以酸瓜菹筍菹薑椒橘皮葱胡芹細切鹽豉汁合和肉丸之手搦汝角切為寸半方以羊豬胳肚𦚧裹之兩歧簇兩條簇炙之簇兩臠令極熟奠四臠牛雞肉不中用

擣炙一名筒炙 一名黃炙

用鵝鴨麞鹿豬羊肉細研熬和調如啗炙若解離不成與少麵竹筒六寸圍長三赤削去青皮節悉淨去以肉薄之空下頭令手捉炙之欲熟小乾不著手豎堰中以雞鴨白手灌

之若不均可再上白猶不平者刀削之更炙白燥與鴨子黄若無用雞子黄加少朱助赤色上黄用雞鴨翅毛刷之急手數轉緩則壞既熟渾脱去兩頭六寸斷之促奠二若不即用以蘆荻苞之束兩頭布蘆悶可五分可經三五日不雨則壞與麵則味少酢多則難著矣

餅炙

用生魚白魚最好鮎鱧不中用下魚片離脊肋仰㭊几上手按大頭以鈍刀向尾割取肉



至皮即止淨洗臼中熟舂之勿令蒜氣與薑椒橘皮鹽豉和以竹木作圓範格四寸面油塗絹藉之絹從格上下以裝之按令均平手捉絹倒餅膏油中煎之出鐺及熱置拌上盌子底按之令拗將奠翻仰之若盌子奠仰與盌子相應又云用白肉生魚等分細研熬和如上手團作餅膏油煎如作雞子餅十字解奠之還令相就如全奠小者二寸半奠二葱胡芹生物不得用用則班可增衆物若是先停此若無亦可用此物助諸物

範炙

用鵝鴨臆肉如渾椎令骨碎與薑椒橘皮葱胡芹小蒜鹽豉切和塗肉塗炙之斫取臆肉去骨奠如白煮之者

炙蚶

鐵鍋上炙之汁出去半殼以小銅柈奠之大奠六小奠八仰奠别奠酢隨之

炙蠣

似炙蚶汁出去半殼三肉共奠如蚶别奠酢隨之



炙車熬

炙如蠣汁出去半殼去屎三肉一殼與薑橘屑重炙令煖仰奠四酢隨之勿太熟則肕

炙魚

用小鱝白魚最勝渾用鱗治刀細謹無小用大為方寸准不謹薑橘椒葱胡芹小蒜蘇欓細切鍛鹽豉酢和以漬魚可經宿炙時以雜香菜汁灌之燥復與之熟而止色赤則好雙奠不惟用一

作膟奧糟苞第八十一

作脺肉法

驢馬豬肉皆得臘月中作者良經夏無蟲餘月作者必須覆護不密則蟲生麤臠肉有骨者合骨麤剉鹽麴麥䴷合和多少量意斟裁然後鹽麴二物等分麥䴷倍少於麴和訖內甕中密泥封頭日曝之二七日便熟煮供朝夕食可以當醬

作奥肉法

先養宿豬令肥臘月中殺之攣訖以火燒之令黃用暖水梳洗之削刮令淨刳去五藏豬



肪煼取脂肉臠方五六寸作令皮肉相兼著水令相淹漬於釜中煼之肉熟水氣盡更以向所煼肪膏煮肉大率脂一升酒二升鹽三升令脂沒肉緩水煮半日許乃佳漉出甕中餘膏仍寫肉甕中令相淹漬食時水煮令熟而調和之如常肉法尤宜新韭新韭爛拌亦中炙啖其二歲豬肉未堅爛壞不任作也

作糟肉法

春夏秋冬皆得作以水和酒糟搦之如粥著鹽令鹹內棒炙肉於糟中著屋下陰地飲酒

食飯皆炙啖之暑月得十日不臭

苞肉法

十二月中殺豬經宿汁盡浥浥時割作棒炙形茅菅中苞之無菅茅稻稈亦得用厚泥封勿令裂裂復上泥懸著屋外北陰中得至七八月如新殺肉

食經曰作犬牒(徒攝反)法

犬肉三十斤小麥六升白酒六升煮之令三沸易湯更以小麥白酒各三升煮令肉離骨乃擘雞子三十枚著肉中便裹肉甑中蒸令



雞子得乾以石迮之一宿出可食名曰犬牒

食次曰苞牒法

用牛鹿頭肫蹄白煮柳葉細切擇去耳口鼻舌又去惡者蒸之別切豬蹄蒸熟方寸切熟雞鴨卵薑椒橘皮鹽就甑中和之仍復蒸之令極爛熟一升肉可與三鴨子別復蒸令軟以苞之用散茅為束附之相連必致令裹大如鞾雍小如人腳蹲腸大長二赤小長赤半大木迮之令平正唯重為佳冬則不入水夏作小者不迮用小板挾之一處與板兩重都

有四板以繩通體纏之兩頭與楔楔蘇結反之二板之間楔宜長薄令中交度如楔車軸法強打不容則止懸井中去水一赤許若急待內水中時用去上白皮名曰水䐑又云用牛豬肉煑切之如上蒸熟出置白茅上以熟煑雞子白三重間之即以茅苞細繩概束以兩小板挾之急速兩頭懸井水中經一日許方得又云蘿葉薄切蒸將熟破生雞子并細切薑橘就甑中和之蒸苞如初奠如白䐑一名迹䐑是也

餅法第八十二

食經曰作餅酵法

酸漿一斗煎取七升用粳米一升著漿遲下火如作粥六月時溲一石麵著二升冬時著四升作

作白餅法

麵一石白米七八升作粥以白酒六七升酵中著火上酒魚眼沸絞去滓以和麵麵起可作

作燒餅法



麵一斗羊肉二斤葱白一合豉汁及鹽熬令熟炙之麵當令起

髓餅法

以髓脂蜜合和麵厚四五分廣六七寸便著胡餅鑪中令熟勿令反覆餅肥美可經久

食次曰粲一名亂積

用秫稻米絹羅之蜜和水水蜜中半以和米屑厚薄令竹杓中下先試不下更與水蜜作竹杓容一升許其下節概作孔竹杓中下瀝五升鐺裏膏脂煑之熟三分之一鐺中也

膏環一名粔籹

用秫稻米屑水蜜溲之強澤如湯餅麵手搦團可長八寸許屈令兩頭相就膏油煑之

雞鴨子餅

破寫甌中少與鹽鍋鐺中膏油煎之令成團餅厚二分全奠一

細環餅截餅環餅一名寒具截餅一名蝎子

皆須以蜜調水溲麵若無蜜煑棗取汁牛羊脂膏亦得用牛羊乳亦好令餅美脆截餅純用乳溲者入口即碎脆如淩雪

餢飳（起麵如上法）盤水中浸劑於漆盤背上水作者省脂亦得十日軟然久停則堅乾劑於腕上手挽作勿著勃入脂浮出即急翻以杖周正之但任其起勿刺令穿熟乃出之一面白一面赤輪緣亦赤軟而可愛久停亦不堅若待熟始翻杖刺作孔者洩其潤氣堅硬不好法須甕盛濕布蓋口則常有潤澤甚佳任意所便滑而且美

水引餺飥法

細絹篩麵以成調肉臛汁待冷溲之水引挼如箸大一赤一斷盤中盛水浸宜以手臨鐺上挼令薄如韭葉逐沸煮餺飥（上乎）挼如大指許二寸一斷著水盆中浸宜以手向盆旁挼使極薄皆急火逐沸熟煮非直光白可愛亦自滑美殊常

切麵粥（一名棊子麵）䴴（盧貨反）䴹（蘇貨反）粥法

剛溲麵揉令熟大作劑挼餅麤細如小指大重縈於乾麵中更挼如麤箸大截斷切作方棊簸去勃甑裏蒸之氣餾勃盡下著陰地淨



席上薄攤令冷挼散勿令相黏袋盛舉置須即湯煮別作臛澆堅而不泥冬天一作得十日[illegible]䴴䴹以粟飯饙水浸即漉著麵中以手向簸箕痛挼令均如胡豆揀取均者熟蒸曝乾須即湯煮笊籬漉出別作臛澆甚滑美得一月日停

粉餅法

以成調肉臛汁接沸油英粉（若用麤粉脆而不美不以湯溲則生不中食）如環餅麵先剛溲以手痛揉令極軟熟更以臛汁溲令極澤鑠鑠然割取牛角似匙面大鑽作六七小孔僅容麤麻線若作水引形者更割牛角開四五孔僅容韭葉取新帛細細兩段各方赤半依角之大小鑿去中央綴角著細（以鑽鑽之密綴勿令漏粉用訖洗舉得二十年用）裹盛溲粉斂四角臨沸湯上搦出熟煮臛澆著酪中及胡麻飲中者真類玉色稹稹著與好麵不殊（一名帽餅著酪中者直用白湯溲之不須肉汁）

豚皮餅法（一名撥餅）

湯溲粉令如薄粥大鐺中煮湯以小杓子挹粉著銅鉢內頓鉢著沸湯中以指急旋鉢令

粉悉著鉢中四畔餅既成仍挹鉢傾餅著湯中煑熟令漉出著冷水中酷以豚皮臛澆麻酪任意滑而且美

治麵砂𡽜初飲反法

簸小麥使無頭角水浸令液漉出去水寫著麵中拌使均調於布巾中良久挺動之土末悉著麥於麵無損一石麵用麥三升

雜五行書曰十月亥日食餅令人無病

糉䊦法第八十三

風土記注云俗先以二節日用菰葉裹黍米以淳濃灰汁煑之令爛熟於五月五日夏至啖之黏黍一名糉一曰角黍蓋取陰陽尚相裹未分散之時象也

食經云粟黍法

先取稻漬之使釋計二升米以成粟一斗著竹篡内米一行粟一行裹以繩縛其繩相去寸所一行須釜中煑可炊十石米間黍熟

食次曰䊦

用秫稻米末絹羅水蜜溲之如強湯餅麵手搦之令長赤餘廣二寸餘四破以棗栗肉上



下著之偏與油塗竹箬裹之爛蒸奠二箬不開破去兩頭解去束附

煑糗莫片反米屑也或作糗第八十四

煑糗

食次曰宿客足作糗粍蘇革反糗末一斗以沸湯一升沃之不用膩器斷箕漉出滓以糗幕舂取勃勃別出一器中折米白煑取汁為白飲以飲二升投糗汁中又云合勃下飲訖出勃糗汁復悉寫釜中與白飲合煑令一沸與鹽白飲不可過

折米弱炊令相著盛飯甌中半奠杓抑令偏著一邊以糗汁沃之與勃又云糗末以二升小器中沸湯漬之折米煑為飯沸取飯中汁升半折箕漉糗出以飲汁當向糗汁上淋之以糗幕舂取勃出別勃置復著折米瀋汁為白飲以糗汁投中鮭奠如常食之又云若作倉卒難造者得停西糗最勝又云以勃少許投白飲中勃若散壞不得和白飲但單用糗汁焉

醴酪第八十五

煑醴酪

昔介子推怨晉文公賞從亡之勞不及己乃隱於介休縣緜上山中其門人憐之懸書於公門文公寤而求之不獲乃以火焚山推遂抱樹而死文公以緜上之地封之以旌善人于今介山林木遙望盡黑如火燒狀又有抱樹之形世世祠祀頗有神驗百姓哀之忌日為之斷火煑醴而食之名曰寒食蓋清明節前一日是也中國流行遂為常俗然麥粥自可禦暑不必要在寒食世有能此粥者聊復錄耳

治釜令不渝法



常於諸信處買取最初鑄者鐵精不渝輕利易然其渝黑難然者皆是鐵滓鈍濁所致治令不渝法以繩急束蒿斬兩頭令齊著水釜中以乾牛屎然釜湯煖以蒿三遍淨洗抒却水乾然使熱買肥猪肉脂合皮大如手者三四段以脂處處徧揩拭釜察作聲復著水痛疎洗視汁黑如墨抒却更脂拭疎洗如是十徧許汁清無復黑乃止則不復渝煑杏酪煑餳煑地黃染皆須先治釜不爾則黑惡

煑醴法

與煑黑餳同然須調其色澤令汁味淳濃赤色足者良尤宜緩火急則燋臭傳曰小人之交甘若醴疑謂此非醴酒也

煑杏酪粥法

用宿穬麥其春種者則不中預前一月事麥折令精細簸揀作五六等必使別均調勿令麤細相雜其大如胡豆者麤細正得所曝令極乾如上治釜訖先煑一釜麤粥然後淨洗用之打取杏仁以湯脫去黃皮熟研以水和之絹濾取汁汁唯淳濃便美水多則味薄用



乾牛糞然火先煑杏仁汁數沸上作眺䐉皺然後下穬麥米唯須緩火以匕徐徐攪之勿令住煑令極熟剛淖得所然後出之預前多買新瓦盆子容受二斗者抒粥著盆子中仰頭勿蓋粥色白如凝脂米粒有類青玉停至四月八日亦不動渝釜令粥黑火急則燋苦舊盆則不滲水覆蓋則鮮離其大盆盛者數捲居反反亦生水也

飧飯第八十六

作粟飧法

時米欲細而不碎（碎則濁而不美）時訖即炊（經宿則澀）淘必宜淨（十徧已上彌佳）香漿和暖水浸饋少時以手挼無令有塊復小停然後壯（凡停饋冬宜久夏少時蓋以人意消息之若不停饋則飯堅也）挼飱時先調漿令甜酢適口下熱飯於漿中尖出便止宜少時住勿使撓攪待其自解散然後撈盛飱便滑美（若下飯即攪令飯堅）

折粟米法

取香美好穀脫粟米一石（勿令有碎雜）於木槽內以湯淘腳踏瀉去瀋更踏如此十徧隱約有七斗米在便止漉出曝乾炊時又淨淘下饋時於大盆中多著冷水必令冷徹米必以手挼饋良久停之（折米堅實必須弱炊故也不停則硬）挼飯調漿一如上法粒似青玉滑而且美（又甚堅實竟日不飢弱炊作酪粥者美於硬米）

作寒食漿法

以三月中清明前夜炊飯雞向鳴下熱熱飯於甕中以向滿為限數日後便酢中飯因家常炊次三四日輒以新炊飯一椀酘之每取漿隨多少即新汲冷水添之訖夏飱漿並不敗而常滿所以為異以二升得解水一升水冷清俊有殊於凡



令夏月飯甕井口邊無蟲法

清明節前二日夜雞鳴時炊黍熟取釜湯遍洗井口甕邊地則無馬蚿百蟲不近井甕矣甚是神驗

治旱稻赤米令飯白法

莫問冬夏常以熱湯浸米一食久然後以手挼之湯冷瀉去即以冷水淘汰挼取白乃止飯色潔白無異清流之米又䂮赤稻一臼米裹著蒿葉一把白鹽一把合䂮之即絕白

食經曰作麵飯法

用麵五升先乾蒸攪使冷用水一升留一升麵減水三合以七合水溲四升麵以手擘解以飯一升麵粉粉乾下稍切取大如粟顆訖蒸熟下著篩中更蒸之

作粳米糗糒法

取粳米汰灑作飯曝令燥擣細磨麤細作兩種折

粳米棗糒法

炊飯熟爛曝令乾細篩用棗蒸熟迮取膏溲糒率一升糒用棗一升

崔寔曰五月多作糒以供出入之粮

菰米飯法

菰穀盛韋囊中擣瓷器爲屑勿令作末內韋囊中令滿板上揉之取米一作可用升半炊如稻米

胡飯法

以酢瓜菹長切將炙肥肉生雜菜內餠中急捲捲用兩卷三截無令相就並六斷長不過二寸別奠飄齏隨之細切胡芹奠下酢中爲飄齏



食次曰折米飯生折 冷水用雖好作甚難

蒯苦怪反米飯蒯者貸米令淨也

素食第八十七

食次曰葱韭羹法

下油水中煑葱韭 分切沸俱下與胡芹鹽豉研米糝粒大如粟米

瓠羹

下油水中煑極熟瓠體橫切厚三分沸而下與鹽豉胡芹累奠之

油豉

豉三合油一升酢五升薑橘皮葱胡芹鹽合和蒸蒸熟更以油五升就氣上灑之訖即合甑覆瀉甕中

膏煎紫菜

以燥菜下油中煎之可食則止擘奠如脯

薤白蒸

秫米一石熟舂𥺝令米毛不潜以豉三升煑之潜箕漉取汁用沃米令上諳可走蝦米釋漉出停米豉中夏可半日冬可一日出米葱薤等寸切令得一石許胡芹寸切令得一升



許油五升合和蒸之可分爲兩甑蒸之氣餾以豉汁五升灑之凡三過三灑可經一炊久三灑豉汁半熟更以油五升灑之即下用熟食若不即食重蒸取氣出灑油之後不得停竈上則漏去油重蒸不宜久久亦漏油奠訖以薑椒末粉之溲

⿰月蘇蘇音托飯

托二斗水一石熬白米三升令黃黑合托三沸絹漉取汁澄清以⿰月蘇一升投中無⿰月蘇與油二升⿰月蘇托好一升次檀托一名托中價

蜜薑

生薑一斤淨洗刮去皮筭子切不患長大如細漆箸以水二升煑令沸去沫與蜜二升煑復令沸更去沫椀子盛合汁減半奠用箸二人共無生薑用乾薑法如前准切欲極細

缹瓜瓠法

冬瓜越瓜瓠用毛未脫者毛脫即堅漢瓜用極大饒肉者皆削去皮作方臠廣一寸長三寸偏宜豬肉肥羊肉亦佳肉須別煑令熟薄切蘇油亦好特宜菘菜蕪菁肥葵韭等皆得蘇油宜大用莧菜細擘葱白葱白欲得多於菜渾無葱薤白代之




豉白鹽椒末先布菜於銅鐺底次肉無肉以蘇油代之次瓜次瓠次葱白鹽豉椒末如是次第重布向滿為限少下水僅令相淹漬缹令熟

又缹漢瓜法

直以香醬葱白麻油缹之勿下水亦好

缹菌其殞反法

菌一名地雞口未開內外全白者佳其口開裏黑者臭不堪食其多取欲經冬者收取鹽汁洗去土蒸令氣餾下著屋北陰中之當時隨食者取即湯煠去腥氣擘破先細切葱白

和麻油蘇亦好熬令香復多擘葱白渾豉鹽椒末與菌俱下缹之宜肥羊肉雞豬肉亦得肉缹者不須蘇油肉亦先熟煑蘇切重重布之如缹瓜瓠法唯不著菜也缹瓜瓠菌雖有肉素兩法然此物多充素食故附素條中

缹茄子法

用子未成者子成則不好也以竹刀骨刀四破之用鐵則渝黑湯煠去腥氣細切葱白熬油令香蘇彌好香醬清擘葱白與茄子俱下缹令熟下椒薑末

作菹藏生菜法第八十八




葵菘蕪菁蜀芥鹹菹法

收菜時即擇取好者菅蒲束之作鹽水令極鹹於鹽水中洗菜即內甕中若先用淡水洗者菹爛其洗菜鹽水澄取清者瀉著甕中令沒菜把即止不復調和菹色仍青以水洗去鹹汁煑為茹與生菜不殊其蕪菁蜀芥二種三日抒出之粉黍米作粥清擣麥䴸作末絹篩布菜一行以䴸末薄坌之即下熱粥清重重如此以滿甕為限其布菜法每行必莖葉顛倒安之舊鹽汁還瀉甕中菹色黃而味美

作淡菹用黍米粥清及麥麩末味亦勝

作湯菹法

菘菜佳蕪菁亦得收好菜擇訖即於熱湯中煠出之若菜已萎者水洗漉出經宿生之然後湯煠煠訖冷水中濯之鹽醋中熬胡麻油著香而且脆多作者亦得至春不敗

蘸菹法

菹菜也一曰菹不切曰蘸菹用乾蔓菁正月中作以熱湯浸菜令柔軟解辨擇治淨洗沸湯煠即出於水中淨洗復作鹽水斬度出著



箔上經宿菜色生好粉黍米粥清亦用絹篩麥麩末澆菹布菜如前法然後粥清不用大熱其汁纔令相淹不用過多泥頭七日便熟菹甕以穰茹之如釀酒法

作卒菹法

以酢漿煮葵菜擘之下酢即成菹矣

藏生菜法

九月十月中於牆南日陽中掘作坑深四五尺取雜菜種別布之一行菜一行土去坎一尺許便止以穰厚覆之得經冬須即取粲然

與夏菜不殊

食經作葵菹法

擇燥葵五斛鹽二斗水五斗大麥乾飯四升合瀨案葵一行鹽飯一行清水澆滿七日黃便成矣

作菘鹹菹法

水四斗鹽三升攪之令殺菜又法菘一行女麴間之

作酢菹法

三石甕用米一斗搗攪取汁三升煮滓作三



升粥令內菜甕中輒以生漬汁及粥灌之一宿以青蒿薤白各一行作麻沸湯澆之便成

作菹消法

用羊肉二十斤肥豬肉十斤縷切之菹二升菹根五升豉汁七升半切蔥頭五升

蒲菹

詩義疏曰蒲深蒲也周禮以為菹謂菹始生取其中心入地者蒻大如匕柄正白生噉之甘脆又煮以苦酒受之如食筍法大美今吳人以為菹又以為酢

世人作葵菹不好皆由葵大脃故也菹菘以社前二十日種之葵社前三十日種之使葵至藏皆欲生花乃佳耳葵經十朝若霜乃采之秫米為飯令冷取葵著甕中以向飯沃之欲令色黃煑小麥時時粣（桑葛反）之

崔寔曰九月作葵菹其歲溫即待十月

食經曰藏瓜法

取白米一斗鑑中熬之以作糜下鹽使鹹淡適口調寒熱熟拭瓜以投其中密塗甕此蜀人方美好又法取小瓜百枚豉五升鹽三升



破去瓜子以鹽布瓜片中次著甕中綿其口三日豉氣盡可食之

食經藏越瓜法

糟一斗鹽三升淹瓜三宿出以布拭之復淹如此凡瓜欲得完慎勿傷傷便爛以布囊就取之佳豫章郡人晚種越瓜所以味亦異

食經藏梅瓜法

先取霜下老白冬瓜削去皮取肉方正薄切如手板細施灰羅瓜著上復以灰覆之煑杭皮烏梅汁著器中細切瓜令方三分長二寸熟煠之以投梅汁數日可食以醋石榴子著中並佳也

食經曰樂安令徐肅藏瓜法

取越瓜細者不操拭勿使近水鹽之令鹹十日許出拭之小陰乾熇之仍內著盆中作和法以三升赤小豆三升秫米並炒之令黃合舂以三斗好酒解之以瓜投中密塗乃經年不敗

崔寔曰大暑後六日可藏瓜

食次曰女麴



秫稻米三斗淨淅炊為飯軟炊停令極冷以麴範中用手餅之以青蒿上下奄之置牀上如作麥麴法三七二十一日開看徧有黃衣則止三七日無衣乃停要須衣徧乃止出日中曝之燥則用

釀瓜菹酒法

秫稻米一石麥麴成剉隆隆二斗女麴成剉平一斗釀法須消化復以五升米酘之消化復以五升米酘之再酘酒熟則用不迮出瓜鹽揩日中曝令皺鹽和暴糟中停三宿度內

女麴酒中爲佳

瓜菹法

採越瓜，刀子割摘，取勿令傷皮，鹽揩數徧，日曝令皺。先取四月白酒糟，鹽和藏之。數日又過著大酒糟中，鹽蜜女麴和糟，又藏泥甂中，唯久佳。又云：不入白酒糟亦得。又云：大酒接出清，用醅若一石，與鹽三升，女麴三升，蜜三升。女麴曝令燥，手挼令解，渾用。女麴者，麥黃衣也。又云：瓜淨洗令燥，鹽揩之，以鹽和酒糟，令有鹽味，不須多，合藏之，密泥甂口，軟而黃便可食。大者六破，小者四破，五寸斷之，廣狹盡瓜之形。又云：長四寸，廣一寸，仰奠四片。瓜用小而直者，不可用貯。



瓜芥菹

用冬瓜切長三寸，廣一寸，厚二分。芥子少與胡芹子合熟研，去滓，與好酢，鹽之，下瓜，唯久益佳也。

湯菹法

用少菘、蕪菁，去根，暫經湯沸，及熱與鹽酢，渾長者依柸截，與酢并和葉汁，不爾大酢，滿奠之。

苦笋紫菜菹法

笋去皮，三寸斷之，細縷切之。小者手捉小頭，刀削大頭，唯細薄，隨置水中。削訖，漉出，細切紫菜和之，與鹽酢乳，用半奠。紫菜冷水漬，少久自解，但洗時勿用湯，湯洗則失味矣。

竹菜菹法

菜生竹林下，似芹，科大而莖葉細，生極概。淨洗，暫經沸湯，速出，下冷水中，即搦去水，細切。又胡芹、小蒜亦暫經沸湯，細切，和之，與鹽醋，半奠。春用至四月。



蕺菹法

蕺去土毛黑惡者，不洗，暫經沸湯即出。多少與鹽一升，以暖米清瀋汁淨洗之，及暖即出，漉下鹽酢中。若不及熱，則赤壞之。又湯撩葱白，即入冷水，漉出，置蕺中，並寸切，用米若椀子奠。去蕺節，料理接奠，各在一邊，令滿。

菘根㯲菹法

菘淨洗徧體，須長切，方如筭子，長三寸許。束根入沸湯，小停出，及熱與鹽酢。細縷切橘皮

和之料理半奠之

熯呼旰反菹法

淨洗縷切三寸長許束爲小把大如篳篥暫經沸湯速出之及熱與鹽酢上加胡芹子與之料理令直滿奠之

胡芹小蒜菹法

並暫經小沸湯出下冷水中出之胡芹細切小蒜寸切與鹽酢分半奠青白各在一邊若不各在一邊不即入於水中則黃壞滿奠

菘根蘿蔔菹法



淨洗通體細切長縷束爲把大如十張紙卷暫經沸湯即出多與鹽二升暖湯合把手按之又細縷切暫經沸湯與橘皮和及暖與則黃壞料理滿奠煴菘葱蕪菁根悉可用

紫菜菹法

取紫菜冷水漬令釋與葱菹合盛各在一邊與鹽酢滿奠

蜜薑法

用生薑淨洗削治十月酒糟中藏之泥頭十日熟出水洗內蜜中大者中解小者渾用豎奠四又云卒作削治蜜中煑之亦可用

梅瓜法

用大冬瓜去皮穰笇子細切長三寸麤細如研布生布薄絞去汁即下杬汁令小暖經宿漉出煑一升烏梅與水二升取一升餘出梅令汁清澄與蜜三升杬汁三升生橘二十枚去皮核取汁復和之合煑兩沸去上沫清澄令冷內瓜訖與石榴酸者懸鉤子廉薑屑石榴懸鉤一杯可下十度嘗看若不大澀杬子汁至一升又云烏梅漬汁淘奠石榴懸鉤一



奠不過五六度熟去麤皮杬一升與水三升煑取升半澄清

梨菹法

先作漤盧感反用小梨瓶中水漬泥頭自秋至春至冬中須亦可用又云一月日可用將用去皮通體薄切奠之以梨漤汁投少蜜令甜酢以泥封之若卒作切梨如上五梨半用苦酒二升湯二升合和之温令少熱下盛一奠五六片汁沃上至半以篸置杯旁夏停不過五日又云卒作煑棗亦可用之

木耳菹

取棗桑榆柳樹邊生猶軟濕者（乾即不中用柳木耳亦得）煑五沸去腥汁出置冷水中淨洮又著酢漿水中洗出細縷切訖胡荽葱白（少著取香而已）下豉汁醬清及酢調和適口下薑椒末甚滑美

蘘菹法

毛詩曰薄言采芑毛云菜也詩義疏曰蘘似苦菜莖青摘去葉白汁出甘脃可食亦可爲茹青州謂之芑西河鴈門蘘尤美時人戀戀不能出塞



蕨

爾雅云蕨虌郭璞注云初生無葉可食廣雅曰紫綦非也詩義疏曰蕨山菜也初生似蒜莖紫黑色二月中高八九寸老有葉瀹爲茹滑美如葵今隴西天水人及此時而乾收秋冬嘗之又云以進御三月中其端散爲三枝枝有數葉葉似青蒿長麤堅強不可食周秦曰蕨齊魯曰虌亦謂蕨又澆之

食經曰藏蕨法

先洗蕨把著器中蕨一行鹽一行薄粥沃之一法以薄灰淹之一宿出蟹眼湯瀹之出熇内糟中可至蕨時

蕨菹

取蕨暫經湯出小蒜亦然令細切與鹽酢又云蒜蕨俱寸切之

荇（字或作莕）

爾雅曰莕接余其葉苻郭璞注曰叢生水中葉圓在莖端長短隨水深淺江東菹食之毛詩周南國風曰參差荇菜左右流之毛注云接余也詩義疏曰接余其葉白莖紫赤正



圓徑寸餘浮在水上根在水底莖與水深淺等大如釵股上青下白以苦酒浸之爲菹脃美可案酒其華爲蒲黄色

餳餔第八十九

（史游急就篇云饊生侶反飴餳楚辭曰粔籹蜜餌有餦餭餦餭亦餳也柳下惠見飴曰可以養老然則飴餔可以養老自幼故錄之也）

煮白餳法

用白牙散蘖佳其成餅者則不中用用不渝釜渝則餳黑釜必磨治令白淨勿使有膩氣釜上加甑以防沸溢乾蘖末五升殺米一石米必細肭數十徧淨淘炊爲飯攤去熱氣及

暖於盆中以蘖末和之使均調臥於酮甕中勿以手按撥平而已以被覆盆甕令暖冬則穰茹冬須竟日夏即半日許看米消減離甕作魚眼沸湯以淋之令糟上水深一赤許乃上下水洽訖向一食頃便拔酮取汁煮之每沸輒益兩杓尤宜緩火火急則焦氣盆中汁盡量不復溢便下甑一人專以杓揚之勿令住手手住則餳黑量熟止火良久向冷然後出之用粱米者餳如水精色

黑餳法



用青牙成餅蘖蘖末一斗穀米一石餘法同前

琥珀餳法

小餅如棊石內外明徹色如琥珀用大麥蘖末一斗穀米一石餘並同前法

煮餔法

用黑餳蘖末一斗六升穀米一石臥煮如法但以蓬子押取汁以匕匙紇紇攪之不須揚

食經作飴法

取黍米一石炊作黍著盆中蘖末一斗攪和一宿則得一斛五斗煎成飴

崔寔曰十月先冰凍作京餳煮暴飴

食次曰白繭糖法

熟炊秫稻米飯及熱于杵臼淨舂之爲糌須令極熟勿令有米粒幹爲餅法厚二分許日曝小燥刀直劘爲長條廣二分乃斜裁之大如棗核兩頭尖更曝令極燥膏油煮之熟出糖聚圓之一圓不過五六枚又云手索糌麤細如箭簳日曝小燥刀斜截大如棗核煮圓如上法圓大如桃核半奠不滿之



黃繭糖

白秫米精舂不歠瀋以梔子漬米取色歠春爲糌糌加蜜餘一如白糌作繭煮及奠如前

煮膠第九十

煮膠法

煮膠要用二月三月九月十月餘月則不成熱則不凝無餅寒則凍瘃合膠不粘沙牛皮水牛皮豬皮爲上驢馬駝騾皮爲次其膠勢力雖復相似但驢馬皮薄毛多膠少倍費樵薪破皮履鞋底格椎皮靴底破鞾鞾但是生皮無問年歲久遠不腐爛者悉皆中煮然新皮膠色明淨而勝其陳久者固宜不如新者

其脂肕鹽熟之皮則不中用譬如生鐵一經柔熟永無鎔鑄之理無爛汁故也唯欲舊釜大而不渝者釜新則燒令皮著底釜小費薪火釜渝令膠色黑法於井邊坑中浸皮四五日令極液以水淨洗濯無令有泥片割著釜中不須削毛削毛費功於膠無益凡水皆得煮然鹹苦之水膠乃更勝長作木匕匕頭施鐵刃時時徹攪之勿令著底匕頭不施鐵刃雖攪不徹底不宜焦焦則膠惡是以尤須數數之水少更添常使滂沛經宿晬時勿令絕火候皮爛熟以匕瀝汁看末後一珠微有黏勢膠熟矣為過傷火令膠焦取淨乾盆置竈埵丁果反上以米牀加盆布蓬草



於牀上以大杓挹取膠為著蓬草上漉去滓穢挹時勿停火淳熟汁盡更添水煮之攪如初法熟挹取看皮垂盡著釜焦黑無復黏勢乃棄去之膠盆向滿舁著空靜處屋中仰頭令凝則氣變成水令雜凌旦合盆於席上脫取凝膠口濕細緊線以割之其近盆底土惡之處不中用者割却少許然後十字坼破之又中斷為段較薄割為餅唯極薄為佳非直易乾又色似琥珀者好堅厚者既難燥又見黯黑皆為膠惡也近盆末下名為笨膠可以建車近盆末上即是膠清可以雜用最上

膠皮如粥膜者膠中之上第一粘好先於庭中竪槌施三重箔擿令免狗鼠於最下箔上布置膠餅其上兩重為作蔭涼并扞霜露膠餅雖凝水汁未盡見日即消霜露霑濡復難乾燥旦起至食時卷去上箔令膠見日凌旦氣寒不畏消釋霜露之潤見日即乾食後還復舒箔為蔭雨則內敵屋之下則不須重箔四五日浥浥時繩穿膠餅懸而日曝極乾乃內屋內懸紙籠之以防青蠅塵土之污夏中雖軟相著至八月秋涼時日中曝之還復堅好

筆墨第九十一



## 筆法

韋仲將筆方曰先次以鐵梳兔毫及羊青毛去其穢毛蓋使不髯茹訖各別之皆用梳掌痛拍整齊毫鋒端本各作扁極令均調平好用衣羊青毛縮羊青毛去兔毫頭下二分許然後合扁捲令極圓訖痛頡之以所整羊毛中或用衣中心名曰筆柱或曰墨池承墨復用毫青衣羊青毛外如作柱法使中心齊亦使平均痛頡內管中寧隨毛長者使深寧小不大筆之大要也

合墨法

好醇煙擣訖以細絹篩於堈内篩去草莽若細沙塵埃此物至輕微不宜露篩喜失飛去不可不慎墨麴一斤以好膠五兩浸梣皮才心反汁中梣江南樊雞木皮也其皮入水緑色解膠又益墨色可下雞子白去黄五顆亦以真朱砂一兩麝香一兩别治細篩都合調下鐵臼中寧剛不宜澤擣三萬杵杵多益善合墨不得過二月九月温時敗臭寒則難乾潼溶見風自解碎重不得過三二兩墨之大訣如此寧小不大



齊民要術卷第九

# 齊民要術卷第十

後魏高陽太守賈　思勰　撰

五穀果蓏菜茹非中國物産者聊以存其名目記其怪異耳爰及山澤草木任食非人力所種者悉附於此

## 五穀

山海經曰廣都之野百穀自生冬夏播琴郭璞注曰播琴猶言播種方俗言也爰有膏稷膏黍膏菽郭璞注曰言好味滑如膏

博物志曰扶海洲上有草名曰篩其實如大麥從七月熟人斂穫至冬乃訖名曰自然穀



或曰禹餘糧又曰地三年種蜀黍其後七年多蛇

## 稻

異物志曰稻一歲夏冬再種出交阯

俞益期牋曰交阯稻再熟也

## 禾

廣志曰梁禾蔓生實如葵子米粉白如麵可爲饘粥牛食以肥六月種九月熟

感禾扶疏生實似大麥

楊禾似藋粒細左折右炊停則牙生此中國

巴禾木稷也

大禾高丈餘子如小豆出粟特國

山海經曰崐崘墟上有木禾長五尋大五圍

郭璞曰木禾穀類也

呂氏春秋曰飯之美者玄山之禾不周之粟陽山之穄

魏書曰烏丸地宜青穄

麥

博物志曰人啖麥橡令人多力健行

西域諸國志曰天竺十一月六日爲冬至則



麥秀十二月十六日爲臘臘麥熟

說文曰麰周所受來麰也

豆

博物志曰人食豆三年則身重行動難恒食小豆令人肌燥麤理

東牆

廣志曰東牆色青黑粒如葵子似蓬草十一月熟出幽凉并烏丸地

河西語曰貸我東牆償我田粱

魏書曰烏丸地宜東牆能作白酒

果蓏

山海經曰平丘百果所在不周之山爰有嘉果子如棗葉如桃黃花赤樹食之不飢

呂氏春秋曰常山之北投淵之上有百果焉羣帝所食羣帝衆帝先升遐者

臨海異物志曰楊桃似橄欖其味甜五月十月熟諺曰楊桃無蹙一歲三熟其色青黃核如棗核

臨海異物志曰梅桃子生晉安候官縣一小樹得數十石實大三寸可蜜藏之



臨海異物志曰楊搖有七脊子生樹皮中其體雖異味則無奇長四五寸色青黃味甘

臨海異物志曰冬熟如指大正赤味甘勝梅

猴闥子如指頭大其味小苦可食

關桃子其味酸

土翁子如漆子大熟時甜酸其色青黑

枸槽子如指頭大正赤其味甘

雞橘子大如指味甘永寧界中有之

猴總子如小指頭大與柿相似其味不減於柿

多南子如指大其色紫味甘與梅子相似出晉安

王壇子如棗大其味甘出候官越王祭太一壇邊有此果無知其名因見生處遂名王壇其形小於龍眼有似木瓜

博物志曰張騫使西域還得安石榴胡桃蒲桃

劉欣期交州記曰多感子黃色圍一寸

蔗子如瓜大亦似柚

弥子圓而細其味初苦後甘食皆甘果也



杜蘭香傳曰神女降張碩常食粟飯并有非時果味亦不甘但一食可七八日不飢

棗

史記封禪書曰李少君嘗游海上見安期生食棗大如瓜

東方朔傳曰武帝時上林獻棗上以杖擊未央殿檻呼朔曰叱叱先生來來先生知此篋裏何物朔曰上林獻棗四十九枚上曰何以知之朔曰呼朔者上也以杖擊檻兩木林也朔來來者棗也叱叱者四十九也上大笑帝賜帛十匹

神異經曰北方荒內有棗林焉其高五丈敷張枝條　里餘子長六寸圍過其長熟赤如朱乾之不縮氣味甘潤殊於常棗食之可以安軀益氣力

神仙傳曰吳郡沈羲爲仙人所迎上天云天上見老君賜羲棗二枚大如雞子

傅玄賦曰有棗若瓜出自海濱全生益氣服之如神

桃



漢舊儀曰東海之內度朔山上有桃屈蟠三千里其卑枝間曰東北鬼門萬鬼所出入也上有二神人一曰荼二曰鬱櫑主領萬鬼鬼之惡害人者執以葦索以食虎黃帝法而象之因立桃梗於門戶上畫荼鬱櫑持葦索以禦凶鬼畫虎於門當食鬼也櫑音壘史記注作度索山

風俗通曰今縣官以臘除夕飾桃人垂葦索畫虎於門効前事也

神農經曰玉桃服之長生不死若不得早服之臨死日服之其尸畢天地不朽

神異經曰東北有樹高五十丈葉長八尺名曰桃其子徑三尺二寸小核味和食之令人短壽

漢武內傳曰西王母以七月七日降令侍女更索桃須臾以玉盤盛仙桃七顆大如鴨子形圓色青以呈王母王母以四顆與帝三枚自食

漢武故事曰東郡獻短人帝呼東方朔朔至短人因指朔謂上曰西王母種桃三千年一著子此兒不良以三過偷之矣



廣州記曰廬山有山桃大如檳榔形色黑而味甘酢人時登採拾只得於上飽噉不得持下迷不得返

玄中記曰木子大者積石山之桃實焉大如十斛籠

甄異傳曰譙郡夏侯規亡後見形還家經庭前桃樹邊過曰此桃我所種子乃美好其婦曰人言亡者畏桃君不畏邪答曰桃東南枝長二尺八寸向日者憎之或亦不畏也

神仙傳曰樊夫人與夫劉綱俱學道術各自言勝中庭有兩大桃樹夫妻各呪其一夫人呪者兩枝相鬬擊良久綱所呪者桃走出籬

李

列異傳曰袁本初時有神出河東號度索君人共立廟兗州蘇氏母病禱見一人著白單衣高冠冠似魚頭謂度索君曰昔臨廬山下共食白李未久已三千年日月易得使人悵然去後度索君曰此南海君也

梨

漢武內傳曰太上之藥有玄光梨



神異經曰東方有樹高百丈葉長一丈廣六七尺名曰梨其子徑三尺剖之瓤白如素食之爲地仙辟穀可入水火也

神仙傳曰介象吳王所徵在武昌速求去不許象言病以美梨一奩賜象須臾象死帝殯而埋之以日中時死其日晡時到建業以所賜梨付守苑吏種之後吏以狀聞即發象棺棺中有一奏符

柰

漢武內傳曰仙藥之次者有圓丘紫柰出永

昌

異苑曰南康有奚石山有甘橘橙柚就食其實任意取足持歸家人噉輒病或顛仆失徑

郭璞曰蜀中有給客橙似橘而非若柚而芳香夏秋華實相繼或如彈丸或如手指通歲食之亦名盧橘

橘

周官考工記曰橘踰淮而北爲枳此地氣然也



呂氏春秋曰果之美者江浦之橘

吳録地理志曰朱光禄爲建安郡中庭有橘冬月於樹上覆裹之至明年春夏色變青黑味尤絶美上林賦曰盧橘夏熟蓋近於是也

裴淵廣州記曰羅浮山有橘夏熟實大如李剥皮噉則酢合食極甘又有壷橘形色都是甘但皮厚氣臭味亦不劣

異物志曰橘樹白花而赤實皮馨香又有善味江南有之不生他所

南中八郡志曰交趾特出好橘大且甘而不可多噉令人下痢

廣州記曰盧橘皮厚氣色大如甘酢多九月正月　色至二月漸變爲青至夏熟味亦不異冬時土人呼爲壷橘其類有七八種不如吳會橘

甘

廣志曰甘有二十一核有成都平蔕甘大如升色蒼黄犍爲南安縣出好黄甘

荆州記曰枝江有名宜都郡舊江北有甘園名宜都甘



湘州記曰州故大城内有陶侃廟地是賈誼故宅誼時種甘猶有存者

風土記曰甘橘之屬滋味甜美特異者也有黄者有頳者謂之壷甘

柚

説文曰柚條也似橙實酢

呂氏春秋曰果之美者雲夢之柚

列子曰吳楚之國有大木焉其名爲櫾音柚碧樹而冬青生實丹而味酸食皮汁已憤厥之疾齊州珍之渡淮而北化爲枳焉

裴淵記曰廣州別有柚號曰雷柚實如升大

風土記曰柚大橘也色黃而味酢

椵

爾雅曰櫠椵也郭璞注曰柚屬也子大如盂皮厚二三寸中似枳供食之少味

栗

神異經曰東北荒中有木高四十丈葉長五赤廣三寸名栗其實徑三赤其殼赤而肉黃白味甜食之多令人短氣而渴

枇杷



廣志曰枇杷冬花實黃大如雞子小者如杏味甜酢四月熟出南安犍爲宜都

風土記曰枇杷葉似栗子似蒳十十而叢生

荊州土地記曰宜都出大枇杷

椑

西京雜記曰烏椑青椑赤棠椑宜都出大椑

甘蔗

說文曰藷蔗也案書傳曰或爲芋蔗或干蔗或邯睹或甘蔗或都蔗所在不同

雩都縣土壤肥沃偏宜甘蔗味及采色餘縣所無一節數寸長郡以獻御

異物志曰甘蔗遠近皆有交趾所產甘蔗特醇好本末無薄厚其味至均圍數寸長丈餘頗似竹斬而食之既甘迮取汁如飴餳名之曰糖益復珍也又煎而曝之既凝如冰破如塼其食之入口消釋時人謂之石蜜者也

家政法曰三月可種甘蔗

蔆

說文曰蔆芰也廣志曰鉅野大蔆也大於常蔆淮漢之南凶年以芰爲蔬猶以預爲資鉅



野魯藪也

棪

爾雅曰棪櫨其也郭璞注曰棪實似柰赤可食

劉

爾雅曰劉劉杙也郭璞曰劉子生山中實如梨甜酢核堅出交趾

南方草物狀曰劉樹子大如李實三月花色仍連着實七八月熟其色黃其味酢煑蜜藏之仍甘好

鬱

豳詩義疏曰其樹高五六赤實大如李正赤色食之甜

廣雅曰一名雀李又名車下李又名郁李亦名棣亦名薁李毛詩七月食鬱及薁

芡

說文曰芡雞頭也方言曰北燕謂之葰音役青徐淮泗謂之芡南楚江淅之間謂之雞頭鴈頭

本草經曰雞頭一名鴈喙



藷

南方草物狀曰甘藷二月種至十月乃成卵大如鵝卵小者如鴨卵掘食蒸食其味甘甜經久得風乃淡泊出交阯武平九真興古也

異物志曰甘藷似芋亦有巨魁剝去皮肌肉正白如脂肪南人專食以當米穀蒸炙皆香美賓客酒食亦施設有如果實也

薁

說文曰薁櫻也廣雅曰燕薁櫻薁也詩義疏曰櫻薁實大如龍眼黑色今車鞅藤實是豳詩曰十月食薁

楊梅

臨海異物志曰其子大如彈子正赤五月熟似梅味甜酸

食經藏楊梅法擇佳完者一石以鹽一斗淹之鹽入內中仍出曝令乾熇取杭皮二斤煑取汁漬之不加蜜漬梅色如初美好可堪數歲

沙棠

山海經曰崑崙之山有木焉狀如棠黃華赤



實味如李而無核名曰沙棠可以禦水時使不溺

呂氏春秋曰果之美者沙棠之實

柤

山海經曰蓋猶之山上有甘柤枝幹皆赤黃白花黑實也

禮內則曰柤梨薑桂鄭注曰柤梨之不臧者皆人君羞

神異經曰南方大荒中有樹名曰柤二千歲作花九千歲作實其花色紫高百丈數張自

輔葉長七赤廣四五赤色如緑青皮如桂味如蜜理如甘草味飴實長九圍無瓤核割之如凝酥食者壽以萬二千歲

風土記曰柤梨屬內堅而香

西京雜記曰蠻柤

椰

異物志曰椰樹高六七丈無枝條葉如束蒲在其上實如瓠繫在於山頭若挂物焉實外有皮如胡盧核裹有膚白如雪厚半寸如猪膚食之美於胡桃味也膚裹有汁升餘其清



如水其味美於蜜食其膚可以不飢食其汁則愈渴又有如兩眼處俗人謂之越王頭

南方草物狀曰椰二月花色仍連着實房相連累房三十或二十或七八子十一月十二月熟其樹黃實俗名之爲丹也橫破之可作椀或微長如栝蔞子從破之可爲爵

南州異物志曰椰樹大三四圍長十丈通身無枝至百餘年有葉狀如蕨菜長丈四五赤皆直竦指天其實生葉間大如升外皮苞之如蓮狀皮中核堅過於核裹肉正白如雞子著皮而腹內空含汁大者含升餘實形圓圓然或如瓜蔞橫破之可作爵形並應器用故人珍貴之

廣志曰椰出交阯家家種之

交州記曰椰子有漿截花以竹筒承其汁作酒飲之亦醉也

神異經曰東方荒中有椰木高三二丈圍丈餘其枝不橋二百歲葉盡落而生華華如甘瓜華盡落而生萼萼下生子三歲而熟熟後不長不減形如寒瓜長七八寸徑四五寸萼



覆其頂此實不取萬世如故取者掐取其留下生如初其子形如甘瓜瓤甘美如蜜食之令人有澤不可過三升令人醉半日乃醒木高凡人不能得唯木下有多羅樹人能緣得之一名曰無葉一名倚驕張茂先注曰驕直上不可那也

檳榔

俞益期與韓康伯牋曰檳榔信南遊之可觀子既非常木亦特奇大者三圍高者九丈葉聚樹端房構葉下華秀房中子結房外其擢

穗似黍具綴實似穀其皮似桐而厚其節似竹而穊其內空其外勁其屈如覆虹其申如縋絙本不大末不小上不傾下不斜稠直亭亭千百若一步其林則寥朗庇其蔭則蕭條信可以長吟可以遠想矣性不耐霜不得北植必當遐樹海南遼然萬里弗遇長者之目自令人恨深

南方草物狀曰檳榔三月華色仍連著實實大如卵十二月熟其色黃剝其子肥強可不食唯種作子青其子并殼取實曝乾之以扶留藤古賁灰合食之食之則滑美亦可生食最快好交阯武平興古九真有之也

異物志曰檳榔若筍竹生竿種之精硬引莖直上不生枝葉其狀若柱其顛近上末五六赤間洪洪腫起若瘣（黃圭反又音回）木焉因坼裂出若黍穗無花而爲實大如桃李又棘針重累其下所以衛其實也剖其上皮煑其膚熟而貫之硬如乾棗以扶留古賁灰并食下氣及宿食白蟲消穀飲啖設爲口實

林邑國記曰檳榔樹高丈餘皮似青桐節如



桂竹下森秀無柯頂端有葉葉下繫數房房綴數十子家有數百樹

南州八郡志曰檳榔大如棗色青似蓮子彼人以爲貴異婚族好客輙先逞此物若邂逅不設用相嫌恨

廣州記曰嶺外檳榔小於交阯者而大於蒳子土人亦呼爲檳榔

廉薑

廣雅曰蔟葰（相維反）廉薑也吳錄曰始安多廉薑

食經曰藏薑法蜜煑烏梅去滓以漬廉薑再三宿色黃赤如琥珀多年不壞

枸橼

裴淵廣州記曰枸橼樹似橘實如柚大而倍長味奇酢皮以蜜煑爲糝

異物志曰枸橼似橘大如飯筥皮不香味不美可以浣治葛苧若酸漿

鬼目

廣志曰鬼目似梅南人以飲酒

南方草物狀曰鬼目樹大者如李小者如鴨

子二月花色仍連着實七八月熟其色黃味酸以蜜煑之滋味柔嘉交阯武平興古九真有之也

裴淵廣州記曰鬼目益知直尔不可噉可爲糉也

吳志曰孫皓時有鬼目菜生工人黃耇家依緣棗樹長丈餘葉廣四寸厚三分

顧微廣州記曰鬼目樹似棠梨葉如楮皮白樹高大如木爪而小邪傾不周正味酢九月熟又有草昧子亦如之亦可爲糉用其草似



鬼目

## 橄欖

廣志曰橄欖大如雞子交州以飲酒

南方草物狀曰橄欖子大如棗大如雞子二月華色仍連着實八月九月熟生食味酢蜜藏仍甜

臨海異物志曰餘甘子如梭且全反形初入口舌澀後飯水更甘大於梅實核兩頭銳東岳呼餘甘柯欖同一果耳

南越志曰博羅縣有合成樹十圍去地二丈分爲三衢東向一衢木葉似練子如橄欖而硬削去皮南人以爲糉南向一衢橄欖西向一衢三大三丈樹嶺北之猴　也

## 龍眼

廣雅曰益智龍眼也

廣志曰龍眼樹葉似荔支蔓延緣木生子如酸棗色黑純甜無酸七月熟

吳氏本草曰龍眼一名益智一名比目

## 椹

漢武內傳西王母曰上仙之藥有扶桑丹椹



## 荔支

廣志曰荔支樹高五六丈如桂樹綠葉蓬蓬冬夏鬱茂青華朱實實大如雞子核黃黑似熟蓮子實白如肪甘而多汁似安石榴有甜酢者夏至日將已時翕然俱赤則可食也一樹下子百斛犍爲僰道南廣荔支熟時百鳥肥其名之曰焦核小次曰春花次曰胡偈此三種爲美似鼈卵大而酸以爲醢和率生稻田間

異物志曰荔支爲異多汁味甘絶口又小酸

所以成其味可飽食不可使猒生時大如雞子其膚光澤皮中食乾則焦小則肌核不如生時奇四月始熟也

益智

廣志曰益智葉似蘘荷長丈餘其根上有小枝高八九寸無華萼其子叢生著之大如棗肉瓣黑皮白核小者曰益智含之隔涎濊出萬壽亦生交阯

南方草物狀曰益智子如筆毫長七八九二月華色仍連著實五六月熟味辛雜五味中



芬芳亦可鹽曝

異物志曰益智類薏苡實長寸許如枳椇子味辛辣飲酒食之佳

廣州記曰益智葉如蘘荷莖如竹箭子從心中出一枚有十子子內白滑四破去之取外皮蜜煑爲糝味辛

桶

廣志曰桶子似木瓜生樹木

南方草物狀曰桶子大如雞卵三月花色仍連著實八九月熟採取鹽酸漚之其味酸酢以蜜藏滋味甜美出交阯

劉欣期交州記桶子如挑

蒳子

竺法真登羅浮山疏曰山檳榔一名蒳子幹似蔗葉類柞一叢千餘幹幹生十房房底數百子四月採

豆蔻

南方草物狀曰豆蔻樹大如李二月花色仍連著實子相連累其核根芬芳成殼七月八月熟曝乾剝食核味辛香五味出興古



劉欣期交州記曰豆蔻似杬樹

環氏吳記曰黃初二年魏來求豆蔻

榠

廣志曰榠查子甚酢出西方

餘甘

異物志曰餘甘大小如彈丸視之理如定陶瓜初入口苦澀咽之口中乃更甜美足味鹽蒸之尤美可多食

蒟子

廣志曰蒟子蔓生依樹子似桑椹長數寸色

黑辛如薑以鹽淹之下氣消穀生南安

芭蕉

廣志曰芭蕉一曰芭蒩或曰甘蕉莖如荷芋重皮相裹大如盂升葉廣二赤長一丈子有角子長六七寸有蔕三四寸角著蔕生爲行列兩兩共對若相抱形剝其上皮色黃白味似蒲萄甜而脆亦飽人其根大如芋魁大一石青色其莖解散如絲織以爲葛謂之蕉葛雖脆而好色黃白不如葛色出交阯建安



南方異物志曰甘蕉草類望之如樹株大者一圍餘葉長一丈或七八赤廣赤餘華大如酒盃形色如芙蓉莖末百餘子大名爲房根似芋魁大者如車轂實隨華每華一闔各有六子先後相次子不俱生華不俱落此蕉有三種一種子大如拇指長而銳有似羊角名羊角蕉味最甘好一種子大如雞卵有似牛乳味微減羊角蕉一種蕉大如藕長六七寸形正方名方蕉少甘味最弱其莖如芋取濩而煑之則如絲可紡績也

異物志曰芭蕉葉大如筵席其莖如芋取蕉而煑之則如絲可紡績女工以爲絺綌則今交阯葛也其內心如蒜鵠頭生大如合柈因爲實房著其心齊一房有數十枚其實皮赤如火剖之中黑剝其皮食其肉如飴蜜甚美食之四五枚可飽而餘滋味猶在齒牙間一名甘蕉

顧微廣州記曰甘蕉與吳花實根葉不異直是南土暖不經霜凍四時花葉展其熟甘未



熟時亦苦澀

扶留

吳録地理志曰始興有扶留藤緣木而生味辛可以食檳榔

蜀記曰扶留木根大如箸視之似柳根又有蛤名古賁生水中下燒以爲灰曰牡礪粉先以檳榔著口中又取扶留藤長一寸古賁灰少許同嚼之除胷中惡氣

異物志曰古賁灰牡礪灰也與扶留檳榔三物合食然後善也扶留藤似木防以扶留檳

榔所生相去遠爲物甚異而相成俗曰檳榔扶留可以忘憂

交州記曰扶留有三種一名穫扶留其根香美一名南扶留葉青味辛一名扶留藤味亦辛

顧微廣州記曰扶留藤緣樹生其花實即蒟也可以爲醬

菜茹

呂氏春秋曰菜之美者壽木之華括姑之東中容之國有赤木玄木之葉焉括姑山名赤木玄木其葉皆可食

餘䅳之南南極之崖有菜名曰嘉樹其色若碧餘䅳南方山名有嘉美之菜故曰嘉食之而靈若碧青色

漢武內傳西王母曰上仙之藥有碧海琅菜

韭西王母曰仙次藥有八胘赤韭

葱西王母曰上藥玄都綺葱

䪥列仙傳曰務光服蒲䪥根

蒜說又曰菜之美者雲夢之蒠菜

薑呂氏春秋曰和之美者蜀郘楊樸之薑楊樸地名

葵管子曰桓公北伐山戎世冬葵布之天下列仙傳曰丁次卿爲遼東丁家作人丁氏嘗使買葵冬得生葵問冬何得此葵云從日南買來呂氏春秋菜之美者具區之菁者也



鹿角南越志曰猴葵色赤生石上南越謂之鹿角

羅勒遊名山志曰步廊山有一樹如椒而氣是羅勒土人謂爲山羅勒也

葙廣志曰葙根以爲菹香辛

紫菜吳都海邊諸山悉生紫菜又吳都賦云綸組紫菜也爾雅注云綸今有秩嗇夫所帶糾青絲綸組綬也海中草生移理有象之者因以名焉

芹呂氏春秋曰菜之美者雲夢之芹

優殿南方草物狀曰合浦有菜名優殿以豆醬汁茹食之甚香美可食

雍廣州記云雍菜生水中可以爲菹也

冬風廣州記云冬風菜陸生宜配肉作羹也

蘾字林曰藙菜生水中

蔊菜音罕味辛

荳胡對反呂氏春秋曰菜之美者有雲夢之荳

荶似蒜生水中

遣菜音譴似蒿也

葙菜紫色有藤

蘬菜葉似竹生水旁

簡菜葉似竹生水旁

藄菜似蕨

蔿菜似蕨生水中

蕨菜鼈也詩疏曰秦國謂之蕨齊魯謂之鼈

堇菜（似蒜生水邊）

藙菜（徐鹽反似蒼筌菜也一曰染草）

蘸菜（音唯似烏韭而黃）

荅菜（他合反生水中大葉）

藷（根似芋可食又云署預別名）

荷（爾雅云荷芙蕖其實蓮其根藕）

## 竹

山海經曰嶓冢之山多桃枝鉤端竹雲山有桂竹甚毒傷人必死（今始興郡出筀竹大者圍二赤長四丈交阯有篥竹寔中勁強有毒銳似刺虎中之則死亦比類）龜山多扶竹（扶竹筇竹也）



漢書竹大者一節受一斛小者數斗以爲柙（音匣）檻

邛都高節竹可爲杖所謂邛竹

尚書曰揚州厥貢篠簜荊州厥貢箘簵（注云篠竹箘簜大竹箘簵皆美竹出雲夢之澤）

禮斗威儀曰君乘土而王其政太平蔓竹紫脫常生（其注曰紫脫北方物）

南方草物狀曰由梧竹吏民家種之長三四丈圍一赤八九寸作屋柱出交阯

魏志云倭國竹有條幹

神異經曰南方荒中有沛竹長百丈圍三丈五六赤厚八九寸可爲大船其子美食之可以已瘡癘（張茂先注曰子筍也）

外國圖曰高陽氏有同產而爲夫婦者帝怒放之於是相抱而死有神鳥以不死竹覆之七年男女皆活同頸異頭共身四足是爲蒙雙民

廣州記曰石麻之竹勁而利削以爲刀切象皮如切芋

博物志云洞庭之山堯帝之二女常泣以其涕揮竹竹盡成班（下雋縣有竹皮不班即刮去皮乃見）



華陽國志云有竹王者興於豚水有一女浣於水濱有三節大竹流入女足間推之不去聞有兒聲持歸破竹得男長養有武才遂雄夷狄氏竹爲姓所破竹於野成林今王祠竹林是也

風土記曰陽羨縣有袁君家壇邊有數林大竹並高二三丈枝皆兩披下掃壇上常潔淨也

盛弘之荊州記曰臨賀謝休縣東山有大竹

數十圍長數丈有小竹生旁皆四五赤圍下有盤石徑四五丈極高方正青滑如彈棊局兩竹屈垂拂掃其上初無塵穢未至數十里聞風吹此竹如簫管之音

異物志曰有竹曰當其大數圍節間相去局促中實滿堅強以爲柱榱

南方異物志曰棘竹有刺長七八丈大如甕

曹毗湘中賦曰竹則篔簹白烏實中紺族濱榮幽渚繁宗隈曲萋蒨陵丘薆逮重谷

王彪之閩中賦曰竹則苞甜赤若縹箭斑弓



度世推節征合實中篔簹函人桃枝育蟲緗笿素笋彤竿綠筒篔簹竹節中有物長數寸正似世人形俗說相傳云竹人時有得者育蟲謂竹隨竹中皆有耳因說桃枝可得寄言

神仙傳曰壺公欲與費長房俱去長房畏家人覺公乃書一青竹戒曰卿可歸家稱病以此竹置卿卧處默然便來還房如言家人見此竹是房屍哭泣行喪

南越志云羅浮山生竹皆七八寸圍節長一二丈謂之龍鍾竹

孝經河圖曰少室之山有爨器竹堪爲釜甑

安思縣多苦竹竹之醜有四有青苦者白苦者紫苦者黃苦者

竺法真登羅浮山疏曰又有筋竹色如黃金

晉起居注曰惠帝二年巴西郡竹生紫色花結實如麥皮青中米白味甘

吳錄曰日南有篥竹勁利削爲矛

臨海異物志曰狗竹毛在節間

字林曰葺竹頭有父文

䉑音模竹黑皮竹浮有文

䉝音感竹有毛



䉮力印反竹實中

筍

呂氏春秋曰和之美者越簬之箘高誘注曰箘竹筍也

吳錄曰鄱陽有筍竹冬月生

筍譜曰雞脛竹筍肥美

東觀漢記曰馬援至荔浦見冬筍名苞上言禹貢厥苞橘柚疑是謂也其味美於春夏

荼

爾雅曰荼苦菜可食詩義疏曰山田苦菜甜

所謂菫荼如飴

蒿

爾雅曰蒿菣也蘩皤蒿也注云今人呼青蒿香中炙啖者爲菣蘩白蒿

禮外篇曰周時德澤洽和蒿茂大以爲宮柱名曰蒿宮

神仙服食經曰七禽方十一月采旁（音旁）勃旁勃白蒿也白兔食之壽八百年

菖蒲

春秋傳曰僖公三十年使周閱來聘饗有昌歜杜預曰昌蒲菹也



神仙傳云王興者陽城越人也漢武帝上嵩高忽見仙人長二丈耳出頭下垂肩帝禮而問之仙人曰吾九疑人也聞嵩岳有石上菖蒲一寸九節可以長生故來採之忽然不見帝謂侍臣曰彼非欲服食者以此喻朕耳乃採菖蒲服之帝服之煩悶乃止興服不止遂以長生

薇

召南詩曰陟彼南山言采其薇詩義疏云薇山菜也莖葉皆如小豆藿可羹亦可生食之今官園種之以供宗廟祭祀也

萍

爾雅曰苹萍也其大者蘋呂氏春秋曰菜之美者崑崙之蘋

石菭（文之切）

爾雅曰藫石衣郭璞曰水菭也一名石髮江東食之藫葉似䪥而大生水底亦可食

胡荾

爾雅云菤耳苓耳



廣雅云枲耳也亦云胡枲郭璞曰胡荾也江東呼爲常枲

周南曰采采卷耳毛云苓耳也注云胡荾也

詩義疏曰苓似胡荽白花細莖蔓而生可鬻爲茹滑而少味四月中生子如婦人耳璫或云耳璫草幽州人謂之爵耳

博物志洛中有驅羊入蜀胡葸子著羊毛蜀人取種因名羊負來

承露

爾雅曰蔠葵蘩露注曰承露也大莖小葉花

紫黃色實可食

鳧茈

樊光曰澤草可食也

堇

爾雅曰齧苦堇也注曰今堇葵也葉似柳子如米汋食之滑

廣志曰瀹爲羹語曰夏荁秋堇滑如粉

芸

禮記云仲冬之月芸始生鄭玄注云香草

呂氏春秋曰菜之美者陽華之芸



倉頡解詁曰芸蒿葉似斜蒿可食春秋有白蒻可食之

莪蒿

詩曰菁菁者莪蘿蒿也義疏云莪蒿生澤田漸洳處葉似斜蒿細科二月中生莖葉可食又可蒸香美味頗似蔞蒿

葍

爾雅云葍藑茅也郭璞曰葍大葉白華根如指正白可啖葍華有赤者爲藑藑葍一種耳亦如陵苕華黃白異名

詩曰言采其葍毛云惡菜也義疏曰河東關內謂之葍幽兗謂之燕葍一名爵弁一名藑根正白著熱灰中溫噉之飢荒可蒸以禦飢漢祭甘泉或用之其華有兩種一種莖葉細而香一種莖赤有臭氣

風土記曰葍蔓生被樹而升紫黃色子大如牛角形如蟦二三同蒂長七八寸味甜如蜜其大者名林

夏統別傳注獲葍也一名甘獲正圓赤粗似橘

苹



爾雅云苹藾蕭也注曰藾蒿也初生亦可食

詩曰食野之苹詩疏云藾蕭青白色莖似箸而輕脆始生可食又可蒸也

土瓜

爾雅云菲芴注曰即土瓜也

本草云王瓜一名土瓜　衛詩曰采葑采菲無以下體毛云菲芴也義疏云菲似葍莖麤葉厚而長有毛三月中蒸爲滑美亦可作羹爾雅謂之蒠菜郭璞注云菲草生下濕地似蕪菁華紫赤色可食今河內謂之宿菜

茗

爾雅云茗陵苕黄華蔈白華茇孫炎云苕華色異名者

廣志云苕草色青黄紫華十二月稻下種之蔓延殷盛可以美田葉可食

陳詩曰卭有旨苕詩義疏云苕饒也幽州謂之翹饒蔓生莖如營劳豆而細葉似蒺藜而青其莖葉緑色可生啖味如小豆藿

薺

爾雅曰薪蓂大薺也犍為舍人注曰薺有小故言大薺郭璞注云似薺葉細俗呼老薺



藻

詩曰于以采藻注云聚藻也詩義疏曰藻水草也生水底有二種其一種葉如雞蘇莖大似箸可長四五尺一種莖大如釵股葉如蓬謂之聚藻此二藻皆可食煑熟挼去腥氣米麵糝蒸為茹佳美荆陽人飢荒以當穀食

蔣

廣雅云蔣也其米謂之雕胡

廣志曰菰可食以作席温於蒲生南方

食經云藏菰法好擇之以蟹眼湯煑之鹽薄灑抑著燥器中密塗稍用

羊蹄

詩云言采其蓫毛云惡菜也詩義疏曰今羊蹄似蘆菔莖赤煑為茹滑而不美多噉令人下痢幽陽謂之蓫一名蓨亦食之

菟葵

爾雅曰莃菟葵也郭璞注云頗似葵而葉小狀如藜有毛汋啖之滑

鹿豆



爾雅曰蔨鹿蘿其實莥郭璞云今鹿豆也葉似大豆根黄而香蔓延生

藤

爾雅曰諸慮山櫐郭璞云今江東呼櫐為藤似葛而麤大攝虎櫐今虎豆也纏蔓林樹而生莢有毛刺江東呼為欇欇涉音

詩義疏曰櫐苣荒也似燕薁連蔓生葉白色子赤可食酢而不美幽州謂之椎櫐

山海經曰畢山其上多櫐郭璞注曰今虎豆狸豆之屬

南方草物狀曰沈藤生子大如齊甌正月華色仍連著實十月臘月熟色赤生食之甜酢生交阯

眊藤生山中大小如苹蒿蔓衍生人採取剝之以作眊然不多出合浦興古

簡子藤生緣樹木正月二月華色四月五月熟實如梨赤如雄雞冠核如魚鱗取生食之淡泊無甘苦出交阯合浦

野聚藤緣樹木二月華色仍連著實五六月熟子大如羹甌里民煑食其味甜酢出蒼梧



椒藤生金封山烏滸人往往賣之其色赤又云以草染之出興古

異物志曰葭蒲藤類蔓延他樹以自長養子如蓮菆側九反著枝格間一日作扶相連實外有殼裹又無核剝而食之煑而曝之甜美食之不飢

交州記曰含水藤破之得水行者資以止渴

臨海異物志曰鍾藤附樹作根軟弱須緣樹而作上下條此藤纏裹樹樹死且有惡汁尤令速朽也藤咸成樹若木自然大者或至十五圍

異物志曰䔲藤圍數寸重於竹可爲杖篾以縛船及以爲席勝竹也

顧微廣州記曰䔲如栟櫚葉疎外皮青多棘剝高五六丈者如五六寸竹小者如筆管竹破其外青皮得白心即䔲藤類有十許種續斷草藤也一曰諾藤一曰水藤山行渴則斷取汁飲之治人體有損絶沐則長髮去地一丈斷之輒更生根至地永不死

刃陳嶺有膏藤津汁軟滑無物能比



柔䔲藤有子子極酢爲菜滑無物能比

藜

詩云北山有萊義疏云萊藜也莖葉皆似菉王芻今兖州人蒸以爲茹謂之萊蒸譙沛人謂雞蘇爲萊故三倉云萊茱萸此二草異而名同

蔿

廣志云蔿子生可食

藨

廣志云三藨似翦羽長三四寸皮肥細緗色

以蜜藏之味甜酸可以爲酒啖出交州正月中熟

異物志曰藨實雖名三藨或有五六長短四五寸藨頭之間正巖以正月中熟正黄多汁其味少酢藏之益美

廣州記曰三藨快酢新說蜜爲糝乃美

蘧蔬

爾雅曰出隧蘧蔬郭璞注云蘧蔬似土菌生菰草中今江東噉之甜滑音氈毦

芺



爾雅曰鉤芺郭璞云大如拇指中空莖頭有臺似薊初生可食

莌

爾雅曰莌蘠蓄郭璞云似小藜赤莖節好生道旁可食又殺蟲

薞蕪

爾雅曰須薞蕪郭璞注云薞蕪似羊蹄葉細味酢可食

隱荵

爾雅云蒡隱荵郭璞云似蘇有毛今江東呼爲隱荵藏以爲菹亦可瀹食

守氣

爾雅曰皇守田郭璞注曰似燕麥子如雕胡米可食生廢田中一名守氣

地榆

神仙服食經云地榆一名玉札北方難得故尹公度曰寧得一斤地榆不用明月珠其實黑如豉北方呼豉爲札當言玉豉與五茄煑服之可神仙是以西域真人曰何以支長久食石畜金鹽何以得長壽食石用玉豉此草



霧而不濡太陽氣盛也鑠玉爛石炙其根作飲如茗氣其汁釀酒治風痺補腦

廣志曰地榆可生食

人莧

爾雅曰蕢赤莧郭璞云今人莧赤莖者

莓

爾雅曰葥山莓郭璞云今之木莓也實似藨莓而大可食

鹿葱

風土記曰宜男草也高六赤花如蓮懷姙人

帶佩必生男

陳思王宜男花頌云世人有女求男取此草食之尤良

嵇含宜男花賦序云宜男花者荊楚之俗號曰鹿葱可以薦宗廟稱名則義過馬舃也

蔞蒿

爾雅曰購蔏蔞郭璞注曰蔏蔞蔞蒿也生下田初出可啖江東用羹魚

藨

郭璞注曰藨即莓也江東呼藨莓子似覆葐而大赤酢甜可啖



藄

爾雅曰藄月爾郭璞注云即紫藄也似蕨可食詩曰藄菜也葉狹長二赤食之微苦即今英菜也詩曰彼汾沮洳言采其英一本作莫

覆葐

爾雅曰茥蒛葐郭璞云覆葐也實似莓而小亦可食

翹摇

爾雅曰柱夫摇車郭璞注曰蔓生細葉紫華可食俗呼翹摇車

烏蓲音丘

爾雅曰菼薍也郭璞云似葦而小實中江東呼為烏蓲詩曰葭菼揭揭毛云葭蘆菼薍義疏云薍或謂之荻至秋堅成即刈謂之萑三月中生初生其心挺出其下本大如箸上銳而細有黃黑勃著之汙人手把取正白噉之甜脃一名遂蕩楊州謂之馬尾故爾雅云遂薚馬尾也幽州謂之旨草

梌



郭璞曰檟苦茶樹小似梔子冬生葉可煮作羹飲今呼早采者為茶晚取者為茗一名荈蜀人名之苦茶

荊州地記曰浮陵茶最好

博物志曰飲真茶令人少眠

荊葵

爾雅曰荍蚍衃郭璞曰似葵紫色詩義疏曰一名芘芣華紫綠色可食華似蕪菁微苦陳詩曰視爾如荍

竊衣

爾雅曰蘮蒘竊衣孫炎云似芹江河間食之實如麥兩兩相合有毛著人衣其華著人衣故曰竊衣

東風

廣州記云東風華葉似落娠婦莖紫宜肥肉作羹味如酪香氣似馬蘭

菫 丑六反

字林云草似冬藍蒸食之酢

萸 而兗反

木耳也案木耳煑而細切之和以薑橘可爲



菹滑美

莓 亡代反

莓草實亦可食

荁 音丸

荁乾堇也

斳

斳字林曰草生水中其花可食

木

莊子曰楚之南有冥泠 一本作靈 者以五百歲爲春五百歲爲秋

司馬彪曰木生江南千歲爲一年

皇覽冢記曰孔子冢塋中樹數百皆異種魯人世世無能名者人傳言孔子弟子異國人持其國樹來種之故有柞枌雒離女貞五味毚檀之樹

齊地記曰東方有不灰木

桑

山海經曰宣山有桑大五十赤其枝四衢 言枝交互四出 其葉大尺赤理黃花青葉名曰帝女之桑 婦人主蠶故以名桑



十洲記曰扶桑在碧海中上有大帝宮東王所治有椹桑樹長數千丈三千餘圍兩樹同根更相依倚故曰扶桑仙人食其椹體作金色其樹雖大椹如中夏桑椹也但稀而赤色九千歲一生實味甘香

括地圖曰昔烏先生避世於芒尚山其子居焉化民食桑三十七年以絲自裹九年生翼九年而死其桑長千仞蓋蠶類也去琅琊二萬六千里

玄中記云天下之高者扶桑無枝木焉上至

天盤蜿而下屈通三泉也

棠棣

詩曰棠棣之華萼不韡韡詩義疏云承花者曰萼其實似櫻桃薁李時熟食美北方呼之相思也

說文曰棠棣如李而小子如櫻桃

棫

爾雅云棫白桵注曰桵小木叢生有刺實如耳璫紫赤可食

櫟



爾雅曰櫟其實梂郭璞注云有梂彚自裹孫炎云櫟實橡也

周處風土記云史記曰舜耕於歷山而始寧邳郯二縣界上舜所耕田在於山下多柞樹吳越之間名柞爲櫟故曰歷山

桂

廣志曰桂出合浦其生必高山之嶺冬夏常青其類自爲林林間無雜樹

吳氏本草曰桂一名止唾

淮南萬畢術曰結桂用蔥

木緜

吳録地理志曰交阯定安縣有木緜樹高大實如酒杯口有緜如蠶之緜也又可作布名曰白緤一名毛布

欀木

吳録地里志曰交阯有欀木其皮中有如白米屑者乾擣之以水淋之似麵可作餅

仙樹

西河舊事曰祁連山有仙樹人行山中以療飢渴者輙得之飽不得持去平居時亦不得見



莎木

廣志曰莎樹多枝葉葉兩邊行列若飛鳥之翼其色白樹收麵不過一斛

蜀志記曰莎樹出麵一樹出一石正白而味似桄榔出興古

槃多

裴淵廣州記曰槃多樹不花而結實實從皮中出自根著子至杪如橘大食之過熟內許生蜜一樹者皆有數十

嵩山記曰嵩寺中忽有思惟樹即貝多也有

人坐具多樹下思惟因以名焉漢道士從外國來將子於山西腳下種極高大今有四樹一年三花

緗

顧微廣州記曰緗葉子並似椒味如羅勒嶺北呼爲木羅勒

娑羅

盛弘之荆州記曰巴陵縣南有寺僧房牀下忽生一木隨生旬日勢凌軒棟道人移房避之木長便遲但極晚秀有外國沙門見之名



爲娑羅也彼僧所憩之陰常著花細白如雪元嘉十一年忽生一花狀如芙蓉

榕

南州異物志曰榕木初生少時緣摶他樹如外方扶芳藤形不能自立根本緣繞他木傍作連結如羅網相絡然彼理連合欎茂扶踈高六七丈

杜芳

南州異物志曰杜芳藤形不能自立根本緣繞他木作房藤連結如羅網相冐然後皮理連合欎茂成樹所託樹既死然後扶踈六七丈也

摩廚

南州異物志曰木有摩廚生于斯調國其汁肥潤其澤如脂膏馨香馥郁可以煎熬食物香美如中國用油

都句

劉欣期交州記曰都句樹似栟櫚木中出屑如麵可啖

木豆



交州記曰木豆出徐聞子美似烏豆枝葉類柳一年種數年採

木堇

莊子曰上古有椿者以八千歲爲春八千歲爲秋司馬彪曰木堇也以萬六千歲爲一年一名蕣椿

傅玄朝華賦序曰朝華麗木也或謂之洽容或曰愛老

東方朔傳曰朔書與公孫弘借車馬曰木堇夕死朝榮士亦不長貧

外國圖曰君子之國多木堇之花人民食之潘尼朝菌賦云朝菌者世謂之木堇或謂之日及詩人以爲蕣華又一本云莊子以爲朝菌

顧微廣州記曰平興縣有花樹似堇又似桑四時常有花可食甜滑無子此蕣木也

詩曰顔如蕣華義疏曰一名木堇一名王蒸

木蜜

廣志曰木蜜樹號千歲根甚大伐之四五歲乃斷取不腐者爲香生南方枳木蜜枝可食



本草曰木蜜一名木香

枳柜

廣志曰枳柜葉似蒲柳子似珊瑚其味如蜜十月熟樹乾者美出南方邳郯枳柜大如指

詩曰南山有枸毛云柜也義疏曰樹高大似白楊在山中有子著枝端大如指長數寸噉之甘美如飴八九月熟江南者特美今官園種之謂之木蜜本從江南來其木令酒薄若以爲屋柱則一屋酒皆薄

机

爾雅曰机繫梅郭璞云机樹狀似梅子如指頭赤色似小柰可食

山海經曰單狐之山其木多机郭璞曰似榆可燒糞田出蜀地

廣志曰机木生易長居種之爲薪又以肥田

夫移

爾雅曰唐棣移注云白移似白楊江東呼夫移詩云何彼穠矣唐棣之華毛云唐棣移也疏云實大如小李子正赤有甜有酢率多澀少有美者



櫧音諸

山海經曰前山有多櫧郭璞曰似柞子可食冬夏青作屋柱難腐

木威

廣州記曰木威樹高丈子如橄欖而堅削去皮以爲粽

榞木

吳錄曰地理志曰廬陵南縣有榞樹其實如甘焦而核味亦如之

歆

廣州記曰款似栗赤色子大如栗散有棘刺破其外皮內白如脂肪著核不離味甜酢核似荔支

君遷

魏王花木志曰君遷樹細似甘焦子如馬乳

古度

交州記曰古度樹不花而實實從皮中出大如安石榴色赤可食其實中如有蒲梨者取之數日不煑皆化成蟲如蟻有翼穿皮飛出著屋正黑




顧微廣州記曰古度樹葉如栗而大於枇杷無花枝柯皮中生子子似杏而味酢取煑以爲粽取之數日不煑化作飛蟻

熙安縣有抓古度樹生其號曰古度俗人無子於祠乞其乳則生男以金帛報之

繫彌

廣志曰繫彌樹子赤如㮈棗可食

都咸

南方草物狀曰都咸樹野生如手指大長三寸其色正黑三月生花色仍連著實七八月熟里民噉子及柯皮乾作飲芳香出日南

都桷

南方草物狀曰都桷樹野生二月花色仍連著實八九月熟一如雞卵里民取食

夫編一本作徧

南方草物狀云夫編樹野生三月花色仍連著實五六月成子及握煑投下魚雞鴨羹中好亦中鹽藏出交阯武平

乙樹

南方記曰乙樹生山中取葉擣之訖和繻葉汁煑之再沸止味辛曝乾投魚肉羹中出武平興古




州樹

南方記曰州樹野生三月花色仍連著實五六及握煑如李子五月熟剝核滋味甜出武平

前樹

南方記曰前樹野生二月花色連青實如手指長三寸五六月熟以湯滴之削去核食以糟鹽藏之味辛可食出交阯

石南

南方記曰石南樹野生二月花色仍連著實實如鷰卵七八月熟人採之取核乾其皮中作肥魚羹和之尤美出九真

國樹

南方記曰國樹子如鴈卵野生三月花色連著實九月熟曝乾訖剝殼取食之味似栗出交阯

楮

南方記曰楮樹子似桃實二月花色連著實



七八月熟鹽藏之味辛出交阯

搉

南方記曰搉樹子如桃實長寸餘二月花色連實五月熟色黃鹽藏味酸似白梅出九真

梓棪

異物志曰梓棪大十圍材貞勁非利剛截不能剋堪作船其實類棗著枝葉重曝撓垂刻鏤其皮藏味美於諸樹

蒟母

異物志云蒟母樹皮有蓋狀似栟櫚但脆不中用南人名其實爲蒟用之當裂作三四片

廣州記曰蒟葉廣六七赤接之當覆屋

五子

裴淵廣州記曰五子樹實如梨裏有五核因名五子治霍亂金瘡

白緣

交州記曰白緣樹高丈實味甘美於胡桃

烏臼

玄中記云荆陽有烏臼其實如雞頭迮之如胡麻子其汁味如豬脂



都昆

南方草物狀曰都昆樹野生二月花色仍連著實八九月熟如雞卵里民取食之皮核滋味醋出九真交阯

齊民要術卷第十

# 齊民要術序

紹興甲子夏四月十八日，龍舒張使君事使貽書曰：比因暇日以齊民要術刊板成書，將廣其傳，求僕爲序以冠其首。謹按齊民要術舊多行於東州，僕在兩學時，東州士夫有以要術中種植畜養之法爲一時美談，僕喜聞之，欲求善本寫目而不得。令使君得之於鄉林居士向伯恭，伯恭自少留意問學，故一時名士大夫多與之遊，而喜傳之書，蓋此書乃天聖中崇文院校本，非

朝廷要人不可得，使君得之，刊于州治，欲使天下之人皆知務農重穀之道，使君之用心可知矣。僕嘗觀周公戒成王以無逸之書，有曰：不知稼穡之艱難，乃逸乃諺，既誕否則侮厥父母，曰昔之人無聞知。夫惟不知稼穡之艱難，其禍至於侮厥父母而不知懼，其害教豈小小者哉。嘗謂古今親民之官莫如守令，故守令皆以勸農爲職。漢循吏如召信臣、龔遂輩，類皆躬勸耕農，出入阡陌，至於使民賣刀買犢、賣劍買牛著。今使君以書載耕稼之



要，足以爲齊民法，其爲賢當不在西漢循吏之下。況舒之爲州，沃壤千里，富饒魚稻，爰自吳魏以來爲耕戍實邊之地，又得賢使君勸相乎其間，其爲舒緩不疑矣。僕流落州縣間，晚得小壘而爲之，有民人社稷，於此得使君所遺墨本，日以縱觀，庶幾有補於斯民，且無負於勸農之官，不亦幸乎。使君名轔，彥聲其字，濟南佳士也。嘗爲越之上虞令，縣多力穡之農，而令實爲之勸，故租賦之入不勞而辦。又嘗爲九江郡丞，而化行乎江漢之間。自九江擢守龍舒，聞譽益美，功利益博，又以其餘力刊書累編，貽訓于後，他日得君行道，豈易量哉。四月十八日，左朝散郎權發遣無爲軍主管學事兼管內勸農營田事鎮江葛祐之序

# 四時纂要

（唐）韓　鄂　撰

《四時纂要》，（唐）韓鄂撰。韓鄂，一題作韓諤，約唐末五代時人，年壽、籍貫與仕歷均無可考。《新唐書》卷七三《宰相世系表》列有『韓鄂』之名，《歲華紀麗》撰者亦題『韓鄂』，三者是否爲同一人，尚存爭議。據《四時纂要》内容推知，韓氏可能生活於渭河及黄河下游地區。書約成於唐末或五代初，《新唐書·藝文志》農家類最早著録。宋人著録多爲五卷，《宋史·藝文志》著録爲十卷，當另有所本。元明以後鮮見著録，流傳似已不廣。

該書繼承了《四民月令》與韋氏《月録》的體例且有所發展，按照春、夏、秋、冬分五卷（其中春令二卷），每卷逐月逐條記述相應農事，兼及占候禳鎮、醫藥衛生、買賣租賃、文化教育等項，計六百九十八條，有『事出千門』之説（韓氏自序）。書中的材料多取自《氾勝之書》《四民月令》《齊民要術》等農書以及少數醫方書，略作改動；部分出自韓氏實踐經驗的總結。

全書約分爲五卷，按月依次編排天文、占候、禳鎮、食忌、祭祀、種植、修造、牧養、雜事、愆忒（天氣異常引起的災禍）等方面的資料。農業技術内容占全書的一半以上，主要涉及糧食作物和蔬菜的種植。茶樹、棉花、菌子、薯蕷等的栽培技術和人工養蜂均屬文獻中的首次記載。農副産品加工也占一定比例，内容包括織造、染色、釀酒、製醬、食品酪製以及飴糖、乳品、油脂、澱粉、動物膠的加工等，其中釀酒、製醬、製澱粉的技術均有較大發展。其他還包括藥用植物栽培、採收、器物修造、文化教育等。書中少數文字摘録過於簡單，叙説略顯含混；多占候、禳鎮、宜忌等内容，向爲論者所詬病，但仍不失爲研究唐五代社會生活史的重要參考資料；該書保存大量已佚文獻的片段，且彌補了北魏《齊民要術》至南宋陳旉《農書》之間六百年無重要存世農書的缺憾，對唐五代農業科技史與社會經濟史研究頗有裨益。

該書曾刊於北宋至道二年（九九六），天禧四年（一〇二〇）又與《齊民要術》同時校印，官頒於諸道，後亡佚。一九六〇年，日本山本敬太郎發現明萬曆十八年（一五九〇）朝鮮刻本，是以宋太宗至道二年（九九六）杭州刻本爲祖本的重刊本，一九六一年東京山本書店影印出版。一九八一年，繆啓愉整理《四時纂要校釋》，一九八二年日本安田學園出版渡部武《四時纂要譯稿》。今據明萬曆十八年（一五九〇）朝鮮刻本影印。

（惠富平　熊帝兵）

## 四時纂要序

夫有國者莫不以農爲本有家者莫不以食爲本
昔禹胝胼神農憔悴后稷播植百穀帝堯恭受四時是
以德邁百王澤流萬世者也後有商鞅務耕織遂成秦
帝之基范蠡開土田卒報越王之恥下及祖龍狼顧四
海蠶食諸侯遂焚詩書欲愚黔首唯種樹之法不焚之
文况陛泰坑不藏魯壁故知賢愚共守之道也管子曰
倉廩實知禮節衣食足知榮辱誠哉是言也若父母凍
於前妻子餒於後而爲顏閔之行亦萬無一焉設此帶
甲百萬金城湯池軍無積粮其何以守雖有軒轅之德
堯舜之仁民無粒儲其何以治　知貨殖之術實教化



先且商辛之有八荒而國用不足姬昌之王百里而兵
食有餘非夫天雨殺粟於周而降水旱於紂蓋不務勸
農之術而無節財之方余是以編閱農書搜羅雜訣廣
雅爾雅則定其土産月令家令則叙彼時宜采氾勝種
樹之書掇崔寔試穀之法而又韋氏月錄傷於簡閱齊
民要術弊在迂疎今則删兩氏之繁蕪撮諸家之術數
諱　可嗤孔子速富則安問陶朱加以占八節之風
雲　五穀之貴賤手試必成之醞醢家傳立效之方著
至於相馬醫牛飾雞疏既貲傳識豈可棄遺事出千門
編成五卷雖慙老農老圃但冀傳子傳孫仍希好事英
賢庶幾不罪於此故目之爲四時纂要云耳

## 四時纂要春令卷之一

**正月**　孟春建寅自立春即得正月節凡陰陽避忌宜依
正月法昏昴中曉心中（日入後二刻半爲昏　日出前二刻半爲曉）雨水
爲正月中氣昏畢中曉尾中凡出行要知昏曉上探星屋
所爲百事莫不順其早晚是以列于篇首實爲切務○天
道是月天道南行修造出行宜南方吉○晦朔占朔旦晴
明無雲而溫不風至暮者善而米賤若有疾風盛雨折木
發屋揚沙走石絲綿貴蠶敗而穀不成晦與旦風雨者
穀貴朔日霧歲飢朔日雷雨者下田與麥善禾黍小熟朔
日雨水猛獸見狼如狗朔日立春民不安○歲首雜占月
令占候圖曰自元日至八日占禽獸一日爲雞天晴氣朗



人安國泰四夷來貢二日爲狗無風雨即大熟三日爲猪
天氣明朗君安四日爲羊氣色和暖無災臣順君命五日
爲馬如晴明天下豐稔六日爲牛日月光晴歲大熟七日
爲人從旦至暮日色晴朗夜見星辰民安國寧君臣和會
八日爲穀如晝晴夜見星辰五穀豐熟其日晴明則所主
之物蕃息陰晦則衰耗○月內雜占是月一日值甲米賤
人疫值乙米麥貴人病死值丙四十日旱人安（一云四月）值丁
絲綿六十日貴值戊粟麥魚鹽貴又旱四十五日值己米
貴蠶凶多風雨值庚金銅貴穀熟人多病值辛麻麥貴穀
熟值壬米麥賤絹布大豆貴值癸穀傷人病多雨月內甲
戌大風從東南來折樹稻熟甲寅庚寅風從西北[illegible]

貴。宰深即麥賤，午深即米貴。又常以冬至數至正月上午日滿五十日，人食長一日；餘一月，食少一日；即少一月，食此有據。朔日溫，正月糴賤。以十二日占十二月，取最風最寒之日為最貴之月。若自一日至五日已來，不風雨，調和無寒，穀賤。正月戊寅、己卯日小風，穀小貴；大風，大貴。在六十日上卯日，風從東北來，穀三倍貴；東來，一倍；西來，賤。月內有甲子，蠶善，而米貴。巳日溫，麥善；丑日溫，禾善；寅日溫，稻善；卯日溫，豆善。此月閏，七月穀貴，月[illegible]。

〇立春雜占：常以入節日日中時，立一丈表，竿度影，得一尺，大疫、大旱、大湯、大飢；二尺，赤地千里；三尺，大旱；四尺，小旱；五尺，下田熟；六尺，高下熟；七尺，善；八尺，澇；九尺及一丈，大水。若其日不見日，為上。又立八尺表，日中時影得一丈三尺七分半，宜大豆。凡春夏影短為旱，長為病；為水，秋冬短為旱，長為水霜雷如度即吉。他節准此。其日陰者，前後十日同占。〇占月影：十五夜月中時，立七尺表，影得一丈九尺、八尺，並澇而多雨；七尺，善；六尺，普善；五尺，下田吉，並有熟處；四尺，飢而蟲；三尺，旱；二尺，大旱；一尺，大病、大飢。又上下弦月色占之：青黑、稍明，主旬有雨；黃赤，無其雨。餘月倣此。〇占雲氣：立春日艮卦用事，雞鳴丑時，艮上有黃雲氣，艮氣至也，宜大豆。艮氣不至，萬物不成，應在其衝。衝在七月。朔旦四面有黃雲氣，其歲大豐，四方普熟。有青雲氣雜黃雲氣，有蝗蟲。赤氣，大旱。黑氣，大水。又朔旦東方有青氣，春多雨，人民疫；白雲，八月凶；赤雲，春旱；黑雲，春多雨；黃雲，春多土功興。南方有赤雲，夏旱，穀貴；黑雲、青雲，夏多雨；白雲，夏凶；黃雲，夏土功興。西方占秋，北方占冬，並准此占之。又朔旦日初出時，有赤雲如霞，蔽日，蠶絲帛貴。又四面並有赤雲，歲猶善，但小旱。〇占風：立春日艮風來，宜大豆，又熟。坤來，多寒，大豆貴，貴在四十五日中。兌來，疾病；巽來，多風蟲；離來，多旱；震來，霜傷物；乾來，亦霜害物，而穀貴；坎來，春寒。立春以金尤寒，大飢而疾。立春雨，傷五禾。春甲乙日必有風雨，無風雨，人民不耕。又朔日風從南來，夏糴賤，年中旱。西來，春夏米貴，豆熟。東來，米賤。北來，澇。西北來，小豆熟。又夏米貴。東北來，大熟。東南來，疾疫。朔日無風，而陰不見日，而溫，歲美十倍。若大風寒，米甚貴。從旦至巳，即正月貴；從巳至申，即二月貴；從申至酉，即三月貴。一日占至三月，他皆倣此。風悲鳴，疾起，災深；若小小微動葉，災輕。又旦日至三日已來，不風，空陰不見日，其年大善，十倍。又月旦決八風，風從北方為中歲，東北為上歲。聽都邑人民之聲，聲宮則歲美，商則有兵，徵則旱，羽則水，角則歲凶。宮者居中，屬土；商口開張，屬金；角舌縮却，屬木；羽唇撮聚，屬水；徵舌拄齒，屬火。〇占雷：元日雷鳴，主禾黍麥大吉。正月有雷，人民不炊。甲子雷，主五穀豐稔。〇占雨：朔日雨，春旱，人食一升；二日雨，人食二升；三日雨，人食三升；四日雨，人食四升；五日雨，主大熟。如此至七日已來，驗也。數至十二日，直其月占水旱。春雨甲子，赤地千里；五日內霧穀傷民飢朔日霧歲必飢又春三雨甲寅乙卯夏穀貴一倍夏雨丙寅丁卯秋穀貴一倍秋雨庚寅辛卯冬穀貴一倍冬雨壬寅癸卯春穀貴一倍若四時皆雨米一石直金一斤皆以入地五寸為候凡甲申風雨五穀大貴小雨小貴大雨大貴若溝瀆皆滿者急聚五穀甲申至己丑已來風雨皆穀貴庚寅至癸巳風雨皆主食折皆以入地五寸為候五月為麥六月為黍七月為粟八月為菽九月為穀以此則之假如五月雨庚寅即麥折錢他月倣此春夏三雨辰蟲生三雨未蟲死蟲生蟲死非獨蝗蟲百蔬五果之蟲同占○占六子正月上旬有甲子則雨丙子則旱戊子則蟲蝗庚子則凶饑收得半唯壬子豐稔○地元捺師曠



曰其年一物先生主一年之候齊先生主豐葶藶先生主黃藕先生主水蒺藜先生主旱蓬先生主流亡藻先生主疾又月所離列宿日風雲占其國然必察大歲所在金穰水毀木飢火旱此其大經也○占八穀萬物凡八穀各有為陰陽主一貴一賤稻與小麥為陰陽黍與小豆為陰陽粟與大豆為陰陽此八物一貴一賤常以八節日審察其價上增三下減四先一日後一日亦同占若相貴十四五已上可積百倍又入節之日五穀價下一增三萬不失一期在四十五日中又萬物入市候之人言賤者則聚之百姓棄者急之其貴不過一時皆以數倍矣近則一時九十日遠則三時二百七十日○元日備新曆日爆竹於庭前以辟出荊楚歲時記進屠蘇酒方具十二月門造偽木即今桃符也玉燭寶典云仙木象鬱壘山桃樹百鬼所畏歲旦置門前插柳枝門上以畏百鬼又歲旦服赤小豆二七粒面東以虀汁下即一年不疾病闔家悉令服之又歲旦投麻子二七粒小豆二七粒於井中辟瘟又上椒酒五辛盤於家長以獻壽朔旦可受符籙又元日理敗履於庭中家出印綬之子又曉夜子初時凡家之敗箒俱燒於院中勿令棄之出院令人倉庫不虛又縷懸葦炭芝麻稭排插門戶上却疫癘禁一切之鬼○上會日七日也可齋戒早起男吞赤小豆一七粒女吞二七粒一年不病又初七日夜俗謂鬼鳥過行人家槌牀打戶捩狗耳滅燈以禳之懸鳥九頭欲也其血或羽毛



落人家凶壓之則吉又凡人無子者夫婦同於富人家盜燈盞以來安於床下則當月有孕矣○上元日十五日也可齋戒讀黃庭度人經則令人能資福壽○月內占吉凶地天德在丁月德在丙月空在壬月合在辛月厭在戌月殺在丑凡修造宜於天德月德月合上取土吉厭殺凶凡嚴衣安產婦或一切掩穢事月空上吉修造取土月空吉他月不復編敘取此為例○黃道子為青龍丑為明堂辰為金匱巳為天德未為玉堂戌為司命凡出軍遠行商賈移徙嫁娵吉凶百事出其下即得天福不避將軍大歲刑禍姓墓月建等若疾病移往黃道下即差不堪移者轉面向之亦吉○黑道寅為天刑卯為朱雀午為白虎申為天

罕酉為玄武亥為句陳巳上不可犯犯之必有死亡失財劫盜刑獄之事切宜慎之凡用黃道更與天德月德月空月合日者用之尤吉若值大歲黑方五鬼將軍并者雖云不避亦宜且罷世人尚不欲以威力臨之即凶神亦不可以天福凌之也他月倣此○天赦春三月在戊寅吉○出行日凡春三月不東行犯王方又立春後七日為往（并立春日）（之）數不可遠行移徙正月丑為歸忌不可出行還家嫁娶立春前一日并癸亥日正月六日七日二十日是窮日寅日為天羅亦名往亡土公不可遠行動土傷人凶晦朔亦忌出行○遷去時正月每日禺中巳時是行者往而不返○四殺沒時四孟之月用甲時寅後卯前丙時巳後午



前庚時申後酉前壬時亥後子前巳上四時鬼神不見可為百事架屋埋葬上官並宜用之○諸凶日子為狼籍巳為天剛亥為河魁不可為百事嫁娶埋葬尤忌他月倣此辰為九焦又為九空不可種蒔上官求財為坎坷丑為血忌不可針灸出血子為天火巳為地火不可起造種蒔○嫁娶日求婦成日吉天雄在寅地雌在午不可嫁娶新婦下車壬時吉此月生男不可娶四月十一月生女害夫大凶是月納財火命女宜子孫水命女吉木命女自如土命女凶金命女孤寡是月納財壬子癸卯壬寅乙卯吉是月行嫁卯酉女吉丑未女妨夫寅申女自妨辰戌女妨父母巳亥女妨舅姑子午女妨首子媒人又天地相去日戊午

己未庚辰五亥不可嫁娶主生離又春甲子乙亥害九夫又陰陽不將日丙寅丁卯丙子丁丑己卯丁亥己丑庚寅辛卯己亥庚子辛丑辛亥已上十三日不將日嫁娶吉○喪葬此月死者妨寅申巳亥人不可臨屍凶斬草丁卯辛卯癸卯乙卯壬子吉殯壬子吉葬壬申癸酉壬午丁酉丙申丙午己酉辛酉吉○推六道死道甲庚天道乙辛地道乾巽兵道丙壬人道丁癸鬼道坤艮地道鬼道葬送往來吉天道人道嫁娶往來吉他月倣此○五姓利年宮姓丑未巳午申酉年吉商子亥申酉年角寅卯子亥年吉徵寅卯巳午丑未年羽申酉子亥寅卯年吉五姓用月日時同此○起土飛廉在戌土符在丑月刑在巳大禁北方地囊



庚子庚午巳上地不可起土修造凶日辰亦避之吉寅為土公月福德在酉取土吉月財地在午此黃帝招財致福之地若起屋令人得財大富疾者愈繫者出如不起造即掘其地方圓三尺取土泥屋四壁令人富出金匱訣○移徙大耗在申小耗在未五富在亥五貧在巳貧耗日移徙往其方並致亡財口五富日吉餘具出行門○架屋日甲子乙丑丙子戊寅辛巳丁亥癸巳己亥辛亥辛卯己巳壬辰庚午庚辰庚子乙巳丙午巳上架屋吉○禳鎮正旦元日以鵲巢燒之著廁辟兵文廁前草月初上寅日燒中庭令人一家不著天行月三日買竹筒四枚置家中四壁上令田蚕萬倍錢財自來十五日以殘糕糜熬令焦和穀種

種之辟蠶月內甲子拔白晦日汲井花水服令髭髮不白
元日取五辛食之令人開五臟去伏熱元日取小便洗腋
下治腋氣大効四日凌晨拔白永不生神仙拔白日他月
倣此拔白髭髮八日沐浴去災禍神仙沐浴日○禳鼠日此月
辰日塞穴鼠當自死又取前月所斬鼠尾於此月一日日
未出時家長於蠶室祝曰制斷鼠蟲切不得行三祝而置
於壁上永無鼠暴○食忌此月勿食虎豹狸肉令人傷神
勿食生葱令人起游風勿食蓼○是月也命童子入學之
暇習方術止博弈合諸丸散煎膏藥余有二膏方手試神
效救人甚多已載在十二月中○祀門戶土地歲時記云
望日以柳枝插戶上致酒脯祭之齊諧記云吳縣張成夜



於宅東見一婦人曰我是地神明日月半宜以糕糜白粥
祭我令君家蠶桑萬倍後果如言今人效之謂之黏錢財
○辟五果蟲法正月旦雞鳴時把火遍照五果及桑樹上
下則無蟲時年有桑果災生蟲者元日照者必免也○嫁
樹法元日日未出時以斧斑駁椎斫果木等樹則子繁而
不落謂之嫁樹晦日同嫁李樹則以石安樹丫間○種藕
初春掘取藕根取藕根頭著泥中種之當年著花○附地
刈楮事具二月種楮門中若種榆此月亦同此法○治雞
畦此月上辛日掃去雞畦中枯葉下水加糞○賽神水主
春日賽水謂之神水釀酒不壞○耕地齊民要術云此月
耕地一當五○鋤麥是月鋤麥每遍為良又種春麥○壠

瓜地是月以犂壠其地法冬中取瓜子每數介內熱牛糞
中凍之拾取聚置陰地至正月耕地逐場布種之一步一
下糞塊耕而覆之瓜生則茂而早熟○種冬瓜是月晦日
傍墻區種之區圓二寸深五寸著糞種之苗生以柴引上
墻每日午後澆之○種葵晦日種之神仙種法臨種必須
乾曝子其子千歲不暍地不厭良故彌善薄則糞之葵須
畦種水澆畦長兩步闊一步大則水難匀他畦倣此深掘
以熟糞和中半以鐵齒杷耬之令熟足蹋令堅平下水令
微濕滲下葵子又取和糞土蓋之厚一寸葵生葉然後一
澆澆以早暮每一掐即杷耬地令起下以加糞三掐即更
種秋掐須俟露晞收葵子須俟霜降若以秋葵蒸綠冬收



子謂之冬葵子入藥用○接樹右取樹本如斧柯大及臂
大者皆可接謂之樹砧砧若稍大即去地一尺截之若去
地近截之則地力大壯矣夾煞所接之木稍小即去地七
八寸截之若砧小而高截則地氣難應須以細齒鋸截鋸
齒麤即損其砧皮取快刀子於砧緣相對側劈開令深一
寸每砧對接兩枝候俱活即待葉生去二枝之弱者所接
樹選其向陽細嫩枝如筋大者長四五寸許陰枝即小實
其枝須兩節兼須是二年枝方可接接時微批一頭入砧
處插入砧緣劈處令入五分其入須兩邊批所接枝皮處
插了令與砧皮齊切令寬急得所寬即陽氣不應急即力
大夾殺全在細意酌度插枝了別取本色樹皮一片闊半

寸纏所接樹砧緣瘡口恐雨入纏了即以黃泥封之其砧
面幷枝頭並令如法泥訖仍以紙裹頭麻纏之恐其泥落
故也砧上有葉生即旋去之仍以灰糞擁其砧根外以刺
棘遮護勿使有物撥動其根枝春雨得所尤易活其實內
子相類者林檎梨向木瓜砧上栗向櫟砧上皆活蓋是類
也○秧蘿每一科一莖○雜種是月種蹲豆葱芋蒜瓜瓠
蔡葵苜蓿罌粟之類○栽樹凡栽樹須記南北枝坑中著水
作泥即下樹栽搖令泥入根中即四面下土堅築上留三
寸浮土埋須是深澆令常潤勿令手近及六畜觝觸凡一
切樹正月十五日已前上時無多子○種桑收椹桑椹水
淘取子曝乾熟耕地畦種如葵法土不得厚厚即不生待
高一尺又上糞土一遍當四五尺常耘令淨來年正月移
之白桑無子壓條種之纔收得子便種亦可只須於陰地
頻澆為妙○移桑正月二月三月並得熟耕地五六遍五
步一株著糞二三升至秋初斸根下更著糞培土三年即
堪採每年及時科斫以繩繫石墜四向枝令婆娑中心亦
屈却勿令直上難採○種梓以此月下子明年以此月移
之同桑法也○種竹宜高平處取西南引根者去梢葉院
中東北角栽種之坑深二尺許作稀泥於坑中即下竹栽
以土覆之杵築定勿將脚踏踏則筍不生土厚五寸竹忌
手把及洗手面肥水澆著即枯死竹性好西南故於東北
種之○種柳取青嫩枝如臂大長六七尺燒下頭三二寸

埋二尺已來常以水澆苗俱出留一茂者豎一木作依以
繩縛定勿令風動一年便大但旋去傍枝尤宜濕地○松
柏雜木此月並是良時唯果樹從朔及望而止過即少子
俗云一年計樹之以穀十年計樹之以木又云一日之計
在一晨一年之計在一春故知時不可失也○種榆榆性
好陰地其下不植五穀種者宜於園北背陰之處秋熟耕
其地以榆莢散勞之明年正月附地刈却草覆放火燒之
一根上必數十莖條生只留一根強者餘悉去之一年便
長八九尺後年移栽之叢長直而且速故三年乃可移初
生三年勿採葉亦勿斫剝之須留距二寸許三年外賣葉
五年堪作椽十五年堪作車轂年年科棟為柴之利已自
無算況堪充諸器物其利十倍斫而復生不勞更種一頃
地歲收千匹只用一人守護既省人工又無水旱蟲蝗之
災比之餘田勞逸萬倍男女初生各乞與小樹二十株種
之洎至成立嫁娶所用之資粗得充事夾樹刺榆三種之
法略同○種白楊林法秋耕熟地正二三月犁壠中逆順
一正一倒使寬斫白楊枝如指大長二尺屈壠中壓上令
兩頭出二尺成株明年正月剪去惡枝一畝三壠七百二
十株六畝四千二百二十株三年堪為蚕椽五年堪作屋
椽十年堪作棟梁歲種三十畝三年種九十畝歲賣三十
畝永世無窮矣○投臘酒前月所釀此月投○合醬此月
為上時法已具十二月中若晦日造取初夜於北墻下和

面北銜枚勿語蟲即不生○備種子農事將興此月具農器種子○辟蚄蟥蟲法具在九月中○辟蝗蟲法以原蚕矢雜禾種種則禾蟲不生又取馬骨一莖碎以水三石煑之三五沸去滓以汁浸附子五箇三四日去附子以汁和蚕矢各等分攪合令如稠粥去下種二十日已前將溲種如麥飯狀常以晴日溲之布上攤攪令一日內乾明日再溲三度即止至下種日以餘汁再拌而種之則苗稼不被蝗蟲所害無馬骨則全用雪水代之雪者五穀之精也使禾稼耐旱冬中宜多收雪貯用所收必倍煑繭蛹汁和溲亦耐旱而肥一畝可倍常收○五穀忌日凡種五穀常以生長日種吉老死日收薄忌日種傷敗用成滿平定開日佳九焦死日不收范勝書曰禾生於寅壯於午長於甲老於戌死於申惡於壬癸忌於丙丁又大小豆生於申壯於子長於壬老於丑死於寅惡於甲乙忌於丙丁又大小麥生於亥壯於卯長於辰老於巳死於午惡於戊己忌於子丑又黍穄生於巳壯於酉長於戌老於亥死於丑惡於丙丁忌於寅卯小豆忌卯麻忌辰秫忌未寅小麥忌戌喬麥忌除大豆忌卯按大史曰陰陽之家拘而多忌不可不知俗曰以時及澤為上策然忌日種之多傷敗非虛言也如燒穰則害瓠瓊不可知○揀耕牛法耕牛眼去角近眼欲得大眼中有白脉貫瞳子頸骨長大後脚股闊並主使快旋毛當眼下無壽兩角有亂毛起妨主初買時牽來牛口開者凶不可買赤牛黃牛烏眼者妨主白頭牛白過耳主群倚脚不正者病毛欲得短密疏長者不耐寒耳多長毛不耐寒尿射前脚者快直下者不快毛不用至地頭不用多肉尾骨麁大少毛者有力角欲得細身欲得圓鼻如鏡鼻者難牽口方易飼筋欲密鼻欲大而張易牽仍易使陰虹屬頸者千里牛也陰虹屬頸而白尾者昔寗戚所飰者陽鹽欲廣陽鹽者夾尾前兩尻上當陽中間脊欲得窄如此者佳若窄則為雙膂多力不窄者則為雙脊少力○治牛疫方當取人參細切水煎取汁冷灌口中五升已來即差又取真安息香於牛欄中燒如焚香法如初覺一頭疫兩頭是疫即牽出鼻吸其香氣立止又方十二月兔頭燒作灰和水五升灌口中差○牛欲死腸腹脹方取婦人陰毛草中與牛食即差又方研麻子汁五升溫令熱灌口中即愈此治食生豆腹脹欲死者方甚妙○牛鼻脹方以醋灌耳中立差○牛疥方煑烏豆汁熱洗五度一本云烏頭汁○牛肚脹及嗽方取榆白皮水煑令熟甚滑以三五升灌之即差○牛蝨方以胡麻油塗之即愈猪肚亦得六畜蝨之亦差○牛中熱方取兔腹腕音毗百葉也剉之去糞以草裹令吞之不過再服即差○收羔種要術云羔正月生者為上以其母含重之時足乳食母乳適盡即得春草而羔兒不瘦是故十二月及正月生者為上十一月者次之收為種故羊勿近水傷水則蹄甲膿出但二日一飲緩驅行急行

則傷春夏宜早放秋冬宜晚冬日收圈圈不厭實架北牆為廠圈中立臺開竇勿使停水二日一飲除糞圈內須傍竪柴栅圈匝令栅出墻勿令狼虎得越又恐羊揩墻土即毛不堪入用羊有疥者即須別著○羊疥方藜蘆根㕮咀令皮破以泔浸之瓶盛塞口安於竈畔令常煖數日味酸便中用以甎瓦刮疥處令赤若堅硬者湯洗之去痂拭令乾以藥汁塗之再上即愈疥若多逐日漸漸塗之勿一頓塗恐不勝痛也又方猪脂和臭黃塗之愈○羊中水方羊膿鼻眼不淨者皆以水流治之其方用湯和鹽杓中研令極鹹候冷取清者以角子可受一雞子者灌兩鼻各一角五日後必肥以眼鼻為候未差再灌○羊膿鼻方羊膿鼻及口頰生瘡如乾癬者相染多致絕群治之方竪長竿圈中竿頭致板令獼猴居上辟狐狸而益羊差病也○羊夾蹄方取羖羊脂和煎令熟燒鐵令微熱勺脂烙之勿令入泥水不日而差○凡羊經疥疥差後至夏肥時宜速賣之不爾春再發○引羊法家政令曰養羊以瓦器盛鹽一二升挂羊欄中羊喜鹽數歸啖之則羊不勞人收也○別羊病法當欄前後作坑深二尺廣四尺荆湖江浙以南多是山羊可居五尺往來皆跳過者不病如有病入坑行宜便別著恐相染也○貯羊糞牛羊糞正月貯之充煎乳太歉而無患柴炭則易致乾焦也○雜事竪籬落糞田開荒租敎地修蚕屋織蚕箔舂米此月人閑造車杌造麻鞋放人工築垣墻○孟春行夏令則雨水不時草木先落○行秋令則人有大疫飄風暴雨揔至藜莠蓬蒿竝興○行冬令則水潦為敗雪霜大摯首種不入○是月也宜敎子弟持戒課誦經文謂之三長月三長月正五九月是也

日出日沒圖

辰戌丑未各十二刻
寅卯巳午申酉亥子各六刻
晝夜成其一百刻

四時纂要春令卷之二

## 二月

仲春建卯自驚蟄即得二月節陰陽避忌並宜用二月法昏東井中曉箕中春分為二月中氣昏東井中曉南斗中（事具正月門中）○天道是月天道西行修造出行宜西方吉○晦朔占朔日雨稻惡黍貴晦日雨多疾病○月内雜占是月無三卯稻為上旱種之有三卯宜豆無丙午夏禾稼不長是月虹見八月穀貴出西方楮木貴朔驚蟄蝗蟲朔春分歲凶○占雨月内甲寅乙卯雨甲申至己丑雨庚寅至癸巳雨雨三辰雨三未已上並同正月占又春雨甲子旱沓以入地五寸為候○占雷凡雷聲初發和雅歲善聲發烈驚異者有災害起艮黍賤起震楮木貴歲



主豐起巽霜卒降蝗蟲起離主旱起坤有蝗災起兌金鐵貴起乾民多疾起坎歲多雨春甲子雷五穀豐稔○春分占先立一丈表占影（已具正月）次立八尺表日午時得影長七尺四寸五分宜麥或長短已具正月中其日陰前後一日同占○占氣春分之日震卦用事日出正東有雲氣青色震氣至也宜麥歲大善若無青雲氣震氣不至年中小雷萬物不實人民熱疾應在八月謂其衝也其日晴明萬物不成陰不見日為上○占風春分日西方有疾風來小麥貴貴在四十五日中震風來小麥賤而年豐兌風來春寒人疫巽風來蟲生四月多暴風乾風來歲中多寒離風來五月先水後旱坎風來小水艮風來其年米貴一倍春分以金歲多風○別寢驚蟄前後各五日別寢否則生子不備○月内吉凶地天德在坤月德在甲月空在庚月合在乙月厭在酉月殺在戌○黃道寅為青龍卯為明堂午為金匱未為天德酉為玉堂子為司命○黑道辰為天刑巳為朱雀申為白虎戌為天牢亥為玄武丑為句陳（事並具正月注中）○天赦春三月戊寅○出行日春不東行驚蟄後十四日為往亡又二日七日十四日為窮日亥為天羅寅為歸忌巳日亦為往亡亦為土公春分前一日春分日乙亥並不可遠行○臺土時二月辰時是行者往而不返○四殺沒時四仲月用乾時戌後亥前艮時丑後寅前坤時未後申前巽時辰後巳前已上四時可為百事架屋埋葬上官



智吉○諸凶日子為天罡午為河魁卯為狼籍丑為九焦未為血忌卯為天火酉為地火（並具正月注中）○嫁娶日未婦收成日大吉天雄在亥地雌在未不可嫁娶新婦下車乾時吉此月生男不可娶五月十一月生女害夫此月納財火命女宜子孫水命女大吉土命女凶木命女自如金命女孤寡納財日己卯壬寅癸卯壬子乙卯此月行嫁寅申女吉辰戌女妨夫巳亥女妨首子子午女妨舅姑丑未女妨父母卯酉女妨媒人天地相去日（已具正月）春甲子乙亥害九夫陰陽不將日可以結婚乙丑丙寅丁卯乙亥丙子丁丑己卯丙戌丁亥己丑庚寅己亥庚子庚戌並大吉○殯葬此月死者妨子午卯酉生人不可臨屍凶斬草丙子庚子

壬子辛卯丙寅甲午庚寅庚子甲寅大吉葬庚午壬申癸
酉壬子甲申丙申壬午己酉庚申吉○推六道死道乙辛
天道乾巽地道丙壬兵道丁癸人道坤艮鬼道甲庚○五
姓利月徵羽商角皆為利月其利日與年並具在正月門中宮姓凶○起
土飛廉在巳土符在巳土公在巳月刑在子大禁西方地
囊在癸亥癸丑巳上地不可起土建造月福德在申月財
地在乙取土吉○移徙大耗在酉小耗在申五富在寅五
貧在申移徙不可往貧耗方凶春甲子乙亥並不可移徙
婚姻入宅凶○架屋甲子丙子戊寅丁亥甲午己亥庚子
辛亥癸卯庚辰庚午辛丑己巳乙未癸巳辛巳丁巳己巳上
旺大吉良日五酉日不架屋○種鎮桃杏花此月丁亥日



收陰乾為末戊子日用井花水服方匕日三服療婦人無
子大驗又此月乙酉日日中時北首臥合陰陽有子即貴
上丑日取土泥蚕屋宜蚕上辰日取道中土泥門戶辟官
事八日沐浴注具正月八日拔白神仙良日上卯日沐髮愈疾
病南陽太守目盲太原王景有泥病用之皆愈○食忌是
月勿食蓼傷腎勿食兔傷神勿食雞子令人惡心九日勿
食鮮魚仙家大忌○習射順陽氣也○耕地此月耕地一
當五也○種穀是月上旬為上時凡春種欲深遇小雨接
濕種遇大雨待草生先鋤草而後下子春種即用秋耕之
地得仰壠待雨苗出壠則深鋤鋤不厭頻無草亦鋤鋤滿
十遍粟得八米種穀良日已具正月○種大豆是月仲旬為上時每

畝用種八升種欲深再鋤之三四月種亦得但用費子耳
肥田欲稀豆地不求熟熟地則葉茂少實若地熟則稀種
之葉落盡然後刈之不盡則難治刈訖則速耕大豆性炒
不欲耕則地無澤○區種法坎方深各六寸相去二尺許
坎內好牛糞一升攪和注水三升下豆三粒覆土勿令厚
以掌輕抑之令土種相親每畝用種三升糞十二石五斗
生五六葉即鋤之旱則澆至秋每畝合收十六石○收豆
法莢黑莖蒼便須收之過熟則莢落稍新太多收豆青莢
在上黑莢在下也○種旱稻此月中旬為上時先浸令開
口耬耩掩種而科大再鋤勞若歲旱億時喚即勿浸種
恐芽焦不生若稻宿雨後以此種以腳擲看如五六月



中霖雨時拔而栽之苗長者亦可拔之去葉端數寸勿令
傷心○種瓜是月當上旬為上時先淘瓜子以鹽和之著
鹽則不籠死先開方圓一尺淨去浮土坑雖深大若雖以
就土令瓜不生深五寸納瓜子四介大豆三介於坑傍瓜
性弱苗不能獨生故得大豆以起土瓜生則掐去豆苗○
治瓜籠法旦起露未乾以杖舉瓜蔓起撒灰根下後一兩日
復以土培根瓜則迴矣鋤則著子多不鋤則少子五穀蔬
果皆此例也○種胡麻宜白地是月為上時四月為中五
月為下月半前種實多而成月半後少子而多秕種欲截
雨腳若不因雨濕則不生一畝用子二升撒種者先以耬耩然後撒
子空曳勞勞上著人土厚不生耩時用炒沙中半和沙下之不須即

不匀不過三遍刈束欲小（束大難乾）五六束為一叢相倚之候口開乘車詣田逐束倒竪小杖輕打之斗藪取了還聚之三日一打四五遍乃盡耳（八稜為胡麻而多油也言黑者為胡麻非也）油麻每科相去一尺為法若能區種每畝收百石○種苧苧宜近水肥地和糞種之區方深三尺取豆萁内區中足踐之厚五寸取區上濕土和糞蓋豆萁上厚二寸以水澆之足踐令保澤每區安五苧置四角及中央各一苧足露旱則澆之萁爛苧生一區可收一石苧可以備凶年宜留意焉○種韭韭畦欲深下水和糞與葵同法剪之初歲唯一剪每剪即加糞須深其畦要容糞故也韭勾頭第一番割棄之主人勿食非不如栽作行令通鋤割一遍以杷耬之令根

不相接為佳如此當葉闊如薤○種薤宜白軟良地耕三遍佳二月三月種八月九月亦得長一尺一根為本必須乾曬切去強根葉生則鋤鋤不厭多葉不用剪剪則損白○種茄法畦水如葵法其茄著五葉因雨移之○蜀芥芸薹並因雨種之二物不耐寒故春種而五月收子○擿蒜條拳者擿之否則獨顆而黄中旬鋤三遍無草亦鋤○種署預山居要術云擇取白色根如白米粒成者預收子作三五所坑長一丈闊三尺深五尺下密布瓠坑四面一尺許亦倒布瓠防别入土中根即細也作坑子訖填少糞土三行下子種一半土和之填坑滿待苗著架經年已後根甚麁一坑可支一年食根種者截長一尺已下種○又法

地利經云大者析二寸為根種當年便得子收子後一冬埋之二月初取出便種忌人糞如旱放水澆又不宜苦濕須是牛糞和土種即易成○造署藥粉法二三月内天晴日取署預洗去土小刀子刮去外黑皮後又削去第二重白皮約厚一分已來於淨紙上著安竹篩上曬至夜收於焙籠内以微火養之至來日又曬如陰即如火焙乾便成乾署藥入臼搗便用其第二重白皮依前别曬乾取為麵甚補益○又云山廚録云去皮於瓷鉢中磨旋投百沸湯中當成一塊取出批爲炙鸞雞乳腐為糁炙素食尤珍入臛用亦得○種地黄法已具八月收根門中○下魚種上庚之日下種法具四月種

魚門中○種栗法具九月收栗種門中○種桐青桐九月收子二月三月作畦種之治畦下水種如葵法五寸一子熟糞和土覆生則數數澆令潤性至宜濕當年高一丈至冬竪草樹間令滿中外復厚加草十重束之明年二三月植廳堂前雅淨可愛大則不用草藂已後每樹收子一石其子生於葉上炒食之甚良白桐無子遶大樹掘坑取栽其木堪為樂器車板盤合等用○移楸楸無子亦大樹掘坑取栽兩步一樹種之楸作樂器亦堪作盤合堪為棺材更勝松柏○種櫟宜山阜地三遍熟耕漫撒橡子再遍澇生則耨治令淨十年中作椽二十年作屋棟伐而復生凡有家者向來之木皆宜植十年後無求不給○移椒移大椒

樹二三月先作熟穰泥出即和根泥却行百里猶生若冬移即須草裹或先生陰巖映日之地者少稟寒氣尤須裹之木尚以性成朱藍能不易質故知觀鄰識士見友知人者也〇種紅花二月三月初雨後速種如種麻法具五月收紅花子門中〇種牛蒡熟耕肥地令深平二月末下子苗出後耘旱即澆灌八月已後即取根食若取子即須留却隔年方有子凡是閑地須是種之不但畦種也〇就築牖枸杞甘草作膝頭荊瓦石硆當陸各欲決明[illegible]八用爛蒸碎擣入椒醬肬作餅子多作以備一年〇種朮取根子劈破畦中種上糞下水一年即稠苗亦可為藥若作煎宜多種之〇種[illegible]取藥相對生者並宜[illegible]

四時纂要春令卷二 七

二寸許稀種之一年後甚稠種子亦得其葉甚美入菜用其根堪為煎朮與黃蓍仙家所重故附于此〇種決明春取子畦種同葵法葉生便食直至秋間有子若嫌老作畬種亦得若入藥不如種馬蹄者〇種百合此物尤宜雞糞每坑深五寸著雞糞糞上著百合瓣如種蒜法百合蚓所化而反好雞糞理不可知〇百合麵取根曝乾擣作麵細篩甚益人〇種枸杞作畦種法具十月收枸杞子門中〇種園籬凡作籬於地畔方整深耕三壟中間相去各三尺刺榆莢壟中種之二年後高三尺間斸去惡者一尺留一根令稀稠勻行伍直又至來年剔去橫枝留距如不留距瘡大即冬死剔去訖夾截為籬來年更剔夾之使足用焉豈獨蛇鼠不通

兼有龍鳳之勢非直新人態笑亦令行者嗟稱次以五茄忍冬羅摩植其下挾綴且免遠求又助藩籬薪蘄尤宜存意山居要術用枳殼令謂之臭橘也人家不宜此物為籬〇種大胡盧二月初掘地作坑方四五尺深亦如之實填油麻豆藍及爛草等一重糞土一重草如此四五重向上尺餘著糞土種下十來顆子待生後揀取四莖肥好者每兩莖肥好者相貼著相貼處以竹刀子刮去半皮以刮處相貼用麻皮纏縛定黃泥封裹一如接樹之法待相著活後各除一頭又取兩活兩莖准前刮半皮相著一如前法待活後唯留一莖茂者四莖合為一本待著子揀取兩箇周正好者[illegible]如此一斗種可[illegible]

四時纂要春令卷二 九

盛一石物大此莊子魏惠王大瓠之法〇種茶二月中於樹下或北陰之地開坎圓三尺深一尺熟斸著糞和土每坑種六七十顆子蓋土厚一寸強任生草不得耘相去二尺種一方旱即以米泔澆此物畏日桑下竹陰地種之皆可二年外方可耘治以小便稀糞蠶沙澆擁之又不可太多恐根嫩故也大概宜山中帶坡峻若於平地即須於兩畔深開溝壟洩水水浸根必死三年後每科收茶八兩每畝計二百四十科計收茶一百二十斤茶未成開四面不妨種雄麻黍穄等〇收茶子熟時收取子和溼沙土拌筐籠盛之穰草蓋不爾即乃凍不生至二月出種之〇種牛膝已具八月收子門中〇續命湯主卒身不遂口喎心昏

角弓反張不能言方麻黃六分扶節獨活防風各六分升麻
乾葛各五分羚羊角屑桂心甘草各四分右件藥各切碎
用水二大升先煎麻黃六七沸掠去沫次下諸藥浸一宿
明日五更煎取八大合去滓分為兩服溫溫服畢以衣被
蓋卧如人行十里更一服准前蓋卧晚起避風每年春分
後隔日服一劑服三劑即不染天行傷寒及諸風邪等疾
忌生葱蒜菜生冷等物○神明散方具十二月中春分後
宜將施人○雜事栽柳舒蒲挑上架餅栗穰縛赤石榴裘
縛造醬是月合為中時造油衣收蒜種收乾牛羊糞貫氊褥綿衣
此月賤三月亦同寒食前後收柴炭造漆器造弓矢造布放麥
價浣冬衣採柴螺蛸可收漿大小麥麻子等收牝物同四月



○仲春行夏令則歲大旱暖氣早來蟲螟為害○行秋令
則有大水寒氣揔至○行冬令則陽氣不勝麥乃不熟

## 三月

季春建辰自清明即得三月節陰陽使用宜依三
月法昏柳中曉南斗中穀雨為三月中氣昏張中
曉南斗中事具正月○天道是月天道北行起造出行宜北方
吉○晦朔占朔日風雨民多病晦雨麥惡朔日清明竹木
再榮朔日穀雨多雷震或旱炎爍石朔風從北來申時不
止粟貴○月內雜占此月無三卯宜種麻黍有三卯宜豆
虹出九月穀貴魚鹽中五倍月蝕粲貴人飢此月雷為上
歲五穀熟旦為上歲日中為中歲暮為下歲四日雷五穀豐稔則穀價五
穀必取賤月無之若春最賤貴在來年夏冬最賤貴在來

秋凡春貴去年秋冬每斗利七到夏復貴於秋冬每斗利
九者是陽道之極急糶之必值賤大法正月二月合貴不
貴即三月四月必貴三四月不貴即五六月必貴當貴不
貴即封倉待之必大儉兆也○占雨春雨甲寅乙卯甲申
至巳丑雨庚寅至癸巳雨三兩辰三兩未並同正月占甲子雨
同二月占皆以入地五寸為候○月內吉凶地天德在壬月德
在壬月空在丙月合在丁月厭在申月殺在未○黃道辰
為青龍巳為明堂申為金匱酉為天德亥為玉堂寅為司
命○黑道午為天刑卯為句陳未為朱雀戌為白虎子為
天牢丑為玄武已具正月○天赦在戊寅○出行日四季月不
往四維方兆王方也清明後三七日為往亡甲申丙申為



行很不可出行上官多窒塞巳為天羅子為歸忌八日二
十一日為窮日四季巳亥申日為往亡為土公並不可出
行○臺土時每日日出時是也○四殺沒時四季月用乙
時卯後辰前丁時午後未前辛時酉後戌前癸時子後丑
前已具正月○諸凶日未為天罡丑為河魁午為狼籍戌為九
焦寅為血忌午為天火申為地火○嫁娶日求婦成日吉
天雄在申地雌在寅不可嫁娶新婦下車辛時吉此月生
男不宜娶六月十二月生女妨夫此月納財金命女宜子
孫火命女吉土命女自如水命女大凶木命女孤寡此月
行嫁巳亥女吉卯酉女妨首子媒人丑未女妨舅姑夫主
退辰戌女妨自身寅申女妨父母子午女吉天地相去日已具

正月門中甲子乙亥損九夫陰陽不將日乙丑甲戌乙亥丙子丁丑乙酉丙戌丁亥己丑丁酉己亥己酉並大吉○喪葬此月死者妨辰戌丑未人斬草丁卯辛卯甲午庚子壬子乙卯殯丙寅丙子甲寅庚寅丁酉癸庚子壬申癸酉甲申乙酉丙申壬寅庚申辛酉大吉○推六道死道乾巽天道丙壬地道丁癸兵道艮坤人道甲庚鬼道乙辛○五姓利月宮戌辰大墓徵丙辰小墓羽壬辰大墓商角利月其利日角辛巳備正月宮羽凶○起土飛廉午土符酉土公申月刑辰大耗南方地囊甲子甲寅已上不可動土月福德子月財地在巳取土吉○移徙大耗戌小耗酉五富巳五貧亥不可移徙負耗方白虎甲子乙亥不可嫁娶移徙入宅



凶○架屋甲子庚午庚子辛亥己巳乙丑癸巳丙子戊寅辛巳庚寅已上架屋吉又五酉日不架屋凶○禳鎮六日申時洗頭令人利官七日平旦及日入時浴並招財此月庚午日斬鼠尾血塗屋梁辟鼠三日天陰或雨蚕善此月採桃花未開者陰乾百日與赤椹等分搗和臘月猪脂塗禿瘡神效三日取桃花收之方具十月中三日收桃梟照乾搗篩井花水服一錢治心痛寒食日取黍穰於月德上取土脫墼一百二十口安宅福德上令人致福術具二宅經六日沐浴除百病十三日拔白同正月注中○食忌是月勿食脾土王在脾故也勿食雞子令人一生昏亂勿食鳥獸五臟及百草仙家大忌此月庚寅日勿食魚大凶○

種穀是月為上時蟲食桃者即穀貴大豆此月上旬為中時一畝用子一斗○種麻子氾勝書云取肥良地耕三遍一畝用子三升種須斑麻子謂之雌麻若只求皮即不必斑麻子三月為上時二尺留一根稠即不成科若只求皮不用鋤去鋤常淨待穀即去雄者未穀而去雄者即雌不成實慎不得於大豆地上種少子○種黍穄此月上旬為上時四月上旬為中時五月上旬為下時凡五穀百果上旬種即多子十五日已後種即少子矣其地宜開荒大豆下為次穀下為下其地欲熟再轉乃佳若春耕者下種後再澇唯熟為良一畝用子四升苗與壟平即宜澇之鋤三遍乃止其地鋤治皆如禾法但欲種疎於禾耳刈穄欲早刈黍欲晚穄多零落黍早即米不成○種瓜此月



上旬為中時法具二月中○種水稻此月為上時先放水十日後碌軸打十遍淘種子經三宿去浮者漉裛又三宿芽生種之每畝下三斗美田稀種瘠田宜稠矣○胡麻此月為上時法具二月○紫草宜良軟黃白地青沙尤善開荒黍穄下尤佳不耐水必須高田秋耕後至春又轉耬地逐壠手下之一畝良地用子一斗半薄地用子二斗下訖澇之鋤如穀法唯淨為佳壟底草手拔之九月子收熟刈之候稍乾[illegible]音丈禾積名其草以茆縛束之四把為一頭當日斬齊顛倒十重許為長行置堅平地以板石鎮壓之令褊及濕壓長而直壓兩三宿豎頭日中曝令浥浥不乾則罯暍太燥則碎折五十頭作洪著廠下陰處涼棚收之忌驢馬糞人溺人尿煙入並令草失

色此利勝藍若人家停之五月須入屋塞穴令密若風入則草色黑立秋乃開○種藍良地三遍細耕此月中浸種令芽理畦下水一如葵法三葉出則澆之晨夜為准耨令淨候可栽即遇雨後拔而栽三莖作一科相去七八寸併工急手栽勿令地乾鋤五遍為良○冬瓜蔔苴並下旬種○種豆宜白沙地和少糞耕不厭熟七八遍佳此月種之闊一步作畦長短任地形橫作龍壟相去一尺餘深五六寸壟中一尺一科帶芽大如三指闊蓋土厚三寸許以蚕沙蓋之糞亦得牙出後有草即耘漸漸加土已後壟中却高壟外即深不得併上土鋤不厭頻五月六月作棚蓋之性不耐熱與寒故也九月中掘窖以穀稈合埋之不爾即凍死○蘭香荏蓼此月並上時雀多嗜之宜近人種荏一名紫蘇花斷即須收遲則子落盡不可待黃也葱薤壟中分種之○種石榴此月上旬取直枝如大拇指大斬一尺長八九條共為一科燒下頭二寸作坑深一尺餘口徑一尺豎枝坑畔周布令勻置枯骨礓石於枝間下土令實一重石骨一重土出枝頭一寸水澆即生又以石置枝間即茂○種諸名果此月上旬斫取直好枝如大拇指長一尺五寸插芋頭中種之若無芋頭用蘿蔔蔓菁根插亦得全勝種核當年便茂○栽杏將熟杏和肉埋糞土中至春既生移栽實地既移不得更於糞地必致少實而味苦移須合土三步一樹概即味甘服食之家尤宜種之須防

霜若若五果花盛時遭霜即少子可預於園中貯備惡草遇天雨初晴夜北風寒緊必燒熅草煙以免霜凍○種菌子取爛構木及葉於地埋之常以泔澆令濕兩三日即生又法畦中下爛糞取構木可長六七尺截斷碓碎如種菜法於畦中勻布土蓋水澆長令潤如初有小菌子仰杷推之明旦又出亦推之三度後出者甚大即收食之本自構木食之不損人構又名楮○種蘘荷宜樹陰下種之一種永生且不須鋤但加糞而已八月初踏其苗令死不踏即不滋十月以糠覆之二月耘去○種[illegible]宜熟地相去二尺種一科一種數年不問高下但肥即堪種尤宜下糞收子從蔭可亦蒔○煎餳法糯米一斗揀去惡者淨淘[illegible]中入少湯拌令勻如粥狀候冷如人體下大麥糵半升節碎如麴入飯中熟拌令相入如著手及黏物即入半盆湯洗刮物手免令生水入和拌了布蓋暖處安天寒微火養之數看候銷以袋濾之細即用絹為袋麁則用布為袋然後銅銀器及石鍋中煎杓揚勿停手候稠即止鐵鍋亦得○是月收合龍駒合驢馬之牝牡此月三日為上准令季春之月乃合騾牛驢馬遊牝于牧仲夏之月遊牝別群則縶騰駒仲冬之月牛馬畜獸放逸者取之不詰○相馬法馬經驢馬生墮地無毛日行千里溺舉一足行五百里又數其肋骨得十莖凡馬也十一者五百里十三者千里也過十三者天馬也白額入口白喙名的盧目下有橫毛旋毛名

盛淚旋毛在吻後名銜禍旋毛在項白馬黑髦鞍下有旋
毛名負屍腋下有旋毛名挾屍左脇下有白毛直上名帶
劒汗溝過尾本者踏殺人後脚左右白白馬四蹄黑已上
不利主人○馬厩忌石灰泥馬槽及繫驢馬於門上令馬
損駒常繫獼猴於馬坊內辟惡消百病令馬不患疥○治
牛馬溫病方獺肉肝肚煑汁灌之不用糞○治馬喉腫方
以物纏刀子露刃鋒一寸許刺咽喉潰即愈又方取乾馬
糞置瓶子中頭髮覆之火燒馬糞及髮煙出着馬鼻熏令
煙入鼻中須臾即差又方豬脊引脂剃髮燒煙熏鼻同上
法又療馬心結熱起臥戰不食水草方黃連二兩（杵末）白
鮮皮一兩（杵末）油五合豬脂四兩（細切）右以溫水一升半和



調停灌下草行拋糞即愈○馬疥方臭黃頭髮臘月豬脂
煎令頭髮消及熱塗之立效○馬傷水用葱鹽油相和搓
成團子內鼻中以手捉馬鼻令不通氣良久待眼淚出即
止○馬傷料多用生蘿蔔三五箇切作片子喫之立效○
馬卒熱腹脹起臥欲死方藍汁二升和冷水二升灌之立
效○治新生小駒子瀉肚方蒿本末三錢匕大麻子研汁
調灌下喉咽便效次以黃連末大麻汁解之○驢馬磨打
破瘡馬齒莧石灰一處擣為團照乾後再擣羅為末先口
含鹽漿水洗淨用藥末貼之驗○蟆馬附骨藥粉霜硇砂
硫黃砒黃木鼈子右以黃蠟熬和傅骨上候骨消急去之
○馬喫馬藥鬱金大黃甘草山梔子貝母白藥子黃藥子

黃芩款冬花秦膠黃檗黃連知母苦梗蒿本右件一十五
味各等分同擣羅為末每一匹馬每喫藥末二兩許用油
餅豬脂雞子飯少許同和調喫之喫後不得飲水至夜方
可餧飼○馬氣藥方青橘皮當歸桂心大黃芍藥木通郁
李仁瞿麥白芷牽牛子右件十味各等分同擣羅為末用
溫酒調灌每匹馬藥末半兩○療瘠馬藥莨菪子烏頭芫
花茱萸狗脊蒼朮木鼈子葶藶子右件八味各等分擣羅
為末每匹馬藥末半兩大蒜二顆碎擣醋調鍜椒少多同
藥調煎灌之○治馬肺藥蜀升麻琵琶葉（拭去毛土）馬兜鈴乾
薑黃人參漢防己貝母黃連乾薯藥麥門冬苦梗鬱金大
黃甘草款冬花白藥子黃藥子黃檗山梔子秦膠右件二



十味各等分擣羅為末每匹馬用末二兩糯米三合杏仁
一兩（去尖皮）大麻子四合研麻杏汁煑糯米粥入蜜六兩調
藥放冷喫之○點馬眼藥青藍黃連馬牙硝蕤仁右件四
味各等分同研為末用蜜煎入瓷瓶子盛或點時旋取少
多以井水浸化點之○治馬急起臥取壁上多年石灰細
杵羅用油酒調二兩已來灌之立效○治馬食槽內草結
方好白礬末一兩分為二服每貼和飲水後喫之不過三
兩度即內消却此法神驗○收蔓菁花是月收得治小兒
痼瘡甚妙○收排花是月多收修術具七月門中○淸明
日修蠶具蠶室宜蠶又淸明前二日夜雞鳴時取炊湯澆
井口及飯甕四面辟馬蚿百蟲○造酪是月牛羊飽草好

造矣○造氈春毛秋毛相半趁造爲上二年鋪後小有㸃
㸃九月十月以水踏洗了㬠乾明年更洗永存不敗○合
熏衣香零陵一斤丁香半斤蘇合半斤甘松三兩龍腦二兩
無則以甲香代之麝香半兩鬱金二兩右件並須新好者一味惡
則擣諸香物都搗如麻豆以夾絹袋子盛或安衣箱中或
帶於身上○收甲香右取大甲香如龜耳者水煑令甚
軟又以酒煑取出去聲燒水淨刮洗去皮膜次用蜜熬令色
勻黃時取少許搗擣之隨手如碎麩金色燒水洗去蜜熟
乾入諸香使用○造油衣法具六月○剪羊毛是月候毛
尕動則鉸鉸訖以河水洗則生毛潔白○收榆子此月收
種宜於墊坑中以陳屋草布墊中散榆莢於其上以土覆

四時纂要春令卷之二 十七

羅之即生○雜事是月順陽氣宜布德賑乏絕利溝瀆葺
垣墻治屋室以待霖雨修門戶設守備以防春飢之寇糶
黍粟博布貨百日油子丑造者於鋤刈工價脫墼移越瓜茄子
收蔓菁花作乾菜○季春行夏令則人多疾疫時雨不降
○行秋令則天多陰沉淫雨早降○行冬令則寒氣時發
草木皆肅○種木綿法節進則穀雨前一二日種之退則
後十日內樹之大槩必不違立夏之日又種之時前期一
日以綿種雜以溺灰兩足十分揉之又田不下三四度翻
耕令土深熟而無塊則苗榮善長而不病何者木綿無旁
根只有一直根故未盛時少遇風露善死而雖立苗又種
之後灌以牛糞亦易長而多實若坑以牛糞糞之而後

耕之則歷田二三歲內土虛矣立苗後鋤不厭多須待四
五度又法七月十五日於木綿田四隅擲金錚終日吹角
則青桃不殞

四時纂要春令卷之二 十八

四時纂要春令卷之二

四時纂要夏令卷之三

孟夏建巳自立夏即得四月節陰陽避忌宜依

## 四月

四月法昏翼中曉牽牛中小滿四月中氣昏軫中曉女中○天道是月天道西行事具正月○晦朔占朔日當熱而反有風雨者米貴人食草木風起西北方大荒人相食○師曠占朔日風從南來西來糴賤東來則秋糴賤風從東南來黍善從旦至夜半大佳五穀熟風從西南來至十日不止者貴牛以居音居貯也穀朔日雲蒼白色者麥惡黑青色大蝗蟲麥損半風從東來豆善朔日風雨麥惡赤地千里朔日立夏地震朔小滿凶晦朔大雨大蝗○月內雜占此月凡辰雨皆為蝗蟲庚辰辛巳雨尤甚大雨大蟲小雨小



蟲二日雨百草旱五穀不成三日雨小旱風從西來麻善四日雨五穀貴五日六日雨有旱處四日至七日風者大豆善八日微雨熟俗云八日雨斑闌高低盡可憐此月自一日至十四日惡風者皆不可種豆此月虹見穀貴月蝕人飢有三卯麻不成○占雨夏三月甲乙丙丁日無雨民不耕夏雨丙寅丁卯秋糴貴一倍又月內甲申癸己丑雨者麥大貴庚寅至癸巳日雨者麥大賤貯麥者必折夏三月辰蟲生三雨未蟲死皆以入地五寸為候甲申大雨五穀大貴繇聚五穀夏甲子庚辰辛巳雨蝗蟲死雷同占○立夏雜占立夏日立一丈表占影法同正月次立八尺表度影法同正月一尺五寸三分宜林若天氣晴明必旱立夏以木夏

寒民和而令行立夏以金五穀成夏多風○占氣立夏巽卦用事以禺中巳時候東南方雲氣如雞子宜黍秫東南有青氣見即巽氣至也年中大豐巽氣不至歲多大風發屋應在十月巽氣黃赤而厚者秋黍尤善皆以巳時候之○占風立夏日東南風來謂之巽風其年豐而民安乾來年凶人飢災霜麥不收離來夏旱禾焦坎來大水魚行人道坤來為物妖傷民艮來泉湧山崩地動人疫兌來蝗蟲人不安震來雷電非時擊物○月內吉凶地天德在辛月德在庚月空在甲月合在乙月厭在未月殺在辰法具正月○黃道青龍在午明堂在未金匱在戌天德在亥玉堂在丑司命在辰○黑道天刑在申朱雀在酉白虎在子天牢在寅



玄武在卯句陳在巳○天赦夏三月甲午日是也○出行日夏三月不南行犯王方立夏後八日為往亡立夏前一日為窮日丑為歸忌亥為往亡為土公巳月法具正月中又夏丁亥此月乙未丁未為行很巳上並不可遠行○臺土時是月平旦寅時是也○四殺沒時四孟之月用甲時寅後卯前丙時巳後午前庚時申後酉前壬時亥後子前巳上四時鬼神不見可為百事架屋埋葬上官並宜用之○諸凶日河魁在申天罡在寅狼籍在酉九焦在未種蒔凶血忌在申不可鍼灸出血天火在酉不架屋地火在未不種蒔皆做此○嫁娶日求婦丑日平章辰戌上來吉天雄在巳地雌在酉不可嫁娶新婦下車壬時吉此月生男不可娶正月七月生女害夫

此月納財子命□寅□孫大命女言火命女自如水命□自婦命□□孫宴納財吉日己卯庚寅辛卯壬辰癸卯壬子乙卯行嫁辰庚女大吉卯酉女妨嫁人巳亥女妨自身天地相去日戊午己未庚辰□嫁娶主離憂丙子丁亥宫九夫陰陽不將日甲子甲戌乙亥丙子甲申乙酉丙戌丁亥戊□丁酉戊戌戊申已上嫁娶大吉○喪娶此月死者妨寅申巳亥人斬草辛卯甲午庚子癸卯甲寅日吉殯丁卯庚午乙卯吉葬庚午癸酉甲申乙酉丁酉庚申辛酉日吉○推六道死道在丙天道丁癸地道甲庚兵道坤艮人道乙辛鬼道乾巽地道□道□送往來吉餘凶兵道人道嫁娶往來吉○五姓利月徵姓大吉羽與日利寅卯午申



丑吉商姓大利年與日利子卯辰巳申酉吉角姓大利年與日利子寅卯辰巳午吉宮姓小吉羽姓凶○起土飛廉在未土符在寅土公在亥月刑在申大煞東方地囊巳卯巳丑已上動土凶月福德在戌月財地在未已上取土吉○移徙大耗在亥小耗在戌五富在申五貧在寅不可往貧耗上夏丙子丁亥不可嫁娶移徙入宅凶○架屋甲子丙寅戊寅辛巳庚寅甲午癸卯乙卯壬辰庚辰癸未乙未乙丑已上日吉五酉不可架屋○禳鎮四月七日沐髮令人大富九日日沒時浴令人長命十六日拔白生黑髮八日勿殺生伐草木仙家大忌○食忌勿食雉令人氣逆勿食鮮魚害人勿食蒜傷氣損神○鋤禾禾生半寸則一遍

鋤二寸則兩遍三寸四寸令畢功一人限四十畝終而復始○種穀要術云桑葉生地黃花落為下時（法具正月）此月上旬為下時若三月種每畝用子一斗若四月種每畝一斗二升○黍稻胡麻並上旬為中時唯稻為下時術具二月○移椒此月初取椒熟時所收得黑子畦種之同葵法方三寸下一子篩土蓋之厚一寸後又篩過糞蓋常濕令潤高數寸逐雨時移之先作小坑圓深三寸刀子圓合土移於坑中萬不失一椒不耐寒一二年栽子冬中以草裹護霜雪樹大即不用矣○斫楮此月為次時具二月中○剪冬葵此月八日後剪葵種□已後日日剪之而鋤其地令起水澆糞蓋之直至八月社日止留長作秋葉種子○



造醋四日為良日○壓油此月收蔓菁子壓年支油○收茶收貯年支喫茶時不可失○收蚕沙河圖云收蚕沙於宅內亥地埋之令人大富得蚕又甲子日以一石三斗鎮宅令家財千萬○貯麥種要術云是月擇大小麥熟穗曝乾勿令雜之大約麥一石艾一把藏以瓦器順時種之則收倍於常（詳此法合在五月中）○上庚日種魚齊威王聘陶朱公問曰何術可以速富對曰夫治生之法有五所謂水畜者第一其法以地六畝為池池置九洲即下懷妊鯉魚長三尺者二十頭雄鯉四頭以二月上庚日放池中令水無聲魚必生四月上庚日內一神守（神守者鱉也以守其魚）六月上庚日內二神守八月上庚日內三神守凡魚滿三百六十頭則設

龍為其長將魚飛去內神守則不復飛去周遶九洲自謂江湖也至來年二月得魚長一尺者一萬五千頭三尺者萬頭二尺者萬頭每頭計五十文得錢一百七十五萬至明年長一尺者十萬頭二尺者萬頭四尺者萬頭留長二尺者二千頭作種餘可貨得五百一十五萬錢從至明年不可辦紀矣齊威王一依此法乃於後苑治地為池逐年歲獲錢三千餘萬矣○養魚池要須載水取陂湖産大魚之處近水際土十餘車以布池底三年之中即有魚以土中先有魚子故也○收毛物一切毛物此月已後收拾即不蛀損氈與人坐臥即取角黃一名角蒿五六月著角後拌曝乾布氈內卷收之置櫥上十年不蛀又方取柞柴桑柴灰入氈羅過布厚五分卷束涼處閣之無蟲○是時也是謂乏月冬穀既盡宿麥未登宜賑乏絕救飢窮九族不能自活者救無固蘊畜而忍人之貧貸貨殖之宜忘種福之利君子不取也○雜事收絲緜詳此合在五月六月買氈收蔓菁芥蘿蔔等子收乾椹子鋤葱收乾笋蔵笋此月伐木不蛀修隄防開水竇正屋漏以備暴雨○孟夏行春令則蟲蝗為災暴風來格秀草不實○行秋令則苦雨數來五穀不滋○行冬令則草木早枯後乃大水敗其城郭

## 五月

仲夏建午自芒種即得五月節用忌宜依五月法

昏角中曉危中夏至五月中氣昏亢中曉室中○

天道是月天道北行修造出行宜北方吉○晦朔占朔日當熱而反風雨者大貴人食草木晦風雨春糴貴又云天雨五朔不出一年人民飢人食草木而蝗蟲風從北來人民相食糴大貴風從東來半日不止吉朔夏至米大貴朔芒種六畜哀鳴○月內雜占此月庚辰是金錢相求日宜得人錢財不宜出財上辰雨蝗蟲皆隨雨道食禾其驗如神巳日雨亦蝗蟲與四月庚辰同占虹出麥貴此月無三卯早種豆有三卯大小豆善其餘占雷占雨並同四月○夏至雜占先立一丈表已見正月夏至日欲立八尺之表得影一尺六寸宜蠶麥至日以水有妖以金大暑毒以丙寅丁卯粟貴○占雲氣夏至之日離卦用事日中時南方有赤雲氣如馬者離氣至也宜黍離氣不至日月無光五穀不成人病目痛冬中無冰應在十一月○占風夏至之日風從離來為順風其歲大熟坎來山水暴出坤來六月水橫流大道兌來秋多霖雨震來八月人多疾疫乾來傷萬物巽來九月風落萬物若風雨從北來穀大貴貴在四十五日又云黍貴若晴明無雲旱○月內吉凶地天德在乾月德在丙月空在壬月合在辛月厭在午月殺在丑○黃道青龍在申明堂在酉金匱在子天德在丑玉堂在卯司命在午○黑道天刑在戌朱雀在亥白虎在寅天牢在辰玄武在巳句陳在未○天赦甲午日是也○出行日夏三月不南行自芒種後十六日謂之往亡寅為歸忌卯為天羅卯為往亡又為土公夏至前一日夏至後十日十六日

為窮日又丁亥日並不可遠行○臺土時是月每日雞鳴丑時是也忌出行○四殺沒時四仲之月用乾時戌後亥前艮時丑後寅前坤時未後申前巽時辰後巳前巳上四時可為百事架屋埋葬上官皆吉○諸凶日河魁在卯天罡在酉狼籍在子九焦在卯血忌在卯天火在子地火在午○嫁娶日求婦丑日吉天雄在寅地雌在戌不可嫁娶新婦下車時乾時吉此月生男不可娶二月八月生女妨夫此月納財土命女宜子孫木命女富貴火命女自如金命女大凶水命女孤寡納財吉日庚子己卯庚寅辛卯壬寅癸卯乙卯並吉行嫁丑未女大凶卯酉女妨舅姑子午女妨自身巳亥女妨夫寅申女妨父母辰戌女妨媒人首



子天地相去日已具四月中說丙子丁亥害九夫陰陽不將日癸酉甲戌乙亥癸未甲申乙酉丙戌乙未丙申戊戌戊申癸亥已上嫁娶大吉○喪葬此月死者妨子午卯酉生人斬草丙子庚寅庚子壬子乙卯日吉殯丙寅甲寅日吉葬壬申甲申乙酉丙申壬寅乙卯庚申辛酉日吉○推六道死道丁癸天道坤艮地道甲庚兵道乙辛人道乾巽鬼道丙壬注已具四月中○五姓利月徵姓大利年與日用丑寅卯巳午申吉角姓大利年與日用子寅卯辰巳午吉宮小吉商羽凶○起土飛廉在寅土符在午土公在卯月刑在午大殺北方地囊在戊辰戊寅已上日不可動土凶月福德在亥月財地在酉已上取土吉○移徙大耗在子小耗

在亥五富在亥五貧在巳移徙不可往貧耗上又忌丙子丁亥不可嫁娶移徙八宅凶○架屋此月切不可起造○端午日禳鎮附此日午時取蝦蟆陰乾百日以其足畫地成水流出抱朴子午日採艾收之治百病一日沐浴令人吉利抱朴子云午日造赤靈符著心前辟兵歲時記云午日以綵線五色造長命縷繫臂上辟兵又以艾為人安門上辟瘟出風土記收蟾蜍合一切疳瘡藥蜀葵赤白者各收陰乾治婦人赤白帶下赤治赤白治白為末酒服之甚妙又午日採桑上木耳白如魚鱗者患喉痺者搗碎綿裹如彈丸大蜜浸含之立差○金瘡藥午日日未出時採百草頭唯藥苗多即尤佳不限多少搗取濃汁又取石灰三五升以草汁相



和搗脫作餅子曝乾治一切金刃傷瘡血即止兼治小兒惡瘡○淋藥午日取葵子燒作灰收之有患砂石淋者水調方寸匕服之立愈○心痛藥取獨頭蒜五顆黃丹二兩午日午時搗蒜如泥相和黃丹為丸丸如雞頭大曝乾患心痛醋磨一丸服之○瘧藥名四神丹朱砂一分麝香一分黃丹二兩砒半分右合研細又同一處研令相合即研飯為丸如梧桐子大曝乾有患者得三發已後第四發日五更以井花水吞一丸一日內忌熱物若是勞瘧更一發稍重便差痰瘧即大吐吐甚者即研小菉豆汁服之即止鬼瘧便定有孕婦人不可服緣有砒故也一月內忌毒物雞猪肉鮮魚酒果油膩等○痢藥阿膠散子當歸剉炒酒浸黃連去毛

淨洗訶子肉煨取阿膠慢火炙令泡起即止甘草漿水浸炙之右件五味各等分細搗羅為末黃丹三兩白礬二兩二味相和細研入瓶子內以炭火斷之通炙良久放冷即出細研之此藥與前草藥等和合為散每服三錢匕米飲調下若要作丸子以麪糊和為丸丸如豌豆大一服十丸一散無治一切瘡及小兒瘡以人乳調塗餘瘡乾用○木瓜餅子治冷氣霍亂痰逆方青木香甘草炙白檳榔訶梨勒人參陳橘皮當歸吳茱萸高良薑當歸益智子草豆蔻桂心已上各半兩細杵為末桑白皮一兩白朮生薑各二兩大腹皮合四味各剉別搗為末以四味用水三升煎取一升并前藥末和諸藥末同入煎之煎至二升許去滓入蜂蜜一升又煎似稀錫令乾先以好上木瓜十顆去皮核爛蒸入砂盆內細研入藥盥及前藥末同研取勻細曝乾脫作餅子火焙乾忽遇霍亂吐一斤子喫便定遠近出入將行隨身用防急疾或是酒筵下出香美而且風流○壓鎮一日沐浴吉利二十日拔白髮已具正月門中○雜忌此月君子齋戒節嗜慾薄滋味無食肥濃無食煮餅○別寢是月五日六日十六日別寢犯之三年致卒○暵麥地是月不暵音漢而種則寡矣同六月○小豆此月為上時但加熟耕耬下澤多者耬耩漫擲勞之如麻法再遍鋤之候葉落刈之○種槐槐子熟時收擘取曝乾勿令蟲生數數曝不蛀夏至前十餘日水浸六七日芽生如浸麻子法勿令傷皮如好雨種麻時和麻子撒之當年與麻齊豎木繩欄之當綑草棄勿令傷皮明年斷地令熟還於地上種麻賀令遠長二年正月移植之亭亭條直千百如一○種苴麻夏至前十日為上時夏至日為中時夏至後十日為下時熟耕地縱橫七遍已上生則無葉良田一畝用子三升薄田二升麥黃時種種亦良候也麻子有兩般一般白麻子為雄麻即少子此月種一般黑斑謂之苴麻即宜依三月中法種之待地白背以耬耩漫擲子空曳勞若截雨腳種者地濕令麻瘦若待白背而種即麻肥如少雨即略浸而種不可令芽生樓頭中難下也麻生數日常驅雀葉青即止布葉而鋤勃如灰便收未勃而收者皮不成若放勃而收遇雨即離束欲小鋪欲薄其為易乾故一宿輒翻之得霜即麻黃撲即欲淨有葉者喜爛遂欲水清○種麻良日丙申戊申戊寅壬辰癸卯乙巳四季則辰戌丑戊己亞吉日○浸麻子法安麻子於水中如炊二石米久便漉出著席上布之令厚二寸頻攪之令勻得地氣一宿即芽生若澇洏即不用生芽也○辨麻種麻子顏色雖白齒咬破乾無膏潤者秕子也不中種口含少時顏色如舊者佳色變異者喝子也○胡麻此月上旬為下時○肥田法菉豆為上小豆胡麻為次皆以此月及六月穊種之七八月耕殺之春種穀即一畝收十石其美與蠶沙熟糞同矣○晚越瓜此月至六月上旬種之以供冬藏法具二月○收紅花子齊民要術云種紅花地欲良熟二月末三月初雨後速種耬下如種麻法鋤培種者省子而科又易斷治花開日日乘涼摘必須淨盡留餘即隨合去不復

吐花也去五月子熟收乾打取子不得令喝五月種晚花遲用春子七月摘之任為燭及脂車並得○殺花法摘得花即熟挼令勻入器中布蓋經一宿明日趁早曾席上曬取苗內乾腕作餅子不早乾者多致喝矣○燕脂法紅花不限多少淨柔洗一二十遍去黃汁盡即取灰汁退取濃花汁以醋潑水點染布一丈依染紅法唯深為上要作燕脂却以灰汁退取布上紅濃汁於淨器中盛取醋石榴子搗碎以少醋水和之布絞取汁即瀉置花汁中無石榴用烏梅即下英粉大如酸棗看花子多少入粉粉多則白澄著良久瀉去清汁至醇處傾絹角袋中懸令浥浥捻作小瓣如麻子粒乾用舊粉作燭亦得○種晚紅花若舊收得子入此月便種若待新花子即太晚而花少七月摘之其色鮮濃耐久不喝勝春種者多用人併摘頃收三百斛○栽藍因雨而接濕拔栽之○栽早稻此月霖雨時拔而栽之栽欲淺植根四散不必須此月隨處鄉風早晚○種桑椹是月取椹淘淨陰乾以肥地每畝和黍子各三升種之候桑黍俱生看稀稠鋤之長與黍齊和黍刈倣曝乾順風燒至來春生葉每一畝飼蠶三箔○移竹此月十三日神日可移之○種諸果種梅杏等法並同桃李取核種之經接者核不堪種又杏熟時和肉埋糞中至春既生則移栽實地既移不得更安糞地必致少實而味苦梅杏皆可多種作油可以度荒歲俗曰木奴千無凶年○漚麻夏至後二十日漚麻水欲清水少則麻

脆浸生則難剝過爛則不任持唯在恰好得溫泉而漚者最為柔肕○作杏酪五六月杏熟時收核至冬中取仁一升揀去山杏仁及雙仁有毒者去尖皮搗研濾於淨釜中煎令苦味盡接沸數數揚勿住手即入好白粳米二升候汁濃出貯之更入少蘇蜜若有氣疾入加蘇子薏苡汁二升同煎一切風及百病咳嗽上氣金瘡奔肫氣驚悸心中煩熱風頭痛悉宜服之下氣不可言○務聚朶大小麥收布巢大小豆胡麻桑椹糯○[illegible]紬衣不蒸則暑濕相粘○曝書裘衣服皮簡圖障書籍每晴明則曬直至八月○籠烘皮物弓矢鳥鞭刀劍及諸皮毛物入此月後常以火籠如人體常[illegible]熱燥以灰蓋勿令太甚秋霖後乃止○拭弓劍劍須常以帛子乾拭刃鞘宜數數見風不得照曬即緊脆唯律令人家得畜弓劍短槍八尺已下自餘器械不合畜○焙茶藥茶藥以火閤上及焙籠中長令火氣至茶又忌與藥及香同處○雜事灰藏毛羽物氈須人臥不臥晴則曬苫篝掃剪羊毛同三月收蠶種豌豆蜀芥胡荽子○仲夏行春令則五穀晚熟百螣時起○行秋令則草木零落果實早成人殃於疫○行冬令則雹傷穀

## 六月

季夏建未自小暑即得六月節陰陽使用宜依六月法昏氐中曉東壁中大暑六月中氣昏尾中曉奎中○天道是月天道東行修造遠行宜東方吉○晦朔占朔日風雨禾貴晦同朔日夏至急禾歲必大饑饉朔日大

暑多死亡朔日小暑山崩河不流○月内雜占此月虹見
麻子貴月蝕半月内雷雨同四月占○月内吉凶地天德
在甲月德在甲月空在庚月合在巳月厭在巳月殺在戌
並解具正月門中○黄道青龍在戌明堂在亥金匱在寅天德在
卯玉堂在巳司命在申○黑道天刑在子朱雀在丑白虎
在辰天牢在午玄武在未句陳在酉○天赦甲午日是也
○出行日夏三月不南行自小暑後二十四日謂之往亡
娶不南行四季月亦不宜往四維方子為歸忌又午為往
亡及土公巳具正月注中丑為天羅巳亥日十二日二十四日窮
日並不可遠行嫁娶還家○壘土時是月每日夜半子時
是也行者往而不返○四殺沒時四季之月用乙時卯後
辰前丁時午後未前辛時酉後戌前癸時子後丑前巳具正月注中
○諸凶日河魁在戌天罡在辰狼籍在卯九焦在子血
忌在酉天火在卯地火在巳○嫁娶日求婦丑日吉天雄
在亥地雌在卯不可嫁娶新婦下車戌時吉此月生男不
可娶三月九月生女妨夫此月納財金命女宜子孫火命
女孤寡木命女凶水命女　土命女自如納財丙子巳
卯庚寅辛卯壬寅癸卯壬子乙卯日並吉此月行嫁子午
女大吉卯酉女妨子媒人寅申女妨夫巳亥女妨父母丑
未女妨自身辰戌女妨舅姑天地相去日戊午己未又有
丙子丁亥害九夫陰陽不將日壬申癸酉甲戌甲申乙
甲午乙未戊戌戊申戊午壬戌壬午癸未並吉○裁

月死者妨辰戌丑未人斬草丙寅丙子乙卯甲子庚子壬
子日吉殯丁卯辛卯癸卯甲寅吉葬庚午壬申癸酉庚寅
丙申丁酉丙午壬午甲申乙酉辛酉壬寅庚申日吉○推
六道死道坤艮兵道乾巽天道甲庚地道乙辛人道丙壬
鬼道丁癸注具四月○五姓利月角姓乙未大墓商辛未小墓
徵吉年與日利丑寅卯巳午申吉羽吉年與日利子寅卯
未申吉宮大利年與日利申酉丑未吉○起土飛廉在卯
土符在戌土公在午月刑在丑大禁西方地囊巳巳己未
巳上皆不可動土其方位與日辰同月福德在卯卯上取卯日動
土大吉月財地在亥並動土吉○移徙大耗在丑小耗在子五
富在寅五貧在申移徙不可往貧耗上又忌丙子丁亥不
可嫁娶移徙入宅凶○架屋甲子丙寅丁卯辛巳甲午丁
巳己巳己丑庚午並吉○禳鎮一日沐吉七日八日二十一
日浴令人去病除災二十四日十九日拔白永不生○食
忌是月勿食生葵宿疾尤不可食食露葵者犬噬終身不
差勿食諸脾勿飲澤水令人病鱉瘕六日勿起土仙家大
忌○伏日進湯餅歲時記云食之辟惡○腎瀝湯治丈夫虚羸五勞
七傷風濕腎臟虚竭耳目聾暗方乾地黄黄耆白茯苓各
六分五味子羚羊角屑桑螵蛸防風麥門冬去心各五分地
骨皮桂心各四兩磁石三兩打破如碁子洗去十數遍令黑汁盡白羊腎
一對豬腎亦得去脂膜切作柳葉片子右以水四大升先煮腎耗水升半
許即去水上肥沫去腎滓取腎汁煎諸藥取八大合絞去

滓澄清分爲三服三伏日各服一劑極補虛復治丈夫百病藥亦可以隨人加減忌大蒜生葱冷陳滑物平旦空心服之伏日切不可近婦婦死已不還家○種小豆上伏種之爲中時每畝用子一斗中伏爲下時每畝用子一斗二升○晩瓜早稻並同五月○種柳是月取春生小枝種之皮青氣壯長倍矣○種秋葵此月一日種之白莖者佳紫者劣○宿根蔓菁是月於麻中散子唯只收根乾曝可備凶年矣○蘭香此月連雨中拔栽九月收作菹○胡荽欲黑良地三遍耕每畝下子一斗須早種逢雨即生雎種即須牙子如葵法○黃蒸𦡴音代白春也生小麥細磨水溲蒸之氣溜下攤冷蒿蓋之一如黃衣法勿揚簸之○溲黃衣蒸澗小麥



於瓮中浸令醋漉出熟蒸之於箔上鋪席攤厚二寸許先一日刈蒿或荊葉構葉皆可薄覆蓋之待黃衣上遍便出曝之令乾去葉慎勿揚簸凡合造以仰黃衣爲熱醬○種蕎麥立秋在六月即秋前十日種立秋在七月即秋後十日種定秋之遲疾宜細詳之○六日造法麴小麥三石一石生一石蒸曬乾一石炒炒勿令焦各別磨羅取麵其蒸留取入麴使取蒼耳蓼爛搗絞取汁溲和五更和取了若天明後則無力溲欲剛搗欲熟於平板上以範子緊踏脫之淨掃東向戶室窗牖泥封隙使不通風地上鋪蒿草厚三五寸豎麴如隔子眼以蒿覆之令厚若立秋前則平鋪上及開取之日當陷入地乃知力大而質重閉戶封泥之二七日開翻之至二七日聚

之一宿明日出曝曬夜則露之遇雨則收極乾乃止六月上寅日作亦得○造神麴法小麥三石生蒸炒各一石同前法但不用羅麵生麥搗持須精細先搗蒼耳等汁又六月上寅或七月上寅日日未出時使童子著青衣面向殺地破地汲水二十斛使水不盡却瀉却慎勿令使用除之面向地和絕硬搗令熟入屋室內淨掃勿令地濕畫地爲阡陌作麴人各置巷中此古之法令作五小麴人又作五小麴人又作五麴王中心安著一王四方各一王守阡陌王令稍大於麴人其麴熟撥脫如前法餅麴畢以麴人及王守中央四方了則祭之以脯湯餅主人親伺祭文曰謹請東方青帝土公威神南方赤帝土公威神北方黑帝土



公威神西方白帝土公威神中央黃帝土公威神某年月日辰謹啓五帝五土公之靈某謹以六月上寅造作麥麴建立五王各布封境酒脯之醮以相祈請願垂神力明鑒所領令使飛蟲絕蹤穴蟲潛影衣色遍布或蔚或炳煞熱火焚以烈以猛芳越神薰殊蒸調領君子酣暢小人恭靜庶告三神望垂允聽急急如律令讀文三遍各再拜泥戶後二七日准前曬曝○煞米法神麴末一斗煞黍秫米二石一斗神麴末一斗煞糯米一石八斗法麴第一年一斗米用麴八兩二年一斗米用麴四兩第三年一石米用麴一斤○煞大小麥今年收者於此月取至清淨日掃庭除候地毒熱衆手出麥薄攤取蒼耳碎剉和拌曬之至未時

及熟收可以二年不蛀若有陳麥亦須依此法更曬須在
立秋前秋後則已有蟲生恐無益矣齊民要術云宜以蒿
圖窖則不蛀○開窖以此月為上若韭花開後蜂來則蛀
惡而不耐久○種蘿蔔宜沙糯地五月犁五六遍六月六
日種鋤不厭多稠即小間拔令稀至十月收窖之至二月
初劈破種之一尺餘一窠厚上糞旱則澆之若不能劈種
只依前法六月種食至二月若有陳子立夏後種亦甚食
之○作豆豉黑豆不限多小三二斗亦得淨淘宿浸漉出
瀝乾蒸之令熟於簟上攤候如人體蒿覆一如黃衣法三
日一看候黃上遍即得又不可太過簸去黃曝乾以水浸
拌之不得令大濕又不得令大乾但以手捉之使汁從指



間出為候安瓮中實築桑葉覆之厚可三寸以物蓋瓮口
密泥於日中七日開之曝乾又以水拌却入瓮中一如前
法六七度候極好顏色即蒸過攤却大氣又入瓮中實築
之封泥即成矣○鹹豉大黑豆一斗淨淘揀去惡者爛蒸
一依罨黃衣法黃衣遍即出簸去黃衣用熟水淘洗瀝乾
每斗豆用鹽五升生薑半斤切作細條子青椒一升揀淨
即作鹽湯如人體同入瓮器中一重豆一重椒薑入盡即
下鹽水取豆面深五七寸乃止即以椒葉蓋之密泥於日
中著二七日出曬乾汁則煎而別貯之點素食尤美○麩
豉麥麩不限多小以水勻拌熟蒸攤如人體蒿艾罨取黃
上遍出攤曬令乾即以水拌令浥浥却入缸瓮中實捺安

於庭中倒合在地以灰圍之七日外取出攤曬若顏色未
深又拌依前法入瓮中色好為度色好黑後又蒸令熱及
熱入瓮中築泥却一冬取喫溫煖勝豆豉○收楮實此月
六日收為上○造法油衣油大麻油一斤荏油半斤不蚛
皂角一挺槌破去皮子朴硝一兩鹽花半兩右取盛熱時以瓷
瓶盛油以綿裹皂角朴硝鹽花等同於瓶子中日煎取三
分耗去一分即油堪使如不是盛熱要油即以油瓶子於
鐺釜中重湯煮取油耗一分即堪使用○製油衣取好緊
薄絹擣練如法後製造以生絲線夾縫縫上油無度乾後
以皂角水淨洗又再上如此水試不漏即止即油衣常軟
無明白且薄而光澀○雜事命女工織紬絹漳茂燒蓼灰



染紺青雜色收芥子中秋後種收花槳子之硬種收李核便種收
苜蓿收槐花曝乾斫竹此月後至八月不蛀內二神守養魚法具四月門中鼈鼉
耨蓄菜種小蒜蘿蔔菜蕎麥別大蔥造麥飯○季夏行春
令則穀實解落國多風人多遷○行秋令則丘隰水潦禾
稼不熟乃多女災○行冬令則寒氣不時鷹隼早鷙

四時纂要夏令卷之三

四時纂要秋令卷之四

## 七月

孟秋建申自立秋即得七月節陰陽使用宜依七月法昏尾中曉婁中處暑七月中氣昏箕中曉昴中○天道是月天道北行修造出行宜北方吉○晦朔占朔日風雨米貴晦同朔日立秋多死亡朔日處暑民病疽癰○月内雜占此月虹見稻貴月蝕牛馬貴應在來年二月此月無三卯早種麥有三卯為上○占雷雨七日大雨米倍貴小雨大貴秋雨甲子禾頭生耳秋三月雨庚寅辛卯衆大貴不出一時一時十日九秋甲子雷即是雷不藏民暴死○立秋日雜占立秋之日立一丈表注具正月次立八尺表度影四尺五寸二分不宜衆立秋天氣清明萬物不成有小雨吉大雨傷五穀立秋以火不宜老人雷風折木注多怪○占氣立秋日坤卦用事日晡時西南有赤黄雲如群羊者坤氣至宜衆坤氣不至萬物不成地多震牛羊死應在衝衝在未年正月○占風立秋日風從艮來穀貴貴在四十五日中從乾來歳多癘疾草木更榮坤來年豐兊來秋雨巽來凶離來秋旱凶乾來暴疾坎來冬多陰雲○月内吉凶地天德在坎月德在壬月空在丙月合在丁月厭在辰月殺在未○黄道子為青龍丑為明堂辰為金匱巳為天德未為玉堂戌為司命凡出軍遠行商賈移徙嫁娶吉凶百事出其下即得天福不避將軍大歳刑禍姓墓月建等若疾病移往黄道下即差不堪移者轉面向之亦吉○黑道寅為天刑卯為朱雀午為白虎申為天牢酉為玄武亥為句陳已上不可犯犯之必有死亡失財刼盗刑獄之事切宜慎之凡用黄道更以天德月德月空月合者用之尤吉若值大歳黑方五鬼將軍雖云不避亦宜且罷世人尚欲威力臨之即凶神不可以天福術之也他皆倣此○天赦戊申日是也○出行日秋三月不西行犯王方立秋後九日為往亡立秋前一日立秋日並不可行七月丑為歸忌又辛亥日卯為天羅酉為土公十二日為窮日並不可出行○[illegible]時是月忌日人定亥時是也○四殺沒時四孟之月宜用甲時寅後卯前丙時巳後午前庚時申後酉前壬時亥後子前已上四時鬼神不見百事可為架屋埋葬上官並用之吉○諸凶日河魁在巳天罡在亥狼籍在午九焦在酉血忌在辰天火在午地火在辰○嫁娶日求婦辰巳日吉天雄在申地雌在子不可嫁娶新婦下車壬時吉此月生男不可娶四月十月生女害夫此月納財金命女自如木命女凶水命女富貴火命女孫寡土命女大吉納財吉日丙子巳卯庚寅辛卯壬寅癸卯壬子丁卯是月行嫁卯酉女大吉丑未女妨夫寅申女妨自身辰戌女妨父母子午女妨首子巳亥女妨舅姑天地相去日戊午巳未庚辰五亥並不可嫁娶主生離秋庚子辛亥害九夫陰陽不將日壬申癸酉壬午癸未甲申乙酉癸巳甲午乙未乙巳戊申戊午己○發覆此月死者妨寅申巳亥人斬草丙子丙寅

辛卯癸卯壬子日癸亥癸酉壬午乙酉壬寅庚午己酉日吉
○推六道死道甲庚兵道丙壬天道乙辛地道乾巽人道
丁癸鬼道坤艮○五姓利日羽姓大利年與月同用子寅
卯申酉吉宮大利年與月同申酉丑未吉商年與月同子
卯辰巳申酉吉徵亦通利角凶○起土飛廉在辰土符在
卯土公在酉月刑在寅大禁南方地囊丙辰丙午巳上不
可動土凶月福德在丑月財地在午巳上日及方位動土
吉○移徙大耗在寅小耗在丑五富在巳五貧在亥移徙
不可往貧耗方日辰亦忌之秋庚子辛亥亦不可移徙入
宅嫁娶凶○架屋日丁卯庚午丙午丙戌庚子壬戌癸卯
乙丑壬辰庚辰己卯癸未巳上吉○禳鎮七日乞巧乞富



貴隨人所願三年必應七日取蜘蛛網一枚著衣領中令
人不忘七日取麻勃一升人參半升合蒸氣盡令遍服一
刀圭令人知未然之事十五日取佛座下土著臍中令人
多智二十三日沐令髮不白二十五日浴令人長壽二十
八日拔白終身不白○食忌此月勿食蓴是月蠋蟲著上
人不見勿食生蜜令人發霍亂○七日乞巧是夕於家庭
內設筵席伺河鼓織女二星見天河中有奕奕白氣光明
五色者便拜乞貴子（乞只可乞一願三年必應）穿七孔針以求巧乞聰
慧（出風土記）○作麴曝書裘此月辟蠹七日呑小豆男呑一七
女呑二七歲無病（出河圖記）此日勿念惡事仙家大忌○耕荒
田齊民要術云凡開荒之地先縱牛羊踐踏令根浮動候

七月耕之則必死矣非七月復生矣○開荒田凡開荒山
澤田皆以此月芟其草乾放火燒至春而開之則根朽而
省工若林木絕大者劚殺之（劚竹角反）葉死不扇便任耕種三
年之後根枯莖朽燒之則入地盡矣耕荒必以鐵爬漏湊
之編爬之漫擲黍穄再遍澇明年乃於其中種穀也○然
穀地五六月種美田最宜此月殺之（事具五月）不獨肥田菜地
亦同○種苜蓿畦種一如韭法亦剪一遍加糞耙起水澆○種
葱蘿欲種葱先種綠豆五月中耕掩殺之頻耕令熟至此月種
之每畝用子五升又取穀子一升先炒穀令熟即和葱子同攪令
勻而耧一服中種之並其耧一服他月悉出取其穀耧一服之
地中土培之疎密恰好又不勞移種蒜法具二月中○胡



荽同六月○種蔓菁地須肥良耕六七遍此月上旬種之
欲陳者以乾鰻鱧魚汁浸之曝乾種必無蟲矣至冬收留
後收根窖藏之冬至後爬熟上糞間拾留子者不斷（出山居要術）
○蜀芥芸薹是月中旬為上時芥每畝子一升芸薹每
畝四升○種桃柳柳同六月桃熟時墻南暖處寬深為坑
收濕牛糞內在坑中好桃核十數介尖頭向上安坑中糞
土蓋厚一尺深春芽生和土移種之萬不失一桃皮急四
年已上刀劚破皮得速大不爾速死七八年便老十年多
枯死宜歲歲種之○造藍澱先作地坑可受百束許作麥
䴷泥泥之可厚五寸以苫蔽四壁刈藍倒豎於坑中下水
浸以木石壓之令沒熱月一宿稍涼再宿漉去藍滓取汁

內於十石甕中以石灰一斗五升併手急打(沫聚收作淀花)食頃上澄清瀉去水別作小坑貯藍淀著坑中候如粥還入甕盛之則成(若是只於甕中澄如粥亦得隨其土風所宜其浸藍亦隨土風用舩及大甕不必作坑)種禾一頃不敵藍十畝○面藥七日取烏雞血和三月桃花末塗面及身二三日後光白如素(太平公主秘法)○造豉要術云造豉以四孟月大約自四月至八月皆得然六七月最佳易得成黃衣(法具六月門中)○造乾酪取酪日中曬令皮成掠取更曬無皮乃止得一升許鐺中炒片時出攤中日曬乾令浥浥時便丸如梨大更曬令極乾得數年不壞遠行要喫削入水中煑沸卻成酪○上寅造麴(法已具六月中)○敗酒作醋春酒停貯失味不中飲者但一斗酒以一斗水合和入甕中置日中曝之雨即蓋晴即去蓋或衣生勿攪動待衣沉則香美成醋凡釀酒失味不中者便以熱飯投之密封泥即成好醋○米醋法又宛六月中取糙米三五斗炊了細磨取蒼耳汁和溲踏作麴一如麥麴法又取三五斗糙米炊了隔宿於甕中熱湯浸來日早蒸蒸了攤開蒿覆如黃衣法罨造醋時人炒糙米三五斗向星露下以沸湯潑經宿來日蒸之亦無剩水依常炊飯候熟每斗用湯一斗亦蒸米了便下湯中待如人體即下黃衣及麴末大約每斗米用黃衣麴末共二斤三七日成放至四十九日成更佳(造用寅辰戌日)○暴米醋糙米一斗炒令黃湯浸軟後熟蒸水一斗麴末一升攪和下潔淨甕器稍熱為妙夏一月

冬兩月密封頭日未足不可開○醫醋凡醋甕下須安磚石以隔濕氣又忌雜手取又忌生水器取及鹹器貯皆致易敗又醋因妊娠女人所壞者取車轍中土一掬著甕中即還好○麥醋取大麥一石舂取一糙取一半完人一半帶皮便止取五斗爛蒸罨黃一如作黃衣法五斗炒令黃熟浸一宿明日爛蒸攤如人體并前黃衣一時入甕中以蒸水沃之拌令勻其水於麥上深三五寸即得密封蓋七日便香熟即中心著蒻取之頭清別收貯餘以水淋旋喫之齊民要術云造麥醋米酸之此恐難成成亦不堪蓋失其類矣○暴麥醋大麥一斗熟舂揮炒令香焦黃磨中斟破水拌濕後熟水一斗五升冷如人體以麴一升攪和入罌甕中封頭斷氣二七日熟淋如前法○醋泉麴一石七月六日造淡溲作餺飥熟煑漉出箔上攤曝令乾勿令蟲鼠喫著收餺飥湯八斗已來小麥麴末二大斗結尖量於二石甕中先下餺飥一重即下麴末一重又下餺飥麴末如此重重下之以盡為度即一時瀉餺飥湯八斗入甕中更不得動著仍先以磚石礩甕底夏月令日照著先以七介紙單子初下日一重紙單子蓋頭密繫之一七日加一重至四十九日七重足又七日去一重厚衣以竹刀割作二孔南北對開須帖甕脣每以胡蘆杓南邊取一杓北邊入一杓新汲水每日長出五升即入水五升如此至三十年不竭然則須一手取切忌殗污立壞又初造時忌人喫著

餫飩饤子切防家人背食之即不成矣造在臘時多少○八味丸張仲景八味地黃丸治男子虛羸百病衆所不療者久服輕身不老加以攝養則成地仙方大約立秋後宜服乾地黃半斤乾薯蕷四兩白茯苓牡丹皮澤瀉附子炮肉桂已上五味各二兩山茱萸四兩揭去皮五兩右件一處擣羅爲末煉蜜爲丸如梧桐子大每日空腹暖酒下二十丸如稍覺熱即大黃丸一服通轉爲妙○收角蒿置氊褥書籍中辟蛀蟲○藏瓜桃醬糖蜜佳○收瓜子此月擇好瓜截兩頭出子和糠日曬乾挼斂取作種○十日醬法豆黃一斗淨淘三遍宿浸漉出爛蒸傾下以麫二斗五升相和拌令麫悉裹却豆黃又再蒸令麫熟攤却大氣候如人體以穀葉



布地上置豆黃於其上攤又以穀葉布覆之不得令大厚三四日衣上黃色遍即曬乾收之要合醬每斗麫豆黃用水一斗鹽五升併作鹽湯如人體澄濾和豆黃入瓮內密封七日後攪之取漢椒三兩絹袋盛安瓮中又入熟冷油一斤酒一升十日便熟味如肉醬其椒三兩月後取出曬乾調鼎尤佳○收穀楮法楮穀楮三名一木也穀楮子熟時七月八月收子淨淘曝乾耕地熟二月耬耩和麻子漫撒種子即溺至秋乃留麻子為楮子作暖不和麻種多凍死明年正月附地刈火燒一歲即沒人三年便中斫斫法十二月為上時四月次之非此兩月斫必枯死二月斸去惡根則地熟又楮成科無且菑澤移栽者二月亦得三年一斫種三十畝一年

斫十畝三年一遍歲收絹百匹永無盡期○雜事是月也收楮子浣故衣制新衣作夾衣以備始涼粜大小豆糴麥博縑帛粜喬麥耕冬葵刈蒿草種小蒜蜀芥分薤漚晚麻耕菜地伐木斫竹葦曬氈褥務機杼拭漆器五月至此月盡經雨後漆器圖書箱篋須曬乾則不損收荷葉陰乾收瓜蒂收蒺藜子○孟秋行春令則其國乃旱陰氣復還五穀無實○行夏令則其民火災寒熱不節人多瘧疾○行冬令則陰氣大勝介蟲敗穀

## 八月

仲秋建酉自白露即得八月節陰陽使用宜依八月法昏南斗中曉畢中秋分八月中氣昏南斗中曉東井中○天道是月天道東行修造出行宜東方吉○



晦朔占朔日陰雨宜麥而布貴麻子貴十倍占之直至三日止朔與晦大風春旱夏水朔陰雨年大熟朔無雲麥小實雲蒼白色如魚鱗相次東方來麥善有長雲正黃如羊群麥善黑色麥不成皆空合赤色麥枯死已上並占來年要麥者也○月內雜占此月多雨牛貴虹出春粟大貴三月尤甚月內雨與雷事具七月門中此月無三卯不可種麥○秋分雜占秋分先立一丈表注已具正月門中次立八尺表度影得七尺三寸七分宜麻此日以火地動以水溫疫此日晴明萬物更生若小雨天陰善○占氣秋分日兌卦用事日入西方有白雲如年者謂之兌氣至宜稻年豐有白黑氣渾厚者麻貴兌氣不至歲中多霜人多疥疾應在來年二月

○占風秋分日風從𨐌來萬物不實穀貴貴在四十五日中兌來民安而歲稔乾來歲多風人相掠巽來多風坎來冬酷寒艮來十二月多陰离來凶坤來土工興○月內吉凶地天德在艮月德在庚月空在甲月合在乙月厭在卯月殺在辰○黃道寅為青龍卯為明堂午為金匱未為天德酉為玉堂子為司命○黑道辰為天刑巳為朱雀申為白虎戌為天牢亥為玄武丑為句陳○天赦戊申日是也○出行日秋不西行白白露後十八日為往亡寅為歸忌又子為往亡及土公又十八日十三日五日辛亥日癸卯為天羅並不可遠行嫁娵凶○壘土聯是月黃昏戌時是也○四殺殺時四仲月用乾時戌後亥前艮時丑後寅前



坤時未後申前巽時辰後巳前已上四時可為百事架屋埋葬上官皆吉○諸凶日河魁在子天罡在午狼籍在酉九焦在午血忌在戌天火在酉地火在子○嫁娵日求婦辰巳日吉天雄在巳地雌在丑不可嫁娵新婦下車乾時吉此月生男不可娵五月十一月生女此月納財金命女自如土命女吉水命女宜子孫火命女凶木命女孤寡納財吉日丙子乙卯庚寅辛卯壬寅癸卯是月行嫁寅申女吉卯酉女妨自身辰戌女妨夫子午女妨舅姑巳亥女妨首子媒人丑未妨父母天地相去日戊午己未庚辰五亥日並不可嫁娵主生離庚子辛亥害九夫陰陽不將日戊辰辛未壬申壬午癸未甲申壬辰癸巳甲午甲辰戊申戊午辛巳○喪葬此月死者妨子午卯酉人斬草丙寅丁卯庚午丙子甲午丙申壬子甲寅日吉殯庚子癸卯吉葬壬申壬午甲申庚戌壬寅庚申丙午日吉○推六道死道乙辛天道乾巽地道丙壬兵道丁癸人道坤艮鬼道甲庚○五姓秋月徵吉年與日利丑寅卯巳午申吉羽吉年與日利子寅卯未申酉吉宮大利年與日利申酉丑未吉商大利年與日利子卯辰巳申酉吉角凶○起土飛廉在亥土符在未土公在子月刑在酉大殺東方地囊丁卯丁亥已上不可動土日辰亦凶月福德在寅月財地在乙巳上取土吉○架屋己巳癸卯庚戌壬戌辛未庚辰辛巳戊戌已上架屋吉○移徙大耗在卯小耗在寅五富在申五貧在



寅移徙不可往貧耗上秋庚子辛亥不可移徙入宅嫁娵凶○攘鎮七日沐令人聰明多智三日二十五日沐浴同正

月十九日拔白永不生勿以四日市肘足物仙家大忌○食忌此月勿食薑蒜損壽減智勿食雞子傷神○殺春穀地同七月法○種大麥此月中戊社前並上時每畝用子二升半下戊前為中時每畝用子三升下旬及九月初為下時每畝用子三升半○種小麥宜下田齊民要術歌云高田種小麥終久不成穗男兒在他鄉那得不憔悴上戊前為上時種者一畝用子一升半中戊前為中時一畝二升下戊前為下時一畝二升半此月初相爭十日而用種便相違如此力田者得不務及時○漬麥種若天旱無雨

澤以醋漿水幷蚕矢薄漬麥種夜半漬露却向晨速收之
令麥耐旱若麥生色黃者傷折太稠稠者鋤令稀以棘柴
耬之以推麥根則麥茂大小麥皆須五六月暵地不暵收
必薄○種麥忌日己貝正月門中○莤蓿若不作畦種即和麥種
之不妨一時熟○葱薤葱同五月法薤同二月法○種蒜
良軟地耕三遍以耬耩逐壠下之五寸一株二月半鋤之
滿三遍止無草亦須鋤不鋤即不作窠作行上糞水澆之
一年後看稀稠更移蔚鹿如大筋三月中即折頭上薹當
年如雞子旱即澆年年須作糞次種不可令絶矣○種薤
同二月此月下子即春末生○諸菜萵苣吳藍胡荽並良
時○畏菜尤宜山坡亦可畦種○斷瓜梢並月區種冬瓜



此月斷其梢○踏蘘荷二月種者此月上旬踏令苗死不
爾即窠不茂大○耩薤此月上旬耩不耩則白短勿剪葉
恐損白旋要食者別種之○栫葵中旬栫葵留歧去地一
二寸栫之生肥嫩至老葉莖俱美○牙麥櫱大麥淨淘於
瓮中浸令水纔淹得著日中曝之一日一度著水脚生即
布於床下席上厚二寸許一日一度以水灑之牙生寸長
即曬乾若要煑白餳牙與麥身齊便曬乾勿令成餅即不
堪矣若煑黑餳即待牙青成餅即以刀子利開乾之要餳
作虎珀色者以小麥爲之術已具三月中○造三勒漿訶
黎勒毗黎勒菴摩勒已上並和核用各三大兩擣如麻豆
大不用細以白蜜一斗新汲水二斗熟調投乾淨五斗瓮

中即下三勒末攪和勻數重紙密封三四日開更攪以乾
淨帛拭去汗候發定即止但密封此月一日合滿三十日
即成味至甘美飲之醉人消食下氣須是八月合即成非
此月不佳矣○剪羊毛候楽子未成時剪之不爾則損毛
中旬後剪則勿洗恐寒氣損羊○收豕豕入此月即放不
要餵直至十月所有糟糠留備窮冬飼之豬性便水生之
草收浮萍水藻飼之則易肥又法悶豬了待瘡口乾平復
後取巴豆兩粒去殼爛擣和麻籸糟糠之類飼之半日後
當大瀉之後日見肥大○養豶猪豚短毛柔者良喙長
牙多三牙已上不煩養難肥故也牝者子母不同圈同圈
則相傷死又食難足所以子宜別飼之故宜埋車輪爲



場令豘子出入自由則肥健○掐尾法豘子生三日便須
掐尾則不畏風犍豬死者皆尾風所致小小犍者骨細而
易養○肥豚法麻子二升擣十餘杵鹽一升同煑後和糠
三斗飼之立肥○乾酒法乾酒治百病方糯米五斗炊好
麴七斤半附子五介生烏頭五介生乾薑桂心蜀椒各五
兩右件擣合爲末如釀酒法封頭七日酒成壓取糟密溲
爲丸如雞子大投一斗水中立成美酒春酒時造更好○
地黃酒地黃酒變白速效方肥地黃切一大斗擣碎糯米
五升爛炊麴一大升右件三味於盆中熟挼相入內不津
器中封泥春夏三七日秋冬五七日日滿開有一盞綠液
是其精華宜先飲之餘用生布絞貯之如稀餳極甘美不

過三劑髮當如漆若以牛膝汁拌炊飫更妙切忌三白○作諸粉藕不限多小淨洗擣取濃汁生布濾澄取粉𤇆蓮皃芡澤瀉葛蒺藜茯苓署蕷百合並皆去黑遂色各擣水浸澄取為粉已上當服補益去疾不可名言又不妨備厨饌悉宜留意○收棠梨藥天晴時採摘薄攤曬乾乾即更摘多收不妨遇雨淹損不中染緋○收地黃要術云種地黃熟斸地取竹刀子斷之每根一寸餘畦種上糞下水經年後滿畦可愛此物宿根採却還生秋收之以充冬用二三月種五月苗生八九月根成一畝可收三十石○作生乾地黃取地黃一百斤揀取好者二十斤半寸長切每日曝令乾餘者煙之待有二十斤全乾即候晴明日出埋者



五斤或十斤擣汁浸拌前乾二十斤曝之其汁每須支料令當日浸盡隔宿即醋惡天陰即停住慎勿令塵土入八十斤盡為度成一十斤乾地黃忌蕪荑猪肉蒜藕蘿蔔○收牛膝子要術云秋間收子春間種之如生菜法宜下濕地上糞澆水苗生剪食之常須多留子直至秋中一遍種之但割却即上糞不勞更種○收牛膝根收根者別宜深耕熟犂然後下子耬令土平荒則耘旱則澆至初秋刈取莖收其子九月末十月初用刃鍫深掘取根水中浸二宿置瓷篩中挼去皮排齊頭曬令浥浥即手握令直如要氣力不如勿去皮便曝乾如去皮即挼出白汁便致力少矣○雜事是月收薏苡收蒺藜子收角蒿收韮花以備醬醋所用曝書畫曬膠收胡桃棗開窖菓麥種貨百日油打墻造罨造醬壓年支油下旬造袖衣收油麻秋江豆習射命童子入學備冬衣刈莞葦居柴炭又內三神守術具四月種魚門中○仲秋行春令則秋雨不降草木生榮○行夏令則其國乃旱蟄蟲不藏五穀復生○行冬令則風災數起收雷先行草木旱死

## 九月

季秋建戌自寒露即得九月節陰陽使用宜依九月法昏牽牛中曉東井中霜降九月中氣昏虛中曉柳中○天道是月天道南行修造出行宜南方吉○晦朔占朔日風雨者春旱夏水麻子貴十倍二日雨五倍朔日風從東來半日不止者穀麥不收朔寒露寒溫不時朔



霜降歲飢○月內雜占此月多雨牛貴此月月蝕凶此月上卯日風從北來粟三倍貴貴在來年三月十月東來三倍貴西來賤九月雷穀大貴其餘占雷日七月占○月內吉凶地天德在丙月德在丙月空在壬月合在辛月厭在寅月殺在丑○黃道辰為青龍巳為明堂申為金匱酉為天德亥為玉堂寅為司命○黑道午為天刑未為朱雀戌為白虎子為天牢丑為玄武卯為句陳○天赦戊申日是也○出行日秋三月不西行四季之月亦不宜往四維方自寒露後二十七日為往亡日丑為歸忌未為天羅酉為刑獄又辰為往亡及土公又十一日十四日為窮日已上皆不可遠行此月庚寅為行很了戾不可上官出行多窒塞○臺土時是

月日入酉時是也不可出行往而不返○四殺没時四季之月用乙時寅後卯前丁時午後未前辛時酉後戌前癸時子後丑前已上四時可爲百事架屋埋葬上官並吉○諸凶日河魁在未天罡在丑狼籍在子九焦在寅血忌在巳天火在子地火在丑○嫁娵日求婦辰日吉新婦下車辛時吉此月生男不可娵六月十二月生女妨夫此月納財金命女多子木命女孤寡水命女大凶火命女大吉土命女但知納財吉日丙子己卯壬子乙卯是月行嫁巳亥女大吉辰戌女妨身卯酉女妨夫寅申女妨首子媒人丑未女妨舅姑子午女妨父母天地相去日戊午己未庚辰辛亥不可嫁娵正五離秋庚子辛亥害九夫陰陽不將日



戊辰庚午辛未庚辰辛巳壬午癸未辛卯壬辰癸巳癸卯戊午已上日利嫁娵○喪葬此月死者妨辰戌丑未人斬草丙寅丁卯丙子庚寅辛卯庚子壬午甲寅日　吉葬庚午癸酉壬午甲申乙酉壬寅丙午庚申辛酉日吉○推六道死道乾巽天道丙壬地道丁癸兵道坤艮人道甲庚鬼道乙辛○五姓利月徵姓丙戌大墓宮姓戊戌小墓羽姓壬戌小墓角姓大利年與日同利用子寅卯辰巳午商姓通用年與日利用子卯辰巳申酉○起土飛廉在子土符在亥土公在辰月刑在未大禁北方地囊戊子戊辰已上不可動土日辰亦同月福德在午月財地在巳已上取土吉○移徙大耗在辰小耗在卯五富在亥五貧在巳移徙不可往貧耗方凶日辰亦同秋庚子辛亥不可嫁娵移徙入宅凶○架屋丙寅丁卯庚午庚子丙午戊申己卯癸卯日吉○禳鎮二十日沐辟兵二十八日浴九日拔髭子喂雞令速肥而不暴園法宜別築墻匡小開作小窻雌雄皆斬去翅翮不得令飛出多收稗穀及小槽子貯水以飼之荊藩爲棲去地一尺數掃其糞鑿墻爲窠亦去地一尺冬天著草他時不用生子則移出外籠養之如鴿鵓大卻內墻中蒸麥飯飼之三七日便肥大也河圖云雞白首有六指雞有五色食之並殺人○收五穀種是月五穀擇好穗刈之高縛別打乾燥以穰草窖之勿貯器中○辟虸蚄蟲法凡五穀種牽馬就穀堆食數口以馬殘爲種無虸蚄蟲○



備冬藏凡藏蔓菁菘韭薤脆美而不耐停若旱園菜稍硬停得直至二月○收菜子是月收韭子茄子種○收枸杞子九日收子浸酒飲不老不白去一切風○收梓實下旬收梓實摘角曝乾秋耕地熟作壟漫撒再澇明年春生有草拔之勿令蕪沒後年五月移之五行書云舍西種梓或云楸木各五株令子孫孝順消口舌此木貴材又易長○收栗種栗初去殼即於屋下埋著濕土必須深勿令凍徹路遠者可韋囊內盛可停二日見風則不生春二月悉芽生而種之即生以棘圍不用穿近三年之內冬常須草裹二月即解去凡木忌掌近粟性尤忌之○收乾栗法食經云取栗蒲殼也燒灰淋汁漬栗二宿出之又以沙覆之令厚一二尺至後

苧生而不蚛椽與栗同又法栗一石鹽二斤作水淹栗一宿曬乾收之不蛀不硬栗性利筋骨生腎氣久服破者皆差不益瘡疽作粉治痔疾血痢等有栗園者但和蒲收之不蚛要食蒸出其殼○雜事是月糞大麥斫竹拭漆器造火爐煮膠同二月收豕貴故氈收藏衣香收皁莢貯麻子油麻楷菊花收木瓜摘蘭香○季秋行春令則暖風來至人氣懈惰○行夏令則其國大水冬藏殃敗人多鼽嚏○行冬令則國多盜賊

四時纂要秋令卷之四



四時纂要冬令卷之五

## 十月

孟冬建亥自立冬即得十月節陰陽使用宜依十月法昏虛中曉張中小雪爲十月中氣昏危中曉翼中○天道是月天道東行修造出行宜東方吉○晦朔占朔日風雨春旱夏水麻子貴十倍二日雨貴五倍一云來年麥善晦日同朔立冬雨血地生毛朔小雪凶朔日風從東來春米賤從西來春米貴朔日風寒正月米貴朔六雨大貴小雨小貴○月內雜占月內有三卯豆賤無三卯大豆貴月內虹出麻貴無五月穀貴月蝕秋穀賤○占雨冬雨壬寅癸卯春粟大貴甲申至己丑已來雨粟貴庚寅至癸巳雨粟折皆以入地五寸爲候冬雨戊戌辛亥雷即知來年正月米貴冬夜同占冬雨甲子飛雪千里○冬至雜占冬至日先立一丈表得影一尺大疫大旱大暑大飢二尺赤地千里三尺大旱四尺小旱五尺下田熟六尺高下熟七尺善八尺澇九尺一丈大水若不見日爲上○占影次立八尺表度影得丈三尺七分宜麻○占氣立冬之日乾卦用事人定時西北有白氣如龍如馬者乾氣至也宜麻乾氣不至大寒傷萬物人當大疫應在來年四月人定時西北方有黑氣渾厚者麻子貴○占風立冬日風從西北來五穀熟東南來小麥貴貴在四十五日中凡八節占皆前後一日同占之立冬日風從巽來冬雷凶巽來冬溫來年夏旱坎來冬雪殺走獸离來來年五月大疫艮來人

多病巡瘟絶坤來魚蕩天賁兌來凶○月內吉凶地天德在乙月德在甲月空在庚月合在巳月厭在丑月殺在戌○黃道青龍在午明堂在未金匱在戌天德在亥玉堂在丑司命在辰○黑道天刑在申朱雀在酉白虎在子天牢在寅玄武在卯句陳在巳○天赦甲子日是也○出行日冬三月不可北行犯王方立冬後十日為往亡丑為歸忌申為天羅酉為天獄未為往亡土公巳亥在不可遠行又立冬前一日此月十日二十日為窮日不癸亥日俗不可出行嫁娶上官凶又此月辛丑癸丑為行很了戾不可出行上官多寃憂○壅土時每日申時是也行者往而不透○四殺沒時丙壬之月用寅時後卯前丙時仍從午前庚時申後酉前壬時亥後子前已上四時可為百事架屋埋葬上官吉○諸凶日河魁在寅天罡在申狼籍在卯九焦在亥天火在卯地火在寅血忌在亥九焦地火不宜種蒔天火不架屋血忌不宜針灸出血餘日不可為百事他月做此○嫁娶日求婦成日吉天雄在亥地雌在卯不可嫁娶凶新婦下車乙時吉此月生男不宜娶正月七月生女此用納財金命女大吉木命女宜子水命女自如火命女凶土命女孤寡納財吉日丙子壬子乙卯是月行嫁辰戌女大吉巳亥女妨身子午女妨夫丑未女妨首子媒人寅申女妨舅姑卯酉女妨父母天地相去日戊午己未庚辰五亥不可嫁娶主生離冬壬子妨九夫陰陽不將日己巳庚午

己卯庚辰辛巳壬午庚寅辛卯壬辰癸巳壬寅癸卯○喪葬此月死者妨寅申巳亥人斬草丁卯庚寅辛卯甲午庚子癸卯甲寅日吉殯乙卯癸庚午癸酉甲申丁酉庚申辛酉○推六道死道丙壬天道丁癸地道甲庚人道乙辛兵道坤艮鬼道乾巽地道鬼道葬送往來吉餘凶天道人道嫁娶往來吉○五姓利月徵吉年與日利用丑寅卯巳午申羽吉年與日利用子寅卯未申酉宮大利年與日利用申酉丑未商大利年與日利用子卯辰巳申酉吉角大利年與日利子寅卯辰巳午吉○起土飛廉在丑土符在申土公在未月刑在亥大禁西方地囊在庚午庚子已上不可動土月德在辰月財地在未已上取土吉○移徙大耗在巳小耗在辰五富在寅五貧在申移徙不可往貧耗上凶方與日辰同又冬壬子癸亥不可移徙入宅嫁娶○架屋日癸酉辛卯庚午壬辰癸卯吉○禳鎮此月四日勿責罰仙家大忌一日沐浴十日拔白永不生○保忌勿食猪肉發宿疾勿食椒損心○鹿骨酒治百體虛勞大風諸風虛損諸疾久服長骨留年久又自知枸杞二十斤淨洗搗乾剉碎鹿骨一具剉碎右件以水四石煎取一石五斗去滓澄清淨濾去脂沫澄淀取如常水浸麴投糯米二石分為三四酘候熟壓取飲之○枸杞子酒補虛長肌肉益顏色肥健延年方枸杞子二升好酒二斗搦碎浸七日漉去滓自飲之○鍾乳酒主補骨髓益氣力逐濕方乾地

黄八分巨勝一升(熬別搗)牛膝五茄皮地骨皮各四兩桂心防風各二兩仙靈脾三兩鍾乳五兩(甘草湯浸三宿以半斤牛乳瓷瓶中沒炊)於炊飯上蒸之牛乳盡出以暖水淨淘洗碎如麻豆右件諸藥並細剉布袋子貯用好酒三斗浸五日後可取飲出一升即入一升清酒量其藥味減則止即出去藥起十月一日服至立春止忌生葱陳臭物○地黄煎生地黄十斤淨洗漉出一宿後搗壓取汁鹿角膠一斤紫蘇子二大升好蘇一斤半生薑半斤(絞取汁)蜜二大升好酒四升右先以文武火煎地黄汁數沸即以酒研蘇子濾取汁下之又煎二十沸已來下膠膠消盡下蘇蜜同煎良久候稠如餳貯淨潔器中每日空心暖酒調一匙頭飲之甘美而補益



顏色髮白更黑充健不極忌三白○麋茸丸補虛益心強志麋茸八分(炙)枸杞子十二分伏神人參各六分乾薑八分桂心二分遠志三分(去心)搗篩為末取地黄煎於臼中搗合為丸每日食後服十丸加至二十丸暖酒下忌蕪荑蒜大醋生葱○翻區瓜田術具正月中○耕冬葵地是月中旬三遍耕畢下旬漫撒種之宜稠每畝下子六升每雪時一勞無雪即至臘月汲井水澆之一遍便蓋覆之疏旦是月種之○區種瓠如區瓜法聚雪區中勝春種○種麻是月翻地四遍下旬種之○區種茄如瓜法不移栽亦堆雪區中○還胡荽是月霜降收藏留根草覆掩供食○冬瓜收麥麩蓋之籠荷同蓋之不爾凍死○收冬瓜區稀者此

月餘霜後收之於烟灰上安(或敧亦得)○芭栗樹栗樹種經三年內並須此月穰草裹之○造百日油是月取大麻油率一石以窯盆十六介均盛日中以椽木閣上曝之風塵陰雨則覆蓋其盆以一窯盆蓋其上時以竹篦攪之至二月減耗三斗三月五月賣每升直七百文三月造者七月成每升直三百文其油入漆家用共賺油盆大如盤深四五寸底平闊形如盤子百枚綠出橋北五窯衙盆每底輕塗小漆慮其津矣○塗甕凡甕七月坏為上八月為次他月者不堪凡瓮大小須塗脂不塗則津滲所造物多壞特宜留意新買甕勿便盛水及著雨塗法掘地為小坑傍開兩道以引火然炭於坑中合瓮口於上掀而熏之火盛則



破少則難熱務令調適數以手拭之熱灼人手便下瀉熱脂於甕中迴轉令極周遍脂冷不復滲乃止牟脂第一猪脂為次俗云用麻子脂大誤人若脂不濁流只一遍拭者亦不佳俗以蒸甕水氣亦不佳脂熱乾以熱湯數升刷之却瀉冷水數日後用用時更淨洗日中曝乾冬藏宜依此法○收枸杞子秋冬間收得子先於水盆中挼令散曝乾候春先熟地作畦畦中去却五寸土勻作五壠壠中縛草稕如臂長短畦即以泥塗草稕上爽令遍通即以枸杞子布於泥上令稀稠得所即以細土蓋一重令遍又以爛牛糞一重又以一重土令畦平待苗出時以水澆之堪喫便剪如韭法每種用二月初一年只可五度剪欲種取甘者

種之若種根葉厚大無刺者有刺葉小者名枸棘不堪○雜事築垣墻墐北戶賣綠帛布絮綿粟及大小豆麻子五穀等可出新炭可練熊遮掩牛馬屋收槐實梓實收牛膝地黃造牛衣可買驢馬京中選人少時有可揀又買緋紫帛衫段蕉葛簟席賣故氈緜絮等盤瓈蒲桃包裹栗樹不裹即凍死收諸穀種大小豆種麥膠牧豕石榴樹亦包裹不裹須死○孟冬行春令則凍閉不密地氣上泄人多流亡○行夏令則國多暴風方冬不寒蟄蟲復出○行秋令則霜雪不時

## 十一月

仲冬建子自大雪即得十一月節陰陽使用宜依十一月法昏室中曉軫中冬至十一月中氣



昏壁中曉角中○天道是月天道南行修造出行宜南方吉○晦朔占朔日有風麥善風從西來半日不止賊起晦日風雨春旱朔日冬至朔日蝕朔日大雪並年飢有疾有災凶○月內雜占月內有雷米賤賤在來秋或令冬虹出大豆善○占雨冬雨壬寅癸卯春穀大貴甲申至巳丑巳來雨皆米貴庚寅癸巳風雨皆禾折皆以入地五寸為候○冬至雜占冬至日先立一丈表得影一尺大疫大旱大暑大飢二尺赤地千里三尺大旱四尺小旱五尺中田熟六尺高下熟七尺善八尺澇九尺及一丈大水若不見日為上次立八尺表度影得一丈三寸宜小豆○占氣冬至日坎卦用事夜半時北方有黑氣者坎氣至也小豆賤坎氣不至夏大寒而大水應在來年五月○占雲冬至日有青雲從北方來者歲美人安無雲凶赤雲旱黑雲水白雲兵及疾黃雲土功興子時候之○冬至後占冬至後一日得壬歲旱千里二日壬小旱三日壬平常四日壬五穀豐熟五日壬小水六日大水七日壬河決八日壬海翻九日壬大熟十日十一日十二日壬五穀不成○占風冬至日風寒者小豆賤冰堅者吉不堅者穀有災氣晴明物不成多風寒則年豐人安冬至日風從南來穀貴貴在四十五日中而小豆貴前後一日同占入節歲同坎來人安歲稔震來乳母多死水旱不時冬溫人疫艮來正月多陰坤來蟲傷禾稼人民不安其處兌來秋多雨人大愁巽來蟲生傷



物乾來夏多寒冬至以水溫疫盛行以土雷聲如水流凡入節占風雲日影遇陰晦前後一日同占○月內吉凶地天德在巽月德在壬月空在丙月合在丁月厭在子月殺在未○黃道青龍在申明堂在酉金匱在子天德在丑玉堂在卯司命在午○黑道天刑在戌朱雀在亥白虎在寅天牢在辰玄武在巳句陳在未○天赦甲子日是也○出行日寅為歸忌巳為天羅酉為刑獄二十日窮日癸亥日並不可遠行嫁娶上官皆凶○臺土時此月每日日昳未時是也行者往而不返○四殺沒時四仲之月用乾時戌後亥前艮時丑後寅前坤時未後申前巽時辰後巳前巳上四時可為百事架屋埋葬上官皆吉○諸凶日河魁在

酉天罡在卯狼籍在午九焦在申血忌在午天火在午地火在子（往具正月門中）○嫁娶日求婦未日吉天雄在申地雌在戌不可嫁娶新婦下車乾時吉此月生男不可娶二月八月生女此月納財金命女宜家人吉木命女宜子水命女自如火命女凶土命女孤寡納財吉日丙子癸卯乙卯是月行嫁丑未女吉子午女妨身巳亥女妨夫卯酉女妨舅姑辰戌女妨首子寅申女妨父母天地相去日戌午巳未庚辰五亥日不可嫁娶主生離冬壬子守死夫陰陽不將日丁卯己巳己卯庚辰辛巳庚寅辛卯壬辰辛丑壬寅丁巳○交葬此月死者妨子午卯酉人斬草辛卯甲午甲寅殯丙寅庚子丙申乙卯辛酉癸壬申甲申壬午乙酉庚寅壬寅丙午庚子己酉吉○推六道天道艮坤死道丁癸地道甲庚兵道乙辛人道乾巽鬼道丙壬○五姓利月納吉年與日利用子寅卯未申酉商大利年與日利用子卯辰巳申酉吉○起土飛廉在申土符在辰土公在戌月刑在卯大禁南方地囊辛酉辛卯已上不動土凶月福德在巳月財地在酉已上取土並吉○移徙大耗在午小耗在巳五富在巳五貧在亥移徙不可往貧耗方凶（日辰赤相同）冬壬子癸亥不可移徙入宅嫁娶凶○架屋甲子己巳壬申庚寅辛丑辛未庚辰乙亥辛巳甲申巳上日架屋吉○禳鎮共工氏有不才子以冬至日死為疫鬼畏赤小豆故冬至日以赤小豆粥厭之十六日沐浴吉十日十一日拔白髮永不生勿以十一日沐浴仙家大忌○食忌是月勿食龜鱉令人水病勿食陳脯勿食鴛鴦令人惡心勿食生菜患同九月○試穀種崔寔種穀法以冬至日平均五穀各一升布囊盛北墻陰下埋之冬至後十五日發取平均之取多者歲宜之（一云五十日）○貯雪水要術云是月以器貯雪埋地中以水浸穀種之則收倍○煮種是月生者為上時同正月○蒸桃子是月生者不蒸則腥燥而死宜以籠盛桃子置甑中微火蒸之汗出則止○別寢是月陰陽爭冬至前後各五日別寢○雜事貸薪炭縣粲黍粳稻粟大小豆麻子胡麻等伐木取竹箭此月堅成造什物農具折麻散麻刈萬棘貯年支草於隙地至六月及秋霖時俱利倍○行冬行春令則蟲蝗為敗水泉減竭人多疥癘○行夏令則其國乃旱氛霧冥冥雷乃發聲○行秋令則天時雨汁瓜瓠不成

## 十二月

季冬建丑自小雪即得十二月節陰陽使用宜依十二月法昏奎中曉元中大寒十二月中氣昏婁中曉氐中○天道是月天道西行修造出行宜西方吉○晦朔占朔晦風雨者春旱朔日風從西來半日不止者六類大疫朔大寒白兔見○月內雜占虹見黍貴一云八月穀貴月蝕凶雜占風同十月占之○月內吉凶地天德在庚月德在庚月空在甲月合在乙月厭在亥月殺在辰○黃道青龍在戌明堂在亥金匱在寅天德在卯玉堂

在巳司命在申〇黑道天刑在子朱雀在丑白虎在辰天牢在午玄武在未句陳在酉〇天赦甲子日是也〇出行日自小寒後三十日為往亡子為歸忌酉為天獄丑為土公不可遠行動土殺人己亥日三十日為窮日並不可遠行〇臺土時是月每日午時是也〇四殺没時四季之月用乙時卯後辰前丁時午後未前辛時酉後戌前癸時子後丑前已上四時可為百事架屋埋葬上官並吉〇諸凶日河魁在辰天罡在戌狼籍在酉九焦在巳血忌在子天火在酉地火在亥九焦地火不種蒔天火不架屋血忌不針灸出血餘日不可為百事〇嫁娵日求婦寅卯日吉夫雄在巳地雌在乙不可嫁娵凶新婦下車辛時吉此月生

食諸脾勿食龜鼈必害人勿食牛肉凡烏牛自死者若北首死者害人構枝及棗柴炙牛肉者並令人生蟲食自死豕肉令人體痒〇造臘酒臘日取水一石置不津器中浸麴末三斗便下四斗米飯至來年正月十五日又下三斗米飯又至二月二日又下三斗米飯至四月二十八日外開之其瓮但露著不用穰草則三伏停之不敗〇造醬將炒黃浸一宿後入釜中煑令軟硬得所漉出將煑黃水澄取每豆黃一斗用黃衣末六升神麴四升鹽五升半煑黃水調和勻後封閉如乾厚即入熟水相添〇又造醬豆黃簸去碎惡者磨細一石黃衣一石豆黃淨淘一遍又淘之取再淘豆水盛於瓮中即入豆黃次下黃衣熟打封閉三

道人道嫁娵往來吉〇五姓利月商姓辛丑為大墓角姓乙丑為小墓宮羽姓吉年與日同〇起土飛廉在酉土符在子土公在丑月刑在戌大禁東方地囊乙丑乙未巳上地不可修造起土凶日辰亦同月福德在酉月財地在亥巳上取土吉〇移徙大耗在未小耗在午五富在申五貧在寅移徙不可往貧耗上冬壬子癸亥不可入宅嫁娵凶〇架屋己巳癸巳甲午己亥乙巳乙卯甲子庚午乙亥辛巳吉〇穰鎮二十三日沐二日十三日三十日浴吉又云十五日沐浴已上去災七日拔白永不生〇祀竈搜神記陰子方臘日見竈神因以黃羊祀之家乃暴富後人行之多獲吉焉〇食忌是月勿食葵發痼疾勿食雞勿食雉勿

此月中造者為上時牛羊獐鹿等精肉破作片冷水浸一宿出搦之去血候水清乃止即用鹽和椒末浥經再宿出陰乾捧打踏令緊自死牛羊亦得〇兔脯先作白鹽湯煑熟去浮沫欲出釜時尤急火火急乾易置箔上陰乾即成脆美無比若造生者即依脯法如五味者先須鹽醃兩三宿後猛火焙熟乾味甚佳矣〇乾腊肉取牛羊獐鹿肉五味淹二宿又以葱椒鹽湯中猛火煑之令熟後掛著陰處經暑不敗遠行即致斃〇造英粉第一粱米第二粟米須一色不得令雜去碎者揀去黍米木槽中下水踏十遍水清乃止大瓮中多以水浸夏三十日春六十日不用易水臭爛乃佳勿令日炙著日滿汲水就瓮中沃之攪令酸氣

日後入盐一斗其盐曝乾鍮去泥土正月已後漸漸所詞法內所

言黃衣者即是以麥罨黃衣者見六月內罨黃衣法更入盐直至四月醬熟都入盐

九斗即足矣寒食時入熟油及餘頭之類甚佳○魚醬鱠

魚鮓魚第一鯉鯽鱧魚次之切如鱠條子一斗攤曝令去

水脉即入黃衣末五升好酒小許盐五升和如肉醬法腹

腴之處最居下寒即曝之熱即涼處可以經夏食之月錄

云用麴末恐不停久宜減之○兔醬剉兔取肉切如鱠脊

及頸骨細剉相和肉每一斗黃衣末五升盐五升漢椒五

合去子盐須乾方下好酒和如前法入瓷瓮子中又以黃

衣末蓋之封泥五月熟骨與肉各別作亦得○濇脯取麞

鹿肉如常脯作作陰乾勿著塩即成脆脯不佳○白脯

男不可娶三月九月生女此月納財金命女吉木命女妨

寡水命女凶火命女宜子土命女自如納財吉日己卯壬

寅癸卯丁卯是月行嫁子午女吉丑未女妨舅寅申女妨

夫巳亥女妨父母卯酉女妨首子媒人辰戌女妨舅姑天

地相去日戊午己未庚辰五亥不可嫁娶主生離冬壬子

害九夫陰陽不將日丙寅丁卯丙子丁丑己卯庚辰己丑

庚寅辛卯庚子辛丑丙辰大吉○喪葬此月死者妨辰戌

丑未人斬草丙子辛卯庚子癸卯甲寅吉殯丁卯庚午丁

酉乙卯癸丙寅壬午癸酉壬申甲申乙酉庚寅丙申壬寅

丙午庚申辛酉○推六道天道甲庚死道坤艮地道乙辛

兵道乾巽人道丙壬鬼道丁癸地道鬼道葬送往來吉天

盡乃止稍稍出研之於水攪挼取白汁絹袋濾著別瓮底著

更研令盡以小杷子瓮中打良久抨澄之去清水以濃汁

著盆中以杖一向旋之三百轉乃止盆蓋勿令塵污良久

抨澄清徐徐去水盡以三重布帖粉上薄著粟糠糠上安灰

灰濕更易乾乃止然後削去四畔麤無光者用中心圓

如鉢形光潤者以布鋪床上刀劙如梳大曝乾碎擣收之

入用擬客食及隔油衣中使及作香粉摩身是月作寒食

出之勝他月○紅雪朴消十斤馬牙者尤佳並須精鍊升麻大青桑

根白皮槐花各三兩犀角屑一兩淡竹葉一握蘇木三兩

鎚碎剉煎訶梨勒三十介檳榔二十介朱砂一兩先細研粉成乃下右

件升麻等七味剉以水二斗浸一宿煎取一大斗綿濾去滓

去滓即下朴消於藥汁中煎以杓揚不得停手候無水即

下蘇木汁朱砂攪和致於盆中冷硬收成療一切病冷以

水下之產後病以酒調服之以湯投之忌熱肉麵蒜等○

犀角丸療癰腫瘡發背一切毒腫服之膿化為水神驗方

犀角一十二分屑蜀升麻黃芩防風人參當歸黃耆乾薑

蔡藍黃連去毛甘草炙梔子仁已上各四兩大黃三分巴豆

二十介醋煮令黃去心膜右先搗巴豆如泥又研令極細餘十三

味並為散入巴豆膏同研令至勻鍊蜜同搗令巴豆勻細

為丸如梧桐子大急者飲服三丸通利三兩行與冷漿水

粥止之如不利加至四五丸唯初服快利後漸減丸數取

溏痢為度老少以意增減腫消皮皺痢黃水盡乃止忌熱

麪魚鮓猪肉菘菜生冷粘食等○溫白丸治癖塊等心腹
積聚心胷痛噎食不消婦人帶下淋瀝羸瘦困悶無力方
川烏頭十分炮 紫菀吳茱萸菖蒲柴胡厚朴薑汁炙 桔梗皂角
去皮子 茯苓乾薑黃連去毛 蜀椒出汗 人參巴豆去皮心醋煑黃 右件十
四味等分擣羅入巴豆研令極細勻以白蜜和擣二千杵
丸如梧桐大一服二丸不痢加至十丸十五日後頰漸血
如雞肝等下勿怪忌生冷醋滑猪魚雞犬牛馬鵝豕辛酒
膩熱麪豆糯米陳臭等物○備急丸治腹內諸卒暴百病
方大黃乾薑巴豆已上等分巴豆去心皮醋煑令黃擣如泥又研令細勻 右件
大黃乾薑擣羅為散和巴豆膏研至勻煉蜜為丸更擣三
千杵若中惡客忤心腹脹滿刺痛氣急口噤停屍死者以



煖水或酒服如大豆許大三四枚捧頭起令得下即愈若
口噤定研丸成汁乃傾口中令從齒間入至腹良驗忌蘆
笋猪肉冷水○茵陳丸治瘴疫時氣溫黃等若傾表行往
此藥常隨身茵陳四兩大黃五兩豉心五合恒山梔子仁
熬芒消杏仁去皮尖熬研後入之 已上各三兩鼈甲三兩去膜酒及醋塗炙
巴豆一兩去皮心熬別研入用 右件九味擣羅為末鍊蜜為丸初得時
氣三日旦飲服五丸如梧桐子大如行十里許或痢或汗
或吐如不吐不汗不痢更服一丸五里久不覺即以熱飲
促之老少以意酌度凡黃病痰癖時氣傷寒瘧疾小兒熱欲
發癇服之無不差療瘴神驗赤白痢亦妙春初一服一年
不病忌人莧蘆笋猪肉已前諸藥臘月合收瓶中以蠟紙

固口置高處逐時減出可二三年一合○面脂香附子大者十介
白芷三兩零陵香二兩白茯苓一兩並須新好者細剉研
以好酒拌令浥浥蔓菁油二升先文武火於瓶器中養油
一日次下藥又煑一日候白芷黃色綿濾去滓入牛羊髓
各一升白蠟八兩白蠟是蜜中蠟 麝香二分先研令極細又都煖
相和合熱攪勻冷凝即成○澡豆糯米二升浸擣為粉曝
令極乾若微濕即損香黃明膠一斤炙令通起擣篩餘者
炒作珠子又擣取盡須過熟皂角一斤去皮子捶打 白芨白芷白
斂白朮藁本芎藭細辛甘松香零陵香白檀香十味各一
大兩乾構子一升一名楮子 右件擣篩細羅都勻相合成澡豆
方甚衆此方最佳孝定所傳○香油療頭風白屑頭癢頭



旋妨悶等方蔓荊子三大合香附子三十介此地者佳 蜀附子
大猛牟躑躅花各一大兩旱蓮子草零陵香各一大兩葶
藶子一大兩半已上六味細剉綿裹故鏵鐵半斤碎 右都
浸於一大升生麻油中七日後塗頭旋添油如藥氣盡即
換　薰衣香方甚衆此最妙沉香一斤崑崙者甲香二兩
半蘇合香一兩半白檀香屑 丁香各一兩麝香半兩右件
並須新好一味惡即損諸香並擣以鹿紗羅篩之蜜二大
升六月收者煉之入朴消一兩同煉掠去沫候冷和香作
劑令可丸瓷油瓶盛密封入地窨一月出之收貯久尤佳
唯在濾細乾濕得所乾則難丸燒須與香煙共盡不可焦
臭香氣○為金膏治一切惡瘡腫方油麻油一斤黃丹四

兩冬月六兩蠟四兩頭髮一團雞子大右先炒黃丹令黑即下油及髮手不住攪之從旦至午取一點滴於水中候可丸便即成也乃下蠟蠟消後一兩沸即盛於瓶中○烏蛇膏療惡瘡生好肉去濃水風毒氣腫方油麻油一斤黃丹二大兩烏蛇二大兩炙去皮骨末鼠一介臘月者佳蠟四兩右先以油煎鼠令消去滓入黃丹并蛇末以微火更煎攪沸後下蠟更煎十沸膏即成下入瓷器中盛封塗瘡一日一易瘥○辟瘟法淮南萬畢術云臘夜持椒三七粒卧井傍勿與人言投椒井中除瘟疫病○是月碾米數人口乾碾米貯於新瓦瓮中盆蓋泥封一瓮瓮開可終一年瓮下側塼支令通風○斷鼠尾雜術云臘月捕鼠斷其尾至來年正月朔之側鼠梁



也○臘炙是月收臘祀餘炙以杖頭穿豎於田角去蟲○掛猪耳是月收猪耳鉤堂梁止令人致富○收猪脂臘日收買猪脂勿令經水新瓷器盛埋亥地百日治療癰疽此月中收者亦得○貯糯米是月貯之裹中與之食禁云孕婦食麵米令子多白蟲○留年種同正月○桑柘子同十一月○務斬伐竹木此月不蛀○造農器收連加犁耬磨鏵鑿鋤鐮刀斧向春人忙宜先備之○神明散蒼朮苦梗附子炮各二兩烏頭四兩炮細辛一兩右搗篩為散絳囊盛帶之方寸匕一人帶一家不病右染時氣者新汲水調方寸匕服之取汗便差春分後宜施之○雜事造車貯雪收臘糟造竹器碓磑糞地造餳蘗刈棘苫墻貯草貯皂莢縛笤帚○齊民要術云

是月燒荒正月開之○溉冬葵汲水澆之有盈即不用○燒苜蓿苜蓿之地此月燒之訖二年一度耕壠外根斬擲土掩之即不衰凡苜蓿春食作乾菜至益人紫花時大益馬六月已後勿用餵馬馬喫著蛛網吐水損馬○掃蔥去其枯葉不去則至春不茂○嫁果樹同正月○移果栽貯桃李之核此月瘞之至春深芽生出後移之○斸樹栽此月為佳斫桑樹剝桑皮此月為上時○斬楮取皮此月為上時四月為中時非此兩月即枯死至正月燒之○屠蘇酒大黃蜀椒苦梗桂心防風各半兩白朮虎杖各一兩烏頭半分右八味剉以絳囊貯歲除日薄晚掛井中令至泥正旦出之和囊浸於酒中東向飲之從少起至大逐人各



飲小許則一家無病候三日棄囊并藥於井中此軒轅黃帝之神方矣○庭燎歲除夜積柴於庭燎火辟災而助陽氣○禳鎮投麻豆辟溫法魚龍河圖云除夜四更取麻子小豆各二七粒家人髮小許投井中終歲不遭傷寒溫疫○齋戒是月晦日前兩日通晦日三日齋戒燒香淨念經文仙家重之○季冬行春令則胎夭多傷人多痼疾○行夏令則水潦為敗時雪不降冰凍消釋○行秋令則白露早降介蟲為妖○又臘日取皂角燒為末遇時疾晨旦以井花水調一錢匕服之必差○又此月好合藥餌經久不暍耳

四時纂要冬令卷之五終

余今彫印此書蓋欲傳於世廣利於人助國勸農冀萬姓同躋富壽者也凡百君子依而行之則乃子乃孫定無飢凍橫夭之患

大宋至道大歲丙申九月十五日記　施元吉彫字

纂作管反 胼部田反 胝丁尼反 膲昨焦反 悴秦醉反 櫻子力反 鞅於兩反 蠡 櫑音
黔巨淹 藏許羈 龔音恭 醯呼雞 醢呼改 汞直例 敍必秧 滌古侯 瀆徒谷 斐扶沸 衝尺容
爆北教 插楚洽 薵紆物 䘏 勒力 癰粗 糊時 音侍 羹奴當 腚羊益 駮北角 薙胡介 攏力 椿
椎直追 打也 剁音伐 舂也 醱文發 方酉 亮 肥芭蒲巴 指若谷 晞奇希 揪奴由 低都禮 觸八玉
蕞祖紅 揀音簡 滓阻史 攤他干 攪古巧 翩古典 蛹音勇 耐奴代 潑跋有 曈音同 尿奴弔
尻苦刀 窊烏瓜 膂音呂 礆人咸 鹵咸音 蟄直立 刈魚肺 韭音九 擾烏拔 罨烏合 臛呼谷
耨奴豆 蠼蒲報 瞷苦媧 劑在細 爍書勺 疣他各 褊方免 窖古孝 稈皮貢 核下革 糴居效
赶音旱 痺必至 癨虛郭 脘精歲 剝北角 圞市綠 鈹補過 芟音衫 劙郎計 磹定念 瀆奴弔
翮下革 勲保牛 嗻音宙 窒陟栗 跛布火 酘音豆 餳徐盈 窯音遙 稃之閨

杭州　潘家彫

余嘗得四時纂要於客中尋常閱翫不讀何而忌則賢是農家書也其耕種耘穫之候風雨霜露之節與夫蠶桑醫藥家忌俗諱無不備載余甚愛之以為雖百金不願易也而第恨印本無傳知者蓋寡幾絕人事而書得之欲入其梓壽其傳與一國公共之而間或有無稽怪誕之說不經虛偽之言故欲損於繁語以便於覽而測海之心難明於涇渭之分相馬之眼尚暗於驪黃之辨則有志未就者日月多矣偽存朴宣氏分憂朔州求得書本以充行褒余知朴侯謹好善人也其不秘于家而刊行於世可知又能廣其風化之傳於是乎副而益共之心庶幾伸於萬一也五年丁丑中元日儒州後裔八十歲老翁詗訓大夫行繕工監副正柳希潜謹跋

往在丁丑歲余以繕工判官授朔州之歸同官柳正希潛氏袖一書屬余曰君其壽傳爲一國公共之資吾觀是書信農家纂要之說也昔孟軻氏曰雖有鎡基不如乘時夫察寒暑之氣占風霜之候耕種及時鋤耘有節其有補於三農之事豈不大哉與夫樹植畜牧卜筮忌諱微不俱載最所切於日用之中者也余謹授而歸寶而愛之期布于世以遂吾君不秘之志也第以朔邑凋弊無以爲措厥後連任邊帥聊淸無暇每恨未酬吾君付托之意是甞耿耿于懷暫不忘心未幾柳君亦捐世嗚呼痛哉今者幸忝授鉞于兹

聖明在上不見兵革籌邊之餘捐俸鳩工以鋟于梓不月而訖功於是自喜其平生寶藏之書得以刊行而吾君地下之魂亦可以慰矣時萬曆十八年庚寅仲春慶尚左兵使朴宣謹跋

慶尚左兵營開刊

# 陳旉農書

(宋)陳　旉　撰

《陳旉農書》，（宋）陳旉撰。陳旉生於北宋熙寧九年（一〇七六），原籍和生平未見史籍記載，僅從其《農書·自序》中得知，他自號西山隱居全真子，又稱如是庵全真子，『躬耕西山』，終生致力農桑，過着種藥治圃，晴耕雨讀，不求仕進的隱居生活，在七十四歲時（一一四九）寫成《農書》三卷。書寫成後又親自送給當時真州的地方官洪興祖，洪氏隨即爲之刊行。五年之後，作者鑒於初版《農書》經妄人删改，錯訛甚多，又取家藏副本，重新寫定以正其訛，並作跋文附於書後。

《農書》共三卷，上卷十四篇主要記述土地規劃和水稻栽培技術，約占全書篇幅的三分之二。中卷二篇主要講述水牛的飼養管理、役用和疾病防治。下卷五篇專講蠶桑生産知識。《農書》對傳統農學的貢獻主要包括四個方面：第一，首次系統論述土地規劃問題，提出根據不同的地形、溫度、肥瘠、旱澇等情況，採用不同的措施進行土地治理，介紹了高田、下地、坡地、葑田、湖田等五種土地利用方式，其中高田利用規劃尤爲精詳。第二，首次提出『地力常新壯』的卓越見解，指出連年種植的土地，只要經常添加肥沃的客土，適當施肥，便可保持新壯肥沃的地力。第三，首次介紹了製造火糞、餅肥發酵、糞屋積肥、漚池積肥等經驗，發展了肥料的積製和施用技術，提出『用糞猶用藥』的主張，強調根據土壤性質和作物生長情況，選用適宜的肥料種類、數量、施用時間和施用方法。第四，首次總結了南方的水稻栽培技術，對耕耨、烤田和育秧技術的記載尤爲詳盡。

該書於南宋紹興十九年（一一四九）由洪興祖初刊，嘉定七年（一二一四）由汪綱重刊，兩種刊本國内均已不存。明代曾將該書收入《永樂大典》中，此後似很少單行。清代刻本有《知不足齋叢書》《龍威秘書》《函海》《藝苑捃華》諸本以及《農學叢書》《農薈》諸本等。一九三九年商務印書館有《叢書集成》（初稿）本，一九五六年上海出版中華書局排印本。一九六五年農業出版社出版萬國鼎《陳旉農書校注》。今據南京圖書館藏鮑氏《知不足齋叢書》本影印。

（惠富平）

# 農書

古者四民農處其一洪範八政食貨居其二食謂嘉穀可食貨謂布帛可衣蓋以生民之本衣食爲先而王化之源飽煖爲務也上自神農之世斵木爲耜揉木爲耒耒耜之利以教天下而民始知有農之事堯命羲和以欽授民時東作西成使民知耕之勿失其時舜命后稷以黎民阻飢播時百穀使民知種之各得其宜及禹平洪水制土田定貢賦使民知田有高下之不同土有肥磽之不一而又有宜桑宜麻之地使民知蠶績亦各因其利殷周之盛書詩所稱井田之制詳矣周衰魯宣稅畝

農書序　　一　知不足齋叢書

春秋譏之洎李悝盡地力商君開阡陌而井田之法失之至於秦始而蕩然矣漢唐之盛損益三代之制而孝弟力田之舉猶有先王之遺意焉此載之史冊可攷而知也宋興承五代之弊循唐漢之舊追虞周之盛列聖相繼惟在務農桑足衣食此禮義之所以起孝弟之所以生教化之所以成人情之所以固也然士大夫每以耕桑之事爲細民之業孔門所不學多忽焉而不復知或知焉而不復論或論焉而不復實旉躬耕西山心知其故撰爲農書三卷區分篇目條陳件別而論次之是

書也非苟知之蓋嘗允蹈之確乎能其事乃敢著其說以示人孔子曰蓋有不知而作者我無是也多聞擇其善者而從之多見而識之以言聞見雖多必擇其善者乃從而識其不善者也若徒知之雖多曾何足用文中子曰蓋有慕名掠美攘善矜能盜譽而作者其取譏後世寧有已乎若葛抱朴之論神仙陶隱居之疏本草其謬悠之說荒唐之論取誚後世不可勝紀矣僕之所述深以孔子不知而作爲可戒文中子慕名而作爲可恥與夫葛抱朴陶隱居之述作皆在所不取也此蓋敘述



先聖王撙節愛物之志固非騰口空言誇張盜名如齊民要術四時纂要迂疏不適用之比也實有補於來世云爾自念人微言輕雖能爲可信可用而不能使人必信必用也惟藉仁人君子能取信於人者以利天下之心爲心庶能推而廣之以行於此時而利後世少裨吾聖君賢相財成之道輔相之宜以左右斯民則旉飲天和食地德亦少効物職之宜不虛爲太平之幸老爾西山隱居全眞子陳旉序

# 農書目錄

農書卷上　　　　仁和趙氏小山堂鈔本開雕

財力之宜篇第一

凡從事于務者皆當量力而爲之不可苟且貪多務得以致終無成遂也傳曰少則得多則惑況稼穡在艱難之尢者詎可不先度其財足以贍力足以給優游不迫可以取必效然後爲之儻或財不贍力不給而貪多務得未免苟簡滅裂之患十不得一二幸其成功已不可必矣雖多其田畝是多其患害未見其利益也若深思熟計既善其始又善其中終必有成遂之常矣豈徒苟



徼一時之幸哉易曰君子以作事謀始誠哉是言也且古者分田之制一夫一婦受田百畝草萊之地稱焉以其地有肥磽不同故有不易一易再易之别焉不易之地上地也家百畝謂可歲耕之也一易之地中地也家二百畝謂間歲耕其半以息地氣且裕民之力也再易之地下地也家三百畝謂歲耕百畝三歲而一周也先王之制如此非獨以謂土敝則草木不長氣衰而生物不遂也抑欲其財力優裕歲歲常稔不致務廣而俱失故皆以深耕易耨而百穀用成國裕民富可待也仰事俯育可必也諺有之曰多虚不如少實廣種不如狹收豈不信然竊嘗有以喻之蒲且子古之善弋者也挽纖弱之弓連雙鶬于青雲之際蓋以挽弓之力有餘然後可以巧中而必獲也若乃力弱而弓强則戰掉惴慄之不暇何暇思獲舉是以推則農之治田不在連阡跨陌之多唯其財力相稱則豐穰可期也審矣

地勢之宜篇第二

夫山川原隰江湖藪澤其高下之勢既異則寒燠肥瘠各不同大率高地多寒泉冽而土冷傳所謂高山多冬



以言常風寒也且易以旱乾下地多肥饒易以淹浸故治之各有宜也若高田視其地勢高水所會歸之處量其所用而鑿爲陂塘約十畝田卽損二三畝以瀦畜水春夏之交雨水時至高大其隄深闊其中俾寬廣足以有容隄之上疎植桑柘可以繫牛牛得涼蔭而遂性隄得牛踐而堅實桑得肥水而沃美旱得決水以灌溉潦卽不致于瀰漫而害稼高田旱稻自種至收不過五六月其間旱乾不過灌溉四五次此可力致其常稔也又田方耕時大爲塍壟俾牛可牧其上踐踏堅實而無滲

漏若其塍壟地勢高下適等卽併合之使田坵闊而緩牛犂易以轉側也其下地易以淤浸必視其水勢衝突趨向之處高大圩岸環遶之其欹斜坡陁之處可種蔬茹麻麥粟豆兩傍亦可種桑牧牛牛得水草之便用力省而功兼倍也若深水藪澤則有葑田以木縛爲田坵浮繫水面以葑泥附木架上而種藝之其木架田坵隨水高下浮泛自不淤溺周禮所謂澤草所生種之芒種是也芒種有二義鄭謂有芒之種若今黃綠穀是也一謂待芒種節過乃種今人占候夏至小滿至芒種節則



大水已過然後以黃綠穀種之於湖田則是有芒之種與芒種節候二義可並用也黃綠穀自下種以至收刈不過六七十日亦以避水溢之患也稻人掌稼下地以瀦畜水使其聚也以坊止水使不溢也以遂均水使勢分也以列舍水使其去也以澮寫水溝之大者也其制如此可謂備矣尚何水溢之患耶詩稱多黍多稌以言高下咸得其宜今雖未能盡如古制亦可參酌依倣之也

## 耕耨之宜篇第三

夫耕耨之先後遲速各有宜也早田穫刈纔畢隨卽耕治曬暴加糞壅培而種豆麥蔬茹因以熟土壤而肥沃之以省來歲功役且其收足又以助歲計也晩田宜待春乃耕爲其藁秸柔韌必待其朽腐易爲牛力山川原隰多寒經冬深耕放水乾涸雪霜凍沍土壤蘇碎當始春又徧布朽薙腐草敗葉以燒治之則土暖而苗易發作寒泉雖冽不能害也若不能然則寒泉常浸土脈冷而苗稼薄矣詩稱有冽氿泉無浸穫薪冽彼下泉浸彼苞稂苞蕭苞蓍蓋謂是也平陂易野平耕而深浸卽草



不生而水亦積肥矣俚語有之曰春濁不如冬清殆謂是也將欲播種撒石灰渥漉泥中以去蟲螟之害

## 天時之宜篇第四

四時八節之行氣候有盈縮踦贏之度五運六氣所主陰陽消長有太過不及之差其道甚微其效甚著蓋萬物因時受氣因氣發生其或氣至而時未至或時至而氣未至則造化發生之理因之也若仲冬而李梅實季秋而昆蟲不蟄藏類可見矣天反時爲災地反物爲妖災妖之生不虛其應者氣類召之也陰陽一有愆忒則

四序亂而不能生成萬物寒暑一失代謝卽節候差而不能運轉一氣在耕稼盜天地之時利可不知耶傳曰不先時而起不後時而縮故農事必知天地時宜則生之蓄之長之育之成之熟之無不遂矣由庚萬物得由其道崇丘萬物得極其高大由儀萬物之生各得其宜者謂天地之閒物物皆順其理也故堯命羲和歷象日月星辰以欽授民時俾咸知東作南訛西成朔易之候稽之天文則星鳥星火星虛星昴于是乎審矣驗之物理則鳥獸孳尾希革毛毨氄毛亦詳矣而厥民析因夷



隩可得而稽倣之也大則取象乎天地無乖升降之機明則取法乎日星不亂經營之度定之以時應之以數此欽天勤民旨意豈率然哉其所以時和歲豐良由此也今人雷同以建寅之月朔爲始春建巳之月朔爲首夏殊不知陰陽有消長氣候有盈縮冒昧以作事其克有成耶設或有成亦幸而已其可以爲常耶聖王之莅事物皆設官分職以掌之各置其官師以教導之農師之職其可已耶春秋之時法度並廢宜凶荒荐至乃書有年書大有年蓋幸而書之抑見天道有常而人自愆忒也詩稱豐年穰穰其崇如墉其比如櫛以言其得法度時宜故豐登有常也洪範九疇彝倫攸敘則百穀用成彝倫攸斁則百穀用不成然則順天地時利之宜識陰陽消長之理則百穀之成斯可必矣古先哲王所以班朔明時者匪直大一統也將使斯民知謹時令樂事赴功也故農事以先知備豫爲善

## 六種之宜篇第五

種蒔之事各有攸敘能知時宜不違先後之序則相繼以生成相資以利用種無虛日收無虛月一歲所資緜



緜相繼尚何匱乏之足患凍餒之足憂哉正月種麻枲閒旬一糞五六月可刈矣驅別緝績以爲布婦功之能事也二月種粟必疎播種子碾以轆軸則地緊實科本鬯茂穡穟長而子顆堅實七月可濟乏絶矣油麻有早晚二等三月種早麻纔甲拆卽耘鉏令苗稀疎一月凡三耘鉏則茂盛七八月可收也四月種豆耘鉏如麻七月成熟矣五月中旬後種晚油麻治如前法九月成熟矣不可太晚晚則不實畏霧露蒙幂之也早麻白而纏莢者佳謂之纏莢麻晚麻名葉裏熟者最佳謂之烏麻

油最美也其類不一唯此二者人多種之凡收刈麻必堆罨一二夕然後卓架曬之卽再傾倒而盡矣久罨則油暗五月治地唯要深熟於五更承露鉏之五七徧卽土壤滋潤累加糞壅又復鉏轉七夕已後種蘿蔔菘菜卽科大而肥美也篩細糞和種子打壟撮放唯疎爲妙燒土糞以糞之霜雪不能彫雜以石灰蟲不能蝕更能以鰻鱺魚頭骨煮汁漬種尤善七月治地屢加糞鉏轉八月社前卽可種麥宜屢耘而屢糞麥經兩社卽倍收而子顆堅實詩曰十月納禾稼黍稷穜稑禾麻菽麥無



不畢有以資歲計尚何窮匱乏絶之患耶

## 居處之宜篇第六

先王居四民時地利亦必有道矣制農居五畝以二畝半在鄽詩云入此室處者是也以二畝半在田詩云中田有廬者是也方于耜舉趾之時出居中田之廬以便農事俾采茶薪樗以給農夫治場爲圃以種蔬茹詩所謂疆埸有瓜是也又牆下植桑以便育蠶古人治生之理可謂曲盡矣至九月築圃爲場十月而納禾稼則歲事畢矣春耕種形足以勞動秋收斂亦可以休息矣于是扶老攜幼入此室處以久居中田之廬則鄽居荒而不治于是穹室熏鼠塞向墐戶也國語載管仲居四民各有攸處不使厖雜欲其專業不爲異端紛更其志也違寒就溫去勞就逸所以處之各得其宜此先王愛民之政也今雖不能如是要之民居去田近則色色利便易以集事俚諺有之曰近家無瘦地遙田不富人豈不信然

## 糞田之宜篇第七

土壤氣脈其類不一肥沃磽埆美惡不同治之各有宜



也且黑壤之地信美矣然肥沃之過或苗茂而實不堅當取生新之土以解利之卽疎爽得宜也磽埆之土信瘠惡矣然糞壤滋培卽其苗茂盛而實堅栗也雖土壤異宜顧治之如何耳治之得宜皆可成就周禮草人掌土化之法以物地相其宜而爲之種別土之等差而用糞治且土之騂剛者糞宜用牛赤緹者糞宜用羊以至墳壤用麋渴澤用鹿鹹潟用貆敎壤用狐埴壚用豕彊㯺用蕡輕爂用犬皆相視其土之性類以所宜糞而糞之斯得其理矣俚諺謂之糞藥以言用糞猶用藥也凡

農居之側必置糞屋低為簷楹以避風雨飄浸且糞露星月亦不肥矣糞屋之中鑿為深池甃以磚甓勿使滲漏凡掃除之土燒燃之灰簸揚之糠粃斷稾落葉積而焚之沃以糞汁積之既久不覺其多凡欲播種篩去瓦石取其細者和勻種子疎把撮之待其苗長又撒以壅之何患收成不倍厚也哉或謂土敝則草木不長氣衰則生物不遂凡田土種三五年其力已乏斯語殆不然也是未深思也若能時加新沃之土壤以糞治之則益精熟肥美其力當常新壯矣抑何敝何衰之有



## 薅耘之宜篇第八

詩云以薅荼蓼荼蓼朽止黍稷茂止記禮者曰仲夏之月利以殺草可以糞田疇可以美土疆今農夫不知有此乃以其耘除之草抛棄他處而不知和泥渥濁深埋之稻苗根下漚罨既久即草腐爛而泥土肥美嘉穀蕃茂矣然除草之法亦自有理周官薙氏掌殺草於春始生而萌之於夏日至而夷之謂夷剗平治之俾不茂盛也日至謂夏時草易以長須日日用力於秋繩而芟之謂芟刈去其實無俾易種于地也於冬日至而耜之謂所種者已收成矣即併根荄犁鉏轉之俾雪霜凍沍根荄腐朽來歲不復生又因得以糞土田也春秋傳曰農夫之務去草也芟夷蘊崇之絕其本根勿使能殖則善者信矣以言盡去根荄即可以望嘉穀茂盛也古人留意如此而今人忽之其可乎且耘田之法必先審度形勢自下及上旋乾旋耘先于最上處收滀水勿致水走失然後自下旋放令乾而旋耘不問草之有無必徧以手排漉務令稻根之傍液液然而後已所耘之田隨于中間及四傍為深大之溝俾水竭涸泥坼裂而極乾然



後作起溝缺次第灌溉夫已乾燥之泥驟得雨即蘇碎不三五日間稻苗蔚然殊勝於用糞也又次第從下放上耘之即無鹵莽滅裂之病田乾水暖草死土肥浸灌有漸即水不走失如此思患預防何為而不得乎今見農者不先自上滀水自下耘上乃頓然放令乾務令速了及工夫不逮恐泥乾堅難耘漉則必率略未免滅裂土未及乾草未及死而水已走失矣不幸無雨因循乾甚欲水灌溉已不可得遂致旱涸焦枯無所措手如是失者十常八九終不省悟可勝歎哉

節用之宜篇第九

古者一年耕必有三年之食三年耕必有九年之食以三十年之通雖有旱乾水溢民無菜色者良有以也冢宰眂年之豐凶以制國用量入以爲出豐年不奢凶年不儉祭用數之仂而又九賦九貢九式均節各有條敘不相互用此理財之道故有常也國無九年之蓄曰不足無六年之蓄曰急無三年之蓄曰國非其國也治家亦然今歲計常用與夫備倉卒非常之用每每計置萬一非常之事出於意外亦素有其備不致侵過常用以



至闕乏亦以此也今之爲農者見小近而不慮久遠一年豐稔沛然自足棄本逐末侈費妄用以快一日之適其間有收刈甫畢無以餬口者其能給終歲之用乎衣食不給日用既乏其能守常心而不取非義者乎蓋亦鮮矣傳曰收斂蓄藏節用御欲則天不能使之貧養備動時則天不能使之病豈不信然又曰約有者囷窖箱篋之藏然而衣不敢有絲帛行不敢有輿馬非不欲也幾不長慮而恐無以繼之也春秋傳曰儉德之共也侈惡之大也語曰禮與其奢也寧儉奢則不孫儉則固與其不孫也寧固易曰君子用過乎儉聖人之訓誡如此儉雖若固陋然不猶愈於奢而不孫爲惡之大者耶然以禮制事而用之適中俾奢不至過泰儉不至過陋不爲苦節之凶而得甘節之吉是謂稱事之情而中理者也國語云儉以足用言唯儉爲能常足用而不至於匱乏語云以約失之者鮮矣亦此之謂也易傳曰君子安不忘危有不忘亾治不忘亂是以身安而國家可保也又曰理財正辭禁民爲非曰義以謂理財之道在上以率之民有侈費妄用則嚴禁之夫是之謂制得其宜矣



老子曰能知其所不知者上也不能知其所不知者病矣夫惟病病是以不病聖人不病以其病病是以不病夫能如此孰有倉卒窘迫之患哉

稽功之宜篇第十

好逸惡勞者常人之情偷惰苟簡者小人之病殊不知勤勞乃逸樂之基也詩不云乎始于憂勤終于逸樂故美萬物盛多彼小人務知小者近者偷惰苟簡狃于常情上之人儻不知稽功會事以明賞罰則何以勸沮之哉譬之駕馭駑蹇鞭策不可弛廢也易曰君子以勞民

勸相大司徒之職曰以擾萬民勞之乃所以逸之擾之乃所以安之也載師凡宅不毛者有里布謂罰以一里二十五家之泉也凡田不耕者出屋粟謂空田者罰以三家之稅粟也凡民無職事者出夫家之征謂雖有閒民無職事者猶當出夫稅家稅也閭師凡無職者出夫布凡庶民不畜者祭無牲不耕者祭無盛不植者無槨不蠶者不帛不績者不衰此先王之於民困之如此甄之又如此夫孰爲厲己哉凡欲振發而飭與其蠱弊俾率作興事耳此其所以地無遺利土無不毛尚豈有惰



游徇末忘本而田莢多荒之患哉斯民也寧復有餓莩流離困苦之患哉昔漢文帝下勸農之詔曰雕文刻鏤傷農事也錦繡纂組害女工也農事傷則飢之本也女工害則寒之原也一夫不耕天下有受其飢者一婦不蠶天下有受其寒者然崇本抑末之道要在明勸沮之方而已況國家之于農大則遣使次則命官主管其事然則在其位者可不舉其職而任其責哉

## 器用之宜篇第十一

工欲善其事必先利其器器苟不利未有能善其事者也利而不備亦不能濟其用也詩曰庤乃錢鎛奄觀銍艾傳曰收而場工待而畚梮時雨既至挾其槍刈耨鎛以旦暮從事于田野當是時也器可以不備具以供其用耶故凡可以適用者要當先時豫備則臨事濟用矣苟一器不精即一事不舉不可不察也

## 念慮之宜篇第十二

凡事豫則立不豫則廢求而無之實難過求何害農事尤宜念慮者也孟子曰農夫豈爲出疆捨其耒耜哉常人之情多于閒裕之時因循廢事惟志好之行安之樂



言之念念在是不以須臾忘廢料理緝治即日成一日歲成一歲何爲而不充足備具也彼惑于多歧而不專一溺于苟且而不精緻旋得旋失烏知積小以成大積微以至著在吾志之不少忘哉若夫閒暇之時放逸委棄臨事之際勉強應用愚未知其可也大率常人之情志驕于業泰體逸于時安有能沐浴膏澤而歌詠勤苦則衆必指以爲汩汩不適時者也其亦不思之甚矣

右十有二宜或有未曲盡事情者今再敘論數篇于後庶纖悉畢備而無遺闕以乏常用云爾

## 祈報篇

記曰有其事必有其治故農事有祈焉有報焉所以治其事也載芟之詩春籍田而祈社稷良耜之詩於秋冬所以報也則祈報之義凡以治其事者可知矣匪直此也凡法施于民者以勞定國者能禦大菑者能捍大患者皆在所祈報也故山川之神則水旱癘疫之災于是乎禜之日月星辰則雪霜風雨之不時于是乎禜之是以先王載之典禮著之令式而秩祀焉凡以爲民祈報也籥章凡國祈年于田祖則吹豳雅擊土鼓以樂田畯



爾雅謂田畯乃先農也于先農有祈焉有報焉則神農后稷與夫俗之流傳所謂田父田母舉在所祈報可知矣大田之詩言去其螟螣及其蟊賊無害我田穉田祖有神秉畀炎火有渰淒淒興雨祁祁雨我公田遂及我私是又祈之之辭也甫田之詩言以我齊明與我犧羊以社以方我田既臧農夫之慶是又報之之禮也繼而曰琴瑟擊鼓以御田祖以祈甘雨以介我稷黍以穀我士女饁彼南畝田畯至喜于此又以見祈報之事也噫嘻之詩言春夏祈穀于上帝者春祈穀于上帝夏大雩于上帝之樂歌也噫嘻成王既昭格爾者嗟歎以告于上帝也言天之所以成王之業者莫不自於遂百穀以富其民也于是欽授民事而率是農夫播厥百穀駿發爾私終三十里亦服爾耕十千爲耦焉其詩嗟歎不敢後于天時所以虔於天澤也溥天之下莫不如是則歲有不豐者乎此王者所以上能順于天下能順于民以成王業故曰明昭上帝迄用康年也若豐年之詩言秋冬報者蓋五行得性而萬物適其宜五氣若時而百穀倍其實故陸禾之數非一而多者黍也水穀之品亦非



一而多者稌也則其他從可知矣故亦有高廩萬億及秭于是爲酒爲醴烝畀祖妣以洽百禮莫不腆厚有以報其盛而薦其誠是以神降之福孔及于兆民焉大祝掌六祝之辭以事鬼神示祈福祥求永正掌六祈以同鬼神示則類造攻說禬禜于是乎治其事矣小祝掌小祭祀將事侯禳禱祠之祝號以祈福祥順豐年逆時雨寧風旱彌災兵遠罪疾舉是以言則順時祈報禬禳之事先王所以媚于神而和于人皆所以與民同吉凶之患者也凡在祀典烏可廢耶禳田之祝烏可已耶記不

云乎昔伊耆氏之始爲蜡也於歲之十二月合聚萬物而索饗之也主先嗇而祭司嗇也祭之以百種以報嗇也饗農及郵表畷禽獸仁之至義之盡也古之君子使之必報之迎貓爲其食田鼠也迎虎爲其食田豕也迎而祭之也繼而曰祭坊與水庸事也其祝之之辭曰土反其宅水歸其壑昆蟲無作草木歸其澤凡此皆祈之之辭也春秋有一蟲獸之爲災害一雨暘之致愆忒則必雩禜之而特書之以見先王勤恤民隱無所不用其至也夫惟如此此其所以萬物之生各得其宜各極其



高大各由其道物無夭閼疵癘民無札瘥災害者莫不由神降其福以相之而然也今之從事於農者類不能然借或有一焉則勉强茍且而已烏能悉循用先王之典故哉其于春秋二時之社祀僅能舉之至于祈報之禮蓋蔑如也其所以頻年水旱蟲蝗爲災害饑饉荐臻民卒流亾未必不由失祈報之禮而匱神之祀以致其然夫養馬一事也于春則祭馬祖夏祭先牧秋祭馬社冬祭馬步此所以馬得其牧養而無疫癘抑以四時祭祀祈禱而然也至于牛最農事之急務田畝賴是而後治其牧養盍亦如馬之祈禱以祛禍祈福則必博碩肥腯不疾瘯蠡矣年來耕牛疫癘殊甚至有一鄉一里靡有孑遺者農夫困苦莫此爲甚因附其說幸覽者繹味而深察之以祈福禳災于救弊其庶幾焉

## 善其根苗篇

凡種植先治其根苗以善其本本不善而末善者鮮矣欲根苗壯好在夫種之以時擇地得宜用糞得理三者皆得又從而勤勤顧省脩治俾無旱乾水潦蟲獸之害則盡善矣根苗既善徙植得宜終必結實豐阜若初根



苗不善方且萎頓微弱譬孩孺胎病氣血枯瘠困苦不暇雖日加拯救僅延喘息欲其充實蓋亦難矣今夫種穀必先脩治秧田于秋冬即再三深耕之俾霜雪凍冱土壤蘇碎又積腐稾敗葉刬薙枯朽根荄徧鋪燒治即土暖且爽於始春又再三耕耙轉以糞壅之若用麻枯尤善但麻枯難使須細杵碎和火糞窖罨如作麴樣候其發熱生鼠毛即攤開中間熱者置四傍收斂四傍冷者置中間又堆窖罨如此三四次直待不發熱乃可用不然即燒殺物矣切勿用大糞以其氣腐芽蘖又損人

腳手成瘡痍難療唯火糞與燖豬毛及窖爛麤穀殼最佳亦必渥漉田精熟了乃下糠糞踏入泥中盪平田面乃可撒穀種又先看其年氣候早晚寒暖之宜乃下種卽萬不失一若氣候尚有寒當且從容熟治苗田以待其暖則力役寬裕無窘迫滅裂之患得其時宜卽一月可勝兩月長茂且無疎失多見人纔暖便下種不測其節候尚寒忽爲暴寒所折芽蘗凍爛瓮臭其苗田已不復可下種乃始別擇白田以爲秧地未免忽略如此失者十常三四閒歲如此終不自省乃復罪歲誠愚癡也



若不得已而用大糞必先以火糞久窨罨乃可用多見人用小便生澆灌立見損壞大抵秧田愛往來活水怕冷漿死水青苔薄附卽不長茂又須隨撒種闊狹更重圍繞作塍貴闊則約水深淺得宜若纔撒種子忽暴風卻急放乾水免風浪淘蕩聚卻穀也忽大雨必稍增水爲暴雨漂颭浮起穀根也若晴卽淺水從其曬暖也然淺不可太淺太淺卽泥皮乾堅深不可太深太深卽浸沒沁心而萎黃矣唯淺深得宜乃善

農書卷上

# 農書卷中

## 牛說

或問牛與馬適用於世孰先孰後孰緩孰急孰輕孰重是何馬之貴重如彼而牛之輕慢如此答曰二物皆世所資賴而馬之所直或相倍蓰或相什伯或相千萬以夫貴者乘之三軍用之芻秣之精教習之適養治之至駕馭之良有圉人校人馭夫馭僕專掌其事此馬之所以貴重也牛之爲物駕車之外獨用于農夫之事耳牧之于蒿萊之地用之于田野之閒勤者尚或顧省之惰



者漫不加省飢渴不之知也寒暑不之避也疫癘不之治也困踣不之恤也豈知農者天下之大本衣食財用之所從出非牛無以成其事耶較其輕重先後緩急宜莫大于此也夫欲播種而不深耕熟耰之則食用何自而出食用乏絕卽養生何所賴傳曰衣食足知榮辱倉廩實知禮節又曰禮義生于富足盜竊起于貧窮惟富足貧窮禮義盜竊之由皆農畝之所致也馬必待富足然後可以養治由此推之牛之功多于馬也審矣故愚著爲之說以次農事之後

## 牧養役用之宜篇第一

夫善牧養者必先知愛重之心以革慢易之意然何術而能俾民如此哉必也在上之人貴之重之使民不敢輕愛之養之使民不敢殺然後慢易之意不生矣視牛之飢渴猶己之飢渴視牛之困苦羸瘠猶己之困苦羸瘠視牛之疫癘若己之有疾也視牛之字育若己之有子也若能如此則牛必蕃盛滋多奚患田疇之荒蕪而衣食之不繼乎且四時有温涼寒暑之異必順時調適之可也于春之初必盡去牢欄中積滯蓐糞亦不必春



也但旬日一除免穢氣蒸鬱以成疫癘且浸漬蹄甲易以生病又當祓除不祥以淨爽其處乃善方舊草朽腐新草未生之初取潔淨稾草細剉之和以麥麩穀糠或豆使之微濕槽盛而飽飼之豆仍破之可也稾草須以時暴乾勿使朽腐天氣凝凜即處之燠煖之地煮糜粥以啖之即壯盛矣亦宜預收豆楮之葉與黃落之桑舂碎而貯積之天寒即以米泔和剉草糠麩以飼之春夏草茂放牧必恣其飽每放必先飲水然後與草則不䐜脹又刈新芻雜舊稾剉細和勻夜餧之至五更初乘日未出天氣涼而用之即力倍于常半日可勝一日之功日高熱喘便令休息勿竭其力以致困乏時其飢渴以適其性則血氣常壯皮毛潤澤力有餘而老不衰矣其血氣與人均也勿犯寒暑情性與人均也勿使太勞此要法也當盛寒之時宜待日出晏温乃可用至晚天陰氣寒即早息之大熱之時須夙餧令飽健至臨用不可極飽飽即役力傷損也如此愛護調養尚何困苦羸瘠之有所以困苦羸瘠者以苟目前之急而不顧恤之也古人臥牛衣而待旦則牛之寒蓋有衣矣飯牛而牛肥



則牛之瘠餒蓋啖以菽粟矣衣以褐薦飯以菽粟古人豈重畜如此哉以此爲衣食之根本故也彼稾秸不足以充其飢水漿不足以禦其渴天寒嚴凝而凍慄之天時酷暑而曬暴之困瘠羸劣疫癘結瘴以致斃踣則田畝不治無足怪者且古者分田之制必有萊牧之地稱田而爲等差故養牧得宜博碩肥腯不疾瘯蠡也觀宣王考牧之詩可知矣其詩曰誰謂爾無牛九十其犉爾牛來思其耳濕濕以見其牧養得宜故字育蕃息也或降于阿或飲于池或寢或訛以見其水草調適而遂性

也爾牧來斯矜矜兢兢揮之以肱畢來既升以見其愛之重之不驚擾之也後世無萊牧之地動失其宜又牧人類皆頑童苟貪嬉戲往往慮其奔逸繫之隱蔽之地其肯求牧于豐芻清澗俾無飢渴之患耶飢渴莫之顧恤及其瘦瘠從而役使困苦之鞭撻趁逐以徇一時之急日云莫矣氣喘汗流其力竭矣耕者急于就食往往逐之水中或放之山上牛困得水動輒移時毛竅空疎因而乏食則瘦瘠而病矣放之高山筋骨疲乏遂有顛跌僵仆之患愚民無知乃始祈禱巫祝以幸其生而不知所以然者人事不脩以致此也



## 醫治之宜篇第二

周禮獸醫掌療獸病凡療獸病灌而行之以發其惡然後藥之養之其來尚矣然牛之病不一或病草脹或食雜蟲以致其毒或為結脹以閉其便溺冷熱之異須識其端其用藥與人相似也但大為之劑以灌之即無不愈者其便溺有血是傷于熱也以便血溺血之藥大其劑灌之冷結即鼻乾而不喘以發散藥投之熱結即鼻汗而喘以解利藥投之脹即疏通毒即解利若每能審理以節適何病之足患哉今農家不知此說謂之疫癘方其病也薰蒸相染盡而後已俗謂之天行唯以巫祝禱祈為先至其無驗則置之于無可柰何又已死之肉經過村里其氣尚能相染也欲病之不相染勿令與不病者相近能適時養治如前所說則無病矣今人有病風病勞病腳皆能相傳染豈獨疫癘之氣薰蒸也故傳曰養病動時則天不能使之病然已病而治猶愈于不治也



農書卷中

# 農書卷下

## 蠶桑敘

古人種桑育蠶莫不有法不知其法未有能得者縱或得之亦幸而已矣蓋法可以爲常而幸不可以爲常也今一或幸焉則曰是無法也或未盡善而失之則亦曰法不足恃也故愚備論之以次牛說之後

### 種桑之法篇第一

種桑自本及末分爲三段若欲種椹子則擇美桑種椹每一枚翦去兩頭兩頭者不用爲其子差細以種卽成



雞桑花桑故去之唯取中間一截以其子堅栗特大以種卽其榦强實其葉肥厚故存之所存者先以柴灰淹揉一宿次日以水淘去輕秕不實者擇取堅實者略曬乾水脈勿令甚燥種乃易生預擇肥壤土鉏而又糞糞畢復鉏如此三四轉踏令小緊平整了乃于地面勻薄布細沙約厚寸許然後于沙上勻布椹子令疏密得所下子了又以薄沙摻蓋其上卽疎爽而子易生芽蘖不爲泥侌腐而根漸蝕下所踏實者肥壤中則易以長茂矣每畦闊參尺其長稱焉一畦只可種四行卽便于澆灌又易採除草畦上作棚高三尺棚上略薄著草蓋卻如種薑棚樣以防黃梅時連雨後忽暴日曬損也待苗長三五寸卽勤剔摘去根榦四傍樸蔌小枝葉只存直上者榦標葉五七日一次以水解小便澆沃卽易長此第一段也　至當年八月上旬擇陽顯滋潤肥沃之地深鉏以肥窖燒過土糞以糞之則雖久雨亦疎爽不作泥淤沮洳久乾亦不致堅硬磽埆也雖甚霜雪亦不凝凜凍冱治溝壟町畦須疎密得宜然後取起所種之苗就根頭盡削去榦只留根又削去對榦一條直下者命



根只留四傍根每三根合作一株若品字樣繫縛著一竹筒底下筒各長三尺大如腳拇指盡劚去中心節令透徹底一一繫縛了然後行列并竹筒植之可相距二尺許一株俾三根日久竹筒朽腐自然三榦合爲一榦以三根共蔭一榦植未逾數月榦力專厚易長大矣每一竹筒口尋常以瓦子一片蓋卻免雨水得入漬爛之也覺久須澆灌卽揭起瓦片子以瓶酌小便從竹筒中下直至根底矣澆畢依前以瓦片子蓋筒口但不必如前種苗樣作棚也又須時時摘去榦之四傍枝葉謂之

妒芽恐分其力以害幹此第二段也　於次年正月上旬乃徙植削去大半條幹先行列作穴每相距二丈許穴廣各七尺穴中塡以碎瓦石約六七分滿乃下肥火糞三兩檐于穴中所塡者碎瓦石上然後于穴中央植一株下土平塡緊築免風搖動更四畔以椀足大木子四五條長三尺餘斫槧周廻牢釘以輔助其幹仍以棘刺䋎縛遶護免牛羊挨授損動也根下得瓦石卽虛疏不作泥糞落其中又引其根易以行待數月根行矣乃于四傍以大木斫槧周廻釘穴搖動爲十數穴穴可深



三四尺又四圍略高作塘塍貴得澆灌時不流走了糞且蔭注四傍直從穴中下至根底卽易發旺而歲久難摧也又時時看蟲恐蝕損仍剔摘去細枝葉謂之妒條若桑圃在曠野處卽每歲於六七月間必鉏去其下草免引蟲援上蝕損至十月又併其下腐草敗葉鉏轉蘊積根下謂之罨穉最浮泛肥美也至來年正月間斫剔去枯摧細枝雖大條之長者亦斫去其半卽氣浹而葉濃厚矣大率斫桑要得漿液未行不犯霜雪寒雨斫之乃佳若漿液已行而斫之卽滲溜損最不宜也纔斫了便鉏開根下糞之謂之開根糞則是每歲兩次鉏糞耳此第三段也　又有一種海桑本自低亞若欲壓條卽于春初相視其低近根本處條以竹木鉤鉤釘地中上以肥潤土培之不三兩月生根矣次年鑿斷徙植尤易于種椹也若欲接縳卽別取好桑直上生條不用橫垂生者三四寸長截如接果子樣接之其葉倍好然亦易衰不可不知也湖中安吉人皆能之彼中人唯藉蠶辦生事十口之家養蠶十箔每箔得繭一十二斤每一斤取絲一兩三分每五兩絲織小絹一匹每一匹絹易米



一碩四㪷絹與米價常相侔也以此歲計衣食之給極有準的也以一月之勞賢于終歲勤動且無旱乾水溢之苦豈不優裕也哉前所謂每歲兩次糞鉏乃桑圃之遠于家者如此若桑圃近家卽可作牆籬仍更疎植桑令畦壟差闊其下徧栽苧因糞苧卽桑亦獲肥益矣是兩得之也桑根植深苧根植淺竝不相妨而利倍差且苧有數種唯延苧最勝其皮薄白細軟宜緝績非麤澀赤硬比也糞苧宜麤爛穀殼糠稾若能勤糞治卽一歲三收中小之家只此一件自可了納賦稅充足布帛也

聚糠稾法于廚棧下深闊鑿一池結甃使不滲漏每春米即聚礱簸穀殼及腐稾敗葉漚漬其中以收滌器肥水與滲漉泔淀漚久自然腐爛浮泛一歲三四次出以糞苧因以肥桑愈久而愈茂寧有荒廢枯摧者作一事而兩得誠用力少而見功多也僕每如此爲之比鄰莫不歎異而胥效也

## 收蠶種之法篇第二

人多收蠶種于箧中經天時雨濕熱蒸寒燠不時即罨損浙人謂之蒸布以言在卵布中已成其病其苗出必



黃苗黃即不堪育矣譬如嬰兒在胎中受病出胎便病難以治也凡收蠶種之法以竹架疎疎垂之勿見風日又擘緜冪之勿使飛蝶緜蟲食之待臘日或臘月大雪即鋪蠶種於雪中令雪壓一日乃復攤之架上冪之如初至春候其欲生未生之間細研朱砂調温水浴之水不可冷亦不可熱但如人體斯可矣以辟其不祥也次治明密之室不可漏風以糠火温之如春三月然後置種其中以無灰白紙藉之斯出齊矣先未出時秤種寫記輕重于紙背及已出齊愼勿掃多見人纔見蠶出便即以箒刷或以雞鵝翎掃之夫以微渺如絲髮之弱其能禁箒刷之傷哉必細切葉別布白紙上務令勻薄卻以出苗和紙覆其上蠶喜葉香自然下矣卻再秤元種紙見所下多少約計自有葉看養寧葉多而蠶少即優裕而無窘迫之患乃善今人多不先計料至闕葉則典質貿鬻之無所不至苦于蠶受飢餒雖費資產不敢悋也縱或得之已不償所費且狼籍損壞枉損物命多矣一或不得遂失所望可不戒哉又有一種原蠶謂之兩生言放子後隨即再出也切不可育既損壞葉條且狼



籍作踐其絲且不耐衣著所損多而爲利少育之何益也

## 育蠶之法篇第三

凡育蠶之法須自摘種若買種鮮有得者何哉夫蠶蛾有隔一二日出者有隔三五日出者蛾出不齊則放子先後亦不齊矣其收種者取參差未齊之時別紙摘之及正中間放子齊時又別作一紙摘之及末後放子稍遲又別作一紙摘之凡鬻與人皆首尾前後不齊者而中間齊者留以自用始摘不齊則苗出不齊蠶之眠起

遂分數等有正眠者有起而欲食者有未眠者放食不齊此所以得失相半也若自摘種必擇繭之早晚齊者則蛾出亦齊矣蛾出既齊則摘子亦齊矣摘子既齊則出苗亦齊矣出苗既齊勤勤疎撥則食葉勻矣食葉既勻則再眠起等矣三眠之後晝三與食葉必薄而使食盡非唯省葉且不罨損蠶將飽必勤視去糞薙此育蠶之法也

## 用火採桑之法篇第四

蠶火類也宜用火以養之而用火之法須別作一小鑪



令可擡舁出入蠶既鋪葉餵矣待其循葉而上乃始進火火須在外燒令熟以穀灰蓋之即不暴烈生焰纔食了即退火鋪葉然後進火每每如此則蠶無傷火之患若蠶飢而進火即傷火若纔鋪葉蠶猶在葉下未能循援葉上而進火即下爲糞薙所蒸上爲葉蔽遂有熱蒸之患又須勤去沙薙最怕南風若天氣鬱蒸即略以火溫解之以去其濕蒸之氣略疏通窗戶以快爽之沙薙必遠放爲其蒸熱作氣也最怕濕熱及冷風傷濕即黃肥傷風即節高沙蒸即腳腫傷冷即亮頭而白蜇傷火即焦尾又傷風亦黃肥傷冷風即黑白紅僵能避此數患乃善又須先治葉室必深密涼燥而不蒸濕下作架高五六寸上鋪新簟然後置葉其上勿使通風通風即葉易乾槁常收三日葉以備雨濕則蠶常不食濕葉且不失飢矣外採葉歸必疎爽于葉室中以待其熱氣退乃可與食若便與食則上爲葉熱下爲沙濕蠶居其中遂成葉蒸矣蒸而黃雖救之亦失半

## 簇箔藏繭之法篇第五

簇箔宜以杉木解枋長六尺闊三尺以箭竹作馬眼槅



插茅疎密得中復以無葉竹篠縱橫搭之又簇背鋪以蘆箔而以篾透背面縛之即蠶可駐足無跌墜之患且其中深穩稠密旋放蠶其上初略歛斜以竢其糞盡微以熟灰火溫之待入網漸漸加火不宜中輟稍冷即游絲亦止繰之即斷絕多煮爛作絮不能一緒抽盡矣纔拆下箔即急剶去繭衣免致蒸壞如多即以鹽藏之蛾乃不出且絲柔韌潤澤也藏繭之法先曬令燥埋大甕地上甕中先鋪竹簀次以大桐葉覆之乃鋪繭一重以十斤爲率摻鹽二兩上又以桐葉平鋪如此重重隔之

以至滿瓮然後密蓋以泥封之七日之後出而漉之頻頻換水即絲明快隨以火焙乾即不黯黮而色鮮潔也

農書卷下



## 後序

致治之要在夫民由常道欲民由常道必先使之有常心欲使民有常心必先制之有常産有常産則家給人足養備動時斯乃能有常心矣有常心則父父子子兄兄弟弟夫夫婦婦上下輯睦斯乃能行常道矣苟無常産則衣食不給飢寒交迫父母兄弟妻子離散而禮義不率其能守常心耶因無常心則放僻邪侈無所不爲尚何常道之能行耶是故聖王以服田力穡勤勞農桑爲急先務其所以著爲法式布在方策教之委曲纖悉



施用于始中終無所不用其至而誠盡者誠以崇本之術莫大乎是也傳不云乎民之大事在農上帝之粢盛于是乎出民之蕃庶于是乎生事之供給于是乎在和協輯睦于是乎興財用蕃殖于是乎始厚厖純固于是乎成則民爲邦本本固邦寧之道廣至治之要其有不在茲乎雖然農事備載方冊聖人或因時以設教因事而爲辭其文散在六籍子史廣大浩博未易倫類而究覽也賢士大夫固常熟復之矣宜不待申明然後知乃若農夫野叟不能盡皆周知則臨事不能無錯失故余

纂述其源流，敘論其法式詮次其先後首尾貫穿俾覽者有條而易見用者有序而易循朝夕從事有條不紊積日累月功有章程不致因循苟簡倒置先後緩急之敘雖甚慵惰疲怠者且將曉然心喻志適欲罷不能知夫聖王務農重穀勤勤在此于是見善明而用心剛卽志好之行安之父敎子習知世守而愈勵不爲異端紛更其心亦管子分四民羣萃而州處之意也

洪眞州題後

西山陳居士於六經諸子百家之書釋老氏黃帝神農氏之學貫穿出入往往成誦如見其人如指諸掌下至術數小道亦精其能其尤精者易也平生讀書不求仕進所至卽種藥治圃以自給紹興己巳自西山來訪予于儀眞時年七十四出所著農書三卷曰此吾閒中事業不足拈出然使沮溺耦耕之徒見之必有忻然相契處樊遲請學稼子曰吾不如老農先聖之言吾志也樊遲之學吾事也是或一道也僕喜其言取其書讀之三復曰如居士者可謂士矣因以儀眞勸農文附其後俾屬邑刻而傳之丹陽洪興祖序



此書成于紹興十九年眞州雖曾刊行而當時傳者失眞首尾顛錯意義不貫者甚多又爲或人不曉旨趣妄自刪改徒事絺章繪句而理致乖越是書也將以曉農事之大使人人心喻志解今乃反惑其說使老于農圃而視效于斯文者方且嗤鄙不暇其肯轉相讀說勸勉而依倣之耶僕誠憂之故取家藏副本繕寫成帙以待當世君子採取以獻于

上然後鋟版流布必使天下之民咸究其利則區區之志願畢矣後五年甲戌元日如是菴全眞子題



高沙素號沃壤中更兵火土曠人稀東作西成旣不盡力而蠶桑之務亦不加意雖廣種薄收然每遇豐歲長淮所賴以儲蓄者猶糴于此以取足焉如使種藝有其方耕穫得其便地利旣已無遺而又知所謂育蠶之事則衣食充足公私兼裕寧有盡藏耶余曩得農書一帙凡耕桑種植之法纖悉無遺揭來守此視事之初急鋟諸木以爲邦人勸爾父兄子弟其相與勉之是郡守拳拳之意也甲戌冬至日新安汪綱書

# 農書

（元）王禎 撰

《農書》，（元）王禎撰。王禎，字伯善，元中書省泰安州（今山東泰安）人。生卒年月不詳，僅從其著作中得知他從元禎元年（一二九五）起任宣州旌德縣（今安徽旌德縣）尹，任職六年。在職期間，生活簡樸，常指導農民耕種，施捨醫藥給窮苦人。元大德四年（一三〇〇）調任信州永豐縣（今江西廣豐縣）尹，注意教導農民植棉種桑。《農書》大約是在他做旌德縣尹期間開始編寫的，直至遷任信州永豐縣尹後纔完成。大德八年（一三〇四）元政府曾命令刊刻王禎所著《農書》：『信州路永豐縣尹王禎，東魯名儒，年高學博，南北遊宦，涉歷有年，嘗著《農桑通訣》《農器圖譜》及《穀譜》等書，若不鋟梓流布，恐其失傳。』元仁宗皇慶二年（一三一三）王禎爲《農書》作序，但是刊行時間不明。

本書第一部分『農桑通訣』包括了三『起本』十六篇，相當於農業總論，即『農事起本』『牛耕起本』和『蠶事起本』，簡述了有關農業歷史的發展及其傳説；『授時』『地利』等十六篇總結了農業生産的各個技術環節。第二部分『穀譜』屬於各論性質，按穀、蓏、蔬、果、竹木、雜類、飲食（附備荒）七類，逐一介紹栽培植物，分述其起源及栽培、保護、收穫、貯藏、利用等技術措施。第三部分『農器圖譜』爲本書的重點，篇幅幾乎占據了全書的五分之四，並附有農具圖二百七十餘幅，對耕作、收穫、農産品加工、倉貯、灌溉、蠶桑、紡織等各個方面的農具，均有詳細介紹。

該書的内容特點鮮明：首先，《農書》第一次兼論南北農業技術，時加對比，指明異同，形成了比較完整的體系。第二，『農器圖譜』全面系統地記載了二十個門類的傳統農具，圖文並茂，在農學史上具有開創性，對後世産生了深遠影響，明代徐光啓的《農政全書》、馮應京的《皇明經濟實用編》、王圻的《三才圖會》、袁黄的《寶坻勸農書》以及清代的《授時通考》等文獻都曾採用或全文轉錄其中的圖文資料。第三，在『田制門』中，詳細介紹了圩田、圍田、櫃田、梯田、架田、沙田、塗田等南方地區的土地利用方式。

該書在元代是否刊行，尚不明確。祇知成書一個世紀後被收入《永樂大典》，到嘉靖九年（一五三〇）首次由山東布政使司付刻。此後，本書的傳刻便分成兩個系統，其中一個系統以上述嘉靖本爲祖本，簡稱『明本』；另一系統是乾隆年間從《永樂大典》中輯出的《四庫全書》本，簡稱『庫本』。明本系統全書三十六集，庫本系統則作二十二卷，各有優缺點。一九八一年農業出版社出版王毓瑚校點本。今據南京圖書館藏明嘉靖九年刻本影印。

（惠富平）

# 新刻東魯王氏農書序

巡撫山東右副都御史安州邵公得元王禎氏農書顧右布政使長興顧公謂玆實大關民事而政之首也當轉寫善本卽布政使司刻之以廣流布示吾民勤衣食之原而期享樂利之休盛心也刻半左布政使固始李公至乃趣完刻邵公以余在告或暇印寄一部謂宜校



勘脫誤庶以信傳顧數十萬字病又時作不能卒辦而繼使督取急乃先爲言以著公意言曰天之生也與以所長則限之以短其于人也賦性獨靈而制生養之材甚艱故鳥羽獸毛而人需衣蛟龍毒而嗜止血虎熊猛而嗜止肉人無所不嗜而能饑終日難故需食無食無衣胥及亂亡人之欲生也固不待聖人

有作孰不求所以自活而聖人者亦人之欲生者也今無論羲農軒堯以來想巢燧之初觀時造始實求自永其生而天遂命之人遂宗之君臣道興衣食之原漸以開矣是故食五種而五肉輔蔬五蔬而五果助五味調焉食之需廣而安飽難也五土以居五物以用五貨以通五金以易衣服器使屋廬舟車之需



廣而備稱難也是故耕穫鉏耨陰陽蚕莫之節宜順也高下遼隰燥濕寒燠之氣宜候也洩制生化土木金石之物宜悉也糞灌培蒔剛柔疏密之性宜辨也水旱蟲盜捍禦守視之役宜力也采摘修捋生熟急緩之度宜中也飲飼閑放好惡新故之情宜調也牝牡生息老嫩去留之班宜審也堆稞攤曬風雨霧露

之防宜豫也。碾磑碓磑。精麤籭簸之計宜準也。倉窖轉般。鼠雀浥漏之虞宜察也。積散出內。盈縮低翔之數宜算也。是故。農事修。則食用贏。衣用裕。器用精。財用饒。而生養遂矣。是故。天子則君人養人者也。士以上。皆裨君長民者也。君不知稼穡。遑欲殄物。民因以極。民火動而元命搐。醫論且然。況君以民爲命者乎。



故君知稼穡則知懼。長民而數民事。衣食縣官。不宣心力。猶傭者懈。主人將轉雇。君子當廉勤自樹。恐以穀恥乎。故仕知民事則知媿。是故。聖人之重衣食也王公躬藉以先耕。后夫人親蠶以先織卿大夫士以及內子。胥與事焉。而治本重矣。于是乎有勸相之法焉。饗勞之具焉。督察簡閱之罰焉。祈報禳息之祀焉

庶富而教。禮樂興矣。故曰民事不可緩也。今簡王氏書首以通訣。繼以器譜。而終以諸種。民事通諸上下者。盖備矣。是故。得嘉種而缺利器。則難播。與失種同。制利器而昧要訣。則逆時。與無器同。故得其訣。器可假而使也。利諸器。種可糴而下也。度要訣以達沖和之化。儲利器以運制用之機。富嘉種以取十千之報。



比屋上農矣。吾又恐浮食末作。未緣南畝。藝將孰載。方農之殷。使輒不時。則功孰與成。今民不但六也。盡歸而農。誠未即得。盍若寬見農而不妨其務。俾自趨利而樂生乎。是故解內之遠重也。黠集之煩數也。迎候之紛沓也。力役之勤悴也。守戍之隔離也。讞報之留滯也。六者于古已然。而害農一也。嗚呼。誦六經以

詔萬世孔子之意無窮而後人未能倣則雖孔子之意窮是書據六經該羣史旁兼諸子百家以及殊方異俗咸著亦用心矣從政者無害農皆以此利農者訓農則王氏撰述之初意邵公刻布之盛心當惠徧吾人豈有窮乎雖然以今昏旦之中考農祥則伏度西涼白麥之熟較南夏則違時故靈而迅霆桃源之



夫呼凍雷父椎牛骨而子漸之谿峒土人數十年而食假鬼或羸馬驢耕或鴨羣鉏稻稻一熟也或三熟蕎秋種也或春種是以有老媼稗秧有少婦列肆有以蕨肥田又淋萁灰汁作菹南河之南有車鐵輪野馬之川牛服鞍毗越之徼塗篋釜或隔年見茄樹或二月食櫻桃蜑家于舟苗獨藏穗闗隴之野尚營窟

而土處則九域民事物候固多端而難律也中土耕一犂三牛水田水牛故一犂一牛一牛十三犂樓犂也而載之壟耕篇則誤矣王氏又謂餘甘獨泉產也往泛昆明則食之是猶賈勰要術附槃多摩廚徒示博耳故擊壤食葵今俗所少葛籠牧笛取具事目聞之農老曰必毋倉生烝下種則一年可耩之日少余亦



嘗曰必草人法糞田亦恐瀉澤不得鹿墳壤之不得穈也故曰通其變使民不倦神而明之存乎其人眞知農哉邵公名錫李公名綱顧公名應祥皆以進士顯余往給事中邵公則都給事中云

嘉靖庚寅十有一月丙午山東臨清閻閎力疾謹序

# 農桑通訣目錄

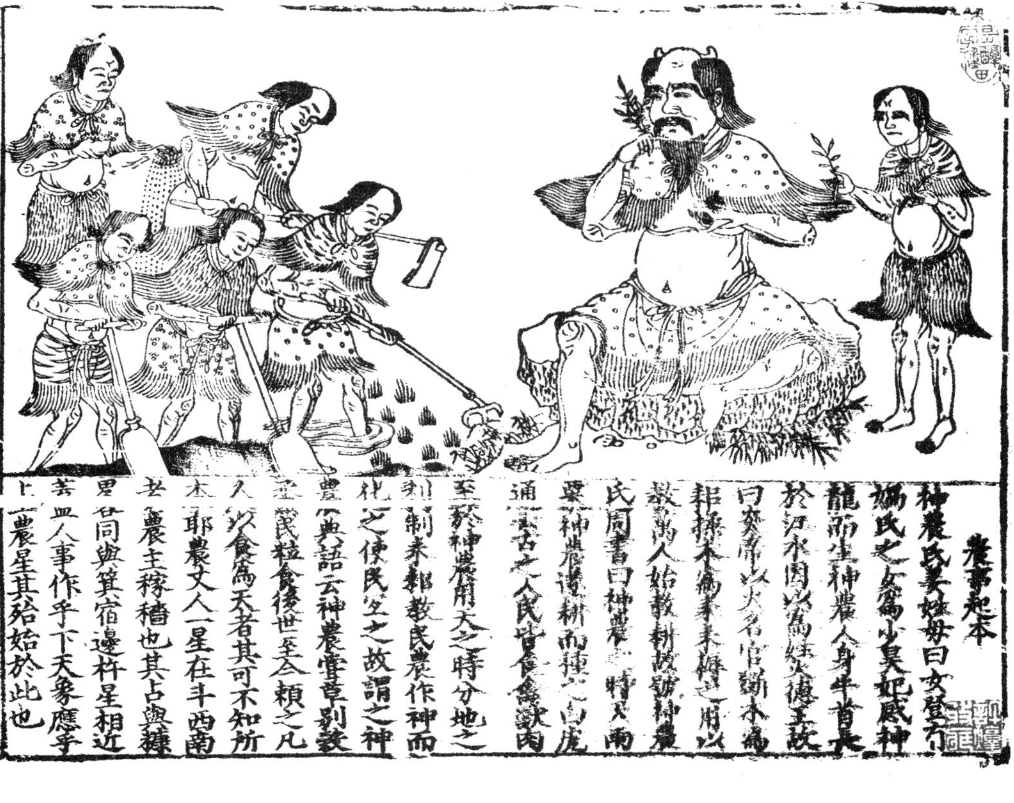

農事起本

神農氏姜姓母曰女登有媧氏之女爲少昊妃感神龍而生神農人身牛首長於姜水因以爲姓火德王故曰炎帝以火名官斲木爲耜揉木爲耒耒耨之用以教萬人始教耕故號神農氏周書曰神農之時天雨粟神農遂耕而種之白虎通云古之人民皆食禽獸肉至於神農因天之時分地之利制耒耜教民農作神而化之使民宜之故謂之神農典語云神農嘗草別穀烝民粒食後世至今頼之凡人以食爲天者其可不知所本耶農丈人一星在斗西南老農主稼穡也其占與糠畧同與箕宿邊杵星相近蓋人事作乎下天象應乎上農星其殆始於此也

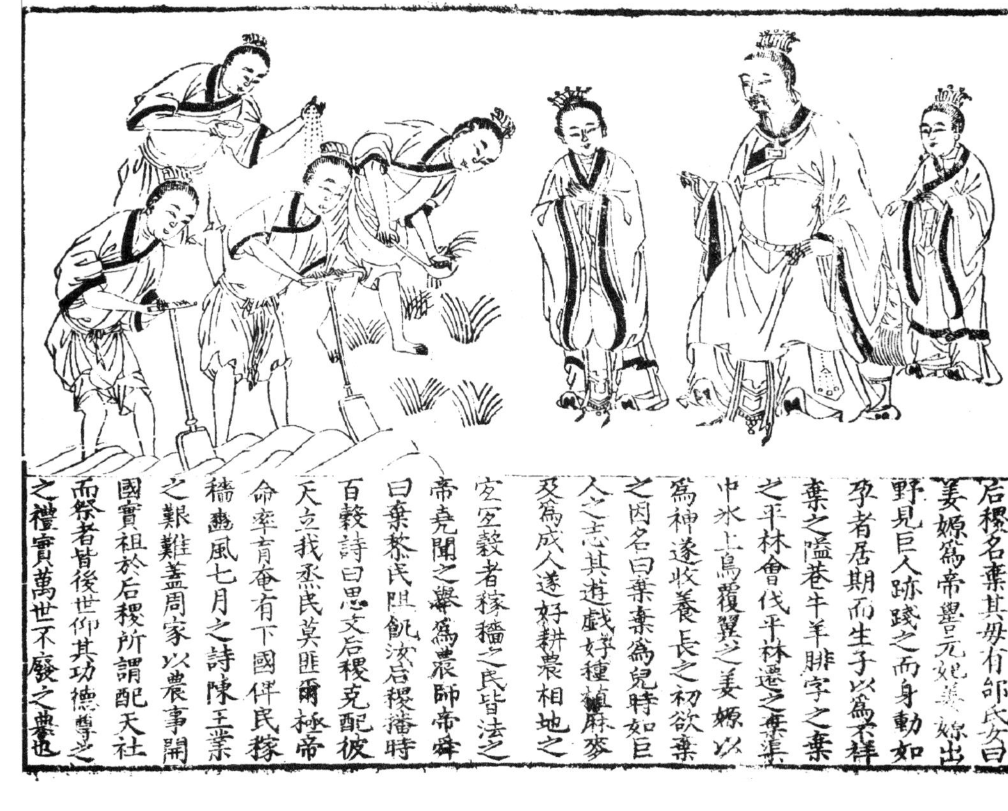

后稷名棄其母有邰氏女曰姜嫄爲帝嚳元妃姜嫄出野見巨人跡踐之而身動如孕者居期而生子以爲不祥棄之隘巷牛羊腓字之棄之平林會伐平林遷之棄渠中氷上鳥覆翼之姜嫄以爲神遂收養長之初欲棄之因名曰棄棄爲兒時如巨人之志其遊戲好種植麻麥及爲成人遂好耕農相地之宜宜穀者稼穡之民皆法之帝堯聞之舉爲農師帝舜曰棄黎民阻飢汝后稷播時百穀詩曰思文后稷克配彼天立我烝民莫匪爾極帝命率育奄有下國俾民稼穡豳風七月之詩陳王業之艱難蓋周家以農事開國實祖於后稷所謂配天社而祭者皆後世仰其功德尊之之禮實萬世不廢之盛典也

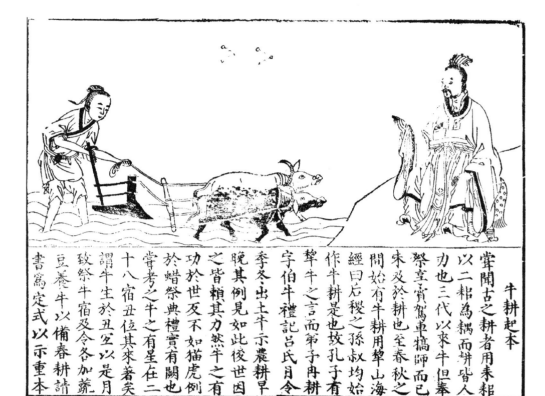

牛耕起本

嘗聞古之耕者用耒耜以二耜為耦而耕皆人力也三代以來牛但奉祭享賓駕車犒師而已未及於耕也至春秋之間始有牛耕用犂山海經曰后稷之孫叔均始作牛耕是也故孔子有犂牛之言而弟子冉耕字伯牛禮記呂氏月令季冬出土牛示農耕早晚其例見如此後世因之皆賴其力然牛之有功於世反不如猫虎例於蜡祭典禮實有闕也嘗考之牛之有星在二十八宿丑位其來著矣謂牛生於丑宜以是月致祭牛宿及令各加蒭豆養牛以備春耕請書爲定式以示重本

蠶事起本

黃帝少昊之子姓公孫名軒轅生而神靈弱而能言幼而徇齊長而聰明神農氏衰諸侯相侵伐神農氏弗能征於是軒轅乃習用干戈以征不享諸侯咸來賓從而蚩尤爲最暴乃徵師殺蚩尤垂衣裳而天下治易係曰神農氏沒黃帝堯舜氏作通其變使民不倦垂衣裳而天下治蓋取諸乾坤按黃帝元妃西陵氏始勸蠶事月大火而浴種夫人副褘而躬桑乃獻繭稱絲織絍之功因之廣織以供郊廟之服所謂黃帝垂衣裳而天下治蓋由此也然黃帝始置宮室后妃乃得育蠶是爲起本

西陵氏曰儽祖爲黃帝元妃佳南王蠶經云西陵氏勸蠶稼親蠶始此皇圖要覽云伏羲化蠶西陵氏養蠶禮記月令季春后妃齋戒享先蠶而躬桑以勸蠶事周禮天官內宰中春詔后帥內外命婦始蠶於北郊（蠶於北郊以純陰也）上古有蠶叢帝無文可考蓋古者蠶祭皆無主名至後周壇祭先蠶以黃帝元妃西陵氏爲始是爲先蠶歷代因之宋呂謂天駟爲蠶精元妃西陵氏始蠶實爲要典若夫漢祭宛窳婦人寓氏公主蜀有蠶女馬頭娘又有謂三姑爲蠶母者此皆後世之溢典也然古今所傳立像而祭不可遺闕故併附之夫蠶之有功於人萬世永賴注於祀典以示報本後之蒙衣被之德者其可不知所本耶嘗撰蠶事祭文一篇以爲祈報之禮其文見農器譜

# 農桑通訣集之一

## 周歲農事

東魯王禎撰

授時之圖

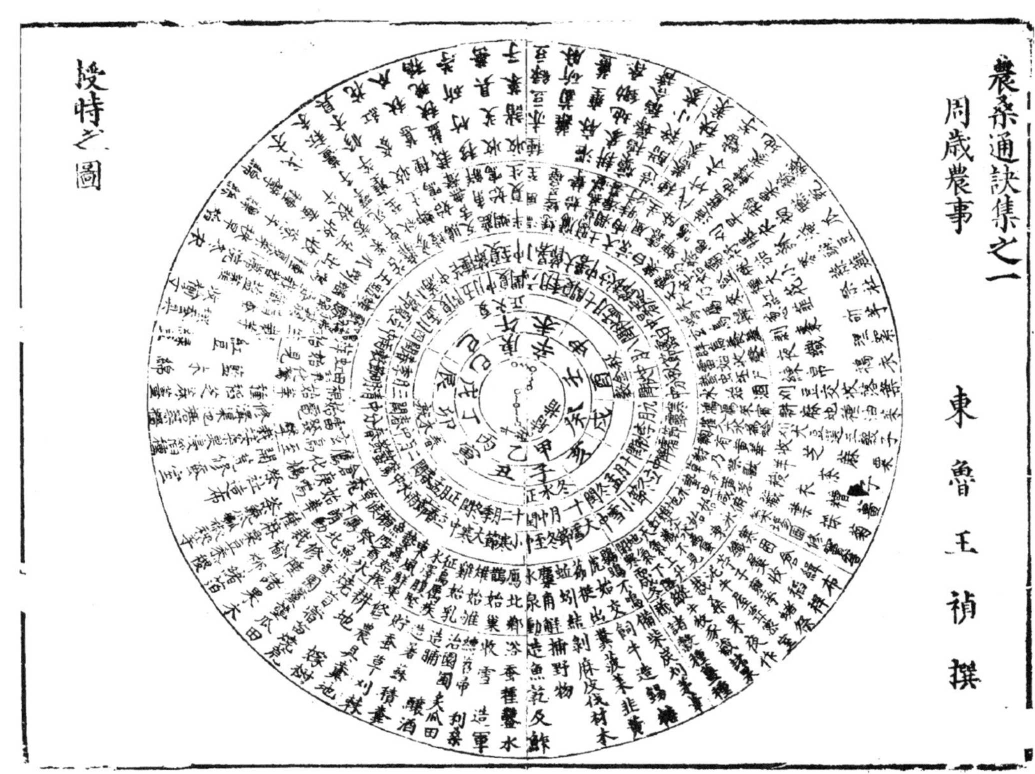

## 授時篇第一

授時之說始於堯典自古有天文之官重黎以上其詳不可得聞堯命羲和曆象日月星辰考四方之中星定四時之仲月南方朱鳥七星之中殷仲春則厥民析而東作之事起矣以東方大火房星之中正仲夏則厥民因而南訛之事興矣以西方虛星之中殷仲秋則厥民夷而西成之事舉矣以北方昴星之中正仲冬則厥民隩而朔易之事定矣然所謂曆象之法猶未詳也舜在璿璣玉衡以齊七政說者以為天文器後世言天之家如洛下閎鮮于妄人輩述其遺制營之度之而作渾天儀曆家推步無越此器然而未有圖也蓋二十八宿周



天之度十二辰日月之會二十四氣之推移七十二候之遷變如環之循如輪之轉農桑之節以此占之四時各有其務十二月各有其宜先時而種則失之太早而不生後時而蓺則失之太晚而不成故曰雖有智者不能冬種而春收農書天時之宜篇云萬物因時受氣因氣發生時至氣至生理因之今人雷同以正月為始春四月為始夏不知陰陽有消長氣候有盈縮冒昧以作事其克有成者幸而已矣此圖之作以交立春節為正月交立夏節為四月交立秋節為七月交立冬節為十月農事早晚各疏於每月之下星辰干支別為圓圖使可運轉北斗旋於中以為準則每歲立春斗杓建於寅方日月會於營室東井昏見於午建星辰正於南由此以往積十日而為旬積三旬而為月積三月而為時積四時而成歲歲之中月建相次周而復始氣候推遷與日曆相為體用所以授民時而節農事即謂用天之道也夫授時曆每歲一新授時圖常行不易非曆無以起圖非圖無以行曆表裏相參轉上聲運無停渾天之儀粲然具在是矣然按月農時特取天地南北之中氣立作標準以示中道非膠柱鼓瑟之謂若夫遠近寒暖之漸殊正閏常變之或異又當推測晷度斟酌先後庶幾人與天合物乘氣至則養之節不至差謬此又圖之體用餘致也不可不知務農之家當家置一本考曆推圖



以定種蓺如指諸掌故亦名曰授時指掌活法之圖

## 地利篇第二

周禮遂人以歲時稽其人民而授之田野教之稼穡凡治野以土宜教甿今去古也遠江野散閑在上者可不詳諸古而驗於今而以教之民哉夫封畛之别地勢遼絶其間物產所宜者亦往往而異焉何則風行地上各有方位（東方谷風東南方清明風南方凱風西南涼風西方閶闔風西北方不周風北方廣莫風東北方融風）土性所宜因隨氣化所以遠近彼此之間風土各有别也自黄帝畫野分州得百里之國萬區至帝嚳創制九州統領萬國堯遭洪水天下分絶使禹治之水土既平舜分爲十有二州尋復爲九州禹平水土可事種藝乃命棄曰黎民阻饑汝后稷播時百穀是水平之後



始播百穀者稷也孟子謂后稷教民稼穡樹藝五穀謂之教民意者不止教以耕耘播種而已其亦因九州之别土性之異視其土宜而教之歟今按禹貢冀州厥土惟白壤厥田惟中中兖州厥土黑墳厥田惟中下青州厥土白墳厥田爲上下徐州厥土赤埴墳厥田爲上中揚州厥土惟塗泥厥田惟下下荆州厥土惟塗泥厥田惟下中豫州厥土惟壤下土墳壚厥田惟中上梁州厥土青黎厥田惟下上雍州厥土黄壤厥田惟上上由是觀之九州之内田各有等土各有差山川阻隔風氣不同凡物之種各有所宜故宜於冀兖者不可以青徐論宜於荆揚者不可以雍豫擬此聖人所謂分地之利者也

（危十一度菑州入危十四度[營室東壁衛]并州安定入營室一度天水入營室八度隴西入營室四度酒泉入營室十一度張掖入營室十二度武都入東壁一度金城入東壁四度武威入東壁六度敦煌入東壁八度[奎婁胃]魯徐州東海入奎一度琅琊入奎六度高密入婁一度城陽入婁九度膠東入胃一度[昴畢趙]冀州魏郡入昴一度鉅鹿入昴三度恒山入昴五度廣平入昴七度中山入昴八度清河入昴九度信都入畢三度趙郡入畢八度安平入畢四度河間入畢十度真定入畢十三度[觜參魏]益州廣漢入觜一度越巂入觜三度蜀郡入參一度犍爲入參三度牂牁入參五度巴郡入參八度漢中入參九度益州入參七度[東井輿鬼秦]雍州雲中入東井一度定襄入東井八度鴈門入東井十六度代郡入東井二十八度大原入東井二十九度上黨入輿鬼二度[柳七星張周]三輔弘農入柳一度河南入七星三度河東入張一度河內入張九度[翼軫楚]荊州南陽入翼六度南郡入翼十度江夏入翼十二度零陵入軫十一度桂陽入軫六度武陵入軫十度長沙入軫十六度）其土產名物各有證驗此天地覆載一定古今不可易者盖其土地之廣不外乎是但所屬邊裔不無遼絕若能自內而外求由近而及遠則土產之物皆可推而知之矣大抵風土之說總而言之則方域之多大有不同詳而言之雖一州之域亦有五土之分似無多異周禮大司徒以土會之法辨五地之物生一曰山林二曰川澤三曰丘陵四曰墳衍五曰原隰以土宜之法辨十有二土之名物（十二分野之土各有所宜卞其名謂白壤黑墳之類卞其物謂所生之物）以相民宅而知其利害以阜人民以蕃鳥獸以育草木以任土事辨十有二壤之物而知其種以教稼穡樹藝（遂以教民春耕秋穡）然稼穡樹藝又有周禮草人掌土化之法以物土相其宜以爲之種凡糞種騂剛用牛赤緹用羊墳壤用麋渴澤用鹿鹹潟用貆（胡官反）勃壤用狐埴壚用豕彊



㯺（呼覽切堅也）用蕡（扶云切）輕爂（匹照切脆也）用犬（凡所以糞種者皆謂煑取汁也）此謂占地形色爲之種者一取牛羊等汁以漬種而化之使美則得其宜矣若今之善農者審方域田壤之異以分其類參土化土會之法以卞其種如此可不失種土之宜而能盡稼穡之利是圖之成非獨使民視爲訓則抑亦望當世之在民上者按圖考傳隨地所在悉知風土所別種藝所宜雖萬里而遥四海之廣舉在目前如指掌上庶乎得天下農種之總要

國家教民之先務此圖之所以作也幸試覽之

## 孝弟力田篇第三

孝弟力田古人曷爲而並言也孝弟爲立身之本力田爲養身之本二者可以相資而不可以相離也蓋自民受天地之中以生莫不有是理亦莫不有是氣愛之理爲仁宜之理爲義自其仁而用之親親爲孝自其義而用之長長爲悌皆其得於良知良能之素人人之所同也特其氣禀有清濁之異其清者爲士而濁者爲農爲工爲商士以明其仁義農以贍其衣食工以制其器用商以通其貨賄此四民者皆天之所設以相資焉者聖人樹其法度制其品節以教而養之使天下之人莫不衣其衣而食其食親其親而長其長然其教之者莫先



於士養之者莫重於農士之本在學農之本在耕是故士爲上農次之工商爲下本末輕重昭然可見古者田有井黨有庠遂有序家有塾新穀即入子弟始入塾距冬至四十五日而出聚則行鄉飲正齒位讀教法散則從事於耕故天下無不學之農詩曰黍稷薿薿攸介攸止烝我髦士即漢力田之科是已帝舜聖人也萬世而下言孝者莫加焉而耕歷山伊尹之訓曰立愛惟親立敬惟長而耕於莘野其他如冀缺長沮桀溺荷蓧丈人之徒皆以耕爲事故天下亦少不耕之士周官大司徒三歲大比考其德行道藝而先孝友即漢孝悌之科是已夫天下之務本莫如士其次莫如農農者被蒲茅

飯麄糲居蓬藋逐牛豕戴星而出帶月而歸父耕而子饁兄作而弟隨公則奉租稅給征役私則養父母育妻子其餘則結親姻交隣里有淳朴之風者莫農若也至於工逞技巧商操贏餘轉徙無常其於終養之義友于之情必有所不逮雖世所不可缺而聖人不以加於農也是以古者崇本抑末其教民也以孝弟爲先其制刑也亦以不孝不弟爲重加意於立身之本如此當其生也宅不毛者有里布田不耕者出屋粟民無職事者出夫家之征及其死也不畜者祭無牲不耕者祭無盛不樹者無槨不蠶者不帛不績者不衰加意於養身之本又如此于斯時也家給人足上下有序親疏有禮末作



之流亦鮮矣又安有游惰者哉至於瘖聾跛躃斷者侏儒各以其器食之彼廢疾之人猶有所事而後食况於手足耳目無故者哉漢代去古未遠立爲孝弟力田之科高帝令賈人不得衣絲乘車重租稅以困辱之惠帝雖稍弛商賈之禁然猶市井子孫不得爲官仕皆所以崇本而抑末也至文帝時風俗之靡公私之匱賈誼尚以爲言帝感其說乃開籍田其詔曰孝弟天下之大順也其遣謁者勞賜又詔曰力田民生之本也其賜力田帛二匹而以戶口率置力田常員各率其意以導民焉唐太宗亦詔民有見業農者不得轉爲工賈工賈有舍見業而力田者免其調夫末作之民尚有益於世用古

人且若是抑之而況世降俗末又有出於末作之外者
舍其人倫惰其身體衣食之費反侈於齊民以有限之
物供無益之人上之人不惟不抑之反從而崇之何哉
且一夫不耕民有飢者一女不蠶民有寒者乃若一夫
耕衆人坐而食之欲民之無飢不可得也一女蠶衆人
坐而衣之欲民之無寒不可得也飢寒切於民之身體
其所以仰事俯育養生送死者皆無所資欲其孝弟不
可得也故曰倉廩實知禮節衣食足知榮辱豈不信乎
農人受飢寒之苦見游惰之樂反從而羨之至去隴畝
棄耒耜而趨之是民之害也又豈特逐末而已哉夫孝
弟者本性之所固有力田者本業之所當爲民失其業
且失其性者豈其本然哉直徇於流俗惑於他岐以至
是耳



國家累降

詔條如有勤務農桑增置家業孝友之人從本社舉之
司縣察之以聞于上司歲終則稽其事或有游惰之人
亦從本社訓之不聽則以聞于官而別徵其役此深得
古先聖人化民成俗之意使有職于牧民者悉意奉行
明仁義之實以教之課農桑之利以養之則民志專一
風俗還醇可使人有曾閔之行而家爲堯舜之民矣歐
陽永叔有云莫若修其本以勝之此謂也

農桑通訣集之一

農桑通訣集之二

東魯王禎撰

墾耕篇第四

易大傳曰神農氏斲木爲耜揉木爲耒耒耨之利以教
天下周書云神農之時天雨粟神農耕而種之始作陶
冶斤斧爲耒耜以墾草莽然後五穀興此農事之始也
當堯之時洪水汎濫草木暢茂五穀不登禹乃隨山刊
木益烈山澤而焚之然後九州之土皆可種藝耕作於
是后稷教民稼穡樹藝五穀農功之興其有次第如此
墾耕者其農功之第一義歟墾除荒也耕犂也古文耕
作畊蓋古井田之制今從耒井聲故作井前漢趙過爲
搜檢都尉田多墾闢即今俗無開荒也凡墾闢荒地春
曰燎荒如平原草萊深者至春燒荒趂地氣通閧草芽欲發根荄柔脆易爲開墾夏曰揜一感切青夏日草茂時開謂之揜青可當草糞但根鬚壯密須籍強牛乃可蓋莫若春爲上秋曰
芟夷其次秋暮草木叢密時先用鎌刀徧地芟倒暴乾放火至春而開墾乃省力崔寔四民
月令曰正月地氣上騰土長冒橛說者云陳根可拔急
菑強土黑壚之田二月陰凍畢釋可菑美田緩土及河
渚小處三月杏花盛可菑沙白輕土之田五月六月可
菑麥田也如泊下蘆葦地內必用劚力意切刀引之犂鑱
隨耕起撥音伐特易牛乃省力沾山或老荒地內科木多
者必須用钁劚去餘有不盡根科俗謂之埋頭根也當使熟鐵
煅成鑱尖套於退舊生鐵鑱上縱遇根株不至擘缺妨誤工力或

地段廣闊不可徧斸則就斫枝莖覆於本根上候乾焚之其根即死而易朽又有經暑雨後用牛曳磟碡或輥子之所斫根查上和泥碾之乾則掙爭上聲死一二歲後皆可耕種其林木大者則劉烏更切殺之謂剝斷樹皮其樹立死葉死不扇便任種蒔三歲後根株莖朽以火燒之則通爲熟田矣周禮薙氏掌殺草春始生而萌之夏日至而夷之秋繩去聲而芟之冬日至而耜之書薙作夷謂芟草也又柞氏掌攻草木及林麓夏日至令刊陽木而火之冬日至令剝陰木而水之註云刊剝謂斫去次地之皮即此謂除木也詩曰載芟載柞其耕澤澤蓋謂芟草除木而後可耕也大凡開荒必趁雨後又要調停犂道淺深麄細淺則



務盡草根深則不至塞墢粗則貪生費力細則貪熟少功唯得中則可耕荒畢以鐵齒鎉鏄過漫種黍稷或脂麻綠豆耙勞再徧明年乃中爲穀田今漢沔淮潁上率多創開荒地當年多種脂麻等種有竊收至盈溢倉箱速富者如舊稻塍內開耕畢[illegible]撒稻種直至成熟不須薅呼高切拔緣新開地內草根既死無荒可生若諸色種子年年揀淨別無稗莠數年之間可無荒薉所收常倍於熟田蓋曠閑既久地力有餘苗稼鬯音暢茂子粒蕃息也諺云坐賈行商不如開荒言其獲利多也除荒開墾之功如此若夫耕犂之事又有本末上古聖人制耒耜以教耕耨三代以上皆耦耕謂兩人合二耜而耕之詩

曰亦服爾耕十千維耦者此也春秋之時后稷之裔孫叔均始作牛耕至漢趙過增其制度三犂一牛則力省而功倍今之耕者大率祖此周禮遂人治野以時器勸甿音萌言農夫之耕當先利其器也故詩曰三之日于耜四之日舉趾又曰有略其耜俶載南畝周禮車人爲耒庛庛有三等見農器譜耒耜門今易耒耜而爲犂不問地之堅强輕弱莫不任使欲淺欲深求之犂箭箭一而已欲廉欲猛取之犂稍稍一而已然則犂之爲器豈不簡易而利用哉耕地之法未耕曰生已耕曰熟初耕曰塌音塔再耕曰轉生者欲深而猛熟者欲淺而廉此其略也天地有陰陽寒燠之異地勢有高下燥濕之別順天之時因



地之宜存乎其人按月令孟春之月天子以元日祈穀于上帝乃擇元辰天子親載耒耜帥三公九卿諸侯大夫躬耕帝籍命田司善相丘陵阪險原隰土地所宜五穀所殖以教導民田事既飭先定准直農乃不惑仲春之月耕者少舍此言農以春耕爲先務也齊民要術云凡耕高下田不問春秋必須燥濕得所爲佳若水旱不調寧燥無濕燥耕雖塊一經得雨地則粉解濕耕堅塔數年不佳諺曰濕耕澤鋤不如歸去言無益而有損濕耕者白背速鎉鏄之亦無傷否則大惡也秋耕欲深夏耕欲淺秋耕掩青爲上此至冬月青草復生其美與豆同初耕欲深轉耕欲淺耕不深則土不熟轉不淺則動生土菅茅之地宜縱牛羊踐之七月耕之則死耙勝之曰凡耕之本在於趣時春凍解地氣始通土一

和解夏至天氣始暑陰氣始盛上復解夏至後九十日晝夜分天地氣和以此時耕一而當五名曰膏澤皆得時功韓氏直說云凡地除種麥外並宜秋耕秋耕之地荒草自少極省鋤工如牛力不及不能盡秋耕者除種粟地外其餘黍豆等地春耕亦可大抵秋耕宜早春耕宜遲秋耕宜早者乘天氣未寒時將陽和之氣掩在地中其苗易榮過秋天氣寒冷有霜時必待日高方可耕地恐掩寒氣在內令地薄不收子粒春耕宜遲者亦待春氣和暖日高時耕此所謂順天之時也齊民要術云春地氣通可耕堅硬強地黑壚土輒平磨其塊以生草草生復耕之天有小雨復耕和之勿令有塊以待時所謂強土而弱之也杏始華榮輒耕輕土弱土望杏花落復耕耕輒藺音吝之草生有雨澤耕重



藺之土甚輕者以牛羊踐之如此則土強所謂弱而強之也此所以因地而利之也農書云旱田穫刈纔畢隨即耕治曬暴加糞壅培而種豆麥蔬茹因而熟土壤而肥沃之以省來歲功役其所收又足以助歲計晚田宜待春乃耕爲其藁秸堅韌必待其朽腐易爲牛力也北方農俗所傳春宜早晚耕夏宜兼夜耕秋宜日高耕中原地皆平曠旱田陸地一犁必用兩牛三牛或四牛以一人執之量牛強弱耕地多少其耕皆有定法所耕地內先並耕兩犁墢皆內向合爲一壠謂之浮疄自浮疄爲始向外繳耕終此一段謂之一繳之外又間作一繳耕畢於三繳之間歇下一繳却自外繳耕至中心割作一疄蓋三繳中成一疄也其餘欲耕平原率皆倣此南方水田泥耕其田高下闊狹不等以一犁用一牛挽之作

正田旋惟人所便高田早熟八月燥耕而熯之以種二麥其法起墢爲疄兩疄之間自成一畎一段耕畢以鋤橫截其疄洩利其水謂之腰溝二麥既收然後平溝畎蓄水深耕俗謂之再熟田也下田熟晚十月收刈既畢即乘天晴無水而耕之節其水之淺深常令塊墢半出水面日暴雪凍土乃酥碎仲春土膏脈起即再耕治又有一等水田泥淖極深能陷牛畜則以木杠橫亙田中人立其上而鋤之南方人畜耐暑其耕四時皆以中晝此南北地勢之異宜也凡人家營田皆當量力寧可少好不可多惡詩曰無田上聲甫田維莠驕驕言力不及而貪多務得未免苟簡之弊故莊子曰昔予爲禾耕而鹵莽之其實亦鹵莽而報予芸而滅裂之其實亦滅裂而報予此言苟簡之害也農書云古者分田之制一夫一婦受田百畝以其地有肥墝去交切故有不易一易再易之別不易之地家百畝謂可以歲耕之也一



易之地家二百畝謂歲耕其半也再易之地家三百畝謂歲耕百畝三歲而一周也先王之制如此非獨以爲土敝則草木不長氣衰則生物不遂也抑欲其財力有餘深耕易耨而歲可常稔今之農夫既不如古往往租人之田而耕之苟能量其財力之相稱而無鹵莽滅裂之患則豐壤可以力致而仰事俯育之樂可必矣今備述經傳所載農事之法兼高原下田地勢之宜自北自南習俗不通曰墾曰耕作事亦異通變謂道無泥一方則田功修而稼穡之務可以次第而舉矣

## 耙勞篇第五

凡治田之法犁耕既畢則有耙勞耙有渠疏之義勞有

蓋磨之功今人呼耙曰渠疏勞曰蓋磨皆因其用以名之所以散撥去芟平土壤也桓寬鹽鐵論曰茂木之下無豐草大塊之間無美苗耙勞之功不至而望禾稼之秀茂實粟難矣韓氏直說云古農法犂一擺六合人只知犂深為功不知擺熟為全功擺功不到土麄不實下種後雖見苗立根在麄土根土不相著不耐旱有懸死蟲咬乾死諸病擺功則土細而立根在細實土中又碾過根土相著自然耐旱不生諸病又云凡地除種麥外並宜秋耕先以鐵齒擺縱橫然後插犂細耕隨耕隨勞至地大白背時更擺兩徧至來者地氣透時待日高復擺四五徧其地爽潤上有油土四指許春雖然無雨至



便可下種齊民要術云耕荒畢以鐵齒鋘再徧耙之蓋鐵齒鎒鋘已為之先再用耙鎒鋘而後勞之也今人但耕地畢破其塊墢而後用勞平磨乃為得也齊民要術云耕地深細不得趁多看乾濕隨時蓋磨待一段總轉了橫蓋一徧每耕一徧蓋兩徧最後蓋三徧還縱橫蓋之種麥地以五月耕三徧種麻地耕五六徧倍蓋之但依此法除蟲災外小小旱乾不至全損緣蓋磨數多故也又云春耕隨手勞秋耕待白背勞（蓋春多風不即勞則致地虛燥秋田濕濕速勞則恐致地堅硬）又曰耕欲廉勞欲再凡已耕耙欲受種之地非勞不可諺曰耕而不勞不如作暴切見世人耕了仰著土塊並待孟春蓋若冬冬之氷雪連夏亢陽徒道

秋耕不堪下種也然耙勞之功非但施於納種之前亦有用於種苗之後者齊民要術曰穀田旣出壠每一遇雨白背時蓋以帖齒鎒鋘縱橫耙而勞之耙法令人坐上數以手斷其草草塞齒則傷苗如此令地熟軟易鋤省力此用於種苗之後也南方水田轉畢則耙耙畢即抄（抄見農器譜）故不用勞其耕種陸地者犂而耙之欲其土細再犂再耙後用勞乃無遺功也北方又有所謂撻者與勞相類齊民要術云春種欲深宜曳重撻（春氣冷生遲不曳撻則根虛雖生輒死）雖生夏氣熱而速曳撻遇雨必致堅垎春澤多者或亦不須撻必欲撻者須待白背濕撻令地堅硬也又用曳打場圃極為平實今人凡下種耬種後惟用



砘車碾之然執耬種者亦須腰繫輕撻曳之使壠土覆種稍深也或耕過田畝土性虛浮者亦宜撻之打令土實也今當耕種用之故附于耙勞之末然南人未嘗識此蓋南北習俗不同故不知用撻之功至於北方遠近之間亦有不同有用耙而不知用勞有用勞而不知用耙亦有不知用撻者（耙勞撻並見農器譜）今並載之使南北通知隨宜而用無使偏廢然後治田之法可得論其全功也

## 播種篇第六

書稱黎民阻飢汝后稷播時百穀詩言降之種稑稙穉菽麥奄有下國俾民稼穡蓋言天相后稷之功也後之農家者流皆祖述之以至於今其法悉備周禮司稼掌

巡邦野之稼而辯其種稑之種周知其名與其所宜地以爲法而縣于邑閭按農書九穀之種黍稷秫稻麻大麥小麥大豆小豆凡種浥鬱則不生生亦尋死種雜者禾生早晚不均春復減而難熟特宜存意揀選常歲別收好穗純色者劁（音樵）刈懸之又有粒而或箄或窖者將種前二十許日取出曬之令燥種之氾勝之曰牽馬令就穀堆食數口以馬踐過爲種無虸蚄等蟲也種或傷濕浥鬱則生蟲也或取馬骨剉一石以水三石煑之三沸漉去滓以汁漬附子五枚三四日去附子以汁和蠶矢羊矢各等分攪令洞洞如稠粥先種二十日以溲種如麥飯狀當天旱燥時溲之立乾薄布數攪令乾明日



復溲陰雨則勿溲六七溲曝乾謹藏勿令復濕至可種時以餘汁溲而種之則禾稼不生蟲也無馬骨亦可用雪汁雪汁者五穀之精使稼又耐旱也麥種宜與剉碎蒼耳或艾暑日曝乾熱收藏以瓦器順時種之無不生茂凡欲知歲所宜穀以布囊乘粟等諸物種平量之以冬至日埋於陰地冬至後五十日發取量之息最多者歲所宜也又師曠占術曰五木者五穀之先也欲知五穀但視五木擇其木盛者來年多種之萬不失一故雜陰陽書曰禾生於棗或楊大麥生於杏小麥生於桃稻生於柳或楊黍生於榆大豆生於槐小豆生於李麻生於楊或荆農書云種蒔之事各有攸叙能知時宜不

違先後之序則相繼以生成相資以利用種無虛日收無虛月何匱乏之足患凍餒之足憂哉正月種麻枲二月種粟脂麻有早晚二種三月種早麻四月種豆五月中旬種晚麻七夕以後種萊菔菘芥八月社前即可種麥經雨社即倍收而堅好如此則種之有次第所謂順天之時也凡五穀上旬種者全收中旬中收下旬下收又地勢有良薄山澤有異宜故良田宜種晚薄田宜種早良田非獨宜晚早亦無害薄田種晚必不成實山田宜種強苗以避風霜澤田種弱苗以求華實孝經援神契曰黃白土宜禾黑墳宜麥與赤土宜菽汙泉宜稻所謂因地之宜也南方水稻其名不一大槩爲類有三早



熟而緊細者曰秈晚熟而香潤者曰粳早晚適中米白而黏者曰穤二者布種同時每歲收種取其熟好堅栗無秕不雜穀子晒乾蔀藏置高爽處至清明節取出以盆盎別貯浸之三日漉出納草篅中晴則暴暖浥以水日三數遇陰寒則浥以溫湯候芽白齊透然後下種須先擇美田耕治令熟泥沃而水清以既芽之穀漫撒稀稠得所秧生既長小滿芒種之間分而蒔之旬日高下皆遍北土高原本無陂澤遂一畝而田者納種如前法既生七八寸拔而栽之凡下種之法有漫種耬種瓠種區種之別漫種者用斗穀盛種挾左腋間右手料取而撒之隨撒隨行約行三步許即再料取務要布種均

匀則苗生稀稠得所秦晋之間皆用此法南方惟種大麥則點種其餘粟豆麻小麥之類亦用漫種北方多用耬種耬種見農器譜其法甚備齊民要術云凡種欲牛遲緩行種人令促步以足躡隴底欲土實種易生也今人製造砘車砘子之製見農器譜隨耬種子後循隴碾過使根土相著功力甚速而當去聲瓠種者瓠種之法見農器譜竅瓠貯種隨行隨種務使均匀犁隨掩過覆土既深雖暴雨不至抛撻暑夏最爲耐旱且便於撮鋤今燕趙間多用之區種之法凡山陵近邑高危傾阪及丘城上皆可爲區田糞種水澆備旱災也區田法見農器譜又按食貨志云種穀必雜五種以備災害五穀黍稷麻麥豆也又曰菜茹有畦瓜瓠果蓏殖於疆場



則是五穀之外蔬蓏亦不可闕者故穀不熟曰饑菜不熟曰饉物理論云百穀者三穀各二十種蔬果各二十種共爲百穀蓋蔬果之實所以助穀之不及也是故烹葵食瓜乃繫之豳風農桑之詩畜菜取蔬互見於月令收斂之後然地有肥瘠能者擇焉時有先後勤者務焉若夫種蒔之法姑略陳之凡種蔬蓏必先燥爆其子地不厭良薄即糞之鋤不厭頻旱即灌之用力既多收利必倍大抵蔬宜畦種蓏宜區種畦地長丈餘廣三尺先種數日劚起宿土雜以蒿草火燎之以絶蟲類併得爲糞臨種益以他糞治畦種之區種如區田法區深廣可一尺許臨種以熟糞和土拌匀納子糞中候苗出料視稀稠去留之又有芽種凡種子先用淘淨頓瓠瓢中覆以濕巾三日後芽生長可指許然後下種先於熟畦内以水飲地匀摻芽種復篩細糞土覆之以防日曝此法菜既出齊草又不生凡菜有蟲擣苦參根併石灰水潑之即死苟能依上法種蒔非止家可足食餘者亦可爲資生之利昔龔遂勸農口種葱五十本薤百本韭一畦渤海之民緣是致足夫養生必以穀食配穀必以蔬此日用之常理而貧富所不可闕者故於穀食之後以蔬茹繼之而成其百穀之數今歷論播種之法庶農圃者擇而用之



農桑通訣集之二

# 農桑通訣集之三

東魯王禎撰

## 鋤治篇第七

傳曰農夫之務去草也芟夷蘊崇之絶其本根勿使能殖則善者信音伸矣蓋稂莠不除則禾稼不茂種苗者不可無鋤芸之功也又記文云鋤言助也以助苗也故字從金從助凡穀須鋤乃可滋茂諺云鋤頭自有三寸澤也詩曰其鎛音博斯趙以薅荼蓼鎛芸田器古之鎛其今之鋤歟鎛與鋤見農器譜按齊民要術云苗生如馬耳則鏃鋤諺曰欲得穀馬耳鏃稀豁之處鋤而補之凡五穀惟小鋤之爲良小鋤者非直省功穀亦大勝大鋤者草根繁茂用功多而收功益少苗出壠則深鋤不厭數周而復始勿以無草爲暫停鋤者非止除草乃地熟而穀多糠薄米息鋤得十遍便得八米也春鋤起地夏爲鋤草故春鋤不用觸濕六月已後雖濕亦無嫌春既淺陰未覆地濕鋤則地堅夏苗陰厚地不見日故雖濕亦無害矣管子曰爲國者使民寒耕而熱芸除草也又云候黍粟苗未與壠齊即鋤一徧經五七日更報鋤第二徧候未蠶老畢報鋤第三徧無力則止如有餘力秀後更鋤第四徧脂麻大豆並鋤兩徧止亦不厭早鋤穀第一徧便科定每科只留兩三莖更不得留多每科相去一尺兩壠頭空務欲深細第一徧鋤未可全深第二徧惟深是求第三徧較淺於第二徧第四徧又淺於第三徧蓋穀科大則根浮故也第一次撮苗曰鏃第二次平壠曰布第三次培根曰擁第四次添功曰復一次不至則稂莠之害秕稗之雜入之矣諺云穀鋤八遍餓殺狗爲無糠也其穀畝得十石斗得八米此鋤多之效也其所用之器自撮苗後可用以代耬鋤者名曰耬鋤見農器譜其功過鋤功數倍所辦之田日不啻二十畝或用劐子其制頗同劐見農器譜如耬鋤過苗間有小豁眼不到處及壠間草薉未除者亦須用鋤理撥一遍爲佳別有一器曰鐙見農器譜營州以東用之又異於此凡耘苗之法亦有可鋤不可鋤者旱耕塊撥苗薉同孔出不可鋤治此耕者之失難責鋤也曾氏農書芸稻篇謂記禮有曰仲夏之月利以殺草可以糞田疇可以美土疆盖耘除之草和泥渥漉深埋禾苗根下漚罯既久則草腐爛而泥土肥美嘉穀蕃茂矣大抵耘治水田之法必先審度形勢先於最上處瀦水勿致走失然後自下旋放旋芸之其法須用芸爪見農器譜不問草之有無必徧以手排漉務令稻根之傍液液然而後已荆揚厥土塗泥農家皆用此法又有足芸爲木杖如拐子兩手倚之以用力以趾塌撥泥上草薉擁之苗根之下則泥沃而苗興其功與芸爪大類亦各從其使也今創有一器曰耘盪見農器譜以代手足工過數倍宜普效之慕文曰養苗之道鋤不如耨耨今小鋤也呂氏春秋曰先生者爲米後生者爲粃是故其耨也長其兄而去其弟不知稼者其耨也去其兄而養其弟不收其粟而收其粃此失耨之道也鋤後復有薅拔之法以繼成其鋤之功也夫稂莠薁

穲雜其稼出蓋鋤後莖葉漸長使可分別非薅不可故有薅鼓薅馬之說（事見農器譜）其北方村落之間多結為鋤社以十家為率先鋤一家之田本家供其飲食其餘次之旬日之間各家田皆鋤治自相率領樂事趨功無有偷惰間有病患之家共力助之故田無荒穢歲皆豐熟秋成之後豚蹄盂酒遞相犒勞名為鋤社甚可效也今採撫南北耘薅之法備載於篇庶善稼者相其土宜擇而用之以盡鋤治之功也

糞壤篇第八

田有良薄土有肥磽耕農之事糞壤為急糞壤者所以變薄田為良田化磽土為肥土也古者分田之制上地



家百畝歲一耕之中地家二百畝間歲耕其半下地家三百畝歲耕百畝三歲一周蓋以中下之地瘠薄磽确苟不息其地力則禾稼不蕃後世井田之法變強弱多寡不均所有之田歲歲種之土敝氣衰生物不遂為農者必儲糞朽以糞之則地力常新壯而收穫不減孟子所謂百畝之糞上農夫食九人也踏糞之法凡人家於秋收場上所有穰穢等並須收貯一處每日布牛之脚下三寸厚經宿牛以蹂踐便溺成糞平旦收聚除置院內堆積之每日亦如前法至春可得糞三十餘車至夏月之間即載糞糞地畝用五車計三十車可糞六畝匀攤耕蓋即地肥沃兼可堆糞行又有苗糞草糞火糞泥糞之類苗糞者按齊民要術云美田之法綠豆為上小豆胡麻次之悉皆五六月穊種七八月犁掩殺之為春穀田則畝收十石其美與蠶矢熟糞同此江淮迤北用為常法草糞者於草木茂盛時芟倒就地內掩罨腐爛也記禮者曰仲夏之月利以殺草可以糞田疇可以美土疆今農夫不知此乃以其耘除之草棄置他處殊不知和泥渥漉深埋禾苗根下漚罨既久則草腐而土肥美也江南三月草長則刈以踏稻田歲歲如此地力常盛農書云種穀必先治田積腐槁敗葉剗薙枯朽根荄遍鋪而燒之即土暖而爽及初春再三耕耙而以窖罨之肥壤雍之麻籸（舒榛反）穀殼皆可與火糞窖罨穀殼



朽腐最宜秋田必先渥漉精熟然後踏糞入泥盪平田面乃可撒種其火糞積土同草木堆疊燒之土熟冷定用碌碡碾細用之江南水地多冷故用火糞種麥種蔬尤佳又凡退下一切禽獸毛羽親肌之物最為肥澤積之為糞勝於草木下田水冷亦有用石灰為糞治則土煖而苗易發然糞田之法得其中則可若驟用生糞及布糞過多糞力峻熱即燒殺物反為害矣大糞力壯南方治田之家常於田頭置塼檻窖熟而後用之其田甚美北方農家亦宜效此利可十倍又有泥糞於溝港內乘船以竹夾取青泥杴撥岸上凝定裁成塊子擔去同大糞和用比常糞得力甚多或用小便亦可澆灌但生

者立見損壞不可不知農書糞壤篇云土壤氣脉其類不一肥沃磽确美惡不同治之各有宜也夫黑壤之地信美矣然肥沃之過不有生土以解之則苗茂而實不堅磽确之土信惡矣然糞壤滋培則苗蕃秀而實堅栗土壤雖異治得其宜皆可種植今田家謂之糞藥言用糞猶用藥也凡農居之側必置糞屋低爲簷楹以避風雨飄浸屋中必鑿深池甃以磚甓凡埽除之土燒燃之灰簸揚之糠粃斷藁落葉積而焚之沃以肥液積久乃多凡欲播種篩去瓦石取其細者和匀種子疎杷撮之待其苗長又撒以壅之何物不收爲圃之家於廚棧下深闊鑿一池細甃使不滲洩每舂米則聚礱簸穀殼及腐草敗葉漚漬其中以收滌器肥水與滲漉泔淀漚久自然腐爛一歲三四次出以糞苧因以肥桑愈久愈茂而無荒廢枯摧之患矣又有一法凡農圃之家欲要計置糞壤須用一人一牛或驢駕雙輪小車一輛諸處搬運積糞月日既久積少成多施之種藝稼穡倍收桑果愈茂歲有增羡此肥稼之計也夫埽除之猥腐朽之物人視之而輕忽田得之爲膏潤唯務本者知之所謂惜糞如惜金也故能變惡爲美種少收多諺云糞田勝如買田信斯言也凡區宇之間善於稼者相其各各地里所宜而用之庶得乎土化漸漬之法沃壤滋生之效俾業擅上農矣



## 灌溉篇第九

昔禹決九川距四海濬畎澮距川然後播奏艱食烝民乃粒此禹平水土因井田溝洫以去水也後井田之法大備於周周禮所謂遂人匠人之治夫間有遂十夫有溝百夫有洫千夫有澮萬夫有川遂注入溝溝注入洫洫注入澮澮注入川故田畝之水有所歸焉此去水之法也若夫古之井田溝洫脉絡布於田野旱則灌溉潦則泄去故說者曰溝洫之於田野可決而決則無水溢之害可塞而塞則無旱乾之患又荀卿曰修隄防通溝洫之水潦安水藏以時決塞則溝洫豈特通水而已哉考之周禮稻人掌稼下地以水澤之地種穀也以瀦畜水以防止水以遂均水以列舍水以澮寫水此又下地之制與遂人匠人異也後世灌溉之利實訪於此至秦廢井田而開阡陌于今數千年遂人匠人所營之迹無復可見惟稻人之法低濕水多之地猶祖述而用之天下農田灌溉之利大抵多古人之遺跡如關西有鄭國白公六輔之渠關外有嚴熊龍首渠河內有史起十二渠自淮泗及汴通河自河通渭則有漕渠郎州有右史渠南陽有召信臣鉗盧陂廬江有孫叔敖芍陂潁川有鴻隙陂廣陵有雷陂浙左右有馬臻鏡湖興化有蕭何堰西蜀有李冰文翁穿江之迹皆能灌溉民田爲百世利興廢脩壞存乎其人夫言水利者多矣然不必他求別

訖但能修復故迹足爲興利此歷代之水利下及民事亦各自作陂塘計田多少於上流出水以備旱暵農書云惟南方熟於水利官陂官塘處處有之民間所自爲溪堨（音曷）水蕩難以數計大可灌田數百頃小可溉田數十畝若溝渠陂堨上置水閘以備啓閉若塘堰之水必置泂（音蹇）竇以便通泄此水在上者若田高而水下則設機械用之如翻車筒輪戽斗桔槔之類挈而上之如地勢曲折而水遠則爲槽架連筒陰溝浚渠陂柵之類引而達之此用水之巧者若不灌及平澆之田爲最或用車起水者次之或再車三車之田又爲次也其高田旱稻自種至收不過五六月其間或旱不過澆灌四五次此可力致其常稔也傳子曰陸田者命懸於天人力雖修水旱不時則一年功棄水田制之由人人力苟修則地利可盡天時不如地利地利不如人事此水田灌溉之利也方今農政未盡興土地有遺利夫海內江淮河漢之外復有名水萬數枝分派別大難悉數內而京師外而列郡至於邊境脈絡貫通俱可利澤或通爲溝渠或蓄爲陂塘以資灌溉安有旱暵之憂哉復有圍田及圩田之制凡邊江近湖地多閑曠霖雨漲潦不時淹沒或淺浸瀰漫所以不任耕種後因故將征進之暇已戍於此所統兵衆分工起土江淮之上連屬相望遂廣其利亦有各處富有之家度視地形築土作堤環而不斷內地率有千頃旱則通水澇則泄去故名曰圍田又有據水築爲堤岸復疊外護或高至數丈或曲直不等長至瀰望每遇霖潦以捍水勢故名曰圩田內有溝瀆以通灌溉其田亦或不下千頃此又水田之善者又如近年懷孟路開浚廣濟渠廣陵復引雷陂廬江重修芍陂似此等處略見舉行其餘各處陂渠川澤廢而不治不爲不多儻能循按故迹或創地利通溝瀆蓄陂澤以備水旱使斥鹵化而爲膏腴汚薮變爲沃壤國有餘糧民有餘利然考之前史後魏裴延儁爲幽州刺史范陽有舊督亢渠漁陽燕郡有故戾諸堰皆廢延儁營造而就溉田萬餘頃爲利十倍今其地京都所在尤宜疏通導達以爲億萬衣食之計故秦渠若其略曰鄭國在前白渠起後舉插如雲決渠爲雨且溉且糞長我禾黍衣食京師億萬之口夫舉事興工豈無今日之延儁儻有成效不失本末先後之序庶灌溉之事爲農務之大本國家之厚利也已上水具並見農器譜詣考之

農桑通訣集之三

# 農桑通訣集之四

東魯　王　禎　撰

## 勸助篇第十

書曰：相小人厥父母勤勞稼穡，厥子不知稼穡之艱難，乃逸盍惡勞好逸者常人之情，偷惰苟且者小人之病。上之人苟不明示賞罰以勸助之，則何以獎其勤勞而率其怠勌（音倦）歟。周禮載師凡宅不毛者有里布，謂罰以二里二十五家之泉也；田不耕者出屋粟，謂罰以三家之稅粟也；凡民無職事者出夫家之征，謂雖閑民猶當出夫稅家稅也。閭師言無職者出夫布，不畜者祭無牲，不耕者祭無盛，不植者無椁，不蠶者不帛，不績者不衰。先王之於民如此，豈爲厲農夫哉，凡欲振發而飭其蠱（音古）弊，使之率作興事耳。是以地無遺利，民無趨末，田野治而禾稼遂，倉廩實而府庫充，則斯民寧復有餓莩流離之患哉。月令孟春之月，命田司相（去聲）土地所宜，五穀所殖，以教導民，必躬親之。孟夏勞（去聲）農勸民，無或失時，命農勉作，無休於都。仲秋乃勸種麥，無或失時，其有失時，行罪無疑。季冬命田官告民出五種，命農計耦耕事。古人之於農，蓋未嘗一日忘也。後世勸助之道不明，其民往往去本而趨末，故諺曰：以貧求富，農不如工，工不如商，刺繡紋不如倚市門。此說一興，天下之民男子棄耒耜而爭販鬻，婦人舍機杼而習歌舞，惰游末作，習以成俗，一遇凶飢，食不足以充其口腹，衣不足以蔽其身體，懷金形鵠立以待盡者比比皆是。善乎王符之言曰：一夫耕，百人食之；一婦桑，百人衣之；以一奉百，誰能供之。時君世主亦有加意於農桑者，大則營田有使，次則勸農有官，似知所以勸助矣。然而田野未盡闢，倉廩未盡實，游惰之民未盡歸農，何哉？意者徒示之以虛文而未施之以實政歟。古者春而省耕，非但行阡陌而已，資力不足者誠有以補之也；秋而省斂，非但觀刈穫而已，食用不給者誠有以助之也。成王適于田，以其婦子之饁彼南畝，攘其左右而嘗其旨否，愛民如此，田野安得而不治，黍稷安得而不豐。文帝所下三十六詔，力田之外無他語，減租之外無異說，逐末之民安得而不務本，太倉之粟安得而不紅腐。此上之人重農如此。至於承流宣化之官，又在於守令之賢，各盡其職，勤加勸課，務求實效。及覽古之循吏，如黃霸之治潁川，勸種樹（樹謂藝五穀），龔遂之治渤海，課農耕，何武行部必問墾田，茨充爲令益治桑柘，召信臣治南陽開溝瀆爲民利，任延治九眞易射獵爲牛耕，張堪守漁陽開稻田，皇甫隆治燉煌教耬犁，此先賢勸助之迹，載諸史冊，今略舉其著者，皆可爲後世治民之良規。誠使人君能法周成、漢文之治以表倡於上，公卿守令能法龔、黃諸賢之事以奉承於下，省徭役以寬民力，驅游惰以趨農業，又何患民之不勤田之不治乎今天下之民寒而思衣皆知有桑麻之事饑而思食皆知有稼穡之功則男務耕鋤女事紡織蓋有不待勸而後加勤者況諄諄然諭之懇懇然勞之哉又況加實意行實惠驗實事課實功哉如或不然上之人作無益以妨農時斂無度以困民力般樂怠傲不能以身率先於下雖課督之令家至而戶說之民亦不知所勸也故古者天子親耕皇后親蠶下逮王公侯伯之國與夫守令之家俱當親執耒耜躬務農桑以率其民如此野夫田婦庸有不勤者乎今夫在上者不知衣食之所自惟以驕奢為事不思已之日用寸絲口飯皆出於野夫田婦之手甚者苛斂不已朘削脂膏以肥己寧



可無勉力以勸之哉今長官皆以勸農署銜農作之事已猶未知安能勸人借曰勸農比及命駕出郊先為文移使各社各鄉預相告報期會齋斂祗為煩擾耳柳子厚有言雖曰愛之其實害之雖曰憂之其實讎之種樹之諭可以為戒庶長民者鑒之更其宿弊均其惠利但具為教條使相勉勵不期化而民自化矣又何必命駕鄉都移文期會斯下誣上而自擾功利然後為定典哉敢告於有司請著為常法以免親詣煩擾之害斯民幸甚

收穫篇第十一

孔氏書傳曰種曰稼斂曰穡種斂者歲事之終始也食貨志云力耕數耘收穫如盜賊之至蓋謂收之欲速也故物理論曰稼農之本穡農之末本輕而末重前緩而後急稼欲熟收欲速此良農之務也記曰種而不耨耨而不穫譏其不農圖功收終也是知收穫者農事之終為農者可不趨時致力以成其終而自廢其前功乎月令仲秋之月命有司趣民收斂季秋之月農事備收孟冬之月循行積聚無有不斂至於仲冬農有不收藏積聚者取之不詰皆所以督民收斂使無失時也禹貢曰二百里納銍三百里納秸服蓋納銍者截禾穗而納之納秸者去穗而刈其藁納之也詩言刈穫之事最多臣工詩曰命我衆人庤乃錢鎛奄觀銍艾（銍艾二器見農器譜）七月詩云九月築場圃十月納禾稼言農功之備也載芟之



詩云載穫濟濟有實其積萬億及秭良耜之詩云穫之挃挃積之栗栗其崇如墉其比如櫛以開百室皆言收穫之富也凡農家所種宿麥早熟最宜早收故韓氏直說云五六月麥熟帶青收一半合熟收一半若候齊熟恐被暴風急雨所摧必致拋費每日至晚即便載麥上場堆積用苫密覆以防雨作如搬載不及即於地內苫積天晴乘夜載上場即攤一二車薄則易乾碾過一遍翻過又碾一遍起楷下場揚子收起雖未淨直待所收麥都碾盡然後將未淨楷稈再碾如此可一日一場比至麥收盡已碾訖三之一矣大抵農家忙併無似蠶麥古語云收麥如救火若少遲慢一值陰雨即為災傷遷

延過時秋苗亦誤鋤治今北方收多■肝釤杉去声用麥綽釤麥籠於腰後籠內籠滿則載而積於場一日可收十餘畝較之南方以鐮刈者其速十倍麥籠麥綽釤刄並見農具譜凡北方種粟秋熟當速刈之齊民要術云收穀而熟速刈乾速積刈早則鎌傷刈晚則穗折遇風則收減濕積則藁爛積晚則耗損連雨則生耳南方收粟用粟鑒音叉句摘穗北方收粟用鎌幷藁刈之粟鑒與鎌並見農器譜農田家刈畢稇苦本切而來之以十束積而為稞力科切然後車載上場為大積積之視農功稍隙解束以旋旋鏇上減切穗撻之南方水地多種稻秫早禾則宜早收六月七月則收早禾其餘則至八月九月詩云十月穫稻齊民要術曰稻至霜降穫之此皆言晚禾大稻也故稻有早晚大小之别然江南地下多雨上霖下潦劉刈之際則必須假之喬扦多則置之笐架待晴乾曝之可無耗損之失喬扦笐架見農器譜齊民要術云收禾之法熟過半斷之刈穄欲早刈黍欲晚皆即濕踐穄踐訖即蒸而浥之黍宜曬之令燥凡麻有黃埻則刈刈畢則漚之漚麻法見穀譜刈葈欲晚葉落盡然後刈脂麻欲小束以五六束為一叢斜倚之假口開乘車詣田抖擻遂叢之三日一打四五遍乃盡耳粱秫收刈欲晚早刈損實大抵北方禾黍其收頗晚而稻熟亦或宜早南方稻秫其收多遲而陸禾亦或宜早通變之道宜審行之今按古今書傳所載南北習俗所宜具述而備論之庶不失早晚先後之



節也夫田家作苦今收穫以時了無遺滯黍稷富倉箱之望足慰勤勞鄉社結閭里之歡遞相慶勞有以見

國家龍恩之所被而民俗樂業之無窮也

## 蓄積篇第十二

古者三年耕必有一年之食九年耕必有三年之食雖有旱乾水溢民無菜色豈非節用預備之效歟冢宰眡音視年之豐凶以制國用量入以為出祭用數之仂而又以九貢九賦九式均節之取之有制用之有度此理財之法有常而國家之蓄積所以無闕也國無九年之蓄曰不足無六年之蓄曰急無三年之蓄曰國非其國矣蓄積者豈非有國之先務乎周禮倉人掌粟入之藏以待邦用若不足則止餘灋用有餘則藏之以待凶而頒之遺人掌邦之委積以待施惠鄉里之委積委積並去声以恤民之囏阨關市之委積以待賓客野鄙之委積以待羈旅縣都之委積以待凶饑以此見先王蓄積皆為民計非徒曰藏富於國也彼有損下以自益剝民以自豐如商王鉅橋之粟隋人洛口之倉所積雖多豈先王預備憂民之意哉夫抵無事而為有事之備豐歲而為歉歲之憂是故國有國之蓄積民有民之蓄積當粒米狼戾之年計一歲一家之用餘多者倉箱之富餘少者儋音擔石之儲莫不各節其用以濟乏乏此固知堯之時有九年之水湯之時有七年之旱而

國士捐瘠所謂蓄積多而備先具者豈皆藏於國哉蓋必有藏於民者矣今之為農者見小近而不慮久遠一年豐稔沛然自足侈費妄用以快一時之適所收穀粟耗竭無餘一遇小歉則舉貸出息於兼并之家秋成倍稱而償之歲以為常不能振拔其間有收刈甫畢無以餬口者其能終給歲之用乎嘗聞山西汾晉之俗居常積穀儉以足用雖間有饑歉之歲庶免夫流離之患也傳曰收斂蓄藏節用御欲則天不能使之貧信斯言也近世利民之法如漢之常平倉穀賤則增價糴之不至於傷農穀貴則減價而糶之不使之傷民唐之義倉計墾田頃畝多寡豐年納穀而藏之凶年出穀以賙贍貧



乏官為主之務使均平是皆斂其餘以濟不足雖遇儉歲而不憂饑殍也然嘗考之漢史賈生言於文帝曰漢之為漢幾四十年公私之積猶可哀痛彼一時也自文帝躬行節儉以化天下至景帝末年太倉之粟陳陳相因而民亦富庶人徒見古之蓄積常有餘後之蓄積常不足豈天之生物不如古之多人之謀事不如古之智蓋古之費給有限而後之費給無窮無怪乎有餘不足之不同也誠使天下之耕者因人力之所至盡地力之所出食之以時用之以禮則男有餘粟女有餘布上之人復明大學生財之道以御之公私兩裕君民俱足又何患蓄積之不如古哉故歷論之敢以此言佐時政云

# 農桑通訣集之五

東魯王禎撰

## 種植篇第十三

司馬遷貨殖傳曰山居千章之楸安邑千樹棗燕秦千樹栗蜀漢江陵千樹橘齊魯千樹桑其人皆與千戶侯等其言種植之利博矣觀柳子厚郭橐駝傳稱駝所種樹成移徙無不活且碩茂早實以蕃他人效之莫能知也又知種樹之不可無法也考之於詩帝省其山柞棫斯拔松柏斯兌周之所以受命也樹之榛栗椅桐梓漆衛文公之所以興其國也夫以王侯之富且貴猶以種樹為功況於民乎周禮太宰以九職任萬民一曰三農



生九穀二曰園圃之職次於三農其為民事之重尚矣然則種植之務其可緩乎種植之類夥矣民生濟用莫先於桑故首述而備論之桑種甚多不可徧舉世所名者荊與魯也荊桑多椹魯桑少椹葉薄而尖其邊有瓣者荊桑也凡枝幹條葉堅勁者皆荊之類也葉圓厚而多津者魯桑也凡枝幹條葉豐腴者皆魯之類也荊之類根固而心實能久遠宜為樹魯之類根不固心不實不能久遠宜為地桑然荊之條葉不如魯桑之盛茂當以魯桑條接之則能久遠而又盛茂也魯為地桑而有厭條之法傳轉無窮是亦可以久遠也荊桑所飼蠶其絲堅韌中（去声）紗羅用禹貢稱厥篚檿絲注曰（檿山桑此荊之美而

者也魯桑之類宜飼大蠶荊桑宜飼小蠶齊民要術曰收椹之黑者剪去兩頭惟取中間一截蓋兩頭者其子差細種則成雞桑花桑中間一截其子堅栗則枝幹堅強而葉肥厚將種之時先以柴灰淹揉次日水淘去輕秕不實者曬令水脉才乾種乃易生仍當畦種常薅令淨慎勿採摘大如指許正月中移之十步一樹行欲少倚角不用正相當凡耕桑田不用近樹犁不著處劚土令起斫去浮根以蠶矢糞之劚桑十二月爲上時正月次之二月爲下大抵桑多者宜苦斫桑少宜省劚農桑要旨云平原淤壤土地肥虛荊桑魯桑種之俱可若地連山陵土脉赤硬止宜荊桑士民必用云種藝之宜惟



在審其時月又合地方之宜使之不失其中蓋謂栽培之宜春分前後十日及十月並爲上時春分前後以及發生也十月號陽月又曰小春木氣長生之月故宜栽培以養元氣此洛陽方佐千里之所宜其他地方隨時取中可也大抵春時及寒月必於天氣晴明已午時藉其陽和如其栽子已出元土忽變天氣風雨即以熱湯調泥培之暑月則必待晚涼仍預於園中稀種麻麥爲蔭惟十一月種栽不生活種桑之次則種材木果核按龔遂爲渤海太守令民口種一樹榆秋冬課收斂益蓄果實菱芡民皆富實黃霸治潁川使民務耕桑種樹治爲天下第一後漢樊重欲作器物先種梓漆時人嗤之

然積以歲月皆得其用向之笑者咸求假焉李衡於武陵龍陽洲上種柑橘千樹敕兒曰吾洲上有千頭木奴不責衣食歲得絹一疋亦足可用矣橘成歲得絹數千疋此栽植之明效也使今之時上之勸課皆如龔黃下之力本皆如樊李材木不可勝用果實不可勝食矣齊民要術言種榆者三年之後便可將莢葉賣之五年之後便堪作椽即可斫賣十年後盌梡瓶榼器皿無所不任十五年後可爲車轂其歲歲科簡剶治之功指柴雇人賣柴之利已自不貲況諸般器物其利十倍斫後復生不勞更種所謂一勞永逸務本直言云近聞諸般材木比之往年價直重貴蓋因不種不栽一年少如一年



可爲深惜古人云木奴千無凶年木奴者一切樹木皆是也自生自長不費衣食不憂水旱其果木材植等物可以自用有餘又可以易換諸物若能多廣栽種不惟無凶年之患抑亦有久遠之利焉齊民要術云凡栽一切樹木欲記其陰陽不令轉易大樹髡之小樹則不髡先爲深坑納樹訖以水沃之着土令如薄泥東西南北搖之良久然後下土堅築埋之欲深勿令撓動栽訖皆不用手捉及六畜觝突凡栽樹正月爲上時二月爲中時三月爲下時然棗雞口槐兔目桑蝦蟆眼榆負瘤自餘雜木鼠耳虻翅各以其時樹種既多不可一一備舉凡桑果以接博爲妙一年後便可獲利昔人以之譬螟

子者取其速肖之義也凡接枝條必擇其美宜用宿條向陽者氣壯而茂嫩條陰弱而難成根株各從其類梨然削桑亦可接梅可接杏桃可接李接工必有用具細齒截鋸一連厚脊利刃小刀一枚要當心手凝穩又必趁時以春分前後十日為宜或取其條視青為期然必待時暄可接蓋欲藉陽和之氣也一經接博二氣交通以惡為美以彼易此其利有不可勝言者夫接博其法有六一曰身接先用細齒鋸截去元樹枝莖作盤砧高可及肩以利刃小刀際其盤之兩旁微啓小罅深可寸半先用竹籤測其淺深却以所接條約五寸長一頭削作小篦子先噙口中假津液以助其氣却內之罅中皮肉相對插之訖用樹皮封繫寬緊得所用牛糞和泥斟酌封裹之勿令透風外仍上留二眼以泄其氣二曰根接鋸截斷元樹身去地五寸許以所接條削篦插之一如身接法就以土培封之以棘圍護之二曰皮接用小利刃刀子於元樹身八字斜劉之以小竹籤測其淺深以所接枝條皮肉相向插之封護如前法俟接枝發茂以刀斷去其



元樹枝莖使之莖茂耳四曰枝接如皮接之法而差近之耳五曰靨於協切接樹上為宜先於元樹橫枝上截了留一尺許於所取接條樹上眼外方半寸刀尖刻斷皮肉至骨解帶擬揭皮肉一方片須帶芽心揭下口含少時取出印濕痕於橫枝上以刀尖依痕刻斷元樹靨處大小如之以接按之上下兩頭以桑皮封繫緊慢得所仍用牛糞泥塗護之隨樹大小酌量多少接之六曰搭接將已種出芽條去地三寸許上削作馬耳將所接條並削馬耳相搭接之封繫如前法今夫種植之功其利既博又加之以接博猶變狼莠而為嘉禾易碔砆而為美玉世之欲業其生者其可不務之哉又去蠹法桑果不無蠹蠹宜務去之其法用鐵線作鈎取之一法用硫黃及雄黃作烟熏之即死或用桐油紙撚塞之亦驗夫既已種植復接博之既接博矣復剔其蠹蠹柳子所謂吾聞養樹得養人術此長民為國者所當視傚也夫民為國本本斯立矣既興其利而復除其害為治之道無以外是苟能行之不惟得勸課之法抑亦知政教之本歟

## 畜養篇第十四

### 養馬類

陶朱公曰子欲速富當畜五牸疾利五牸之中惟馬為貴其飲食之節有六食有三芻飲有三時何謂三芻一曰惡芻二曰中芻三曰善芻何謂三時一曰朝飲少之二曰晝飲則胷饜水三曰暮極飲之驢騾大槩類馬不復剔起條端今農家以牛為本雖以馬為首略敘于此

### 養牛類

牛之為物切於農用善畜養者必有愛重之心有愛重



之心必無慢易之意然何術能使民如此哉必也在上之人愛重嚴禁使民不敢輕視妄殺若夫農之於牛也視牛之飢渴猶己之飢渴視牛之困苦羸瘠猶己之困苦羸瘠視牛之疫癘若己之有疾視牛之字育若己之有子也苟能如此則牛必蕃盛矣奚患田疇之荒蕪衣食之不繼哉今夫牛之為畜其血氣與人均也勿犯寒暑其性情與人均也勿使太勞固之以勞捷順之以凉燠時其飢飽以適其性情節其作息以養其血氣若然則皮毛潤澤肌體肥腯力有餘而老不衰其何困若羸瘠之有於春之初必去牢欄中積滯蓐糞自此以後旬日一除免穢氣蒸鬱為患且浸漬蹄甲易以生疾

嘗以時祓除不祥淨爽乃善方舊草凋朽新草未生之時宜取潔淨藁草細剉之和以麥麩穀糠碎豆之屬使之微濕槽盛而飽飼之春秋草茂放牧飲水然後與草則腹不脹至冬月天氣積陰風雪嚴凛即宜處之燠煖之地煑糜粥以啖之又當預收豆楮之葉舂碎而貯積之以米泔和剉草糠麩以飼之古人有卧牛衣而待旦則知牛之寒蓋有衣矣飯牛而牛肥則知牛之餒蓋啖以菽粟矣衣以褐薦飯以菽粟古人豈重畜如此哉以此為衣食之本故耳此所謂時其飢飽以適性情者也每遇耕作之月除已牧放夜復飽飼至五更初乘日未出天氣涼而用之則力倍於常半日可勝一日之功日高熱喘便令休息勿竭其力以致困乏此南方晝耕之法也若夫北方陸地平遠牛皆夜耕以避晝熱夜半仍飼以芻豆以助其力至明耕畢則放去此所謂節其作息以養其血氣也且古者分田之制必有萊牧之地稱田為等差故養牧得宜而無疾苦觀宣王考牧之詩可見矣其詩曰誰謂爾無牛九十其犉(而純切)爾牛來斯其耳濕濕或降于阿或飲于池或寢或訛以見字育蕃滋而寢食適宜也今夫藁秸不足以充其飲水漿不足以濟其渴凍之曝之困之瘠之役之勞之又從而鞭箠之則牛之斃者過半矣飢欲得食渴欲得飲物之情也至於役使困乏氣喘汗流耕者急於就食或放之山或逐之



水牛困得水動輒移時毛竅空踈因而乏食以致疾病生焉放之高山筋力疲乏顛蹶而僵仆者往往相藉也耗其力而傷其生烏識其為愛養之道哉牛之為病不一其用藥與人相似但大為劑以飲之無不愈者便溺有血傷於熱也以致便血之藥治之冷結則鼻乾而不喘以發散藥投之熱結即鼻汗而喘以解利藥投之其或天行疫癘率多薰蒸相染其氣然也愛之則當離避地所祓除沴(音戾)氣而救藥或可偷生傳曰養備動時則天不能使之病畜牛之家誠能節適養護如前所云則自無病然有病而治猶愈於不治若夫醫治之宜則亦有說周禮獸醫掌療獸病凡療獸病灌而行之以發其惡然後藥之其來尚矣今諸處自有獸工相病用藥不必預陳方藥恐多差誤也

## 養羊類

羊當留臘月正月生羔為種者第一十一月二月生者次之大率十口二羝羝無角者更佳擬供厨者宜剩之牧羊者必須大老子其心性宛順起居以時調其宜適卜式云牧民何異於是惟遠水為良二日一飲緩緩驅行勿使停息春夏早放秋冬晚出圈(渠院切)不厭近必須與人居相連開牕向圈架北牆為廠圈中作臺開竇無令停水二日一除勿使糞穢圈內須貼牆竪柴柵令周匝羊一千口者三四月中種大豆一頃雜穀并草留之

不須鋤治八九月中刈作青茭若不種豆穀者初草實成時收刈秋青雜草蒲鋪使乾勿令鬱浥既至冬寒多饒風霜或春初雨落春草未生時則須飼不宜出放此牧羊之大要其羊每歲得羔可居大群多則飯鬻及所剪毫毛作氈并得酥乳皆可供用博易其利甚多諺云養羊不覺富正謂此也

養猪類

母猪取短喙無柔毛者良牝者子母不同圈牡者同圈則無嫌圈不厭穢亦須小廠以避雨雪春夏草生隨時放牧糟糠之屬當日別與八九十月放而萊飼所有糟糠則蓄待窮冬春初初產者宜煑穀飼之其子三日便



掐尾六十日後揵供食豚乳下者佳簡取別飼之嘗謂江南水地多湖泊取萍藻及近水諸物可以飼之養猪凡占山皆用橡食或食藥苗謂之山猪其肉為上江北陸地可種馬齒約量多寡計其畝數種之易活耐旱割之比終一畝其初已茂用之鍘查鍇切切以泔糟等水浸於大檻中令酸黃或拌麩糠雜飼之特為省力易得肥腯前後分別歲歲可鬻足供家費

養雞類

雞種取桑落時生者良春夏生者則不佳春夏雛二十日內無令出窠飼以燥飯雞栖宜據地為籠籠內著棧雖鳴聲不朗而安穩易肥又免狐狸之患若任之樹木

一遇風寒大者損瘦小者或死燃柳柴小者死大者盲園中築小屋下懸一簀令雞宿上或於牆內作籠又以草縛窠令雞敗抱其園傍可種蜀黍畝許以取蔽蔭至秋收子又可飼雞易為肥長其母春秋可得兩窠雞雛若養二千餘雞得雛與卵足供食用又可博換諸物養生之道亦其一也

養鵝鴨類

鵝鴨取一歲再伏扶又切抱子也者為種大率鵝三雌一雄鴨五雌一雄鵝初輩生子十餘鴨生數十後輩皆漸少矣欲於廠音敞屋之下作窠多着細草於窠中令煖先刻白木為卵形窠別着一枚以誑之生時尋即收取別着一



煖處以柔細草覆藉之伏時大鵝一十子大鴨二十子小者減之數起者不任為種其貪伏不起者須五六日一與食起之令洗浴鵝鴨皆一月雛出量雛欲出之時四五日內不用聞打鼓紡車大叫猪犬及舂聲又不用器淋灰又不用見新產婦雛既出作籠籠之先以粳米為粥糜一頓飽食之名曰塡嗉然後以粟飯切苦菜蔓青英為食以清水與之濁則有泥恐塞鼻孔小鵝泥塞鼻則死入水中不用停久尋宜驅出於籠中高處敷細草令寢處其上十五日後乃出籠鵝惟食五穀稗子及草菜不食生蟲鴨靡不食矣水稗實成時尤是所便啗此足得肥充供厨者子鵝百日以外子鴨六七十日佳

過此㐫硬大率鵝鴨六年以上老不復生伏矣宜去之少者恐不慣習窠者乃善伏也純取雌鴨無令雜雄足其粟豆常令肥飽一鴨可生百卵夫鵝鴨之利又倍於雞居家養生之道不可闕也

## 養魚類

陶朱公養魚經曰夫治生之法有五水畜第一水畜所謂魚池也以六畝地爲池池中作九洲求懷子鯉魚長三尺者二十頭牡鯉魚長三尺者四頭以二月上庚日內池中令水無聲魚必生至四月內一神守六月內二神守八月內三神守神守者鼈也內鼈者魚滿三百六十則蛟龍爲之長而將魚飛去內鼈則魚不復去在池中週遶九洲無窮自謂江湖也至來年二月得鯉魚長一尺者一萬五千枚三尺者四萬五千枚二尺者萬枚至明年得長一尺者十萬枚長三尺者五萬枚長二尺者五萬枚長四尺者四萬枚留長二尺者二千枚作種所餘皆貨候至明年不可勝計也池中有九洲八谷上立水二尺又谷中立水六尺所以養鯉者鯉不相食易長又貴也凡育魚之所須擇泥土肥沃蘋藻繁盛爲上然必召居人築舍守之仍多方設法以防獺害凡所居近數畝之湖如依上法畜之可致速富此必然之效也令人但上江販取魚種塘內畜之飼以青蔬歲可及尺以供食用亦爲便法

## 養蜜蜂類

人家多於山野古窯中收取盖小房或編荊囤兩頭泥封開一二小竅使通出入另開一小門泥封時時開却掃除常淨不令他物所侵及於家院掃除蛛網及關防山蜂土蜂不使相傷秋花彫盡留冬月可食蜜脾餘者割取作蜜蠟至春三月掃除如前常於蜂窠前置水一器不致渴損春月蜂盛一窠止留一王其餘摘之其有蜂王分窠群蜂飛去用碎土撒而收之別置一窠其蜂即止春夏合蜂及蠟每窠可得大絹一疋有收養分息數百窠者不必他求而可致富也

農桑通訣集之五

農桑通訣集之六

東魯王禎撰

蠶繅篇第十五

淮南王蠶經云黄帝元妃西陵氏始蠶蓋黄帝制作衣裳因此始也其後禹平水土禹貢所謂桑土既蠶其利漸廣禮月令曰古者天子諸侯必有公桑蠶室季春之月具曲植(音值)籧筐后妃齊戒親東鄉(音向)躬桑禁婦女毋觀(去聲)省婦使以勸蠶事蠶事既登分繭稱絲效功以共郊廟之服無有敢惰及考之歷代皇后與諸侯夫人親蠶之事照然可見況庶人之婦可不務乎夫育蠶之法始於擇種收種繭種取簇之中向陽明淨厚實者蛾出



第一日者名苗蛾末後出者名末(蛾)皆不可用次日以後出者取之鋪連於槌箔(蠶連蠶槌見農器譜)雄雌相配至暮拋去雄蛾將母蛾於連上勻布所生子環堆者皆不用生子數足更就連上令覆養三五日掛時須蠶子向外恐有風磨損其子冬節及臘八日浴時無令水極凍浸二日取出復掛年節後箔內豎連須使玲瓏每十數日日高時一出每陰雨上節便曬暴蠶子變色要在遲速由已勿致損傷自變桑葉已生自辰巳間將箔內取出舒卷提掇亦無度數但要第一日變三分第二日變七分卻用紙密糊封了還箔內收藏至第三日午時又出連舒卷須要變至十分其蠶屋火倉蠶箔(見農器譜)並須預備

蠶生宜高廣牕戶虛明易辨眠起仍上於行槌各置照牕每臨早暮以助高明下就附地列置風竇令可啓閉以除濕鬱若新泥濕壁用熱火薰乾窗上用淨白紙新糊門窗各掛葦簾簾薦下蟻之時勿用雞翎等物掃拂惟在詳款稀勻不至驚傷稠疊生齊取葉着懷中令煖用利刀切極細薛於器內蓐紙上勻薄將連合於葉上蟻聞葉香自下或過時不下速反緣上連背者並棄養蠶蟻時先辟東間一間四角挫壘空龕狀如三暑以均火候謂屋小則易收火氣也停眠前後則徹去擇日安槌每槌上下閑鋪三箔上承塵埃下隔濕潤鋪砌碎稈草於上中箔以備分擡用細切搗軟稈草勻鋪爲蓐又



揉淨紙粘成一片鋪蓐上安蠶初生色黑漸漸加食三日後漸變白則向食宜少加厚變青則正食宜益加厚復變白則慢食宜少減變黄則短食宜愈減純黄則停食謂之正眠眠起自黄而白自白而青自青復白自白而黄又一眠也每眠例如此候之以加減食凡葉不可帶雨露及風日所乾或浥臭者食之令生諸病常收三日葉以備霖雨則蠶常不食濕葉且不失飢採葉歸必疎爽於室中待熱氣退乃與食蠶時晝夜之間大槩亦分四時朝暮類春秋正晝一如夏夜深如冬寒暄不一雖有熟火各合斟量多少不宜一例自初生至兩眠正要溫煖蠶母須着單衣以爲體測自覺身寒則蠶必寒便

添熟火自身覺熱蠶亦必熱約量去火一眠之後但天氣晴明巳午之間時暫揭起窗間簾薦以通風日南風則捲北牕北風則捲南牕放入倒溜風氣則不傷蠶大眠起後飼罷三頓剪開牕紙透風日必不噴驚生病矣眠之後捲簾薦去牕紙天氣炎熱門口置甕旋添新水以生涼氣如遇風雨夜涼卻當將簾薦放下其間自小至老蠶滋長則分之沙燠厚則擡之失分則稠疊失擡則蒸濕蠶柔軟而兖切之物不禁採觸小而分擡之知愛護大而分擡或懶倦而不知顧惜久堆亂積遠擲高拋損傷生疾多由於此蠶自大眠後十五六頓即老得絲多少全在此數北蠶多是三眠南蠶俱是四眠日見有



老者量分數減飼候十蠶九老方可入簇值雨則壞繭南方例皆屋簇北方例皆外簇然南簇在屋以其蠶少易辨多則不任北方蠶多露簇率多損壓壅闕音遏南北簇法俱未得中今有善蠶者一說南北之間蠶少疎開牕戶屋簇之則可蠶多選於院內構長脊草廈內制蠶簇週以木架平鋪蒿稍布蠶於上用箔圍護自無簇病實良策也蠶簇見農器譜又有夏蠶秋蠶夏蠶自蟻至老俱宜涼惟忌蠅蟲秋蠶初宜涼漸漸宜暖亦因天時漸涼故也簇與繅絲法同春蠶南方夏蠶不中繅絲惟堪線纊而已周禮忌原蠶歲再登非不利也然王者法禁之謂其殘桑也然則夏蠶最不宜多育務本新書云凡繭

宜併手忙擇涼處薄攤蛾自遲出免使抽繅相逼恐有不及則有甕浥籠蒸之法甕浥籠蒸並見農器譜士農必用云繅絲之訣惟在細圓勻緊使無褊慢節核麤惡不勻也繅絲有熱釜冷盆之異然皆必有繅車絲軠然後可用熱釜要大置於釜上接一盃甑添水至甑中八分滿甑中用一板攔斷可容二人對繅也水須常熱旋旋下繭多下則繅不及蠶損此可繅麤絲單繳者雙繳者亦可但不如冷盆所繅潔淨光瑩也冷盆要大先泥其外用時添水八九分水宜溫煖長勻無令乍寒乍熱可繅全繳細絲中等繭可繅雙繳比熱釜者有精神而又堅韌也南北蠶繅之事摘其精妙筆之於書以為必效之法業



蠶者取其要訣歲歲必得庶上以廣府庫之貨資下以備生民之纊帛開利之源莫此為大

## 祈報篇第十六

曾氏農書云記曰有其事必有其治故農事有祈焉有報焉所以治其事也天下通祀惟社與稷社祭土勾龍配焉稷祭穀后稷配焉此二祀者實主農事載芟之詩春籍田而祈社稷也良耜之詩秋報社稷也此先生祈報之明典也匪直此也山川之神則水旱癘疫之不時於是乎禜為命切之日月星辰之神則雪霜風雨之不時於是乎禜之與夫法施於民者以勞定國者能禦大菑音災者能捍大患者莫不秩祀先王載之典禮著之令式

歲時行之凡以爲民祈報也周禮籥章凡國祈年于田祖則龡豳雅擊土鼓以樂田畯爾雅謂田畯音俊乃先農也於先農有祈焉則神農后稷與世俗流傳所謂田父田母皆在所祈報可知矣大田之詩言去其螟螣音特及其蟊賊無害我田穉田祖有神秉畀炎火有渰淒淒興雨祁祁雨我公田遂及我私此祈之之辭也甫田之詩言以我齊明與我犧羊以社以方我田既臧農夫之慶此報之辭也繼而琴瑟擊鼓以御音迓田祖以祈甘雨以介我稷黍以穀我士女此又見因所報而寓所祈之義也若夫噫嘻之詩言春夏祈穀於上帝蓋大雩帝之樂歌也豐年之詩言秋冬報者蒸嘗之樂歌也其詩曰爲



酒爲醴烝畀祖妣以洽百禮然於上帝則有祈而無報於祖妣則有報而無祈豈闕文哉抑互言之耳此又祈報之大者也周禮大祝掌六祈以同鬼神示示與祇同六祈謂類造禬禜攻說皆祭名小祝掌小祭祀將事侯禳禱祠之祝號以祈福祥順豐年逆時雨寧風旱彌災兵遠罪疾舉是而言則祈報禬禳之事先王所以媚于神而和于人皆所以與民同吉凶之患者也凡在祀典烏可廢耶禳田之祝烏可已耶記禮者曰伊耆氏之始爲蜡也歲十二月合聚萬物而索饗之也主先嗇而祭司嗇饗農及郵表畷張劣切禽獸迎貓迎虎而祭之祭坊與水庸其辭曰土反其宅水歸其壑昆蟲無作草木歸其澤由此觀之饗先

嗇先農而及於貓虎祭坊與水庸而及於昆蟲所以示報功之禮大小不遺也考之月令有所謂祈來年于天宗者有所謂祈穀實者有所謂爲麥祈實者而春秋有一蟲獸之爲災害一雨暘之致愆忒則必雩聖人特書之以見先王勤恤民隱無所不用其至也夫惟如此是以物由其道而無夭閼疵癘民遂其性而無札瘥災害神之聽之有相之道固如此也後世從事於農者類不能然借或有一焉亦強勉苟且而已豈能悉循用先生之典故哉田祖之祭民間或多行之不過豚蹄盂酒春秋社祭有司僅能舉之牲酒等物取其臨時其爲禮蓋蔑如也水旱相仍蟲螟爲敗饑饉荐臻民卒流亡未必



不由祈報之禮廢墮神之祀以致然也今取其允闕於農事者言之社稷之神自天子至郡縣下及庶人莫不得祭在國曰大社國社王社侯社在官曰官社官稷在民曰民社自漢以來歷代之祭雖粗有不同而春秋二仲之祈報皆不廢也又有蠶者亦有祈禳報謝之禮皇后祭先蠶淮南子云黃帝元妃西陵氏始蠶即爲先蠶考之後漢禮儀志祭蠶神曰菀窳婦人寓氏公主至庶人之婦亦皆有祭秦觀書云庶人家婦以下則拜誥旦升香各質設醴而祭此后妃與庶人之祭雖貴賤之儀不同而祈報之心一也古者養馬一節春祭馬祖夏祭先牧秋祭馬社冬祭馬步此馬之祈謝歲時惟謹至於牛最農事之所資[illegible]祭禮至於蜡祭迎貓迎虎豈牛之功不如貓虎哉蓋古

耆未有牛耕故祭有闕典至春秋之間始教牛耕後世田野開闢穀實滋盛皆出其力雖知有愛重之心而曾無愛重之實近年耕牛疫癘損傷甚多亦盍禳禬祓除祛禍祈福以報其功力豈為過哉故於此篇祭馬之後以祭牛之說繼之庶不忘乎穀之所自農之所本也

農桑通訣集之六



## 農器圖譜總目

農器圖譜總目



# 農器圖譜集之一

東魯王禎撰

## 田制門

農器圖譜首以田制命篇者何也蓋器非田不作田非器不成周禮遂人凡治野以土宜教甿稼穡而後以時器勸甿命篇之義遵所自也夫禹別九州其田壤之法固多不同而稼教五穀則樹蓺之方亦隨以異故皆以人力器用所成者書之各有科等用列諸篇之右其篇目特以耤田為冠示勸天下之農也然雖有鎡基不如待時乃以授時圖正之庶耕殖者無先後之失云

### 耤田

耤田天子親耕之田也古者耤田千畝天子親耕用共郊廟齍（音粢）盛（平聲）躬勸天下之農耤之言借也王一耕之庶人芸芓以終之謂借民力成之也詩春耤田而祈社稷禮月令孟春之月天子乃以元日（謂上辛郊祭天也）祈穀于上帝乃擇元辰（郊後吉辰也）天子親載耒耜措之于三保介（保介車右人君之車必使勇士衣甲居右而參乘以備非常也）之御間帥三公九卿諸侯大夫躬耕帝耤天子三推三公五推卿諸侯九推反執爵于太寢三公九卿諸侯大夫皆御命曰勞（去聲）酒周禮內宰詔后帥六宮之人生穜稑之種以獻於王使後宮藏種而又生之天官甸師掌帥其屬（府史胥徒也）而種王耤以時入之以供齍（音粢）盛（平聲）漢武帝開耤田置令丞春

始東耕景帝詔朕親耕以奉宗廟粢盛爲天下先武帝制策曰今朕親耕以爲農先昭帝耕于鈎盾弄田明帝東巡耕於下邳章帝北巡耕於懷縣魏氏天子親耕於耤晉武帝耕於東郊共祀訓農宋文帝制千畝親耕齊武帝載耒耜躬耕梁初依宋禮後魏太武帝祭先農而後耕北齊耕耤於帝城隋制耤壇行禮播殖以擬齍盛唐太宗致祭先農耤于千畝之甸玄宗欲重勸耕進耕五十餘步肅宗命去耒耜雕刻冕而朱紘躬九推焉宋端拱以來有耕耤事類五卷此耤田之制歷載經史昭然可鑒欽惟

聖朝丕闡

皇圖講明典禮開

帝耤於京畿齍盛於郊廟先身示勸照映古今昔李蒙賦云揉爲耒剡爲耜取其象也遠矣農爲本食爲天惟其利也大焉聖人利器致農躬親莫重乎稼穡執物勵俗敦勸克厚乎率先于以奉神祇昭報之誠達于以祈社稷孝享之德宣則躬耕之義也從古以然皇帝勤惟國本欽若人天所務惟農順動而取諸豫所寶惟穀時行而應乎乾洎正月之吉日將有事乎昊天列千官於近甸屯萬騎於遐阡當是時也其祭不戒而宿設其工職兢以後先大禮備兮和樂陳嗇夫馳兮庶人奔帝爲服葱堉乘御耦我彊我理禮正於三推必躬必親義存



乎千畝四輔冢宰六卿近臣大夫師長之族都鄙華裔之人聖有作兮萬物咸覩人胥郊兮天下歸淳且圖遺者於其豐防險者於其迤有備所以無患克勤是用終吉三推之禮廢則倉廩以之虛肆眚之恩廢則簡書以之佚欽哉欽哉能事斯畢夫然則農功可大農扈允臧以農爲本兮國有常令以農率下兮人知向方亦既奉宗廟亦既備烝嘗一人垂訓兮萬國昌固有述於日用于胥頌美兮聲洋洋

農器圖譜目錄

集之一

田制門





農器圖譜目錄

天子親祀太社之圖

天子親祀

三公

祭壇

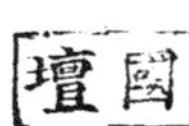

太社祭法曰王為群姓立社曰太社自立曰王社又按唐郊祀錄云社壇居東面北廣五丈高五尺以五色土為之四面宮坎飾以方色稷壇在西如社之制每於春秋二仲元辰及臘各以太牢祭焉皇帝親祀則司農省牲進熟司空亞獻司農終獻

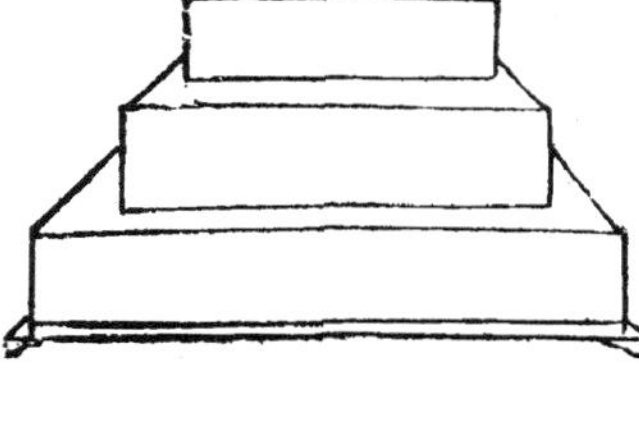

國社祭法曰諸侯為百姓立社曰國社自立社曰侯社其制度考之朱公文社稷壇記曰壇方二丈五尺崇二尺其再成方面皆殺尺崇四分面去二三成方殺如之而崇不復殺用三獻禮祭以少牢今郡國祭社皆有定式此不復具載

民社古有里社樹以土地所宜之木如夏后氏以松殷人以柏周人以栗莊子見櫟社樹漢高祖謹埋枌榆社唐有楓林社皆以樹爲主也自朝廷至于郡縣壇壝制度皆有定例惟民有社以立神樹春秋祈報莫不群祭於此考之近代諸祭儀前一日社正及諸社人各齋戒祭日未明三刻烹牲於廚掌饌者實祭器掌事者以席入設社神之席於神廚之下設稷神之席於社樹之西俱北面質明社正以下皆再拜讀祝

禮成而退

社壇祭社稷神之所也社五土之祇稷五穀之神稷非土無以生土非穀無以成故祭社必及於稷觀先王之制其於社稷春有祈歌載芟之詩秋有報歌良耜之詩然自漢以來歷代之祭雖粗有不同而春秋二仲之祈報皆不廢也及考之近代祭儀社以后土勾龍氏稷以后稷氏配按社稷壇記所謂社壇必受霜降風雨以達天地之氣其表則木松栢栗是也韓詩外傳云其社主以石爲之狀五數長五尺準除之二數方三尺剡其上以象物方其下以象地體埋其半以根在土中而本末



均也禮經考索云自天子至郡縣下逮庶人莫不通祭祝辭云社五土祇稷五穀祖土穀生成利用以敘世感載有禮從今古闡壝制壇刻石爲主封以五方所尚之土表以三代所宜之樹北面而居不屋其所用達雨間陰陽寒暑仍受四時霜降風雨以相田農以穀士女去彼螟蝗介我稷黍時維二仲祀事斯舉詩歌豳雅樂奏土鼓有酒盈觴有肴在俎神其享之願降多祐

## 井田

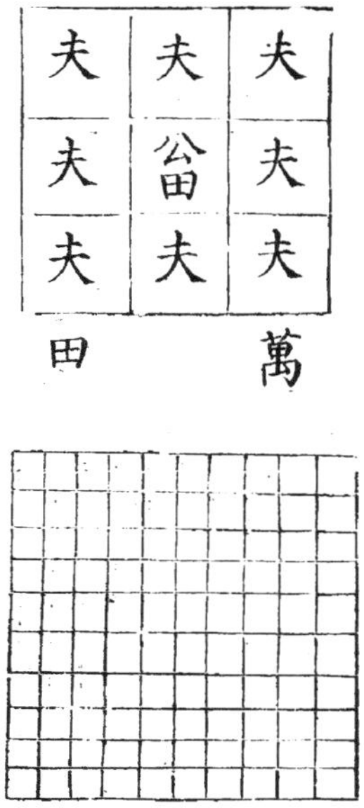

| 夫 | 夫 | 夫 |
|---|---|---|
| 夫 | 公田 | 夫 |
| 夫 | 夫 | 夫 |

萬　田

井田按古制井田九夫所治之田也鄉田同井井九百畝井十為通通十為成成十為終終十為同積萬井九萬夫之田也井間有溝成間有洫同間有澮所以通水於川也遂人盡主其地歲出稅各有等差以治溝洫田

謂井田溝洫去古巳遠不可復覩今按圖攷譜猶得想像髣髴但後世沿革不能復古故因為賦之云井九百畝在方里中八家百畝其中為公公田共畢私事方從積而言之井十為通通十為成成十為終終十井萬總名曰同遂人掌役田水何容溝洫畎澮距川而東盡力於此嘗稱禹功經界旣正遂底時雍秦人一變阡陌横縱兼井以力侵奪相雄先王舊制一掃無踪斯民失所仁政曷逢迨漢而降王伯兼崇曩固今壞今非古農戶有增耗世有汚隆治因是異法不再窮各受求業彼疆此封穿引萬水足救災凶使民奠居賦簡時豐田雖不井綽有遺風

## 區田

區田按舊說區田地一畝闊一十五步每步五尺計七十五尺每一行占地一尺五寸該分五十行長一十六步計八十尺每行一尺五寸該分五十三行長闊相折通二千六百五十區空一行種一行於所種行內隔一區種一區除隔空外可種六百六十二區每區深一尺用熟糞一升與區土相和布穀勻覆以手按實令土種相着苗出看稀稠存留鋤不厭頻旱則澆灌結子時鋤土深壅其根以防大風搖擺古人依此布種每區收穀一斗每畝可收六十六石今人學種可減半計又參攷氾勝之書及務本書謂湯有七年之旱伊尹作為區田教民糞種負水澆稼諸山陵傾阪及田丘城上皆可為之其區當於閒時旋旋

摇下正月種春大麥二三月種山藥芋子三四月種粟及大小豆八月種二麥豌豆節次為之不可貪多夫豐儉不常天之道也故君子貴思患而預防之如衢年壬辰戊戌饑歉之際但依此法種之皆免餓殍此已試之明效也竊謂古人區種之法本為禦旱濟時如山郡地土高仰歲歲如此種藝則可常熟惟近家瀕水為上其種不必牛犁但鍪鑁墾斸又便貧難大率一家五口可種一畝已自足食家口多者隨數增加男子兼作婦人童稚量力分工定為課業各務精勤若糞治得法沃灌以時人力既到則地利自饒雖遇災不能損耗用省而功倍田少而收多全家歲計指期可必實救貧之捷法備荒之要務也詩云昔聞



伊尹相湯日救旱有方由聖智限將一畝作田規計區六百六十二星分基布滿方疇參錯有條相列次耕畬元不用牛犁短臿長鑱皆佃器糞腴灌溉但從宜瘦坂窮原俱美地舉家計口各輸力男女添工到童稚坎餘種耨非重勞日課同趍等娛戲菽粟藷芋雜數品辦作儲糧接充餌歲餘五口儘無饑倍種兼收仍不啻久知豐歉歲不常大抵古今同一致天災莫禦自流行魃雲此時憂悉被吏民百禱竟無功稼野一枯乏秉穗令人空仰昔阿衡徒法不行誠自棄揭來學製古侯邦承恩例署兼農事帶山田少闕食多教不及民深可愧故將制度寫為圖庶使貧農窮地利會須歲歲保豐穰共享太平歌既醉

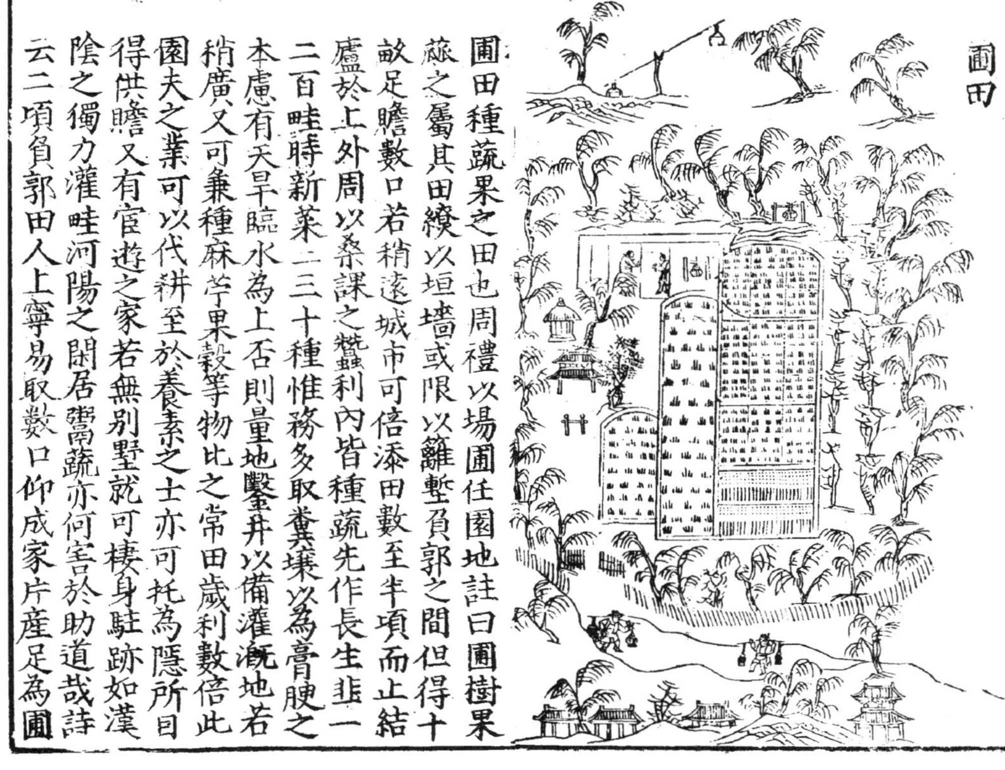


圃田種蔬果之田也周禮以場圃任園地註曰圃樹果蓏之屬其田繚以垣墻或限以籬塹負郭之間但得十畝足贍數口若稍遠城市可倍添田數至半頃而止結廬於上外周以桑課之蠶利內皆種蔬先作長生韭一二百畦時新菜二三十種惟務多取糞壤以為膏腴之本慮有天旱臨水為上否則量地鑿井以備灌溉地若稍廣又可兼種麻苧果穀等物比之常田歲利數倍此園夫之業可以代耕至於養素之士亦可托為隱所曰得供贍又有宦遊之家若無別墅就可棲身駐跡如漢陰之獨力灌畦河陽之閑居鬻蔬亦何害於助道哉詩云二頃負郭田人上寧易取數口仰成家片產足為圃

遠即加倍徙多仍防莽鹵雖云絶里閭終得並蒲良切城府幽可處山隈澗宜臨水許未始外犂鋤或亦事斤斧中可居一廛外或興百堵請學擬樊須不如聞孔父業作灌園翁籍沾輸稅戶作計務勤劬傭工贍貧窶水種耍漸平聲濡糞滋饒朽腐蔬茹間去聲甘辛瓠瓜無苦窳芃芃黍稷亩蔚蔚桑果樹鬻利達市廛植木入村塢界援陣圖横區分儈衲補隨分了朝昏無心富困庚高臥儘元龍稆誣從市虎閑看亢蟻爭靜聽井蛙怒偶爾閱物情君然為地主進退綽有餘奔競恥為伍寸壤總康莊衆流獨砥柱自我結蓬茅從渠愛簪組畎畝　着吾身乾坤留此土陵谷幾變遷耕鑿一今古四序轉軒楹八表際庭宇造境到羲炎逢時知舜禹柴荆敞昏夜桔槔憩煙雨俱同動植甦黍與音預膏澤溥斗酒一醉勸祭饔衆美聚口腹粗能甘身形不知苦養生誠足嘉報本非敢侮五土旣有神百穀豈無祖祈祭奏豳詩歲時鳴土鼓不離農務中是用紀圖譜



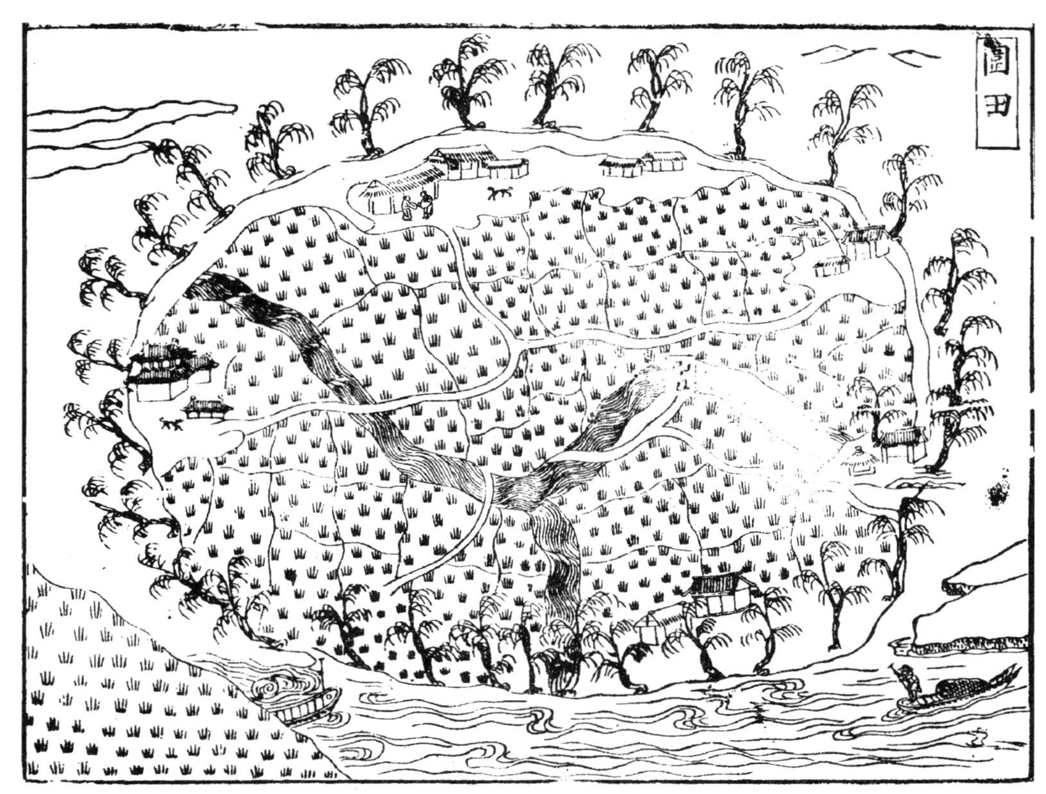

圍田築土作圍以繞田也蓋江淮之間地多藪澤或瀕
水不時渰沒妨於耕種其有力之家度視地形築土作
堤環而不斷內容頃畝千百皆爲稼地後值諸將屯戍
因令兵衆分工起土亦傚此制故官民異屬復有圩田
謂疊爲圩岸扞護外水與此相類雖有水旱皆可救禦
凡一熟餘不惟本境足食又可贍及鄰郡實近古之上
法將來之永利富國富民無越於此詩云度地置圍田
相兼水陸全萬夫興力役千頃入周旋俯納環城地穹
懸覆幕天中藏仙洞祕外遶月宮圓蟠亘參淮甸紆回
際海壖官民皆紀號遠近不相緣守望將同井寬平却
類川隰桑宜葉沃堤柳要根駢交往無多逕高居各一



廛偶因成土著元不畏民編生業團鄉社囂塵隔市廛
溝渠通灌溉塍埂互連延俱樂耕耘便猶防水旱偏翻
車能沃槁灤安可抽泉擁綠秧鋤後均黃刈穫前總治
新稅籍素表屢豐年黍稌及億秭倉箱累萬千折償依
市直輸納趁時通懸歲計仍餘羨牙商許懋遷補添他郡
食販入外江船課冣司農績治優都水權富民玆有要
陸海豈無邊遂祈奏載芟詠報歌良耜篇降穰今若此蒙
利敢安然壞土常增築風濤毎慮穿積儲趍日用防備
廢宵眠繫鼓供惟急苫盧守獨專本為憑禦護或未免
災愆誰念農工苦徒知粒食鮮併將圖譜事編紀作詩
傳

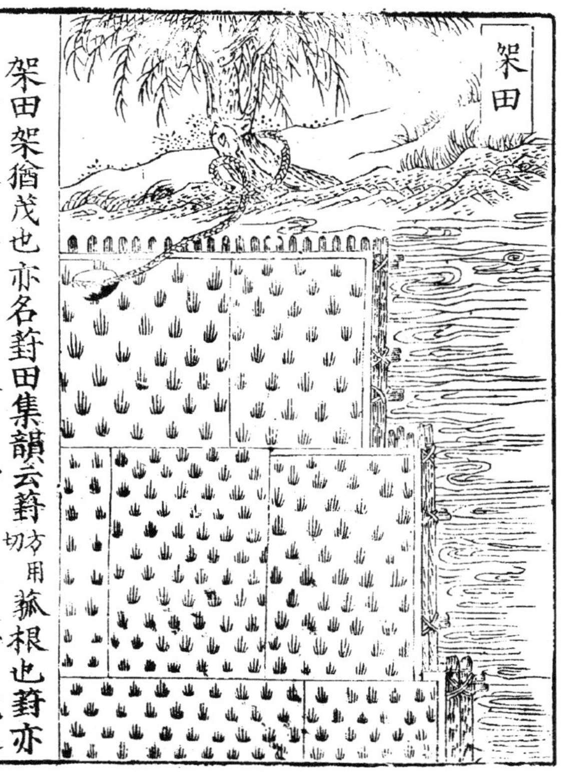

架田

架田架猶筏也亦名葑田集韻云葑方用切菰根也葑亦
作葑江東有葑田又淮東二廣皆有之東坡請開杭之
西湖狀謂水涸草生漸成葑田考之農書云若深水藪
澤則有葑田以木縛為田坵浮繫水面以葑泥附木架
上而種蓺之其木架田坵隨水高下浮泛自不渰浸周
禮所謂澤草所生種之芒種是也芒種有二義鄭玄謂
有芒之種若今黃穋穀是也一謂待芒種節過乃種今
人占候夏至小滿至芒種節則大水已過然後以黃穋
穀種之於湖田然則有芒之種與芒種節候二義可並
用也黃穋穀自初種以至收刈不過六十七日亦以避
水溢之患竊謂架田附葑泥而種既無旱暵之灾復有

速收之效得置田之活法水鄉無地者宜效之詩云稓人種蓺巧憑籍既辨土宜植禾稼年來潦盡更無禾不料葑田還可架從人牽引或去留任水淺深隨上下悠悠生業天地中一片靈槎偶相假古今誰識有活田浮種浮耘成此稼但使游民聊駐脚有産諒非為土着縣官稅畝儻相容願此年年務農作

## 櫃田

櫃田築土護田似圍而小四面俱置瀽穴如此形制順置田段便於耕蒔若遇水荒田制既小堅築高峻外水難入內水則車之易涸淺浸處宜種黄穋稻（周禮謂澤草所生種之芒種穋黄稻是也黄穋稻自種至收不過六十日則熟以避水溢之患）如水過澤草自生穇稗可收高涸處亦宜陸種諸物皆可濟飢此救水荒之上法一名埧（音壩）水溉田亦曰埧田與此名同而實異

詩云江邊有田以櫃稱四起封圍皆力成有時捲地風濤生外禦衝盪如嚴城大至連頃或百畝內少塍埂殊寬平牛犂展用易為力不妨陸耕及水耕長彈一引徹兩際秧壠依約無斜横旁道瀽穴供吐納水旱不得為虧盈素號常熟有定數寄收粒食猶囷京庸田有例召民佃三年稅額方全徵便當從此事修築永護稼地非徒名吾生口腹有成計終焉願作江鄉垊

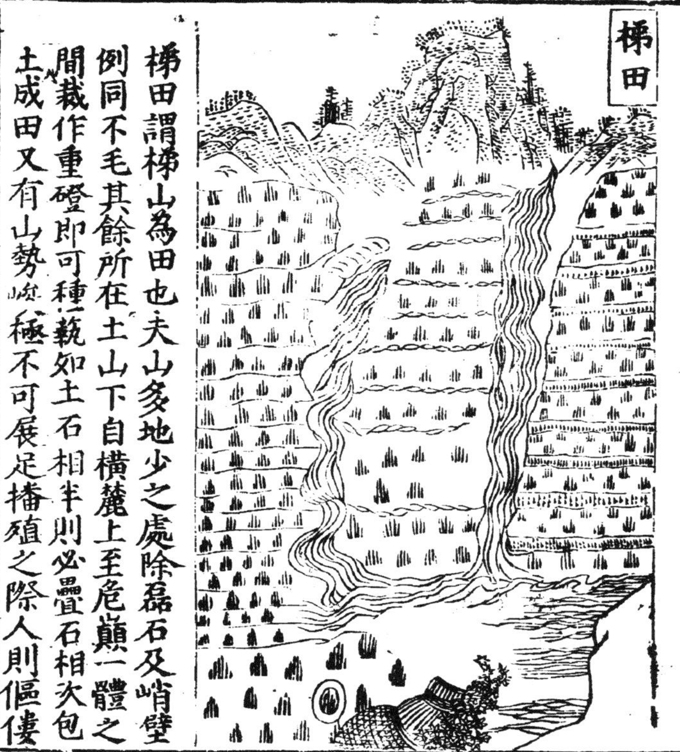

## 梯田

梯田謂梯山為田也夫山多地少之處除磊石及峭壁例同不毛其餘所在土山下自横麓上至危巔一體之間裁作重磴即可種蓺如土石相半則必疊石相次包土成田又有山勢峻極不可展足播殖之際人則傴僂

巇谷而上耨土而種躡坎而耘此山田不等自下登陟俱若梯磴故總曰梯田上有水源則可種秫秔如止陸種亦宜粟麥蓋田盡而地地盡而山山鄉細民必求墾佃猶勝不稼其人力所致雨露所養不無少穫然力田至此未免艱食又復租稅隨之良可憫也詩云世間田制多等夷有田世外誰名題非水非陸何所兮危巔峻麓無田蹊層磴橫削高為梯舉手捫之足始躋傴僂前向防顛擠佃作有具仍兼攜隨宜墾斸或東西知時種早無噬臍稗笱丞耨同高低十九畏旱思雲霓凌冒風日面且黧四體臒瘁肌若刲冀有薄穫勝稗稊奄田至此嗟欲啼田家貧富如雲泥貧無錐置富望迷古稱井地今可稽一夫百畝容安棲餘夫田數猶半圭我今豈獨非黔黎可無片壤充耕犂佃業今欲青雲齊一飽纔足及孥妻輸租有例將何齊慚愧平地田千畦

塗田

塗田書云淮海惟揚州厥土惟塗泥夫低水種皆須塗泥然瀕海之地復有此等田法其潮水所泥沙泥積於島嶼或墊溺盤曲其頃畝多少不等上有鹹草叢生候有潮來漸惹塗泥初種水稗斥鹵既盡可為稼田所謂瀉斥鹵兮生稻糧盈邊海岸築壁或樹立椿橛以抵潮汎田邊開溝以注雨潦旱則灌溉謂之甜水溝其稼收比常田利可十倍民多以為永業又中土大河之側及淮灣水匯之地與所在陂澤之曲凡潢汙洄互壅積泥滓退皆成淤灘亦可種蓺秋後泥乾地裂布掃麥種於上其所收此淤田之效也夫塗田淤田各因潮漲而成以地法觀之雖若不同其收穫之利則無異也詩云書稱淮海惟揚州厥土塗泥來已久今云海嶠作塗田外拒潮來古無有霖潦滲漉斥鹵盡沆涿已豐三載後又有河淤水退餘禾麥一收倉廩阜昔聞漢世有民歌涇水一石泥數斗且溉且糞長禾黍衣食京師億萬口稔知燕地多陂渠後魏裴延儁為幽州刺史修復燕地故戾陵諸堨及范陽督亢渠溉田萬餘頃為利十倍糞溉膏腴倍常畝若云是地可塗田先願滋培根本厚闕政今知水利先昔司馬溫公言闕政水利居其一今天下豈無霖雨手

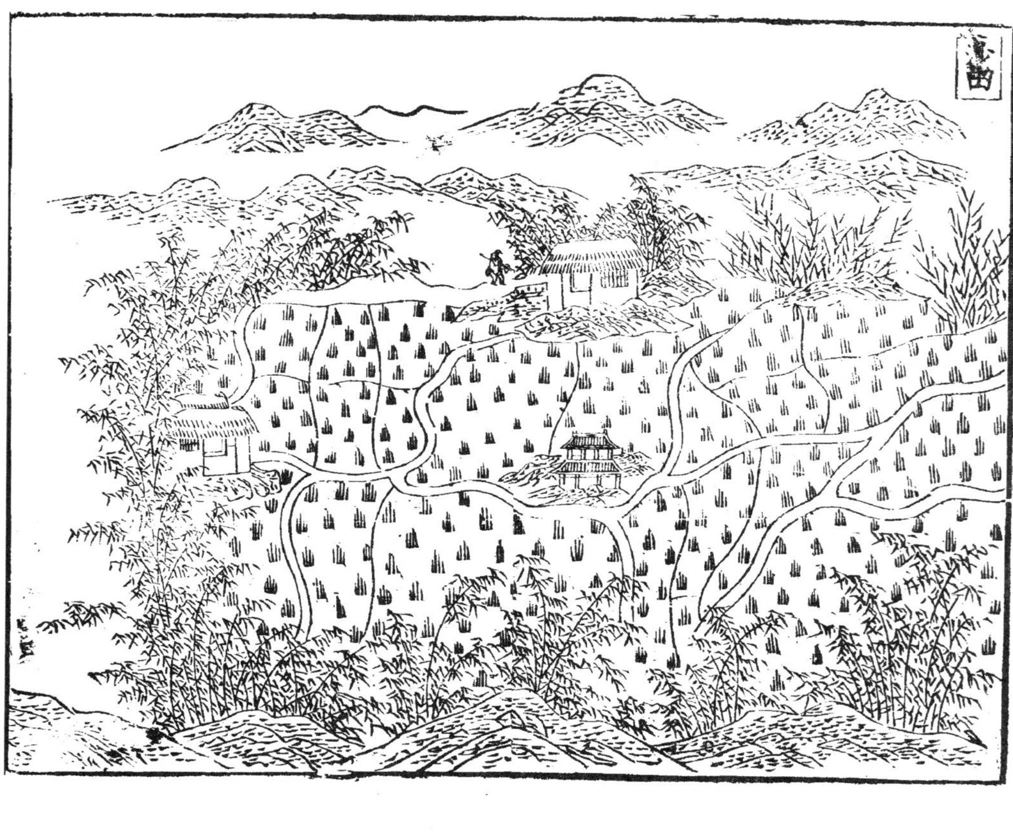

沙田南方江淮間沙淤之田也或濱大江或峙中洲四圍蘆葦駢密以護堤岸其地常潤澤可保豐熟普為塍埂可種稻秫間為聚落可蓺桑麻或中貫湖溝旱則平溉或傍繞大港澇則洩水所以無水旱之憂故勝他田也舊所謂坍江之田廢復不常故畝無常數稅無定額正謂此也宋乾道年間近習梁俊彥請稅沙田以助軍餉既施行矣時相葉顒奏曰沙田者乃江濱出沒之地水激於東則沙漲於西水激於西則沙復漲於東百姓隨沙漲之東西而田焉是未可以為常也且比年兵興兩淮之田租並復至今未征况沙田乎其事遂寢時論是之今



國家平定江南以江淮舊為用兵之地最加優恤租稅甚輕至於沙田聽民耕墾自便今為樂土愚嘗客居江淮目擊其事輒為之贊云江上有田總名曰沙中開畝畝外繞蒹葭耐經水旱遠際雲霞耕同陸土横亘水涯內備農具傍泊魚杈易勝畦埂肥漬落華普宜稻秫可殖桑麻種則雜錯收則倍加潮生上溉水夾分乂澇須浚港旱或戽車地為永業姓隨其家三時力穡多稼淪秏公私彼此横縱遹遐租賦不常豐稔惟嘉常思飽飫

贊詠非誇

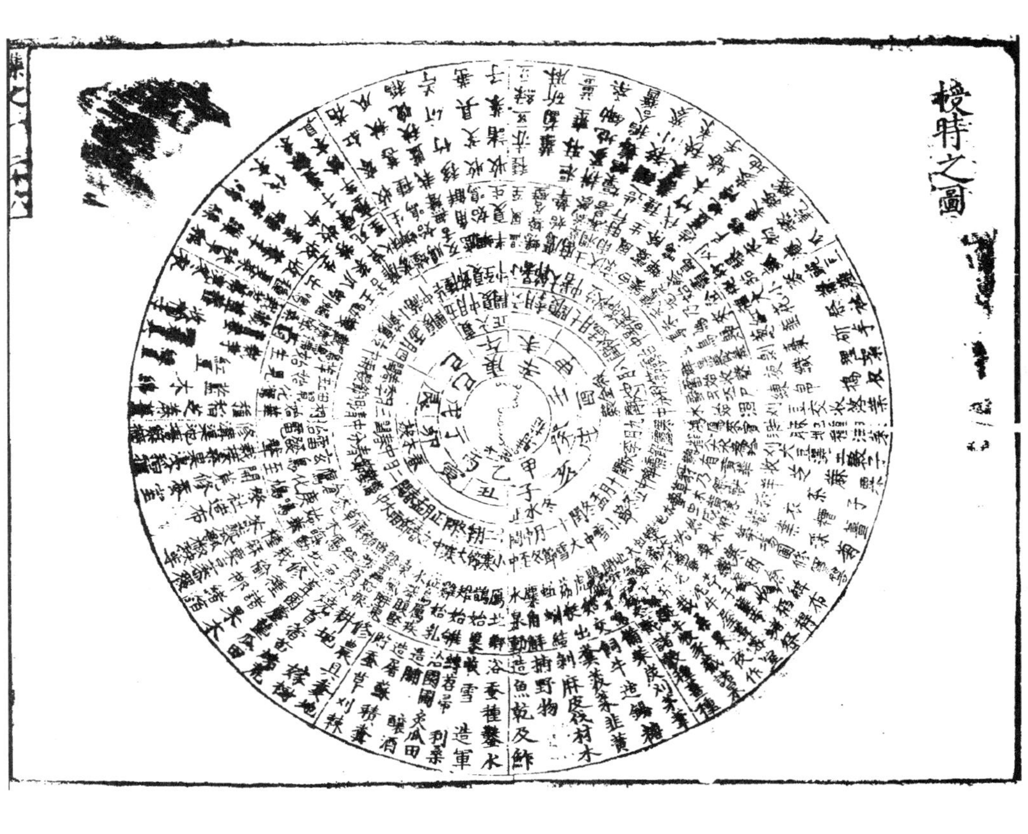


授時圖，示民耕桑時候之圖也。授時之說始於堯典。自古有天文之官，重黎以上，其詳不可得聞。堯命羲和曆象日月星辰，考四方之中星，定四時之仲月，以南方朱鳥七星之中殷仲春，則厥民析而東作之事起矣；以東方大火房星之中正仲夏，則厥民因而南訛之事興矣；以西方虛星之中殷仲秋，則厥民夷而西成之事舉矣；以北方昴星之中正仲冬，則厥民隩而朔易之事定矣。然所謂曆象之法猶未詳也。舜在璿璣玉衡以齊七政，說者以為天文器。後世言天之家，如洛下閎、鮮于妄人輩，述其遺制，營之度之，而作渾天儀，曆家推步無越此器。然而未有圖也。蓋二十八宿周天之度，十二辰日月



之會，二十四氣之推移，七十二候之遷變，如環之循，如輪之轉，農桑之節以此占之。四時各有其務，十二月各有其宜，先時而種，則失之太早而不生；後時而蓺，則失之太晚而不成。故曰：雖有智者，不能冬種而春收。農書天時之宜篇云：萬物因時受氣，因氣發生，時至氣至，生理因之。今人雷同以正月為始春，四月為始夏，不知陰陽有消長，氣候有盈縮，冒昧以作事，其克有成者幸而已矣。此圖之作，以交立春節為正月，交立夏節為四月，交立秋節為七月，交立冬節為十月，農事早晚各疏於每月之下，星辰干支別為圓圖，使可運轉，北斗旋於中以為準則。每歲立春，斗杓建於寅方，日月會於營室東

井昏見於午建星晨正於南由此以往積十日而爲旬積三旬而爲月積三月而爲時積四時而成歲一歲之中月建相次周而復始氣候推遷與日曆相爲體用所以授民時而節農事即謂用天之道也夫授時曆每歲一新授時圖常行不易非曆無以起圖非圖無以行曆表裏相參轉（上聲）運無停渾天之儀粲然具在是矣然按月農時特取天地南北之中氣立作標準以示中道非膠柱鼓瑟之謂若夫遠近寒暖之漸殊正閏常變之或異又當推測晷度斟酌先後庶幾人與天合物乘氣至則生養之節不至差謬此又圖之體用餘致也不可不知務農之家當家置一本考曆推圖以定種蓺如指諸



掌故亦名曰授時指掌活法之圖詩云天地始一氣旋生本相資用道以分利所貴在適時時既有贏縮氣因爲盛衰盛氣忽已及頃刻不可遺柰何幽且遠彼庶難且知圖成僅盈尺備悉踰渾儀經星若循環四仲猶旋規人事自外明斗杓由中持昏旦無爽度旱晚有常期天人交際間表裏洞不疑作事誠有的厚生此其基活法非自古造妙誰管窺字民當有要欲救寒與飢勿奪足規訓敬授無疾遲參贊得實用化育不吾欺千歲日可致灼灼如著龜領略歸一圖總揆為農師悠悠衣食原歘足皆由茲願言常諦審千里始毫釐毋為自安惰棄徒傷悲（此圖亦見農書謂圖爲農器故事出於此）農器圖譜集之一

# 農器圖譜目錄

耨　耬鋤
鏟
耘爪
薅鼓

集之五

銍艾門

銍　艾
鐮　推鐮
粟鋻　鏍
鏺　劚刀
斧　鋸
鍘　礪



農器圖譜目録

農器圖譜集之二

東魯王禎撰

耒耜門

昔神農作耒耜以教天下後世因之佃作之具雖多皆以耒耜為始然耕種有水陸之分而器用無古今之間所以較彼此之殊効參新舊以兼行使粒食之民生生永賴仍以蘇文忠公所賦秧馬係之又為農器譜之始所有篇中名數先後次序一一用陳于左

耒耜

耒力對切耜上句木也易係曰神農氏作斲木為耜揉木為耒說文曰耒手耕曲木從木推手周官車人為耒庛長尺有一寸鄭注云庛讀如棘刺之刺刺耒下前曲接耜則耒長六尺有六寸其受鐵處數自其庛緣其外以曲量之以至於首得三尺三寸自首遂曲量之以至於庛亦三尺三寸合為之六尺六寸若從上下兩曲之內

相望如弦量之只得六尺與步相應堅地欲直庛柔地欲句庛直庛則利推句庛則利發倨句磬折謂之中地耜（詳理切）耑也釋名曰耜齒也如齒之斷物也說文云耜從木㠯聲徐鉉等曰今作耜周官考工記匠人爲溝洫耜廣五寸二耜無耦一耦之伐廣尺深尺謂之甽鄭云古者耜一金兩人併發之其壟中曰甽甽上曰伐伐之言發也今之耜岐頭兩金象古之耦也賈公彥䟽云古者耜一金者對後代耜岐頭二金者也云今之耜岐頭者後用牛耕種故有岐頭兩脚耜也耒耜二物而一事猶杵臼也陸龜蒙曰耒耜者古聖人作也自乃粒以來至于今生民賴之有天下國家者此其本也飽食安坐



曾不求命稱之義豈非揚子所謂如禽者也余在田野間一日呼耕甿就數其目怳若登農皇之廬受播種之法淳風冷冷聳竪毛髮然後知聖人之旨趣朴乎其深哉孔子謂吾不如老農信也因書作耒耜數王荆公詩云耒耜見於易聖人取風雷不有仁智兼利端誰能開神農后稷死般爾相尋來山林盡百巧揉斲無良材

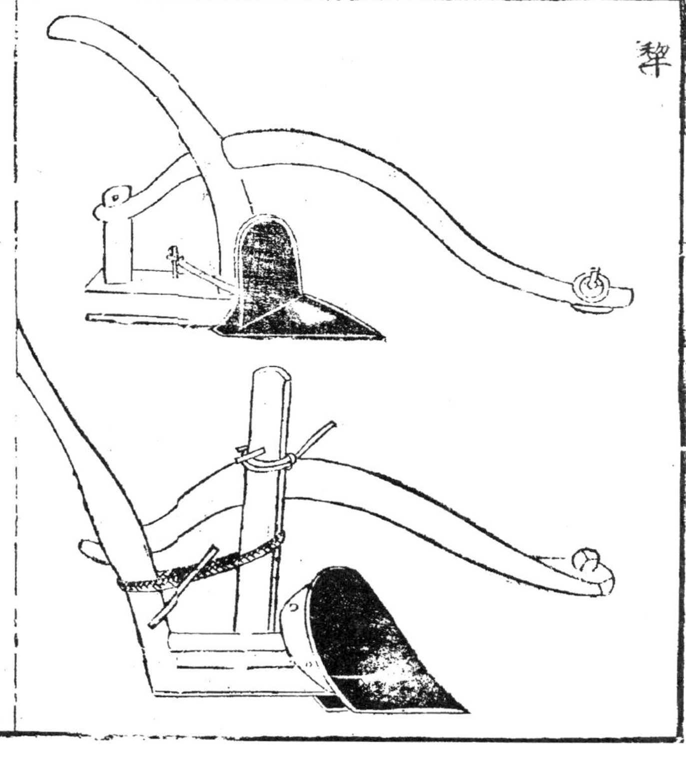


犂墾田器釋名曰犂利也利則發土絶草根也利從牛故曰犂山海經曰后稷之孫叔均始教牛耕注云用牛犂也後改名耒耜曰犂陸龜蒙耒耜經曰農之言也耒耜民之習通謂之犂冶金而爲之曰犂鑱曰犂壁（俗作壁）斲木而爲之曰犂底曰壓鑱曰策頟曰犂箭曰犂轅曰犂梢曰犂評（平聲去）曰犂建曰犂槃木金凡十有一事耕之土曰墢（音墢）墢猶塊也起其墢者鑱也覆其墢者壁也故

鑱引而居下壁偃而居上鑱之次曰策額（雅格切）言其可以扞其壁也皆貤然相戴（貤余頭切物之根連次也）自策額達于犂底縱而貫之曰箭前如程而樛者曰轅（程杠也按周禮輪人為蓋程圍倍之鄭司農云程蓋杠也讀如舟楹之楹）後如柄而喬者曰梢轅有越加箭可弛張焉轅之上又有如槽形亦加箭焉刻為級前高而後庳所以進退曰評進之則箭下入土也深退之則箭上入土也淺以其上下類激射故曰箭以下淺深數可否故曰評評之上曲而衡之者曰建建犍也（犍渠偃切門犍也與楗仝）所以抳其轅與評（抳女氏切倚也）無是則二物躍而出箭不能止橫於轅之前末曰槃言可轉也左右繫以樫乎軛（樫苦耕切幢也）轅之後末曰梢中在手所以執耕者也轅也



取車之胷梢取舟之尾止乎此乎鑱長一尺四寸廣六寸壁廣長皆尺微橢（敕果切狹長也）底長四尺廣四寸評底過壁鑱二尺策額減壁鑱四寸廣狹與底同箭高三尺評尺有三寸槃增評尺七焉建惟稱（元注絕）轅脩九尺梢得其半轅至梢中間掩四尺犂之終始丈有二詩云犂以利為用用在耕夫手九木雖備制二金乃居首弛張測淺深高庳定前後朝畦除宿草暮壠起新畝懷哉服牛功還勝竝耕耦（古耒耜竝耕曰耦）

牛耕牛也易係黄帝堯舜服牛乘馬引重致遠以利天下蓋取諸隨未有用之耕者山海經曰后稷之孫叔均始作牛耕世以為起於三代愚謂不然牛若常在畝畝武王平定天下胡不歸之三農而放之挑林之野乎故周禮祭牛之外以享賓駕車犒師而已未及耕也不然牽以蹊田正使藉稻何足為異乃設奪而罪之之喻郎在詩有云載芟載柞其耕澤澤千耦其耘徂隰徂畛又曰有略其耜俶載南畝以明蝎作於春皆人力也至於穫之積之如墉如櫛然後殺時犉牡有捄其角以為社稷之報若使果之耕曾不如迎貓迎虎列於蜡祭乎蓋

牛之耕起於春秋之間故孔子有犂牛之言而弟子冉耕字伯牛禮記呂氏月令季冬出土牛示農耕早晚前漢趙過又增其制度三犂一牛後世因之生民粒食皆其力也然知資其力而不知養其力力旣竭矣曾不審寒暑之異安疫癘之救藥有冬藏春租冀免芻豆之費壯鞭老殺猶圖皮肉之貲今勸農有官牛為農本而不加勸以致主不滋盛價失廉平田野小民歲多租賃以揭目前計其所輸已過牛直是以貧者愈貧由不恤農之本故也若為民牧者當先知愛重祈報使不敢慢易絕其妄殺憫其羸瘠豐其菽牧潔其欄牢則無不字育蕃息扎瘥不作耕種不失足致豐盈此誠善政務本之意也其可忽諸柳宗元賦云若知牛乎牛之為物魁形巨首垂耳抱角毛革疎厚牟然而鳴黃鍾滿脰抵觸隆曦日耕百畝往來修直埴乃禾黍自種自斂服箱以走輸入官倉已不適口富窮飽飢功用不有陷泥蹙塊常在草野人不慚愧利滿天下皮角見用肩尻莫保或穿緘縢或實俎豆由是觀之物無踰者不如羸驢服逐駑馬曲意隨勢不擇處所不耕不駕藿菽自與騰踏康莊出入輕舉喜則齊鼻怒則奮躑當道長鳴聞者驚辟善識門戶終身不惕牛雖有功於己何益命有好醜非若能力慎勿怨尤受以多福嶺南舊俗皆好殺牛東坡嘗書此以諭其愚者

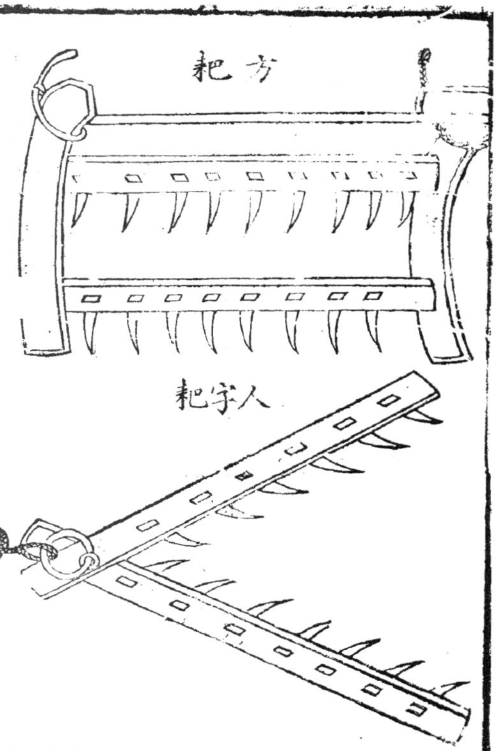

方耙

人字耙

耙又作杷今作䎱通用宋魏之間呼為渠拏諸切 又謂渠疏陸龜蒙曰凡耕而後有耙所以散墢去芟渠疏之義也種蒔直說古農法云犂一耙六今日只知犂深為功不知耙細為全功耙功不到則土麤不實後雖見苗立根根不相着土不耐旱有懸死蟲咬乾死等病耙功到則土細又實立根在細實土中又碾過根土相着自然耐旱不生諸病盖耙徧數惟多為熟熟則上有油土四指可沒鷄卯為得耙桯長可五尺闊約四寸兩桯相離五寸許其桯上相間去聲各鑿方竅以納木齒齒長六寸許其桯兩端木栝長可尺三前梢微昂穿兩木楇以繫牛輓鉤索此方耙也又有人字耙鑄鐵為齒齊民要

銜謂之鐵齒鎘鍬祖候切凡耙田者人立其上入土則深又當於地頭不時跂足閃去所擁草木根茇水陸俱必用之詩云古人制農器因物利其利犂耕啓厥初耙入抑爲次跡居鎘鍬功齒有渠疏義再遍不妨多稼事匪求易

耖

耖初教切疏通田泥器也高可三尺許廣可四尺上有橫柄下有列以兩手按之前用畜力輓行一耖用一人牛有作連耖二人二牛特用於大田見功又速耕耙而後用此泥壤始熟矣前人耕織圖詩云脫袴下田中盎漿着膝尾巡行遍畦畛之忍切扶耖均泥滓遲遲春日斜稍稍樵歌起薄暮佩牛歸共浴前溪水

勞

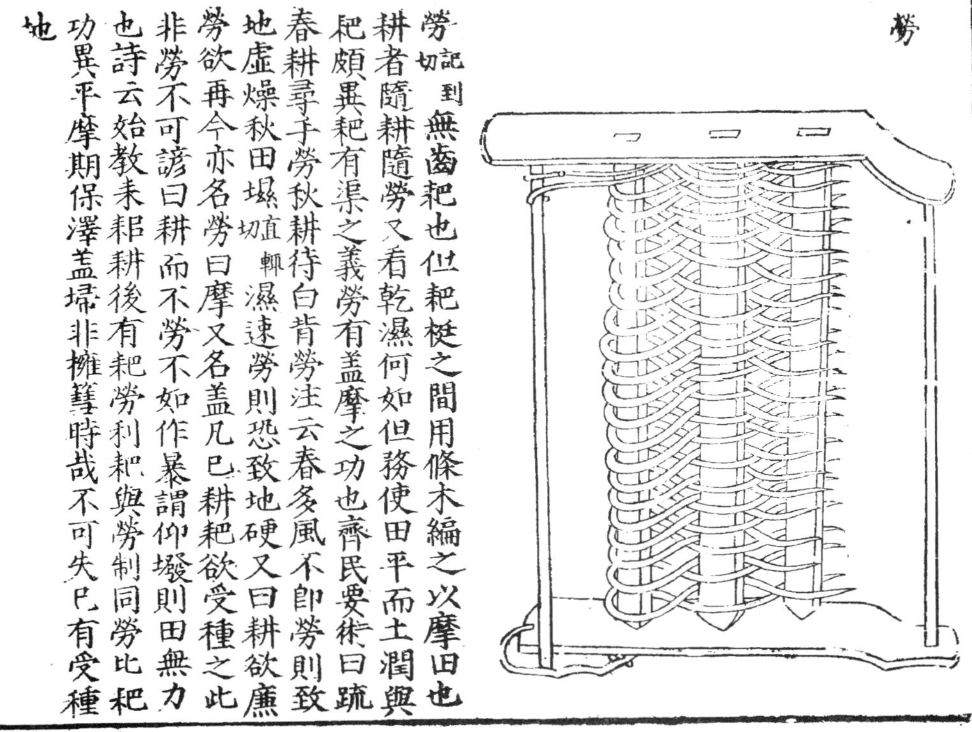

勞郎到切無齒耙也但耙梃之間用條木編之以摩田也耕者隨耕隨勞又看乾濕何如但務使田平而土潤與耙頗異耙有渠疏之義勞有蓋摩之功也齊民要術曰春耕尋手勞秋耕待白背勞注云春多風不卽勞則致地虛燥秋田塌直轄切濕速勞則恐致地硬又曰耕欲廉勞欲再今亦名勞曰摩又名蓋凡已耕耙欲受種之地非勞不可諺曰耕而不勞不如作暴謂仰墢則田無力也詩云始教耒耜耕後有耙勞利耙與勞制同勞比耙功異平摩期保澤蓋塌非擁篲時哉不可失已有受種地

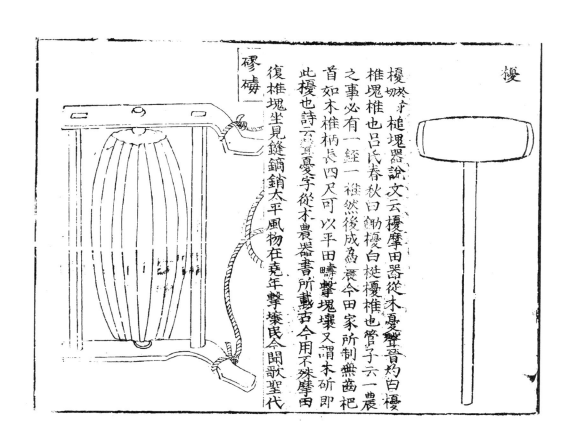

撻

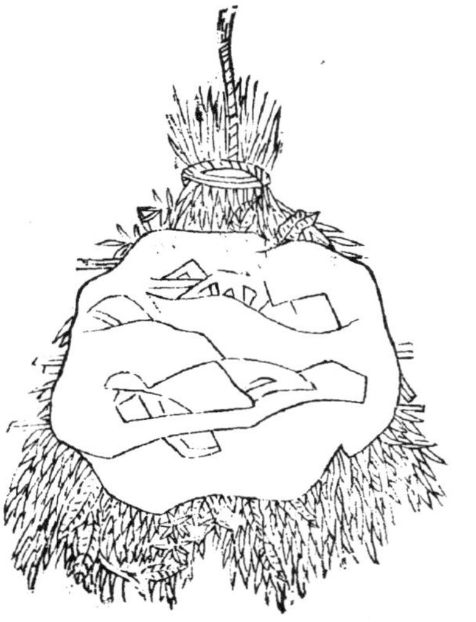

撻打田篲也用科木縛如埽篲復加匾闊上以七物壓之亦要輕重隨宜用以打地長可三四尺廣可二尺餘古農法云耬種既過後用此撻使壠滿土實苗易生也齊民要術曰凡春種欲深宜曳重撻夏種欲淺直置自生注云春氣冷生遲不曳撻則根虚雖生輒死夏氣熱而生速曳撻遇雨必致堅垎其春澤多者或亦不須撻必欲撻者須待白背濕撻則令地堅硬故也又用曳打場面極為平實今人耬種後唯用砘車碾之然執耬種者亦須腰繫輕撻曳之使壠土覆種稍深也或耕過田畝土性虚浮亦宜撻之詩云有物同帚篲謂能脊種墢負載體加重利榦材乃備方深覆護功已寄發生意可看畝畝間所歷盡實地

耰

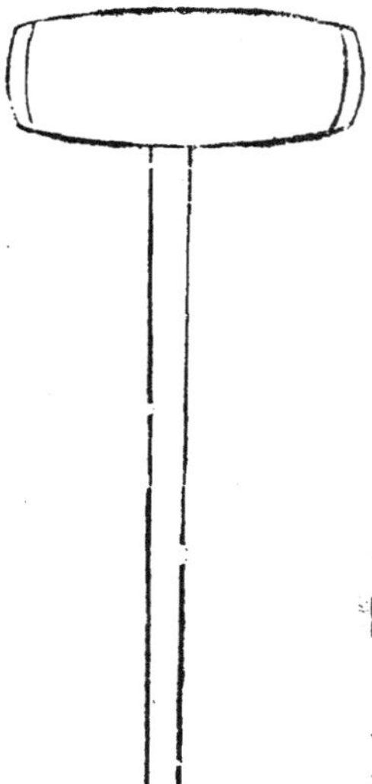

耰於求切椎塊器說文云耰摩田器從木憂聲晉灼曰耰椎塊椎也呂氏春秋曰飭耰白梃耰椎也管子云一農之事必有一銍一椎然後成為農今田家所制無齒杷首如木椎柄長四尺可以平田疇擊塊壤又謂木斫即此耰也詩云耰字從木農器書所載古今用不殊摩田復椎塊坐見鏠鎬銷太平風物在堯年擊壤民今聞歌聖代

礰碡

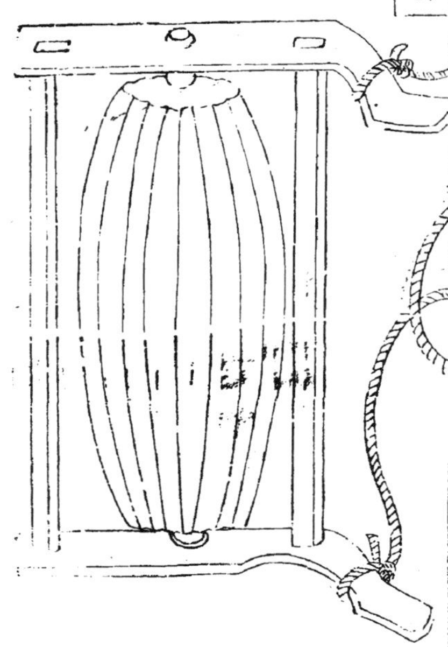

磟（古竹切）碡（徒篤切）又作磟碡陸龜蒙耒耜經云耙而後有磟碡焉有礰礋焉自爬至礰礋皆有齒磟碡觚稜而以咸以木為之堅而重者良余謂磟碡字皆從石恐本用石也然北方多以石南人用木蓋水陸異用亦各從其宜也其制長可三尺大小不等或木或石刊木括之中受簨軸以利旋轉又有不觚稜混而圓者謂混軸俱用畜力輓行以人牽傍轆打田疇上塊垡易為破爛及碾捍場圃間麥禾即脫稃穗水陸通用之詩云木石非異名大小惟一致機括內圓轉觚稜外排崎登場脫稃穗入埂均塊垡物用隨所宜人兮胡不爾

石礰礋

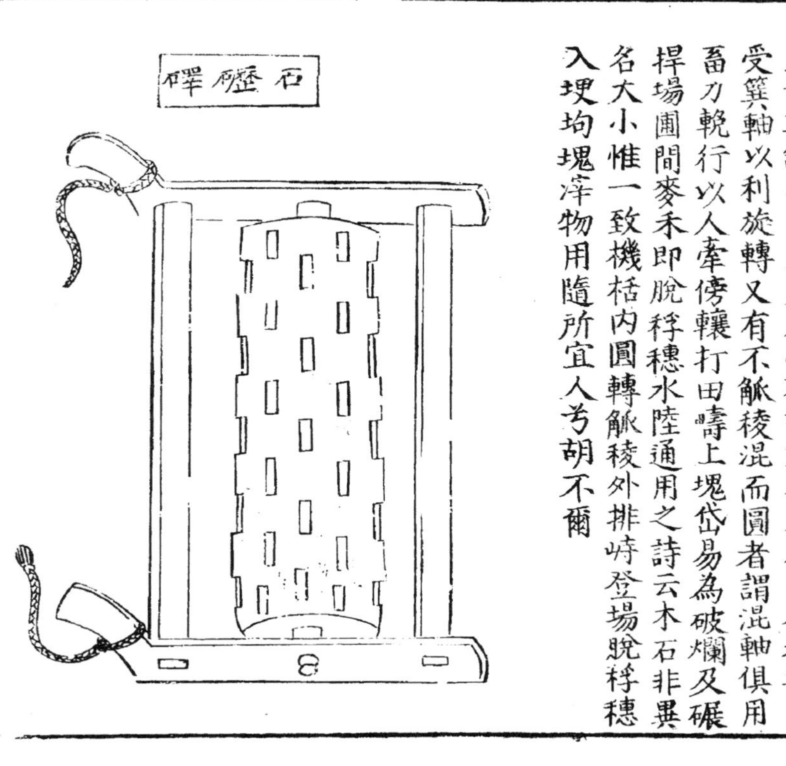

木礰礋

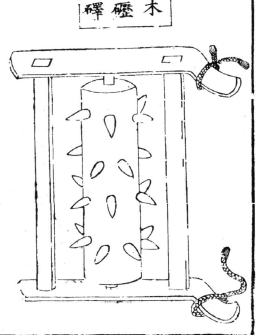

礰（呼格切）礋（音澤）又作礭礋（礭力摘切）與磟碡之制同但外有刈齒獨用於水田破塊滓溷泥塗也耒耜經云自耙至礰礋皆有齒者詩云他山有奇石鑱鑿煩良工制成三尺餘簨軸旋其中齒齒鋸鍔堅就彼硯塊功一轉土膏潤再轉春泥融轣轆復轣轆妙用無終窮遙觀萬頃綠縟漾春風不辭處泥濘但願歌年豐

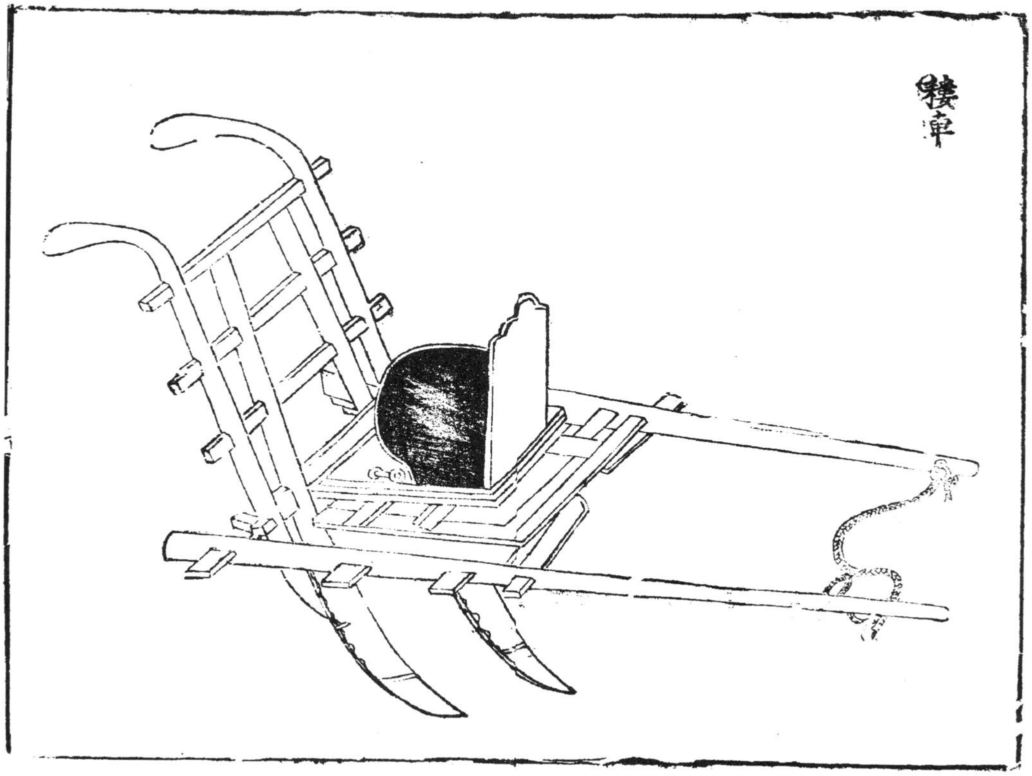

耬車

耬（落侯切）車下種器也通俗文曰覆種曰耬一云耬犂其金佀鑱而小魏志畧曰皇甫隆為燉煌太守民不知耕隆乃教民作耬犂省力過半得穀加五崔寔論曰漢武帝以趙過為搜粟都尉教民耕殖其法三犂共一牛一人將之下種輓耬皆取備焉日種一頃（據齊地大畝一頃三十五畝為也）今三輔猶賴其利自注云按三犂共一牛若今三脚耬矣然則耬之制不一有獨脚兩脚三脚之異今燕種趙齊魯之間多有兩脚耬關以西有四脚耬但添一牛功又連也夫耬中土皆用之他方或未經見恐難成造其制兩柄上彎高可三尺兩足中虛闊合一壟橫桄四匝中置耬斗其所盛種粒各下通足竅仍旁挾兩轅可



容一牛用一人牽傍一人執耬且行且搖種乃自下此耬種之體用今特圖錄不無有見鏤削鏤之意（鏤渠呂切）近有創制下糞耬種於耬斗後另置篩過細糞或拌蠶沙耩時隨種而下覆於種上尤巧便也今又名曰種蒔曰耩子曰耬犂習俗所呼不同用則一也王荊公詩云富家種論石貧家種論斗貧富同一時傾瀉應心手行看萬壟間坐使千箱有利物博如此何慙在牛後

## 砘車

砘(音砘)車砘石碢也以木軸架碢為輪故名砘車兩碢用一牛四碢兩牛力也鑿石為圓徑可尺許竅其中以受機栝畜力輓之隨耬種所過泲壠碾之使種土相着易為生發然亦看土脉乾濕何如用有遲速也古農法云一耬種後用撻則壠滿土實又有種人足躡壠底各是一法今砘車轉碾溝壠特速此後人所創尤簡當也詩云以砘名車古未聞字因義取石從砘斲成璧月雲根老動殷春雷陸地喧勢藉機衡圓轉力轍循種七發生原田頭已碾農夫說泲壠苗深穀易蕃

## 瓠種

瓠種竅瓠貯種量可斗許乃穿瓠兩頭以木箄貫之後用手執為柄前用作觜(瓠觜中草莛通之以下其種)瀉種於耕壠(畔半田)(半地恐大深則致陸於壠畔)隨耕隨瀉務使均匀又犂隨掩過遂成溝壠覆土既深雖暴雨不至槌(晋切)格撻(他達切)暑覆最為能(耐與同)旱且便於撮鋤苗亦豐茂燕趙及遼以東多有之齊民要術曰兩耬重構竅瓠下之以批(莫結切)契(蘇結切)維腰曳之此舊制以今交之頗拙於用故從今法寡力之家比耕耙耬砘易為功也詩云休言瓠落只輪囷一竅中藏萬粒春喙舌不辭輸瀉力腹心元寓發生仁農家自喜為匏器利用將同耒耜鈞更看溝田遺跡在綠雲禾黍一番新

## 耕槃

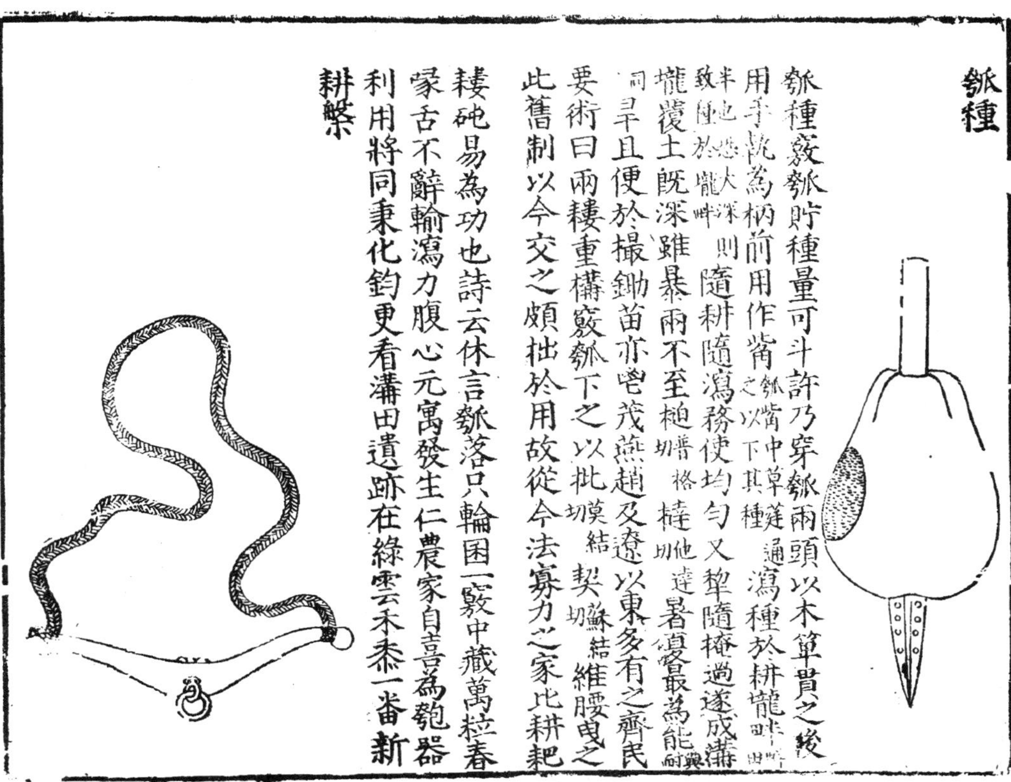

耕槃駕犂具也耒耜經云橫於犂轅之前末曰槃言可轉也左右繫以樫（耕切）耕乎軛也耕槃舊制稍短駕一牛或二牛故與犂相連今各處用犂不同或三牛四牛其槃以直木長可五尺中置鉤環耕時旋擐犂首與軛相為本末不與犂為一體故復耒出之詩云木金十一事耕槃鋸犂首左右連雙藤圜轉桔樞紐軛也道予吾前轍予從（去聲）吾後既同濟世功寧辭力田畝

牛軛

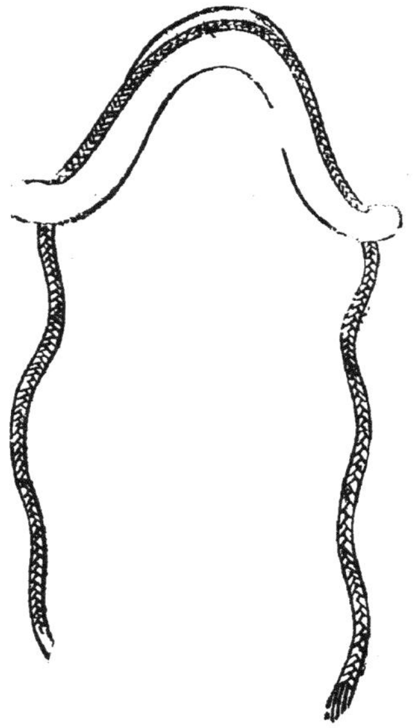

牛軛（於革切）字亦作軶服牛具也隨牛大小制之以曲木竅其兩旁通貫耕索仍下繫鞅板用控牛項軛乃穩順了無軒側說文曰軛轅前木也潘安仁籍田賦云葱犗服于縹軛詩云軛也如折磬居然在牛領止轉槃乃安引耕索還磬屈形深撫（去聲）肩藉力控垂頸歸挂屋廈時嘉苗滿田頃

秧馬

秧馬蘇文忠公序云余過廬陵見宣德郎致仕曾君安止出所作禾譜文既溫雅事亦詳實惜其有所缺不譜農器也予昔遊武昌見農夫皆騎秧馬以榆棘為腹欲其滑以楸梧為背欲其輕腹如小舟昂其首尾背如覆瓦以便兩髀雀躍于泥中繫束藁其首以縛秧日行千畦較之傴僂而作者勞佚相絕矣史記禹乘四載泥行乘橇解者曰橇形如箕擿行泥土豈秧馬之類乎作秧馬歌一首附于禾譜之末云春雲濛濛雨淒淒春秧欲老翠剡齊嗟我父子行水泥朝分一壠暮千畦腰如箜篌首啄雞筋煩骨殆聲酸嘶我有桐馬手自提頭尻軒昂腹脅低背如覆瓦去角圭以我兩足為四蹄聳踴滑汰如鳧鷖纖纖束藁亦可齎何用繁纓與月題揭從畦

東或畦西山城欲閉聞鼓鼙忽作的顱躍檀溪歸來挂壁從高棲了無芻秣飢不啼少壯騎汝逮老蟄何曾蹶軼陀顛擠錦韉公子朝金閨笑我一生踢牛犂不知自有木駃騠

農器圖譜集之二

# 農器圖譜集之三

東魯王禎撰

## 钁臿門

钁臿起土具也太公六韜農器篇云钁臿斧鋸蓋钁臿農所必用墾斸荒梗疏浚溝渠不可闕者因以名篇冠其類也又有鑱鏵等器雖畧見犁譜終未詳備乃復表出之次於耒耜之後就附钁臿之內庶無遺逸仍係之梧桐角以起東作云

### 钁

钁居縛切斸田器也爾雅謂之鐯斫也文云魯斫說文云欘陟玉切也玉篇云欘亦作斸又作钃誅也主以誅除物根株也蓋钁斸器也農家開闢地土用以斸荒凡田園山野之間用之者又有闊狹大小之分然總名曰钁詩云蹬柄為身首半圭非鋒非刃截然齊凌晨幾用和煙斸遍暮同歸帶月攜已啄靈苗挑藥籠每通流水入蔬畦更看功在盤根地與春農趁雨犁

### 臿

臿楚洽切顔師古曰鍬也所以開渠者或曰削有所守也唐韻作鍤俗作𣂕同作插爾雅曰𣂕謂之疀方言云燕之東北朝鮮洌水之間謂之𣂕宋魏之間謂之鏵或謂之鋘江淮南楚之間謂之臿趙魏之間謂之喿七俏切皆謂鍬也鍬銚𨛬音同銚𨛬唐韻又吐彫反亦謂鍫鍬然多謂之臿蓋古謂臿今謂鍬一器二名宜通用淮南子曰禹之時天下大水禹執畚臿以為民先前漢溝洫志白渠歌曰舉臿為雲決渠為雨以此見圭水利之事皆本於臿也詩云有臿公耶私與畚日為伍荷去應官徙歸來事田圃起土作隄防決渠沛霖雨但恐農隙時又趁挑河鼓

### 鋒

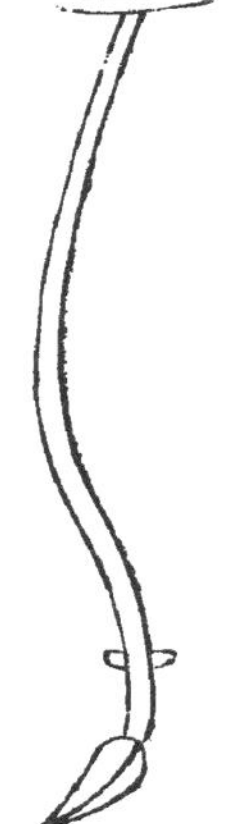

鋒孚逢切古農器也其金比犁鑱小而加銳其柄如耒首如刃鋒故名鋒取其銛利也地若堅垎胡格切鋒而後耕牛乃省力又不乏刃古農法云鋒地宜深鋒苗宜淺齊民要術耕田篇云速鋒之地恒潤澤而不硬注曰刈穀之後即鋒茇蒲達切下令突起則潤澤易耕種穀篇云苗高一尺則鋒之黍穄篇云苗生壠平鋒而不耩公項切農書云無鏵而耕曰耩既鋒矣固不必耩蓋鋒與耩相類

今鑄多用岐頭若易鋒爲精亦可代也近世農家不識此器亦不知名兹特錄其功用知爲不可廢也詩云也古農器於今用不同初緣耒耜制遂助犂鋤功利取根芟斷堅攻土脉通兼材宜不廢圖象付良工

長鑱

長鑱（士杉切）踏田器也鑱比犂鑱頗狹制爲長柄謂之長鑱杜工部同谷（峪同）歌曰長鑱長鑱白木柄卽謂此也柄長三尺餘後偃而曲上有橫木如拐以兩手按之用足踏其鑱柄後跟其鋒入土乃捩柄以起墢也在園圃區田皆可代耕比於钁斸（竹足切）省力得土又多古謂之蹠鏵今謂之踏犂亦耒耜之遺制也淮南子曰伊尹之興土工也脩脚者使之蹠（音隻）鏵注長脚者蹠鏵得土多也夫鏵與鑱同用卽長鑱也詩云揚橫柄屈踵微伸替卻犂耕攏上春足一踏來同耜舉手雙按處與鍬均杜陵託令歌同谷伊尹興工自有莘我亦從今事兹器東皋甘作力田人

鑱

鑱（士杉切）犂之金也集韵注鈌也吴人云鐵犂長尺有四寸廣六寸陸龜蒙耒耜經曰冶金而爲之者曰犂鑱起其墢者也負鑱者底底實于鑱中工謂之鼈肉底之次曰壁鑱背䏶然相戴（䏶以鼓切物之連次也）若㓹土既多其鋒必禿還可鑄接資農利之夫鑱之體用又見鏵序

鏵

鏵（胡瓜切）集韵云耕具也釋名鏵鍤類起土也說文鏵作茉兩刃鍤也從木象形宋魏作茉（互瓜反）集韵茉作鏵或曰削能有所穿也又鏵剗地爲坎也淮南子曰故伊尹之興土功脩脚者使之蹠（音隻）鏵（長脚者蹠鏵得土多也今謂之踏犂者舊用鏵亦用鑱）鏵與鑱頗異鑱狹而厚惟可正用鏵闊而薄翻覆可使老農云開墾生地宜用鑱翻轉熟地宜用鏵蓋鑱開生地着力易鏵耕熟地見功多然北方多用鏵南方皆用鑱雖各習尚不同若取其便則生熟異氣當以老農之言爲法庶南北互用鑱鏵不偏廢也詩云惟犂之

有金猶弧之有矢弧以矢為機犂以金為齒起土車刃同截荒劍鋒比緬懷神農學利端從此始

## 鎆

鎆蒲狄切犂耳也陸龜蒙耒耜經其略曰冶金而為之曰犂鎆起其墢者鑱也覆其墢者鎆也鑱引而居下鎆倚而居上鎆形其圓廣長皆尺微楕依果切狹長也背有二乳係于壁鑱之兩旁鑱之次曰策額言其可以扞其鎆也皆相連屬不可離者夫鎆形不一耕水田曰瓦繳曰高脚耕陸田曰鏡面曰碗口隨地所宜制也詩云犂以耜為齒耜以鎆為耳背盎作雙樞面滑倚假水覆墢翻若雲起昢直如矢裁成輔相間厥功深可倚

## 剗

剗所間切平上器也土俗又名鐁上周禮薙氏掌殺草冬日至而耜之鄭玄謂以耜測凍上而剗之其刃如鋤而闊上有深袴插於犂底所置鑱處其犂輕小用一牛或人輓

有金猶弧之有矢弧以矢為機犂以金為齒起土車刃同截荒劍鋒比緬懷神農學利端從此始

鎆

鎆蒲狄切犂耳也陸龜蒙耒耜經其略曰冶金而為之曰犂鎆起其墢者鑱也覆其墢者鎆也鑱引而居下鎆倚而居上鎆形其圓廣長皆尺微楕依果切狹長也背有二乳係于壁鑱之兩旁鑱之次曰策額言其可以扞其鎆也皆相連屬不可離者夫鎆形不一耕水田曰瓦繳曰高脚耕陸田曰鏡面曰碗口隨地所宜制也詩云犂以耜為齒耜以鎆為耳背盎作雙樞面滑倚假水覆墢翻若雲起昢直如矢裁成輔相間厥功深可倚

剗

剗所間切平上器也土俗又名鐁上周禮薙氏掌殺草冬日至而耜之鄭玄謂以耜測凍上而剗之其刃如鋤而闊上有深袴插於犂底所置鑱處其犂輕小用一牛或人輓

鐵搭

鐵搭四齒或六齒其齒鋭而微鉤似杷非杷斵土如搭是名鐵搭就帶圍銎以受直柄柄長四尺南方農家或乏牛犂舉此斵地以代耕墾取其疏利仍就鎘鏒塊壤兼有杷钁之効嘗見數家為朋工力相傳日可斵地數畝江南地少土潤多有此等人力循北方山田钁户也賦云有器與杷钁而各殊轍用與杷钁而無别自夫煅煉而鋒乃有銎柄之揭獨擅力乎田園嘗始見於江浙鋭比昆吾之鉤利卽鏌鋣之鐵舉巨爪兮爬扶具疎齒兮噬齧憑爪手兮汝藝是施假肘臂兮我力欲竭不耕而種且寬牛畜之租既斵而钁侶覺耙功之拙每破陌上之晨煙幾荷江邊之明月彼杜甫長鑱而豈託我生又堯民擊壤而焉知帝力必能審察其異同方達彼此之緩急願編圖譜附鎝也於農書使貧窶者得之用普及於稼穡

杴

鐵杴

木杴

鐵刃杴

竹揚杴

杴虛嚴切臿屬但其首方闊柄無短揭此與鍬臿異也煆鐵為首謂之鐵杴惟宜土工刻木為首謂之木杴可撩初責切穀物又有鐵刃木杴裁割田間壟埂以竹為之者淮人謂之竹揚杴與江浙颺去聲籃少異今皆用之因附于后

鐵杴詩云非鍬非臿别名杴柄直銎圓首利銛毋謂土工能事畢剗除荒穢要渠兼

木杴詩云柄頭掌木儘寬平穀實抄來忌滿盈苗夏耰鋤方用事幾回高閣待秋成

鐵刃木杴詩云杴頭利刃擬風斤裁割畦田爾策勳莫謂等閑農事了人間經界要平分

竹揚杴詩云竿頭擲穀一箕輕忽作晴空驟雨聲已向風前揀粃盡不勞車扇太忙生

之旬狀時景也則知此制已久但故俗相傳不知所自盖音樂主和寓之於物以假聲韻所以感陽舒而蕩陰鬱道天時而達人事則人與時通物隨氣化非直為戲樂也天台戴式之賦之云鳳簫鼉鼓龍鬢笛夜宴華堂醉春色繁聲矮響蕩人心但有歡娛別無益何如村落捲桐吹能使時人知稼穡村南村北聲相續青郊兩後耕黄犢一聲催得大麥黄一聲喚得新秧綠人言此角只兒戲孰識古人吹角意田家作勞多怨咨故假聲音召和氣吹此角起東作吹此角田家樂此角上與鄒子之律同宫商合鐘呂形甚朴聲甚古一吹寒谷生禾黍



農器圖譜集之三

之旬狀時景也則知此制已久但故俗相傳不知所自盖音樂主和寓之於物以假聲韻所以感陽舒而蕩陰鬱道天時而達人事則人與時通物隨氣化非直為戲樂也天台戴式之賦之云鳳簫鼉鼓龍鬢笛夜宴華堂醉春色繁聲矮響蕩人心但有歡娛別無益何如村落捲桐吹能使時人知稼穡村南村北聲相續青郊兩後耕黄犢一聲催得大麥黄一聲喚得新秧綠人言此角只兒戲孰識古人吹角意田家作勞多怨咨故假聲音召和氣吹此角起東作吹此角田家樂此角上與鄒子之律同宫商合鐘呂形甚朴聲甚古一吹寒谷生禾黍

農書通訣　集之四

農器圖譜集之三

## 農器圖譜集之四

東魯王禎撰

### 錢鎛門

錢鎛古耘器見於聲詩者尚矣然制分大小而用有等差揆而求之其鉏耨鏟盪等器皆其屬也如耬鉏鐙鉏耘爪之類是其變也至於薅馬薅鼓又其輔也儻度而用之則知水陸之耘事有大功利在矣

### 錢

錢(子踐切)臣工詩曰庤乃錢鎛注錢銚也(銚七遙切)世本垂作銚唐韻作鄉今鍬與鍤同此錢與鎛為類薅(呼豪切)器也非鍬屬也玆度其制似鍬非鍬殆與鏟同篆文曰養苗之道鉏不如耨(乃豆切)耨不如鏟(楚簡切)鏟柄長二尺刃廣二寸以剗地除草此鏟之體用即與錢同錢特鏟之別名耳

### 鎛

鎛(布各切)耨別名也良耜詩曰其鎛斯趙以薅荼蓼釋名曰鎛迫也迫地去草也爾雅疏云鎛鎒一器或云鉏或云鋤屬嘗質諸考工記凡器皆有國工粵獨無鎛何也粵之無鎛非無鎛也夫人而能為鎛也荊州之田第八而賦第三揚州之田第九而賦雜出第六者人功修也以人皆趨農故耕耨之器手熟目捻不須國工而自能也竊謂鎛鉏屬農所通用故人多匠之不必國工今舉世皆然非獨粵也王荊公詩云於易見耒耜於詩聞錢鎛百工聖人為此㝡功不薄欲收黍　善先去蒿萊惡願因觀器悟更使臣工作

### 耨

耨(乃豆切)除草器易繫曰耒耨之利以教天下蓋取諸益呂氏春秋曰耨柄尺此其度也其耨六寸所以間稼也高誘注云耨芸苗也六寸所以入苗間廣雅又云定謂之耨爾雅曰斪(巨復古俟二切)斸(錄切)謂之定郭曰鉏屬淮南子曰摩蜃而耨(蜃大蚌也摩令利用耨此古農器也)呂氏春秋曰先生者為米後生者為粃是故其耨也長其兄而去其弟不知稼者其耨也去其兄而養其弟不收其粟而收其粃此失耨之道也篆文曰養苗之道鉏不如耨古農法云苗生葉以上稍耨壠草因隤其土以附苗根此耨之功也詩云創物各有名薅器即去耨壅厚破蟻封啄深過鳥咮(竹救切)護苗如養賢去草極擊寇曾聞傴僂翁功毋求

耰鉏

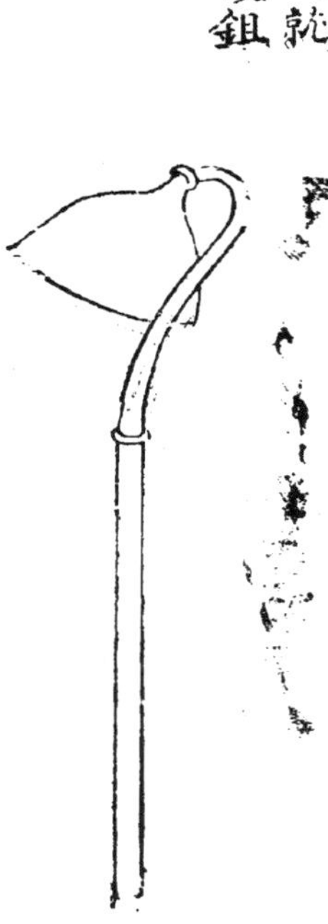

耰鉏古云斫斸一名定耰為鉏柄也賈誼云秦人借父耰鉏即此也釋名鋤助也去穢助苗也說文鉏立薅也齊民要術曰苗生馬耳則鏃（初角切諺曰欲得馬耳鏃）鋤稀豁之處鋤而補之凡五穀惟小鋤為良勿以無草而暫停春鋤起土夏鋤除草故春鋤不用觸濕六月以後雖濕亦無嫌夫鋤法有四一次曰鏃二次曰布三次曰擁四次曰復諺云鋤頭自有三寸澤言鋤則苗隨茲茂其刃如半月比禾壠稍狹上有短銎以受鋤鉤鉤如鵝項下帶深袴（古以鐵為之）以受木柄鉤長二尺五寸柄亦如之北方陸田舉皆用此江淮間雖有陸田習俗水種殊不知菽粟黍稷等稼耰鋤鏃布之法但用直項鋤頭刃雖鋤也其用如斸是名钁鋤故陸田多不豐收今表此耰鋤之効并其制度庶南北通用王荊公詩云鍛金以為曲揉木以為直直曲相後先心手始兩得秦人望屋食以此當金革君勿易耰鋤勝鋒鏑

耬鋤

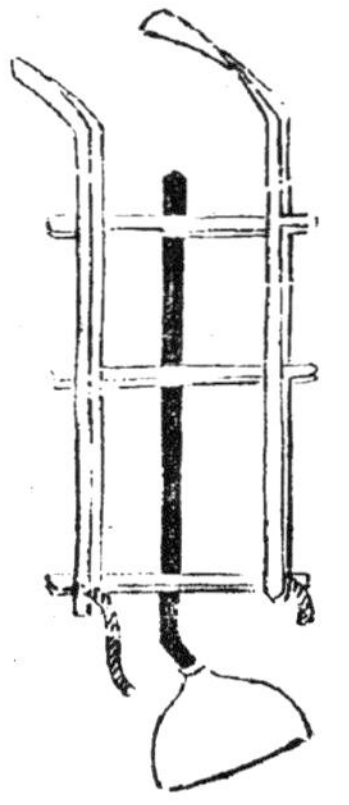

耬鋤種蒔直說云此器出自海壖號曰耬鋤耬制頗同獨無耬斗但用耰鋤鐵柄中穿耬之橫桄下仰鋤刃形如杏葉撮苗後用一驢帶籠觜挽之初用一人牽慣熟不用人止一人輕扶如土二三寸其深痛過鋤力三倍所辦之田日不啻二十畝今燕趙間用之名曰劐（呼鑊切）子劐子之制又少異於此钁子第一遍即成溝于穀根未成不耐旱耬鋤刃在土中故不成溝子第二遍加擗土木鳫翅方成溝子其土分壅穀根擗土（用木厚三寸闊三寸長六寸取成三角樣前為尖中作一竅長一寸闊半寸穿於鐵鋤柄上壓鋤刃上）韓氏直說云如耬鋤過苗間有小豁不到處用鋤理撥一遍即為全功也詩云器惟名劐（呼鑊切）柄如耰一樣田家獨脚耬擁土欲深添鳫翅為苗除薉當鋤頭朝來暮去供千壠力少功多限一半無佃甫田休盡信驕驕惟莠併無憂

鐙鋤

鐙都鄧切鋤剗草具也形如馬鐙其踏鐵兩旁作刃甚利上有圓銎以受直柄用之剗草故名鐙鋤柄長四尺比常鉏無兩刃角不致動傷苗稼根莖或遇少旱或熇苗之後壠土稍乾荒薉復生非耘耙耘爪所能去者故用此剗除特為徑利此創物者隨地所宜偶假其形而取便於用也與前代儀仗鐙棒無異嘗見江東農家用之詩云茲鉏以鐙稱惟鐙與鉏異鉏乃擬鐙形鐙也取鉏利借用有實材互名非本器物兮多變通執一豈六智

鏟

鏟楚簡切釋名曰鏟平削也廣雅曰鑯纂文曰養苗之道鋤不如耨耨不如鏟鏟柄長二尺刃廣二寸以剗地除草此古之鏟也今鏟與古制不同柄長數尺首廣四寸許兩手持之但用前進攛之剗去壠草就覆其根特號敏捷今營州之東燕薊以北農家種溝田者皆用之詩云古鏟惟制小頗逾鋤耨功今於古制異用亦差不同溝田壠畝多他刃誠難攻製器變地宜創物須良工長柄加闊首圓柄接直銎畎畝耀旰月肘腋凌輕風務進同撞戈再前隨換踪覆芟易反掌劃地深潛鋒已令土膏潤旋平聲看蔓草空要處嫌雜外不離芸芋中養苗成此稼去穢利吾農無田非力鬭有貝致時豐嘗見燕趙北亦傳遜池東遠近或未識圖譜容相通

耘盪

耘盪徒浪切江浙之間新制之形如木屐而實長尺餘闊約三寸底列短釘二十餘枚簨其上以貫竹柄柄長五尺餘耘田之際農人執之推盪禾壠間草泥使之溷溺則田可精熟既勝杷鋤又代手足水田有手耘足耘況所耘田數日復兼倍嘗見江東等處農家皆以兩手耘田匍匐水間膝而行前日曝於上泥熇於下誠可嗟憫真西山言豳詩農事之叙至耘苗則曰暑日流金田水若沸耘耔是力稂莠是除爬沙而指為之戾傴僂而腰為之折此耘苗之苦也今觀此器惜不預傳以濟彼用茲特圖錄庶愛民者播為普法詩云稻人掌稼須下地狹壠年年勤揷蒔適當盛暑見蓐人手足爬沙泥浸漬伊誰制器代爪耘長竹柄頭加木屐所綺切底列短釘為鐵齒盪草入泥俱膿去聲死速比耰鉏用處功謂鉸草與耰鋤等速也粒食由來同所致舉世誰非較腹人智力取之寧有異至若執筆公署間但仰廪支供口費又若持戈征戍徒尤籍背糧遠輸饋世間亦復多挾藝作計無非謀此食試將

兹器云於人由此致食應不識使當獻送政事堂穀祿使知從我得願將制度付國工徧賜吾農資稼穡

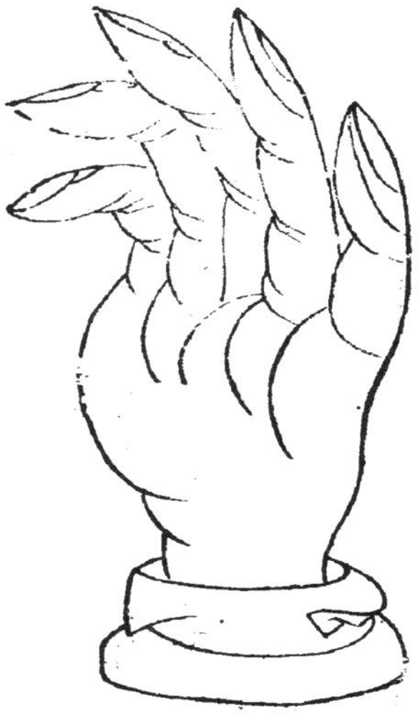

耘爪耘水田器也即古所謂鳥耘者其器用竹管隨手指大小截之長可逾寸削去一邊狀如爪甲或好堅利者以鐵為之穿於指上乃用耘田以代指甲猶鳥之用爪也陸龜蒙鳥耘辯謂耘者去莠舉手務疾而畏晚鳥之啄食務疾而畏奪法其疾畏故曰鳥耘然則嘗觀農人在田傴僂伸縮以手爪耘其草泥無異鳥足之爬扶豈非鳥耘者耶今述耘爪故因辯之庶識者有所取也詩云惟農有鳥耘爪田仍去莠剆竹貫十指轉禾牽兩肘假借以為功疏剔乃能久羨彼城府人安居長袖手

薅馬

薅馬薅禾所乘竹馬也似籃而長如鞍而狹兩端攀以竹系農人薅馬之際乃寘於跨間餘裳斂之於內而上控于腰畔乘之兩股既寛乂行壠上不礙苗行胡郎切又且不為禾葉所緒故得專意摘剔稂莠速勝鋤耨此所乘順快之一助也余嘗盛夏過吳中見之土人呼為竹馬與兒童戲乘者名同而實異殆若秧馬之類因命曰薅馬乃作詩道其梗槩云嘗見兒童喜相逐抖擻繫纓騎竹馬今落田家薅具中髣髴形模懸跨下頭尾微昂如犢鞍腹脇中虛深仰尾乘來壠上斂褰裳借足於人寛兩髀初無鞭轡手不施只有叢滿常滿把昔聞坡老歌秧田以木為軀名我假雖云制度各殊工不出同途超稼野豈無燕市騏驥材千里驅馳汗如濡亦有尚廐麒麟姿路乘一鳴何似啞争如寓器干同宮芻秣不煩殃咎寡又如畫幅出龍媒過目徒教費模寫尤疑鐵騎響風簷聒耳胡為勞鑄冶豈知創物利於民獨有老農真智者朝騎暮去有常程暑月奔忙非夏序茶蓼朽止方告勞杳不聞期馴里屢回看所歷稼如雲擬賀豐穰奏豳雅功成掛為一長嗟控御由人多用舍

汀北方幽冀等處遇有下地經冬水涸至春首浮凍消釋乃用此器剗土而耕草根既斷土脉亦通宜春種麰麥凡草莽汙澤之地皆可用之蓋地既淤壤肥沃不待深耕仍火其積草而種韃去乃倍收斯因地制器剗土除草故名剗兼體用而言也詩云制器相地宜剗名良有義起土與耜同除荒過鉏利既能耕墾兼仍取播殖易面看功施犂去何春麥已交翠

剗

剗呼切鏟農桑輯要云燕趙之間用之今燕趙迤南又謂之種金耬足所構金也如鏟而小中有高脊長四寸許闊三寸插於耬足背上兩竅以繩控於耬之下撓其金入地三寸許耬足隨瀉種粒其種入土既深田亦加熟剗所過猶小犂一遍如古耦耕之法郎一事而兩得也詩云種耬如耦耜足木覆雙金制比耕鏟小功惟入種深發生資爾後利用見於今苗壠雲平日[illegible]無跡可尋

梧桐角

梧桐角淛東諸鄉農家兒童以春月捲梧桐為角吹之聲遍田野前人有村南村北梧桐角山後山前白菜花

薅鼓曾氏薅鼓序云䔲田有鼓自入蜀見之始則集其來既來則節其作既作則防其所以笑語而妨務也其聲促烈清壯有緩急抑揚而無律吕朝暮曾不絶響悲夫田家作苦綺襦紈袴不知稼穡之艱難因作耘鼓歌以告之云炎風灼肌汗成雨赤日流空水如煑稗苗森森苗方乳田家長養過兒女稊根稗實藏深土得水滋萌疾機弩老農憂前走旁午子汲婦炊具雞黍百端勸相防莽鹵尚恐偷忙貪笑語長椌剡洞三尺許促烈軒轟無律吕雙手俱胼折腰膂朝走東皋夕南畝錦堂公子調樂府終日靈鼉緩歌舞庖人擇情揮鳥羽小槽眞珠色勝琥歸來醉飽月停午囊甕猶嫌不勝貯萬錢棄擲在盤俎厭飫臺輿賸饇鼠老農此時獨淒楚長鑱爲命鉏爲伍歸見椌音不吐只有呻吟滿環堵但得一甌置龜腑敢較人間異甘苦吁嗟公子還知否請聽薅田一聲鼓

農器圖譜集之四

薅鼓曾氏薅鼓序云䔲田有鼓自入蜀見之始則集其來既來則節其作既作則防其所以笑語而妨務也其聲促烈清壯有緩急抑揚而無律吕朝暮曾不絶響悲夫田家作苦綺襦紈袴不知稼穡之艱難因作耘鼓歌以告之云炎風灼肌汗成雨赤日流空水如煑稗苗森森苗方乳田家長養過兒女稊根稗實藏深土得水滋萌疾機弩老農憂前走旁午子汲婦炊具雞黍百端勸相防莽鹵尚恐偷忙貪笑語長椌剡洞三尺許促烈軒轟無律吕雙手俱胼折腰膂朝走東皋夕南畝錦堂公子調樂府終日靈鼉緩歌舞庖人擇情揮鳥羽小槽眞珠色勝琥歸來醉飽月停午囊甕猶嫌不勝貯萬錢棄擲在盤俎厭飫臺輿賸饇鼠老農此時獨淒楚長鑱爲命鉏爲伍歸見椌音不吐只有呻吟滿環堵但得一甌置龜腑敢較人間異甘苦吁嗟公子還知否請聽薅田一聲鼓

農器圖譜集之四

農器圖譜集之五

東魯王禎撰

## 銍艾門

傳曰種曰稼斂曰穡稼為農之本穡為農之末本輕而末重先緩而後急故農法曰熟欲速穫此銍艾等器所以為田農收斂之要務也仍以斧鋸等附亦農事之不可緩者

### 銍

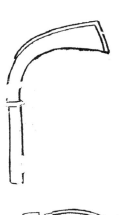

銍（知栗切）穫禾穗刃也臣工詩曰奄觀銍艾書禹貢曰二百里納銍（注刈禾半藁也）小爾雅云截穎謂之銍截穎即穫也據陸詩釋文云銍穫禾短鐮也纂文曰江湖之間以銍為刈說文云此則銍器斷禾聲也故曰銍管子曰一農之事必有一推一銍然後成為農此銍之歷見於經傳者如此誠古今必用之器也詩云制形類短鐮名義因聲聞總秸既異賦禾藁惟中分雖云一鉤鐵解空千畝雲小材有大用乘時策奇勳苟無遽棄捐磨礪以須君

### 艾

艾（魚肺切）穫器今之刨鎌也方言曰刈江淮陳楚之間謂之鉊（音昭）或謂之鍋（音鍋）自關而西或謂之鉤或謂之鎌或謂之鍥（音結）詩奄觀銍艾釋音乂韻作艾（芟草亦作刈）賈策若艾草管注艾讀曰刈古艾從草今刈從刀字宜通用詩云艾也著周詩一物兩用備始資芟蔓草終穎欲秉穟磨淬擬工利收穫疾冦至毋謂雪翻匙腰月棄塵翳

### 鐮

鐮（力鹽切）刈禾曲刀也釋名曰鐮廉也薄其所刈似廉者也又作鎌周禮薙氏掌殺草春始生而萌之夏日至而夷之鄭玄謂夷之鉤鐮迫地芟之也若今取茭矣風俗通曰鐮刀自揆積芻蕘之效然鐮之制不一有佩鐮有兩刃鐮有袴鐮有鉤鐮有鐮柌（鐮柄楔其刃也）之鐮皆古今通用芟器也詩云利器從來不獨工鐮為農具古今同芟餘禾稼連雲遠除去荒蕪捲地空低控一鉤長似月輕揮尺刃捷如風因時殺物皆天道不爾何收歲杪功

艾魚肺切穫器今之刈鎌也方言曰刈江淮陳楚之間謂之鉊昭音或謂之鐹果音自關而西或謂之鉤或謂之鐮或謂之鍥結音詩奄觀銍艾釋音义韻作乂芟草亦作刈賈策若艾草管注艾讀曰刈古艾從草今刈從刀字宜通用詩云艾也蓋周詩一物兩用備始資芟蔓草終積收秉鏺磨淬擬工利收穫疾寇至毋謂雪飄匙腰月藥壁

鏺

鐮

鐮力兼切刈禾曲刀也釋名曰鐮廉也薄其所刈似廉考也又作鎌周禮薙氏掌殺草春始生而萌之夏日至而夷之鄭玄謂夷之鉤鐮迫地芟之也若今取茭矣風俗通曰鐮刀自撥積芻蕘之效然鐮之制不一有佩鐮有兩刃鐮有袴鐮有鉤鐮有鐮桐鐮柄楔其刃也之鐮皆古今通用芟器也詩云利器從來不獨工鐮為農具古今同芟餘禾稼連雲遠除去荒蕪捲地空低控一鉤長似月輕揮尺刃捷如風因時殺物皆天道不爾何收歲杪功

推鐮

推鐮斂禾刃也如蕎麥熟時子易焦落故製此具便於收斂形如偃月用木柄長可七尺首作兩股短叉架以橫木約二尺許兩端各穿小輪圓轉中嵌鐮刃前向仍左右加以斜杖謂之蛾眉杖以聚所劖之物凡用則執柄就地推去禾莖既斷上以蛾眉杖約之乃回手左擁成稕以離舊地另作一行子既不損又速於刀刈數倍此推鐮體用之効也詩云北方寒早多晚禾赤莖烏粒連山阿霜餘日薄熟且過脆落不耐揮刈何因物制器用靡他田夫已見伐長柯一鉤偃月鐮新磨置之叉頭行兩碣仍加修杖雙眉蛾推擁捷勝輪走坡左俠忽若持橫戈原頭積穗雲長拖秋成助斂知時和欲充糲食無飢魔北風捲地翻長河此時鐮也收加多試向田翁云此歌

粟鋻

粟鑿切古賢截禾穎刃也集韻去鑿剛也其刃長寸餘上帶圓銎穿之食指刃向手内農人收穫之際用摘禾穗與銍形制不同而名亦異然其用則一此特加便捷耳詩云截然小刃帶圓銎禾穎還分掌握中總道詩人能賦物好將題詠繼臣工

鏍

鏍古節切似刀而上彎如鐮而下直其背指厚刃長尺許柄盈二握江淮之間恒用之方言云自關而西謂之鉤江南謂之鍥音結鍥鏍集韻通用又謂之彎刀以刈草禾或斫柴篠可代鐮斧一物兼用農家便之詩云弟鐮兄鏺不須猜呼鏍爲名有自來賦物詩人還可取器兮不器擅兼材

鏺

鏺補末切集韻云鏺兩刃刈也其刃長餘二尺闊可三寸横插長木柄内牢以逆楔先結切農人兩手執之遇草萊或麥禾等稼折腰展臂匝地芟之柄頭仍用掠草杖以聚所芟之物使易收束太公農器篇云春鏺草棘又唐有鏺麥殿今人亦云芟曰鏺蓋體用互名皆此器也詩云摩地寧論草與禾雲隨風捲一劙過田頭曾聽農夫説功比剜鐮十倍多

劚刀

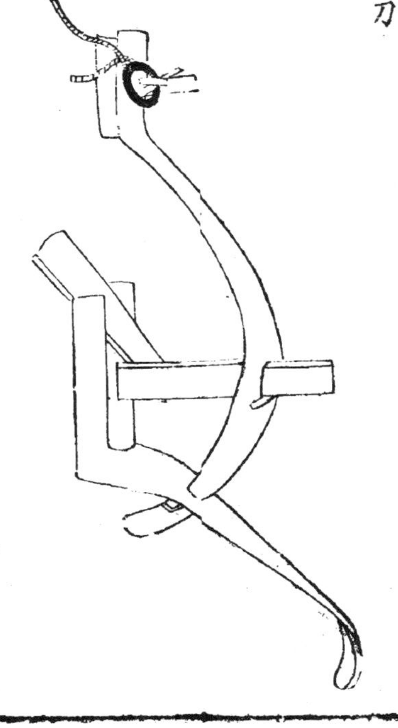

劚娳計切刃集韻與劚同闢荒刃也其制如短鐮而背則加厚嘗見開墾蘆葦蒿萊等荒地根株駢密雖强牛利器鮮不困敗故於耕犂之前先用一牛引曳小犂仍置刃裂地闢及一壟然後犂鑱隨過覆墢截然省力過半又有於本犂轅首裏邊就置此刃比之別用人畜尤省便也詩云雈葦根駢密若封耕犂借爾作前鋒欲知牛力寬多少萬垡飜雲看不供

斧

斧釋名曰斧甫始也凡将制器始以斧伐木已乃制之也周書曰神農作陶冶斧破木爲耒耜鉏耨以墾草莽然後五穀興其柄爲柯然樵斧與桑斧制頗不同樵斧狹而厚桑斧闊而薄蓋隨所宜而制也今農夫耕作之際修極佃其隨身尤不可闕者王荆公詩云百金聚一冶所賦以所遭此豈異鏌鎁柰何獨當樵朝出在人手暮歸在人腰用舍各有時此心兩無邀

鋸

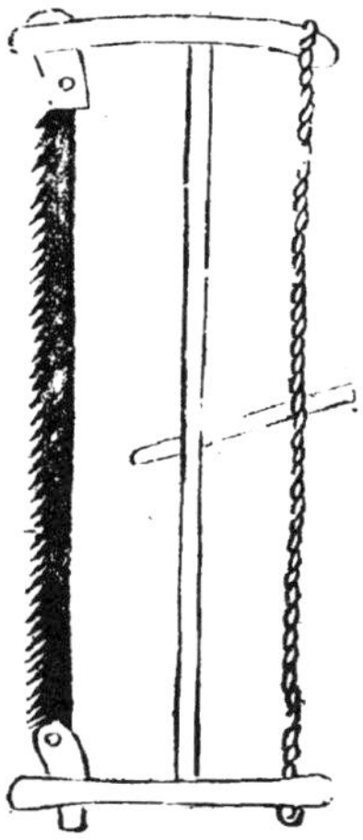

鋸解截木也古史考曰孟莊子作鋸說文曰鋸槍唐也莊子曰禮若亢鋸之柄(亢舉也禮有所斷猶舉鋸之柄以斷物也)又曰天下好智而百姓求竭矣於是乎釿(音斤)鋸顛焉太公農器篇云钁鍤斧鋸此鋸爲器農尚矣今接博桑果不可闕者詩云百鍊出煆工脩薄見良鉄累木作梁横錯刃成齒列直斜隨墨絃來去罪輕肖儻遇盤错閒利器乃能别

鍘

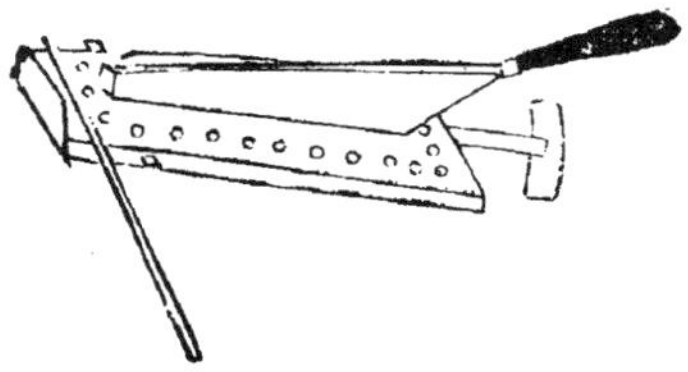

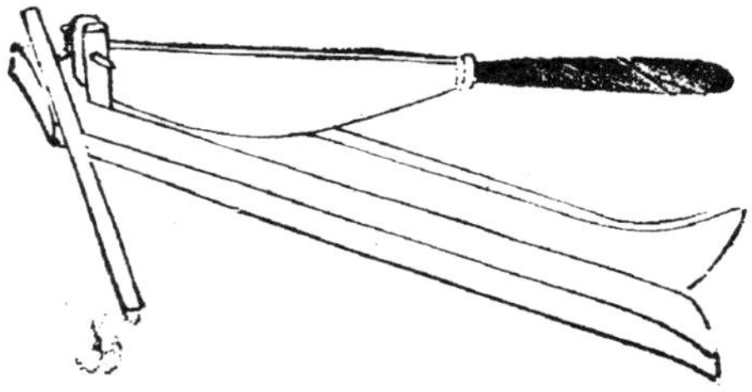

鍘(查鎋切)秦云切草也(又作劕俗作前非也)凡造鍘先鍛鉄爲鍘背厚可指許内嵌鍘刃如半月而長下帶鉄袴以插木柄截木作碪長可三尺有餘廣可四五寸碪首置木簨高可三五寸穿其中以受鍘首

礪

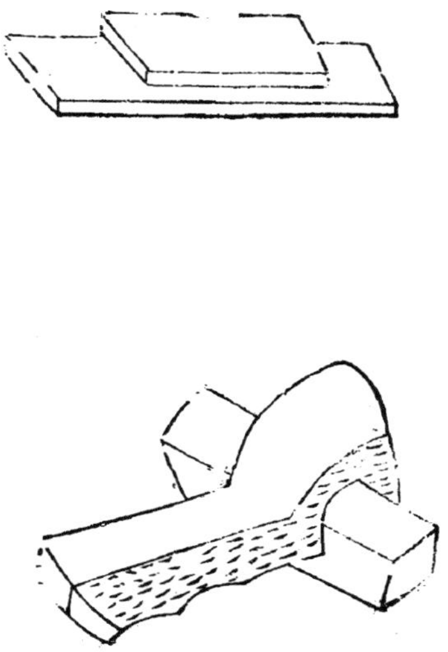

礪磨刀石也書曰揚州厥貢礪砥（砥細於礪皆磨石也）廣志曰礪石出首陽山有紫白粉色出南昌者最善山海經曰高梁之山多砥礪今隨處間磬（去）亦有之但上數處爲佳耳尸子曰鉄使干越之工鑄之以爲劒而勿加砥礪則以刺不如擊不斷磨之以礱加之以黄砥則刺也無前擊也無下自是觀之礪與弗礪其相去遠矣今農器鑣斧鏤鏺之類非礪不可大小之家所必用也蔡邕銘曰木以繩直金以沛剛必須砥礪就其鋒鍔

農器圖譜集之五

農器圖譜目録

農器圖譜目錄









農器圖譜目錄

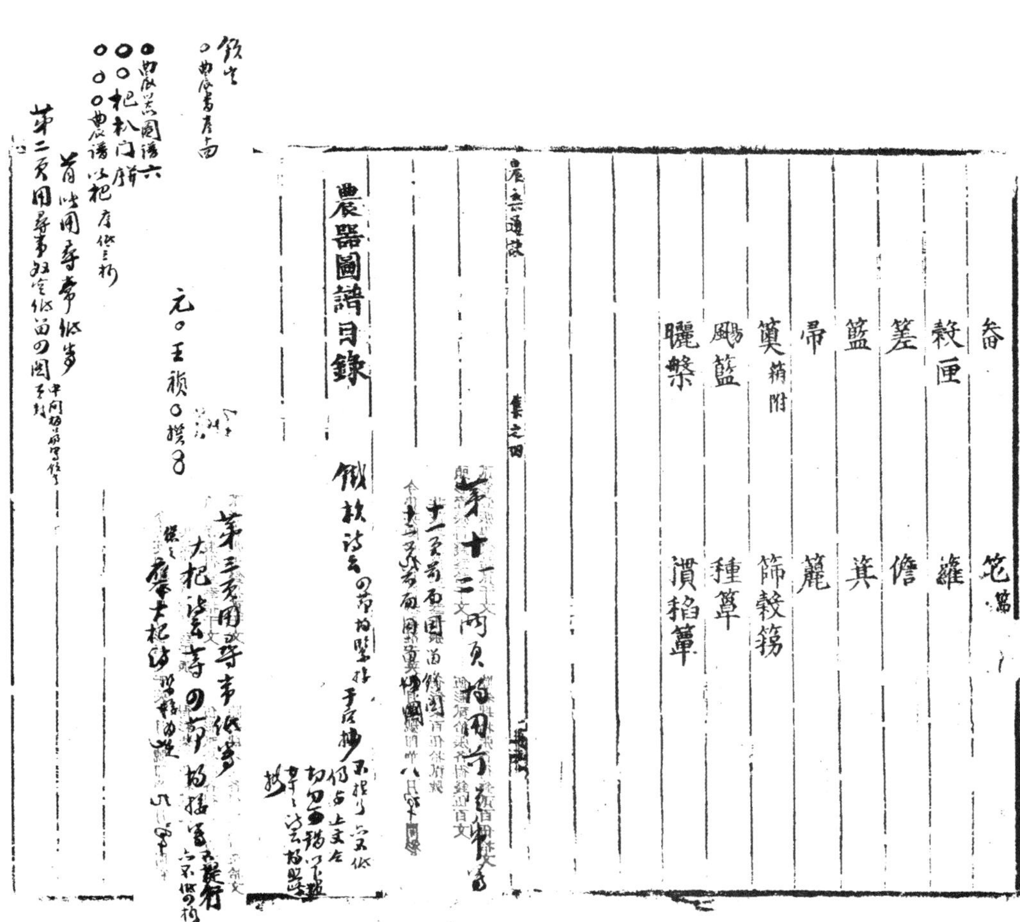

農器通訣　集之四

畚　笆

穀匣　籮

箉　儋

籃　箕

帚　籭

籅（箱附）　篩穀箉

颺籃　種箄

䉛槃　摜稻簟

農器圖譜目錄

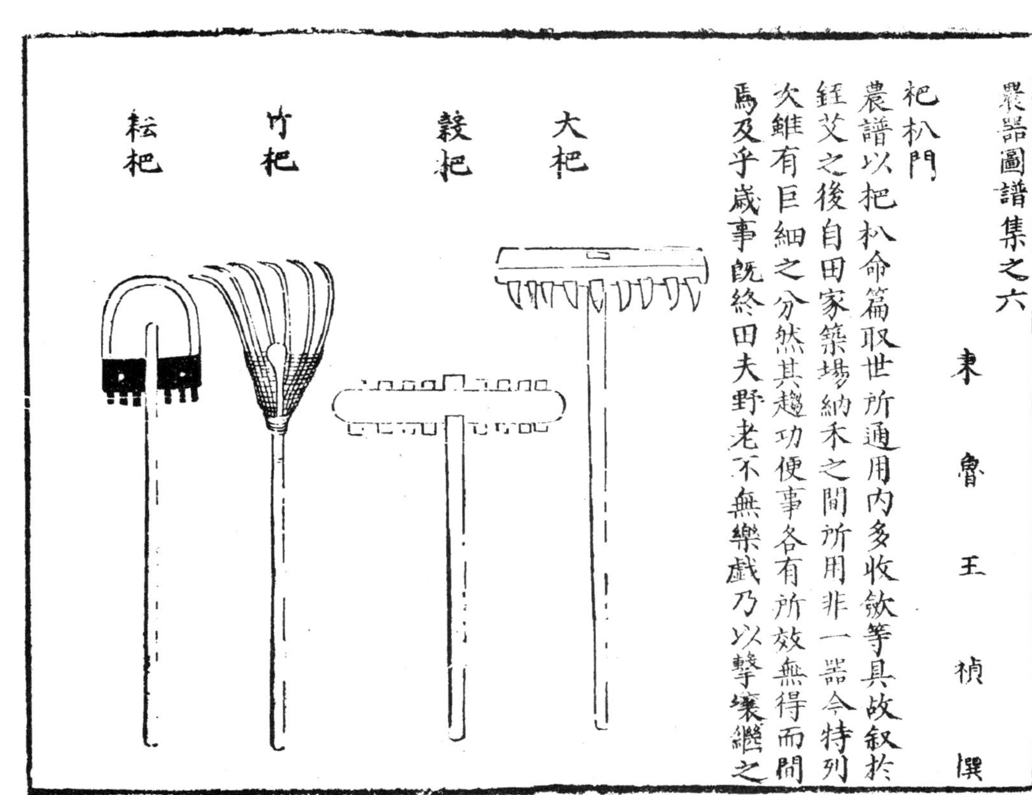

農器圖譜集之六

東魯王禎撰

杷朳門

農譜以杷朳命篇取世所通用內多收斂等具故叙於銍艾之後自田家築場納禾之間所用非一器今特列次雖有巨細之分然其趨功便事各有所效無得而閒焉及乎歲事既終田夫野老不無樂戲乃以擊壤繼之

農器圖譜集之六

東魯王禎撰

## 杷朳門

農譜以杷朳命篇，取世所通用內多收斂等具，故叙於銍艾之後。自田家築場納禾之間，所用非一器，今特列次。雖有巨細之分，然其趨功便事，各有所效，無得而間焉。及乎歲事既終，田夫野老不無樂戲，乃以擊壤繼之。

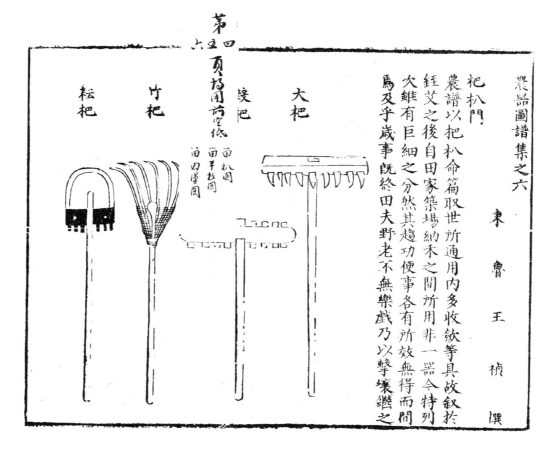

大杷

穀杷

竹杷

耘杷

小杷

杷，蒲巴切。鏤鍬器也。方言云：宋魏間謂之渠拏，或謂之渠疏。直柄橫首，柄長四尺，首闊一尺五寸，列鑿方竅，以齒爲節。夫畦畛之間，鋑劃塊壤，疏去瓦礫，場圃之上，摟聚麥禾，擁積稭穗，此益農之功也。後有穀杷，或謂透齒杷，用攤曬穀。又耘杷，以木爲柄，以鐵爲齒，用耘稻禾。竹杷，場圃樵野間用之。王褒

大杷詩云：直躬橫首制爲杷，入主初疑巨爪爬。
解於當途除瓦礫，且將疏跡混塵沙。
操持有要從耰柄，鎡錤惟勤利齒牙。
去惡從來類忠讜，惜哉獨用野夫家。

穀杷詩云：曬槃留跡以杷名，翻覆能令五穀平。
毋訝情陰不恒德，含之藏則用之行。

竹杷詩云：撩竹爲杷指爪如，強干攘藁易渠疏。
僕僮有約供薪爨，一務誰知用有餘。

耘杷詩云：鐵作渠疏代爪耘，幾將疏質效微勤。
纏綿蔓草知多少，輒爲良苗一解紛。

朳

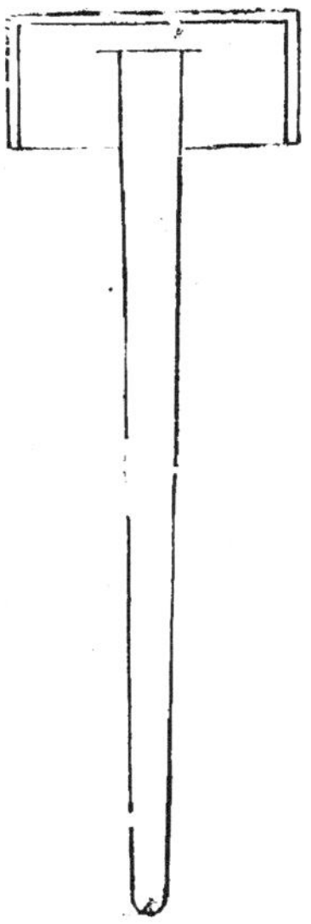

朳（博拔切）無齒杷也所以平土壤聚穀實說文云無齒爲朳禾譜字作戛（訖點切）周生烈曰夫忠蹇朝之杷朳正人國之埽篲秉杷執篲除凶掃穢國之福主之利也杷朳之爲器也見於書傳至今不替其用爲不負紀録矣朳詩云長柄爲身首闊横似杷無齒朳爲名補填鏬漏坤無缺推擁泥污坎易盈每與渠疏供攏畝解收狼戾作囷京從今柄用多餘力未許人間有不平

平板

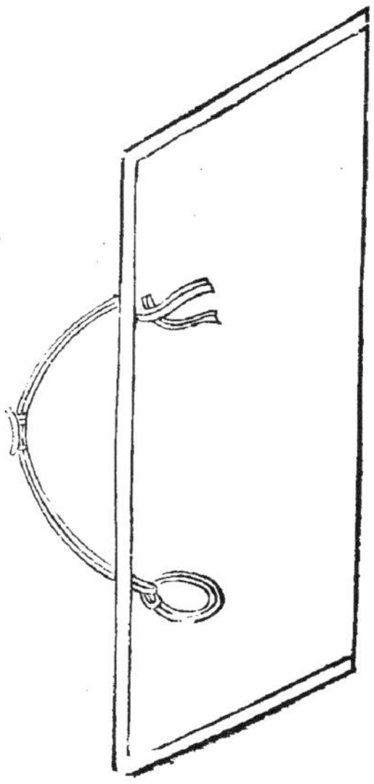

平板平摩種秧泥田器也用滑面水板長廣相稱上置兩耳繫索連軛駕牛或人拖之摩田須平方可受種即得放水浸漬勻停秧出必齊田家或仰坐撬代之終非本器詩云小於食案大於砧畦面勻拖恐不任材厚似難浮水動體寬元不墊泥溪一行已見光如拭再過都無跡可尋世道迓衡方汝用一區毋爲滯渧涔

田盪

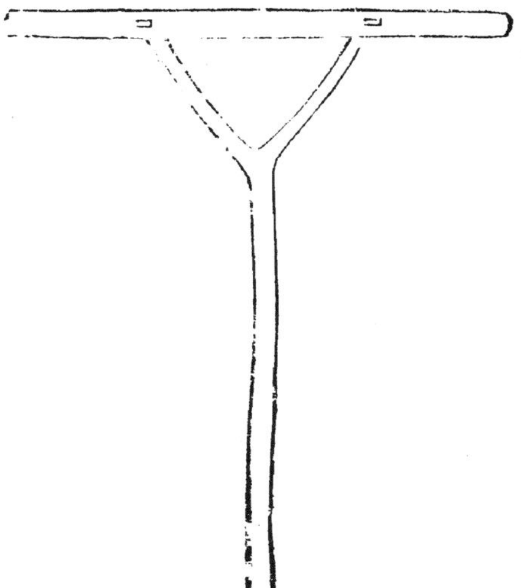

田盪（他浪切）均泥田器也用叉木作柄長六尺前貫横木五尺許田方耕耙尚未勻熟須用此器平着其上盪之使水土相和凹凸各平則易爲秧蒔農書種植篇云凡水田滲漉精熟然後踏糞入泥盪平田面乃可撒種此亦盪之用也夫田盪與上篇耘盪（徒浪切）之盪字同音異所用亦各不類因辯及之（耘盪見錢鎛門）詩云農事方殷春已歸緑雲滿摇春秧齊秧馬隨其田成畦尚欠有物平水泥横木叉頭手自攜盪磨泥面如排擠人畜一過饒足

踦却行一休前蹤迷塗滑如展黄玻瓈挿蒔足使無高低處汀不染滓清溪歸來自潔從高樓一遇詩人經品題附名農譜始躋顧言永用同鉏犁

輥軸

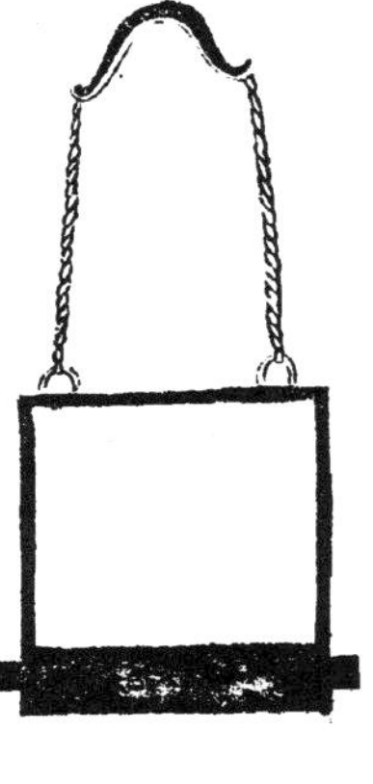

軸帖 本軸輥碾草木軸也其軸木徑可三四寸長約四五尺兩端俱作轉簨挽索用牛拽之夫江淮之間凡漫種稻田其草禾齊生並出則用此輥碾使草禾俱入泥內再宿之後禾乃復出草則不起又嘗見一方稻田不解挿秧唯務撒種却於軸間交穿板木謂之鴈翅狀如礰礋而小以輮打水土成泥就碾草禾如前江南地下易於得泥故用輥軸北方塗田頗少放水之後欲得成泥故用鴈翅輮打此各隨地之所宜用也詩云稻田蕪薉與苗同都入機衡輥碾中本擬助禾輕着力却憑偃草重於風一番泥滓重加熟幾倍耨耘可並功思巧何人添鴈翅聯翩更覺用尤工

秧彈

秧彈平聲秧瓏以篾為彈彈猶弦也世呼船牽去聲曰彈字義俱同蓋江鄉櫃田內平而廣農人秧蒔漫無準則故制此長篾掣於田之兩際其直如弦循此布秧了無欹斜猶梓匠之繩墨也詩云壂埂寬長有櫃田秧彈依約不容偏物情自是宜標準苗壠回看直似弦

杈

杈如加切 箝禾具也揉木為之通長五尺上作二股長可二尺上一股微短皆形如彎角以箝行取禾縛也又有以木為幹以鐵為首二其股者利如戈戟唯用叉取禾束謂之鐵禾杈集韻云杈杷農器也詩云豎若戈戟森用與戈戟異彼能禦外侮此則供稼務事顧言等鋤耰非因為戰備今遇太平時叉也即農器

義俱同蓋江鄉櫃田內平而廣農人秧時漫無準則故制此長篾掣於田之兩際其直如弦循此布秧了無款斜猶梓匠之繩墨也詩云塍埂寬長有櫃田秧彈依約不容偏物情自是宜標準苗壠回看直似弦

## 杈

杈如加切箝禾具也揉木爲之通長五尺上作二股長可二尺上一股微短皆形如彎角以箝取禾稈也又有以木爲榦以鐵爲首二其股者利如戈戟唯用叉取禾束謂之鐵禾杈集韻云杈杷農器也詩云豎若戈戟森用與戈戟異彼能禦外侮此則供稼事願言爭鋤耰非因爲戰備今遇太平時叉也即農器

笐（下浪切）架也集韻作䈆竹竿也或省作笐今湖湘間收禾並用笐架懸之以竹木構如屋狀若麥若稻等稼穫而束（音簇）之悉倒其穗控於其上久雨之際比於積垛不致鬱浥江南上雨下水用此甚宜北方或遇霖潦亦可倣此庶得種糧勝於全廢今特載之兾南北通用詩云

江鄉臨老稻收天笐架棲禾豈棄捐多稼一川歸偉構
祥雲萬疊表豐年有同巨廩成高積要與飢民解倒懸
稼畢芟辭零落去從來萬事等蹄筌

喬扦

喬扦（音千）挂禾具也凡稻皆下地沮濕或遇雨潦不無渰浸其收穫之際雖有禾𥝩不能卧置乃取細竹長短相等量水淺深每以三莖爲數近上用篾縛之又於田中上控禾把又有用長竹橫作連脊挂禾尤多凡禾多則用笐架禾少則用喬扦雖大小有差然其用相類故并次之詩云江鄉新霽稻初收縛竹爲扦可寄留白水有

笐（下浪切）架也集韻作䈆竹竿也或省作笐今湖湘間收禾並用笐架懸之以竹木構如屋狀若麥若稻等稼穫而束（音簇）之悉倒其穗控於其上久雨之際比於積垛不致鬱浥江南上雨下水用此甚宜北方或遇霖潦亦可倣此庶得種糧勝於全廢今特載之兾南北通用詩云

江鄉臨老稻收天笐架棲禾豈棄捐多稼一川歸偉構
祥雲萬疊表豐
稼畢芟辭零落

喬扦

喬扦（音千）挂禾具也凡稻皆下地沮濕或遇雨潦不無渰浸其收穫之際雖有禾𥝩不能卧置乃取細竹長短相等量水淺深每以三莖爲數近上用篾縛之又於田中上控禾把又有用長竹橫作連脊挂禾尤多凡禾多則用笐架禾少則用喬扦雖大小有差然其用相類故并次之詩云江鄉新霽稻初收縛竹爲扦可寄留白水有

時溪鼎足黄雲隨意挂叉頭豐年有象居人喜滯穗無遺寡婦愁稼事畢時仍有用不妨場圃作量籌

## 禾鉤

禾鉤斂禾具也用禾鉤長可二尺嘗見壠畝及荒蕪之地農人將芟倒禾穖或草穖用此匝地約之成捆則易於就束比之手摙(力展切)甚速便也詩云物性縱横本自由不經約束浩難收荒原草木知多少會見芟夷入此鉤

## 搭爪

搭爪上用鐵鉤帶袴中受木柄通長尺許狀如彎爪用如爪之搭物故曰搭爪以摞草禾之束或積或擲日以萬數速於手挐可謂智勝力也詩云非鉤非爪亦非鉗挐物偏生利爪尖草束禾頭十萬計不煩手指一親拈

## 禾檐

禾檐(都濫切)負禾具也其長五尺五寸剡匾木爲之者謂之輭檐斫圓木爲之謂之楤檐(集韻云楤音聰尖頭檐也)匾者宜負器與物圓者宜負薪與禾釋名曰檐任也力所勝任也凡山路崎嶮或水陸相半舟車莫及之處如有所負非檐不可又田家收穫之後場埂之上禾積星散必欲登之場圃荷此尤便詩云纍纍禾積大田秋都入農夫荷檐頭纔使頳肩到場圃主家倉廩又催收

## 連耞

連耞(古牙切)擊禾器國語曰權節其用耒耜耞芟(耞拂也以擊草也)廣雅曰拂謂之架說文曰拂架也拂擊禾連架釋名曰架加也加杖於柄頭以檛(陟瓜切)穗而出穀也其制用木條四莖以生革編之長可三尺闊可四寸又有以獨梃爲之者皆於長木柄頭造爲擐軸舉而轉之以撲禾也方言云僉宋魏之間謂之欇殳(殳音殊)自關而西謂之棓(蒲項)

切。齊楚江淮之間謂之抰音怏，或謂之桲音勃，今呼爲連枷。南方農家皆用之，北方穫禾少者亦易取辦也。耕織圖詩云：霜時天氣佳，風勁木葉脫。持穗及此時，連枷聲亂發。黄鷄啄遺粒，烏鳥喜聒聒。歸家抖塵埃，夜㚒燒榾柮。

## 刬板

刬板，剗土具也。用木板一葉，闊二尺許，長則倍之。或鍛鐵爲舌，板後釘木直二莖，高出板上，槩以横柄，板之兩傍係二鐵鐶，以擐拽索，兩手推按，或人或畜輓行，以剗壅脚土。凡修闢塡起堤防，塡污坎，積丘垤，均土壤，治畦埂，疊場圃，聚子粒，擁糠秕必履切，除瓦礫郎擊切，雖若乏用，然農家之事居多也。詩云：廣舌横短柄，雙環繫長紖，却行作斂鏃，前耕如擁盾食尹切。起偃作陂塘，分田立畦畛章忍切。人間不平地，所到略能盡。

切。齊楚江淮之間謂之抰音怏，或謂之桲音勃，今呼爲連枷。南方農家皆用之，北方穫禾少者亦易取辦也。耕織圖詩云：霜時天氣佳，風勁木葉脫。持穗及此時，連枷聲亂發。黄鷄啄遺粒，烏鳥喜聒聒。歸家抖塵埃，夜㚒燒榾柮。

刬板

刬板，剗土具也。用木板一葉，闊二尺許，長則倍之。或鍛鐵爲舌，板後釘木直二莖，高出板上，槩以横柄，板之兩傍係二鐵鐶，以擐拽索，兩手推按，或人或畜輓行，以剗壅脚土。凡修闢塡起堤防，塡污坎，積丘垤，均土壤，治畦埂，疊場圃，聚子粒，擁糠秕必履切，除瓦礫郎擊切，雖若乏用，然農家之事居多也。詩云：廣舌横短柄，雙環繫長紖，却行作斂鏃，前耕如擁盾食尹切。起偃作陂塘，分田立畦畛章忍切。人間不平地，所到略能盡。

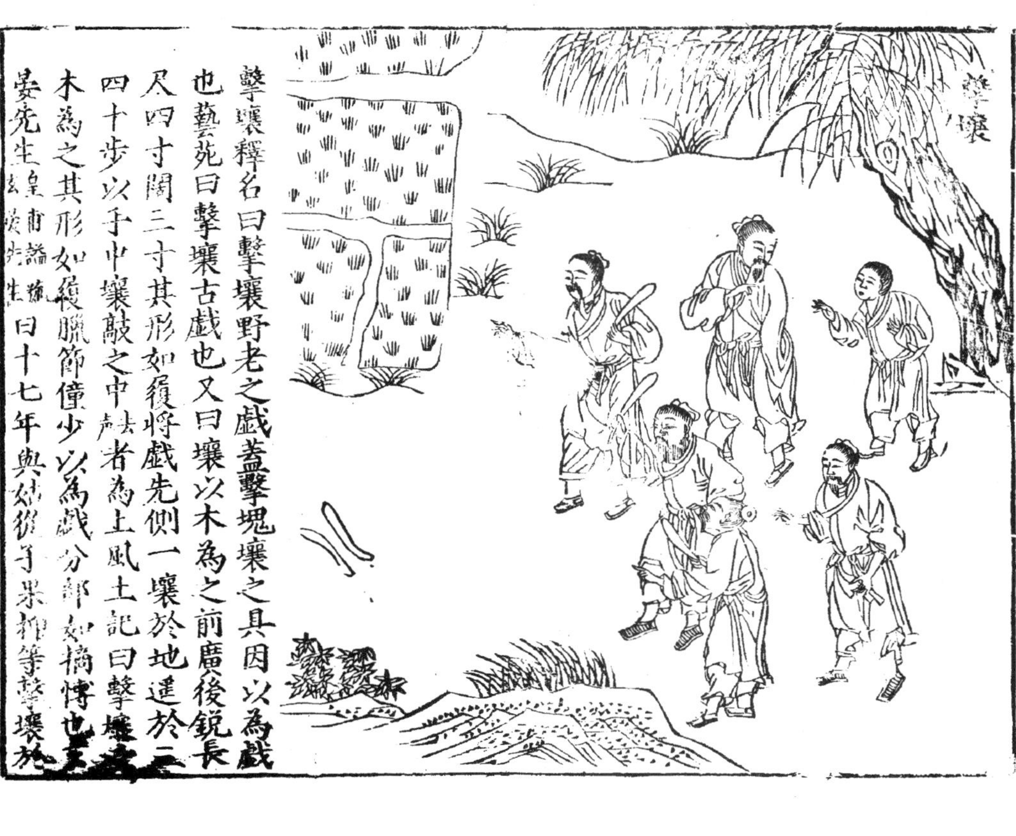


擊壤釋名曰擊壤野老之戲蓋擊塊壤之具因以為戲也藝苑曰擊壤古戲也又曰壤以木為之前廣後銳長尺四寸闊三寸其形如履將戲先側一壤於地遥於三四十步以手中壤敲之中（去聲）者為上風土記曰擊壤木為之其形如履臘節僮少以為戲分部如摘博也晏先生（皇甫謐號玄晏先生）曰十七年與結徒手樂相等擊壤於

路此非直野老僮少之戲至於逸人隱士亦有時而為此戲也逸士傳曰堯時有壤父五十人擊壤於康衢觀者曰大哉堯之為君壤父作色曰吾日出而作日入而息鑿井而飲耕田而食帝何力於我哉此有以見其時平歲熟不知樂之所自信哉堯之德蕩蕩乎民無能名焉宜壤父之有此荅也吳盛彥擊壤賦云論衆戲之為樂獨擊壤之可娛因風托勢罪一殺兩藝文曰以塼二枚長七寸相去三十步立為標（或以塊壤為標蓋田夫擊壤之意也）各以塼一枚方圓一尺擲之主人擲籌隨多少甲先擲破則得乙籌後破則奪先破者又今村陌中張健為戲者皆其遺制歟詩云泰和氏如何戲適因塊壤相從雜稚耋



時立越尋丈乘平初側一得雋終殺兩徒歌足懽愉丕意自融蓋帝力既不知大德日蕩蕩爾來幾千年古俗遂長往雖云遺制在淳風邈難想誰能陶眞樂迄占如指掌慷哉壤父歌三復有遺響

農器圖譜集之七

東魯王禎撰

蓑笠門

傳曰首茅蒲身服襏襫此謂之農今田家蓑笠以莎以篛爲之者是也後之禦雨蔽日等具由此增其巧便爲田農必用之物是可尚也復以牧笛蓑燈籠等附之愈資飾於圖譜矣

蓑

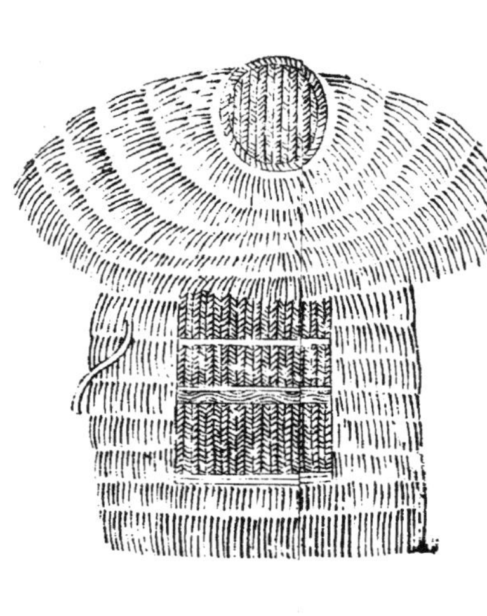

蓑雨衣無羊詩云何蓑何笠毛註曰蓑所以備雨笠所以禦暑唐韻云蓑草名可爲雨衣又名襏北末切襫施隻切說文云秦謂之萆方歷切又婢赤切又爾雅曰薃侯莎蓑衣以莎草爲之故音同莎又名薜六韜農器篇曰蓑薜簦笠今總謂之蓑雨具中最爲輕便王荆公詩云乎乎霜露下披披煙雨中蒲茅以爲衣短褐相與同勿妬市門人綺紈被奴僮當憩邊城戍擐甲但春冬

笠

笠戴具也古以臺皮爲笠詩所謂臺笠緇撮今之爲笠編竹作殼裏以籜篛或大或小皆頂隆而口圓可芘雨蔽日以爲蓑之配也王荆公詩云耕有春雨濡耘有秋陽暴二物應時需九州同我欲孰能生少慕得此云自足君思周伯陽所願豈華轂

屝

屝草屨也左傳曰共其資糧屝屨說文曰屝草屨也孔疏云屝屨俱是在足之物善惡異名耳喪服傳曰疏屨者粗蒯之屝也是屝用草爲之注云草屨者屨屩通言耳今云屝屨相形以曉人也詩云蒯菅柔韌自編成不換仍呼不借名長向緣蓑衣底着雨行偏稱（去声）野夫情

屩

屩麻履也傳云屩滿戶外蓋古人上堂則遺屩於外此常履也今農人春夏則屝秋冬則屩從省便也方言屝粗屨也徐兗之郊謂之屝自關而西謂之屨中有木者謂之複舄自關而東謂之複履其卑者謂之鞅（音婉）下禪謂之鞮（今韋鞮也）絲作者謂之履麻作者謂之不借粗者謂之屩東北朝鮮洌水之間謂之䩕（音印）或謂之𢇲（下瓦切一音畫）徐土邳沂之間大粗謂之䩕角（今漆履有齒者）皆屨之別名也詩云織麻成屩足相容嗜好殊非蠟屐同未擬平生着幾緉且憑跋履有深功

橇

橇（輸苦切）泥行具也史記禹乘四載泥行乘橇孟康曰橇形如箕擿行泥上東坡秧馬歌叙云橇豈秧馬之類與以康言考之非秧馬類也甞聞向時河水退灘淤地農人欲就泥裂漫撒麥種奈泥深恐没故制木板爲履前頭及兩邊昆起如箕中綴毛繩前後繫足底板既闊則舉步不陷今海陵人泥行及刈過葦泊中皆用之切詳本字從木從毛即其義也詩云大禹平水土泥行卽乘橇後人相地宜彷像資種藝材寛一殺餘跡認雙覓蜕豈知千載後翻免足胝胼

覆殼

覆殻一名鶴翅一名背篷篾竹編如龜殻裹以箬覆於人背繩繫肩下耘䅯之際以禦畏日兼作雨具下有卷口可通風氣又分雨溜適當盛暑田夫得此以免曝烈之苦亦一壺千金之比也詩云田頭赫日曝膚額微智能令庇蔭清竹股合編深可覆籍胎箬布薄還輕製成龜背兼龜兆俯作鶴軀如鶴行南北䅯鋤人得此隨身長若片雲生

## 通簪

通簪貫髮虛簪也一名氣筒以鹿角稍尖作之（如無鹿角以竹木代之或鋼錫筒亦可）大長可三寸餘筒之周圍橫穿小竅數處使俱相通故曰通簪田夫田婦暑日之下折腰俛首氣騰汗出其髮髻蒸鬱得貫此簪一二以通風氣自然爽快夫物雖微末而有利人之効甚可愛也詩云汗隨低首沛如淋散髻斜橫得此簪（散字上声晋書王儉作散髮髻斜橫簪）氷筋玲瓏清吹（去声）入月痕依約墨雲深孤標不作附炎態虛腹寧無利物心微眇棄餘能適用何殊弊帚直千金

## 臂篝

臂篝（篝古侯切籠客也）狀如魚笱篾竹編之又呼為臂籠江淮之間農夫耘苗或刈禾穿臂於內以𢃄（居頤切）衣袖猶北俗芟刈草禾以皮為袖套皆農家所必用者詩云筠篝編織作中虛穿臂農夫護若膚不作舞姬華宴上巧籠衣袖絡珍珠

牧笛牧牛者所吹早暮招來群牧猶牧馬者嗚笳也嘗於村野間聞之則知時和歲豐寓於聲也每見摸為圖畫詠為歌詩實古今太平之風物也王荆公詩云綠草無端倪牛羊在平地芊綿杳靄間落日一横吹迢遥送晚響誕謾寫真意豈比賣餳夫吹簫販童稚

蔦燈籠

蔦燈籠南史宋武祖微時躬耕於丹徒及受命耨耜之具頗有存者皆命藏之以示子孫及孝武帝大明中壞所居陰室起玉燭殿與群臣觀之牀頭存障壁挂蔦燈籠侍臣盛稱武帝素儉之德帝曰田舍翁得此足矣今農家襲用以憑暮夜提携往來照視有古之遺風焉詩云田家破厚夜膏火固常然匪加覆護功莫禦長風前瞻彼蔽蔓葛體質相纏綿物方用有宜所貴求天全柔柔施（以豉切）谷姿籌燈手親編順彼自然性非杞柳栝棬貪我枝權思結爾縱縻緣持之或遠適處也或中懸所要効實用照暗憑用旋緬懷宋武事儉德垂千年施之田舍翁朴俗非求妍火城爛紅紗賦分何獨偏

農器圖譜集之七

農器圖譜集之八

東魯王禎撰

## 蓧蕢門

蓧蕢皆古盛穀器也論語謂荷蕢荷蓧今以名篇遵古制也由是類而書之然穀物別聲(入)精粗之異等故器用隨細大之有差方俗稱呼分彼此之名室家用舍備盈虛之數既貯儲之多便復纖蹂之同資今總收錄庶不乏用云

### 蓧

蓧(徒弔切)字從草從條取其象也即今之盛穀種器語曰丈人以杖荷蓧蓋蓧器之小者可杖荷之既農隱所用必爲盛穀器也包氏曰蓧竹器考其字體非從竹若謂竹器非也說文曰耘器稽之書傳錢鎛鉏耨皆刃爲之謂蓧爲耘器亦非也當與蕢同類皆盛穀器但有大小之差故因辯之以袪世惑(南方盛稻種用蕢以竹爲之北方藏粟種用篗多以草爲之蓧編之蓧蓋是此類)

### 蕢

蕢草器從草貴聲論語有荷蕢而過孔氏之門者古文作臾象形盛穀器集韻作籄字從竹舉土籠也語云譬如爲山未成一簣書云功虧一簣俱從竹注云土籠今上文從草以草爲之即盛穀器也詩云伊昔丈人荷蓧與荷蕢蓧蕢雖若殊知皆古農器視彼隱者流避世復避地爲盜身口謀寧同聖人意寥寥千載後猶能覩餘制因物想遺風憮然發三喟

### 筐

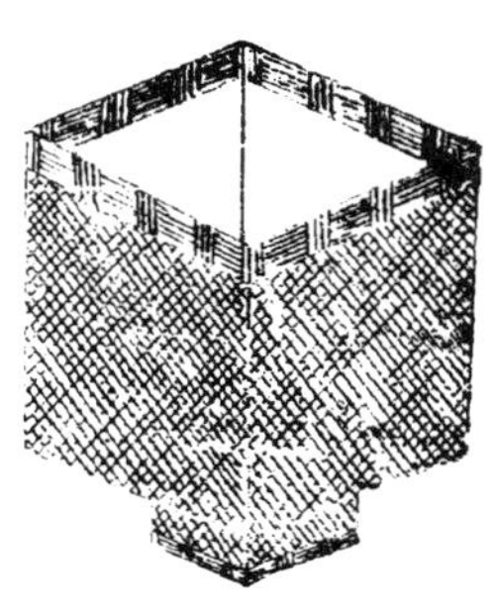

筐竹器之方者詩注云筐篚屬可以行幣帛及盛物三禮圖曰大筐以竹受五斛以盛米致饋於聘賓小筐以竹受五升以盛米又曰筐以盛熬穀詩曰采采卷耳不盈頃(音傾)筐又曰女執懿筐爰求柔桑筐之制其來已久然今用於農家者多矣

## 筥

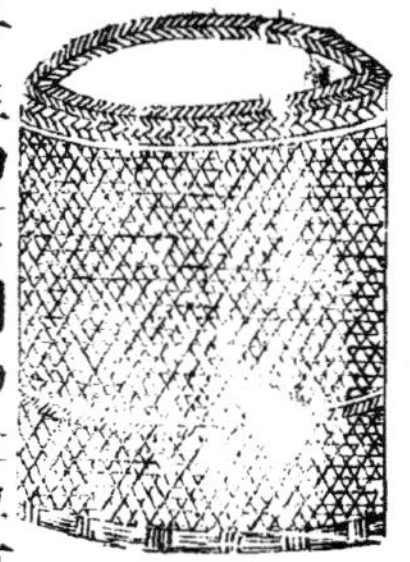

筥亦作篋竹器之圓者注曰筥圓而長但可實物而已三禮圖曰筥受五升盛饔飧之米致於賓館良耜詩曰載筐及筥左傳筐筥錡釜之器字說云筐筥一器也特方圓之異云耳江沔之間謂之簞音籯趙岱之間謂之筥兮攷切淇衛之間謂之牛筐小者南楚謂之簍音縷自關而西秦晉之間謂之箄方氏切筥其通語也詩云古今制器同方圓曰筐筥是用采蘋蘩于以盛稷黍修說薦王公居貧備尊俎物兮苟適用稚素吾所與

## 畚

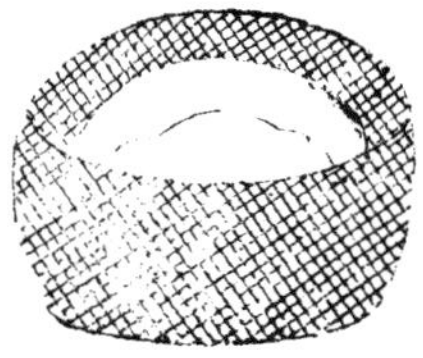

畚音本土籠力董切也左傳樂喜陳畚梮注云畚簣籠集韻作畚晉書王猛少貧賤嘗鬻畚為事說文云畚餅音瓶屬又蒲器也所以盛種杜林以為竹筥楊雄以為蒲器然南方以蒲竹北方用荆柳或負土或盛物通用器也詩云江南貴蒲竹漢北取荆柳致用與簣均聯名惟帝偶不辭編織勞常為貧賤有他日興土工嗟哉須汝負

## 笆

## 篅

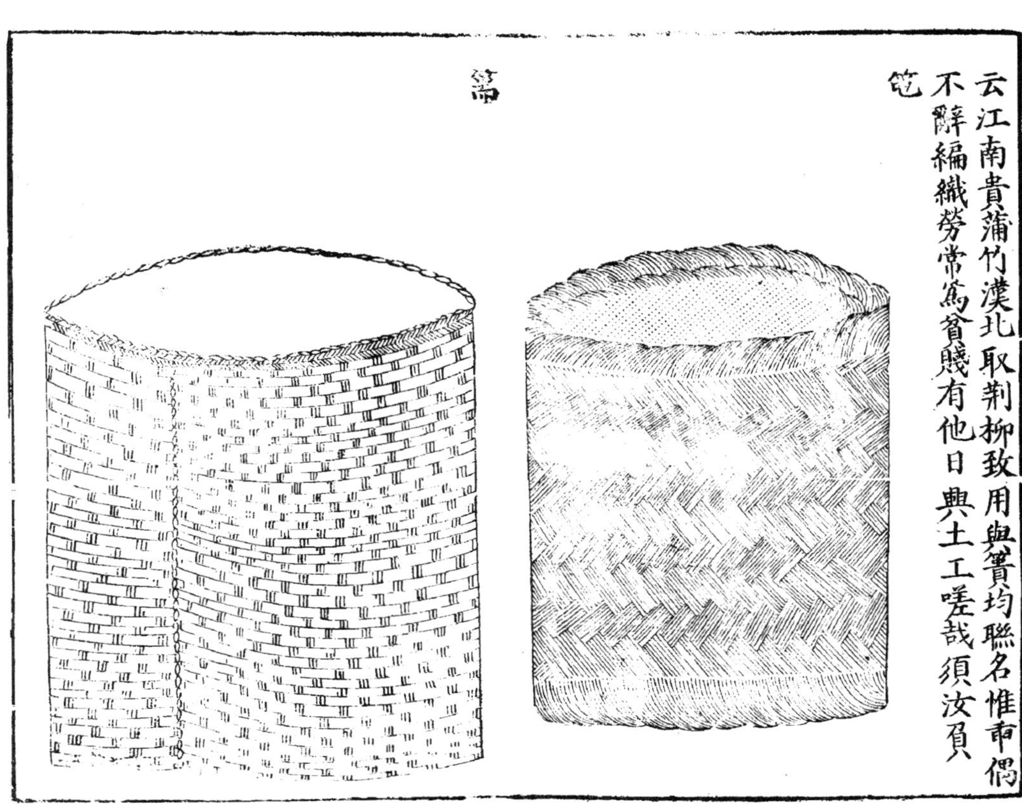

籅

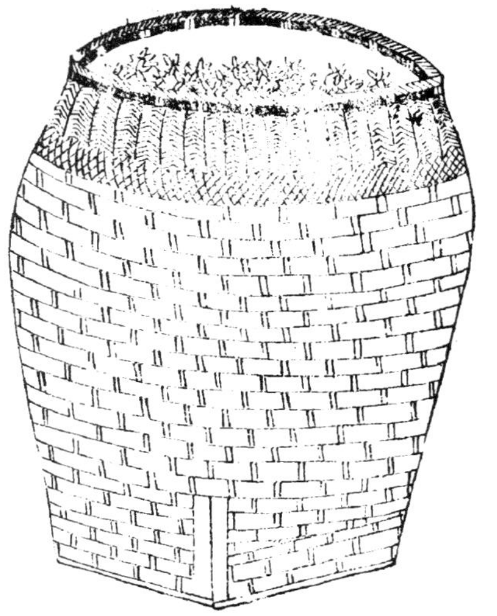

笆（坉徒本切）集韻云盛穀器或作囤又籧也北方以荆柳或蒿卉制成圓樣南方判竹編草或用籧篨空洞作圍各用貯穀南北通呼曰笆兼篅籅而言也然笆多露置可用貯糧篅籅在室可用盛種皆農家收穀所先具者故併次之

篅（市專切）說文云判竹圓以盛穀笆類也篅或作圖此籅與篅皆笆之别名但大小有差亦篠簣之舊制不可遺也

籅（章恕切）集韻云籅筐盛種器蓋連底小笆便於移用籅作籅又作籅詩云農家屯糧元有具以笆為名須用竹體圓制密塗墍茨正則能容傾則覆南北由來無異名露置當陽安用屋樂歲先為歉歲防一年耕有三年蓄但令積粟比任生未必指囷無魯肅先民作器兼細巨下逮人間篅與籅篅與籅小毋慮酌量出納宜朝暮日計不足非有餘徙頓東西無定處家存戶置多貯儲肯可無憂賤無需使當封作富民侯彼複[illegible]飢吾腹飫國不空虛倉廩助歲歲豐年歌黍稌

穀匣

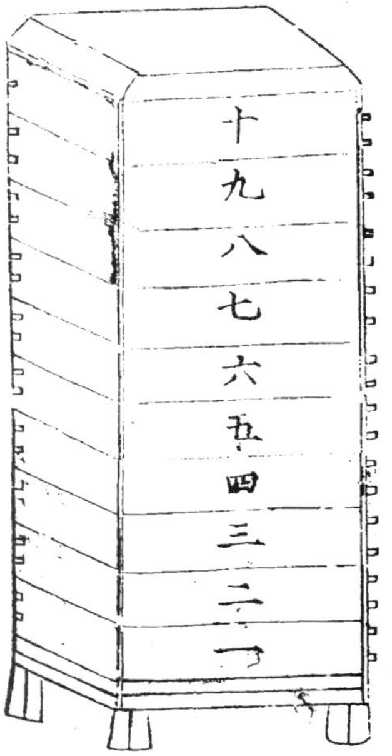

穀匣盛穀方木匱匣也用板四葉相嵌而方大小不等高下隨宜下作底足疊累數匱上作頂蓋貯穀於內置穴於下可以啓閉用之多在屋室亦可露置以瓦覆之比之囷京可以移頓較之篅籅可以增減既無雀鼠之耗又無濕浥之虞實穀藏之佳者詩云取制異囷京憑梓匠成虛中元有受正立乃無傾封鐍開還瀉匱貯毋盈家家能置此亦號小常平

籮

籮匠竹爲之上圓下方挈米穀器量可一斛方言籮所以注斛陳魏宋楚之間謂之䈪自關而西謂之注箕皆籮之別名也

䇥

䇥才何切亦籮屬比籮稍匾而小用亦不同䇥則造酒造飯用之漉米又可盛食物蓋籮盛其粗者而䇥盛其精者精粗各適所受不可易也詩云匾小卽云䇥圓大則爲籮從竹皆盛器協音豈其科販夫挑自傭田舍用還多今歲租糧畢空歷奈爾何



儋

儋都濫切貯米器也漢書揚雄傳無儋石之儲晉劉毅家無儋石之儲應劭曰齊人名罌爲儋受二斛顏師古曰儋者一人所負擔也方言云罃陳魏宋楚之間曰甋音臾或曰瓶音殊燕之東北朝鮮列水之間謂之瓺音暢周洛韓鄭之間謂之甒儋或作甔字從瓦瓦器也今江淮間農家造泥爲甕披以麻草用貯食米可以代儋細民甚便之詩云腹寬口綽豈瓶罌力負從知一檐平外備五名因俗異中容兩斛賴陶成揚雄嗜酒嗟常乏劉毅呼盧愧豈盈我願貯儲能稍給不須攀慕二公名

籃

篮竹器無係爲筐有係爲籃大如斗量又謂之笭[illegible]箵桑非切農家用採桑柘取蔬菓等物易挈提者方言[illegible]南楚江沔之間謂之篣音旁或謂之篗郭璞云亦呼篣蓋一器而異名也詩云貫花檐上兩相宜斷槳山前墅婺[illegible]婦[illegible]以條桑盛葉好是中還有綺羅衣

箕

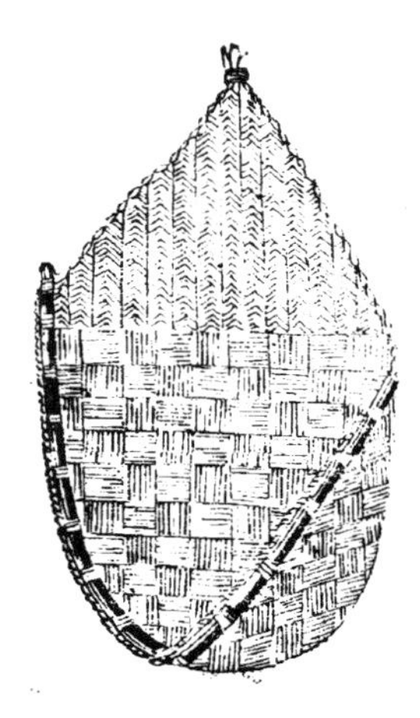

箕簸箕也說文云簸揚米去糠也莊子曰箕之簸物雖去粗留精然要其終皆有所除是也然北人用柳南人用竹其制不同用則一也詩云哆兮侈兮成是南箕箕四星二星爲踵二星爲舌哆侈謂踵已大而舌又廣也又維南有箕載翕其舌故箕皆有舌易播物也諺云箕星好風謂主簸揚農家所以資其用也王荆公詩云精良止如留疏惡棄如擯如擯非爾憎如留豈吾吝無心以擇物誰喜亦無愠翁乎勤簸揚可使糠粃盡

帚今作箒又謂之篲集韻云少康作箕帚其用有二一則編草爲之潔除室内制則匾短謂之條箒亦作帚一則束篠爲之擁掃庭院制則叢長謂之掃帚又有種生掃帚一科可作一帚謂之獨帚農家尤宜種之以備場圃間用也詩云有星常在天掃除即名彗觀象者何人爲帚以潔地身豈百穀後名檀千金義能清四海塵此事乃極致

籭

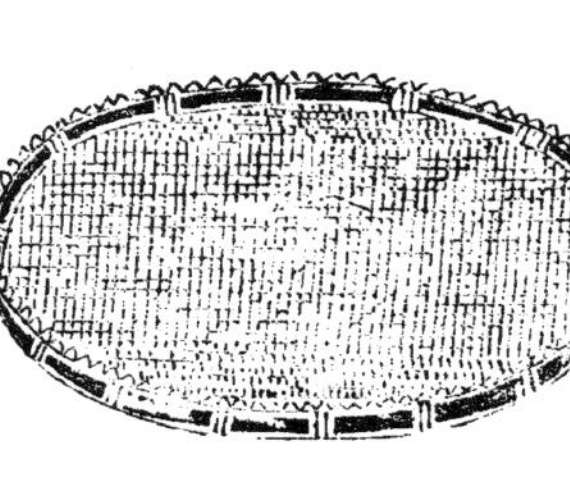

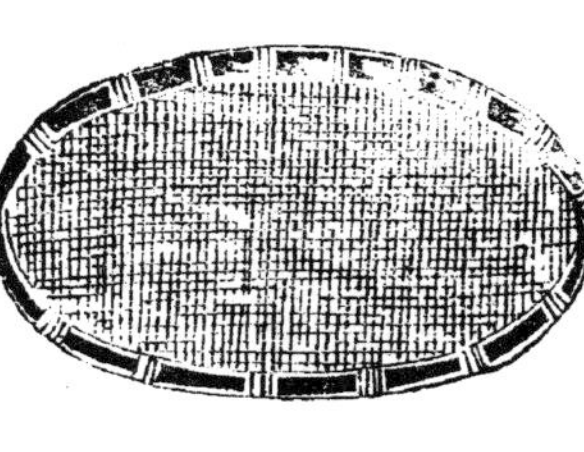

籭所宜切 竹器內方外圓用篩穀物說文云可以除粗取精集韻作簁又作篵或作篩其制有疏密大小之分然皆粒食之總用也耕織圖詩云茆簷間杵臼竹屋細籭簸照人珠琲光奮臂風雨過計功初不淺坐食良自賀西鄰華屋兒醉飽正高卧

䉛附筲

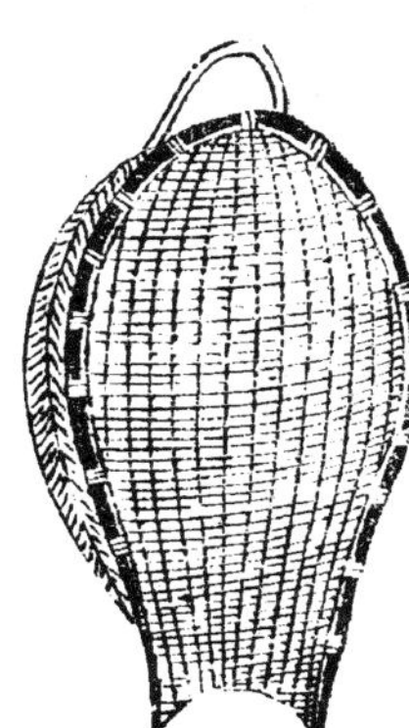

䉛於六切 漉米器說文淅箕也又云漉米籔蘇后切 又炊䉛也廣雅曰淅籔匴籔䉛籔一日 方言云炊䉛謂之縮漉米䉛也或謂之䈹音藪或謂之匴江東呼為淅籤也 蓋今炊米日所用者○筲所交切 飯筲也說文陳留謂飯帚曰筲從竹捎聲一曰飯器容五升今人亦呼飯箕為筲箕南曰䉛北曰筲南方用竹北方用柳皆漉米器或盛飯所以供造酒食農家所先雖南北名制不同而其用則一故附類之

䉛詩云筠用亦已多䉛也惟一器口圓得匴名
腹深有籔義漉米本所施饗炊仍可備
日用有餘功毋為飽時棄

筲詩云筲器亦名箕筠人織竹為朶頤深且哆
便腹大而垂適應今時用良由古制遺
令人常飽德淅玉趂晨炊

篩穀箉竹器箉與袋同音篇韻俱不收蓋土俗所呼傳寫於文字者如此其制比籭疏而頗深如籃大而箱淺上有長係可挂農人撲禾之後同稃穗子粒旋旋入

之於内輙篩下之上餘穲稾遂節葉去其下所留穀物須付之颺籃以去糠粃嘗見於江浙農家詩云誰編疎器破霜筠穀物相和聽爾分待得細捐穲稾盡颺籃還得効微勤

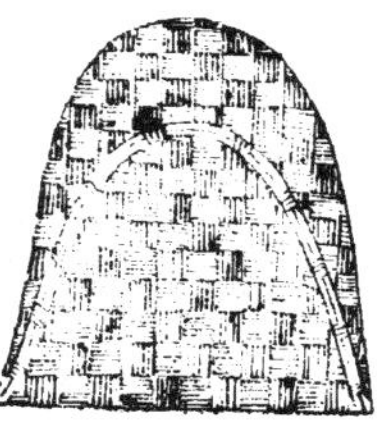

颺籃

颺籃颺餘亮切 集韻謂風飛也籃形如北箕而小前有木舌後有竹柄農夫收穫之後場圃之間所踩禾穗糠粃相雜執此㨶而向風擲之乃得淨穀不待車扇又勝箕簸田家便之詩云稃穗離披與穀仝要憑分别混淆中柄頭能濾精糧在糠粃從渠走下風

種箄

種箄箄盛種竹器也其量可容數斗形如圓甕上有蓋口農家用貯穀種庋之風處不致鬱浥勝窖藏也古謂脩箄嘗論語一箄食之箄食器與此字雖同然制度有大小之殊作用有彼此之効齊民要術云藏稻必用箄盖稻乃水穀宜風燥之種時就浸水内又其便也詩云食器嘗聞陋巷間田家貯穀亦名箄指期播種雲彌望好作資生實藏看

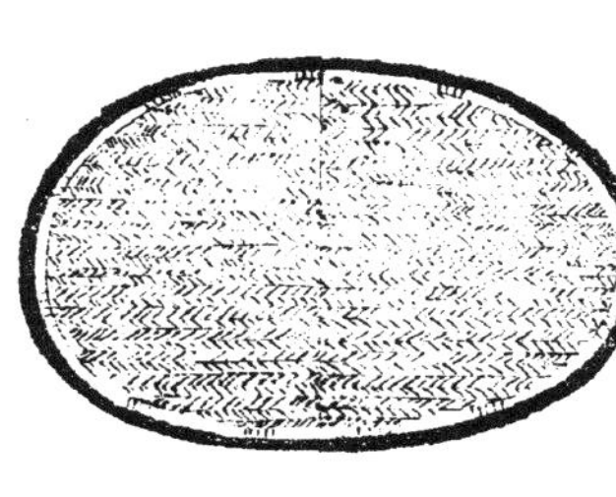

曬槃

曬槃曝穀竹器廣可五尺許邊緣微起深可二寸其中平闊似圓而長下用溜竹二莖兩端俱出一握許以便扛移趁日攤布穀實曝之[illegible]時農家兼用爲篚但底密而不通風氣終非[illegible]具詩云平如鋪簟淺於舟穀實攤來亦易收嘗笑昔年高鳳麥漫教平地雨漂流

摜稻簟

摜（古患切）稻簟摜抖擻也簟承所遺稻也農家禾有早晚次第收穫即欲隨手得糧故用廣簟展布置木物或石於上各舉稻把摜之子粒隨落積於簟上非惟免汚泥沙抑且不致耗失又可曬穀物或捲作笆誠為多便南方農種之家率皆制此詩云摜稻當憑廣簟中聲如風雨露寒蓬誰知舒卷皆能用就貯精糧保歲豐

農器圖譜集之八

農器圖譜目録



農器圖譜目録

# 農器圖譜集之九

東魯王禎撰

## 杵臼門

昔聖人教民杵臼而粒食資焉後乃增廣制度而爲碓爲磑爲礱爲輾等具皆本於此蓋聖人開端後人踵襲得其變也孔融謂後世機巧勝於聖人過矣今特辯之使知本末云

杵臼舂也易係辭曰黃帝堯舜氏作斷木爲杵掘地爲臼杵臼之利萬民以濟按古舂之制秠[illegible]百二十斤稻重一秳爲粟二十斗爲米十斗曰毇許委切爲米六斗大半斗曰粲又曰糲洛帶切米一石舂爲九斗曰糳則各切糳米之精者斯古舂之制自杵臼始也詩云易繫十三卦皆爲萬民利聖人制杵臼尚象以制器於義取小過山上動而下止人知揚舂法脫粟從此始後世相沿襲更變各任智制度雖不同由來資古意

碓

碓舂器用石杵臼之一變也廣雅曰碻口了切碓也方言云碓梢謂之碓機自關而東謂之梴音延桓譚新論曰杵臼之利後世加巧因借身重以踐碓而利十倍耕織圖詩云娟月過墻頭簌簌風吹葉田家當此時村舂響相

蒼竹間炊玉香，會見流匙滑。更須水輪轉，地碓勞蹴

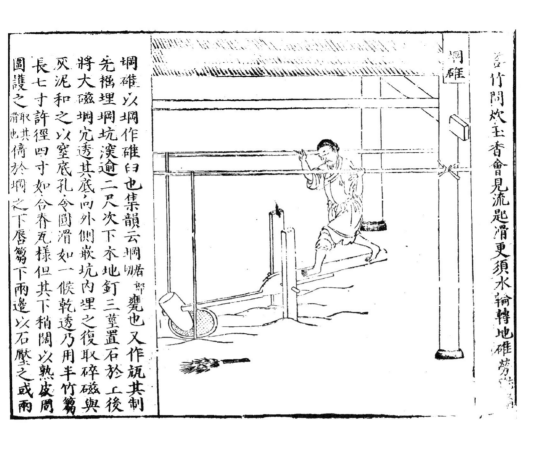

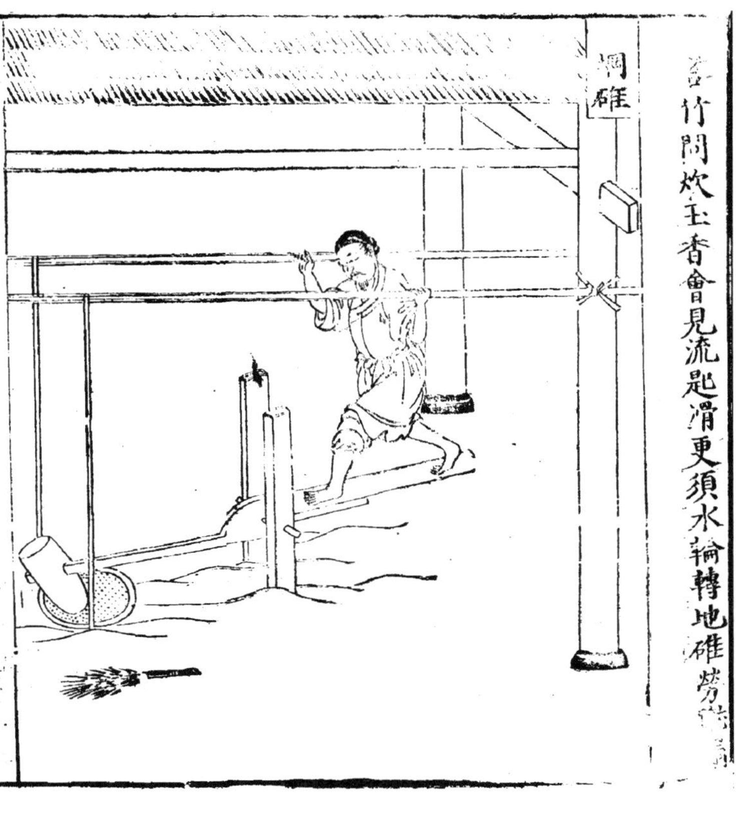


堈碓，以堈作碓臼也。集韻云：堈，居郎切，甕也。又作瓨。其制：先掘埋堈坑，深逾二尺，次下木地釘三莖，置石於上，後將大磁堈穴透其底，向外側嵌坑內埋之，復取碎磁與灰泥和之，以窒底孔，令圓滑如一，候乾透，乃用半竹篘，長七寸許，徑四寸，如合脊瓦樣，但其下稍闊，以熟皮周圍護之（取其滑也），倚於堈之下唇，篘下兩邊以石壓之，或兩竹竿刺定，然後注糙於堈內，用碓木杵（杵頭鐵團束之，團內置四大牙釘，稍卧之）搗於篘內。堈既圓滑，米自翻倒，簌於篘內，一搗一簌，既省人攪，米自勻細。然木杵既輕，動防狂迸，須於踏碓時已起而落，隨以左足躡其碓腰，方得穩順。一堈可舂米三石，功折常碓累倍。始於浙人，故又名浙碓。今多於津要商旅輳集處所，可作連屋，置百餘具者，以供往來稻船貨糴粳糯，及所在上農之家，用米既多，尤宜置之。詩云：

杵臼搜奇作碓堈，米翻堈滑恣舂撞。鐵籠木末裝全杵，皮護篘材倚半腔。頻作低昂身與共，慣成踏躡足須雙。近隨文軌通南北，不獨鏗鍧在楚邦。

礱磨

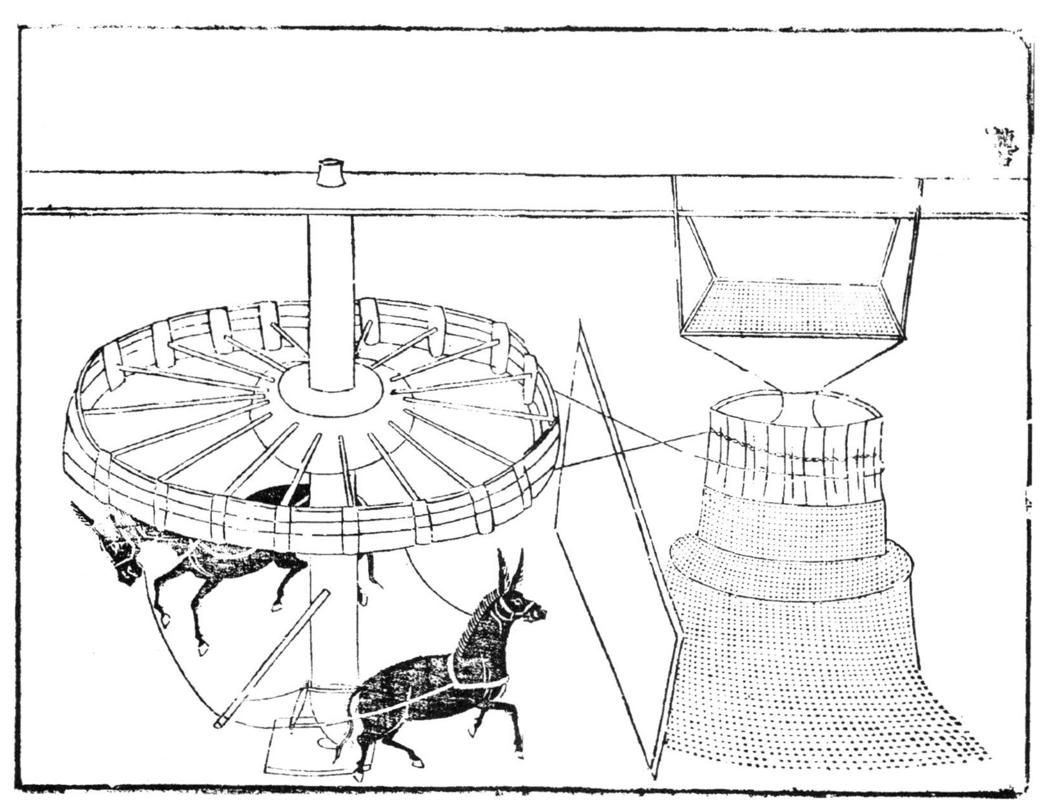

石礱

礱（功董）礧穀器所以去穀殼也淮人謂之礱（功董）江浙之間謂之礱（盧東切）編竹作圍內貯泥土狀如小磨仍以竹木排為密齒破穀不致損米就用拐木竅貫礱上掉軸以繩懸檁上衆力運肘轉（上聲）之日可破穀四十餘斛方謂之木礧石鑿者謂之石木礧礱礧字從石初本用石今竹木代者亦便又有廢磨上級已薄可代穀礱亦不損米或人或畜轉之謂之礱磨復有畜力輓行大木輪軸以皮弦或大繩繞輪兩周復交於礱之上級輪轉（上聲）則繩轉繩轉則礱亦隨轉計輪轉一周則礱轉十五餘周比用人工既速且省

輾（女箭切）通俗文曰石碣轢穀曰輾後魏書曰崔亮在雍州讀杜預傳見其為八磨嘉其有濟時用因教民為輾今以礪石甃為圓槽周或數丈高逾二尺中央作臺植以簨軸上穿幹木貫以石碣有用前後二碣相遂前備撞木不致相擊仍隨帶攪杷畜力輓行循槽轉碾可穀米三十餘斛近有法製輾槽（法製用沙石蔴泥與糯粥同膠和之以為圓槽候泥下以木檑緩築令實直至乾透可用）轢米特易可加前數此又輾之巧便者詩云欲兼杵臼功制輾中（去聲）規式勞勛畜代人圓轉智勝力朝夕課量數公私饒粒食更令水輪轉（上聲）後世工巧極

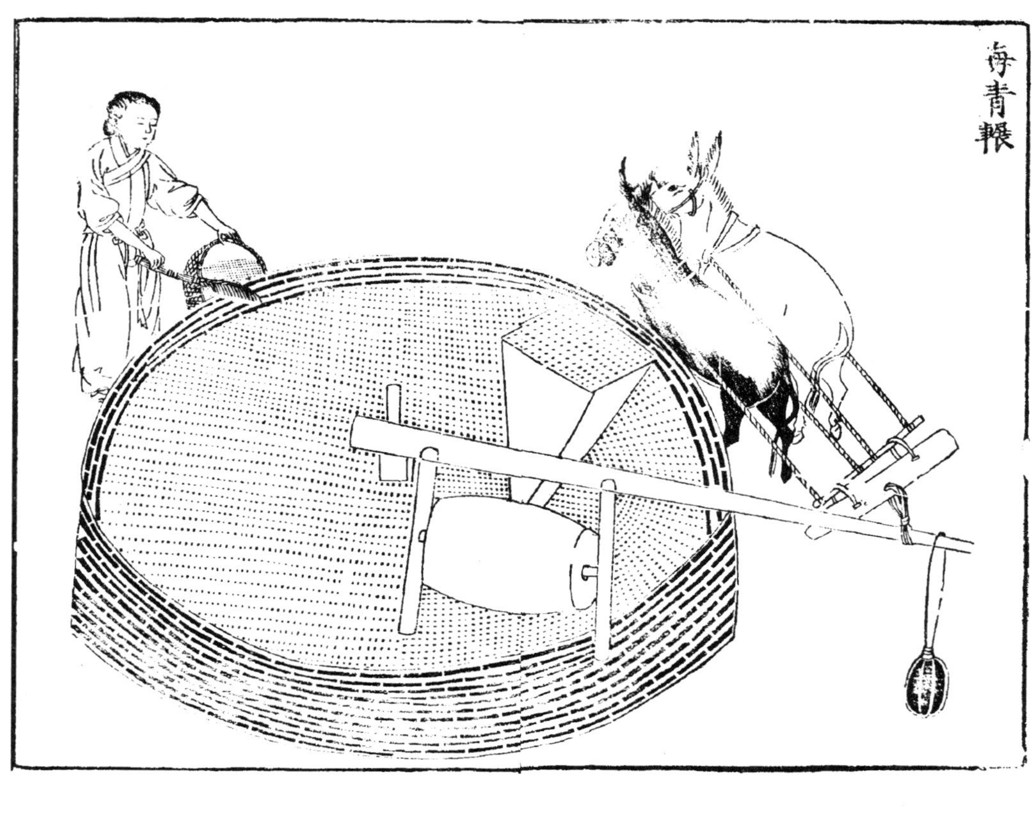


𩊱古木切輥世呼曰海青輾喻其速也但比常輾減去圓槽就碢幹栝以石輥輥徑可三尺長可五尺上置板檻隨輾幹圍轉作窾下縫不計多寡旋碾旋收易於得米較之碢輾疾過數倍故比於鷙鳥之尤者人皆便之詩云制輾應嫌杵臼遲豈知輾制有遺機頑教粒食從今易別轉上碢車疾似飛

颺扇

颺與章切扇集韻云颺風飛也揚穀器其制中置簨軸列穿四扇或六扇用薄板或糊竹為之復有立扇臥扇之別各帶掉軸或手轉足躡扇即隨轉凡舂輾之際以糠米貯之高檻底通作匾縫下瀉均細如簾即將機軸掉轉扇之糠粞既去乃得淨米又有舁之場圃間用之者

謂之颺車凡蹂打麥禾等稼穰䅌相雜亦須用此風撼比之杴擲箕簸其功多倍梅聖俞詩云颺扇非團扇每來場圃見因風吹糠䅌編竹破筋節任從高下手不爲寒暄變去麤而得精持之莫言倦

磨

礱莫卧切磨韻作磑五對切也礱同說文云礱石磑也世本曰公輸班作磑方言或謂之䃺錯碓切字說云䃺從石從靡礱之而靡焉今皆作磨字既從石又從磨平声之義特易曉也通俗文曰塡䃺鎮音曰硐木公切磨床曰𥔵直易切今又謂主磨曰臍注磨曰眼轉磨曰斡承磨曰槃載磨曰床多用畜力輓行或借水輪或掘地架木下置鐏軸亦轉以畜力謂之旱水磨比之常磨特爲省力凡磨上皆用漏斗盛麥下之眼中則利齒旋轉上声破麥作麩然後收之篩羅乃得成麵世間餅餌自此始矣詩云斷圓山骨舊胚胎動靜乾坤有自來利齒細噴常日雪旋平声機深殷音隱不雲雷臨流須藉水輪轉上声役畜豈勞人力推已自世間多餅食便知元是濟民材

連磨

連磨連轉上声磨也其制中置巨輪輪軸上貫架木下承鐏臼復於輪之周回列遶八磨輪輻適與各磨木齒相間去声一牛拽轉則八磨隨輪輻俱轉用力少而見功多後魏書崔亮在雍州讀杜預傳見其爲八磨嘉其有濟時用劉景宣作磨奇巧特異策一牛之任轉八磨之重竊謂此雖並載前史然世罕有傳者今乃尋繹搜索度其可用述此制度既圖於前復以于後庶來者倣之以廣食利嵇含八磨賦云外兄劉景宣作磨奇巧因賦之云方木矩跱圓質規旋下靜以坤上轉以乾巨輪內建八部外連

油榨

油榨取油具也用堅大四木各圍可五尺長可丈餘疊作卧枋於地其上作槽其下用厚板嵌作底槃槃上圓鑿小溝下通槽口以備注油於器凡欲造油先用大鑊爨炒芝麻既熟即用碓舂或輾碾令爛上甑蒸過理草爲衣貯之圈内累積在槽横用枋桯相拶復竪插長楔高處舉碓或椎擊擠之極緊則油從槽出此横榨謂之卧槽立木爲之者謂之立槽傍用擊楔或上用壓梁得油甚速今燕趙間創有以鐵爲炕面就接蒸釜爨項乃傾芝麻於上執杴匀攪待熟入磨下之即爛比鑊炒及舂碾省力數倍南北農家歲用既多尤宜則倣詩云巨材成榨床細溜刻槃口麻爛入重圈機械應心手取之亦多方脂膏竟誰有回顧室中婦何嘗潤蓬首



農器圖譜集之九

農器圖譜集之十

東魯王禎撰

倉廩門

倉廩皆蓄積之所古有定制重民食也次而囷京下而窖竇世所共作俱穀藏去聲類也然又各有巧要以從省便凡欲儲貯務儉德者當取爲法至於始終出納之用尤不可闕故以嘉量繼之

倉

倉穀藏去聲也釋名曰倉藏也藏穀物也天文集曰廩星主倉史記天官書胃爲天倉此名著於天象者禮月令曰孟冬命有司修囷倉周禮倉人掌粟入之藏此名著於公府者甫田詩曰乃求千斯倉管子曰倉廩實而知禮節此名著於民家者推而言之則知倉之類尚矣今國家備儲蓄之所上有氣樓謂之敖房前有簷楹謂之明廈倉爲總名蓋其制如此夫農家貯穀之屋雖規模稍下其名亦同皆係累年蓄積所在內外材木露者悉宜灰泥塗飾以辟火災木又不蠹可爲永法詩云實穀藏曰倉制度一遵古積不厭斗升耗或容雀鼠常乎名固佳相因義仍取揆諸創始心荒歉豈無補

廩

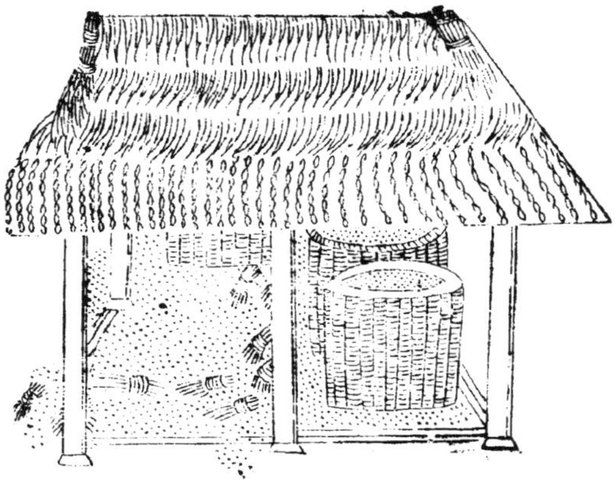

廩倉別名豐年詩曰豐年多黍多稌亦有高廩萬億及秭注云廩所以藏粢盛之穗說文曰倉黃面而取之故謂之面或從广從禾今農家構及無壁厦屋以儲禾穗穜稑之種卽古之廩也唐韻云倉有屋曰廩倉其藏穀之總名而廩庾又有屋無屋之辨也詩云廩名天上星有象常昭垂在地爲定制廣厦庇於斯上乃奉粢盛下以備凶饑黍稌及億秭重見豐年詩

庾鄭詩箋云露積穀也集韻庾或作𢈪倉無屋者詩曰曾孫之庾如坻如京又曰我庾維億蓋謂庾積穀多也詩云露積以庾稱有象因自成初無經構功何同倉廩名詩人嘗比賦如坻復如京公私固儲蓄視此知豐盈

囷

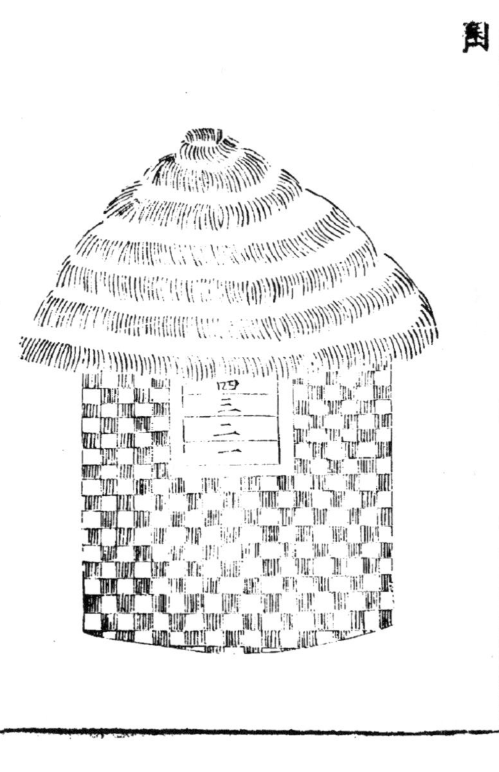


囷丘倫切圓倉也禮月令曰修囷倉說文廩之圓者圓謂之囷方謂之京管子曰夷吾過市有新成囷京者吳志周瑜謁魯肅肅指其囷以與之西京雜記曰曹元理善算囷之穀數類而言之則囷之名舊矣今貯穀圜笆泥塗其內草苫於上謂之露笆者即囷也詩云富國何如富在民鄉閭是處有高囷只知不負英雄謁遇歉能傾一濟貧

京

京倉之方者廣雅云字從广㢏倉也又謂四起曰京今取其方而高大之義以名倉曰京則其象也夫囷京有方圓之別北方高亢就地植木編條作笆故圓即囷也南方墊濕離地嵌板作室故方即京也此囷京又有南北之宜庶識者辨之擇而用也詩云大云倉廩次囷京各貯粢糧取象成可是今人述古制方圓未識有他名

穀盅

穀盅敕中切集韻云虛器也又謂之氣籠編竹作圜徑可

一尺高或二丈底足稍大易於竪立內置木撐（丑孟切）數疊乃先列倉中每間或五或六亦量積穀多少高低大小而制之嘗見倉廩囷京等所貯米穀蒸濕結厚數尺謂之𥟖頭以致壓盦變黃漸成浥腐往往耗損元數公私坐致陷害誠可甚惜今置此器使鬱氣升通米得堅燥免蹈前弊實濟物之良法凡儲蓄之家不可闕也詩云虛中絜外丈餘身剩跡囷倉氣可伸要識有功能積久陳陳從此更相因

窖

窖（古孝切）藏穀穴也史記貨殖傳曰宣曲任氏秦之敗豪傑皆爭取金玉任氏獨窖倉粟楚漢相拒滎陽民不得耕米石至數萬而豪傑金玉盡歸任氏任氏以是起富嘗謂穀之所在民命是寄今藏置地中必有重遇且風蟲水旱十年之內儉居五六安可不預備凶灾夫穴地爲窖小可數斛大至數百斛先投柴棘燒令其土焦燥然後周以糠穩貯粟於內五穀之中惟粟耐陳可歷遠年有於窖上栽樹大至合抱內若變浥樹必先驗驗謂葉必萎黃又擣別窖北地土厚皆宜作此江淮高峻土厚處或宜倣之既無風雨雀鼠之耗又無水火盜竊之虞雖篋笥之珍府藏之富未可埒也詩云作窖良有法貯穀期不腐焦確擬陶爐穰秕襯壤土厚瘞防水潦深藏勝倉庾却嗟金玉家無能備飢苦

窖穴

竇似窖月令曰穿竇窖鄭注云穿竇窖者入地隋曰竇方曰窖疏云隋者似方非方似圓非圓釋文云隋（他果切）謂狹而長令人下掘或旁穿出土轉卸於它處內實以粟復以草撥封塞他人莫辨即謂竇也蓋小口而大腹實小孔穴也故名竇詩云穿竇以貯穀遠謀輸老農小口傍能通虛廡有容深儲慮竊發迷藏加密封一朝催租急肯許防饑凶

升

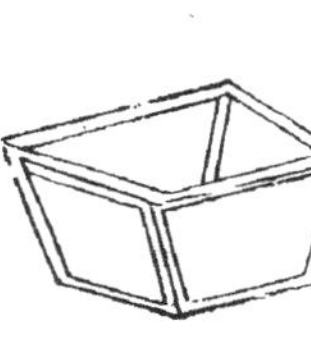

升十合量也前漢志云以子穀秬黍中者千二百實其龠以井水準其概二龠爲合十合爲升說文云升從斗象形唐韻云升成也

斗

斗十升量也前漢志云十升爲斗斗者聚升之量也說文云斗象形有柄唐韻云俗作㪷天文集曰斗星仰則天下斗斛不平覆則歲稔

斛

斛十斗量也前漢志云十斗爲斛斛者角斗平多少之量也廣雅曰斛謂之鼓方斛謂之角周禮曰㮚氏爲量改煎金錫則不耗不耗然後權之權之然後準之準之然後量之其銘曰時文思索允臻其極嘉量既成以觀四國永啓厥後茲物維則（時文思索言是玄德之君思求索爲民立法而作量）漢書五量之法用銅方尺而圓其外旁有庣（他彫切）焉（師古曰庣不滿之處也）上爲斛下爲斗（上謂仰斛下謂底受斗也）左耳爲升右耳爲合龠夫量者躍於龠合於合登於升聚於斗角於斛職在大倉大司農長之今夫農家所得穀數凡輸納於官販鬻於市積貯於家多則斛少則斗零則升又必槩以平之質當皆不可闕者

槩

槩工代切　平斛斗器。說文云：槩，杚斗斛，從木既聲。杚，平也。古沒切　漢書云：以井水準其概也。唐書列女李畬母傳：畬爲監察御史，得米量之三斛而贏，問于吏，曰：御史米不槩。是也。集韻：杚亦音槩，亦書作概。古有豆、區烏侯切、釜、鍾、庾、秉之量。左傳曰：四升爲豆，四豆爲區，四區爲釜，十釜爲鍾。又二釜半爲庾，十六斛爲秉，皆古量之名也。金唯以升斗斛爲準，最號簡要，蓋出納之司易會計也。敬括嘉量賦云：作之嘉量，其義惟深。嘉者以善爲節，量者用平其心。窮微於子穀之數，酌憲於黃鍾之音。蓋取諸象，受範于金。亦既成止，其儀可覩。堅外可程，虛中受益。功侔于衡鏡，實同乎垸錫。以分多少，寧患乎不均；以立信仁，抑行之無斁。然羨其方能立矩，卑莫可踰；出入罔愆，包含式乎。徇公滅私，乃爲而勿有；納新吐故，亦用當其無理。將神而共契，疏與道而相符。且器守乎謙，人惟厥操。人非器罔主，器非人奚導。不謹則詐僞生端，無方則羨溢爲耗。職是司者，胡顏相冒。由此言旃，不其至然。外乎則槩鄘前漢律歷作成，乃旁穿。既因物以進退，亦與時而留遷。施于政而四方仰則，叱乎理而百代猶傳。誠可羨而可尚，願斯焉而取焉。異乎大小區分，高卑奇偶。始增撮而就合，卒聚升而成斗。斛又斗之所積，轂皆蓋其所受。隨求而或進或退，順動而何先何後。洎乎職輿都尉，計起弘羊。洽平糴而作式，均輸而有方。常平由是以實，大國因之用強。豈此天有斗而酒漿不挹，山有谷而牛馬空量。然而當春秋分之期，爲晝夜至之時。于以較矣，于以用之。實萬人之所欲，敢望聞于有司。

農器圖譜集之十

# 農器圖譜集之十一

東魯王禎撰

## 鼎釜門

鼎釜皆烹飪器，今鼎以取繅，釜以供饍，爲農家必用之事。復以老瓦盆、匏樽、土鼓之類迭相叙次，愈見朴俗天真，不事華玩，知造義皇氏之庭，眷而懷之，洎乎其樂之不自知也。茲特圖其舊制，贊以新詠，庶形往古之風，以革澆俗之弊，其於政化不爲無補云。

### 鼎

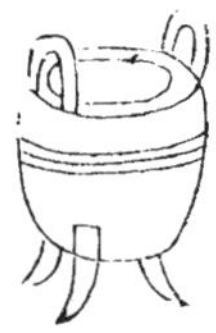

鼎，說文云：鼎，三足兩耳，烹飪器也。周禮：烹人掌共鼎鑊以給水火之濟。今農家乃用煑繭繅絲。嘗讀秦觀蠶書云：凡繅絲常令煑繭之鼎湯如蟹眼。又云：糸自鼎道升於鎖星。蓋繅絲用鼎，就其深火煑繭，既多則繅取欲速，不致蛾出。或用甑接釜口，象其深綽，但權務省節，終不若鼎之火候爲便。然原夫鼎之爲器，大則烹牲而供上祀，小則和羹而備五味，今用之以取繭絲而衣被斯民，則其功利所及，又豈止爲向之食饗而已哉？故嘉其兼用，遂寘名田譜之內。讚云：維鼎在昔，祀享多儀，三代以來，鑄象剖疑，以定九州，以正四夷，國所係望，農何與知。降及後世，物變風移，取其深綽，蠶繅是宜，湯生蟹眼，緒引繭絲，婦工對向，手筯駢持，餵端自內，軠紙由茲。冷盆莫並，熱釜何畀，古今異用，彼此一時。既國而家，既食而衣，器兮不器，備用無遺，著爲永法，載諸聲詩。

### 釜

釜，煑器也。古史考：黃帝始造釜甑，火食之道成矣。易說卦曰：坤爲釜。廣雅曰：錪（地典切）、鉼（音餅）、鬲（音歷）、鑊（音獲）、鏕（音鹿）、鍑、鍪、鬵（浸、矣二音）、鬹（音規）、錡，釜也。說文：釜作鬴。鍑，屬。魏略曰：鍾繇爲相國，以五熟鼎範因太子鑄之，釜成，太子與繇書曰：昔周之九鼎，咸以一體調一味，豈若斯釜五味時芳？蓋鼎之烹飪以事上帝，今之嘉釜有踰茲義。異錄曰：南方有以沙土燒之者，燒熟以土油之，淨逾鐵器，尤宜煑藥，一斗者纔直十錢，斯濟貧之具不可無者。贊云：黃帝始造火食，是須金獻。歐冶制厥範，模綽口銳下，古今不踰。中枵其腹，外黔若膚，薪爇而沸，井汲而濡，水火既濟，饔飧乃餔，掩彼鼎鼐，五味能俱，舉世通用，田譜何書？匪農獻穀，徒生爾魚。既曰跨竈，寧不媢乎？

甑箄附

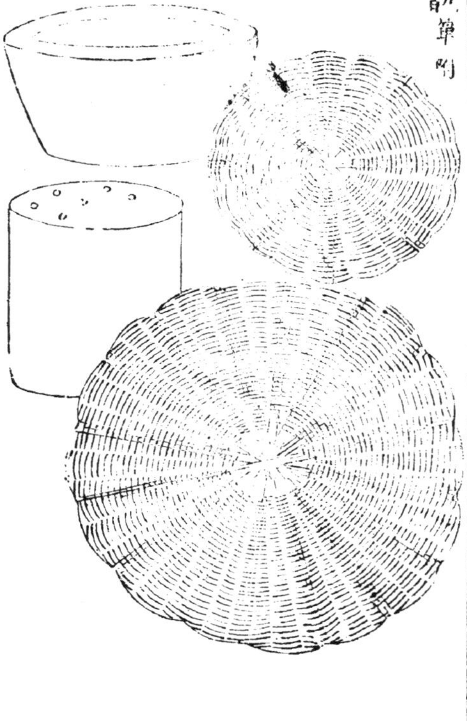

甑炊器也集韻云甑甗也籀文作䰝或作䰞周禮陶人為甑實二鬴厚半寸脣寸說文曰窒那圭甑空也爾雅曰䰝謂之鬵鬵徐林方言或謂之酢餾漢書項羽渡河破釜甑又任文公知有王莽之變悉賣奇物唯存銅甑以此知古人用甑雖軍旅及反側之際不可廢者或謂釜甑舉世皆用今作農器何也蓋民之力田必資火食非釜甑不成以此起農事之始及穀物既登爨以釜甑又為農事之終所需莫急於此故附農器之內讚云日用炊爨甑也為先窒作一空底或七穿編箄為隔甑帶周纏覆盆莫照跨釜能專中或至味外亦陶埏餅餌作蒸饙餾非饘䭤此為飫民食是天

箄甑箄也說文云箄蔽也所以蔽甑底也淮南子曰明鏡可以鑑形蒸食不如竹箄孔融同歲論曰弊箄徑尺不能救鹽池之鹹矣算弊可以止鹹故也又曰弊箄甑甄在旃茵之上雖貧者不搏此言易得之物也字從竹或無竹處以荊柳代之用不殊也詩云甑或乏七穿編竹以為箄有緣去聲取象圓無底此能蔽巧偷蛛網功深為餅餌計就謂材有餘止鹹猶用弊

老瓦盆

老瓦盆田家舊盛酒器也周禮曰盆實二鬴厚半寸脣一寸甄土為之所以盛物世說曰阮仲容至宗人閒共集以大盆盛酒潘岳賦云傾縹盆以酌酒蓋盆古亦盛酒器也老子曰埏埴以為器當其無有器之用竊謂季世習俗奢僭以金玉為飲器鮮不敗德今瓦盆盛酒有復古淳儉之風其可尚也杜工部詩云莫笑田家老瓦盆自從盛酒長兒孫傾銀注玉驚人眼一醉終同臥竹根

匏樽

匏樽匏瓠也開以盛酒故曰匏樽周禮注云取甘匏割去柢爲樽而酌之王昭禹謂門出入所在瓠中虛象門祭之去其害門者又邑人禜門用瓢齎注云春秋魯莊公二十五年秋大水鼓用牲于門故書作剽鄭司農讀剽爲瓢杜子春讀齎爲粢瓢爲瓠蠡也粢粢盛也鄭玄謂齎讀爲齊取甘匏割去柢以齊爲尊也東坡云舉匏樽以相屬今田家用此皆其遺制賦云咨大塊兮孕質引蔓葉兮高懸惟中虛兮表圓實取離兮象乾緊主成兮未固匪雕琢兮自然准繫之兮不食爰割之兮用全繼窪尊兮作古與鴟夷兮比肩至若畎畝登秫秔未呈端民無菜色家稱樂歲走赤脚兮提攜酤村醪兮遂致滿瓦盆之真率競捧承乎若器既爾汝兮相屬遂長幼兮同醉復乃俯扣仰吞迨歌里謠忘一已之所之邁千載之寂寥初若笠澤引田舍之觴又似柴桑倒茅簷之瓢無思慮兮適劉伶之動止浮江湖兮遊莊周之逍遥浩浩乎無懷大庭兮去此逾幾又奚啻筭山罍於敝尸徙兮儕犧象於蘇樵

瓢柸

瓢柸判瓠爲飲器與匏樽相配許由一瓢自隨顏子一瓢自樂今舉匏樽傾瓢柸何田家之有真趣也韋肇賦其略曰當其判飲器配圓壺雖人斯造製而天與規模柄非假操而直腹非待剖而刳黄其色以居貞圓其首以持重匪慉乎林下逸人何事而宣可惜乎樽中夫子能拙於用笠匏同出詎爲樂青以見奇乎巹合行未諭婚姻之所共於是薦芳席娛密坐動而委命雖提挈之由君用或當仁信斟酌而在我挹酒漿則仰惟北而有別充玩好則校司南以爲可有以小爲貴有以約爲珍瓠之生莫先於晉壤杓之類奚取於梓人昔者滄流曾變彖蠡名而頤測今兹廟禮請代龍號而惟新勿謂輕之掌握無使辱在埃塵爲君酌人心而不倦庶返朴以還淳

## 土鼓

土鼓古樂器也杜子春云以瓦爲匡以革爲兩面可擊也易繫辭曰蕢桴土鼓禮明堂位曰土鼓蕢桴伊耆氏之樂也周禮春官籥章掌土鼓豳籥仲春晝擊土鼓龡豳詩以迎暑氣仲秋迎寒亦如之凡國之祈年于田祖龡豳雅擊土鼓以息老物（杜子春云息老物謂息田夫養老勞農）今農家揫歛之後擊鼓以祀田祖即其遺意也詩云粤昔伊耆氏樂制惟土苴繼自神農氏作鼓正從瓦蕢桴一引擊真性足陶寫當時風俗成往往朴而野大音能希聲調高和誠寡迨周因用之歛合豳頌雅祈年及祭蜡齊敬格上下是雖器質略名亦不徒假花腰鳴且急可以愧來者

農器圖譜集之十一

## 農器圖譜目録



農器圖譜目録

# 農器圖譜集之十二

東魯王禎撰

## 舟車門

舟車之事任載所先蓋南北道路之不同故水陸乘行之亦異然淮漢之間俱可兼用凡務農之家隨其所便至於所居廬室尤不可無其動止之用理存覆載故共録於此

### 農舟

農舟農家所用舟也夫水鄉種藝之地溝港交通農人往來利用舟楫故與夫漁釣之名也賦曰夫聖人之制舟楫兮取刳剡之既臧用濟川而利涉亦輦重而惟彊必先具乎捎拖乃復揭乎蓬檣恒獨乘而多便或並泛而航方繫大小制度之不一故彼此體用之難常若夫非艇非航非漁非商凡農居江海或野處湖湘循陸路之脊車辦一櫂於耕桑擬傍通於原隰可倒載乎倉箱播種則問去聲寘乎種稑收獲則積疊乎稻粱其或出由港口歸下橫塘雖慣作村溪之逆上須防風雨以遮藏沙際輕帆挂新晴於遠浦籬根短纜泊落日之孤莊彼有駕乎蘭舫衒以華妝廣陳罇俎㬥沸絲簧方轉乎楊柳之蔭復度乎荷芰之香徒能窮豪貴一時之侈樂焉知勤民生終歲之豐穰何張翰思歸獨取乎蓴羹鱸鱠又龜蒙投隱止載乎茶竈筆牀吾將挈家於此而就食聽其所止於魚稻之鄉

## 划船

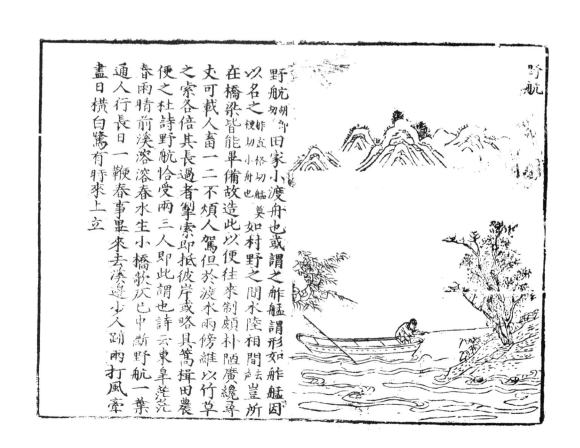

划戶花切船集韻划謂撥進也其船制短小輕便易於撥進故曰划船別名秧塌⿱龍車見淮上瀕水及濟涸田土待冬春水涸耕過至夏初遇有淺漲所漫乃划此船就載宿浥稻種徧撒田間水內候水脈稍退種苗即出可收早稻又見江南春夏之間用此並貯泥糞及積載秧束以往所佃之地若際水則以鍬棹撥至或隔陸地則引纜掣去如泥中草上尤爲順快水陸互用便於農事故備錄於此詩云水鄉遠近多岐路誰作划船新制度不煩稍柂與帆檣一櫂翩翩恣來去農事方殷負載多水陸無拘隨所遇歸來閒艤古方塘不知江海風濤怒有時撑出柳邊來還勝斷橋人不渡

## 野航

野航胡郎切田家小渡舟也或謂之舴艋謂形如舴艋因以名之舴直格切艋莫梗切小舟也如村野之間水陸相間去聲豈所在橋梁皆能畢備故造此以便往來制頗朴陋廣纔尋丈可載人畜一二不煩人駕但於渡水兩傍維以竹草之索各倍其長過者掣索即抵彼岸或略具篙楫田農便之杜詩野航恰受兩三人即此謂也詩云東皐茫茫春雨晴前溪溶溶春水生小橋欹仄已中斷野航一葉通人行長日一鞭春事畢來去溪邊少人跡雨打風牽盡日橫白鷺有時來上立

## 下澤車

下澤車田間任載車也古謂箱者詩曰乃求萬斯箱又睆彼牽牛不以服箱箱即此車也周禮車人行澤者反輮奴久切又行澤者欲短轂則利轉今俗謂之板轂車其輪用厚濶板木相嵌斵成圓様就留短轂無有輻也泥淖奴教切中易於行轉了不沾塞即周禮行澤車也盖如車制而略但獨轅着地如犂托之狀上有望欄以擐牛輓縏索上下坡坂絕無軒輊陟利切之患漢馬援弟少游嘗謂乘下澤車是也詩云下澤名車異爾輈服箱元自有耕牛雙輪不輻還成轂獨木非轅類作輈免向通逵户輓微要登多稼出田疇有時命駕或他適常恭平生馬少游

## 大車

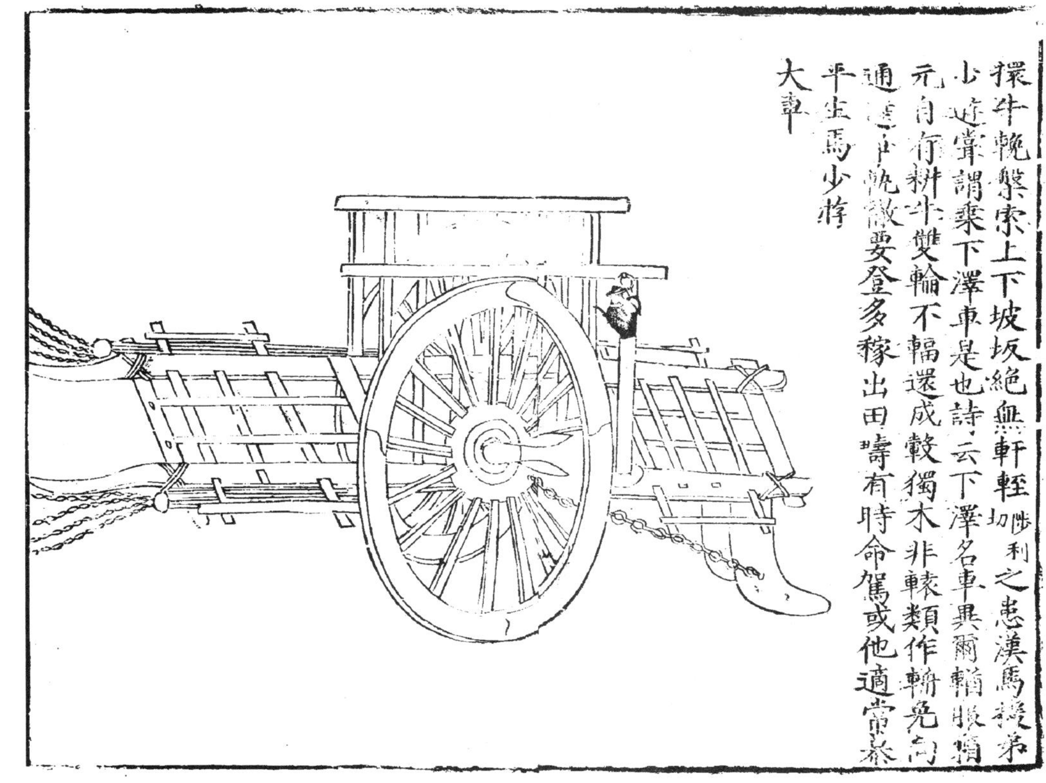

大車考工記曰大車牝服二柯鄭玄謂平地任載之車詩無將大車論語大車無輗皆此名也世本云奚仲造車凡造車之制先以脚圓徑之高為祖然後可視梯檻長廣得所制雖不等道路皆同軌也中原農家例用之後梁甄玄成車賦云鑄金磨玉之利凝土剡木之奇體衆術而特妙未若作車而載馳爾其車也名稱合於星辰圓方象乎天地夏言以膺之服周曰聚馬之器制度不以陋移規矩不以飾異古今貴其同軌華夷獲其兼利

拖車

拖吐邏切車即拖脚車也以脚木二莖長可四尺前頭微昂上立四簨以横木桰之闊約三尺高及二尺用載農具及芻種等物以往耕所有就上覆草為舍取蔽風雨耕牛輓行以代輪也故曰拖車中土多用之庶四方埜種者效之以便農事詩云早同農具破煙來暮帶樵薪載月迴不比看花阡陌上雕輪綉轂殷音隱春雷

田廬農書云古者制五畝之宅以二畝半在鄙詩云入此室處是也以二畝半在田詩云中田有廬是也此蓋古制自井田之變農人散居隨業所在其屋廬園圃遂成久處四時之内農事俱便管子所謂居四民各有所處不使龐雜欲其業專不爲異端紛更其志令農家[illegible]居田野即其理也嘗讀陸龜蒙田廬賦狀其窄陋非[illegible]經其處不能曲盡若此使世之崇居華構猶未滿志[illegible]觀之可無奢泰之悟賦略曰江上有田田中有廬屋[illegible]蒲蔣扉以籧篨笆籬楗微方竇擩踈簷卑欵而立偃[illegible]户偏側而行趑趄蝸涎隘頂黽拆旁塗夕吹入而朝[illegible]曝霄左有牛棲右有雞居將行蹬避未起啼驅宜從野逸反呑囚拘云云

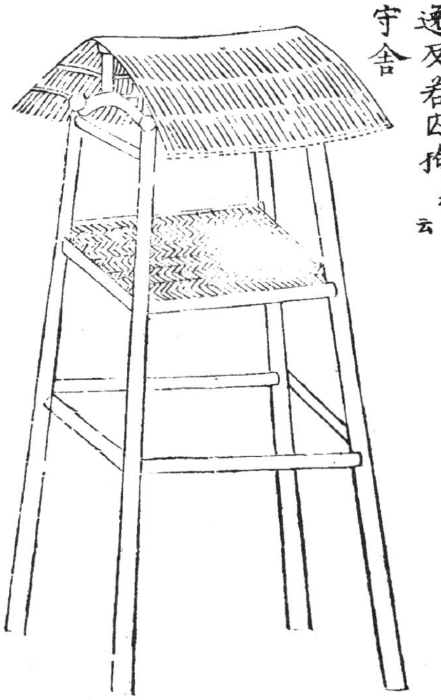

守舍

守舍看聲平禾廬也䅽木苫草略成搆結兩人可拼禾稼將熟寢處其中備防人畜或就膝坎縛草爲之若於山鄉及曠野之地宜高架𣏟木免有虎狼之患眞西山言農事之叙云至其禾追垂穎而堅栗懼人畜之傷殘縛草田中以爲守舍數尺容膝僅足蔽雨寒夜無眠風霜砭骨此守禾之苦也詩云禾穗纍纍青半黄邉山除野多熟鄉一粒不得入初嘗不應辦作鹿豕粮老農作計須夜防結草構木安匡床高低量田中央容身僅足庇雨霜比於露宿知猶强所圖歲晏實饑腸世族多少居華堂安然熟寢無更長便腹何嘗之稻粱敢較甘苦均閑忙不遑寧處禾無傷

牛室

牛室門朝陽者宜之夫歲事逼冬風霜淒凜獸既氄毛率多穴處獨牛依人而故宜入養密室間之老農云牛室內外必事塗墍以備不測火災最爲切要陸龜蒙序云冬十月耕牛爲寒築室納而皁之建之前日老農請乞灵於土官以從鄉教予勉而爲之辭云四牸三牯中一去乳天霜降嚴入此室處老農拘拘度地不畝東西幾何七舉其武南北幾何丈二加至偶楹當間載尺入土太歲在亥餘不足數上締蓬茅下遠城府耕耨以時餘食得所或寢或訛免風免雨宜爾子孫實我倉庾

農器圖譜集之十二

# 農器圖譜集之十三

東魯王禎撰

## 灌溉門

灌溉之利大矣江淮河漢及所在川澤皆可引而及田以爲沃饒之資但人情拘於常見不能通變(聲去)有知其利者又莫得其用之具今特多方搜摘既述舊以增新復隨宜而制物或設機械而就假其力或用挑浚而永賴其功大可下潤於千頃高可飛流於百尺架之則遠達穴之則潛通世間無不救之田地上有可興之雨其用水有法槩可見故輯諸篇庶資農事云

### 水柵

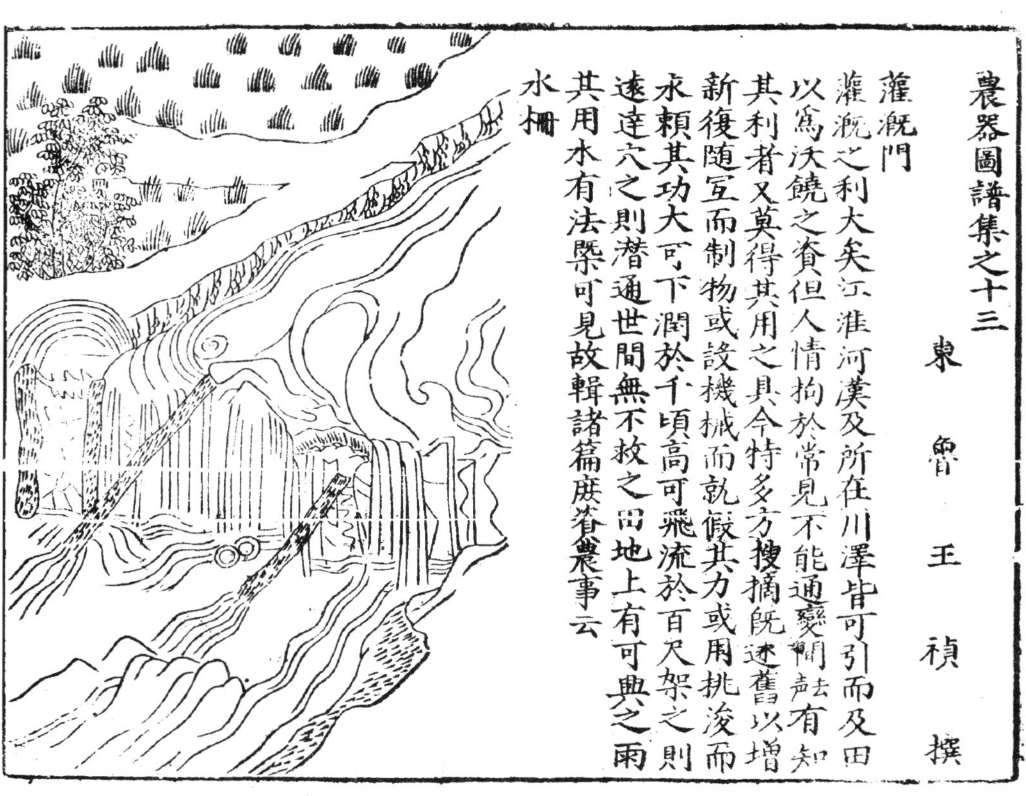

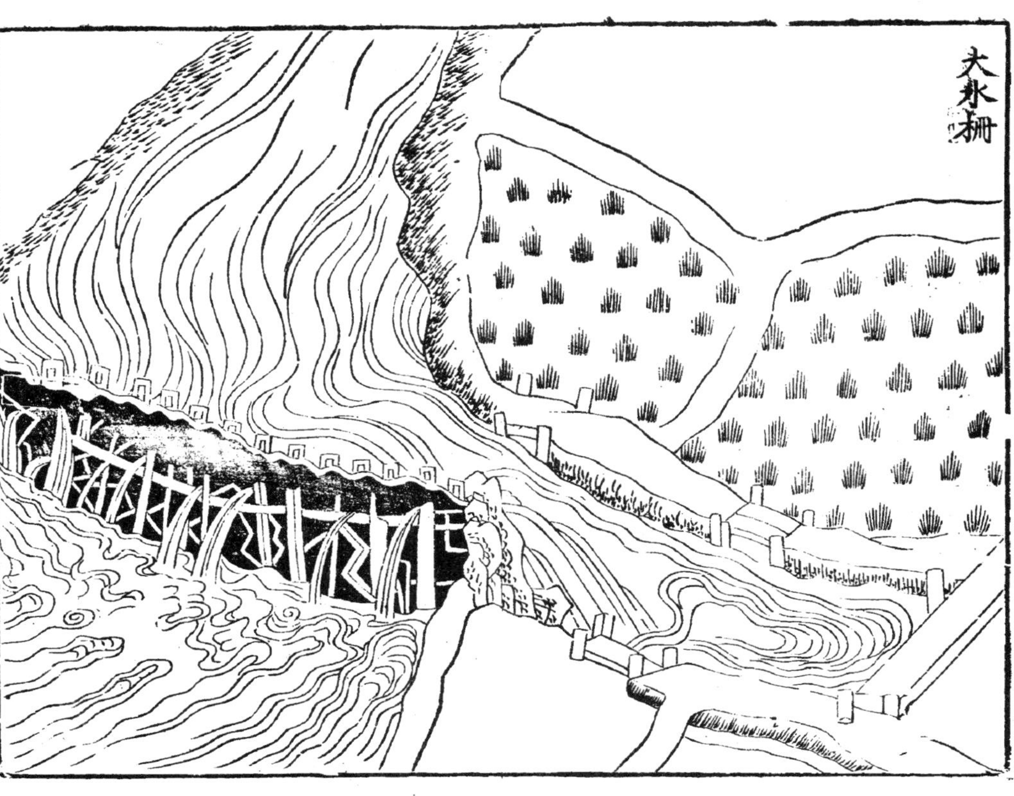


水柵排木障水也（集韻云柵倉格切說文豎木立柵也）若溪岸稍深田在高處水不能及則於溪上流作柵遏水使之旁出下溉以及田所其制當流列植豎椿椿上枕以伏牛擗（耕役）以拉（盧合切）木仍用塊石高壘衆楗斜（平聲）以邀水勢此柵之小者如秦雍之地所拒川水率用巨柵其蒙利之家歲例量力均辦所需工物乃深植椿木列置石囤長或百步高可尋丈以横截中流使傍入溝港凡所溉田畝計千萬號爲陸海此柵之大者其餘各處境域雖有此水而無此柵非地利素不彼若蓋工力所未及也今特列于圖譜以示大小規制庶彼方倣之俾水爲有用之水田爲不旱之田由此柵也詩云山源洄洑溪澗空兩岸對峙（直里切）如崇墉傍田救旱無由供上流作障憑地崇支分下灌畦畛重卧邀沛澤真伏龍復有川水波濤洪枚椿列植當要衝仍制石廩如合縱（即容切）要約中流無必東穿渠遠溉波溶溶至今陸海稱秦中畎澮距川惟禹功罔間濬治方成農後世拒水能傍通却資沃灌開田封向來陂堨皆餘蹤海内萬水空朝宗餘波儻使膏潤同縱有湯旱無饑凶坐令歲歲歌時豐富民有具今始逢此柵功利將無窮

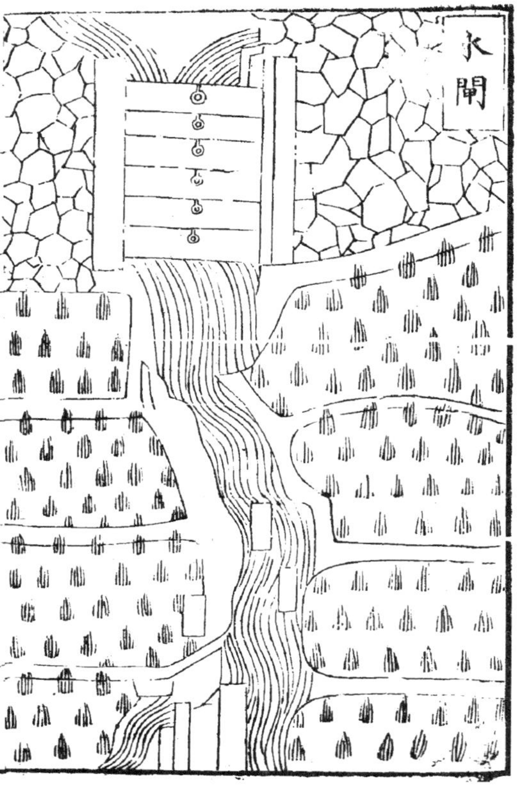

水閘

水閘乙甲切閘閉水門也閘去声有地形高下水路不均則
必跨據津要高築堤垻匯水前立斗門甃石為壁疊木
作障以備啓閉如遇旱涸則撒水灌田民賴其利又得
通濟舟楫轉上声激輥碓五對切實水利之總揆也詩云陂
岸人呼古閘頭萬夫工役見重修禹門但是崇三級逕
峽還同東衆流少擘溝渠供碾碓每通膏澤到田疇休
將層閾輕抽去恐有他時旱暵憂

陂塘

陂塘說文曰陂野池也塘猶堰也陂必有塘故曰陂塘
周禮以潴蓄水以防止水說者謂潴者蓄流水之陂也
防者潴旁之隄也今之陂塘既與上同考之書傳廬江
有芍七略切陂潁川有鴻隙陂黃陵有雷陂愛敬陂陽平
沛郡有鉗廬陂餘難備舉其各溉田大則數千頃小則
數百頃後世故跡猶存因以為利今人有能別度地形
亦效此制足溉田畝千萬比作田圍特省工費又可畜
育魚鱉栽種菱藕之類其利可勝言哉詩云陂水塘高
復袤延拒流寧使迅如川斗門鮮淺三時旱尺澤銛添
十倍田袤延焉復修築地故長大陂諸堨溉田為利十倍號稱今陸海煙波
分得小江天便當卜此成歸計魚稻鄉中好度年

## 水塘

水塘即洿池因地形坳下用之潴蓄水潦或修築圳堰以備灌溉田畝兼可畜育魚鱉栽種蓮芡俱各獲利累倍大凡陸地平田別無溪澗井泉以溉田者救旱之法非塘不可夫江淮之間在在有之然官民異屬各為永業歲收產利成用水之多便者詩云自是江淮地利同須潴塘水助吾農一泓積潦能施潤數頃良疇盡可供傾使稻禾無旱涸更教魚鱉足涵容年來無闕重修築都水田官不爾慵

翻車（甫煩切）今人謂龍骨車也魏畧曰馬鈞居京都城內有田地可爲圃無水以灌之乃作翻車令兒童轉之而灌水自覆漢靈帝使畢嵐作翻車設機引水洒南北郊路則翻車之制又起于畢嵐矣今農家用之溉田其車之制除壓欄木及列檻樁外車身用板作槽長可二丈濶則不等或四寸至七寸高約一尺槽中架行道板一條隨槽濶狹比槽板兩頭俱短一尺用置大小輪軸同行道板上下通週以龍骨板葉其在上大軸兩端各帶拐木四莖置於岸上木架之間人憑架上踏動拐木則龍骨板隨轉循環行道板刮水上岸此翻車之制關楗頗多必用木匠可易成造其起水之法若岸高三丈有餘可用三車中間（去声）小池倒（都皓切）水上之足救三丈已上高旱之田凡臨水地段皆可置用但田高則多費人力如數家相博計日趨工俱可濟旱水具中機械巧捷惟此爲最東坡詩云翻翻聯聯銜尾鴉犖（呂角切）犖确确（胡角切）蜕骨蛇分畦翠浪走雲陣刺水綠秧抽稻芽洞庭五月欲飛沙鼉鳴窟中如打衙天公不念老農泣喚取阿香推雷車

筒車

筒車流水筒輪凡制此車先視岸之高下可用輪之大小須要輪高於岸筒貯於槽方爲得法其車之所在自上流排作石倉斜擗水勢急湊筒輪其輪就軸作轂軸之兩傍閣於樁柱山口之內輪軸之間除受水板外又作木圈縛繞輪上就繫竹筒或木筒（謂小輪則用竹筒大輪則用木筒）於輪之一週水激轉輪衆筒兠水次第下傾於岸上所橫木槽謂之天池以灌田稻日夜不息絕勝人力智之

事也若水力稍緩亦有木石制爲陂柵橫約溪流旁出激輪又省工費或遇流水狹處但壘石斂水湊之亦爲便易此筒車大小之體用也有流水處俱可置此但恐他境之民未始經見不知制度今列爲圖譜使儌倣通用則人無灌溉之勞田有常熟之利輪之功也張安國詩云象龍喚不應竹龍起行雨聯綿十車輻咿軋百舟櫓轉此大法輪救汝旱歲苦橫江鎖巨石濺瀑疊城鼓神機日夜運甘澤高下普老農用不知瞬息了千畝抱孫帶黃犢但看翠浪舞餘波及井臼舂玉飲酡乳江吳誇七蹋足繭要背僂此樂殊未知吾歸當教汝

水轉翻車

水轉翻車其制與人踏翻車俱同但於流水岸邊掘一狹塹置車於內車之踏軸外端作一竪輪竪輪之旁架木立軸置二卧輪其上卧輪適與車頭竪輪輻支相間乃擗水傍激下輪既轉則上輪隨撥車頭竪輪而翻車隨轉倒水上岸此是卧輪之制若作立軸當別置水激立輪其輪輻之末復作小輪輻頭稍闊以撥車頭竪輪此立輪之法也然亦當視其水勢隨宜用之其日夜不止絕勝踏車東坡踏車詩略云天公不念老農泣喚取阿香推雷車范至能詩云地勢不齊人力盡丁男多在踏車頭此皆憫人事之勞也今以水力代之工役既省所利又溥其殆仁智者歟詩云從來激浪轉筒輪却恨翻車智未仁誰識人機盜天巧因憑水力貸疲民

牛轉翻車如無流水處用之其車比水轉翻車卧輪之制但去下輪置於車傍岸上用牛拽轉輪軸則翻車隨轉比人踏功將倍之與前水轉翻車皆出新制欲遠近倣之俱省工力詩云日日車頭踏萬回重勞人力亦堪哀從今隴首澆田浪都自烏犍領上來

驢轉筒車即前水轉筒車但於轉軸外端別造竪輪竪輪之側岸上復置卧輪與前牛轉翻車之制無異凡臨坎井或積水淵潭可澆灌園圃勝於人力汲引詩云世間機械巧相因水利居多用在人可是要津難必遇都將畜力轉上声筒輪

高轉筒車

高轉筒車其高以十丈爲準上下架木各竪一輪下輪半在水内各輪徑可四尺輪之一周兩傍高起其中若槽以受筒索其索用竹均排三股通穿爲一隨車長短如環無端索上相離五寸俱置竹筒筒長一尺筒索之底托以木牌長亦如之通用鐵線縛定隨索列次絡於

上下二輪復於二輪筒索之間架刳（口孤切）木平底行槽一連上與二輪相平以承筒索之重或人踏或牛拽轉上輪則筒索自下兜水循槽至上輪輪首覆水空筒復下如此循環不已日所得水不減平地車戽若積為池沼再起一車計及二百餘尺如田高岸深或田在山上皆可及之今平江虎丘寺劍池亦類此制但小小汲飲不足溉田故不録此近創此法已經較試庶用者述之（所轉上輪形如輥制易繳筒索用人則於輪軸一端作掉枝用牛則制作竪輪如牛轉翻車之法或於輪軸兩端造作拐木如人踏翻車之制若筒索稍慢則量移上輪其餘措置當自忖度不能悉陳）詩云戽車尋丈舊知名誰料飛空效建（上聲）瓴（力丁切）一索繳輪升碧澗衆筒兜水上青冥溉田農父無憂旱汲山人賴久寍頓倒救時霖雨手却從平地起清冷

農桑通訣　集之六

筒車

水轉高車遇有流水岸側欲用高水可立此車其車亦高轉筒輪之制但於下輪軸端别作竪輪傍用卧輪撥之與水轉翻車無異水輪既轉則筒索兜水循槽而上餘如前例又須水力相稱如打輥磨之重然後可行日夜不息絶勝人牛所轉（上聲）此誠祕術今表暴之以諭來者詩云通渠激浪走轟雷激轉筒車幾萬回水械就携多水上天池還瀉半天來竹龍鮮吐無雲雨（前人有雲龍喚不起竹龍起行雨之句）旱魃潛消此地災安得臨流施此技樓居（沾洒）去暑天埃（今都城已有高車用水樂上樓閣散若霧雨頗聞費力故有上句）

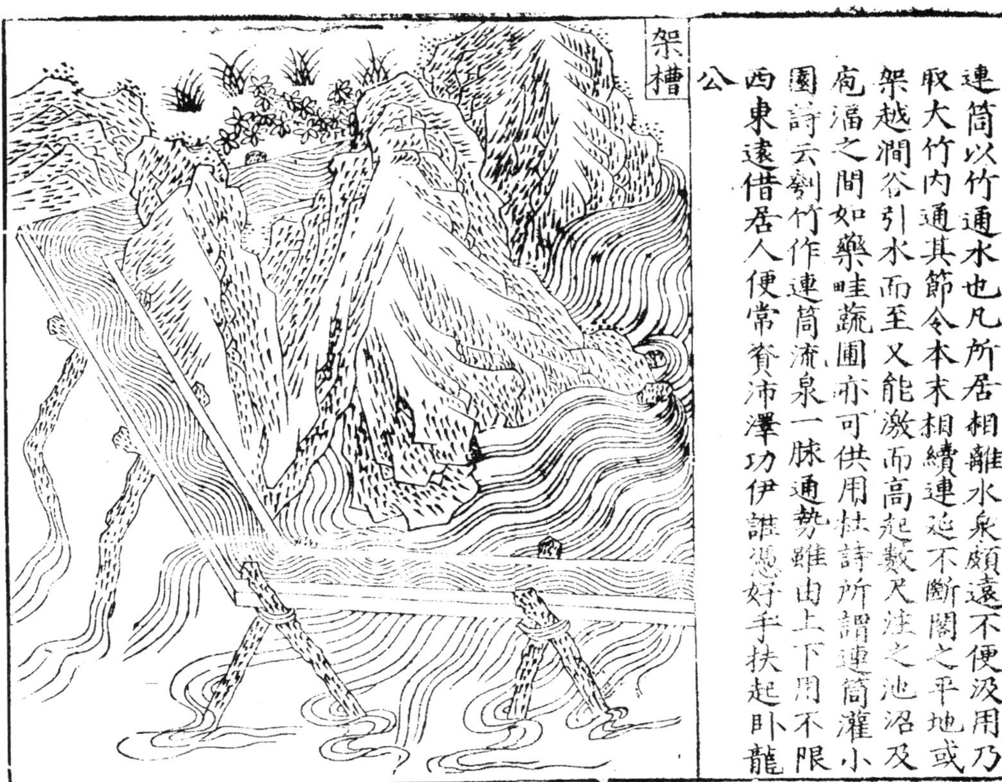


連筒以竹通水也凡所居相離水泉頗遠不便汲用乃取大竹內通其節令本末相續連延不斷閣之平地或架越澗谷引水而至又能激而高起數尺注之池沼及庖湢之間如藥畦蔬圃亦可供用杜詩所謂連筒灌小園詩云刳竹作連筒流泉一脉通勢雖由上下用不限西東遠借居人便常資沛澤功伊誰憑好手扶起卧龍公

架槽木架水槽也間有聚落去水既遠各家共力造木為槽遞相嵌接不限高下引水而至如泉源頗高水性趨下則易引也或在窪下則當車水上槽亦可遠達若遇高阜不免避礙或穿鑿而通若遇坳險則置之叉木駕空而過若遇平地則引渠相接又左右可移隣近之家足得借用非惟灌溉多便抑可潴蓄為用暫勞永逸同享其利詩云刳木作槽身架水自泉口遠引無崇卑量移能左右梯空越澗鑿穴高穿培壞人能禦天災豈非霖雨手

戽斗

戽斗（胡候切）挹水器也唐韻云戽抒（上與切）也抒水器挹也凡水岸稍下不容置車當旱之際乃用戽斗控以雙綆兩人掣之抒水上岸以溉田稼其斗或柳筲或木罌從所便也詩云旱魃久為妖田夫心獨苦引水潴陂塘爾器數吞吐繘（居律切）綆（古杏切）屢挈提項背頻傴僂搰搰（古忽切）弗暫停俄作汁澤溥焦槁意悉甦物用豈無補毋嫌量云小于中有倉庾

刮車

刮車上時掌切水輪也其輪高可五尺輻頭濶至六寸如水頗下田可用此具先於岸側掘成峻槽與車輻同濶然後立架安輪輪軸半在槽內其輪軸一端擐以鐵鉤木拐一人執而掉之車輪隨轉則衆輻循槽刮水上岸溉田便於車戽詩云創物須憑智巧先泝流能使迅如川一輪隨手供飛轉衆輻循槽入斡旋已藉機衡歆矮岸頗教膏澤上枯田桔槔戽斗雖云舊試向車頭較湧泉

桔槔桔古屑切槔古刀切挈水械也通俗文曰桔槔機汲水也說文曰桔結也所以固屬槔皋也所以利轉又曰皋緩也一俯一仰有數存焉不可速也然則桔其植者而槔其俯仰者與莊子曰子貢過漢陰見一丈人方將爲圃畦鑿隧而入井抱甕而出灌搰搰然用力甚多而見功寡子貢曰有械於此一日浸百畦鑿木爲機後重前輕挈水若抽數如沃湯其名爲槔又曰獨不見夫桔槔者乎引之則俯舍之則仰彼人之所引非引人者也故俯仰不得罪於人今瀕水灌園之家多置之實古今通用之器用力少而見功多者王契賦云智者濟時以設功强名之曰桔槔何朴斲之大簡俾投力兮不勞作固兮爲我之身臨深兮是我之理若虞機張如鳥斯企山有木用工見汲引之能異乎水自我成潤物之美不羸瓶而上出何抱甕之勤止執虛趨下雖自屈於勞形持滿因高終見伸於知已鄭圃之側潘園之旁溝塍綺錯畎畝相望帶嘉蔬兮映芳草背古岸而面垂楊欲建標以取別能舉直而自强若垂竿兮匪釣象爟火兮無光不忘機以棄俗乃習坎而爲常隨用捨而俯仰應淺深而短長重泉之水兮不滯九畹之蘭兮益芳雖欲絕學以棄智其若得存而失亡歌曰大道隱兮世人澆無爲守拙空寂寞老圃之道可行何耻見機而作



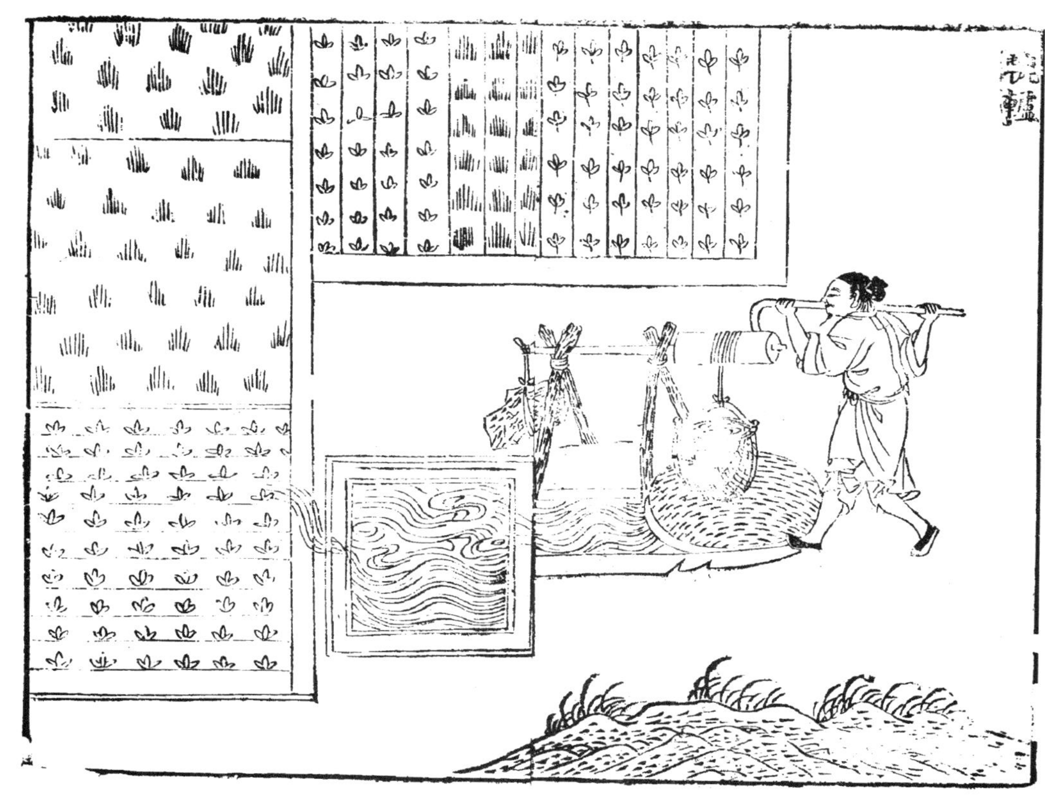

轆轤力木切 力胡切纆綆絾也唐韻云圓轉木也集韻作犢轤汲水木也井上立架置軸貫以長轂其頂嵌以曲木人乃用手掉轉此纆綆於轂引取汲器或用雙綆而逆順交轉此所懸之器虛者下盈者上更相上下次第不輟見功甚速凡汲於井上取其俯仰則桔槔取其圓轉則轆轤皆挈水械也然桔槔綆短而汲淺獨轆轤深淺俱適其宜也仲子陵賦云木德標象金行效事與桔槔之用則同比簨虡之形不異井之物幕瓶亦汔至當於要路之津存乎兼濟之地忠也陳力而就列孝也致養而不匱圓轉則智士之心通流乃仁者之志故轆轤之體一有君子之道四觀其得位攸處居中特立從繩以七寸工假器以尺汲自上至下者念茲以有成虛往實來者釋此而何執利物不言利急人之所急捨之則其道可卷而懷用之則其功可俯而給及夫挈瓶所施懸綆所繞崇朝以聞乎三捷永日何啻乎七縱爲萬人仰與天下共其靜也則無機之機其動也則有用之用德必不孤賢亦有隼泉蒙者道爲之慶井深者心爲之軫無忘乎牽攣蓋存乎汲引斯亦患而不啻乎賢人之業於是乎盡也

瓦竇

瓦竇泄水器也又名函管以瓦筒兩端牙鍔五各切相接置於塘堰之中時放田水須預於溏前堰內疊作石檻以護筒口令於啓閉不然則水湊其處非惟難於窒塞抑亦衝宣滲漏不能久隱必立此檻其竇乃成唐韋丹爲江南西道觀察使築堤扞江竇以疏漲此雖竇之大者亦其類也詩云陂塘泄水瓦爲筒好在田夫啓閉中守口如瓶常處靜剌羣脫鞘忽爲通高低獨限淵源地早晚能施沛澤功若道此中能救旱只疑窪宅擬龍宮

石籠（力董切）又謂之卧牛判竹或用藤蘿或木條編作圈眼大籠長可三二丈高約四五尺以籤樁止之就置田頭内貯磈石用擗暴水或相接連延遠至百步若水勢稍高則壘作重籠亦可遏止如遇隈岸盤曲尤宜周折以禦奔浪并作洄流不致衝蕩埂岸農家瀕溪護田多習此法比於起疊堤障甚省工力又有石笓擗水與此相類詩云誰編藤竹作長籠（盧紅切）塊石填來勢自雄螮（丁計切）蝀（丁孔切）有形横巨浸鯤鯨無力戰秋風皮濤已捲犇騰勢壠畝都歸扞禦功擬喚六丁鞭爾去若爲能障百川東

浚渠

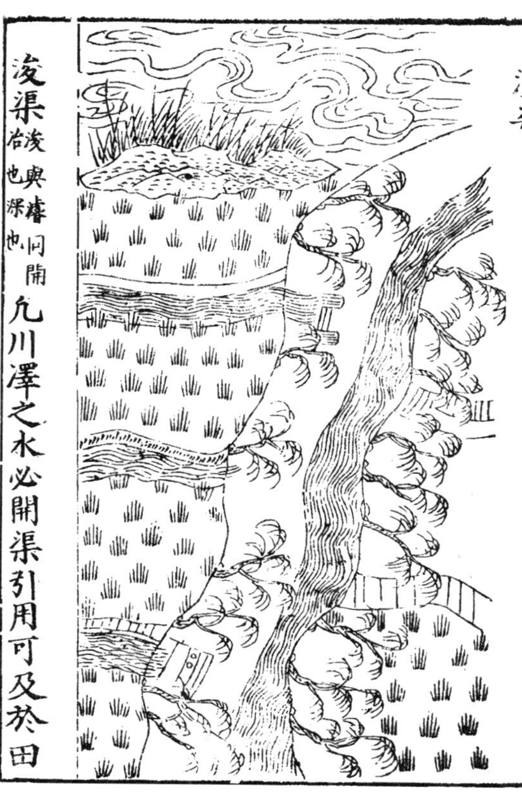

浚渠（浚與濬同開治也深也）凡川澤之水必開渠引用可及於田

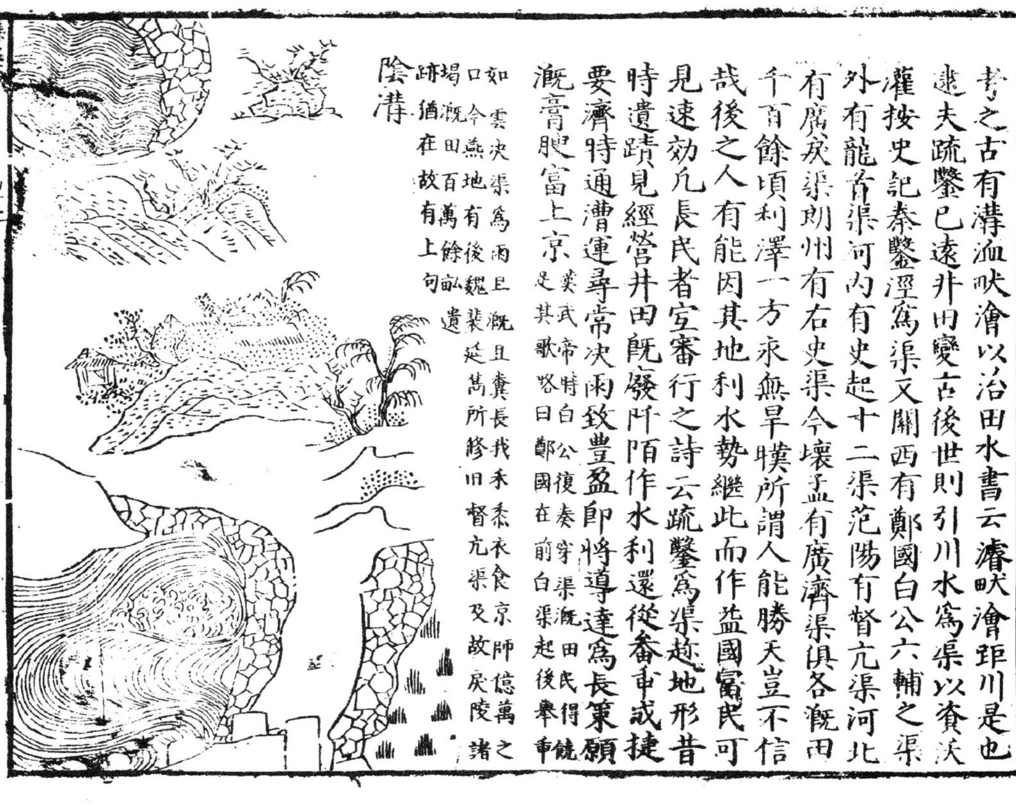

書之古有溝洫畎澮以治田水書云濬畎澮距川是也逮夫疏鑿已遠井田變古後世則引川水爲渠以資沃灌按史記秦鑿涇爲渠又關西有鄭國白公六輔之渠外有龍首渠河内有史起十二渠范陽有督亢渠河北有廣戾渠朔州有右史渠今壞孟有廣濟渠俱各溉田千百餘頃利澤一方永無旱暵所謂人能勝天豈不信哉後之人有能因其地利水勢繼此而作益國富民可見速効凡長民者宜審行之詩云疏鑿爲渠趁地形昔時遺蹟見經營井田既廢阡陌作水利還從畚臿成捷要濟特通漕運尋常決雨致豐盈卽將導達爲長策願溉膏腴富上京漢武帝時白公復奏穿渠溉田民得饒足其歌咯曰鄭國在前白渠起後舉臿如雲決渠爲雨旦溉且糞長我禾黍衣食京師億萬之口今燕地有後魏裴延雋所修舊督亢渠及故戾陵諸堨溉田百萬餘畝遺跡猶在故有上句

## 陰溝

陰溝行水暗渠也凡水陸之地如遇高阜形勢或隔田園聚落不能相通當於穿岸之傍或溪流之曲穿地成穴以磚石爲圈䂬引水而至若別無隔礙則當踏視地形用策索度其高下及經由處所畫爲界路先引濬犁耕過後復浚掘乃作甓穴上覆元土亦是一法如灌溉之餘常流不絕又可蓄爲魚塘蓮蕩其利亦博或貫穿城邑巷陌及注之園囿池沼悉周於用雖遠近大小深淺曲直不同然皆洑流内達膏澤傍通水利之中最爲末便此皆泉源在上或在平地易以通流如水在溝下當車水上之溉田則一也或遇田勞則反能撤水下之此又陰溝用水之變法詩云川陸由來逈不同豈知穴地得潛通深邀別境無窮利遠濟吾鄉不旱功花逕有同流暗水挑源誤認出殘紅却嗟疏鑿勞民力安得鞭驅萬鬼工

## 井

井地穴出水也說文曰清也故易曰井洌寒泉食之以石則潔而不泥汲之以器則養而不窮井之功大矣按周書云黄帝穿井又世本云伯益作井堯民鑿井而飲湯旱伊尹教民田頭鑿井以溉田今之桔槔是也此皆人力之井也若夫岩穴泉竇流而不窮汲而不竭此天然之井也皆可灌溉田畝水利之中所不可闕者薛能詩云源遠匠難尋加欄底更深汲新聞土氣鑿徹見天心滴亂瓶初發痕移甃漸沉雲雷如震用飛出便爲霖

水篣

水篣（薄庚切）集韻云竹箕也又籠也夫山田利於水源在上間有流泉飛下多經磴級不無混濁泥沙淤壅畦埂農人乃編竹爲籠或木條爲捲芭承水透溜乃不壞田詩云瀑布中懸護土沙飛流聚沫白生華即看器用成天巧積雪岩前走浪花

農器圖譜集之十三

農器圖譜目録



農器圖譜目録

農器圖譜集之十四

東魯王禎撰

利用門

農書譜命篇曰利用與夫易云利用書曰利用其文同其理異今因水之利於用故以名篇亦古斷章摘句假其義也然水利之用衆矣惟關於農事係於食物者録之然必假他物乃可成功所以訪諸彼而得於此稽諸古而行於今啓秘於初傳斡連機而同運或造穀食代人畜之勞或導溝渠集雲雨之効或資汲引於庖湢或供刻漏於田疇其餘舟楫灌溉等事已具前篇覽者當互相參攷以盡水利之用云

濬鉾

濬鉾（濬思潤切與浚同　鉾胡瓜切鍪也）濬深也書云濬畎澮距川今濬鉾即此濬也周禮匠人爲溝洫耜廣五寸二耜爲耦一耦之伐廣尺深尺以此考之則知濬鉾即耦耜之法其制大倍常鉾鉾亦稱是凡開田間溝渠及作陸塹乃剏制箭犁可用此鉾斲犁底爲胎煅鐵爲刃犁轅貫以横

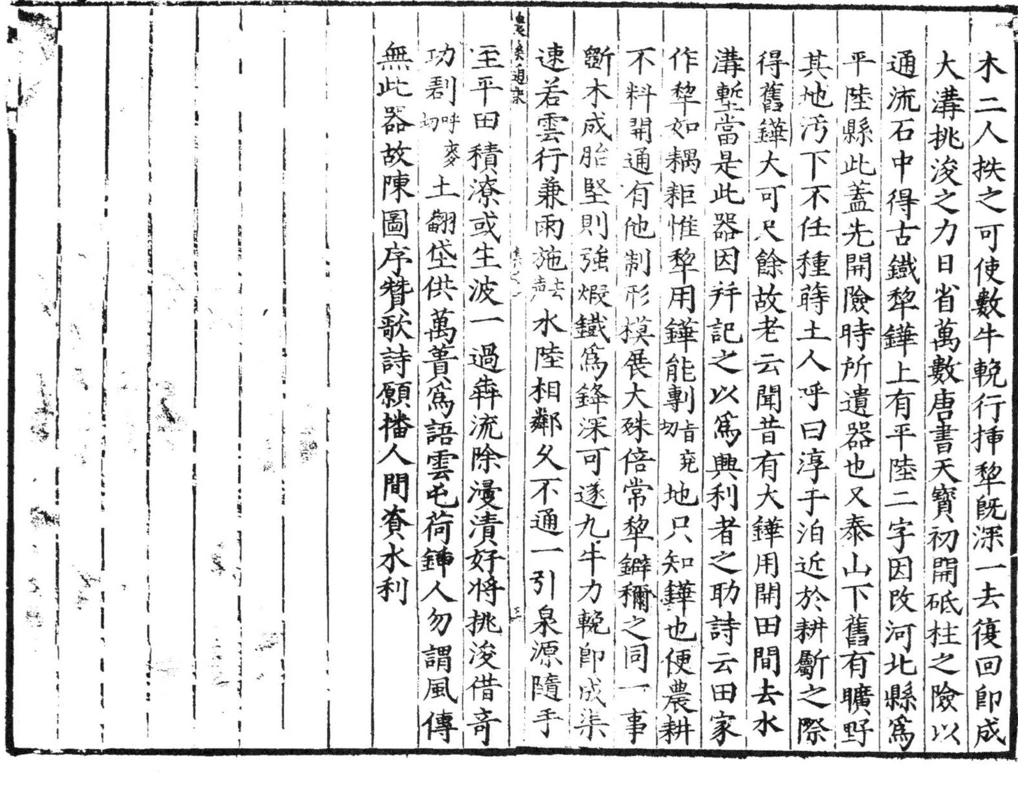

木二人扶之可使數牛輓行揷犁既深一去復回卽成大溝挑浚之力日省萬數唐書天寶初開砥柱之險以通流石中得古鐵犁鑱上有平陸二字因改河北縣爲平陸縣此蓋先開險時所遺器也又泰山下舊有曠野其地洿下不任種蒔土人呼曰淳于泊近於耕斸之際得舊鑱大可尺餘故老云聞昔有大鑱用開田間去水溝塹當是此器因并記之以爲興利者之助詩云田家作犁如耦耟惟犁用鑱能剸（旨兖切）地只知鑱也便農耕不料開通有他制形模長大殊倍常犁鏵稱之同一事斲木成胎堅則強煆鐵爲鋒深可遂九牛力輓卽成渠速若雲行兼雨施（去聲）水陸相鄰久不通一引泉源隨手至平田積潦或生波一過犇流除漫漬好將挑浚借奇功劐（呼麥切）土翻坌供萬簣爲語雲屯荷鍤人勿謂風傳無此器故陳圖序賛歌詩願播人間資水利

水排（蒲拜切）集韻作𣝅與韛同韋囊吹火也後漢杜詩爲南陽太守造作水排鑄爲農器用力少而見功多百姓便之注云冶鑄者爲排以吹炭今激水以鼓之也魏志曰胡暨字公至爲樂陵太守徙監冶謁者舊時冶作馬排每一熟石用馬百匹更作人排又費工力暨乃因長流水爲排計其利益三倍於前由是器用充實詔褒美就加司金都尉以今稽之此排古用韋囊今用木扇其制當選湍流之側架木立軸作二卧輪用水激轉（上聲）下輪則上輪所週絃索通激輪前旋鼓掉枝一例隨轉其掉枝所貫行桄因而推輓卧軸左右攀耳以及排前直木則排隨來去搧冶甚速過於人力又有一法先於排前直出木簨約長三尺簨頭竪置偃木形如初月上用鞦韆索懸之復於排前植一勁竹上帶㨶索以控排扇然後却假水輪卧軸所列拐木自上打動排前偃木排即隨入其拐木既落㨶竹引排復回如此間（去聲）打一軸可供數排究若水碓之制亦甚便捷故併録此夫銅鐵國之大利凡設立冶監動支公帑雇力興搧極知勞費若依此上法頓爲減省但去古已遠失其制度今特多方搜訪列爲圖譜庶冶煉者得之不惟國用充足又使民鑄多便誠濟世之秘術幸能者述焉詩云嘗聞古循吏官爲鑄農器欲免力役繁排冶資水利輪軸既旋轉（上聲）機栝互牽掣（尺制切）深存槖籥功呼吸惟一氣遂致巽離用立見風火熾熟石既不勞鎔金亦何易國工倍常眷農用知省費誰無興利心願言述此制

水磨

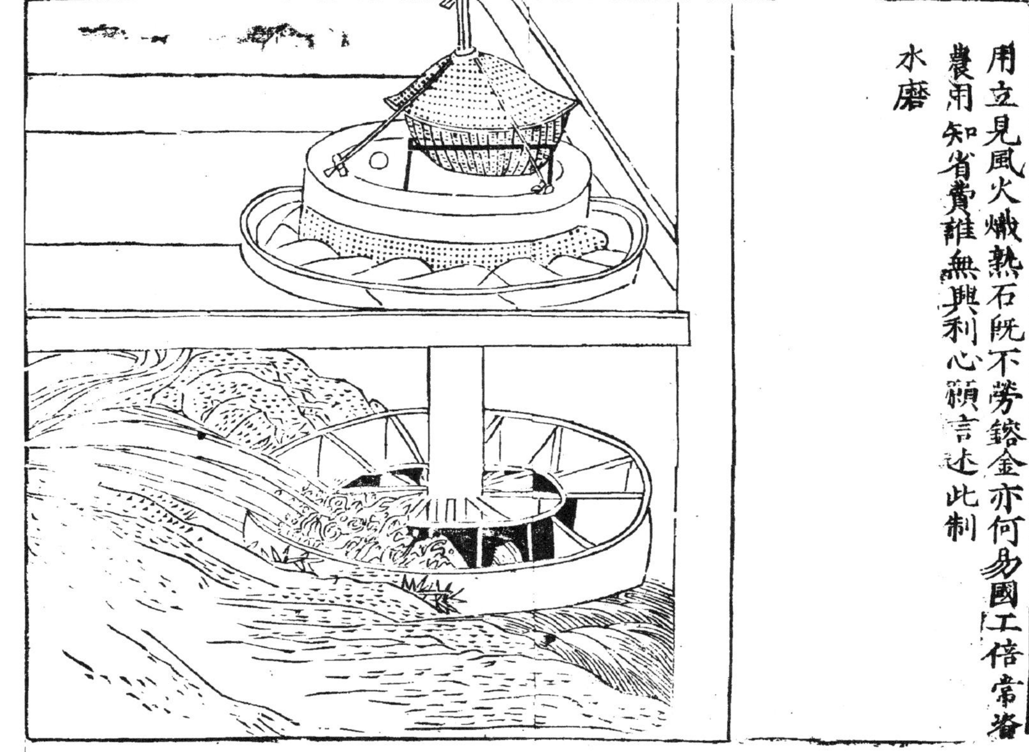

水磨（同䃺）凡欲置此磨必當選擇用水地所先儘並（蒲浪切）岸擗水激轉或别引溝渠掘地棧木棧上置磨以軸轉磨中下徹棧底就作卧輪以水激之磨隨輪轉比之陸磨功力數倍此卧輪磨也又有引水置閘甃爲峻槽槽上兩傍植木架以承水激輪軸軸要别作豎輪用擊在上卧輪一磨其軸末一輪傍撥周圍木齒一磨既引水注槽激動水輪則上傍二磨隨輪俱轉此水機巧異又勝獨磨此立輪連二磨也復有兩船相傍（蒲浪切）上立四楹以茅竹爲屋各置一磨用索纜於水急中流船頭仍斜揷板木湊水抛以鐵爪使不横斜水激立輪其輪軸通長旁撥二磨或遇泛漲則遷之近岸可許移借比之他所又爲活法磨㢠興利者度而用之詩云用水良有法假物役機智夫磑固利民復以水爲利湍流激輪轉（上聲）坤軸發樞秘星隧化石圓風旋疑鬼制動静法陽陰造化出精粹造化動静間乾坤具玆器人惟盗物巧越古人極致今看益世功機事何必棄

水礱

水礱力董切　水轉上聲礱也礱制上同但下置輪軸以水激之一如水磨日夜所破穀數可倍人畜之力水利中未有此制今特造立庶臨流之家以憑倣用可爲永利詩云施輪轢穀入輕礱平聲役水還將與磑五對切同粒米精粗來有自輪機日復轉上聲無窮工傭給貯何多暇杵臼承舂秪半功仰去聲食老農方聽説江鄉新制要相通

水碾

水碾諸輦切　水輪轉上聲碾也後魏書崔亮教民爲輾奏於張方橋東堰谷水造水輾數十區豈水輾之制自此始歟其輾制上同事見杵臼門但下作卧輪或立輪如水磨之法輪軸上端穿其碢幹水激則碢隨輪轉上聲循槽轢穀疾若風雨日所穀米比於陸輾功利過倍詩云湍流激輾走通渠木石相乘有秘樞水府暗推坤軸健天衢圓轉上聲月輪孤循環侶假風雷迅受納難同杵臼拘粒食中州易精鑿好傳規制徧方隅

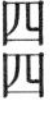

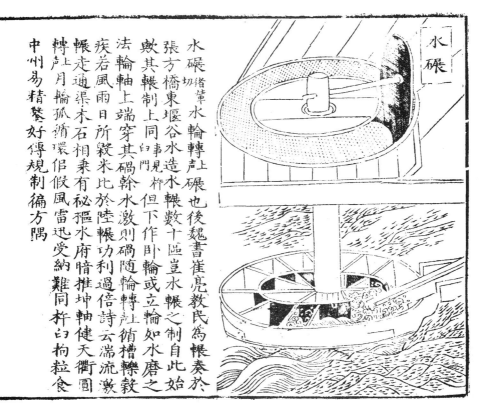

水輾三事謂水轉上声輪軸可兼三事磨礱輾也初則置立水磨變麥作麪一如常法復於磨之外周造輾圓槽如欲毇米惟就水輪軸首易磨置礱既得糲米則去礱置輾碢幹循槽碾之乃成熟米夫一機三事始終俱備變而能通兼而不乏省而有要誠便民之活法造物之潛機今創此制幸識者述焉詩云制礱元憑一水輪就加礱輾巧相因軸端更平声置皆從省穀物兼成豈憚頻餅食已供無匱之米珠重造得圓匀濟民有要無人識農譜圖中擬細陳

水轉上声後同連磨其制與陸轉連磨不同此磨須用急流大水以湊水輪其輪高闊輪軸圍至合抱長則隨宜中列三輪各打大磨一盤磨之周匝俱列木齒磨在軸上閣以板木磨傍留一狹空去声透出輪輻以打上磨木齒此磨既轉上声其齒復傍打帶齒二磨則三輪之功互撥九磨其軸首一輪既上打磨齒復下打碓軸可兼數碓或遇天旱旋於大輪一週列置水筒晝夜溉田數頃此一水輪可供數事其利甚博嘗至江西等處見此制度俱係茶磨所兼碓具用搗茶葉然後上磨若他處地分間去声有溪港大水做此輪磨或作碓輾日得穀食可給千家誠濟世之奇術也陸轉連磨下用水輪亦可詩云

昔聞圜遶磨相連役水今看別有傳一軸帶輪方卧轉衆機聯體復旁旋要樞自假波濤力哲匠能偷造化權總道於人多飽德好將規制示民先



水擊麪羅

水擊麪羅隨水磨用之其機與水排俱同按圖視譜當自考索羅因水力互擊椿柱篩麪甚速倍於人力又有就磨輪軸作機擊羅亦爲捷巧詩云春雷聲殷上声雪或圍收入羅床別有機繞得水輪輕借力方池匀受玉塵飛

機碓水搗器也通俗文云水碓曰翻車碓杜預作連機碓孔融論水碓之巧勝於聖人斷木掘地則翻車之類愈出於後世之機巧王隱晉書曰石崇有水碓三十區今人造作水輪輪軸長可數尺列貫橫木相交如滾搶之制水激輪轉（上聲）則軸間橫木間（去聲）打所排碓稍一起一落舂之卽連機碓也凡在流水岸傍俱可設置須度水勢高下爲之如水下岸淺當用陂柵或平流當用板木障水俱使傍流急注貼岸置輪高可丈餘自下衝轉（上聲）名曰撩（落蕭切）車碓水若高岸深則爲輪減小而闊以板爲級上用木槽引水直下射轉（上聲）輪板名曰斗碓又曰鼓碓此隨地所制各趨其巧便也詩云杵臼中來有別傳作機還假物相連水輪翻轉（上聲）無朝暮舂杵低昂間（去聲）後先蹴踏休誇人力健供餐易得米珠圓擬將要法爲圖譜載入農書利用篇

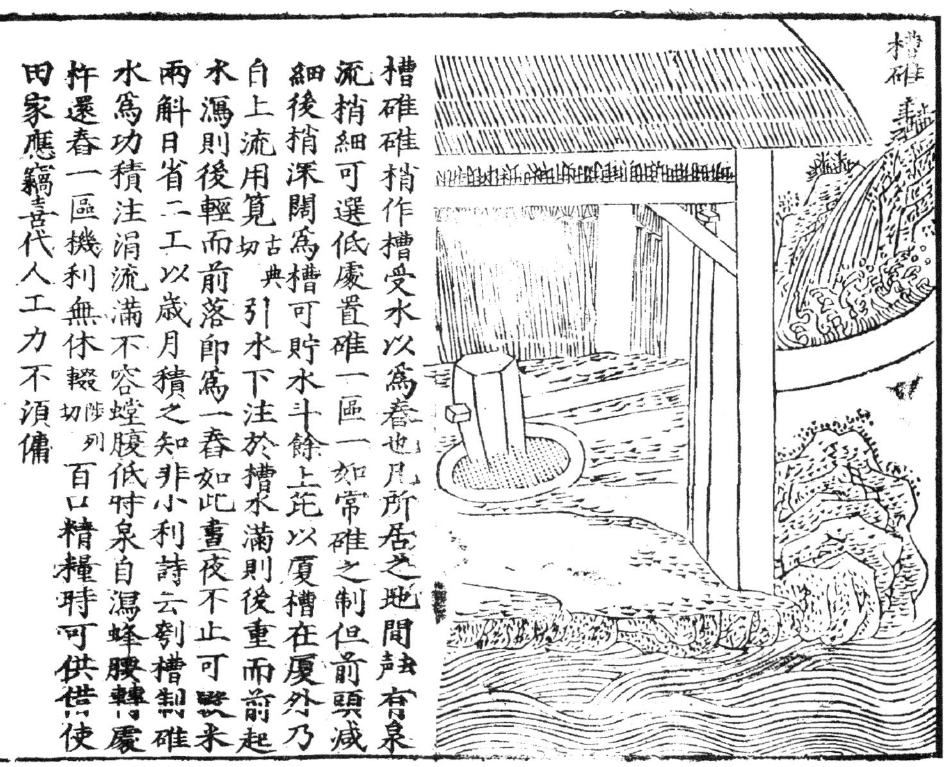


槽碓碓梢作槽受水以爲舂也凡所居之地間去聲有泉流梢細可選低處置碓一區一如常碓之制但前頭減細後梢深闊爲槽可貯水斗餘上庇以厦槽在厦外乃自上流用筧古典切引水下注於槽水滿則後重而前起水瀉則後輕而前落即爲一舂如此晝夜不止可毇米兩斛日省二工以歲月積之知非小利詩云剡槽製碓水爲功積注涓流滿不容螳腹低時泉自瀉蜂腰轉處杵還舂一區機利無休輟陟列切百口精糧特可供借使田家應竊喜代人工力不須傭

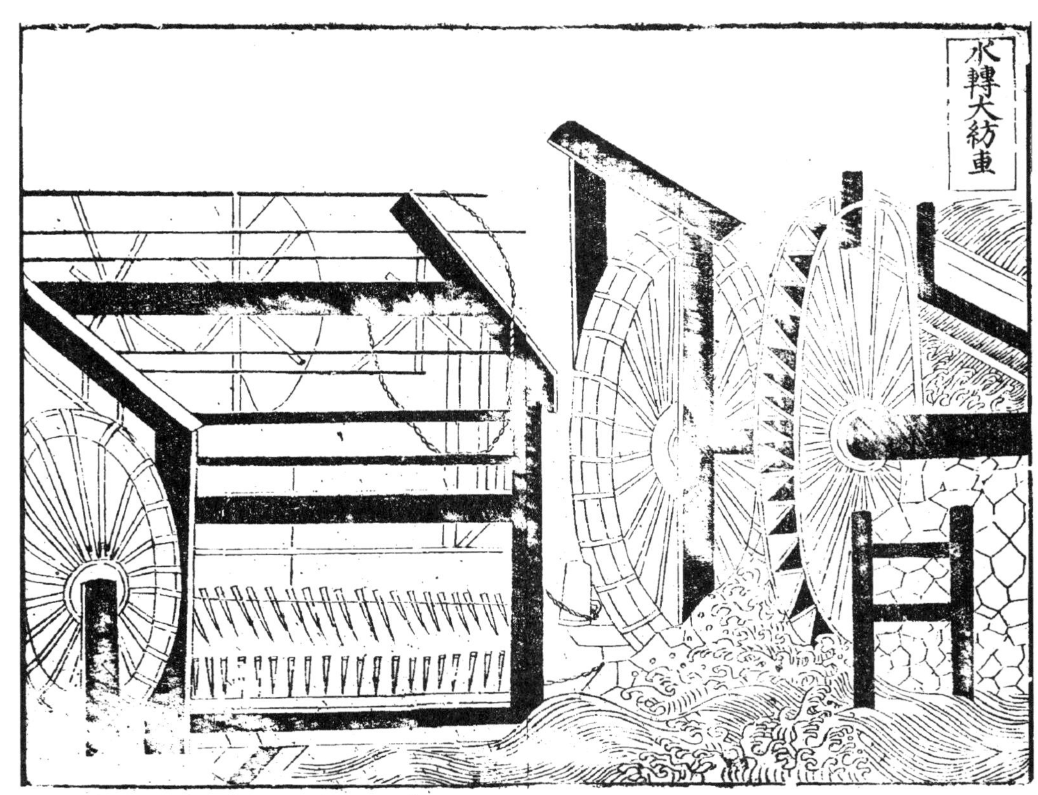

水轉大紡車比車之制見麻苧門茲具不述但加所轉上水輪與水轉輾磨之法俱同中原麻苧之鄉凡臨流處所多置之今特圖寫庶他方績紡之家傚此機械比用陸車愈便且省庶同獲其利詩云車紡工多日百觔更憑水力捷如神世間麻苧鄉中地好就臨流置此輪

## 缶

缶汲水器左傳宋災樂喜為政具綆缶杜注缶汲器爾雅疏云比（毗王切）卦初爻有孚盈缶注云辰在爻木上值東井井之水人所汲用缶楊惲（渠殞切）傳曰田家作苦歲時伏臘烹羊炰羔斗酒自勞（去声）酒後耳熱仰天擊缶而呼烏烏應劭曰缶瓦器也今汲器用瓦亦缶之遺制也詩云缶名在卦著乎易有孚盈缶始於此聖人立象豈徒然義見初爻誠有為體圓質素用有常埏（式連切）埴（時石切）由來遵古制繘（居行切）井元憑汲飲功虛往盈來需求利世事從來有變通所用在人非在器物因賤目作等閑一擊曾分秦趙氣眷然還憶古遺風得失無非寓真意好共農家老瓦盆侑我歌田成一醉

## 綆

綆（古杏切）郭璞云汲水索也易卦云汔（其乞切）至亦未繘井方言繘自關而東周洛韓魏閒謂之絡關西謂之繘綆或作絖（古杏切）俗謂井索下係以鉤今汲用之家必有轆轤為綆設也詩云惟井有綆見於易綆入卦辭名以繘人間鑿飲安可闕懸缶至今無上日物本無情偶如智用舍以時存曲直思正滌滌此心塵汲引須憑一輸力

田漏

申未午巳辰卯寅

田漏田家測景水器也凡寒暑昏曉已驗於星若占候時刻惟漏可知古今刻漏有二曰稱漏曰浮漏夫稱漏以權衡作之殆不如浮漏之簡要今田漏槩取其制置箭壺內刻以為節既壺水下注則水起箭浮時刻漸露自巳初下漏而測景焉至申初為三時得二十五刻倍為六辰得五十刻畫之於箭視其下尚可增十餘刻也乃於卯酉之時上水以試之今日午至來日午而漏與景合且數日皆然則箭可用矣如或有差當隨所差而損益之改畫辰刻又試如初必待其合也農家置此以揆時計工不可闕者大凡農作須待時氣時氣既至耕種耘耔事在晷刻苟或違之時不再來所謂寸陰可競分陰當惜此田漏之所以作也茲列為圖譜以示準式梅聖俞詩云占星昏曉中寒暑已不疑田家更置漏寸晷亦欲知汗與水俱滴身隨陰屢移誰當哀此勞往往奪其時

農器圖譜集之十四

# 農器圖譜集之十五

東魯王禎撰

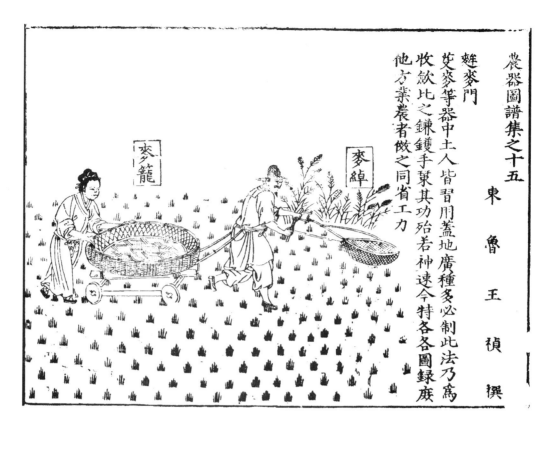

## 蓧麥門

芟麥等器中土人皆習用蓋地廣種多必制此法乃爲收斂比之鎌鑊手穫其功殆若神速今特各各圖録庶他方業農者倣之同省工力

麥綽

麥籠

麥籠力董切盛芟麥器也判竹編之底平口綽廣可六尺深可二尺載以木座座帶四碢用轉𨊠而行芟麥者腰繫鉤繩牽去声之且行且曳就借使刀前向綽麥乃覆籠內籠滿則昇之積處往返不已一籠日可收麥數畝又謂之腰籠詩云籠具牽來足轉𨊠輪端芒滿覆一何頻不須更問倉箱數已驗今年早得辛

### 麥釤

麥釤所鑑切芟麥刃也集韵曰釤長鎌也然如鎌長而頗直比鏺薄而稍輕所用斫而劖之故曰釤用如鏺也亦曰鏺其刃務在剛利上下嵌繫綽柄之首以芟麥也比之刈穫功過累倍詩云利刃由來與鏺同豈知芟麥有殊功曰看萬頃黃雲地不用刓鎌捲已空

### 麥綽

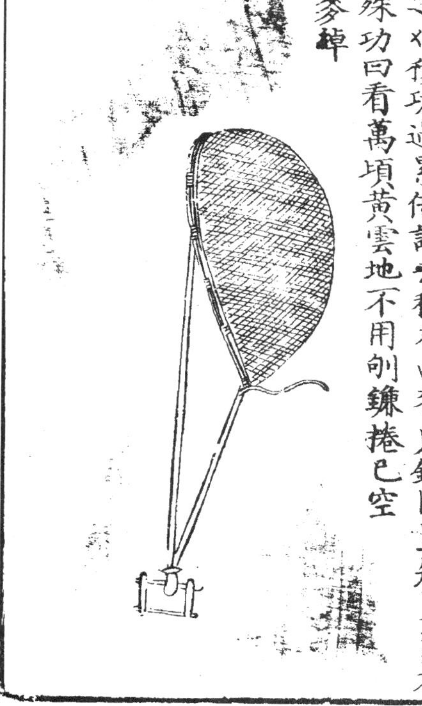

太牢制幣而祭唐置壇在長安宮北苑中高四尺周回三十步皇后並有事於先蠶其儀備開元禮宋用北齊之制築壇如中祠禮通禮義纂后親享先蠶貴妃亞獻昭儀終獻夫蠶祭有壇稽之歷代雖儀制少異然皆遵相沿襲餼羊不絕知禮之不可獨廢有天下國家者尚鑒茲哉贊曰有星天駟象合乎龍惟蠶辰生精氣相通孕卵而出寓食桑中取育於室繭絲內克衣韍被於人奕世有功粤載祀典同答思隆壇壝制度歷代所崇惟君立后毓德中宮既正母儀普帥婦工嘗建蠶館桑必以躬奉制祭服郊廟是共公侯夫人莫不勉從爲天下勸繼古人風約漢故事築祭于東享以中牢相以禮容登降有節拜獻惟恭眷此區域萬方混同畢被繒纊神福穆蒙國有定式報德無窮



麥綽昌約切抄麥器也篾竹編之一如箕形稍深且大旁有木柄長可三尺上置彭刃下橫短拐以右手執之復於彭旁以繩牽短軸近刃處以細竹代防爲刃所割也左手握而掣之以兩手齊運芟麥入綽覆之籠也嘗見北地芟取蕎麥亦用此具但中加密耳夫籠彭綽三物而一事係於人之一身而各周於用信乎人爲物本物因人而用也麥綽詩云芟麥雖憑利刃功柄頭還用竹爲籠勿云編量容多少都覆黃雲入籠中

積苫

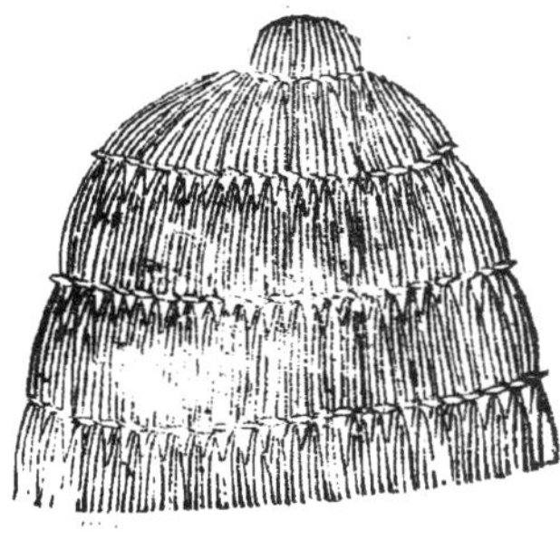

積資昔切苫失廉切芟麥既積編草覆之也農桑輯要云苫須於農隙時備下以防雨作農桑直說云作苫用穀草黃野草皆可但紐作腰緊結去一頭留稍者爲苫兩頭齊者爲薦凡露積須苫繳蓋不爲雨所敗也嘗見農家有以麻經或草索織之又可速就詩云紐成腰緊結去草如鋪禾積苫來若結廬應是農家有先備等閑風雨欲何如

捃刀

捃刀（捃君運切）集韻云捃拾也俗謂拾麥刀刃長可五寸闊近二寸上下竅繩穿之繫於指腕隨手芟穫取其便也麥禾既熟或收刈不時墊穗狼藉不能淨盡單貧之人得以取其遺滯詩所謂此有滯穗伊寡婦之利蓋捃拾之間用此器也詩云銍刈中叅有別名掌邊霜刃覺風生禾田伊利知多少俱入錚然截穎聲

拖杷

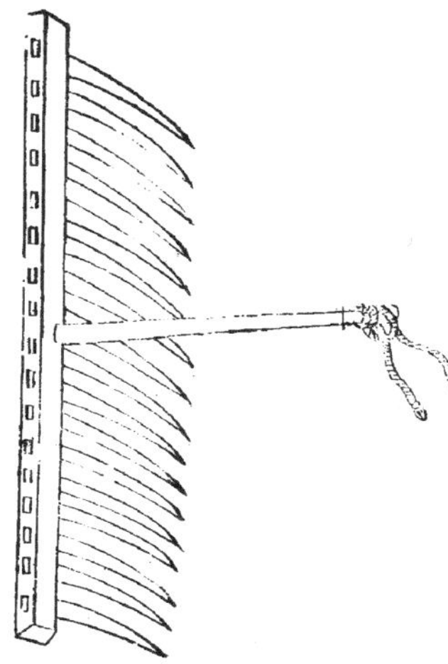

拖杷（拖吐邏切）摟麥長杷也首列二十餘齒短也木柄以批（滿結切）契（私列切）纖腰曳之嘗見麥野爲風雨所損而莖穗交亂不能淨鏺故制此具腰後縱橫摟之仍手握柄鐮芟其遺餘所得稭穗隨擁積之有一杷畢功得麥十餘斛前詩云麥田遺穗儘交加鎘鏤功多在一把不假犁

鉚翻有得登場或及下農家

抄竿

抄竿（抄之敎切 畧取也）竿扶麥竹也長可及丈麥已熟時忽爲風雨所倒不能芟取乃別用一人執竿抄起即穗竿舉則彭隨鏺之殊無損失必兩習熟者能用不然則有矛盾之差矣或曰今麥事有捃刀拖杷抄竿器名色笐冗細佀不足紀録而皆取之何也曰物有濟於人而遺之不可然世之豪侈華固不屑知而貧寠者欲得爲利極既壞於無遺取棄餘爲有用是可尚也故綴於麥事之末抄竿詩云風雨摧殘二麥秋一竿料理得全收欲知目我扶顛力都在芟夫彭綽頭

芟麥歌

田家食力不食智𧾷麥年年勤種蒔老農八十諳地利暑夏呼兒先膜地再耕再耨土華膩手把耬犁知已試土沃不妨投種穊今年已報春澤被覆壟苗深如櫛比薰風長養見天意穲穲青旗催稈穗繞結稃胞花雪墜赫赫曦輪熾鑽燧儘著精華輸至味粒飽芒森密如篲頓失前時浪翻翠豈知真宰調元氣化作黃雲表嘉瑞老農眼飽雖自慰旦夕却憂風雨至子婦犇忙事芟器彭綽翩翻轉雙臂曳籠腰間盈復棄急載牛箱夜無寐

轉首登場簇高積𧗠風翻日碾半猶未已向公門奉新
餽麴材和糴凡幾次年餉巡門仍語許夏稅有程令反
易自餘宿負知取寄揹此有秋爭蟻萃一得豈能償百
責終歲勤勞一歡歙昨日公堂宴賓貴尊俎橫陳混肴
截檀板珠繩按歌吹萬錢不值供一醉庖人搓揉出精
粹尚喜食新誇餅餌物不天求皆力致飽食何人知所
自春祈夏薦禮所記報本從來追古義但願斯民不畏
吏吏不擾民民自遂凡在牧民遵此治坐見兩岐歌政
異日富囷倉均被賜不使老農憂歲事



農器圖譜集之十五

農器圖譜目錄

集之十六

蠶繅門

繭館　先蠶壇

蠶神　蠶室

火倉槌爐附　蠶槌

蠶椽　蠶箔

蠶筐　蠶槃

蠶架　蠶網

蠶杓　蠶簇

蠶甕　繭籠



繅車　熱斧

冷盆　蠶連

農器圖譜目錄

# 農器圖譜集之十六

東魯王禎撰

## 蠶繅門

蠶繅之事自天子后妃至於庶人之婦皆有所執以共衣服故篇目以繭館爲首示率天下之蠶者其作用之門如曲植鉤筐之類與夫軠斧繭繰之法必先精曉習熟而後可望於獲利今條列名件一一備述又使世之繒纊其身者皆知所自出也然農譜有蠶事者蓋農桑衣食之本不可偏廢特以蠶具繼於農器之後冀無闕失云

### 繭館

繭館皇后親蠶之所古公桑蠶室也按禮月令季春之月具曲植植直吏切注曰曲薄也植槌也籧居呂切筐后妃齋戒親東鄉訴亮切躬桑禁婦女毋觀音灌省許景切婦使以勸蠶事注曰觴者觴時氣也毋觀去容飾也婦使縫線紐紃之事蠶事既登分繭稱去声絲效戶教切功以共音恭郊廟之服無有敢隋徒卧切周制天子諸侯必有公桑蠶室近川而爲之築宮仞有三尺棘牆而外閉之后妃齋戒享先蠶而躬桑以勸蠶事皇后親蠶儀曰皇后躬桑始將一條執筐受桑將三條女尚書跪曰可止執筐者以桑授蠶母以桑適金室前漢文帝紀詔皇后親桑以奉祀服景帝詔后親桑爲天下先元帝王皇后爲太后幸繭館率皇后及列夫人桑明帝時皇后諸侯夫人蠶魏文帝黄初中皇后蠶于北郊遵周典也晉武帝太康中立蠶官皇后躬桑依漢魏故事宋孝武立蠶觀后親桑循晉禮也北齊置蠶宮皇后躬桑于所後周制皇后至蠶所桑隋制皇后親桑於位唐太宗貞觀元年皇后親蠶顯慶元年皇后武氏先天二年皇后王氏乾元二年皇后張氏並見親蠶禮玄宗開元中命宮中食蠶親自臨視宋開寶通禮郊祀録並有后親蠶祝辭此歷代后妃親蠶之事乘之史編昭然可見兹特冠於篇首庶有國家者按圖考譜知繭館之不徒名也昔梅聖俞有蠶具繭館詩今不揆續爲之賦云惟蠶有功於世歸美廣物産之貨皆作人生之衣去声被中春之月天子詔后以躬桑大昕之朝内宰告期而命祀於是詣靈壇降寶殿翠障夾乎道周鳳輦翔于幾甸順春氣於東方朝先蠶於北面具夫青縹之服皇后蠶服青上縹下深衣侑以芳馨之薦九宮傾動藹然際以成陪班三獻禮成沛矣迎祥於回眷當其疊承寵命適對韶光擇世婦於吉卜受鞠衣於明堂月令三月薦鞠衣祭先帝于明堂所以崇開禁館始入公桑援條有三聽女尚書之勸止執筐不再受宮夫人之是將體之以坤儀之柔順視之以母道之慈良破蟻以來庶養至於千簿獻繭之後諒化被於多女是以命繅治以成絲就趨工而俟織玄黄朱緑染各精明黼黻文章古者獻繭繅遂朱綠之玄黄之以爲黼黻文章絲同品色

先蠶壇先蠶猶先酒先飯祀其始造者壇築土爲祭所也黄帝元妃西陵氏始蠶即先蠶也按黄帝元妃西陵氏曰嫘祖始勸蠶稼月大火而浴種夫人副褘而躬桑乃獻繭稱絲織之功因之廣織以供郊廟之服皇圖要覽云伏羲化蠶西陵氏養蠶淮南王蠶經云西陵氏勸蠶稼親蠶始此禮月令季春是月也后妃齋戒享先蠶而躬桑以勸蠶事周禮天官内宰中春詔后帥外内命婦始蠶於北郊注蠶於北郊以純陰也漢禮儀志皇后祠先蠶禮以中牢魏黄初中置壇于北郊依周典也晉制先蠶壇高一丈方二丈四出陛陛廣五尺皇后至西郊親祭躬桑北齊先蠶壇五尺方二丈四高陛陛各五尺外兆四十步面開一門皇后升壇祭畢而桑後周皇后至先蠶壇親饗隋制宫北三里壇高四尺皇后以

蠶神天駟也天文辰爲龍蠶辰生又與馬同氣謂天駟即蠶神也淮南王蠶經云黃帝元妃西陵氏始蠶至漢祀宛窳婦人寓氏公主蜀有蠶女馬頭娘此歷代所祭不同然天駟爲蠶精元妃西陵氏爲先蠶實爲要典若夫漢祭宛窳寓氏公主婦人蜀有蠶女馬頭娘又有謂三姑爲蠶母者此皆後世之溢典也然古今所傳立像而祭不可遺闕故併附之稽之古制后妃祭先蠶壇壝牲幣如中祠此后妃親蠶祭神禮也蠶書云卧種之日詰旦升香割雞設醴以禱先蠶此庶人之祭也自天子后妃至于庶人之婦事神之禮雖有不同而敬奉之心一是諒爲知所本矣乃作祈報之辭曰祈惟蠶之精天駟有星惟蠶之神伊昔著名氣鍾於此孕卵而生既桑而育既眠而興神之福汝有箔皆盈尚冀終惠用彰厥靈報蠶老獻瑞繭盈劾成敬獲吉卜願契心盟神宜饗之祈祀惟馨報龍精一氣功被多方繼當是歲神降于桑載生載育來福來祥錫我繭絲製此衣裳室家之慶閭里之光敬帥長幼結旦升香設殽於俎奠醴於觴工祝致告神德彌彰

蠶室記曰古者天子諸侯皆有公桑蠶室近川而爲之築宮仞有三尺棘牆而外閉之三宮之夫人世婦之吉者使入蠶室奉種浴于川桑于公桑此公桑蠶室也其民間蠶室必選置蠶宅負陰抱陽地位平爽正室爲上南西爲次東又次之若室舊則當净掃塵埃預期泥補若遇近臨時牆壁濕潤非所利也太締構之制或草或瓦須内外泥飾材木以防火患復要間架寛敞可容槌箔牕户虚明易辨眠起仍上於行棒（如練切）各置照牕每臨蠶暮以助高明下就附地列置風竇令可啓閉以除濕鬱考之諸蠶書云蠶時先辟東間養蟻停眠前後撤去西牕宜遮西曬尤忌西南風起大傷蠶氣可外置牆



壁四五步以禦（餘備蚕書）所有蠶神室蠶神像宜於高空詀處安置凡一切忌惡詀之事邪穢之氣辟除蠲潔夙夜齋敬不致褻慢（余觀蚕書云毋治堰毋誅草毋沃灰毋室入外人四者神實惡之）如能依上公自然宜蠶不必泥（去聲）於陰陽家拘忌巫覡（胡地切女巫也）等[illegible]感至使回換門户諂禱神祇虛費財用實無所益故述而出之以爲業蠶者之戒銘曰世業農桑既興我室以臨蠶月復事塗飾挑莿拔除神主斯立曲植既具錡筐乃集連蟻方生若不嚴密婦以母名育有慈德爰求柔桑入此飼食寒燠身先是爲體測上無疎薄下無濕浥簾箔垂門龕火在壁夜牕或遮風竇時窒頗忌北風空障西日他工莫興外人勿入庇護攸安漸至

捉績蠶欲老時取以視絲明也耕織圖有捉績篇 祈祀以時願獲終吉神實相之簇如雪積分繭秤絲來告功畢 十六巳十四十八

火倉 擡爐寸

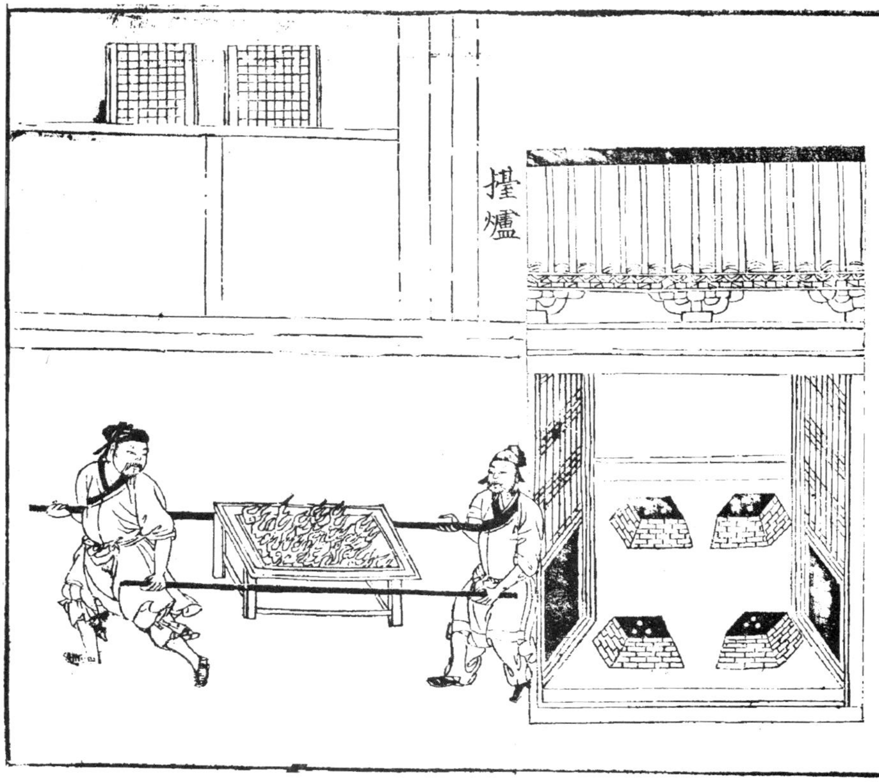

擡爐

火倉蠶室火龕也凡蠶生室内四壁挫壘室龕狀如三星務要玲瓏頻藏熟火以通煖氣四向匀停蠶家或用旋燒柴薪煙氣熏籠蠶蘊熱毒多成黑蔫今制爲擡爐先自外燒過薪糞糞牛擗入室内各龕約量頃火隨寒熱添減若寒熱不均後必眠起不齊諸已上出蠶書農書云蠶火類也宜用火以養之用火之法須別作一爐令可擡擗出入火須在外燒熟以穀灰蓋之即不暴烈生燄夫擡爐之制一如矮床内嵌燒爐兩旁出柄二人擗之以送熟火火倉詩云 朝陽一室虛牕明今朝喜見蠶蟻初生

四壁匀停令得熟火龕挫壘如三星

何毋體測衣絹單添減火候隨寒暄

誰識貴家勸飲處紅爐畫閣簇嬋娟

擡爐詩云 誰創擡爐由智者出入凉溫蠶屋下

摶以水土貫以木不假炅吾鼓爐冶

出生入熟覆穀灰攟拾糞薪猶土苴

功成四海袴襦完又餉春醪奏豳雅

蠶槌

蠶槌（音墜）禮季春之月具曲植植即槌也務本直言云穀雨日竪槌立木四莖各過梁柱之高夫槌隨屋每間竪之其立木外旁刻如鋸齒而深各每莖挂桑皮圜繩（蠶不宜麻）四角按二長椽椽上平鋪葦箔稍下縋（馳偽切）之凡槌十懸中離九寸以居擡飼之間皆可移之上下農桑直說云每槌上中下間鋪三箔上承塵埃下隔濕潤中備分擡梅聖俞詩云三月將掃蠶蠶妾具其器立植先掎（音摘）括室內亦塗塈衆材踈以成多簿所得寄拾老歸蔟時應無慙棄置

蠶椽

蠶椽架蠶箔木也或用竹長一丈二尺皆以二莖爲偶控於槌上以架蠶箔須直而輕者爲上久不蠹者又爲上（爲蠶因食葉上椽之蠹屑不能透砂事見農桑通訣）詩云椽欲直而輕不貴曲而蠹輕則與人宜蠹以病蠶故鉤繩可移懸彝箔乃平布桑餘掛新絲功誰推此具

## 蠶箔

蠶箔曲簿承蠶具也禮具曲植曲即箔也周勃以織薄曲爲生顏師古注云葦簿爲曲北方養蠶者多農家宅院後或園圃間多種萑(胡官切)葦以爲箔材秋後芟取皆能自織方可四丈以二椽棧之懸於槌上至蠶分擡去蓐時取其卷舒易用南方萑葦甚多農家尤宜用之以廣蠶事梅聖俞詩云河上緯蕭人女歸又織葦相與爲蠶曲還殊作筠篚入用此何多往借獲能幾願豐天下衣不歎貧服卉

## 蠶篚

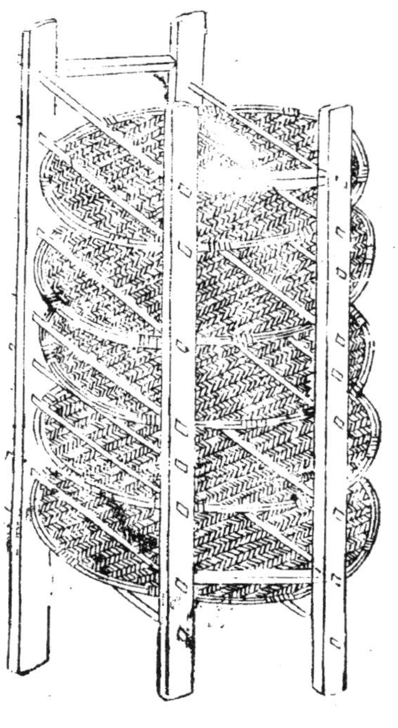

蠶篚古盛幣帛竹器今用育蠶其名亦同蓋形制相類圓而稍長淺而有緣(去聲)適可居蠶蟻蠶及分居時用之閣以竹架易於擡飼梅聖俞前蠶箔詩云相與爲蠶曲還殊作筠篚北箔南篚皆爲蠶具然彼此論之君南蠶大特用箔北蠶小時用篚庶得其宜兩不偏也詩云古篚實奉幣受憲禮意將今猶同制度還取飼蠶桑養視勝併箔分擡欲擬篚始終俱可備仍得薦玄黃

## 蠶槃

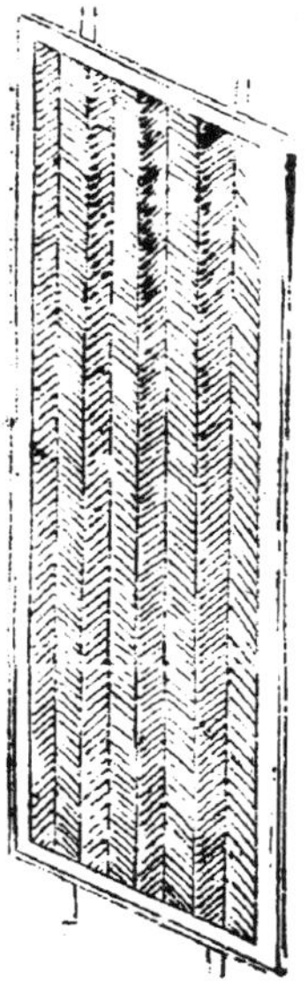

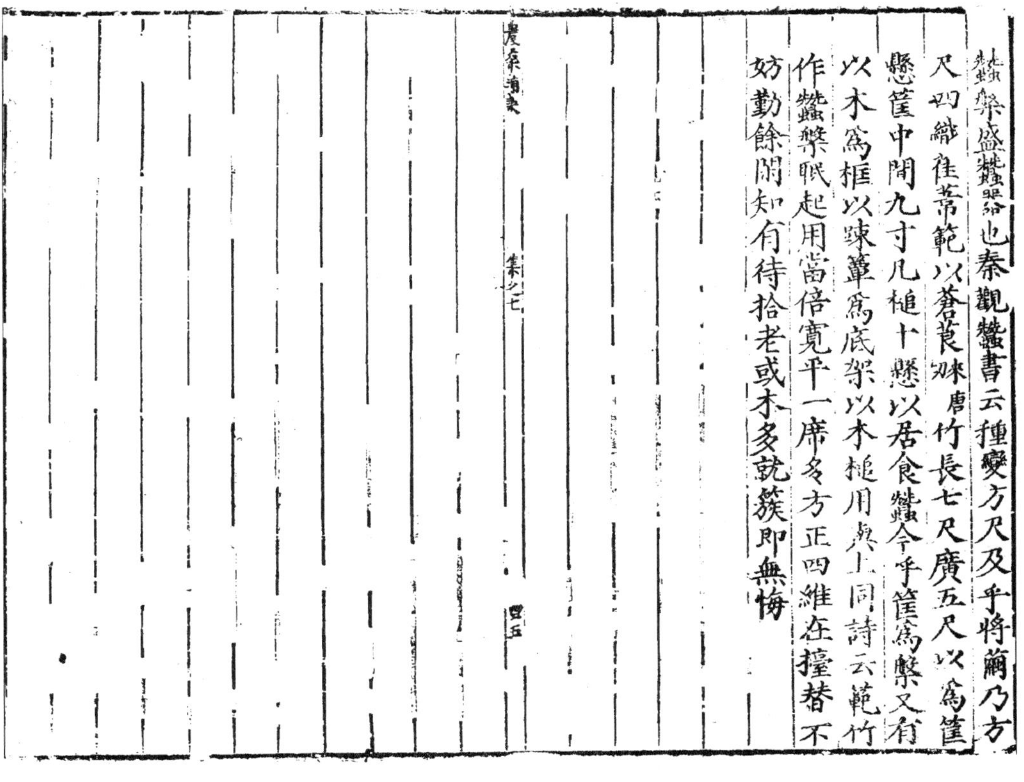

蠶槃盛蠶器也秦觀蠶書云種變方尺及乎將繭乃方四尺織萑葦範以蒼莨來唐竹長七尺廣五尺以爲筐懸筐中間九寸凡槌十懸以居食蠶今呼筐爲槃又有以木爲框以竦葦爲底架以木槌用與上同詩云範竹作蠶槃眠起用當倍寬平一席多方正四維在擡替不妨勤餘閑知有待拾老或未多就簇即無悔

農桑通訣　集之七　四五

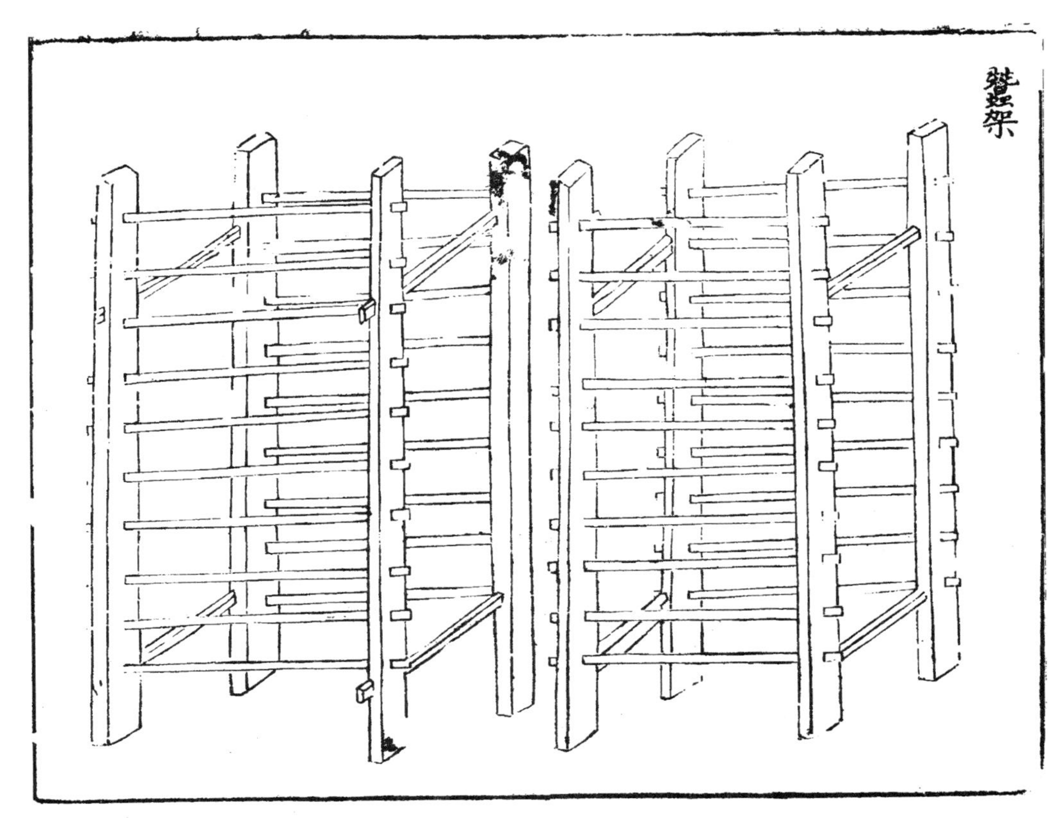

蠶架閣蠶槃篚具也以細枋四莖豎之高可八九尺上下以竹通作橫桄十層層每皆閣養蠶槃篚隨其大小蓋篚用小架槃用大架此南方槃篚有架猶北方椽箔之有槌也詩云育蠶必有槃置槃須用架竹木互維持層級限高下規模箔等槌習用足桑柘那知富貴家羅綺簇朱榭

## 蠶網

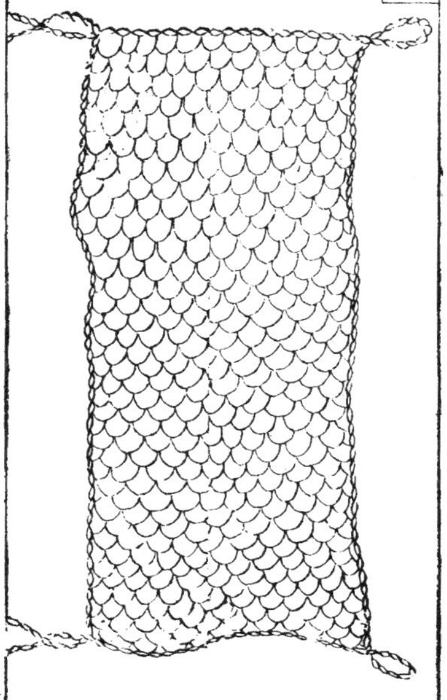

蠶網擡蠶具也結繩爲之如魚網之制其長短廣狹視蠶槃大小制之沃以漆油則光緊難壞貫以網索則維持多便至蠶可替時先布網於上然後灑桑蠶聞葉香皆穿網眼上食候蠶上葉齊手共提網移置別槃遺除拾去比之手替省力過倍南蠶多用此法北方蠶小時亦宜用之詩云聖人制網罟因彼川澤漁誰知取魚具解使移蠶居紀綱用非異水陸功有餘兩端誠可詰生殺意何如

## 蠶杓

蠶杓集韻杓作勺量器也周禮勺容一升所以斟章朱切挹也挹酌也洒說文曰杓音標今云酌物爲杓以勺從木姑與今同此作蠶杓斲木刳之首大如捧柄長三尺許如槃蠶空去声隙或飼葉偏疎則必持此送之以補其處至蠶老歸簇或稀密不倫亦用均布儻有不及復以竹接其柄此南俗蠶法北方箔簇頗大臂指間去声有不能周偏亦宜假此以便其事幸毋忽諸詩云杓頭斟酌布蠶時杓尾長標手屢持嘗向太平村落見田家嫁女作奩儀

## 蠶簇

猶以均蠶居既畢用重箔圍之若蠶少屋多疏明牕户就内簇之亦可如此則上有芘覆下無濕潤架既寬平蠶乃自若又總簇用火便於照料南北之間去短就長制此良法宜皆用之則始終無慊矣故梅聖俞蠶簇詩云競時風雨寒露置未如室正謂此也梅聖俞詩云永蠶三眠休作繭富貴簇漢北取蓬蒿江南藉茅竹蒿疏無繫泥竹净亦森束云云前二句歌云捲去綠雲桑巳少箔頭有絲蠶欲老月餘辛苦見成功作簇不應從草草南北習俗久不同彼此更須論拙巧北簇多露置積疊仍憂風雨至南簇俱在屋施之蠶北良未足南北簇法當以中別構長廈方能容外周層架蒿草平内備大患通八行飼却神桑絲巳吐女灑桃漿男打鼓作繭直須三日許開簇團團不勝數我家多蠶方自變得法于今還可證免似向來多簇病

蠶簇農桑直說云簇用蒿梢叢柴苫席等也凡作簇先立簇心用長椽五莖上撮一處繫定外以蘆箔繳合是爲簇心仍周圍勻豎蒿梢布蠶簇訖復用箔圍及苫繳簇頂如圓亭者此團簇也又有馬頭長簇兩頭植柱中架横梁兩傍以細椽相搭爲簇心餘如常法此横簇皆北方蠶簇法也嘗見南方蠶簇止就屋內蠶盤上布短草簇之人既省力蠶亦無損又按南方蠶書云簇箔以杉木解枋長六尺闊三尺以箭竹作馬眼槅插茅疎密得中復以無葉竹篠從横搭之簇背鋪以蘆箔而竹篾透背面縛之即蠶可駐足無跌墜之患此皆南簇較之上文北簇則蠶有多少故簇有大小難易之不同也然嘗論之南北簇法俱未得中何哉夫南簇蠶少規制狹小殆若戲技故獲利亦薄北簇雖大其弊頗多蒿薪積疊不無覆壓之害風雨侵浥（於立切濕潤也）亦有翻倒之虞（謂經雨到簇也蠶桑直說云簇蠶時雨被沾濕纔晴不以成繭不成繭翻倒別簇如雨少則曝乾）復外內寒燠之不勻或高下稀密之易所以致簇病內生繭少皆由此故習俗既久未能遽革今聞善蠶者一法約量本家育蠶多少選於院內空（去聲）地就添椽木苫草等物作連脊厦屋尋常別用至蠶老時置簇于內隨其長短先構簇心穴直如洞就地掘成長槽隨宜闊狹旁可人行以備火患（謂用火法也蠶書云已入簇微用熟灰火溫之待入網漸漸加火不宜中輟稍冷將絲亦止繰之即斷多黃爛作繭不能一緒抽盡矣）外則用以層架隨層且布蒿

繭甕蠶書云凡浥（於立切）繭列埋大甕地上甕中先鋪竹簣次以大桐葉覆之乃鋪繭一重以十斤爲率摻鹽二兩上又以桐葉平鋪如此重重隔之以至滿甕然後密蓋以泥封之七日之後出而繅之頻頻換水欲絲明快蓋爲繭多不及繅故即以鹽藏之蛾乃不出其絲柔韌（如喜切）潤澤不得勻細此南方淹繭法用甕頗多可不預備嘗讀北方農桑直說云生繭即繅爲上如人手不及殺繭慢慢繅者殺繭法有三一曰日曬二曰鹽浥三曰籠蒸籠蒸最好人多不解日曬損繭鹽浥甕藏者穩前人織圖詩云盤中水晶鹽井上梧桐葉陶器固封閉窨繭近勻泱門前春水生布穀催畚車明朝踏繅車車輪

纏白氈徒什切

繭籠

繭籠蒸繭器也農桑直說云用籠三扇以軟草扎圈加於釜口以籠兩扇坐於其上籠內勻鋪繭厚三指許頻於繭上以手試之如手不禁熱可取去底扇却續添一扇在上如此登倒上下故必用籠也不要蒸得過了過則軟了絲頭亦不要蒸得不及不及則蠶必鑽了如手不禁熱恰得合宜此用籠蒸繭法也將已蒸過繭於蠶房槌箔上從頭合籠內繭在上用手撥動如箔上繭滿打起更攤一箔候冷定上用細柳梢微覆了其繭只於當日都要蒸盡如蒸不盡來日必定蛾出如此繰絲有一般快釜湯內用鹽二兩油一兩所蒸繭不致乾了絲頭如鍋小繭多油鹽旋入詩云蠶家有繭如山積日恐蛾穿繅不得鹽浥誠佳能幾何只有籠蒸人未識釜湯少沸積繭籠熱不能禁手焉則旋抽底扇加上層去曬中庭趁風日人在車氣少舒緒縷均停堪絡織作計何人智者心濟物不姑聊假力回看籠也豈筌蹄依舊人間炊餅食

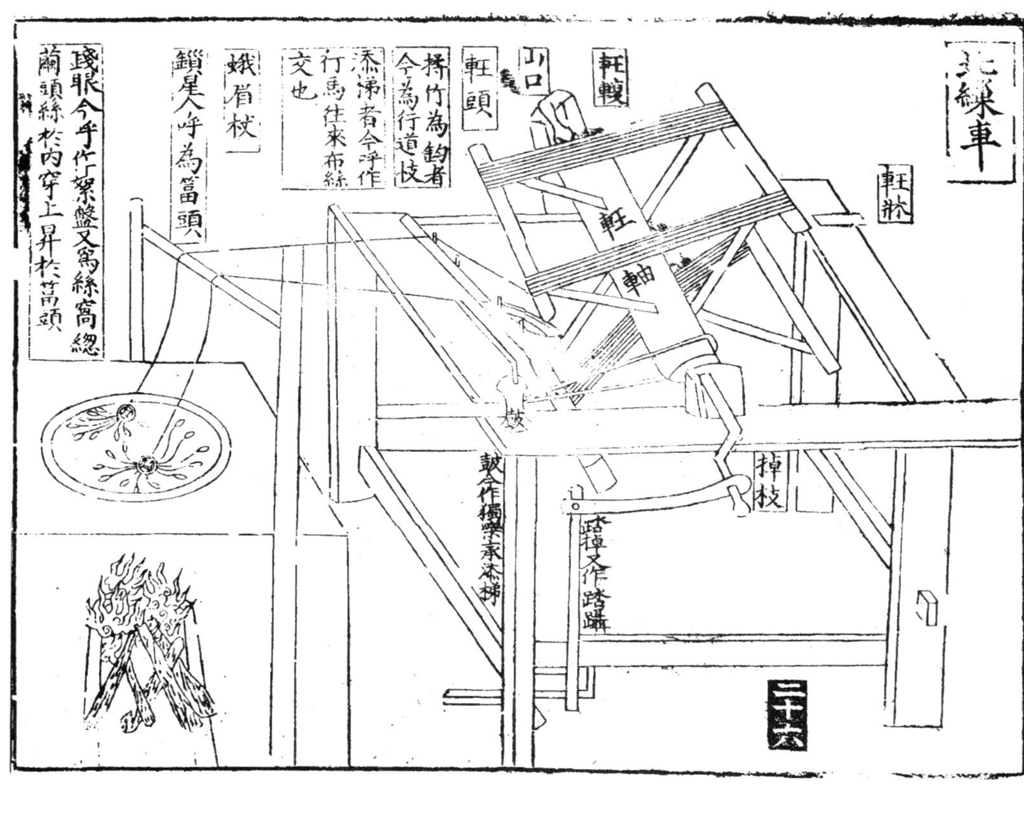


繅車繅絲自鼎面引絲以貫錢眼升繅於星星應車動以過添梯乃至於軖去王切繅輪也方成繅車秦觀蠶書繅車之制○錢眼爲版長過鼎面廣三寸厚九黍中其厚插大錢一出其端橫之鼎耳後鎮以石○繅星爲三蘆管管長四寸樞以圓木建兩竹夾鼎耳縛樞於竹中管之轉以車下直錢眼謂之繅星星應車動以過添梯農桑直說云竹筒子宜細鐵條子竹筒兩捲子亦須鐵也添梯車之左端置環繩其前尺有五寸當牀左足之上建柄長寸有半匼柄爲鼓鼓生其寅以受環繩之應車運如環無端鼓因以旋鼓上爲魚魚半出鼓其出之中建柄半寸上承添梯者二人五寸片竹也其上揉竹爲鉤以防絲竅左端以應柄對鼓爲耳方其穿以閑添梯故車運以牵環繩繩簇鼓鼓以舞魚魚振添梯故絲不過偏制車如轆轤必活兩輻以利脫絲竊謂上文云車者今呼爲軖軖必以床農桑直說云軖床下鼎一尺軸長二尺中徑四寸兩頭三寸用榆槐木四角或六角輻通長三尺五寸六角不如四角軖小則絲易解以承軖軸軸之一端以鐵爲裊掉拐用曲木擐作活軸右足踏動軖即隨轉自下引絲上軖總名曰繅車詠曰人家育蠶憂不得今歲蠶收繭如積滿家兒女喜欲狂歪送車頭趂繅繢南州誇冷盆冷盆繳細何輕匀比俗尚熱釜熱釜絲圓儘多緒即今南北均所長熱釜冷盆俱此軖軖頭轉機須足踏錢眼添梯絲度滑非絃非管聲咿軋村北村南響相答婦姑此時還對語準

備吾家好機杼豈知縣吏已催科不時揭去無餘紽追求仍憂宿負多車乎車乎將柰何

熱釜

熱釜秦觀蠶書云繰絲自鼎面引絲直錢眼此繰絲必用鼎也今農家象其深大以盤甑接釜亦可代鼎故農桑直說云釜要大置於竈上如蒸竈法可繰粗絲單繳者雙繳者亦可釜上大盤甑接口添水至甑中八分滿可容二人對繰水須常熱宜旋旋下繭繰之多則煮損凡繭多者宜用此釜以趨速效詩云蠶家熱釜趁繰忙火候長存蟹眼湯多繭不須愁不辨時時頻見脫絲軠

冷盆

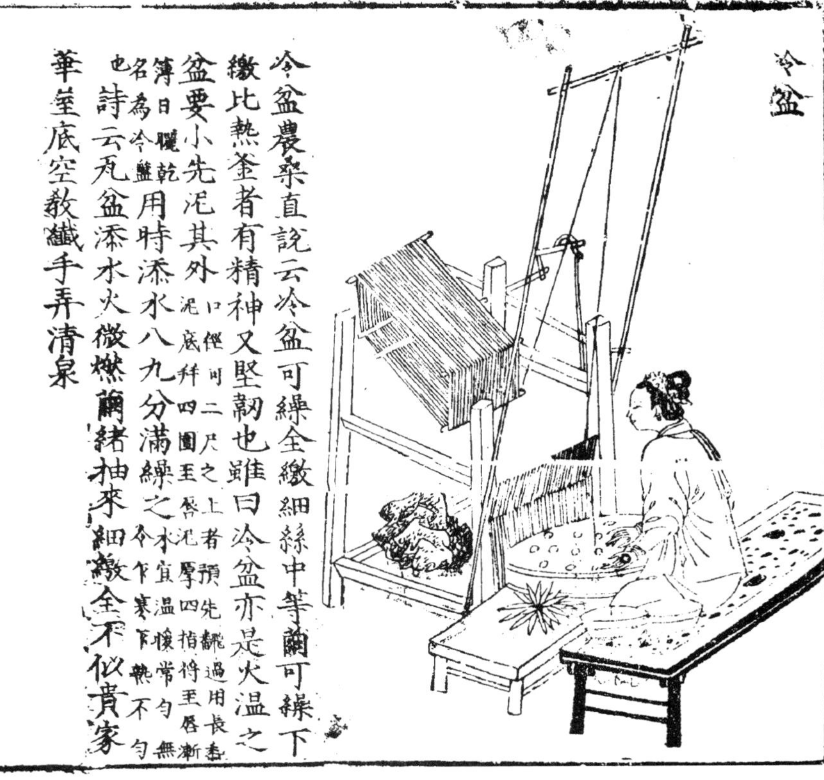

冷盆農桑直說云冷盆可繰全繳細絲中等繭可繰下繳比熱釜者有精神又堅韌也雖曰冷盆亦是火溫之盆要小先泥其外口徑可二尺之上者預先翻過用長黍泥底并四圍至唇泥厚四指待至唇漸簿日曬乾名為冷盤也用時添水八九分滿繰之水宜溫候常勻無令乍寒乍熱不勻詩云凡盆添水火微燃繭緒抽來細繳全不似貴家華堂底空教纖手弄清泉

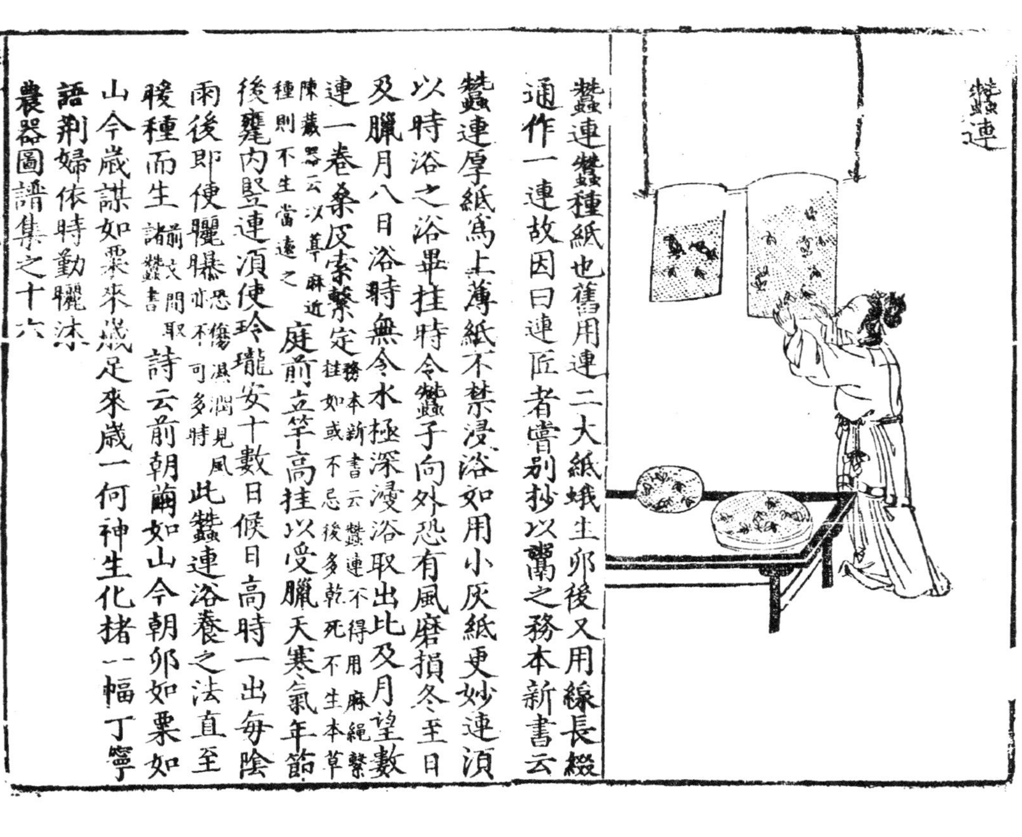


蠶連蠶種紙也舊用連二大紙蛾生卵後又用線長綴通作一連故因曰連匠者嘗别抄以鬻之務本新書云蠶連厚紙爲上薄紙不禁浸浴如用小灰紙更妙連須以時浴之浴畢挂時令蠶子向外恐有風磨損冬至日及臘月八日浴時無令水極深浸浴取出比及月望數連一卷桑皮索繫定（務本新書云蠶連不得用麻繩繫挂如或不忌後多乾死不生本草陳藏器云以草麻近種則不生當遠之）庭前立竿高挂以受臘天寒氣年節後甕内豎連須使玲瓏安十數日候日高時一出每陰雨後即使曬曝（恐傷濕潤見風亦不可多時）此蠶連浴養之法直至暖種而生（前文間取諸蠶書）詩云前朝繭如山今朝卵如粟如山今歲謀如粟來歲足來歲一何神生化緒一幅丁寧語荆婦依時勤曬沐

農器圖譜集之十六

農器圖譜集之十七

東魯王禎撰

蠶桑門

夫蠶之用桑必有鉤筐等器以供其事然遠近之間習俗不通故其制度巧拙絶異彼有併力而不及此或一工而兼倍今特采輯去短從長使知所擇夫桑且蠶之用也故次於蠶事之後

桑几

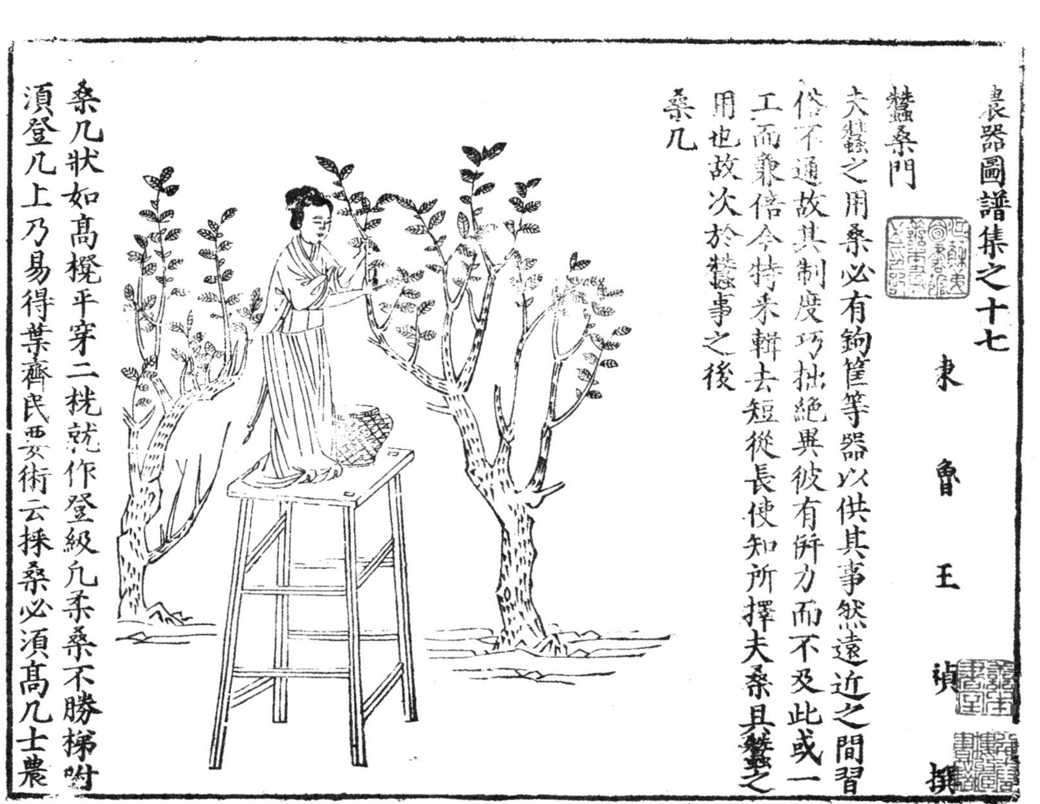

桑几狀如高櫈平穿二桄就作登級凡采桑不勝梯附須登几上乃易得葉齊民要術云採桑必須高几士農

必用云擔負高几遶樹上下今蠶家採彼女桑兹為便器梅聖俞詩云柔桑不倚梯摘葉賴高几每於得葉易曾靡憂枝披上聲躋陞類始終下上異緣蟻閑置草舍傍雉鳴或棲止

桑梯

桑梯說文曰梯木階也夫桑之稺者用几採摘其桑之高者須梯剝丑全切斫去也斫梯若不長未免攀附勞條不還則鴿脚多亂㩳居秋切枝折垂則乳液旁出必欲趍于高下隨意去留須梯長可也齊民要術云採桑必須長梯梯不長則高枝折正謂此也詩云貫木取諸漸為梯劉用晉附彼牆下桑如躡平地迅女枝既不攀遠揚亦可刃何當展所施摘蓮華峰峻

斫斧

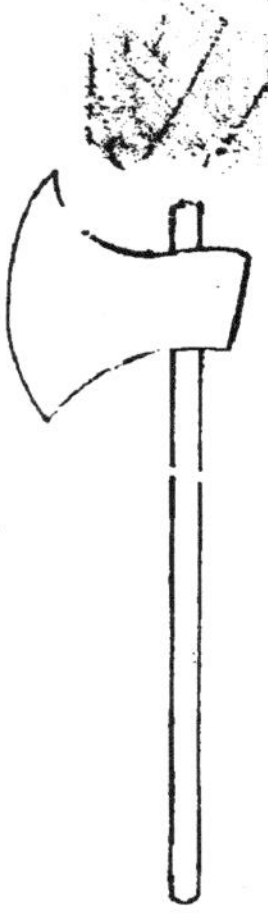

斫斧桑斧也其斧銎曲容切匾而刃闊與樵斧不同詩謂蠶月條桑取彼斧斨以伐遠揚士農必用云轉身運斧條葉偃落於外即謂以伐遠揚也凡斧所剝斫不煩再刃者為上至遇枯枝勁節不能拒遏又為上如剛而不闕利而不乏尤為上也然用斧有法必須轉腕回刃向上、斫之枝查既順津脉不出則葉必復茂故農語云斧頭自有一倍葉以此知科斫之利勝惟在夫善用斧之効也梅聖俞詩云科桑持野斧乳濕新磨刃繁枿一以除肥條更豐潤魯葉大如掌吳蠶食若駿始時人謂戕利俗今乃信

桑鉤

桑鉤採桑具也凡桑者欲得遠揚枝葉引近就摘故用鉤木以代臂指扳普班切援之勞昔后妃世婦以下親蠶皆用筐鉤採桑唐肅宗上元初獲定國寶十三內有採桑鉤一以此知古之採桑皆用鉤也然此俗伐桑而少採南人採桑而少伐歲歲伐之則樹脉易衰久久採之

則技條多結欲南北隨宜採斫互用則桑斧桑鉤各有所施故兩及之不致偏廢梅聖俞詩云長鉤拔桑枝短鉤挂桑籠南陌露氣寒東方日光動少婦首且笄幼女角已髻競用採葉歸曾非事々梳攏

桑籠

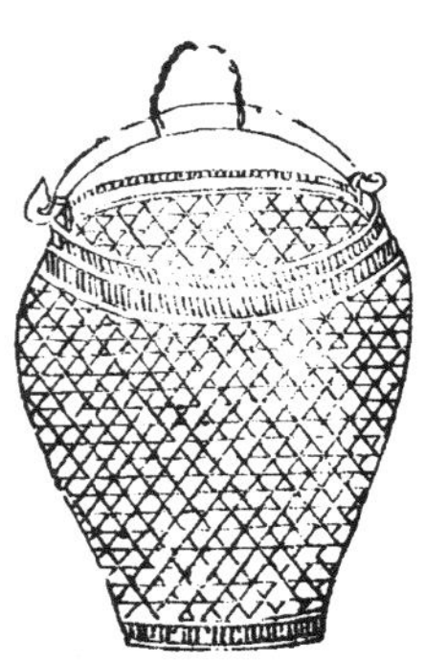

桑籠集韻云籠大篝（古候切）也命今謂有係筐也桑者便於攜挈古樂府云羅敷善採桑採桑城南隅（叶古韻）青絲爲籠繩桂枝爲籠鉤今南方桑籠頗大以檐負之尤便於用梅聖俞詩云采采向桑郊盈盈自持筥挂鉤帶月往揮葉和煙貯一心恐蠶飢搔首促儔侶到家傾嫩綠刀几爲㕮咀

桑網盛葉繩兜也先作圈木緣圈繩結網眼圓垂三尺有餘下用一繩紀爲網底桑者掌之納葉於内網腹既滿歸則解底繩傾之或人挑負或用畜力馱送比之筐籃甚爲輕便北方蠶家多置之詩云厥初結網功豈知兼水陸制用有異同隨宜可伸縮一網作領圈衆目寬甕腹蠶家急葉時歸來傾萬綠

劖刀

劖刀士咸切剗桑刃也刀長尺餘闊約二寸木柄一握南人斫桑剗桑俱用此刃北人斫桑用斧劖桑用鐮鐮刃雖利終非本器殆不若劖刀之輕且順也若南人斫桑用斧北人劖葉用刀去短就長兩爲便也詩云晶熒一尺鐵煅以赫連鋼剗斫有餘用功最在蠶桑樛附日以戕新枝日以長胡爲蠻人歌獨取斧與斨

切刀

切刀斷桑刃也蠶蟻時用小刀蠶漸大時用大刀或用漫鍘蠶多者又用兩端有柄長刃切之名曰懶刀懶刀如皮匠刮刀長三尺許兩端有短木柄以手按刀半栽半切斷葉雲積可供十筐先於長櫈上鋪葉匀厚人於其上俯按此刀左右切之一刃之利可桑百箔詩云煅金作懶刀形制半圭璧一食飫十筐雙之便兩搵切之復栽之斷桑如雲積刀作千握絲功成鍘查鎋切秦云刌草也又作剪

桑碪

桑碪爾雅曰碪謂之榩音虔郭璞曰碪木質也碪從石榩從木即木碪也碪截木爲碢圓形竪理切物乃不拒刃此北方蠶小時用刀切葉碪上或用几或用夾南方蠶無大小切桑俱用碪也詩云團團几上碪尋常閑月魄蠶月切桑桑纖纖雲縷積飼養槃些多收去淨無跡不必在庖廚鼓刃刀聲剳

## 桑夾

桑夾挾桑具也用木礩上仰置叉股高可二三尺於上順置鍘刃左手茹葉右手按刃切之此夾之小者若蠶多之家乃用長椽二莖駢竪壁前中寬尺許乃實納桑葉高可及丈人則躡梯上之兩足後踏屋壁以胷前向壓住兩手緊按長刃向下裁切此桑夾之大者南方切桑唯用刀碪不識此等桑具故特歷說庶倣用之以廣其利詩云沃葉緑雲多吐出掌握内刃頭風雨聲紛然落呀喙村良用有餘力少功輒倍春蠶食急時遽筐誠有待

農器圖譜集之十七

# 農器圖譜集之十八

東魯王禎撰

## 織紝門

織紝婦人所親之事傳曰一女不織民有寒者古謂庶士以下各衣去聲其夫秋而成事烝而獻功愆則有辟是也凡紡絡經緯之有數梭緯機杼之有法雖一絲之緒一綜之交各有倫敘皆須積勤而得累工而至日夜精思不致差互然後乃成幅匹如閨閫之屬務之不惟防閑驕逸又使知其服被之所自不敢易也

## 絲籰

絲籰王縛切絡絲具也方言曰援𥳑兖豫河濟之間謂之轅郭璞注云所以絡絲說文曰籰收絲者也或作𧣾從角間聲今字從竹又從矍竹器從人持之矍矍然此籰之義也然必竅貫以軸乃適於用爲理絲之先具也耕織圖詩云兒夫督機絲輸官趂時節向來催租瘢正爲坐踰越獨來掉籰勤寧復辭腕脫辛勤夜未眠敗屋燈明滅

絡車方言曰河濟之間絡謂之給（郭璞註曰所以轉籰給事也）說文云車柎（方無切）為柅易姤曰繫于金柅（柅女履切金者堅剛之物柅者制動之主）通俗文曰張絲曰柅蓋以脫軖之絲張於柅上上作懸鈎引致緒端逗於車上其車之制必以細軸穿籰措於車座兩柱之間（謂一柱獨高中為通槽以貫其籰軸之首一柱下而管其籰軸之末）人既繩牽軸動則籰隨軸轉絲乃上籰此比方絡絲車也南人但習掉籰取絲終不若絡車安且速也今宜通用

詩云軖絲張柅復相牽絡婦車成用具全座上通槽連簨臼軸頭引籰逗繩圈一鈎遥控防偏度獨縷依循入臥纏幾向華筵曾誤認笙篌人坐理冰絃

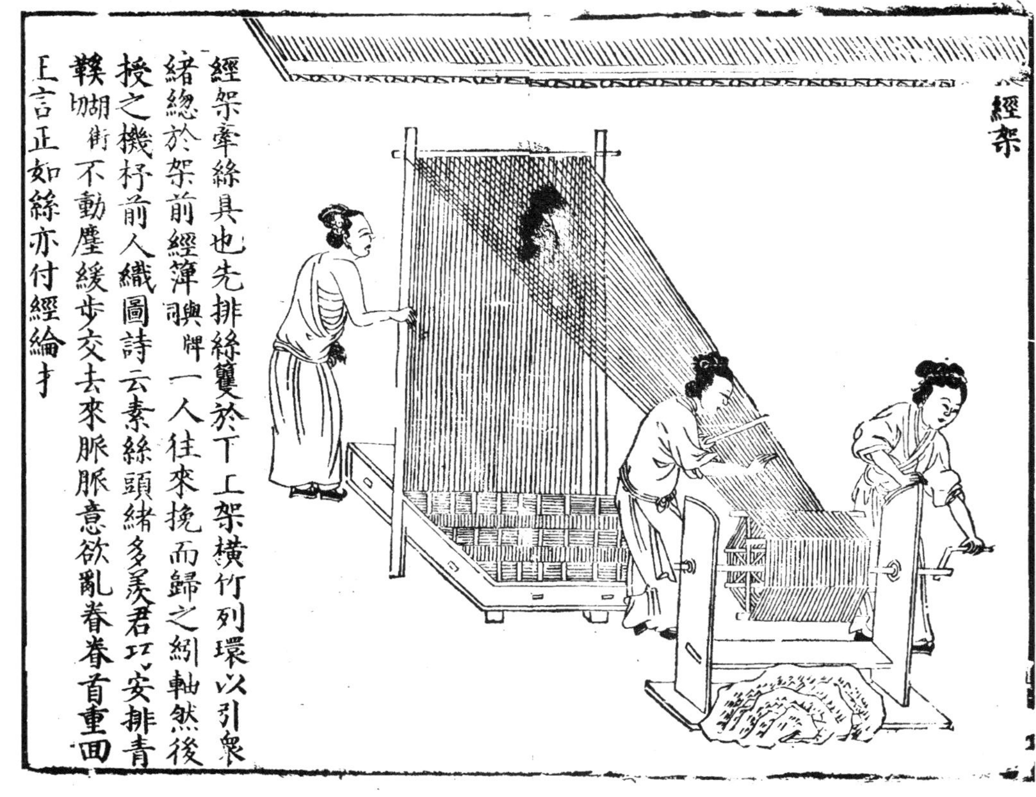


經架牽絲具也先排絲籰於下上架横竹列環以引衆緒總於架前經簰（與牌同）一人往來挽而歸之絍軸然後授之機杼前人織圖詩云素絲頭緒多羡君巧安排青鞵（胡街切）不動塵緩步交去來脈脈意欲亂眷眷首重回王言正如絲亦付經綸手

緯（織絣也）車方言曰趙魏之間謂之歷鹿車東齊海岱之間謂之道軌今又謂繀（碎音）車通俗文曰織纖謂之繀（蘇內切）受緯曰莩其捬上立柱置輪輪之上近以鐵條中貫細筒乃周輪與筒繚環繩右手掉輪則筒隨輪轉左手引絲上筒遂成絲繀以充織緯孫德施賦云惟工藝之多門偉英麗乎創形擬老氏之一轂兮應天運以回行秉轉凮以成規兮不辭勞以自傾故其用同造物巧參天地軒轅垂衣因其以濟衮冕龍旂用康上帝勲存王室惠我皂隸觀其微風興於軸端霧雨散于轂輻制以靈木絡以奇竹危朝日以我員兮準暈月以造象若洪輪之在椎兮似蜘蛛之結網爾乃才藝妻妾工巧是嘉或織錦絍或匹綾羅（紗一作）舒皓腕於輕輪兮換擬景乎鏡華絲成妙於指端號簴幽而相和象蟋蟀之鳴户兮類寒蟬之吟家云云

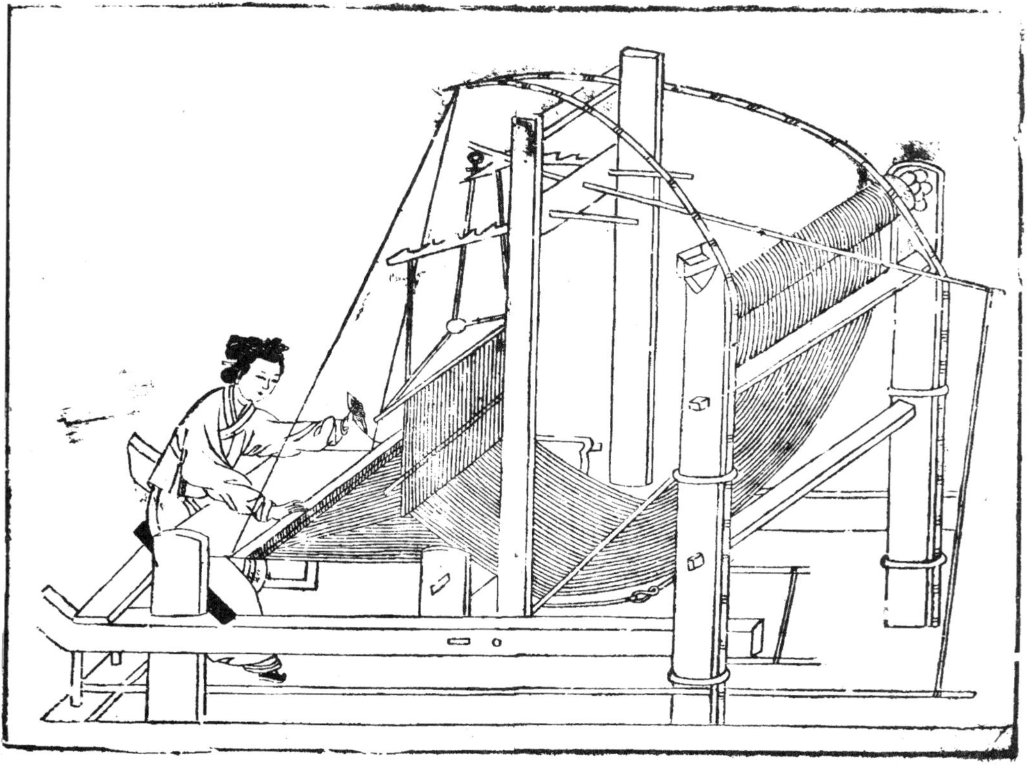

織機織絲具也按黄帝元妃西陵氏曰儽祖始勸蠶稼月大火而浴種夫人副禕而躬桑乃獻繭絲遂稱織紝之功因之廣織以給郊廟之服見路史傳子曰舊機五十綜者五十躡六十綜者六十躡馬生者天下之名巧也患其遺日喪巧乃易以十二躡今紅工音女織繒惟用二躡又爲簡要凡人之衣去聲被於身者皆其所自出也

王逸賦曰織機功用大矣上自太始下訖羲皇帝軒龍躍伯余是創俯絲聖思仰攬三光悟彼織女終日七襄爰制布帛始垂衣裳於是取衡山之孤桐南岳之洪樟勝復回轉刻象乾形大庭淡泊擬則川平先爲日月蓋取沿明三轉列布上法台星兩驥齊首儼若將征方圓綺錯極妙窮奇兔耳跧伏若安若危猛犬相守窜身匿蹄高樓雙峙以臨清池游魚銜餌瀺灂其陂鹿盧並趨纖繳俱垂宛若星圖屈膝推移云云



梭

梭通俗文曰織具也所以行緯之莎樵代切藝苑曰陶侃甞捕魚得一梭還插著壁有頃雷雨梭變赤龍躍去梭蓋得魚之象有化龍之義焉梅聖俞詩云給給機上梭往返如度日一經復一絲成寸遂成匹虛腹銳兩端素手投未畢陶家挂壁間雷雨龍飛出

砧杵

砧杵擣練具也東宫舊事曰太子納妃有石砧一枚又擣（亦作搗）衣杵十荆州記曰秭歸縣有屈原宅女嬃廟擣衣石猶存蓋古之女子對立各執一杵上下搗練於砧其丁東之聲互相應荅今易作卧杵對坐搗之又便且速易成帛也魏璀賦云細腰杵兮木一枝女郎砧兮石五彩聞後響而已緒聽前聲而猶在夜如何其秋兮已半於是拽魯縞攘皓腕始於搖揚終於淩亂四振五振驚飛鴈之兩行六舉七舉過彩雲而一斷隱髙閣而如動度遥城而如散夜有露兮秋有風杵有聲兮衣可縫佳人聽兮意何窮步逍遥於凉景暢容與於晴空黄金釵兮碧雲髪白素巾兮青女月佳人聽兮良未歇擘長虹而乍開凌倒景而将越是時也餘響未畢微影方流逶迤洞房半入宵夢窈窕閑館方增客愁李都尉以胡笳動泣向子期以隣笛增憂古人獨感於聽今者况兼乎秋願君無按龍泉色誰道明珠不可投



農器圖譜集之十八

東魯王禎撰

纊絮門 木綿附

纊絮禦寒古今所尚然制造之法南北互有所長故特總輯庶知通用近世以來復以木綿爲助今附於後

綿矩

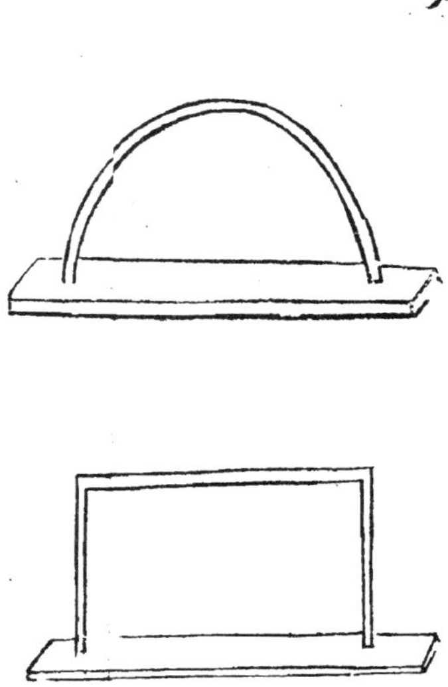

綿矩以木框方可尺餘用張繭綿是名綿矩又有揉竹而彎者南方多用之其綿外圓內空謂之猪肚綿及有用大竹筒謂之筒子綿就可改作大綿裝時未免拖（池解切析物也）裂北方大小用瓦盖所尚不同各從其便然用木矩者冣爲得法酈善長水經說曰房子成西出白土細滑如膏可用濯綿霜鮮雪曜異於常綿世俗言房子之纊也抑亦類蜀郡之錦得江津矣今人張綿用藥使之賦白亦其理也但爲利者因而作僞反害其真不若不用之爲愈因及之以爲世戒綿矩詩云有繭盈頃筐置矩臨清溪綱維由我張邊幅須兩齊用裝身上衣輕煖衆晴霓逈邐棄牆角未可同筌蹄

煑絮滑車

絮車構木作架上控鉤繩滑車下置煑繭湯甕絮者掣繩上轉滑車下徹甕內鉤繭出沒灰湯漸成絮段莊子謂洴澼絖者（疏云洴浮也澼漂也絖絮也）古者纊絮綿一也今以精者爲綿粗者爲絮因蠶家退繭造絮故有此車煑之法

常民藉以禦寒次於綿也彼有擣繭為胎謂之牽𦃃者較之車煮工拙懸絕矣詩云世有洴澼纊架擣以車名下上輪繩滑牽聯斃繭烹濟貧寒可禦售業價還輕會遇不龜手百金為爾榮

撚綿軸

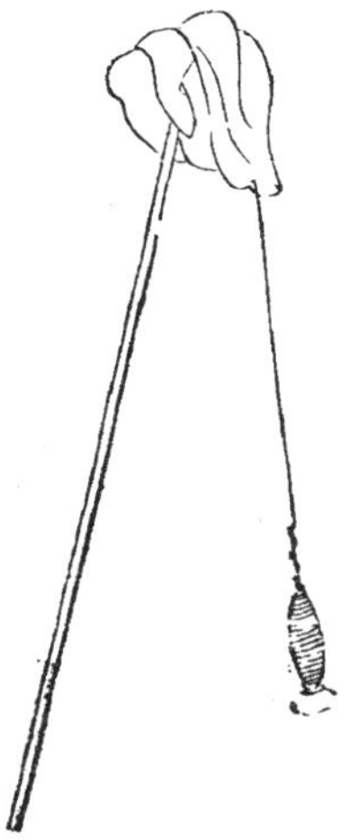

撚綿軸制作小碣或木或石上揷細軸長可尺許先用义頭挂綿左手執义右手引綿上軸懸之撚作綿絲就纏軸上即為紬縷閨婦室女用之可代績紡之工詩云朶綿高執玉义頭細作垂絲撚復收待得功成付機杼不知誰解衣𧘂新紬

木綿敘

中國自桑土既蠶之後惟以繭纊為務殊不知木綿之為用夫木綿產自海南諸種藝制作之法駸駸北來江淮川蜀既獲其利至南北混一之後商販於此服被漸廣名曰吉布又曰綿布考之異物志云木綿之為布曰斑布繁縟多巧者曰城次麤者曰文辭又次麤者名曰烏驎其幅疋之制特為長闊茸密輕暖可抵繒帛又為毳服毯段足代本物按裴淵廣州記云蠻夷不蠶採木綿為絮又諸番雜志云木綿吉貝木所生占城闍婆諸國皆有之今已為中國珍貨但不自本土所產不能足用且比之桑蠶無採養之勞有必收之効埒之枲苧免績緝之工得禦寒之益可謂不麻而布不繭而絮雖曰南產言其通用則北方多寒或繭纊不足而裘褐之費此最省便夫種植之法已載穀譜製造之具復列於此庶遠近滋習農務助桑麻之用華夏兼蠻夷之利將自此始矣

木綿攪車

木綿攪車木綿初採曝之陰或焙乾南州異物志曰班布志具木所生熟時狀如鵝毳細過絲綿中有核如珠玽公後切用之則治出其核昔用輾軸今用攪車尤便夫攪車用四木作框上立二小柱高約尺五上以方木管之立柱各通一軸軸端俱作掉拐軸末柱竅不透二人

掉軸一人喂上綿英二軸相軋則子落於內綿出於外比用輾軸工利數倍今特圖譜使民易做凡木綿雖多今用此法即去子得綿不致積滯詩云二木相摩運兩端宛如造物没機關霜綿山積珠論斗只在思樞柄用間

木綿彈弓

木綿彈弓以竹爲之長可四尺許上一截頗長而彎下一截稍短而勁控以繩絃用彈綿英如彈氊毛法務使結者開實者虛假其功用非弓不可詩云主射由來較此弓豈知弦法有他功却將一掬香綿朶彈作晴雲滿座中

木綿捲筳

木綿捲筳徒丁切淮民用蜀黍稍莖取其長而滑今他處多用無節竹條代之其法先將綿毳條於几上以此筳捲而扞之遂成綿筒隨手抽筳每筒牽紡易爲勻細皆捲筳之効也詩云折得脩筳捲毳茸就憑瑩滑脫圓筒作綿匠具雖多巧獨有天然造物功

木綿紡車

木綿紡車其制比麻苧紡車頗小夫輪動弦轉莩維隨之紡人左手握其綿筒不過二三續於莩維牽引漸長右手均撚俱成緊去聲纑就繞維上欲作線織置車在左再將兩維綿絲合紡可爲線綿南州異物志曰古具木熟時狀如鵝毳但紡不績在意外抽牽引無有斷絕此即紡車之用也詩云莩維隨輪共一弦車頭霜縷入周旋已知單緊去聲勻堪愛更欲雙聯作線綿

木綿軠牀其制如所坐交椅但下控一軠四股軠軸之末置一掉枝上掎竪列八維下引綿絲轉動掉枝分絡軠上絲紝既成次第脫卻比之撥車日得八倍始出閩建今欲傳之他方同趨省便詩云八維綿絲絡一軠巧憑坐掎作軠牀試將觸類深思索麻苧鄉中用亦良

木綿線架

木綿線架以木爲之下作方座長闊尺餘卧列四維座上鑿置獨柱高可二尺餘柱上横木長可二尺用竹篾均列四彎內引下座四維紡於車上即成綿線舊法先將此維絲於籰上然後紡合今得此制甚爲速妙詩云絲牽卧維上拘聯雙縷俱成合線綿使向車頭旋捷巧紡人特喜勝於先

木綿總具

木綿撥車

木綿撥車其制頗肖麻苧蟠車但以竹爲之方圓不等特更輕便按舊說先將紡訖綿維於稀糊盆內度過稍乾然後將綿維頭縷撥於車上遂成綿紝詩云造形隨意作方圓終日悠悠聽撥旋待爾紝成足經緯卻教機杼得功全

木綿軠牀

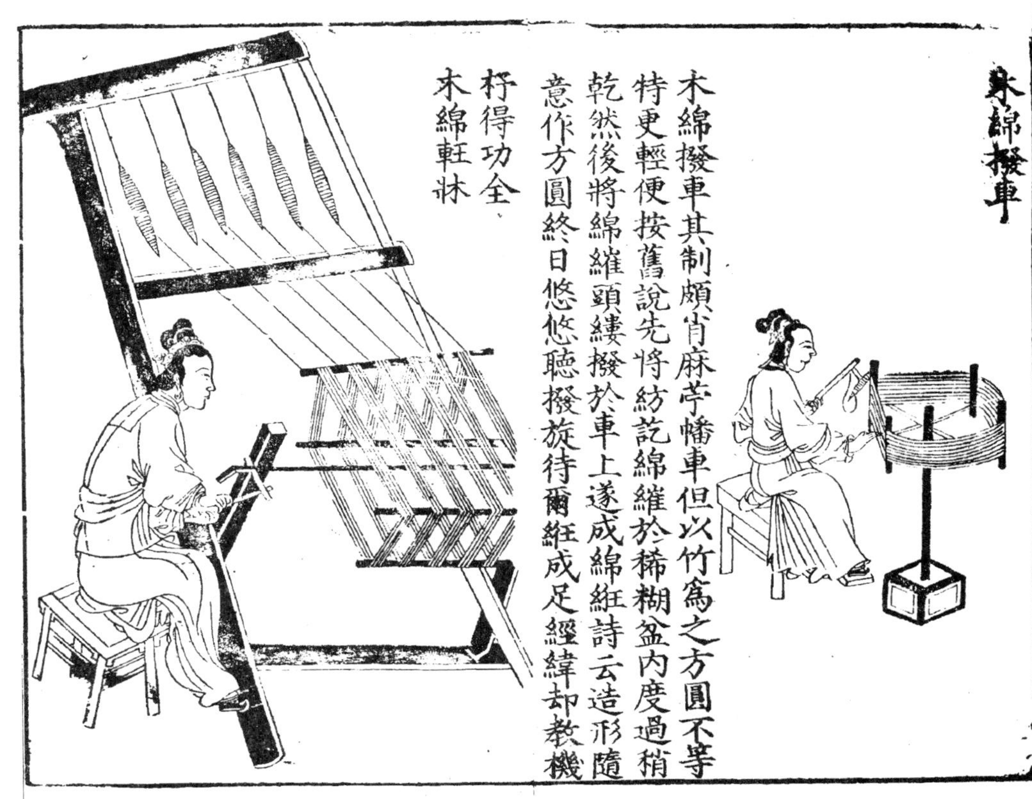

集之二十

麻苧門

刈刀　漚池
苧刮刀　績篗
小紡車　大紡車
蟠車　纑刷
布機　絍車
繩車　紉車
旋椎　耕索
牛衣　呼鞭

雜錄

法製長生屋　造活字印書法

農器圖譜目錄



木綿總具其法自撥車軠床綿紝旣成用漿糊煑過仍以木杖兩端擊之日曬不時手搓乾濕得所絡於籰上而後經緯制度一倣紬類織紝機杼並與布同詩云綿絲經絡比紬工織紝機張與布同旣可爲衣代紬布便知器用兩相通

農器圖譜集之十九

農器圖譜集之二十　東魯王禎撰

麻苧門

麻苧之有用具南北不無異同民俗豈能通變如南人不解刈麻北人不知治苧及有漚浸審生熟之節車紡分大小之工凡絺綌繩縷皆其所出今并所附類一一條列庶使南北互相爲法云

刈刀

刈刀穫麻刃也或作兩刃但用鐮挏（似谷切）旋插其刃俯身控刈取其平穩便易北方種麻頗多或至連頃另有刀工各具其器割刈根莖劖削稍葉甚有速効齊民要術曰麻勃如灰便刈穊欲小縛欲薄穫欲淨此刈麻法也南方惟用拔取頗費工力故録此篇首示其便也詩云森森麻幹覆陰濃頃畝方期一捲空說似吳儂初未信中原隨地有刀工

漚池

漚池（烏候切）漚漫漬也池猶泓也詩云東門之池可以漚麻凡蓺麻之鄉如無水處則當掘地成池或甃以磚石蓄水於內用作漚所齊民要術云漚欲清水生熟合宜注說云濁水則麻黑水少則麻脆生則難剝大爛則不任此漚法也氾勝之書曰夏至後二十日漚枲枲和如絲大凡北方治麻刈倒即束之卧置池內水要寒煖得宜麻亦生熟有節須人體測得法則麻皮潔白柔韌可績細布南方但連根拔麻遇用則旋浸旋剝其麻片黃皮麤厚不任細績雖南北習尚不同然北方隨刈即漚於池可爲上法又詩云東門之池可以漚苧以此知苧亦可漚問之南方造苧者謂苧性本難輭與漚麻不同



必先績苧已紡成纑乃用乾石灰拌和累日（夏天三日冬天五日春秋約中）既必抖去別用石灰煑熟待冷於清水中濯淨然後用蘆簾平鋪水面（如水遠則用大盆盛水鋪簾或攤草攤纑漫曝每日換水亦可）纑於上半浸半曬遇夜收起瀝乾次日如前候纑極白方可起布此治苧池漚之法須假水浴日曝而成北人未之省也今書之冀南北通用竊讀孟子所謂江漢以濯之秋陽以暴之皜皜乎不可尚已今漚苧雖曰小技亦此理與詩曰解蓺常麻作雪衣（詩云麻衣如雪）好將漚法教民知若憑地利江南易是處人家近水湄

## 苧刮刀

苧刮刀刮苧皮刃也煅鐵爲之長三寸許捲成小槽内插短柄兩刃向上以鈍爲用仰置手中將所剝苧皮横覆刃上以大指就按刮之苧膚即蛻農桑輯要云苧刈倒時用手剝下皮以刀刮之其浮皴切自去又曰苧剝取其皮以竹刮其表厚處自脫得裏如筋者煑之用績今制爲兩刃鐵刃尤便於用詩云刮苧由來要愈工柄頭雙刃就爲鋻形模外若無他伎掌握中能効此工捲去膚皴見精粹退餘梗澁得輕鬆作麻已付荊釵績更爲珍藏用不窮

## 績䈔

績䈔姑叶盛麻績器也績集韻云緝也䈔說文曰籠也又姑簍也字從竹或以條莖編之用則一也大小深淺隨其所宜制之麻苧蕉葛等爲之絺綌皆本於此有日用生財之道也詩云績麻如之何以器爲䉰蟠初認飛霰落次若層雲屯功成在良筌日新等銘槃詩人有深刺勿儆南方原

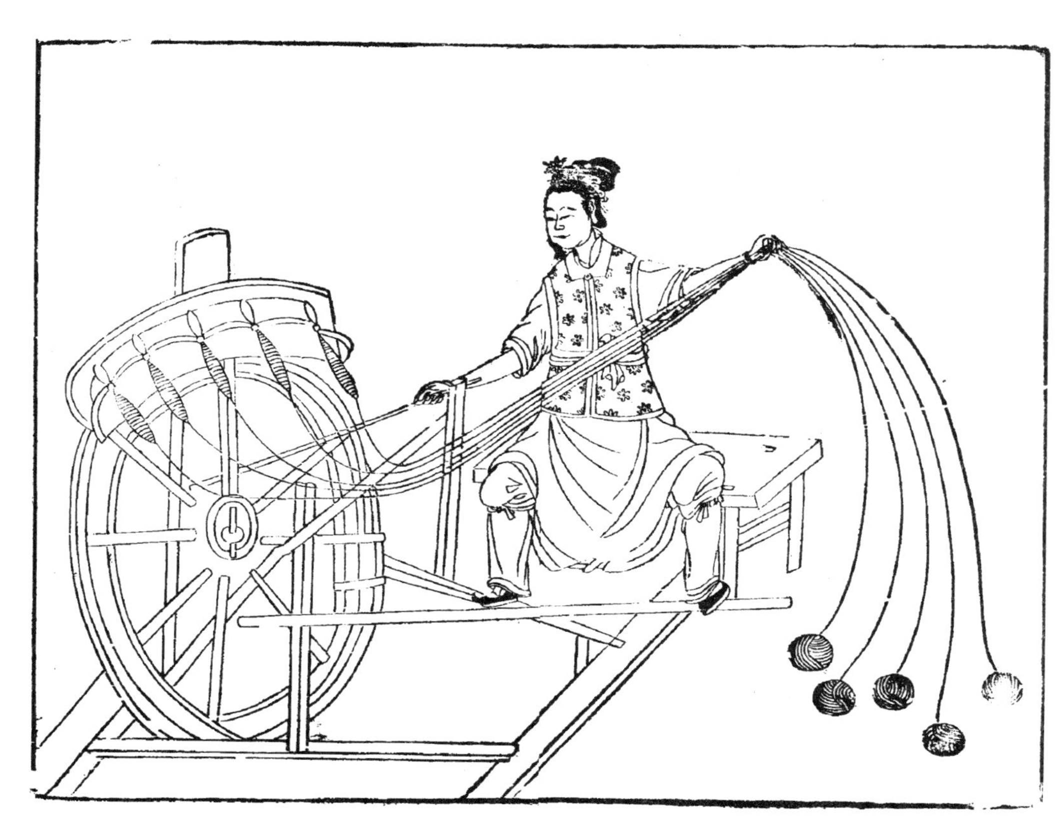

小紡車（紡妃兩切）此車之制凡麻苧之鄉在在有之前圖具陳兹不復述隋書鄭善果母清河崔氏恒自紡績善果曰母何自勤如是耶荅曰紡績婦人之務上自王后下至大夫妻各有所製若惰業者是爲驕逸吾雖不知禮其可自敗名乎今士大夫妻妾衣（去聲）被纖羙曾不知紡績之事聞此鄭母之言當自悟也詩云牕間荆布踏車人軖具維持總一身旋引績纏分衆縷各隨莩縴轉（上聲）孤輪無窮運用資生業不礙繁喧徹近鄰從此輸功到機杼年年絺綌爲誰新

大紡車



大紡車其制長餘二丈闊約五尺先造地拊木框四角立柱各高五尺中穿橫桄上架枋木其枋木兩頭山口卧受捲纑長軖鐵軸次於前地柎上立長木座座上列臼以承䉶底鐵簨（夫䉶用木車成筩子長一尺二寸圍一寸計三十二枚內受績纏）䉶上俱用杖頭鐵環以拘䉶軸又於額枋前排置小鐵叉分勒績條轉（上聲）上長軖仍就左右别架車輪兩座通絡皮弦下經列䉶上撥轉軖旋鼓或人或畜轉（上聲）動左邊大輪弦隨輪轉衆機皆動上下相應緩急相宜遂使績條成緊（去聲）纏於軖上晝夜紡績百斤或衆家績多乃集於車下秤績分纑不勞可畢中原麻布之鄉皆用之今特圖其制度欲使他方之民視此機栝關揵倣傚成造可爲普利又新置絲線紡車一如上法但差小耳比

之〻露地㭨架合線特爲省易因附于此詩云大小車輪共一弦一輪才動各相牽績隨衆轤方齊轉上聲纑上長軖却自纏可代女工兼倍省要供布縷未征前畫圖中土規摸在更欲他方得共傳

蟠車

蟠車纏纑具也又謂之撥車南人謂撥柎又云車柎南北人皆慣用習見已圖於前茲不必述詩云績紡功才畢蟠纑得此車行桄運樞臬交輳寄橫叉宛轉削釵手周旋里布家豈知羅綺輩惟務撥琵琶

纑刷

纑刷疏布縷器也束草根爲之通柄長可尺許圍可尺餘其纑縷杼軸既畢架以义木下用重物掣之纑縷已均布者以手執此就加漿糊順下刷之即增光澤可授機織此造布之內雖曰細具然不可闕詩云績麻經紡即爲纑功用都歸一刷餘纔與機頭借光潤已聞催布有征胥

布機

布機釋名曰布列諸縷淮南子曰伯餘之初作衲也伯餘黃帝臣也緂他甘切麻索縷手經指掛後世爲之機杼幅四廣長疏密之制存焉農家春秋績織最爲要具詩云誰家

績紡戎札札弄機杼大布可以衣絺綌安用許袁彼屡
校人辛苦織如霧坐令鄉落閒長歌二東句
行臺監察御史詹雲卿造布之法印行今抄附于此

毛絁布法

揀一色白苧麻水潤分成縷麄細任意旋緝旋搓本俗於腿上搓作纑逗成鋪不必車紡亦勿熟漚只經生纑論帖簺亭如常法以發過稀糊調細豆麪刷過更用油水刷之於天氣濕潤時不透風處或地窨子中洒地令潤經織爲佳若風日高燥則纑縷乾脆難織每織必先以油水潤苧及潤纑經織成生布於好灰水中浸醮曬



乾再醮再曬如此二日不得揉搓再醮濕了於乾灰內周徧滲浥兩時久納於熱灰水內浸濕於甑中蒸之文武火養二三日頻頻翻覷要識灰性及火候緊慢次用淨水𣿰濯天晴再三帶水搭曬如前不計次數惟以潔白爲度灰須上等白者

落藜　桑柴　豆稭等灰入少許炭灰妙

鐵勒布法

將揀下雜色苧麻水潤分縷隨緝隨搓經織皆如前法水煑過便是先將生苧麻折作二尺五寸長不斷曬乾蒸過帶濕剥下去麄皮如常法水潤緝搓如前

麻鐵黎布法

將雜色老火麻帶濕曲折作二尺五寸長曬乾收之欲用特旋於木甑中蒸過趁濕剥下曬乾以木椑子兩頭夾麻順壓數次至麻性頗軟堪緝爲度水潤緝績紡作纑生織成布水煑便是

此布妙處惟在不搓揉了麻之骨力好灰水醮曬布予潔白而已雖曰醮曬頗煩而省纏縈熟纑等工亦多比之南布或有價高數倍者真良法也鏤板印布與存心治生君子共之

絍車

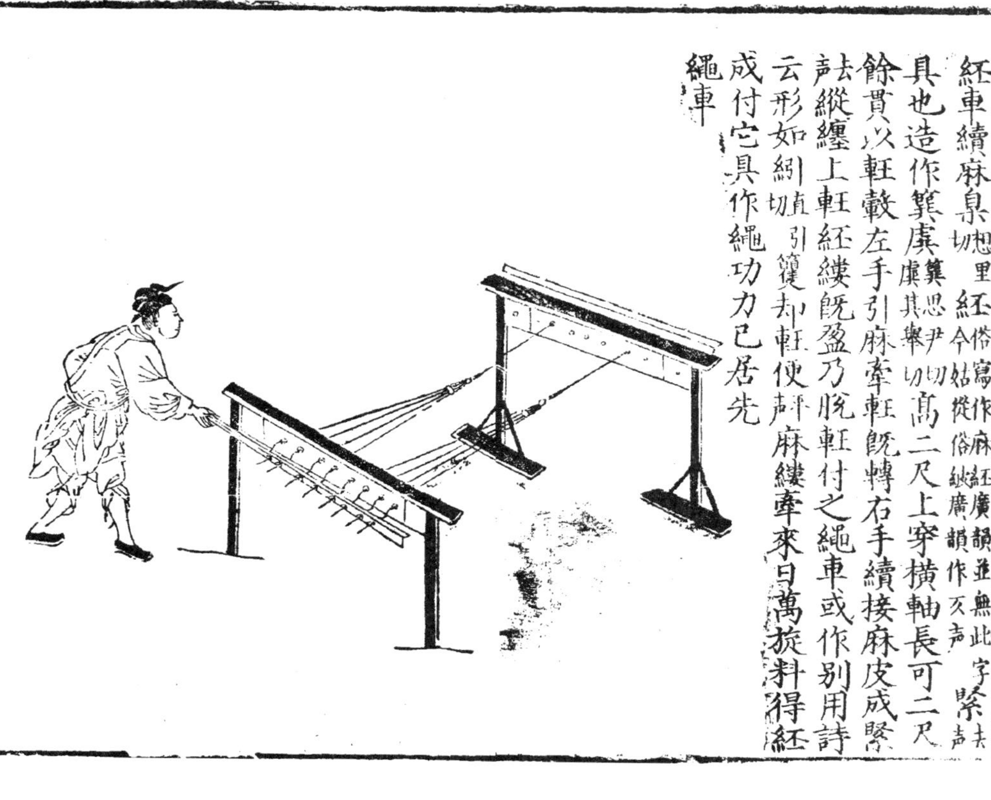

紝車續麻枲（想里切）紝（俗寫作麻紝廣韻並無此字今姑從俗縱廣韻作亙声）緊（去声）具也造作簨虡（簨思尹切虡其舉切）高二尺上穿橫軸長可二尺餘貫以軖轂左手引麻牽軖既轉右手續接麻皮成緊（去声）縱纏上軖紝縷既盈乃脫軖付之繩車或作別用詩云形如𥿄（直引切）引籰却軖使（上声）麻縷牽來日萬旋料得紝成付它具作繩功力已居先

## 繩車

繩車絞合（古肴切）紝緊作繩也其車之制先立簨虡一座植木止之簨上加置橫板一片長可五尺闊可四寸橫板中間排鑿八竅或六竅各竅內置掉枝或鐵或木皆彎如牛角又作橫木一莖列竅穿其掉枝復別作一車亦如上法兩車相對約量遠近將所成紝緊（去声）各結於兩車掉枝之足車首各一人將掉枝所穿橫木俱各攪轉候紝股勻緊却將三股或四股撮而為一各結於掉枝一足計成二繩然後將另制爪木置於所絞（入声）紝緊之首復攪其掉枝使紝緊成繩爪木自行繩盡乃止凡農事中用繩頗多故田家習制此具遂列于農譜之內詩云車頭紝縷各牽連糺索初因匠手傳一緊（去声）續來通似脈兩端相掣直如弦機憑臬掉供旋轉股入行爪作緊圓資爾屈伸功用畢莫將良器等忘筌

## 紉車

紉車（紉尼鄰切）纆繩器也通俗文曰單纆曰紉揉木作捲中貫軸柄長可尺餘以捲之上角用纆麻皮右手執柄轉（上声）之左手續麻股既成緊（去声）則纏於捲上或隨繩車用

之以助紉絞紝緊盍又農家用作　經織麻履牛衣簾箔等物此紉車復有大小之分也詩云身惟軸柄首惟椿麻縷紉來儘自纏簾箔織餘仍有用牛衣經緯輙於壇

旋椎

旋椎掉麻紱具也截木長可六寸頭徑三寸許兩間斫細樣如腰鼓中作小竅插一鈎簨長可四寸用繫麻皮於下以左手懸之右手撥旋麻既成緊盍就纏椎上餘麻挽於鈎内復續之如前所成經緯可作麄布亦可織屨農隙時老稚皆能作此雖係瑣細之具然於貧民不為無補故繫於此詩云鈎椎高挈作懸虛麻緊盍成來布有纑近喜鄉人更他用却旋毛縷造氍毹

耕索

耕索牛所輓繩也古名綯牛索也爾雅曰綯絞也謂糾絞繩索也詩云宵爾索綯郭注云綯繩之别名方言曰車紂自關而東謂之緻或謂之曲綯或謂之曲綸自關而西謂之紂農家紉麻合（咕沓切）之以輓耕犂按舊說遼東耕犂轅長可四尺田轉相妨今秦晉之地亦用長轅犂其轅端橫木如古車之制以駕二牛然平田則可至於山隈水曲轉折費力如山東及淮漢等處用三牛四牛大小不等高下不齊既難並駕動作之間終不若用索之便也詩云農家執麻枲耕繩皆自纆盤轆戀後先牛犂利田轉卷去跡若藏伸來力還展或者駕長轅疆去盍直殊未善

牛衣

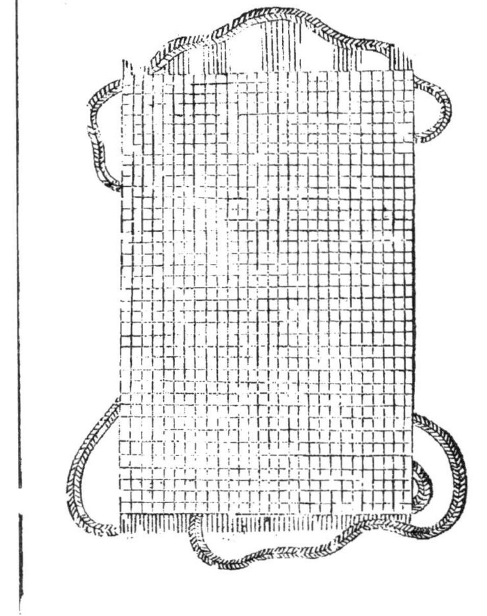

牛衣顏師古曰編亂麻爲之即今呼爲𪍿具者前漢王章傳嘗卧牛衣中晉書劉寔好學少貧苦口誦手繩賣牛衣以自給據牛之有衣舊矣以此見古人重畜不忘農之本故也今牧養中惟牛毛疎㝡不耐寒每近冬月皆宜以冗麻續作絍緊結編織毯段衣結之如裋𦆊主禍然以禦寒冽不然必有凍慄之患農耕之家不可不預爲儲備王荊公詩云百獸冬自煖獨牛無氄毛無衣與卒歲坐恐得空牢主人覆護恩豈啻一綈袍問汝何以報黍離滿東皐

呼鞭

呼鞭驅牛具也字從革從便曰策曰鞓曰鞘備則成之春秋傳云鞭長不及馬腹此御車鞭也今牛鞭苧後用亦如之農家紉麻合鞭鞭有鳴鞘人則以聲相結之用警牛行不專於撻世云呼鞭即其義也詩云何物耕牛服並驅長鞭輕裊配歌呼背聲莫作鳴鞘急飼養曾添宿料無

## 法製長生屋

天生五材民並用之而水火皆能爲災火之爲災尤其暴者也春秋左氏傳曰天火曰災人火曰火夫古之火正或食於心或食於味味爲鶉火心爲大火天火之孽雖曰氣運所感亦必假於人火而後作焉人之飲食非火不成人之寢處非火不明人火之孽失於不慎始於毫髮終於延綿且火得木而生得水而熄至土而盡故木者火之母人之居室皆資於木易以生患水者火之牡而足以勝火人皆知之土者火之子而足以禦火而人未之知也水者救於已然之後土者禦於未然之前救於已然之後者難爲功禦於未然之前者易爲力此曲突徙薪之謀所以愈於焦頭爛額之功也吾嘗觀古人救火之術宋災樂喜爲政使伯氏司里火所未至徹小屋塗大屋陳畚挶具綆缶備水器蓄水潦積土塗表火道此救療之法也鄭災公孫僑爲政郊人助園史除於國北禳火于玄冥回祿祈于四鄘此祈禳之法也是皆救於已然之後嘗見往年腹裏諸郡所居瓦屋則用磚裹杣簷草屋則用泥杇上下既防延燒且易救護又有別置府藏外護磚泥謂之土庫火不能入竊以此推之凡農家居屋廚屋蠶屋倉屋牛屋皆宜以法製泥土爲用先宜選用壯大材木締構既成椽上鋪板板上傅泥泥上用法製油灰泥塗飾待日曝乾堅如瓷石可以

代瓦凡屋中内外材木露者與夫門窻壁堵通用法製灰泥杇墁之務要匀厚固密勿有罅隙可免焚燬之患名曰法製長生屋是乃禦於未然之前誠爲長策又豈特農家所宜哉今之高堂大厦危樓傑閣所以居珍寶而奉身體者誠爲不貲一旦患生於不測毁起於微眇轉盻搖足化爲煨燼之區瓦礫之場千金之軀亦或不保良可哀憫平居暇日誠能依此製造不惟歷劫火而不壞亦可防風雨而不朽至若闤闠之市居民輳集雖不能盡依此法其間或有一焉亦可以間隔火道不至延燒安可惜一時之費而不爲永久萬全之計哉贊曰

上棟下宇從古而然衣食之利農家攸先維彼倉廪食之所寄維彼蠶室衣之所繫矧茲居室於焉寢處一有遺燎化爲焦土嗟爾農夫豫戒不虞製泥和灰是墁是塗何畏畢方何愁回祿棟宇恒存衣食恒足匪直農家此策是宜凡百居宅可倣作之



法製灰泥

用磚屑爲末白善泥桐油枯（如無桐油枯以油代之）莩炭石灰糯米膠以前五件等分爲末將糯米膠調和得所地面爲磚則用磚模脫出趂濕於良平地而上用泥墁成一片半年乾硬如石磚然杇墁屋宇則加紙筋和匀用之不致折裂塗飾材木上用帶筋石灰如材木光處則用小竹釘簪麻鬚惹泥不致脫落

造活字印書法

伏羲氏畫卦造契以代結繩之政而文籍生焉（注云書字于木刻其側以爲契各持其一以相考合）黃帝時蒼頡視鳥跡以爲篆文即古文科斗書也周宣王時史籀變科斗而爲大篆秦李斯損益之而爲小篆程邈省篆而爲隸由隸而楷由楷而草則又漢魏間諸賢變體之作此書法之大槩也或書之竹謂之竹簡或書于縑帛謂之帛書厥後文籍寖廣縑貴而簡重不便於用又爲之紙故字從巾案前漢皇后紀已有赫蹏紙至後漢蔡倫以木膚麻頭敝布魚網造紙稱爲蔡倫紙而文集資之以爲卷軸取其易於卷舒目之曰卷然皆寫本學者艱於傳錄故人以藏書爲貴五代唐明宗長興二年宰相馮道李愚請令判國子監田敏校正九經刻板印賣朝廷從之錄梓之法其本此因是天下書籍遂廣然而板木工匠所費甚多至有一書字板功力不及數載難成雖有可傳之書人皆憚其工費不能印造傳播後世有人別生巧技以鐵爲印盔界行内用稀瀝青澆滿冷定取平火上再行煨化以燒熟瓦字排於行内作活字印板爲其不便又有以泥爲盔界行内用薄泥將燒熟瓦字排之再入窯内燒爲一段亦可爲活字板印之近世又有注錫作字以鐵條貫之作行嵌於盔内界行印書但上項字樣難於使墨率多印壞所以不能久行今又有巧便之法造板木作

印盔削竹片為行雕板木為字周小細鋸鎪開各作一字用小刀四面修之比試大小高低一同然後排字作行削成竹片夾之盔字既滿用木榍榍之使堅牢字皆不動然後用墨刷印之

寫韻刻字法

先照監韻內可用字數分為上下平上去入五聲各分韻頭校勘字樣抄寫完備擇能書人取活字樣製大小寫出各門字樣糊於板上命工刊刻稍留界路以憑鋸截又有如助辭之乎者也字及數目字并尋常可用字樣各分為一門多刻字數約有三萬餘字寫畢一如前法今載立號監韻活字板式于後其餘五聲韻字俱要倣此



一東通侗恫桐同仝童僮瞳朣曈銅峒橦絧罿筒穜潼

橦艟詷艟籠蘢聾朧曨櫳瓏礱瀧芃蓬篷蒙冡幪𧕟濛

霿曚朦艨曚懵悤蔥聰驄總鬷豵緵鬷叢藂漎洪洚紅

征鴻訌烘空悾崆公功工攻玒翁豐酆風楓馮渢嵩娀

菘淞充忱珫忡終螽戎㲓駥狨崇漴中衷忠蟲沖忡种

爞翀隆癃窿融蠶彤雄熊弓躬躳宮芎窮藭濃

二冬彤鼕農儂宗鬃賨悰琮淙潀攻三鍾鐘橦舂椿衝

衝罿幢艟鏞墉茸蹤鏦從樅蹤縱松手夆鋒鏠烽逢峯

蠭蜂摓重穜龍籠朧濃穠襛容溶蓉庸墉鎔鄘鏞封

葑逄傭恭共供龔龔胷匈凶洶訩詾邕邕雍雝灉廱饔

癰雝喁禺蛩邛筇蛩

四江扛杠矼釭玒腔椌降悾舡舩缸泷洚訌虹邦龐尨庬

哤雙艭欆瀧牕窻囪鏦樁舂幢

五支枝肢巵祗衹氏椎禔祇衹祇衹祗祇跂施葹鍦鉇𨫼

厮麗纚吹歙炊差衰匙翅垂陲倕腄兒痿斯祈凘澌虒

褫雌貲髭頯觜疵訾玼齜隨遺隋知鶬螭馳池邸箎褫錘

鏈趍趨甒離离蠡剺劙黎漓纚罹籬鸝漓璃灕鸝驪鶯

孋蘂蘂犂黧來倈徠鵹鵹婺犁貍貍霾羸鈹披陂羆碑

卑痺裨錍鈚埤箄鞞皮疲罷

鏤字修字法

將刻訖板木上字樣用細齒小鋸每字四方鏤下盛於筐筥器內每字令人用小裁刀修理齊整先立準則於準則內試大小高低一同然後另貯別器

作盔嵌字法

於元寫監韻各門字數嵌於木盔內用竹片行行夾住擺滿用木掮輕掮之排於輪上依前分作五聲用大字標記

造輪法

用輕木造為大輪其輪盤徑可七尺輪軸高可三尺許用大木砧鑿竅上作橫架中貫輪軸下有鑽臼立轉輪盤以圓竹笆鋪之上置活字板面各依號數上下相次鋪擺凡置輪兩面一輪置監韻板面一輪置雜字板面一人中坐左右俱可推轉摘字蓋以人尋字則難以字就人則易此轉輪之法不勞力而坐致字數取訖又可補還韻內兩得便也今圖輪像監韻板面于後



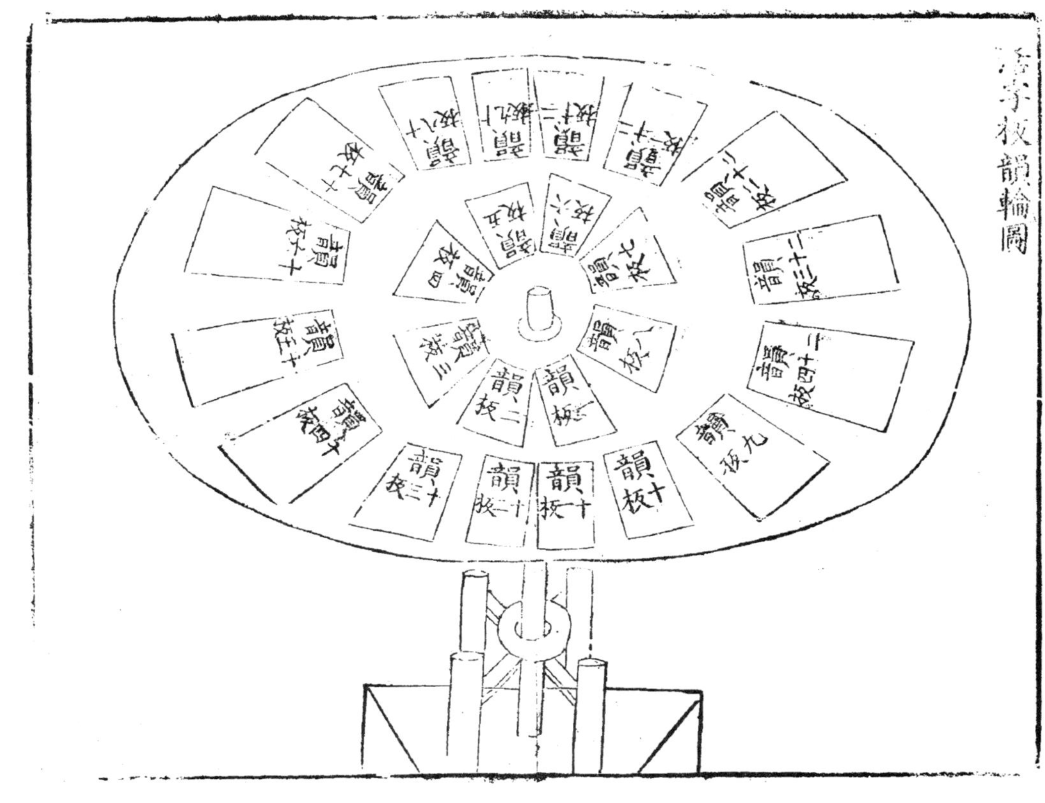

取字法

將元寫監韻另寫一冊編成字號每面各行各字俱計號數與輪上門類相同一人執韻依號數喝字一人於輪上元布輪字板內取摘字隻嵌於所印書板盔內如有字韻內別無隨手令刊匠添補疾得完備

作盔安字刷印法

用平直乾板一片量書面大小四圍作欄右邊空候擺滿盔面右邊安置界欄以木榍榍之界行內字樣須要箇箇修理平正先用刀削下諸樣小竹片以別器盛貯如有低邪隨字形襯墊徒念切榍之至字體平穩然後刷印之又以椶刷順界行豎直刷之不可橫刷印紙亦用椶刷順界行刷之此用活字板之定法也

前任宣州旌德縣尹時方撰農書因其字數甚多難於刊印故尚己意命匠創活字二年而工畢試印本縣志書約計六萬餘字不一月而百部齊成一如刊板使知其可用後二年予遷任信州永豐縣挈而之官是農書方成欲以活字嵌印今知江西見行命工刊板故且收貯以待別用然古今此法未有所傳故編錄于此以待世之好事者爲印書省便之法傳於永久本爲農書而作因附于後

農器圖譜集之二十



農書目錄

韭　葫荽　菠薐
萵苣　同蒿　人莧
藍菜　莙薘　蘭香 香菜附
荏蓼　芹蒙　甘露子

集之六

果屬

梨　桃　李
梅杏

集之七

柰林檎　棗　栗 榛附
桑椹　柿　荔枝



龍眼

集之八

橄欖 餘甘子附　石榴　木瓜
銀杏　橘 柑附　橙
樝子

集之九

竹木

竹 笋附　松　榆
柳　柞 楝附　穀楮
皂莢　葦 荻附　漆

集之十

雜類

苧麻　木綿　蕬
茶　枸杞　紫草
紅花　藍

集之十一

飲食類

豳七月詩說　食時五觀　備荒



穀譜目錄

神農氏姜姓母曰女登感神龍而生人身牛首當時民食鳥獸血肉天雨粟神農遂製耒耜耕而種之以教萬民後世粒食因之以爲百穀之祖使世之以食爲命者知所自也

神農氏嘗草別穀教民耕種乃得粒食然而未有饔飧
之法迨黃帝氏作製杵臼以舂其穀物造釜甑以成大
食後世因之以養生命皆自黃帝始也

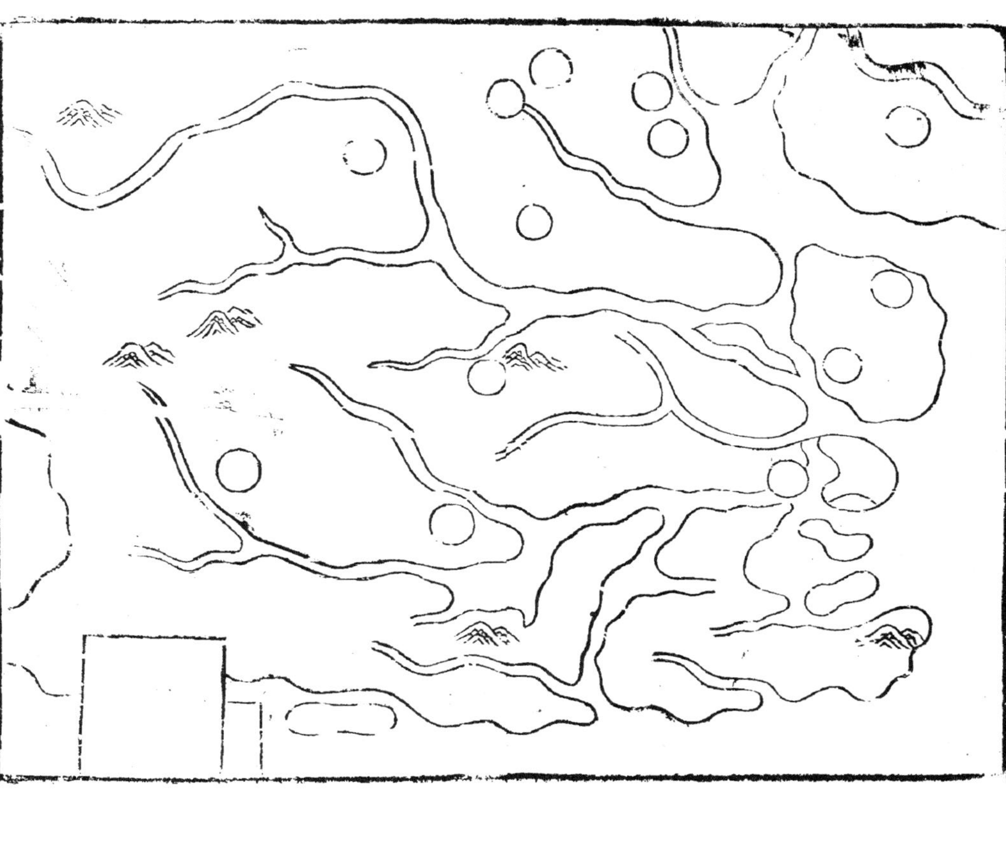

# 穀譜集之一

東魯 王禎 撰

## 百穀序引

嘗謂上古之時人食鳥獸血肉以爲食至神農氏作始嘗草別穀而後生民粒食賴焉物理論曰百穀者三穀各二十種爲六十種蔬菓各二十種共爲百穀注云粱者黍稷之總名稻者既種之總名菽者衆豆之總名三穀各二十種爲六十蔬菓之類所以助穀之不及也夫蔬熟平時可以助食儉歲可以救饑其菓實熟則可食乾則可脯豐歉皆可充饑古人所謂木奴千無凶年非虛語也雖曰



種各有二十殆難枚舉今故總爲編錄其陂澤之産園野之林與夫雜物品類上以助百穀之闕下以補諸物之遺條列而詳具之庶幾覽者擇取而備用焉

## 穀屬

### 粟

春秋說題曰粟之爲言續也粟五變一變而以陽生爲苗二變而秀爲禾三變而粲然爲之粟四變入臼米出甲五變而蒸飯可食宋均注云粟受五行氣而變故乃成可食五陽以一立爲法故粟精大 分穗長一尺文以七列精以五立西者金所立米者陽精故西字合米而爲粟愚按粟

之名不一或因姓氏或因形似隨義賦名故早則有高居黃百日糧之類晚則有鴟腳穀鴈頭青之類其餘名字不可徧數今略載於此齊民要術曰夫粟成熟有早晚苗稈有高下收實有多少質性有彊弱米味有美惡粒實有息耗山澤有異宜順天時量地利則用力少而成功多任情返道勞而無獲凡粟田黍豆小豆底爲上麻黍胡麻次之蕪菁大豆爲下故種粟春種欲深夏種欲淺其種時雨後爲佳遇小雨宜接濕接遇大雨待薉生小雨不接濕無以生禾苗大雨不待白背濕碾則令苗瘦薉若盛者先鋤一遍然後納種佳也春若遇旱秋耕之地得仰壟待雨春耕者不中也夏若仰壟匪直盪



汰不生兼與草薉俱出凡田欲早晚相雜防歲道有所宜有閏之歲節氣近後宜晚田然大率欲早早田倍多於晚早田淨而易治晚者蕪薉難出其收有多少從歲所宜非關早晚早穀米實而多晚穀皮厚米少而虛也氾勝之書曰種無期因地爲時三月榆莢時雨高地彊可種禾稙禾夏至後八九十日常夜半候之天有霜若白露下以平明時令兩人持長索相對各持一端以槩禾中去霜露日出乃止如此禾稼五穀不傷矣又必待苗生如馬耳則鏃鋤稀豁之處鋤之補之五穀惟小鋤之爲良苗出壟則深鋤鋤不厭數周而復始勿以無草而暫停鋤者非止除草蓋地熟而實多穅薄而米息鋤

得十遍便得八米也春鋤起地夏爲除草春鋤不用觸濕六月以後雖濕亦無嫌呂氏春秋曰苗其弱也欲孤其長也欲相與俱其熟也欲相扶是故三以爲族乃多粟也（族聚）吾苗有行故速長弱不相害故速大橫行必得從行必術正其行通其風也耘苗之法其凡有四第一次曰擾苗第二次曰布第三次曰擁第四次曰復（俗曰漆米）一切不至則稂莠之害秕糠之雜入之矣擾苗後用一驢帶籠觜挽之初用一人牽之慣熟不用止一人輕扶入之二三寸其深痛過鋤力三倍所辦之田日不啻二十畝今燕趙合用之名曰劐子食貨志云力耕數耘收穫如盜賊之至故熟速刈乾速積刈早則鎌傷刈晚則



穗折遇風則收減濕積則稾爛積晚則損耗連雨則生耳所以收穫不可緩也記曰種而不耨耨而不穫譏其不能圖功攸終也是知收穫者農事之終爲農者可不趨時致力以成其終而自廢其前功乎七月詩云九月築場圃十月納禾稼言農功之俊也載芟之詩云載穫濟濟有實其積萬億及秭夫粟者五穀之長中原土地平曠惟宜種粟古今穀祿皆以是爲差等出納之司皆以是爲準則周禮地官曰倉人掌粟入之藏鄭註云九谷盡藏以粟爲主故漢太倉之粟陳陳相因充溢露積於外神農之教曰有石城十仞湯池百步帶甲百萬而亡粟弗能守史記曰宣曲任氏之先爲督道倉吏秦之

敗豪傑皆爭金玉而任氏獨窖倉粟楚漢相拒滎陽民不得耕種米石至百金而豪傑金玉盡歸任氏任氏以此起富所以凶年饑歲雖隋侯之珠不易一鍾之粟也由此言之粟之於世豈非爲國爲家之寶乎

## 水稻

稻之名不一隨人所呼不必縷數稻有粳秫之別粳性疎而可炊飯秫性粘而可釀酒然非水則無以生故種蓺之法宜選上流出水便其性也春秋說題曰稻之爲言藉也稻舍水盛其德也稻太陰精含水漸洳乃能化也淮南子亦曰江水肥而宜稻南方下土塗泥皆宜水種治稻者蓄陂塘以瀦之置堤閘以止之故周官制典稻人掌稼下地以瀦蓄水以防止水齊民要術云三月種者爲上時四月上旬種者爲中時中旬爲下時先放水十日後曳碌碡十遍地既熟淨淘種子漬經三宿漉出內草篅中裛牙長二分一畝三斗種之苗長陳草復起以鎌侵水芟之稻苗漸長復須薅之薅訖去水曝根令堅彊時水旱而溉之又有作爲畦埂耕耙既熟放水勻停擲種於內候苗生五六寸拔而秧之今江南皆用此法苗高七八寸則耘之（爪耘耙具農器譜）耘畢放水熇之欲秀復用水浸之苗既長茂復事薅拔以去稂莠（薅馬見農器譜）農家收穫尤當及時江南上雨下水收稻必用喬扦笐架（喬扦笐架具農器譜）蓋刈早則米青而不堅刈晚則



零落而損收又恐爲風雨損壞此九月築場十月納稼工夫次第不可失也大抵稻穀之美種江淮以南直徹海外皆宜此稼春而爲米潔白可愛炊爲飯食尤爲香美孔子云食夫稻衣夫錦蓋食之於稻衣之於錦無以加也故生民蓄積而禦饑國家饋運而濟之誠穀中之上品世間之珍藏也

## 旱稻

稻之名一而水旱之名異蓋水稻宜近上流旱稻宜用下田齊民要術曰凡下田停水處燥則堅垎濕則污泥難治而易荒墝埆而殺種其春耕者殺種尤甚故宜五六月時暵之以擬大麥時水澇不得納種者九月之服一轉至春種稻萬不失一凡種下田不問秋夏候水盡地白背時速耕杷勞頻翻令熟二月半種稻爲上時三月爲中時四月初及半爲下時漬種如法裛令開口耬耩掩種之即再遍勞苗長三寸杷勞而鋤之鋤惟欲速每經一雨輒欲杷勞苗高尺許則鋒天雨無所作宜冒雨薅之科大如槪者五六月中霖雨時拔而栽之餘法悉與下田同今閩中有得占城稻種高仰處皆宜種之謂之旱占其米粒大而且甘爲旱稻種甚佳北方水源頗少惟陸地沾濕處種稻其耕鋤薅拔一如前法一種有小香稻者亦芒白粒其米如玉飯之香美凡祭祀延賓以爲上饌蓋貴其罕也

大小麥青稞附

麥芒穀也詩謂貽我來牟來牟即大小麥也雜陰陽書曰大麥生於杏二百日秀秀後五十日成生於亥壯於卯長於辰老於巳死於午惡於戌忌於子丑小麥生於桃二百一十日秀秀後六十日成忌與大麥同月令以仲秋勸人種麥無或失時尚書大傳以秋昏虛星中可以種麥虛北方玄武之宿八月昏中見於南方務本直言云麥種初收時旋打旋揚與蠶沙相和辟蟲傷資地力苗又耐旱齊民要術謂八月中戊社前種者爲上時下戊前爲中時八月末九月初爲下時此種麥之法也大麥非良地則不須種小麥非下田則不宜說文曰麥金旺而生火旺而死夫八月乃金旺之月麥於是月而生五月乃火旺之月麥於是月而死是知物之生成各有其時種植之日先後則所擲之子有多寡種植之地肥磽則所收之利有厚薄大抵未種之先當於五六月暵地若不暵地而種其收倍薄凡種須用樓犁下之又用砘車碾過日種數畝蓋成壟易於鋤治又有漫種一法農人左手挾器盛種右手握而勻擲於地既遍則用耙勞覆之又頗省力樓犁砘車見農器譜此北方種麥之法南方惟用撮種故用種不多然糞而鋤之人工既到所收亦厚正月二月勞而鋤之三月四月鋒而更鋤苗乃茂盛既秀不須再鋤直至收穫韓氏直說云四五月麥熟帶青收一半若過熟則拋費每日至晚即便載麥上場堆積用苫繳覆以防雨作如天晴乘夜載上場則苫薄攤使之易乾碾過一遍翻過又一遍起秸下場揚子收起直待所收麥都碾盡却將以前未淨稭稈再碾如此可一日一場比及收盡時分三分中已碾其二分古語云收麥如救火若少遲慢一値陰雨即爲災傷不熟況遷延過時秋苗亦妨鋤治北方芟麥用釤綽腰籠一人日可收麥數畝南方收麥鐮割手棄所種麥少故也若力省而工倍當以北方爲法釤綽腰籠見農器具然貯留之法尤不可不明大凡曬大小麥須六月掃場地候地毒熱衆手薄攤取蒼耳碎剉拌曬至未時趁熱收可二年不蛀更欲曬亦止在立秋前若立秋後則已有蟲生恐無益矣夫大小麥北方所種極廣大麥可作粥飯甚爲出息小麥磨麪可作餅餌飽而有力若用廚工造之尤爲珠味充食所用甚多故春秋惟麥禾不收則書之蓋重其關也世又有所謂青稞麥不過名與大小麥頗異爾種畝用子八升與大麥同時熟好收畝得三四石每石得麪八斗堪作餅餌磨盡無麩但打時稍難惟快日用碌碡碾過亦助二麥不足之用也

穀譜集之一

# 穀譜集之二

東魯王禎撰

## 黍

說文云禾入米為黍又黍暑也當暑而生暑盡而收齊民要術云凡黍田新開荒為上大豆底為次穀底為下地必欲熟一畝用子四升三月上旬種者為上時四月上旬為中時五月上旬為下時夏種黍與稙穀同時非夏者大率以椹赤為候苗生壟即宜耙勞鋤三遍乃止鋒而不耩詩云維秬維秠秬黑黍也又曰秬鬯一卣秬黍之別名此言黍之為酒尚矣今有赤黍米黃而黏可蒸食白黍釀酒亞於糯秫廣志云黍有牛黍有稻尾黍



馬革大黑黍此黍之異名也又北地遠處惟黍可生所謂當暑而種當暑而收其莖穗低小（土人謂之秫子）可以釀酒又可作饌粥黏滑而甘此黍之有補於艱食之地也大抵割黍欲晚早則米不成宜即濕踐之凡祭祀以黍為上盛古人多以雞黍為饌貴其色味之美也

## 穄

穄禾從祭謂可以供祭也其苗莖穗葉與黍難別故言黍必及於穄其米用有異也種治之法與黍俱同凡穄味美者亦收薄難舂割穄欲早蓋晚多零落收訖宜蒸而裛之曝乾舂而為米其米疎爽可炊煮作飯時諸穀未熟可以接饑其色解黃其味香美所重特少以為農家之稀饌也

## 粱

粱有赤粱有白粱廣雅曰有具粱解粱有遼東黃粱其禾莖葉似粟其粒比粟差大其穗帶毛芒牛馬皆不食與粟同時熟收割之法一同舂而為米圓滑如珠炊之香美勝於粟米世謂之膏粱號食飯之上品也

## 大豆（豍豆附）

大豆有白黑黃三種廣雅曰大豆菽也爾雅曰戎菽謂之荏菽春大豆次植穀之後二月中旬為上時一畝用子八升三月上旬為中時畝用子一斗四月上旬為下時畝用子一斗五升歲宜植者五六月亦得然時晚則



種子當稍加地不求熟故也尤當及時鋤治上土使之葉蔽其根庶不畏旱崔寔曰正月可種豍豆二月可種大豆又曰三月桑椹赤可種大豆又曰四月時雨降可種大小豆大槩美田欲稀薄田欲稠也穫豆之法貴晚蓋早則零落而損實也其大豆之黑者食而充饑可備凶年豐年可供牛馬料食黃豆可作豆腐可作醬料白豆粥飯皆可拌食三豆色異而用別皆濟世之穀也

## 小豆

廣雅曰小豆荅也本草經曰張騫往外國得胡豆今世有小豆有菉豆赤豆白豆豇豆營豆皆小豆類也種豆於夏至後十日者為上時畝用子八升初伏斷手為中

時畝用子一斗中伏斷手爲下時畝用子一斗二升中伏以後則晚矣熟耕耬下以爲良澤多者耬耩漫擲而勞之如種麻法氾勝之書云豆生布葉鋤之生五六葉又鋤之然亦不可盡治古所以不盡治者豆有膏盡治之則傷膏傷則不成而其收耗折也夫收割之法待其可收則刈豆角三青兩黃拔而倒豎籠叢之則生熟皆均不畏嚴霜從本至末全無秕減北方惟用菉豆最多農家種之亦廣人俱作豆粥豆飯或作餌爲炙或磨而爲粉或作麪材其味甘而不熱頗解藥毒乃濟世之良穀也南方亦間種之



## 豌豆

豌豆種與大麥同時來歲三四月則熟又謂之蠶豆則以其蠶時熟也百穀之中實爲先登蒸煮皆可便食是用接新代飯充飽務本直言云如近城郭種之可摘豆角賣而變物莊農獻送以爲嘗新貴其早也今山西人用豆多麥少磨麪可作餅餌而食此豆五穀中最宜耐陳不問凶豐皆可食用實濟饑之寶也

## 蕎麥

蕎麥赤莖烏粒種之則易爲工力收之則不妨農時晚熟故也農桑輯要云凡蕎麥五月耕地經二十五日草爛得轉并種耕三遍立秋前後皆十日內種之待霜降收刈恐其子粒焦落乃用推鎌穫之（推鎌見農器圖譜）北方山

後諸郡多種治去皮殼磨而爲麪焦作煎餅配蒜而食或作湯餅謂之河漏滑細如粉亞於麪麥風俗所尚供爲常食然中土南方農家亦種但晚收磨食摉作餅餌以補麪食飽而有力實農家居冬之日饌也

## 蜀黍

蜀秫春月種宜用下地莖高丈餘穗大如帚其粒黑如漆如蛤眼熟時收刈成束攢而立之其子作米可食餘及牛馬又可濟荒其稍莛可作洗帚稭桿可以織箔夾籬供爨無有棄者亦濟世之一穀農家不可闕也



## 胡麻

胡麻卽今之脂麻是也漢時張騫得其種於胡地故曰胡麻本草註云此麻以角作八稜者爲巨勝四稜者爲胡麻皆以烏者良白者劣衍義曰今胡地所出者皆肥大其紋鵲其色紫黑取油亦多齊民要術曰胡麻宜於白地種二三月爲上時四月上旬爲中時五月上旬爲下時（月半前種者實多而成月半後種者少子而多秕也）種欲截雨脚（若不緣濕融而不一）一畝用子二升漫種者先以耬耩然後撒子空曳勞（勞人加人則土厚不生）耬耩者炒沙令燥中半和之（不和沙下不均壟種若荒得用鋒耬）鋤不過三遍刈束欲小（束大則難燥打手復不勝）以五六束爲一叢斜倚之（不爾則風吹倒損收也）候口開乘車詣田斗擻（倒豎以小杖微打之）還叢之三日一打四五遍乃盡耳（若乘濕橫積蒸熟速乾雖鬱裛無風吹虧折又慮裛者不中爲種子然油無損也）按古詩言麻麥言禾黍則麻

之尚生矣乃今之白脂麻也胡麻出於胡地大而少異取其油可以煎煮可以燃點其麻又可以爲飯續齊諧志所謂天台胡麻飯是也

麻子 蘇子附

麻子爾雅所謂黂枲實儀禮註所謂苴麻之有蕡者皆謂黂爲子也本草圖經曰麻黂麻子生太山川谷今處處有之皆園圃所蒔績其皮以爲布者麻黂一名麻勃麻上花勃勃者審如是言則子與黂爲二物矣齊民要術曰止取實者種班黑麻子（班黑者饒實崔寔曰苴麻子黑又實而重擣治作燭不作麻）耕須再遍一畝用子三升二月種者爲上時四月初爲中時五月初爲下時大率二尺留一根（穊則不成）鉏常令淨（荒則少實）既放勃拔去雄（若未放勃去雄者則不成子實）凡五穀地畔近道者多爲六畜所犯宜種胡麻麻子以遮之（胡麻六畜不食麻子齧頭則科大收此二實足供燭之費也）慎勿於大豆地中雜種麻子（扇地兩損而收並薄）六月中可於麻子地間散蕪菁子而鋤之擬收其根雜陰陽書曰麻生於楊或荆七十日後花六十日後熟種忌四季辰未戌丑戊己氾勝之書曰樹高一尺以蠶屎糞之無蠶屎以溷中熟糞亦善樹一升天旱以流水澆之曝井水殺其寒氣以澆之無流水雨澤時適勿澆澆不欲數霜下實成速斫之其樹大者以鋸鋸之務本新書曰凡種五穀如地畔近道者亦可另種蘇子以遮六畜傷踐收子打油燃燈甚明或熬油以油諸物



爾雅曰蘇桂荏釋曰蘇荏類草按麻子蘇子六畜所不犯類能全身遠害者於五穀有外護之功於人有燈油之用皆不可闕也

穀譜集之二

# 穀譜集之三

東魯王禎撰

## 蓏屬

### 甜瓜（黃瓜附）

廣雅曰土芝瓜也其子（瓜力熙切）爾雅曰瓞瓝以其綿綿而生也爲種不一而其用有二供果爲果瓜供菜爲菜瓜菜瓜則胡瓜越瓜是也（附見于后）果瓜品類甚多不可枚舉以狀得名者則有龍肝虎掌兎頭狸頭蜜筩之稱以色得名者則有烏瓜黃甗白甗小青大班之别然其味不出乎甘香故不復具録廣志以瓜之所出惟遼東廬江燉煌者爲勝然瓜州之大瓜陽城之御瓜蜀之温食永嘉之襄瓜第未可以優劣論是又不必拘以土地所宜顧種藝之法何如耳愚嘗聞甘肅等處其甜瓜大如頭枕割去其皮其肉與穰甘勝糖蜜所割膚皮暴之稍乾柔韌貫之中土以爲贈送甘而有味蓋風土所宜其實大而味甘非他種可比又嘗見浙間一種謂之陰瓜宜於陰地種之秋熟色黄如金膚皮稍厚藏之可歷冬春食之如新凡種常瓜以二月上旬爲上時三月上旬爲中時四月上旬爲下時至五六月止可種藏瓜乎（秋瓜）（小實中蓄藏實）種宜陽地暖則易長杜詩所謂陽坡可種瓜者是也法先以水淨淘瓜子以鹽拌之（鹽和則不籠死）坑深可五寸以大如斗納瓜子四箇大豆三箇以熟糞土覆之瓜生數葉掐去豆（瓜性弱以豆爲之起上也瓜豆既出更成良潤）瓜行陣豆整兩行微相近兩行外相遠中通步道（道以通行）（近以耘耨）瓜生比至初花三四次鋤之勿令生草草生瓜瘠無子蔓長宜用乾柴枝就地引之則子多摘時引手摘取之勿令踏瓜蔓及翻覆之（踏則瓜死翻則瓜爛宜慎之）又區種法兩步爲一區口大如盆以土擁其畔區中蹞令平內瓜子大豆各十枚如前法糞覆之十月種者大雪時擁雪坑上春草生瓜亦生矣又法加甕蓄水埋於科中央口與地平常令水滿四畔種瓜則不畏旱亦良法也凡收子宜用本母子截去兩頭者取中央子（本母子生數葉便結子者亦早熟者第蔓長二三尺方生後者）（蔓足方生兩頭子曲而細短而喎）瓜生蟻用羊骨置其旁引棄之此種藝之法也一枚可以濟人之飢渴五畝可以足家之衣食有種之而成圃其故侯耗隱者矣有皆之而奉賓以冥府延祚者矣母徒以瓜蓏之微而忽之也一種胡瓜色黃即黃瓜也亦有青白者又越瓜色白即白瓜皆菜瓜也種同前瓜法黃瓜則以樹枝引蔓延緣而生白瓜則就地延蔓生子而已畏旱宜常灌溉之生熟皆可食烹飪隨宜實夏秋之嘉蔬也或以醬藏爲豉鹽漬爲霜瓜則又兼蔬蓏之用矣

### 西瓜

種出西域故名西瓜一說契丹破回紇得此種歸以牛糞覆棚而種味甘北方種者甚多以供歲計其南方江

准閩淅間亦効種此北方者差小味頗減爾種同前瓜法區行差稀多種者俟頭上漫擲勞平苗出之後根下擁作土盆欲瓜大者步留一科科止留一瓜餘蔓花皆掐去則實大如三斗栲栳矣味寒觧酒毒其子曝乾取仁瀹茶亦得有雲頭者最佳故古人有一片冷沉潭底月六彎斜捲隴頭雲之句其宿醒未鮮病暍未蘇得此而食世俗所謂醍醐灌頂甘露洒心正謂此也

## 冬瓜

冬瓜以其冬熟也廣志謂之蔬距神仙本草曰一名水芝一名白瓜嵩高平澤今在處園圃皆蒔之其實生苗蔓下大者如斗而更長皮厚而有毛初生正青緑經霜則白如塗粉其中肉及子亦白故謂之白瓜齊民要術曰種冬瓜法傍墻陰地作區圓二尺深五寸以熟糞及土相和正月晦日種（二月三月亦可）既生以柴木倚墻令其緣上緣則澆之八月斷其稍減其實一本但留五六枚（多則不成也）十月足收之（早收則爛）冬瓜越冬十月區種如種瓜法冬則堆雲着區上爲佳潤澤肥好乃勝春種又曰削去皮子於芥子醬中或美豆醬中藏之佳荆楚歲時記曰七月採瓜犀以爲面脂本草圖經曰犀瓣也瓠亦堪作澡豆按蔬果中瓜之爲種至夥也獨此瓜耐久經霜乃熟又可藏之彌年不壞今人亦用爲蜜煎其犀用爲茶果則兼蔬果之用矣



## 瓠

說文曰瓠一名曰壺皆瓠屬也陸農師曰頭短大腹曰瓠細而合上曰匏以匏而肥圓者曰壺然有甘苦二種甘者供食苦惟充器耳按毛詩云匏有苦葉者苦瓠也（注云不材於人惟供濟而已蓋以作壺濟水也）又曰幡幡瓠葉采之亨之此甘匏也故曰甘瓠葉之具爲物也蔓生而齒辨夏熟而秋枯爾雅曰瓠棲辧豳風曰九月斷壺亦其義也本草云味甘冷無毒利水道止消渇惟苦者有毒不宜食凡種如瓜法蔓長則作架引之氾勝之書云先掘地作坑方圓深各三尺圝蠶沙和土令匀（無蠶沙牛糞亦可）着坑中足踐令堅平以水沃之水盡下子十顆復以前糞覆之既生長二尺餘便總聚十莖一處以布纏之五寸許以泥封護俟纏處合爲一莖擇大者留之余悉掐去引蔓結子子外之條亦掐去之凡留子初生二三子不佳取第四五者區留三子即足用余旋食之又四時類要云坑深四五尺坑底填油麻菉豆䕸及爛草糞各一重上着糞上以子十顆種之待成揀彊者四莖每兩莖相貼纏之待其相着各除一頭又取所留兩莖如前法相貼活後惟留一頭着子則揀留兩子如此則一斗（變）爲盛一石矣莊子魏惠王大瓠之種種之實五石其亦以此法歟夫瓠之爲物也纍然而生食之無窮最爲佳蔬烹飪無不宜者種如其法則其實斗石大之爲甕盎小之爲瓢杓

膚瓤可以餵猪皮辦可以灌燭咸無棄材濟世之功大矣可不知所種哉

芋

芋一名土芝齊人曰莒蜀呼為蹲鴟在在有之蜀漢為最（顔師古注蹲鴟芋也）葉如荷長而不圓莖微紫乾之亦中食根白亦有紫者其大如斗食之味甘旁生子甚夥拔之則連茹而起宜蒸食亦中為羹臛東坡所謂玉糝羹者此也煮法宜先用鹽微滲之則不模糊廣志所載凡十四種其大如斗魁如杵簇者名君子芋子少而魁大者為談善芋子多而魁亦大者為百果芋畝收百斛又有車轂鋸子青邊旁巨四種惟多子他如緣枝生而色之黃



者則有雞子芋蔓生而根如鵝鴨卵者則有博士芋餘悉下品不復具錄凡此諸芋皆可乾醋亦可藏至夏食之種宜軟白沙地近水為善（芋畏旱故宜近水）區深可三尺許區行欲寬寬則過風芋本欲深深則根大（率二尺一根漸漸加土壅）之春宜種秋宜壅（立夏種不生卵秋失壅而瘦不肥）霜降揆其葉使收液以美其實則芋愈大而愈肥氾勝之書云區方深各三尺下實豆萁尺有五寸以糞著萁上深如其萁一區種五本復以糞土上復之（旁四本中一本漸漸培之）芋成萁爛皆長三尺此亦良法今之農不然但於淺土秧子俟苗成移就區種故其利亦薄其可不知此法按列仙傳云酒客為梁使丞民益種芋三年當大飢率如其言而梁民得不死卓氏曰岷山之下沃野有蹲鴟至死不飢且夫五穀之種或豐或歉天時使然芋則繫之人力若種藝有法培壅及時無不獲利以之度凶年濟饑饉助穀食之不及故次於稼穡之後

蔓菁

蔓菁一名蕪菁爾雅曰葑說文蕪菁也即詩采葑采菲之葑也河東太原所出者根極大他皆不及又出吐穀中故北地多種此葉似菘而根不同四時仍有春食苗夏食心謂之薹子秋可為菹冬根宜蒸食菜中之最有益者常食通中益氣令人肥健諸葛亮所止必令兵士種蔓菁取其材出甲可生啖一也葉舒可煮食二也久



居隨以滋長三也棄去不惜四也回則易尋而採之五也冬有根可斸食六也故川蜀人呼為諸葛菜其子九蒸九曝可擣為粉塗帛者貧之亦可為油陝西唯食此油燃燈甚明能變蒜髮齊民要術云種不求多唯須良地新糞壞垣墻乃佳（糞若以灰合厚一寸灰多燥不生也）耕地欲熟宜加糞往復勻蓋七月初種之畝子三升漫撒而勞種不用濕（濕則葉焦）既生不鋤九月末收葉六月種者根大而葉嘉七月末種者葉美而根小惟七月初者根葉俱得仍留根取子十月中犁麤呼拾出耕出者不則留多而英不茂實不繁也擬賣者純種九英（九英根大而味不美）春夏用畦種如葵法剪訖復種取根者用大小麥底六月中種十月

將東取出之早(一畝可得數車出者根細)漢桓帝詔曰橫水爲災五穀不登令所傷郡國皆種蔓菁以助民食然此可以度凶年救饑饉以一種而兼數美爲利甚博杜工部有云冬菁飯之半豈虛語哉

## 蘿蔔

爾雅曰葖蘆萉(音菔)一名萊菔又名雹突今俗呼蘿蔔在在有之北方者極脆食之無柤中原有迭秤者其質白其味辛甘尤宜生啖能解麪毒子可入藥下氣消穀四時皆可種然不如末伏秋初爲善破甲以後便可供食老圃云蘿蔔一種而四名春曰破地錐夏曰夏生秋曰蘿蔔冬月土酥故黃山谷云金城土酥淨如練以其潔



也種同蔓菁法每子一升可種二十畦(畦可長一丈闊四尺)擇地宜生耕地宜熟(地生則不蟲耕熟則草少)凡種先用熟糞勻布畦内仍用火糞和子令勻撒種之候苗出成葉視稀稠去留之其去之者亦可供食以疎爲良(疎則根大而美密則反是)尺地約可二三窠厚加培壅其利自倍欲收種子宜用九月十月收者擇其良去鬚帶葉移栽之澆灌得所至春二月收子可備時種(宿根在地不經移種者爲斜子種之瘠而不肥)按蔬茹之中惟蔓菁與蘿蔔可廣種成功速而爲利倍然蔓菁北方多獲其利而南方罕有之蘆菔南方所通美者生熟皆可食淹藏腊豉以助時饌凶年亦可濟飢功用甚廣不可具述其可不知所種哉

## 茄子

茄子一名落蘇隋煬帝改茄子爲崑崙瓜一種出自暹羅國者其色微紫蒂長味甘今之紫茄黃山谷所謂紫膨脝者是也今在在有之又有青茄白茄白者爲勝亦名銀茄有一種白者謂之渤海茄又一種白花青色稍匾一種白而匾者皆謂之番茄甘脆不澁生熟可食又一種水茄其形稍長甘而多水可以止渴此數種中土頗多南方罕得亦宜種之凡收種於九月黃熟時摘取擘開水淘洗去浮者曝乾至春二月種如葵法常澆潤之旱即乾死候着四五葉高可五寸許帶土移栽之凡栽根株宜築實不實則死區中不宜有浮土恐雨泥污



葉則萎而難茂栽時得晴爲宜早晚澆灌之鋤治培壅勤者務爲務本新書云茄開花斟酌窠數削去枝葉再長晚茄老圃云種茄二十科糞壅得所可供一人食昔張浮林頌之云身纍百贅頸附千疣揉之不勤茹之頗柔善於形容者也茄視他菜爲最耐久供膳之余糟丘豉腊無不宜者須廣種之

## 薑

薑說文曰禦濕之菜史記云種千畦薑與千戶侯等言其利溥也凡種宜用沙地熟耕或用鍬深掘爲善三月畦種之畦闊一步長短任地横作壟深可五七寸壟中一尺一科以土上覆厚三寸許仍以蠶糞培之蓋以蠶糞

尤佳芽出生草勤鋤之壟中漸漸加土培壅一法用蔫草覆之勿令他草生使薑芽自逆出覆其上六月用枝葉作棚以防日曝（薑性不耐寒熱故爾或只用帶葉樹枝扦插）四月竹箪爬開根土取薑毋貨之不虧元本秋社前新芽頓長分採之即紫薑芽色微紫故名最宜糟食亦可代蔬劉屛山詩云恰似勻粧指柔尖帶淺紅似之矣白露後則帶絲漸老爲老薑味極辛可以和烹飪蓋愈老而愈辣者也曝乾則爲乾薑醫師資之今北方用之頗廣齊民要術云中國多寒土不宜薑所種僅可擬藥物耳九月中掘出置屋中宜作窨穀稈合埋之今南方地暖不用窨至小雪前以不經霜爲上揀去日就土曬過用篛篰盛貯



架起下用火薰三日夜令濕氣出盡却掩篰口仍高架起下用火薰令常暖勿令凍損至春擇其芽之深者如前法種之爲効速而利益倍諺云（養羊種薑子利相當）按薑辛而不葷去邪辟惡蔬茹中之拂士也日用不可闕然本草云能解穢溫中多食則少志傷心氣其亦夫子不撤食不多食之義云爾

蓮藕

蓮荷實也藕荷根也爾雅云其實蓮其根藕蓮子八月九月中收蓮子堅黑者於瓦上磨蓮子頭令薄取墐土作熟泥封之如三指大長二寸使帶頭平重磨處尖銳泥乾時擲於泥中重頭沉下自然周正皮薄易生不時

即出其不磨者皮既堅厚倉卒不能生也種藕法春初掘藕根節頭著魚池泥中種之當年即有蓮花蓮子可磨爲飯輕身益氣令人彊健藕止渴散血常食之不可

芡

芡一名雞頭一名雁頭山谷詩云剖蚌煑鴻頭是也葉大如荷皺而有刺花開向日花下結實故菱寒而芡暖其莖蔌之嫩者名爲蔌人採以爲菜茹八月採擘破取子散著池中自生雞頭作粉食之甚妙河北沿溏濼居人採之舂去皮擣爲粉蒸渫作餅可以代粮龔遂守渤海勸民秋冬益蓄菱芡蓋謂其能充饑也



芰

芰一名菱菱陵也世俗謂之菱角葉浮水上花開背日實有二種一種四角一種兩角又有青紫之殊秋上子黑熟時收取散着池中自生生食性冷煑熟爲佳蒸作粉蜜和食之尤美江淮及山東曝其食以爲米可以當粮猶以橡爲資也

穀譜集之三

穀譜集之四

東魯王禎撰

## 蔬屬

### 葵

葵說文曰菜也有紫莖白莖二種葉之小者爲鴨脚葵種出少出山中今南北皆有之又一種花有五色者名曰蜀葵不可食爾雅所謂菺戎葵是也菺音肩按葵爲百菜之主備四時之饌本豐而耐旱味甘而無毒供食之餘可爲葅腊枯枿之遺可爲榜簇子若根則能療疾咸無棄材誠蔬茹之上品民生之資助也春宜畦種種宜散種然夏秋皆可種也詩曰七月亨葵此種之最者俗呼爲秋葵遂者爲冬葵崔寔曰正月可種葵芥又曰六月六日種葵中伏以後可種冬葵時有先後爲之在人齊民要術云凡種特必燥曝葵子子雖經歲不浥然濕種則疥而不肥地不厭良薄惟糞之鋤不厭數旱則灌之春多風旱畦種爲上畦長兩步廣半之大則水難深掘以熟糞對土勻覆其上厚一寸許耙耬之令熟足蹋使堅平用水澆潤水盡下子又以糞土上覆深如其下葵出三葉然後澆之澆用晨夕日中則止凡畦種之物悉如之不復條列早種者必欲耕十月末地將凍散子勞之畝可三升正月末須人足蹋之乃佳踏則菜肥種者亦如之五月初更種春者既老種以續之留取子春者熟不均兼於此時附地剪去春葵令根上枿生者柔軟亦可食乾之



即中爲榜簇掐秋葉必留五六葉不留則莖孤留葉則科大凡掐葵必露解諺云觸露不掐葵八月半剪去留其歧歧多者則去地一二寸獨莖者半之枿生肥嫩至收時高可過膝莖葉皆美科雖不高菜實倍多不剪又是此種藝之法也宿根在地春生嫩葉亦可採實前今人以韭蓼汁併雞肉和食謂之冷羹最爲上饌古詩腰鐮刈葵藿葵之用鐮其來尚矣然莖葉叢茂時方可刈嫩惟採擷之耳杜詩云刈葵莫放手放手傷葵根蓋傷根則不生矣格物之精尤不可不審昔魯相公儀休食葵而美拔而棄之蓋不與民爭利雖然仁矣而未博也苟上之人教之以種藝之法勿奪其時使之家種百畦其利自倍是與民共之尚何爭利之有哉

### 芥

芥字從介取其氣之辛辣而有剛介之性故曰芥古人所謂菜重芥薑者其以是與爲種不一葉似菘而有毛味極辣者青芥也莖葉俱紫爲紫芥作虀食之美又有白芥子粗大於他芥色白如粱米味極辛美宜入藥利九竅明耳目通中芥極多心芥之嫩者爲芥藍極脆東坡云芥藍如菌蕈脆美牙頰響芸薹芥不甚香經冬根不死患腰脚疾者不宜食比他芥不爲甚佳齊民要術云七月半種之地欲糞熟與蕪菁同畝用子一升既生亦不鋤之十月收蕪菁訖收蜀芥又云種芥子及蜀芥取子者皆二月好雨澤時種二物性不耐寒經冬則死

故須春種之五月熟而收子今江南農家所種如種葵法候成苗必移栽之（早者七月半後種遲者八月種）厚如倍壅草即鋤之旱即灌之冬芥經春長心（亦中為鹹淡二菹亦任為鹽菜）楊誠齋詩云蟹眼嫩湯微熟了鵝兒新酒未醒初此言薹芥之美也如即收子者即不摘心蓋南北寒暖異宜故種略不同而其用則一夫芥之為物心多而耐久味辣而性溫可搗取汁以供庖饌尤烈烈可愛是以鮮沉酣消煩滯亦蔬茹中之介然者是宜受辛於薑臼而見絹於鹽飧也可不種哉

芸薹芥子

種同蜀芥每畝用子四升足霜始收辛不甚香經之冬以草覆之不死至春復可供食性涼破血先患腰腳者不宜多食然其子入藥功用頗多亦不可闕也



菌子

菌子說文曰蕈也爾雅曰中馗菌率皆朽株濕氣蒸浥而生中原呼菌為菌茹又為莪又一種謂之天花桑樹上生者呼為桑莪施之素食最佳雖南北異名而其用則一今江南山中松下生者名為松滑誠齋云傘不如笠釘勝笠蓋愈嫩愈美風味過於他蕈又有紫蕈白蕈二種尤佳朱文公詩云誰將紫芝苗種此槎上土便學商山翁風餐謝肥羜言紫蕈之美也又詩云聞說閩風苑瓊田產玉芝不收雲露表烹瀹詎相宜此言白蕈之美也深山中多有之菌之種不一名亦如之野蕈如赤菰黃耳皆可食然辨之不精多能害人雖斗無益也不復具載種菌法四時類要云三月種菌子取爛褚木及葉於地埋之常以泔澆灌之三兩日即生又法畦中下爛糞取褚可長六七寸截斷槌碎如種菜法勻布土蓋日澆潤之令長濕隨生隨食可供常饌今山中種香蕈亦如此法但取向陰地擇其所宜木（楓諸栲等樹）伐倒用斧碎坎成坎以土覆壓之經年樹朽以蕈碎剉勻布坎內以繼取及土覆之時用泔澆灌越數時則以槌棒擊樹謂之驚禪雨雪之餘天氣蒸暖則蕈生矣雖踰年而獲利利則甚博采訖遺種在內來歲仍發復相地之宜易歲代種新採趁生煮食香美曝乾則為乾香蕈今深山窮谷之民以此代耕殆天茁此品以遺其利也



蒜

蒜說文曰葷菜也又曰菜之美者張騫使西域得大蒜種歸種之今京口有蒜山多出蒜蒜有大小之異大者曰葫即今大蒜每頭六七瓣收條中子種者一年為獨蒜再種之則皆六七瓣矣小曰蒜葉似細葱而歧頭小如蕎即今山蒜爾雅曰萬山蒜也二物氣味相似能興陽伐性故道家者流多忌食之性熱而有小毒氣極葷然以入臭肉掩臭氣夏月食之解暑辟瘴氣北方食餅肉不可無此家有其種多者收一二頃以供歲計今在

在種之齊民要術云宜熟軟地耕三遍八月種至來年四五月收凡種每半尺地一根鋤治令淨時加糞壅葉上一尺許漸漸撥開土要見白則本大不爾止益草耳或結葉亦佳嫩薹亦可爲蔬又一種澤蒜可以香食吳人調鼎率多用此根鮮葅更勝葱韭此物易滋蔓隨斸隨合熟時採子漫散種之按諸菜之葷者惟宜採鮮食之經日則不美惟蒜雖久而味不變可以資生可以致遠施之臭腐則化爲神奇用之鼎俎則可代醯醬旅途尤爲有功炎風瘴雨之所不能加食餲腊毒之所不能害此亦食經之上品日用之多助者也其可不廣種之哉

薤

薤爾雅曰鴻薈本出魯山平澤今處處有之葉似韭而闊本豐而白深本草云薤辛不葷五藏學道人長餌之以其能㲈中通神安魂魄續筋力爾故杜甫詩曰束比青芻色圓齊玉筯頭衰年關鬲冷味煖併無憂或取其白苞酒尤佳樂天詩云酥煖薤白酒又內則曰切葱薤實諸醯以柔之碎録云豚脂用葱膏用薤然則酒也醯也膏也無施不可種法與韭同二三月種凡三四支一本或七八支（諺云葱三薤四蓋支多則不茂）率一尺一本葉生則鋤（薤性多穢荒則羸瘦）薤子三月葉青便出之（未青而出者肉未滿令薤瘦）漢渤海太守龔遂勸農家種薤百本民獲其利到于今稱之又一種麥原中自生者俗呼爲天薤即野薤也葉比家薤而小味益辛即爾雅所載㪈山薤也亦可供食但不多有耳夫薤韭屬也支本益茂而功用過之生則氣辛熟則甘美種之不蠹食之有益故學道者之所資而老人之所宜食也醫家目珎以爲菜之不亦宜乎

葱

葱說文曰葷菜也其色葱（葱淺綠色也）故名凡四種山葱胡葱漢葱凍葱爾雅曰茖即山葱宜入藥胡葱亦然食惟用漢葱凍葱耳（漢葱木葱也）漢葱葉大而香薄冬即葉枯宜供羹食凍葱葉細而益香又宜過冬比漢爲勝或名大官葱陸放翁詩筆羨借用太官葱凡種法收葱子必薄布陰乾勿令浥鬱（葱中熱浥則不出矣）擬種之地必須春種菉豆五月掩殺之比至七月耕數遍一畝用子四升炒穀半和種之（葱子性澁不以穀和下不均則草穢而益生）兩樓種耩竅瓠下之以批契（上撒下覆）繫腰曳之七月納種至四月始鋤鋤遍仍剪剪與地平（高留則無葉深剪則傷根）剪欲旦起避熱時良地始剪薄地再剪八月止（不剪則不茂剪過則根跳）八月不止則葱無袍而損白十二月盡掃去枯葉枯袍（不去枯袍春葉不茂）二月三月出移種之收子者別留之又法先以子畦種移栽却作溝壟糞而壅俱成大葱皆高尺許白亦如之宿根在地來春併得作種移栽之昔龔遂渤海勸農口種葱一畦非惟足供烹飪種多亦可資富梁呂僧珎其先販葱爲業及

貫其兄子棄業求官弥不許曰汝等自有常分不可妄求可速歸葱肆爾可謂知所本矣按葱之爲物中通外直本茂而葉香雖八珎之奇五味之異非此莫能達其美是猶商梅之調鼎吳橙之芼鮮也其可以他菜而例視之哉

穀譜集之四

穀譜集之五

東魯王禎撰

韭

韭叢生豐本葉青細而長近根處白韭久也圖經云一種而久故謂之韭圃人種時一歲而三四割之其根不傷至冬培壅之先春而復生信乎一種而久者也（諺云韭者懶人菜以其不須歲種也）詩七月獻羔祭韭周禮醢人其實韭菹記王制庶人春薦韭以卵庾郎一食二十七種杜詩夜雨剪春韭樂天詩秋韭花初白皆是物也齊民要術云收韭子如葱子法（若市上買韭子宜試之以銅鐺盛水於火上微煮韭子須臾芽生者好芽不生者是裛鬱矣）治畦下水糞覆悉與葵同然畦欲極深（以韭根性上跳故須深也）二月七月種種法以升盞合地爲處布子於圍內（以韭性內生不向外長圍種令科成也）薅令常淨至正月上辛日掃去畦中陳葉以鐵杷耬起下水加熟糞韭高三寸便剪之一歲之中不過五剪（每一剪一加糞）收子者一剪即留之若旱種者但無畦與水耳杷糞則同四時類要云九月收韭子種韭第一糞割棄之主人勿食事類書云韭畦用雞糞尤佳故本草以韭爲菜鐘乳凡近城郭園圃之家可種三十餘畦一月可割兩次所易之物足供家費積而計之一歲可割十次秋後又可採韭花以供蔬饌之用謂之長生韭至冬移根藏於地屋蔭中培以馬糞煖而即長高可尺許不見風日其葉黃嫩謂之韭黃比常韭

易利數倍北方甚珍之又有就舊畦內冬月以馬糞覆之於迎陽處隨畦以蜀黍籬障之用遮北風至春蔬其芽早出長可三二寸則割而易之以為嘗新韭城府士庶之家造為饌食互相邀請以為嘉味剪而復生久而不乏故謂之長生實蔬菜中易而多利食而溫補貴賤之家不可闕也

### 葫荽

葫荽漢張騫自西域得其種莖葉皆細可同邪蒿食又作羨良并入呼為香荽此也本草云味辛溫殺蟲去毒事類全書云葫荽必用月晦日晚下種齊民要術云葫荽宜黑軟青沙良地三遍熟耕春種者用秋耕地開春凍解地起有潤澤時急接澤種之竦密正好六七月種先耬爍欲種時布子於堅地一升子與一掬濕土和之以脚蹉子破作兩段以磚瓦蹉之亦得以木礱礱之亦得於旦暮潤時以耬耩作壟以手撒子即勞令平菜生二三寸鋤去概者供食十月足霜乃收之取子者仍留根間拔令稀概即不生以草覆上覆者得供生食又不凍此菜早種非連雨不生所以不同春月要求濕麥底地亦得種止須急耕調熟雖名秋種會在六月連雨生則根彊科大七月種者雨多亦得雨少則生不盡但根細科小不同耳六月種者若留冬食則以草覆之得竟冬食其春種小小供食者自可畦種一如葵法接子沃水生芽種之晝用箔蓋夜則去之晝不蓋則熱不生夜不去蟲耬之凡種菜子難生者皆水沃令芽生無不即生矣又有種名石葫荽亦名鵝不食草載在本草止堪入藥卻非此種葫荽其子搗細香而微辛食饌中多作香料以助其味於蔬菜子葉皆可用生熟皆可食甚有益於世也

### 菠薐

菠薐莖微紫葉圓而長下多花闕劉禹錫嘉話錄云菠薐本西國中種自頗陵國將其子來今呼其名語頗訛耳農桑輯要云菠薐作畦下種如蘿蔔法春正月二月皆可種逐旋食用秋社後二十日種於畦下以乾馬糞培之以備霜雪十月內以水沃之以備冬食又宜以香油炒食尤美春月出薹嫩而又佳至春暮莖葉老時用沸湯掠過曬乾以備園枯時食用甚佳實四時可用之菜也

### 萵苣

苣數種有苦苣有白苣有紫苣皆可食葉有白毛為白苣紫色為紫苣苦味為苦苣即野苣也又名褊苣今人家常食者白苣江外嶺南吳人無白苣但種野苣以供廚饌生食之所謂萵苣也農桑輯要云萵苣作畦下種如菠薐法但得生芽先用水浸一日於濕地上布襯置子於上以盆椀合之候芽漸出則種春正月二月種之可為常食秋社前一二日種者霜降後可為淹菜如

欲出種正月二月種之九十日收其莖嫩如指大高可踰尺去皮蔬食又可糟藏謂之萵筍生食又謂之生菜四時不可闕者

同蒿

同蒿者葉綠而細莖稍白味甘脆春二月種可為常食秋社前十日種可為秋菜如欲出種春菜食不盡者可為子俱是畦種其葉又可湯泡以配茶茗實菜中之有異味者

人莧

莧亦多種有馬齒莧鼠齒莧及糠莧此野莧也若夫赤莧白莧紫莧紅莧人莧又有五色莧皆可蔬茹人白二莧亦可供藥易言莧陸夬夬謂其柔脆也列子言寧生程程生馬馬生人馬者馬莧馬藍草之類人者人參人莧之類也農桑輯要云人莧但五月種之園枯則食今人有三四月種者如欲出種留食不盡者八月收子本草云不可以莧菜與鱉同食則生鱉癥試以鱉甲如豆片大者以莧菜封裹之置於上坑以土蓋之一宿盡變成鱉也然病者頗忌常人食之作蔬作食皆可用也



藍菜

務本新書云二月畦種苗高剝葉食之剝而復生刀割則不長加火煮之以水淘浸或炒爁或拌食或包餕餡或捲餅生食頗有辛味五月園枯此菜獨茂故又曰主園菜至冬月以草覆其根四月終結子可收作末此芥末根又生葉可食一年陝西多食此菜

莙薘

莙薘作畦下種如蘿蔔法春二月種之夏四月移栽園枯則食如欲出子留食不盡者地凍時出於暖處收藏來年春透可栽收種或作蔬或作羹或作菜乾無不可也

蘭香 香菜附

齊民要術云蘭香羅勒也或謂避石勒名故改今名三月中候棗葉生乃種蘭香早種者天寒不生徒費子耳治畦下水一同葵法及水散子訖水盡簁熟糞僅得蓋子便止厚則不生弱苗故也晝日箔蓋夜即去之晝日不用見日夜須受露氣生即去箔常令足水六月連雨拔栽之掐心栽泥中亦盛作葅及乾者九月收作乾者天時薄晴地刈取布地曝之乾乃挼取末瓮中盛枝根懸者裹爛又有雀糞及塵土之患取子者十月取自餘雜香菜不列者種法悉與此同博物志燒馬蹄羊角成灰春散著濕地羅勒乃生事類全書云香菜常以洗魚水澆之則香而茂溝泥水米泔亦佳夏秋採葉可作菜食或切葉以芼諸菜或於素食麪粉之類皆可覆食以助香味也



荏蓼

爾雅云蘇桂荏蘇荏類故多桂荏薔虞蓼虞蓼澤蓼本草云荏狀如蘇白色其子磯之雜米作糜甚肥美下氣補益東人呼

為蔥以其似蘇子但除禾旁故也齊民要術云三月可種荏蓼崔寔又云正月可種荏子白者良黃者不美蓼宜水畦種荏則隨宜園畔漫擲歲歲自生矣荏子壓取油可以煑餅荏油色綠可愛其氣香美者煑餅亞於麻油而勝麻子脂膏荏油不可以為澤焦人髮研為羹臛美於麻子遠矣又可以為燭可為帛煎油彌佳荏油性淳塗帛勝麻油蓼作菹者長二寸則翦絹袋盛沉於醬瓮中又長更翦常得嫩者若待秋子成而落莖既堅硬葉又枯焦取子者候實成速收之性易凋零晚則落盡五月六月中蓼可為虀以食二菜實菜中之用廣而多益者

芹藘

芹爾雅曰楚葵也本草曰水靳音芹一名水英又曰芹有兩種秋芹取根色白赤芹取莖葉並堪作菹及生菜味甘杜子美詩所謂香芹碧澗羹是也又有一種馬芹爾雅曰茭牛蘄註曰似芹可食菜也而葉細銳一名馬芹與水芹蓋同類而異出耳藘目禹反音渠詩義疏曰苦菜也青州謂之芑農桑輯要曰江東呼為苦蕒愚按陸士衡釋芑菜曰莖青白色摘其葉白汁出脆可生食亦可蒸為茹則是今人所謂石藘者似苦蕒耳味不苦亦有野生者謂之苦菜者非齊民要術云芹藘並收根畦種之常令足水尤忌潘浮袁反米汁泔及鹹水澆之即死性並易繁茂而甜脆勝野生者白藘尤宜糞歲可常收陶隱居曰二三月芹作英時可作菹及熟爚式灼弋灼二反食之爾雅曰馬芹子入藥用齊民要術云馬芹子可以調蒜虀按古詩中泮水采芹新田采芑即今之芹藘是矣昔有野人食芹而美欲獻之君今以藘配之其味俱甜脆生熟可食此二蔬之美誠不乏者其野生者無種蒔之勞而供啖食之用尤為可嘉不然何以見詠於詩人哉

甘露子

甘露子蔬蜀也苗長四五寸許根如累珠味甘而脆故名甘露也亦有野甘露凡種宜於園圃近陰地春時種之用麥糠為糞地宜沾潤為佳至秋乃收生熟皆可食可用蜜或醬漬之作豉亦得令詳其功用固蔬中之不可遺者務本新書曰白地內區種暑月以麥糠蓋之承露滋潤甘露之名豈非由是而得歟然其味之美亦誠足稱其名矣

穀譜集之五

穀譜集之六

東魯王禎撰

## 果屬

### 梨

梨謂之快果。本草圖經曰：乳梨（又名雪梨）出宣州，皮厚而肉實；鵝梨出近京州郡及北都，皮薄而漿多，味差短於乳梨，香則過之。其餘有水梨、消梨、紫煤梨、赤梨、甘棠梨、御兒梨之類。又註云：消梨可療病，青梨、茅梨並不任用，桑梨惟堪煮食。廣志曰：洛陽北邙張公夏梨，海內惟有一樹。恒山、真定、山陽、鉅野、梁國、睢陽、齊國、臨淄、鉅鹿並出梨。上黨楟（徒丁切）梨，小而味甘。廣都梨、鉅野豪梨，重六斤，農桑通訣 集之二新豐箭谷梨，弘農、京兆、右扶風郡界諸谷中梨，率多供御。陽城秋梨、夏梨。愚按：今魏府多產鵝梨，北地有香水梨，最為上品。梨樹可種，亦可插。齊民要術曰：種法：梨熟時全埋之，經年，至春地釋，分栽之，多著熟糞及水。至冬葉落，附地刈殺之，以炭火燒頭，二年即結子。（若穭生及種而不栽者，則著子遲。每梨有十許子，惟二子生梨，餘皆生杜。）插者彌疾。插法：用棠、杜。（棠梨大而細理，杜次之，桑梨大惡，石榴上插得者為上梨，雖活十收得一二也。）杜如臂以上者任插。（常先種杜，經年後插之。土客俱下亦得，然俱下者杜死則不生。）杜樹大者插五枝，小者或三或二。梨葉微動為上時，將欲開莩為下時。先作麻紉（足貞切）纏十數匝，以鋸截杜，令去地五六寸。（不纏，恐插時皮披。留杜高者，梨枝繁茂，遇大風則披；其高留杜者，梨樹早成，然宜作蒿箄盛杜，以土築之令沒，風時以籠盛梨，則免披耳。）斜攕（音尖）竹為籤，刺皮木之際，令深一寸許。折取其美梨枝陽中者（陰中則實），枝長五六寸，亦斜攕之，令過心，大小長短與籤等。以刀微劉（鳥更切）梨枝斜攕之際，剝去黑皮（勿令傷青皮，青皮傷即死）。拔去竹籤，即插梨至劉處，木邊向木，皮還近皮。插訖，以綿幕杜頭，封熟泥於上，以土培覆，令梨枝僅得出頭，以土壅四畔。當梨上沃水，水盡以土覆之，勿令堅涸，百不失一。（梨枝甚脆，培土時宜慎之，勿令掌撥，掌撥則折。）其十字破杜者，十不收一。（所以然者，木裂皮開，虛燥故也。）梨既生，杜旁有葉，輒去之。又曰：凡插梨，園中者用旁枝，庭前者中心。（旁枝葉下易收，中心上聳不妨。）用根蒂小枝，樹形可喜，五年方結子；鳩腳老枝，三年即結子而樹醜。又曰：凡遠道取梨枝者，下根即燒三四寸，亦可行數百里猶生。農桑通訣 集之十藏梨法：初霜後即收。（霜多即不得經夏。）於屋下掘作深廕坑，底無令潤濕，收梨置中，不須覆蓋，便得經夏。（摘時必令好接，勿令損傷。）又曰：凡醋梨易水熟煮，則甜美而不損人也。按魏文帝詔曰：真定郡梨大如拳，甘若蜜，脆若菱，可以解煩熱。參之神農經中，療病之功亦為不少。西路產梨處，用刀去皮，切作瓣子，以火焙乾，謂之梨花。嘗充貢獻，實為佳果，上可貢於歲貢，下可奉於盤珎。張敷稱為百果之宗，豈不信乎。

### 桃

桃，典術曰：五木之精也，厭伏邪氣，制百鬼。爾雅曰：旄，冬桃；榹（息移切）桃，山桃。（郭璞註曰：旄桃子冬熟；山桃實如桃而不解核。）廣志曰：桃有冬桃夏白桃秋白桃襄桃其桃美也有秋赤桃本草曰桃梟在樹不落殺百鬼鄴中記曰石虎苑中有句鼻桃重二斤西京雜記曰㹁桃緗核桃霜桃言霜下可食金城桃胡桃出西域甘美可食綺蔕桃含桃紫文桃本草衍義曰桃品亦多京畿有油桃小於衆桃有赤班點而光如塗油山中一種正是月令中桃始華者但花多子少不堪啗惟堪取仁文選謂山桃發紅萼者是也太原有金桃色深黃西京有崑崙桃肉深紫紅色此二種尤甘又餅子桃如金之香餅子齊民要術曰種桃法桃熟時合肉全埋糞地中直置凡地則不生生亦不茂桃性早實三歲便結子故不求栽也至春既生移栽實地若仍處糞中則實小而苦栽法以鍬合土掘移之桃性易種難栽若離本土率多死矣又法桃熟時於牆南陽中煖處深寬爲坑選取好桃數十枚擘破核即內牛糞中頭向上取好爛糞和土厚覆之令厚尺餘至春桃始動時徐徐撥去糞土皆應生芽合取核種之萬不失一其餘以熟糞糞之則益桃味桃性皮急四年以上宜以刀豎劚其皮不劚者皮急則死七八年便老老則子細十年即死是以宜歲歲常種之又法候其子細便附土斫去枿土生者復爲少桃桃酢且故切法桃爛自零者收取內之甕中以物蓋口七日後既爛漉去皮核密封閉之三七日酢成香美可食夫蟠桃仙果固世所罕見而天台之山武陵之洞往往有窺其境者所種皆曼衍況於凡世安可少此果哉其花可觀其實可食而其樹且易成也且其爲種早熟者謂之絡絲白晚熟者謂之過鴈紅夏秋咸有食之不匱誠仙凡之佳果也

## 李

李有數種爾雅曰休無實李痤徂禾切接子捷切慮李駁赤李註曰休無實李一名趙李痤接慮李即今之麥李細實有溝道與麥同熟故名駁赤李其實赤者是也廣志曰有黃建李青皮李馬肝李赤陵李有餻李肥黏似糕有柰李離核李似柰有劈李熟必劈破有經李一名老李數年即枯有杏李味小酢似杏有黃扁李有夏李冬李十一月熟有春季李冬花春實愚嘗見北方一種謂之御黃紫其重踰兩肉厚核小食之甘香而美李中之嘉種也江南建寧有一種名均亭李紫色極肥大味甘如蜜南方之李此實爲最齊民要術曰李性耐久樹得三十年老雖枝枯子亦不細嫁李法正月一日或十五日以磚石着李樹岐中令實繁又臘月中以杖微打岐間正月晦日復打亦足子又法以煮寒食醴酪火㮇着樹間亦良桃李樹下並欲鋤去草穢而不用耕墾耕則肥而無實耕下犂撥已死桃李大率方兩步一根大穊連陰則子細而味亦不佳作白李法用夏李色黃便摘取於鹽中挼之鹽入汁出然後合鹽曬令萎手捻之令扁復曬極扁乃止曬使乾飲酒時以湯洗之漉着蜜中可以薦酒夫李之與桃同氣類

也韓詩外傳有云春則擷其花夏則取其陰秋則啖其實以桃李並言其有益於人多矣昔王安豐家有好李鑽核而賣貴其種也和嶠家有好李計核而責錢夔其利也當其避暑山亭納涼池閣沉之清泉飣之氷俎其風味又豈減於桃杏哉

梅杏

梅與杏二果也爾雅曰梅柟也（柟奴含反俗作楠）西京雜記曰侯梅朱梅同心梅紫蔕梅燕脂梅麗枝梅本草圖經曰梅實生漢川山谷今襄漢川蜀江湖淮嶺皆有之杏類梅者味酢（且故反）類桃者味甘廣志曰滎陽有白杏鄴中有赤杏有黃杏有柰杏西京雜記曰文杏材有文彩蓬萊杏東海都尉于台獻一株花雜五色云是仙人所食杏也本草曰黃而圓者名金杏相傳云種出濟南郡之分流山彼人謂之漢帝杏今近都多傳之熟最早其扁而青黃者名木杏味酢不及金杏愚嘗見北方有一種杏甚佳赤色大而稍扁肉厚謂之肉杏又謂之金剛拳言其大也齊民要術曰栽種法與桃李同作白梅法梅子酸核初成時摘取夜以鹽汁漬之晝則日曝凡作十宿十浸十曝便成矣調鼎和齏所在多入也又作烏梅法亦以梅子核初成時摘取籠盛於突上熏之即成矣烏梅入藥不任調食食經曰蜀中藏梅法取梅極大者剝皮陰乾勿令得風經二宿去鹽汁內蜜中月許更易蜜經年如新作烏梅令不蠹法濃燒穰以湯活之取汁以梅投中使澤乃出蒸之作杏李麨法（麨充小反糗也）杏李熟時多取爛者盆中研之生布絞取濃汁塗盤中日曝乾以手摩刮取之可和水為漿及和麨所入在意也按書說命曰若作和羹爾惟鹽梅梅之貴也尚矣杏又其次也曹孟德一指梅林而解三軍之渴虛言猶若此況即其境者乎嵩高山記亦云牛山多杏自中國喪亂百姓飢餓皆資此為命人人充飽由是而觀梅杏之功殆伯仲耳

穀譜集之六終

# 穀譜集之七

東魯王禎撰

## 果屬

### 柰林檎

柰與林檎二果而相類也廣志曰柰有白青赤三種張掖有白柰酒泉有赤柰西方例多柰家以為脯數十百斛以為蓄積如收藏棗栗西京雜記曰紫柰綠柰別有素柰朱柰陶隱居云江東有之而北國最豐皆作脯有林檎相似而小林檎一名來檎洪王父曰以味甘來衆禽也本草圖經曰木似柰實皆柰差圓亦有甘酢二種甘者早熟而味脆美酢者差晚須熟爛堪啖齊民要術曰柰林檎不種但栽之種之雖生其味不佳取栽如壓桑法此果根不浮薉栽故難求是以須壓也又法於樹旁數尺許掘坑泄其根頭則生栽矣凡樹栽者皆然栽如桃李法林檎樹以正月二月中翻斧斑駁椎之則饒子作柰脯法柰熟時中破曝乾即成矣作柰麨法拾爛柰內甕中盆合口勿令蠅入六七日許當大爛以酒醃痛拌之令如粥狀下水更拌以羅漉之去皮子良久澄清瀉去汁置布於上以灰飲汁如作米粉法汁盡刀劚大如梳掌於日中曝乾研作末便成甘酸得所芳香非常作林檎麨法林檎赤熟時劈破去心子蔕日曬令乾或磨或擣下細絹篩麤者更磨擣以細盡為限以方寸匕投於椀中即成美漿不去蔕則太苦合子則不度夏留心則太酸若乾啖者以林檎麨一升和米麨二升味正調適按本草陳士良云大長者為柰圓者為林檎夏熟小者味澁為梣昨令青皮木及秋熟若是則柰之與林檎形相似也氣味相近也然而柰性寒林檎性溫則有不同者至若二果可以薦新可以作脯食而不乏亦未嘗不同焉誦潘安仁二柰丹白之賦觀王羲之不見來禽青李之帖豈非古人之所重哉

### 棗

棗類最多爾雅曰壺棗邊要棗擠子兮切白棗樲酸棗遵羊棗楊徹齊棗洗大棗煑填棗蹶泄苦棗皙無實棗還味稔而諸反棗郭璞註江東呼棗大而銳上者為壺壺猶瓠也要細棗今之鹿盧棗樲即今棗子白熟樲樹小實酢遵實小而圓紫黑色俗呼羊矢棗洗今河東猗氏縣出大棗如雞卵蹶泄子味苦皙不著子還味短味也楊徹齊未詳廣志曰河東安邑棗東郡穀城紫棗長二寸西王母棗大如李核三月熟河東汲郡棗一名墟棗東海蒸棗洛陽夏白棗安平信都大棗梁國夫人棗大白棗名曰蹙咨小核多肥三星棗駢白棗灌棗又有狗牙雞心牛頭羊矢獼猴細腰之名又有氐棗木棗崎廉棗桂棗夕棗西京雜記曰有弱枝棗玉門棗棠棗青花棗赤心棗潘岳閑居賦有周文弱枝之棗丹棗青州有樂氏棗豐肌細核多膏肥美世傳樂毅從燕齎來所種也齊民要術曰旱勞之地不任耕稼者歷落種棗則任矣棗性燥故也又曰常選好味者留栽之候棗葉始生而移之棗性硬故生晚栽早者生遲也三

步一摑行欲相當地不耕也欲令牛馬踐履令淨棗性堅強不宜苗稼若耕荒穢則蟲生須淨地堅饒實故宜踐也正月一日日出時反斧班駁椎之名曰嫁棗不椎則花而無實斫則子萎而落候大蠶入簇以杖擊其枝間振去狂花不打花繁不實不成全赤即收收法日日撼而落之為上半赤而收者肉味充滿乾則色黃而皮皺將赤味亦不佳全赤久不收則皮硬復有烏鳥之費曬棗法先治地令淨有草萊令棗臭布椽於箔上以扒良枝反無齒把聚而復散之一日中二十度乃佳夜仍不聚得霜露氣速成陰雨之時乃聚而苫蓋之五六日別擇取紅軟者上高廚而暴之廚己上者乾雖厚一尺亦不壞去胮溥江切爛者胮者永不乾留之徒污棗其未乾者曬曝如法食經曰作乾棗法新菰蔣露於庭以棗着上厚三寸復以新蔣覆之凡三日三夜撒覆露之畢日曝取乾納屋中率一石以酒一升漱著器中密泥之經數年不敗本草衍義曰青州棗去皮核焙乾為棗圈尤為奇果棗油法鄭玄曰擣棗實和以塗繒上燥而形似油也棗脯法切棗曝之乾如脯也作酸棗麨法多收紅軟者箔上日曝令乾大釜中煮之水僅自淹一沸即漉出盆研之生布絞取濃汁塗盤上或盆中盛暑日曝使乾漸以手摩挲取為末以方寸匕投一椀中甜酸味足即成美漿遠行用和米麨飢渴俱當也夫棗詠於詩記於禮不特為可薦之果用以入藥調和胃氣其功不少今南北皆有之然南棗堅燥不如北棗肥美生於青晉絳州者尤佳太史公稱安邑千樹棗其人與千戶侯等則棗之為利顧不博哉

栗 榛附

栗陸機疏曰五方皆有之周秦吳楊特饒惟濮陽及范陽生者味美他方不及本草圖經曰兗州宣州者最勝果中栗最有益治腰脚之疾嘗見燕山栗小而味最甘蜀本圖經曰板栗佳栗二木皆大又有茅栗似栗而細衍義曰湖北有一種栗頂圓末尖謂之旋栗榛亦栗屬實最小詩曰樹之榛栗是也本草曰生遼東山谷樹高丈許子如小栗中土亦有鄭玄云關中鄜芳扶切坊甚多齊民要術曰栗種而不栽栽者雖生尋死栗初熟出殼即於屋裏埋著濕土中埋必須深勿令凍徹若路遠者以韋囊盛之停三日以上及見風日則不復生至春二月芽生出而種之既生數年不用掌近凡新栽樹皆不宜掌近栗尤甚三年內每到十月常須草裹至二月乃解不裹則凍死種榛法與栗同本草圖經曰栗欲乾莫如曝欲生莫欲潤食經曰藏乾栗法取穰灰淋汁漬栗取出日中曬令栗肉焦燥可至後年春夏藏生栗法著器中曬細沙可燥以盆覆之至後年五月芽而不生蟲者史記秦饑應侯請發五苑之棗栗由是觀之本草所謂栗厚腸胃補腎氣令人耐飢殆非虛語史記又言燕秦千樹栗其人與千戶侯等栗之利誠不減於棗矣本草言遼東榛子軍行食之當粮榛之功亦可亞於栗也

桑甚

嘗攷之史傳三國魏武祖軍乏食乃得乾葚以濟飢志武祖軍無粮新鄭長楊沛進乾葚後還沛為鄴令後漢王莽時天下大荒有蔡順採葚赤黑別盛之赤眉賊見而問之順曰黑者奉母赤者自食盜義其葚乾濕皆可食可以救儉昔聞之故老云前金之末饑歉民多餓莩至夏初青黃未接其葚已熟民皆食葚獲活者不可勝計凡植桑多者葚黑時悉宜振落箔上曝乾平時可當果食歉歲可禦饑餓雖世之珍異果實未可比之適用之要故録之

## 柹

柹多種本草云黃柹出近京州郡紅柹南北通有之朱柹出華山似紅柹而皮薄更甘珍諸柹食之皆善而益人衍義曰柹有着蓋柹於蔕下别生一重有牛心柹蒸餅柹皆以形得名華州有一等朱柹比諸品中最小深紅色有一種塔柹亦大於諸柹又有椑柹生江淮南似柹而青黑潘岳閑居賦云梁侯烏椑之柹是也齊民要術曰柹有小者栽之無小者取枝於㮕（而兗江藍棗似柹）棗根上插之如插梨法食經曰以灰汁澡柹再三度乾令汁絶著器中經十日可食本草衍義云生則澁以溫水養之需澁去可食又有紅柹器內盛之待其紅軟其澁自去味甘如蜜圖經曰乾柹火乾者謂之烏柹出宣州越州愚按作柹乾法生柹撏其厚皮捻扁向日曝乾內於甕中待柹霜俱出可食甚凉其霜收之甘凉如蜜可醫口瘡及咽喉熱積若論柹之性日乾者溫火乾者熱生者彌冷一果而不同如此本草稱其善而益人又何以異哉

## 荔枝

荔枝一名丹荔枝南記曰此本以荔枝為名者以其結實時枝弱而蔕牢不可摘取以刀斧劙去其枝故以為名生嶺南巴中泉福漳興化瀘渝涪及二廣州郡皆有之其品閩為最蜀川次之嶺南為下樹形團圓如帷蓋葉如冬青華如橘朶如蒲萄核如枇杷殼如紅繒膜如紫綃肉白如肪花於二三月實於五六月其根浮必須加糞土以培之性不耐寒最難培植纔經繁霜枝葉枯死遇春二三月再發新葉初種五六年冬月覆蓋之以護霜雪種之四五十年始開花結實其木堅固有經四百餘年猶能結實者曬荔法採下即用竹篛朗曬經數日色變核乾用火焙之以核十分乾硬為度收藏用竹籠箬葉裹之可以致遠成朶曬乾者名為荔錦取其肉生以蜜煎作煎嚼之如糖霜然名為荔煎北方無此種自漢南粵以備方物於是荔枝始通中國漢唐時命驛馳貢洛陽取於嶺南長安來於巴蜀雖曰鮮獻傳置之速然腐爛之餘色香味之存者無幾蓋此果若離本枝一日色變二日香變三日味變四五日外色香味盡皆

去矣非惟中原不皆生荔之味江浙之間亦罕焉今閩中歲貢亦曬乾者宋蔡君謨作荔枝譜載之名色詳矣茲不復錄昔李直方第果實或薦荔枝曰當舉之首魏文帝詔群臣曰南方果之珍異者有荔枝龍眼焉今閩中荔枝初着花時商人計林斷之以立券一歲之出不知幾千萬億水浮陸轉販鬻南北外而西夏新羅日本流求大食之屬莫不愛好重利以酧之夫以一木之實生於海濱巖險之遠而能名徹上京外彼四夷重於當世是亦有足貴者故附之穀譜是亦卓然為南北果品之奇者也

## 龍眼



龍眼花與荔枝同開樹亦如荔枝但枝葉稍小殼青黃色形如彈丸核如木梡子而不堅肉白而帶漿其甘如蜜熟於八月白露後方可採摘一朶五六十顆作一穗荔枝過即龍眼熟故謂之荔枝奴福州興化泉州有之比荔枝特罕木性畏寒北方亦無此種今充歲貢焉曬龍眼法採下用梅鹵浸一宿取出曬乾用火焙之以核乾硬為度如荔枝法收藏之成朶乾者名龍眼錦東坡詩云龍眼與荔枝異出同父祖端如柑與橘未易相可否夫龍眼與荔枝齊名味亦甚美登盤俎而充歲貢稱於魏文之詔詠於左思之賦又豈凡果之可比哉故附穀譜荔枝之後

穀譜集之七終

# 穀譜集之八

東魯　王　禎　撰

## 果屬

### 橄欖 餘甘子附

橄欖生嶺南及閩廣州郡性畏寒江浙雖種樹大數圍實長寸許形如訶子而無稜瓣其子先生者向下後生者漸高有野生者樹峻不可梯緣但刻其根方寸許內鹽於其中一夕子皆自落蜜藏極甜生啗及煮飲之並消酒解諸毒人誤食鯸鮐魚肝迷悶欲死者飲其汁立解以其木作楫撥着魚皆浮出物之相畏有如此者此果南人尤重之可作茶果其味苦酸而澀食久味方回甘故昔人名為諫菓然消酒解毒亦果中之有益於人者



餘甘惟泉州有之乃深山窮谷自生之物非人家所種其樹稍高其子核形又如梅實兩頭銳始嚼味酸澀飲水乃甘九月採比之橄欖酷相似以蜜藏之亦佳劉彥冲詩云炎方橄欖佳餘甘豈苗裔風姿雖小殊氣韻乃酷似騂顏澁吻餘髣髴清甘至喉門收寸長捨肯成珍劑誠哉言也

## 石榴

石榴一名若榴一名丹若舊不著所出州土陸機云張騫使西域得塗林安石榴種今人稱為海榴以其從海

外來也中原河陰者最佳榴實有二種其子一紅如瑪瑙一白如水晶莊布詩云鸚鵡啄殘紅豆顆此言紅榴也皮日休詩云嚼破水晶千萬粒此言白榴也然花不出於紅黃味不出乎甘酸爾甘者可餐多食亦損肺道家謂之三尸酒云三尸得此果則醉酸者皮堪入藥染黑亦良夏則花實秋後則摘以充盤果多則可窨藏榴之法取其實著有稜角者用熟湯微泡置之新甆瓶中久而不損若圓者則不可留留亦壞爛榴房比它果最爲多子北齊高延宗納妃妃母宋氏薦石榴蓋取其房中多子之義北人以榴子作汁加蜜爲飲漿以代盃茗甘酸之味亦可取焉



木瓜

木瓜爾雅曰楙註曰實如小瓜酢可食詩曰投我以木瓜毛公曰楙也疏義曰楙葉似柰實如小瓜上黃似着粉山陰蘭亭尤多西京亦有之而宣城者爲佳宣城人種蒔最謹始實則簇紙花薄其上夜露日曝漸而變紅花又如生本州以充上貢故有天下宣城花木瓜之稱木瓜種子及栽皆得壓枝亦生栽種與桃李同法秋社前後移栽至次年率多結實勝春栽者凡食啖勿誤取和圓子其色樣外形真似木瓜但木瓜皮薄微赤黃香甘酸而不澁向裏子頭尖一面方若和圓子則微黃蔕麤子小圓味澁微酸傷人氣不可不辨此物入肝益筋與血入藥絕有功病腰腎脚膝者服食不宜闕以蜜漬食亦堪益人（蜜漬之法先切去皮煑令熟着水中挼去酸味却以蜜熬成煎藏之）又宜去子爛蒸擂作泥入蜜與姜作煎飲用冬月尤美夫木瓜得木之正故入筋試以鉛霜塗之則失醋味受金之制也五行相尅之義於此蓋亦可驗此菓既能愈疾又宜飲啖兼用有益誠可貴焉

銀杏

銀杏之得名以其實之白一名鴨脚取其葉之似其木多歷歲年其大或至連抱可作棟梁夫樹有雌雄雌者結果其實亦有雌雄之異種時雖合種之臨池而種偶影成實春分前後移栽先掘深坑水攪成稀泥然後下栽子掘取時連土封用草要或麻繩纏束則不致碎破土封其子至秋而熟初收時小兒不宜食食則昏霍惟炮煑作粿食爲美以澣油甚良顆如綠李積而腐之惟取其核卽銀杏也梅聖俞詩云北人見鴨脚南人見胡桃識內不識外疑若橡栗韜正謂是耳今人以其多而易得往往賤之然絳囊入貢玉椀薦酒其初名價亦豈減於蒲萄安石榴哉



橘 柑附

橘生南山川谷及江浙荊襄皆有之木高可丈許刺出於莖間夏初生白花至冬實黃禹貢曰厥包橘柚錫貢注云大曰柚小曰橘然自是兩種郭璞云柚似橙而大

於橘北地無此種故橘逾淮而成枳地氣使然也橘有數種有綠橘有紅橘有蜜橘有金橘而洞庭橘爲勝今充土貢種植之法種子及栽皆可以枳樹截接或搬栽尤易成但惟宜於肥地種之冬收實後須以火糞培壅則明年花實俱茂乾旱時以米泔灌溉則實不損落惟皮與核堪入藥用皮之陳者最良又宜作食料其肉味甘酸食之多痰不益人以蜜煎之爲煎則佳食貨志云蜀漢江陵千樹橘其人與千户侯等夫橘南方之珍菓味則可以皮核愈疾近升盤俎遠備方物而種植之獲利又倍焉其利世益人故非可與它菓同日語也

柑甘也橘之甘者也莖葉無異於橘但無刺爲異耳種



植與橘同法生江漢唐鄧間而泥山者名乳柑地不彌一里所其柑大倍常皮薄味珍脉不粘瓣食不留滓一顆之核纔一二間有全無者然又有生枝柑有鄒柑有海紅柑有衢柑雖品不同而溫台之柑最良歲充土貢爲江浙之間種之甚廣利亦殊博昔李衡於武陵龍陽洲上種柑千樹謂其子曰吾州里有千頭木奴不責汝衣食歲止一疋亦足用矣及柑成歲輸絹數千疋故史游急就篇註云木奴千無凶年蓋言可以市易穀帛也柑之大者擘破氣如霜霧故老杜云破柑霜落爪是也庾肩吾云王逸爲賦取對荔枝張衡製辭用連石蜜足使萍實非甜蒲萄猶餒其重貴如此

橙

橙似橘樹而有刺葉大而形圓大於橘皮甚香厚而皺其瓤味酸不堪食（以瓤洗去酸汁細切和蜜鹽煎成煎食之亦佳）唐鄧間多有之江南尤盛北地亦無此種今人取橙皮合湯香味殊美栽植無異於橘而其香則橘又不得比焉劉彥冲詩云橙橘甘酸各有能南包橘柚不同升菓中亦抱遺才歎有客攀條氣拂膺昔人橙詩云吳姬三日手猶香故橙之爲果可以熏袖可以芼鮮可漬蜜眞佳實也

樝子

樝梨之小者爾雅云樝似梨而酢澁陶隱居注本草木瓜條乃云木瓜利筋脛又有楂樝大而黃可進酒去痰



樝子澁斷痢禮記云柤梨曰攢之鄭公不識樝乃云是梨之不臧者然淮南子曰樹柤梨橘食之則美嗅之則香莊子曰柤梨橘柚皆可於口者蓋古人以樝列於名果今人罕食之耳西川唐鄧多種此亦足濟用然樝味比之梨與木瓜雖爲稍劣而以之入蜜作湯煎則香美過之亦可珍也

穀譜集之八

# 穀譜集之九

## 竹木

### 竹（筍附）

東魯王禎撰

種竹宜高平之地（近山阜尤是所宜下田得水即死）黃白輭土為良正月二月中斸取西南引根并莖芟去葉於園內東北角種之令坑深二尺許覆土厚五寸（竹性愛向西南引故於園東北角種之數歲之後自當滿園諺云東家種竹西家治地為滋蔓而來生也其居東北角者老竹種不生生亦不能滋茂故須取其西南引少根也）稻麥糠糞之（二糠各自堪糞不令和雜）不用水澆（澆則淹死）勿令六畜入園三月食淡竹筍四月五月食苦竹筍其欲作器者經年乃堪殺（未經年者輭未成也）移竹多用辰日又用



臘月非此時移栽則不活惟五月十三日謂之竹醉日又謂之竹迷日栽竹則茂盛種竹宜去稍葉作稀泥於坑中下竹栽以土覆之杵築定勿令脚踏水厚五寸竹忌手把及洗手面脂水澆著即枯死月庵種竹法深闊掘溝以乾馬糞和細泥填高一尺無馬糞礱糠亦得夏月稀冬月稠然後種竹須三四莖作一叢亦須土鬆淺種不可增土於株上泥若用钁打實則筍不生夢溪云種竹但林外取向陽者向北而栽盖根無不向南必用雨下遇火日及有西風則不可花木亦然諺云栽竹莫時雨下便移多留宿土記取南枝志林云竹有雌雄雌者多筍故種竹常擇雌者物不逃於陰陽可不信哉凡

欲識雌雄當自根上第一枝觀之有雙枝者乃為雌竹獨枝者為雄竹若竹有花輒槁死花結實如稗謂之竹米一竿如此久之則舉林皆然其治之之法於初米時擇一竿稍大者截去近根三尺許通其節以糞實之則止瑣碎錄云引竹法隔籬埋狸或猫於墻下明年筍自迸出竹以三伏內及臘月中斫者不蛀一云用血忌日

○筍陸佃云字從竹從旬從日包之日為筍解之日為竹又曰字從竹從旬旬內為筍旬外為竹也採筍之法視其叢中斜窓者芟取之竹鞭方行處不宜採採則竹不繁採時可避露日出後掘深土取之半折取鞭根旋得投密器中以油單覆之勿令見風風吹則堅筍味甘美有



毒惟香油與薑能殺其毒煮宜久熟生則損人然食品之中最為珍貴故禮云加豆之實筍菹魚醢詩云其蔌伊何維筍及蒲蓋貴之也

### 松（杉柏檜附）

事類全書云栽松春社前帶土栽培百株百活舍此時決無生理也斫松木須五更初便削去皮則無白蟻血忌日尤好山人斫老松根取松明然之以代油燭亦貧家之利插杉用驚蟄前後五日斬新枝斷阬入枝下泥杵緊相視天陰即插遇雨十分生無雨即省分數種松柏法八九月中擇成熟松子（柏子同）去其臺收頓至來春春分時甜水浸子十日治畦下水土糞漫散子於畦內如

種菜法或單排點種上覆土厚二指許畦上搭短棚蔽日旱則頻澆常須濕潤至秋後去棚長高四五寸十月中夾蜀稭籬以禦北風畦內亂撒麥糠覆樹令稍上厚二三寸止南方宜微蓋至穀雨前後手爬去麥糠澆之次冬封蓋亦如此二年之後三月中帶土移栽先掘區用糞土相合內區中水調成稀泥植栽於內擁土令區滿下水塌實無用杵築脚踏次日有裂縫處以脚躡合常澆令濕至十月祛倒以土覆藏毋使露樹至春去土次年不須覆栽大樹者於三月中移廣留根土謂如一丈樹留土方三尺地遠移者二尺五寸一丈五尺樹留土三尺或三尺五寸用草繩纏束根土樹大者從下劚去枝三二層樹記南北運至區處栽如前法檜種如松



法插枝者二三月檜芽蘖動時先熟斸黃土地成畦下水飲畦一遍滲定再下水候成泥漿斫下細如小指檜枝長一尺五寸許下削成馬耳狀先以杖刺泥成孔插檜枝於孔中深五七寸以上栽宜稠密常澆令潤澤上搭矮棚蔽日至冬換作煖廕次年二三月去後候樹高移栽如松栢法

榆

榆白枌也榆曰蘠莖直之切詩所謂山有榆是也榆性扇地其陰下五穀不植隨其高下廣狹東西北三方所扇各與樹等種者宜於園地北畔秋耕令熟至春榆莢落時收取漫散犂細畤勞之明年正月初附地芟殺以草覆上放火燒之十數條但生止留一根強者餘悉掐去之一歲之中長八九尺矣不燒則長遲也後年正月二月移栽之初生即移者喜曲故須叢林長之三年乃移種初生三年不用採葉尤忌戕心戕心則科茹不長更須依法剝之則依前茂矣不用剝沐剝者長而細又多瘢痕不剝雖短麤而無病諺曰不剝不沐十年成轂言易麤也必欲剝者宜留二寸許於塹坑中種者以陳屋草布塹中散榆莢於草上以土覆之燒亦如法陳草速朽肥良勝糞無陳草者用糞糞之亦佳不糞雖生而瘦既栽移者燒亦如法也又種榆法其於地畔種者致雀損穀既非叢林率多曲戾不如割地一方種之其白土薄地不宜五穀者唯宜榆及白榆地須近市賣柴莢葉省功也梜榆刺榆凡榆三種色別種之勿令和雜梜榆刺榆味苦凡榆莢味甘甘者春時將煑賣是以須別也耕地收莢一如前法先耕地作壟然後散榆莢壟者看好科理又易



五寸一莢稀概得中散訖勞之榆生共草俱長未須料理明年正月附地芟殺放火燒之亦任生長勿使棠杜康反近尺至明年正月斸去惡者其一株上有七八根生者悉皆砍去唯留一根麤且好者三年春可將莢葉賣之五年之後便堪作椽不梜者即可砍賣梜者鏇作獨樂及盞十年之後魁椀瓶榼器皿無所不任十五年後中為車轂及蒲萄㼚崔寔曰二月榆莢成及青收乾以為旨蓄旨美也蓄積也收青莢小蒸曝之至冬以釀酒滑香宜養老詩云我有旨蓄亦以御冬色變白將落可作醬酳醬音牟酳音頭即榆醬也能助肺殺諸蟲下氣隨節氣晏勿失其適榆葉曝乾擣羅為末鹽水調勻日中炙曝天寒於火上熬過拌菜食之味頗辛美榆皮去上皺

鎚乾枯者將中間嫩處剉乾熇為粉當歉歲亦可代食昔丙豐歲飢民以榆皮作屑煑食之人賴以濟焉

## 柳

說文曰柳小楊也從木丣聲種柳以正月二月中取弱柳枝大如臂長一尺半燒下頭二三寸埋之令沒常足水以澆之必數條俱生留一根茂者餘悉掐去別豎一柱以為依主以繩攔之（若不欄必為風所摧不能自立）一年中即高一丈餘其旁生枝葉即掐去令直聳上高下任人取足便掐去正月即四散下垂婀娜可愛（若不掐心則枝不四散或邪或曲生亦不佳也）六七月中取春生少枝種則長倍疾（少枝葉青色壯故長疾也）種綿柳下田停水不得五穀之處及山澗河旁至春凍釋於山陂河坎之旁刈取箕柳三寸截之漫散即勞勞訖引水停之至秋收刈任為箕箱之類（山柳赤而脆河柳白而明）憑柳可以為楯車輞雜材及椀陶朱公曰種柳千樹則足柴又堪屋材十年以後髡一樹得一載每歲髡二百樹五年一周其材用柴薪不可勝用



## 柞（楝附）

柞爾雅曰栩杼也注云柞樹案俗人呼杼為橡子以橡殼為杼斗以剜剜似斗故也橡子儉歲可以食以為飯豐年放豬食之可以致肥也宜於山阜之曲三徧熟耕漫散橡子即再勞之生則薅治常令淨潔一定不移十年之中逆順各一到䪱中寬狹正似葱壟從五月初盡七月末每天雨時即觸雨折取春生少枝長一尺已上者插著壟中二尺一根數日即生少枝長疾三歲成椽比如餘木雖微脆亦足堪事歲種三十畝三年種九十畝歲賣三十畝終歲無窮

楝（音練）說文云苦楝木也鵷雛食其實以楝子於平田耕熟作壟種之其長甚疾五年後可作大椽北方人家欲搆堂閣先於三五年前種之其堂閣欲成則楝木可椽

## 穀楮

說文云穀者楮也有二種一種皮有班花文謂之班穀今人用為冠者一種皮白無花枝葉相類或云班者是楮白者是穀楮宜澗谷間種之地欲極良秋上候楮子熟時多收淨淘曝令燥耕地令熟二月耬耩之和麻子漫散之即勞之秋冬仍留麻勿刈為楮作煖（若不和麻子種率多凍死）明年正月初附地芟殺放火燒之一歲即沒人（不燒者瘦而長亦遲）三年便中斫（未滿三年者皮薄不用任斫）斫法十二月為上四月次之（非此兩月而斫者楮多枯死也）每歲正月常放火燒之（自有乾葉在地足得火燃不燒則不滋茂也）二月中間斸去惡根移栽者二月蒔之亦三年一砍（三年不砍者徒失錢無益也）指地賣者省功而利少煑剝賣皮者雖勞而利大（其柴足以供燃）自能造紙其利又多種三十畝者歲砍十畝三年一遍歲收絹百匹南方鄉人以穀皮作衾甚堅好蠶之實為貧家之利焉



## 皂莢

皂莢有二種生雍州川谷及鄒魯縣今處處有之如猪牙者良其角亦有長尺一二寸者種者二三月種不結角者南北二面去地一尺鑽孔用木釘釘之泥封竅即結或用樹不結鑿一大孔入生鐵三五斤以泥封之便開花結子既實以篾束其本數匝木楔之一夕自落用以洗垢滌膩最良角與刺俱堪入藥亦物之利益於世者

## 葦 荻附

葦爾雅云蒹葭蘆葦也荻一名蘆說文曰蘆荻也葦四月苗高尺許選好家葦連根栽成土墩如碗口大於下濕地內掘區栽之縱橫相去一二尺欲疾得力則密栽至冬放火燒過次年春芽出便成好葦十月後刈之一法二月熟耕地作壠取根卧栽以土覆之次年成葦又壓栽法其葦長時掘地成渠將葦枝倒以土壓之露其稍凡葉向上者亦植令出土下便生根上便成笋與壓桑無異五年之後根交當隔一尺許斸一钁即滋旺矣荻栽與葦同呂氏春秋云季秋之月命虞人材葦供國郭璞傳云不宜焚荻地理云名川大山不封蓋欲與民同利也以是觀之葦荻雖微物亦可以供國利民如此

## 漆

漆樹皮白葉似椿花似槐子花處處有之而梁蜀者為勝春分前後移栽候樹高六七月以剛斧斫其皮開以竹管承之汁滴則成漆用漆在燥熱及霜冷時則難乾得陰濕雖寒月亦易乾物之性也若霑漬人以油治之凡驗惟稀者以物蘸起細而不斷斷而急收起及塗於乾竹上蔭之速乾者乃佳樊宏父嘗欲作器物先種梓漆時人嗤之積以歲月皆得其用向之笑者皆求假焉貲至鉅萬蓋漆易成而利博故也

穀譜集之九

# 穀譜集之十

東魯王禎撰

## 雜類

### 苧麻

苧麻有二種一種紫麻一種白苧其根舊不載所出州土本南方之物近河南亦多藝之不可以風土所宜例論也皮可以績布苗高七八尺葉如楮葉面或青或紫背則皆白有短毛夏秋間着細穗青花其根黃白而輕虛又有一種山苧亦頗相似農桑輯要云栽種苧麻法三四月種子者初用沙薄地爲上兩和地爲次園圃內種之如無園者瀕河處亦得先倒斸地一二遍然後作



畦闊半步長四步再斸一遍用濕潤畦土半升子粒一合相和勻撒子一合可種六七畦撒畢不用土覆土覆則不出於畦內用極細稍杖三四根撥刺令平可畦搭二三尺高棚上用細箔遮蓋五六月炎熱時箔上用苫加覆惟要陰密不致曬死稍乾即以帚細細灑水於棚上常令其下濕潤如遇天陰及早夜撒去覆箔苗出有草即拔苗高三指不須用棚如地稍乾用微水輕澆約長三寸却擇比前稍壯地別作畦移栽臨移時隔宿先將有苗畦澆過明早亦將做下空畦澆過將苧麻苗用刁器帶土撅出轉移在內相離四寸一栽務要頻鋤三五日一澆如此愛護二十日後十日半月一澆至十月後用驢馬生糞厚蓋按陸璣草木疏云苧一科數十莖宿根在地中至春自生不須栽種荊楊間歲三刈每刈時須根旁小芽出土高五分其大麻即可割大麻既割小麻榮長即是下長再割麻也大麻不割不惟小芽不旺又害已成之麻大約五月初一鎌六月半一鎌八月一鎌鎌畢剝取其皮用竹刀或鐵刀用稍分批開用手剝下皮即以刀刮其白瓤其浮上皺皮自去其漚暴之法刮製之具亦嘗具述見農器圖譜若值陰雨即於屋底風道內搭涼恐經雨黑漬故也或又謂孕婦胎損方所須又主白丹濃煮水浴之日四三瘥常宙療癰疽發背初覺未成膿者以苧根葉熟擣付上日夜數易之腫消



則瘥矣夫苧初動若成宿根自在土培之糞壤之又加以鋤治之工有三刈之可收實一勞而永利按之本草根葉亦足療人績為布衣寒暑俱可被體其利博哉

### 木綿

木綿一名吉貝穀雨前後種之立秋時隨獲所收其花黃如葵其根獨而直其樹不貴乎高長其枝幹貴乎繁衍不由宿根而出以子撒種而生所種之子初收者未實近霜者又不可用惟中間時月收者爲上須經日曬燥帶綿收貯臨種時再曬旋碾即下其種本南海諸國所產後福建諸縣皆有近江東陜右亦多種滋茂繁盛與本土無異種之則深荷其利悠悠之論率以風土不

宜爲説按農桑輯要云雖托之風土種藝不謹者有之種藝雖謹不得其法者有之信哉言也夫種木綿擇兩和地不下濕肥地於正月地氣透時深耕三遍擺蓋調熟然後作成畦畛每畦長八歩闊一歩内半歩作畦背上堆積土至穀雨前後揀好天氣日下種先一日將已成畦畛連澆三次用水淘過子粒堆於濕地上用小灰搓得伶俐看稀稠撒於澆過畦内將元起出覆土覆厚一指再勿澆待六七月苗長齊時旱則澆溉鋤治常要潔淨稠則移栽稀則不須每歩只留兩苗稠則不結實苗高二尺之上打去衝天心傍條長尺半亦打去心葉葉不空開花結實直待綿欻落時旋熟旋摘隨即攤於



箔上日曝夜露待子粒乾取下製造（其器用見農器圖譜）夫木綿爲物種植不奪於農時滋培易爲於人力接續開花而繭可謂不蠶而綿不麻而布又兼代氊毯之用以補衣褐之費可謂兼南北之利也

## 檾

檾[illegible]（頃）説文云枲屬從𣏟熒省聲𣏟匹刃切麻片也爾雅翼檾高四五尺或六七尺葉似苧而薄實如大麻子或作䔛周禮典枲麻草注草葛䔛也集韻或作筒當從𣏟非從林也檾種與麻同法但科行頗稀其長也如竹葉大如翁上團如蓋花黄結子蓬如橡斗然與黄麻同時熟刈作小束池内漚之爛去青皮取其麻片潔白如雪耐水爛可織爲毯被及作汲綆牛索或作牛衣雨衣草覆等具農家歲歲不可無者

## 茶

茶經云一曰茶二曰檟三曰蔎（舒列切）四曰茗五曰荈（音舛）早採曰茶次曰檟又其次曰蔎晚曰茗至荈則老葉矣蓋以早爲貴也爾雅曰檟苦荼（注曰樹似梔子早採爲荼晚曰茗蜀人名苦荼）六經中無茶則蓋茶即茶也詩云誰謂荼苦其甘如薺以其苦而甘味也閩浙蜀荆江湖淮南皆有之惟建溪北苑所産爲勝四時類要云茶熟時收取子和濕土拌勻筐籠盛之穰草蓋覆不即凍死不生至二月中出種之樹下或北陰之地開坎圓三尺深一尺熟斸着糞土



每坑中種六七十顆蓋土厚一寸强任生草不得芸相去二尺種一方旱時以米泔澆之此物畏日宜桑下竹陰地種之二年外方可芸治微以火糞滀壅之多則傷根峻坡爲宜平地則兩畔深溝以洩水水浸即死種之三年即收其利此種藝之法茶之爲去釋滯去垢破睡除煩功則著矣其或採造藏貯之無法碾焙煎試之失宜則雖建芽浙茗秖爲常品故採之宜早率以清明穀雨前者爲佳過此不及然茶之美者質良而植茂新芽一發便長寸餘其細如針斯爲上品如雀舌麥顆特次材耳採訖以甑微蒸生熟得所（生則味硬熟則味減）蒸已用筐箔薄攤乘濕略揉之入焙勻佈火烘令乾勿使焦編竹爲

焙褁篛覆之以收火氣茶性畏濕故宜篛收藏者必以篛籠剪篛雜貯之則久而不浥宜置頓高處令常近火為佳凡煎試須用活水活火烹之故東坡云活水仍將活火烹者是也活水謂山泉水為上江水次之井水為下活火謂炭火之有焰者當使湯無妄沸始則蟹眼中則魚目纍然如珠終則泉湧鼓浪此候湯之法非活火不能盡東坡云蟹眼已過魚眼生颼颼欲作松風聲盡之矣茶之用有三曰茗茶曰末茶曰蠟茶凡茗煎者擇嫩芽先以湯泡去熏氣以湯煎飲之今南方多效此然末子茶尤妙先焙芽令燥入磨細碾以供點試凡點湯多茶少則雲脚散湯少茶多則粥面聚鈔茶一錢七先注湯調極勻又添注入迴環擊拂視其色鮮白着盞無水痕為度其茶既甘而滑南方雖產茶而識此法者甚少蠟茶最貴而製作亦不凡擇上等嫩芽細碾入羅雜腦子諸香膏油調齊如法印作餅子製樣任巧候乾仍以香膏油潤飾之其製有大小龍團帶胯之異此品惟充貢獻民間罕見之始于宋丁晉公成於蔡端明間有他造者色香味俱不及蠟茶珍藏既久點時先用温水微漬去膏油以紙褁搥碎用茶鈐微炙旋入碾羅旋碾則色白經宿則色昏新者不用漬茶鈐屈金鐵為之砧用石推用木碾餘石皆可茶之用笔胡桃松實脂麻杏栗任用雖失正味亦供咀嚼然茶性冷多飲則能消陽山谷盃以薑鹽煎



飲其亦以是歟因併及之夫茶靈草也種之則利博飲之則神清上而王公貴人之所尚下而小夫賤隷之所不可闕誠民生日用之所資國家課利之一助也

枸杞

枸杞爾雅云枸杞檵注云枸杞也詩云集于苞杞疏云一名地骨春夏採葉秋採莖實冬採根枸杞千歲其形如犬朱孺子幼事道士王元正居大若巖汲于溪見二花犬因逐之入于枸杞叢下掘之根形如二犬食之忽覺身輕種枸杞法秋冬間收子盡洗日乾春耕熟地作畦寬五寸紉草椁如臂大置畦中以泥塗草椁上然後種子以細土及牛糞蓋令徧苗出頻水澆之又可揷種葉作菜食子根入藥輕身益氣諺云去家千里勿食蘿摩枸杞言其補精氣也

種紫草

紫草爾雅謂之藐廣雅謂之茈䓞苗似蘭香節青種紫草宜黃白輭良之地青沙地亦善開荒黍穄下大佳性不耐水必須高田秋耕地至春又轉耕之三月種之耬耩地逐壠手下子良田一畒用子一升半薄田用子三升下訖勞之鋤之法潔淨為佳其壠底草則拔之壠底用鋤則傷紫草九月中子熟刈之候稃芳蒲反燥載聚打取子濕載子則浥鬱即深細耕不細不深則失草矣尋壠以杷耬取整理取草宜併手力速竟為良遭雨則損草也一把

隨以茅結之擘蔦彌善四㧕為一頭當日則斬齊顛倒十重許為長行置堅平之地以板石鎮之令褊濕鎮直而長燥鎮則碎折了鎮責雜傳也兩三宿豎頭著日中曝之令浥浥然不曬則鬱黑大燥則碎折五十頭作一洪洪十字大頭向外以蔦纏絡著敞屋下陰涼處棚棧上其棚下勿使驢馬糞及人溺又忌煙皆令草失色其利勝藍若欲久停者入五月內著屋中閉門塞向密泥勿使風入漏氣過立秋然後開出草色不異若經夏在棚棧上草便變黑不復任用種訖施穊攏之或以輕耗碾過秋深子熟傍去其土連根取出就地鋪穧頓乾輕振其土以芽篥束切去虛稍以之染紫其色殊美

## 紅花



紅花一名黃藍葉頗似藍故有藍名生於西域張騫所得令處處有之花地欲得良熟二月末三月初種也種法欲雨後速下或漫散種或耬下一如種麻法亦有鋤掊而掩種者子科大而易料理花出日日乘涼摘取不摘則乾摘必須盡留餘即令五月子熟拔曝令乾打取之子亦不用鬱浥五月種晚花春初即留子入五月便種若待新花熟後取子則又晚也七月中摘深色鮮明耐久不黦紆物亦色壞也勝春種者收子與麻子同價既任車脂亦堪為燭一頃花日須百人摘以一家手力十不充一但駕車地頭每旦當有小女僮女十百為群自來分摘正須平量中半分取是以單夫隻婦亦得多種攡紅花法摘取即碓擣使熟以水淘布袋絞去黃汁更擣以粟飯漿清而醋者淘之又以布袋絞去汁即收取染紅勿棄也絞訖著瓮器中以布蓋上鷄鳴更擣令均於席上攤而曝乾勝作餅花作餅者不得乾令花浥鬱也以染真紅及作臙脂其利殊博也

## 藍

藍染草也爾雅云葴馬藍藍有數種有木藍有松藍可以為澱者有蓼藍但可染碧不堪作澱藍一本而有數色刮行青綠雲碧青藍黃豈非青出於藍而青於藍者手種藍之法藍地欲良三徧細耕三月中浸子令芽生乃畦種之治畦下水一同葵法藍三葉澆之晨夜再澆薅治令淨五月中新雨後即接濕耬耩拔栽之三莖作一科



相去八寸栽時宜併功急手無令地燥也白背即急鋤栽時既濕白背不急鋤則堅確也五徧為良七月中作藍澱崔寔曰榆莢落時可種藍五月可刈藍六月可種冬藍冬藍大藍也大藍非獨可染青絞其汁飲之最能解虺虫豸諸藥等毒不可闕也

## 備荒論 附

蓋聞天災流行國有代有堯有九年之水湯有七年之旱雖二聖人亦不能逃其適至之數也春秋二百四十二年書大有年僅二而水旱螽螟屢書不絕然則年穀之豐蓋亦罕見為民父母者當為思患豫防之計故古者三年耕必有一年之食九年耕必有三年之食以三十年之通制國用雖有旱乾水溢而民無菜色者蓄積

多而備先具也其蓄積之法北方高亢多粟宜用竇窖可以久藏南方墊濕多稻宜用倉廩亦可歷遠年（倉廩竇窖詳見農器譜）其備旱荒之法則莫如區田區田者起於湯旱時伊尹所制劚地爲區布種而灌溉之救水荒之法莫如櫃田櫃田者於下澤沮洳之地四圍築土形高如櫃種藝其中水多浸淫則用水車出之可種黃綠稻地形高處亦可陸種諸物（區田櫃田詳見農器譜）此皆救水旱永遠之計也備蟲荒之法惟捕之乃不爲之災然蝗之所至凡草木葉靡有遺者獨不食芋桑與水中菱芡宜廣種此其餘則果食之脯米豆之麨棲於山者有粉葛（取葛根爲粉）蕨萁（取蕨根搗碎以水淘汰停澱爲餌）葯蒻橡栗之利類於水者有魚鱉蝦蟹蛤螺芹藻之饒皆可以濟饑救儉其或懷金立鵠易子炊骸荒饑之極則辟穀之法亦可用之辟穀方者出於晉惠帝時黃門侍郎劉景先遇太白山隱士所傳曾見石本後人用之多驗今録于此昔晉惠帝時永寧二年黃門侍郎劉景先表奏（臣）遇太白山隱士傳濟饑辟穀僊方上進言（臣）家大小七十餘口更不食别物惟水一色若不如斯（臣）一家甘受刑戮今將真方鏤板廣傳見下大豆五斗淨淘洗蒸三遍去皮又用大麻子三斗浸一宿漉出蒸三遍令口開右件二味豆黃搗爲末麻仁亦細擣漸下豆黃同搗令勻作團子如拳大入甑內蒸從初更進火蒸至夜（子）時住火直至寅時出甑午時曬乾搗爲末乾服之以飽爲度不得食一切物第一頓得七日不饑第二頓得四十九日不饑第三頓得三百日不饑第四頓得二千四百日不饑更不服永不饑也不問老少但依法服食令人強壯容貌紅白永不憔悴渴即研大麻子湯飲之轉更滋潤臟腑若要重喫物用葵子三合許末煎冷服取下其藥如金色任喫諸物並無所損前知隨州朱頌教民用之有驗序其首尾勒石于漢陽軍大別山太平興國寺又傳寫方用黑豆五斗淘淨蒸三遍曬乾去皮細末秋麻子三升溫浸一宿去皮曬乾爲細末細糯米三斗做粥熟和擣前二味爲劑右件三味合搗爲如拳大入甑中蒸一宿從一更發火蒸至寅時日出方纔取出甑曬至日午令乾再搗爲末用小棗五斗煮去皮核同前三味爲劑如拳頭大再入甑中蒸一夜服之一飽爲度如渴者淘麻子水飲之便更滋潤臟腑芝麻汁無白湯亦得少飲不得别食一切之物又許真君方武當山李道人傳累試有驗避難歇食方用白麪六兩黃蠟三兩白膠香五兩右拌將前麪冷水凍冷熟如打麪一同然後爲圓如黑豆大日曬乾再將蠟溶成汁了將圓子投入內打令勻候冷單子裹安在淨處如服時每日早晨空心可服三五十丸冷水嚥下不得熱食如要喫時任意不妨又服蒼木方用蒼木一斤好白芝蔴香油半斤右件將朮用白米泔浸

一宿取出切成片于前香油炒令熟用瓶盛取每日空
心服一撮用冷水湯𤆬下大能壯氣駐顏色辟邪又能
行履飢即服之詳此數方其間所用品味不出乎穀民
間亦難卒得若官中預蓄品味飢歲荒年給賜飢民無
資粮賑濟之勞而可延餓莩時月之命實益世之方安
可秘而不流傳哉



穀譜集之十

山東等處承宣布政使司為遵
明旨刻農書以勸勸課事蒙
欽差巡撫山東等處地方都察院右副都御史鄧　批據
本司呈前事准本司右布政使顧應祥呇照得民之
所賴以生者衣與食也衣食之所資以出者耕與織
也故成周以農事興王業而享國最久漢世以力田
求士行而得人為盛方今
聖明有見於此故
天語叮嚀拳拳以農桑為務柰何山東地方男惰於耕女
不知織本職忝為承宣之官與有民事之責愧無以
仰答



天休數宣
德意切見前元豐城縣尹王禎所著農書三部曰農桑通
訣曰農器圖譜曰穀譜等書凡南北治農治蠶之法
纖悉具備惜乎久無刻本民鮮得觀即今流傳抄本
見在合無再加校正命工翻刻分發所屬府州縣掌
印治農等官俱要用心講求着實勸課庶於
皇上敦本求治之心
國家化民成俗之意未必無萬一之助矣其合用梨木
板并刊字匠畫匠各工食等項銀兩於本司庫貯泰
山頂廟香錢內動支雇覓買辦應用待刊刻完日總
具支使過銀錢數目開報緣係動支官庫銀錢事理

合咨本司煩爲轉呈照詳施行准此擬合呈請爲此今將前項緣由理合具呈伏乞照詳施行蒙批據呈足見本官留心民事崇重農桑至意依擬動支官銀應用仍行顧布政將所著農書再加用心校正上緊督工翻刻以裨

聖明敦本求治化民成俗之美完日具數開報查考此繳蒙此案照前事已經呈請去後今蒙前因擬合通行爲此除行廣儲庫動支香錢銀應用外合行移咨前去煩照批呈內事理將所著農書再行校正明白以憑翻刻施行

# 出版後記

早在二〇一四年十月，我們第一次與南京農業大學農遺室的王思明先生取得聯繫，商量出版一套中國古代農書，一晃居然十年過去了。

十年間，世間事紛紛擾擾，今天終於可以將這套書奉獻給讀者，不勝感慨。

當初確定選題時，經過調查，我們發現，作爲一個有著上萬年農耕文化歷史的農業大國，我們整理的農業古籍叢書只有兩套，且規模較小，一是農業出版社自一九五九年開始陸續出版的《中國古農書叢刊》，收書四十多種；一是農業出版社一九八二年出版的《中國農學珍本叢刊》，收書三種。其他點校整理的單品種農書倒是不少。基於這一點，王思明先生認爲，我們的項目還是很有價值的。

經與王思明先生協商，最後確定，以張芳、王思明主編的《中國農業古籍目録》爲藍本，精選一百五十二種中國古代最具代表性的農業典籍，影印出版，書名初訂爲『中國古農書集成』。接下來就是正常的流程，先確定編委會，確定選目，再確定底本。看起來很平常，實際工作起來，卻遇到了不少困難。

古籍影印最大的困難就是找底本。本書所選一百五十二種古籍，有不少存藏於南農大等高校圖書館。但由於種種原因，不少原來准備提供給我們使用的南農大農遺室的底本，當時未能順利複製。最後所有底本均由出版社出面徵集，從其他藏書單位獲取。

本書所選古農書的提要撰寫工作，倒是相對順利。書目確定後，由主編王思明先生親自撰寫樣稿，副主編惠富平教授（現就職於南京信息工程大學）、熊帝兵教授（現就職於淮北師範大學）及編委何彥超博士（現就職於江蘇開放大學）及時拿出了初稿，爲本書的順利出版打下了基礎。

本書於二〇二三年獲得國家古籍整理出版資助，二〇二四年五月以『中國古農書集粹』爲書名正式出版。

二〇二二年一月，王思明先生不幸逝世。没能在先生生前出版此書，是我們的遺憾。本書的出版，或可告慰先生在天之靈吧。

是爲出版後記。

鳳凰出版社

二〇二四年三月

# 《中國古農書集粹》總目

六



七



八

竹譜　（清）陳鼎　撰

桐譜　（宋）陳翥　撰

茶經　（唐）陸羽　撰

茶錄　（宋）蔡襄　撰

東溪試茶錄　（宋）宋子安　撰

大觀茶論　（宋）趙佶　撰

品茶要錄　（宋）黄儒　撰

宣和北苑貢茶錄　（宋）熊蕃　撰

北苑別錄　（宋）趙汝礪　撰

茶箋　（明）聞龍　撰

羅岕茶記　（明）熊明遇　撰

茶譜　（明）顧元慶　撰

茶疏　（明）許次紓　撰

## 十六

治蝗全法　（清）顧彦　撰

捕蝗考　（清）陳芳生　撰

捕蝗彙編　（清）陳僅　撰

捕蝗要訣　（清）錢炘和　撰

安驥集　（唐）李石　撰

元亨療馬集　（明）喻仁、喻傑　撰

牛經切要　（清）佚名　撰　于船、張克家　點校

抱犢集　（清）佚名　撰

哺記　（清）黄百家　撰

鴿經　（明）張萬鍾　撰

## 十七

蜂衙小記　（清）郝懿行　撰

蠶書　（宋）秦觀　撰

蠶經　（明）黄省曾　撰

西吳蠶略　（清）程岱葊　撰

湖蠶述　（清）汪曰楨　撰

野蠶錄　（清）王元綎　撰

柞蠶雜誌　增韞　撰

樗繭譜　（清）鄭珍　撰　（清）莫友芝　注

廣蠶桑説輯補　（清）沈練　撰　（清）仲學輅　輯補

蠶桑輯要　（清）沈秉成　編

豳風廣義　（清）楊屾　撰